普通高等教育"十一五"国家级规划教材

电子电气基础课程系列教材

电路分析

（第4版）

刘良成　陈　波　刘冬梅　编著

電子工業出版社

Publishing House of Electronics Industry

北京·BEIJING

内 容 简 介

本书为普通高等教育“十一五”国家级规划教材。

第 4 版与前三版的研究范围、结构层次大体相同，从静态到动态，从时域到频域，全书既重视基本内容、基本概念的掌握，又适度拓宽了适用面，基本兼顾了强电和弱电类专业对电路知识的需求。

本书主要内容有：电路的基本概念和基本定律，电阻电路的一般分析方法和基本定理及应用，动态电路，正弦稳态电路，三相电路，耦合电感电路，非正弦周期信号及电路的谐波分析，频率响应与谐振电路，拉氏变换及其应用，二端口网络及多端元件，非线性电路基础。附录 A 中介绍了当前国际流行的电路仿真分析软件 NI Multisim 及应用举例，附录 B 选配了 2 套综合性电路分析模拟试卷。

本书可作为高等学校电气、电子、自动化等专业本科教材，以及考研复习教材，也可供相关专业工程技术人员自学参考。

图书在版编目（CIP）数据

电路分析 / 刘良成，陈波，刘冬梅编著. —4 版. —北京：电子工业出版社，2023.7
ISBN 978-7-121-45262-8

Ⅰ. ①电…　Ⅱ. ①刘…　②陈…　③刘…　Ⅲ. ①电路分析－高等学校－教材　Ⅳ. ①TM133

中国国家版本馆 CIP 数据核字（2023）第 049408 号

责任编辑：韩同平
印　　刷：中煤（北京）印务有限公司
装　　订：中煤（北京）印务有限公司
出版发行：电子工业出版社
　　　　　北京市海淀区万寿路 173 信箱　邮编：100036
开　　本：787×1092　1/16　印张：18　字数：576 千字
版　　次：2005 年 4 月第 1 版
　　　　　2023 年 7 月第 4 版
印　　次：2023 年 11 月第 2 次印刷
定　　价：65.90 元

凡所购买电子工业出版社图书有缺损问题，请向购买书店调换。若书店售缺，请与本社发行部联系，联系及邮购电话：（010）88254888, 88258888。

质量投诉请发邮件至 zlts@phei. com. cn，盗版侵权举报请发邮件至 dbqq@phei. com. cn。

本书咨询联系方式：010-88254525，hantp@phei. com. cn。

第4版前言

本书为普通高等教育“十一五”国家级规划教材。

本书第4版的主要目标是，保持第3版的基本概念、基本定理、基本分析方法，力求做到内容精炼、论证严谨、重点突出；在保证理论体系完整的基础上，为适应课程学时数的削减，对内容进行适当删减。具体的变动和调整有：（1）删去了“电路方程的矩阵形式”一章；（2）更新了附录A的内容，介绍电路仿真分析软件NI Multisim12及其应用举例；（3）删除了“含源二端口网络”内容；（4）对选学内容和拓展内容进行了区分和标记，其中以“*”标记的为选学内容，以“△”标记的为拓展内容，对这两部分内容可以取舍，不要求全部讲授。习题中也有少量标记“*”的，可以适度引导学生拓宽思路。

全书共12章，覆盖了电路分析的主要内容，各章建议课内教学参考学时为：第1章6学时，第2章8学时，第3章6学时，第4章10学时，第5章9学时，第6章5学时，第7章5学时，第8章3学时，第9章4学时，第10章8学时，第11章5学时，第12章3学时，全书理论教学为72学时左右。弱电各专业为避免与后续课程的重复性，可选择第1～9章的主要内容作为基本教学内容，约56学时。

本书由刘良成等编著，其中第1、8章由刘健完成；第2～4章及附录A由刘冬梅完成，第5、6、7、9章及附录B由刘良成完成，第10～12章由陈波完成。

在本书编写过程中吸取了参考文献中各位专家、学者的许多经验，受益匪浅，在此一并表示由衷的谢意。

由于编著者水平所限，本书结构和体系的安排、内容取舍和叙述等方面恐有不少的缺点和错误，恳请读者指正。

为便于教师教学和采用新的教学手段，本书配有内容丰富的电子课件和慕课教学网站，欲索取可直接与本书编著者联系：liu-liangcheng@hfut.edu.cn。

编著者

目　录

第1章　电路的基本概念和基本定律

【内容提要】

本章介绍电路模型、电路的基本物理量、基本定律和基本元件，以及电路模型的应用实例。通过本章的学习，了解实际电路的功能和特点，电路模型的概念和意义，实际电路与电路模型内在的联系和区别。电流和电压参考方向是电路分析中最基本的概念，基尔霍夫电流定律和电压定律是电路理论的基石，应熟练掌握和运用。要理解和掌握电路基本元件的定义和元件方程与参考方向的关系，以及功率和能量的计算。电路模型的工程应用，介绍了电阻值的工程表示法和人体防电击接地电路模型。

1.1　实际电路与电路模型

通过模型化的方法研究客观世界是人类认识自然的一个基本方法。为了能对模型进行定量分析和研究，通常将实际条件理想化，将具体事物抽象化，将复杂系统简单化。所建立起来的模型应能反映事物的基本特征，以便于对实际事物本质的了解。研究电路问题也不例外地采用模型化的方法。

1.1.1　实际电路的功能和特点

实际电路在日常生活和工程上随处可见，它们是由电器件或电气设备通过导线的互连组合，以实现某一特定功能的总体。图 1-1 所示为手电筒照明电路，它是由干电池、灯泡、开关和导电外壳等组成的。干电池作为电源，给电路提供电能量，其内部的化学能转变为电能；灯泡作为负载消耗电能，将电能转变为光能和热能；外壳作为连接导线，在开关的控制下，形成闭合回路。图 1-1 为最简单的实际电路，其功能是进行能量的转换。

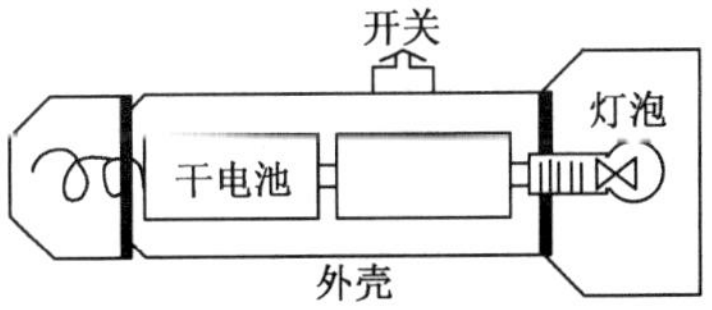

图 1-1　手电筒照明电路

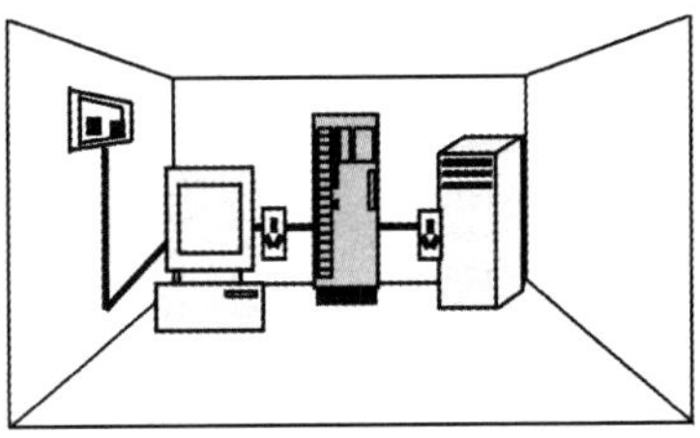

例如，家用电器供电线路如图 1-2 所示。从发电厂发出的电经远距离传输，送至千家万户，为家电产品的使用提供电能。在发电厂的一端，发电机将非电形式的能量，如势能、热能、原子能和太阳能等，转换成电能(电源)；在用户端，不同的用电设备(负载)，又将电能转换为非电形式的能量，如机械能、热能、光能，等等。又如，家用洗衣机中的电动机是将电能转换为机械能，其功能也是进行能量的转换。

图 1-2　家用电器供电线路

由上述讨论可知：

（1）电路的基本构成至少包括：电源、负载和导线；

（2）上述实际电路的基本功能都是能量的传递与转换。

实际中，还可见到各种各样的电路，如用来检测电量(电压、电流、功率等)和非电量(时间、压力、速度等)的仪器、仪表电路，这种电路的功能是进行各种物理量的测量和处理。又如人们天天打交道的音响、电视机等电路，将接收到的高频信号进行选频、放大和还原等处理，以恢复出原来的声音和图像。这类电路的功能是实现对信号的加工处理。

实际电路种类繁多。归纳起来，构成电路的基本单元均包括电源、负载和导线等电器件。电路的基本功能有两种：（1）实现能量的传递和转换；（2）实现信号的加工处理。

在工程上，采用国家标准的电气图形符号来表示实际电器件和设备的互连关系的电路图，称为电气原理图。图 1-3(a)和(b)所示分别为手电筒照明电路和家用洗衣机中的电动机电路的电气原理图。

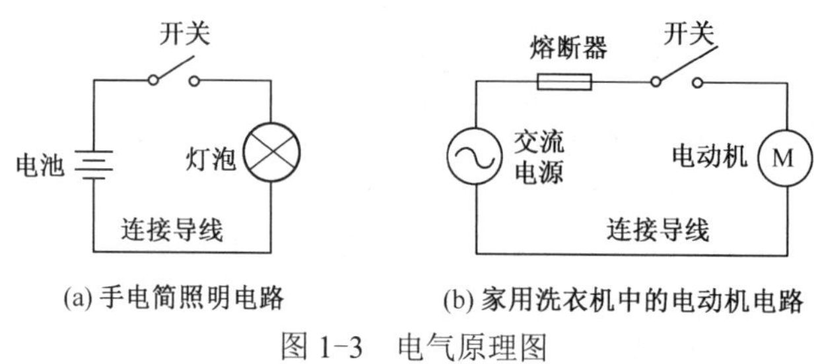

图 1-3　电气原理图

1.1.2　电路模型及其意义

为了便于理论研究，揭示电路的内在规律，根据实际电气器件和设备的基本物理特性进行理想化和简单化处理，从而建立它们的物理模型或数学模型。这些基本的物理模型称为理想化的电路元件，简称电路元件。由这些电路元件组成的理想化电路模型，简称电路。例如，实际的灯泡和电炉的主要物理特性都是消耗电能，可以定义一种理想电阻元件来反映这类器件消耗电能的特性。图 1-1 的手电筒照明电路，可用图 1-4 所示的电路模型来近似，图中 U_s 为理想直流电压源，表示干电池；R 为理想的电阻元件，表示灯泡；S 为理想开关，表示实际开关；线段为理想导线(无阻导体)，表示手电筒外壳。考虑到实际电池中有能量损耗，图中增加了电阻元件 R_s。注意，这与电气原理图不同，原理图只是用图形代替器件，并不考虑器件的物理特性。

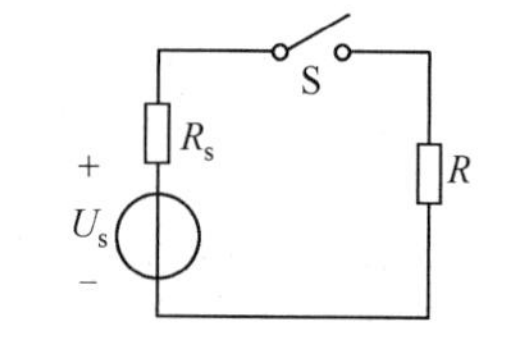

图 1-4　手电筒电路模型

又如，以上提到的洗衣机中的电动机，其线圈绕组的电路模型可由一个电阻元件和电感元件的串联来模拟，如图 1-5 所示。

在建立电路模型的过程中，需考虑的因素是多方面的。例如，实际线圈在一定条件下可以用理想电感元件来模拟；但若要同时考虑到线圈的损耗，就要用电感元件和电阻元件二者的串联来模拟；而在高频情况下，若还要考虑线圈每匝之间的电容效应，这时一个实际线圈就可能要用电感、电阻和电容元件的共同组合来模拟。请读者自行画出这三种情况下的电路模型。

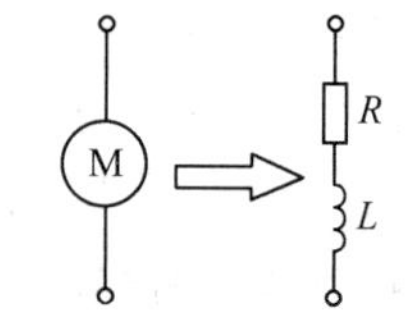

图 1-5　电动机模型

这里所讲的各种理想元件(后面将逐一介绍)在实际中是不存在的，实际电器件在不同的工作环境和要求下，可由若干理想电路元件的相应组合来模拟近似。关于实际器件如何用理想元件来模拟近似，以及电路模型如何建立等问题，涉及到多方面的综合知识，本课程不做深入讨论。为了加强对电路模型的理解，本章最后一节将介绍电路模型的应用实例。

值得一提的是，实际的电路器件工作时的电磁现象，是复杂交错在一起，并同时发生在整个电路中的。严格地讲，电子在导体中流动也是需要时间的。但在满足一定条件下，即当实际电路的尺寸远小于其工作信号的波长时，就可以假设：电磁过程分别集中在各自器件内部发生，并忽略电子的流动时间和器件的几何尺寸。因此可以认为，电流从元件的一端流入与从另一端流出发生在同一时刻。凡满足这种假设的元件称为集总参数元件，由此元件构成的电路称为集总参数电路。与集总参数电路对应的另一类电路称为分布参数电路。本书只讨论集总参数电路，书中所提到的电路元件和电路均指满足集总参数条件的理想模型，除非特别加以说明。

本书对“电路”、“网络”和“系统”各词的含义不加严格区分，通常“网络”和“系统”还具有更广泛的意义，这在后续的课程中将被逐步地理解。

电路理论包括两个方面的内容：电路分析和电路综合(设计)。本书只涉及前者，其任务是针对确定的电路(模型)，探讨电路的基本定律、基本定理和基本的分析方法，同时介绍电路理论在工程实际领域的应用。

思考题

T1.1-1　试列举能量转换和信号处理的实际应用电路。

T1.1-2　为什么要建立电路模型？本书所说的“电路”指的是什么？

T1.1-3　简述集总参数假设的内容。

T1.1-4　试画出空心线圈的电路模型。

1.2　电路的基本物理量

电路理论中所涉及的基本物理量有六种：电荷、磁通(磁通链)、电流、电压、能量和电功率。在电路分析中，更多关注的基本物理量是电路中的电流、电压和电功率。各量的符号和基本单位(SI 单位制)见表 1-1。习惯上当各物理量随时间变化时，用小写字母表示。实际应用中还涉及到对基本单位大小的换算。应用表 1-2 中的单位词头，可构成 SI 单位制的十进制数倍数或分数换算关系，其中词头从兆至尧的符号用大写。

表 1-1　基本物理量和单位

物理量	基本单位	
	名称	符号
电荷 q	库仑	C
磁通(链) $\phi(\psi)$	韦伯	Wb
电流 i	安培	A
电压 u	伏特	V
能量 w	焦耳	J
功率 p	瓦特	W

表 1-2　国际单位制词头及换算关系

词头	换算率	词头	换算率	词头	换算率
幺(y)	10^{-24}	毫(m)	10^{-3}	吉(G)	10^{9}
仄(z)	10^{-21}	厘(c)	10^{-2}	太(T)	10^{12}
阿(a)	10^{-18}	分(d)	10^{-1}	拍(P)	10^{15}
飞(f)	10^{-15}	十(da)	10^{1}	艾(E)	10^{18}
皮(p)	10^{-12}	百(h)	10^{2}	泽(Z)	10^{21}
纳(n)	10^{-9}	千(k)	10^{3}	尧(Y)	10^{24}
微(μ)	10^{-6}	兆(M)	10^{6}	——	——

1.2.1　电流及参考方向

单位时间内通过导体横截面的电荷量 q 定义为电流 i[①]，数学上可描述为

$$i = \frac{\mathrm{d}q}{\mathrm{d}t} \tag{1-1}$$

当电流的大小和方向不随时间变化时，称为直流(恒定)电流，习惯上用大写字母 I 表示。其中，电荷的单位为库仑(C)，时间的单位为秒(s)，电流的单位为安培(A)。由表 1-2 可得如下换算关系：

$$1\ \text{kA(千安)} = 10^{3}\ \text{A}，\ 1\ \text{mA(毫安)} = 10^{-3}\ \text{A}$$

实际中根据不同的应用场合采用不同的单位来度量，如在微电子系统中较多地采用毫安、微安(μA)，而在电力系统中常采用安或千安。

根据物理学上的规定：正电荷移动的方向为电流的实际方向。在电路分析中，往往在电路求解之前并不知道元件中电流的实际方向。对直流而言，电路中任意元件的电流的实际方向有

① 为简单起见，本书中令 $q(t)=q$，$i(t)=i$ 等。

两种可能(除电流为零外)，如图 1-6 所示，或者从 A 端流向 B 端[图 1-6(a)]，或者从 B 端流向 A 端[图 1-6(b)]。为了便于电路方程的描述和计算，可预先任意规定某一个方向为假设的实际方向，称为电流的参考方向，并用箭头标注在电路图中。在假设了参考方向的前提下，经计算所得的电流若大于零(正值)，则可断定电流的实际方向与其参考方向相同；反之，电流小于零(负值)，实际方向与参考方向相反。因而，根据电流的参考方向和计算出的电流值的正与负，就可确定电流的实际方向。不难得到两种参考方向电流的关系为：$i_{AB} = -i_{BA}$。对于方向随时间变化的交变电流而言，引入了参考方向的概念，便可方便地表示出不同时刻电流的实际方向。

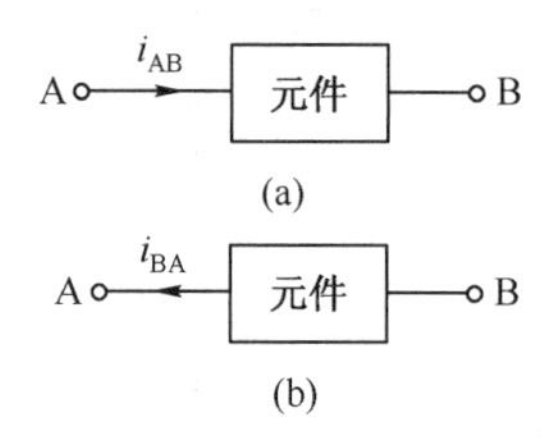

图 1-6　两种电流参考方向

1.2.2　电压及参考极性

将单位正电荷由 a 点移至 b 点电场力所做的功或能量 w，称为 a、b 两点间的电压 u，可描述为

$$u = \frac{\mathrm{d}w}{\mathrm{d}q} \tag{1-2}$$

若设无穷远点为参考点，将单位正电荷分别从 a 点和 b 点移至参考点，电场力所做的功分别称为 a 点电位(记为 u_a)和 b 点电位(记为 u_b)，a、b 两点之间的电压(记为 u_{ab})等于 a、b 两点的电位差，即

$$u_{ab} = u_a - u_b \tag{1-3}$$

当电压的大小和方向不随时间变化时，称为直流(恒定)电压，通常用大写字母 U 表示。其中，功的单位为焦耳(J)，电荷的单位为库仑(C)，电压的单位为伏特(V)。在工程上不同的应用场合，采用不同的电压单位来度量。在 SI 单位制中，各电压单位之间的换算关系可参考表 1-2。

电压的实际极性定义为从高电位端(正端“+”)指向低电位端(负端“-”)。如同电流一样，通常在电路分析前并不知道各元件两端电压的实际极性，因而也必须引入参考极性(也可称为参考方向)的概念。对直流而言，电路中任意元件两端的电压极性只有两种可能(零电压除外)，或者 A 端为正(+)、B 端为负(-)，当用箭头表示时，从 A 端指向 B 端，如图 1-7(a)所示；或者 B 端为正(+)、A 端为负(-)，如图 1-7(b)所示。

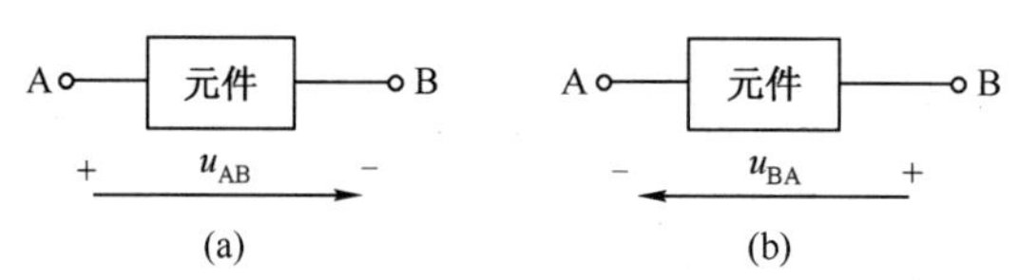

图 1-7　两种电压参考极性

采用与电流参考方向类似的处理方法，先任选某一方向为假设的实际电压方向，称为电压参考极性，并用“+”和“-”符号(或箭头)标注在电路元件两端。在此参考极性的假设下，经电路分析计算后所得的电压若大于零，说明参考极性与实际极性相同；若小于零，说明参考极性与实际极性相反。因此，有了电压参考极性及电压值的正、负号，就可确定该元件两端电压的实际极性，并有 $u_{AB} = -u_{BA}$。在随时间变化的交变电压情况下，有了电压参考极性的概念就可确定实际电压随时间变化的规律。

对同一个元件，当其电流的参考方向与电压的参考极性(方向)相同时，即电流从电压“+”端流入，“-”端流出，称为电流和电压参考方向相关联。反之，称为非关联的参考方向。

1.2.3 电功率

物理上定义，单位时间所做的功称为功率 p，数学上的描述为

$$p=\frac{\mathrm{d}w}{\mathrm{d}t} \tag{1-4}$$

其中，时间的单位为秒(s)，功的单位为焦耳(J)，功率的单位为瓦特(W)。

设元件中的电流和电压参考方向相关联，如图 1-8(a)所示，应用式(1-1)和式(1-2)，可将式(1-4)改写为

$$p=\frac{\mathrm{d}w}{\mathrm{d}t}=\frac{\mathrm{d}w}{\mathrm{d}q}\frac{\mathrm{d}q}{\mathrm{d}t}=ui \tag{1-5}$$

式(1-5)表明，电路元件所吸收的电功率(简称功率)等于元件中的电压和电流的乘积，当电压和电流的单位分别取伏特(V)和安培(A)时，功率的单位仍为瓦特(W)。功率的各单位换算可参考表 1-2。

(a) 电流与电压参考方向相关联　　(b) 电流与电压参考方向非关联

图 1-8　不同参考方向对功率计算的影响

在电流和电压参考方向相关联的条件下，可得如下判断：当 p 大于零时，表明该元件是吸收(消耗)功率；当 p 小于零时，表明该元件是发出功率(或吸收负功率)。若电流和电压参考方向非关联时，如图 1-8(b)所示，则利用式(1-5)计算功率时要加负号：$p=-ui$。

对整个电路而言，任一时刻电路中各元件吸收的功率总和应等于发出的功率总和，或总功率的代数和必为零，即必须满足能量守恒定律。

例 1-1[①]　各元件电流和电压参考方向如图 1-9 所示。已知 $U_1=3$ V，$U_2=5$ V，$U_3=U_4=-2$ V，$I_1=-I_2=-2$ A，$I_3=1$ A，$I_4=3$ A。试求各元件的功率，并指出是吸收功率还是发出功率，整个电路的总功率是否满足能量守恒定律?

解　根据各元件的参考方向及式(1-5)，可得各元件的功率为

元件 1：$P_1=U_1I_1=3\times(-2)=-6$ W　　(发出功率)

元件 2：$P_2=U_2I_2=5\times2=10$ W　　(吸收功率)

元件 3：$P_3=-U_3I_3=-(-2)\times1=2$ W　　(吸收功率)

元件 4：$P_4=U_4I_4=(-2)\times3=-6$ W　　(发出功率)

电路的总功率：$P=P_1+P_2+P_3+P_4=0$　　(能量守恒)

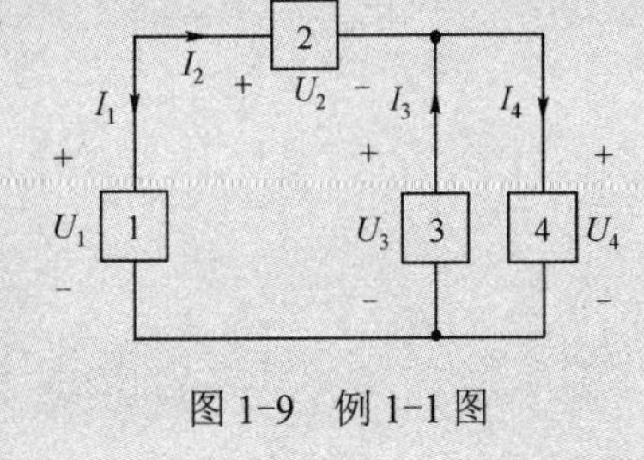

图 1-9　例 1-1 图

根据功率与能量的关系，$t_0\sim t$ 时间元件所吸收的电能为

$$w(t)=\int_{t_0}^{t}p(\tau)\mathrm{d}\tau=\int_{t_0}^{t}u(\tau)\ i(\tau)\mathrm{d}\tau \tag{1-6}$$

在电力系统中，电能的单位常用千瓦·时(kW·h)，1 千瓦·时又称为 1 度电。

思考题

T1.2-1　设电流参考方向如图 1-6(a)所示，已知电流 $i_{\mathrm{AB}}=-2$ A，试判断其实际方向。

① 为了计算过程简洁，本教材的所有例题，在解题过程中，电压、电流、电阻等物理量，均默认为国际标准单位且省略，仅在结果处标出单位且不带括号。

T1.2-2　电流参考方向如图 1-6(b)所示，已知电流为 $i_{BA}(t) = 2\cos 100\pi t$ A。求 $t = 7.5$ ms 时的电流值，并判断此时电流的实际方向。

T1.2-3　假设取图 1-7(a)所示的电压参考极性，并已知 $u_{AB} = 5$ V，试判断实际电压极性。

T1.2-4　试画出与图 1-7(b)所示电压相关联的电流参考方向。

T1.2-5　确定图 1-10 所示各电路中的功率，并指出是发出功率还是吸收功率。

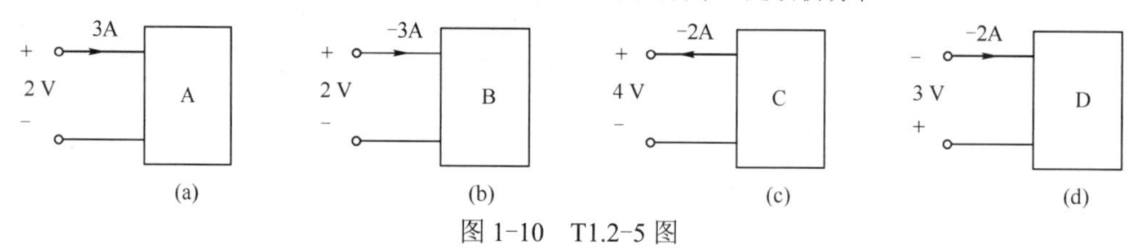

图 1-10　T1.2-5 图

T1.2-6　试问某一台 600 W 的家电设备持续工作 5 小时，共消耗多少度电？

基本练习题

1.2-1　已知图题 1.2-1 中，电流 $I_1 = -0.1$A，求电流 I_2。

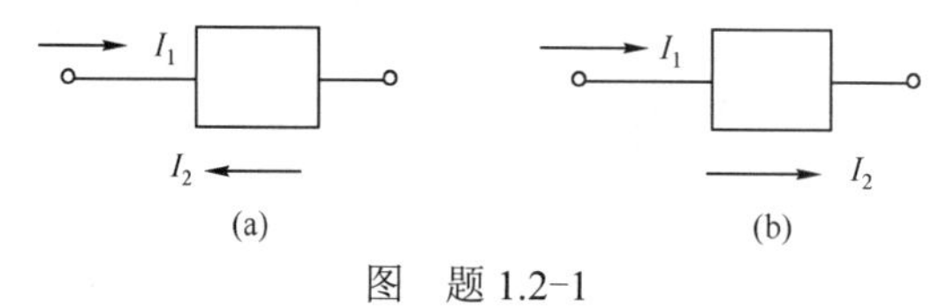

图　题 1.2-1

1.2-2　计算图题 1.2-2 中各元件的功率，并指出是吸收功率还是发出功率。

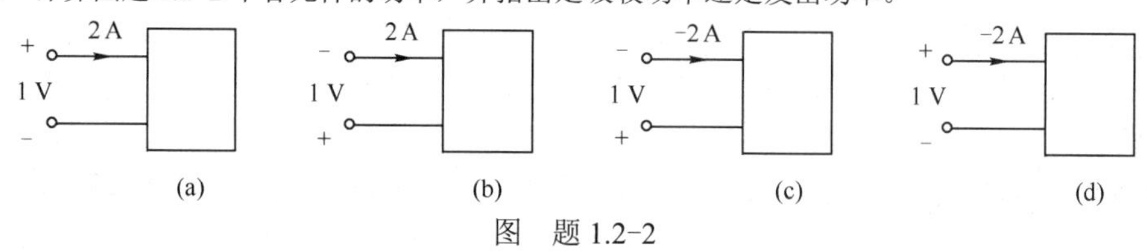

图　题 1.2-2

1.2-3　计算图题 1.2-3 中各元件的未知量。

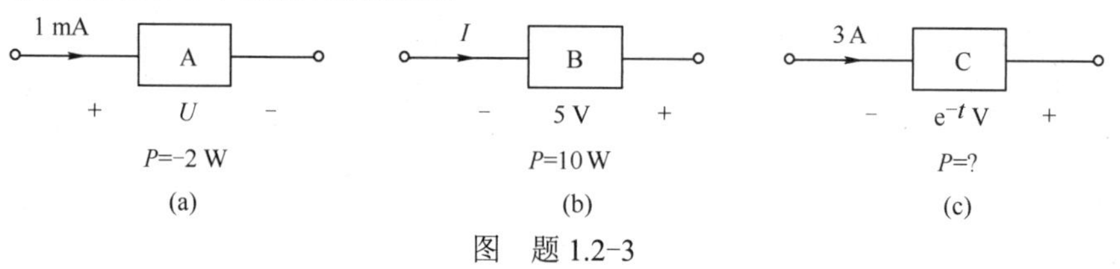

图　题 1.2-3

1.2-4　一个 12 V 的电池给灯泡供电，设电池电压保持恒定。已知在 8 小时内电池提供的总能量为 500 J，求：（1）提供给灯泡的功率是多少？（2）流过该灯泡的电流是多少？

1.3　基尔霍夫定律

基尔霍夫定律是分析集总参数电路的重要定律，是电路理论的基石。为了便于定律的阐述，先介绍电路分析中常用的名词术语。

1.3.1　电路分析中的拓扑结构

支路[①]　电路中一个二端元件，或若干个二端元件，依次串联且流经的是同一个电流的电

① 后面将会定义一个元件一个支路。

路分支，称为一个支路。如图 1-11 所示的电路中有 5 个支路，其中支路 1 是由两个二端元件串联构成的，其余都是由一个二端元件构成的。

结点[①] 电路中三个或三个以上支路的连接点，称为结点。图 1-11 的电路中，①、②、③均为结点，共有 3 个结点。其中 a 点与结点①间为短路线连接，视为同一个结点。

回路 电路中由若干个支路构成的闭合路径，称为回路。图 1-11 的电路中共有 6 个回路(请读者自行找出)。

网孔 平面电路[②]中不含有支路的回路，称为网孔。图 1-11 的电路中共有 3 个网孔。网孔属于回路，但回路并不都是网孔。

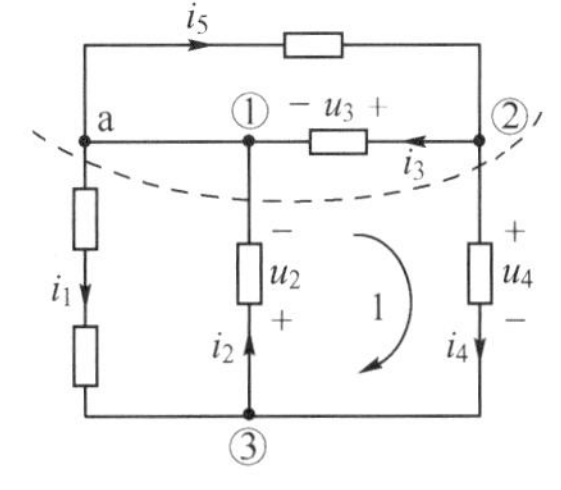

图 1-11 术语解释电路

集总参数电路从拓扑结构上讲是支路和结点的集合。基尔霍夫定律从电路结构上描述了电路中电流和电压的约束关系，与各元件的性质无关。

1.3.2 基尔霍夫电流定律

基尔霍夫电流定律(Kirchhoff 's Current Law，简称 KCL)：集总参数电路中任一结点，在任意时刻，流入该结点的全部支路电流之和等于流出该结点的全部支路电流之和，即

$$\sum i_{入} = \sum i_{出} \tag{1-7}$$

例如，对图 1-11 所示电路中的结点①，列出的 KCL 方程为

$$i_2 + i_3 = i_1 + i_5$$

或者规定流出该结点的支路电流取正号，流入该结点的支路电流取负号，则上述方程可改写为

$$i_1 - i_2 - i_3 + i_5 = 0$$

因而，KCL 又可等价地描述为：集总参数电路中任一结点，在任意时刻流入该结点的全部支路电流的代数和等于零，即

$$\sum_{k=1}^{b} i_k = 0 \tag{1-8}$$

式中，b 为该结点上的支路个数。

由电荷守恒和电流连续性原理可知，KCL 同样适用于任一封闭面。例如，图 1-11 的电路中虚线所示含多结点的封闭面(沿用电路术语可称为“超结点”，后面章节将定义为“割集”)，其 KCL 方程为

$$i_1 - i_2 + i_4 = 0$$

这三个电流中只有两个是独立的。

1.3.3 基尔霍夫电压定律

基尔霍夫电压定律(Kirchhoff 's Voltage Law，简称 KVL)：集总参数电路中的任一回路，在任意时刻，沿该回路闭合路径绕行一周的全部支路电压的代数和等于零，即

$$\sum_{k=1}^{b} u_k = 0 \tag{1-9}$$

式中，b 为该回路所包含的支路个数；u_k 为回路中第 k 个支路的电压：若其参考方向与回路绕行方向相同则取正号，反之取负号。

---

① 当定义一个元件一个支路时，元件之间的连接点称为结点；

② 平面电路是指电路画在一个平面上没有任何支路的交叉。

例如，讨论图 1-11 所示电路中的回路 l，该回路由 3 个支路构成，每个支路电压参考方向如图中所示，选顺时针方向为绕行方向(逆时针也可)，从①结点出发沿回路 1 的闭合路径顺时针方向绕行一周，所列出的 KVL 方程为

$$-u_3 + u_4 + u_2 = 0$$

式中，支路电压 u_3 的参考方向与绕行方向相反，取负号，支路电压 u_2 和 u_4 的参考方向与绕行方向相同，取正号。由此不难看出，由于 KVL 的约束关系，上述方程中的支路电压并不都是独立的。

KVL 的应用还可推广到求解任意两结点间的电压。例如，图 1-11 的电路中，u_{23} 为结点②和③间的电压，其方程为

$$u_{23}=-u_2 + u_3$$

根据 KVL 方程的约束，若支路电压 u_2 和 u_3 已知，就可得结点②和③之间的电压。

思考题

T1.3-1　KCL 和 KVL 与电路元件是否有关？分别适用于什么类型电路？

基本练习题

1.3-1　求图题 1.3-1 所示电路中各电路的电流 i。

1.3-2　求图题 1.3-2 所示电路中电阻 R 的值。

1.3-3　求图题 1.3-3 所示电路中的 u 和 i。

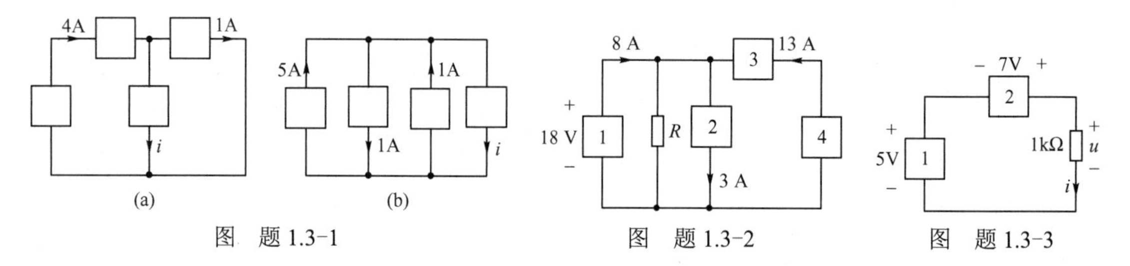

图　题 1.3-1　　图　题 1.3-2　　图　题 1.3-3

1.4　电路的基本元件及方程

电路的基本元素是元件，电路元件是实际器件的理想化物理模型，应有严格的定义。本节定义几种基本的电路元件及元件的约束方程。

1.4.1　电阻元件

电阻是电路中阻止电流流动和表示能量损耗大小的参数。电阻元件是用来模拟电能损耗或电能转换为热能等其他形式能量的理想元件。电阻元件习惯上也简称为电阻，故，“电阻”一词有两种含义，应注意区别。从元件特性上可分为线性、非线性、时不变和时变电阻；从功率的发出或吸收角度，可分为有源和无源电阻；从端接点数上讲，又可分为二端电阻和多端电阻。下面给出二端电阻元件的定义，其概念可推广至多端电阻元件。

若一个二端元件在任一时刻其端电压 u 和流经的电流 i 二者之间的关系，可由 u–i 平面上的一条曲线来确定，则此二端元件称为二端电阻元件。该曲线称为电阻的伏安特性曲线，它反映了电阻的电压与电流的关系(Voltage Current Relation，简称 VCR)。

线性电阻的伏安特性曲线是 u–i 平面上一条通过原点的直线，电阻值的大小与直线的斜率成正比。直线的斜率随时间变化时称为线性时变电阻，否则称为线性时不变电阻(简称线性电阻或电阻)。图 1-12 示出了线性电阻的伏安特性曲线及元件的符号。由特性曲线可知，线性电

阻是双向元件。

凡不满足线性特性的电阻，为非线性电阻。非线性电阻也有时变与时不变之分。关于电阻的时变性不属于本书讨论的范围，非线性时不变电阻将在本书第 12 章讨论。

设电流和电压参考方向相关联，线性时不变电阻的 VCR 约束方程由欧姆定律决定：

$$u = Ri \text{，或} \quad i = Gu \tag{1-10}$$

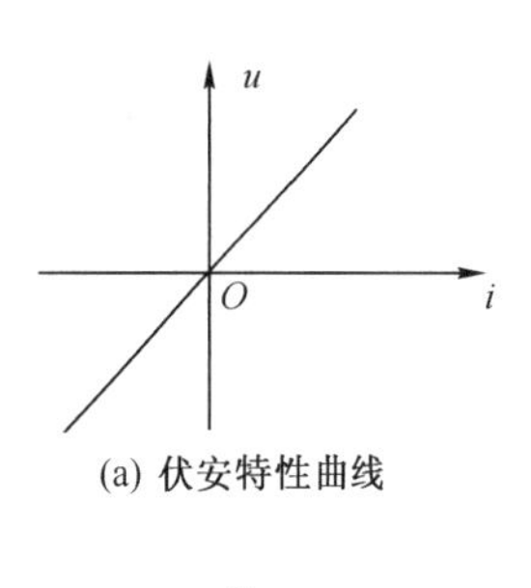

(a) 伏安特性曲线

i R

+ u −

(b) 元件符号

图 1-12 线性电阻的伏安特性曲线及元件符号

式(1-10)中，电阻 R 是与电流和电压大小无关的常数，当电流单位为安培(A)，电压单位为伏特(V)时，电阻的基本单位为欧姆(Ω)；电导 G 是电阻的倒数，即 $G = 1/R$。电导的基本单位为西门子(S)。

由电功率的定义及欧姆定律可知，电阻吸收的功率为

$$p = ui = Ri^2 = Gu^2 \tag{1-11}$$

这表明正电阻总是吸收(消耗)功率的，称为无源元件。所谓“有源元件”是指元件可向外部电路提供大于零且无限长时间的平均功率的一类元件。

严格地讲，线性电阻在实际中是不存在的。以上讨论的电阻元件并不等于实际的电阻器，而是理论上的模型。用这种理想的电阻元件可以模拟实际的电阻器，以及其他物理器件和装置所具有的电阻特性。例如，实际的线绕电阻器是由电阻丝绕制而成的，在某些工作环境下，当电压和电流的关系基本符合欧姆定律时，可用线性电阻来模拟近似。在高频情况下，可能还要考虑到线绕之间的电感和电容效应，这时只用一个线性电阻就不能反映实际器件的物理特性。此外，在电子器件和线路中，有时要考虑到导线或介质的电阻效应，这也可用电阻元件来模拟。

应该注意到，实际电阻器在规定的工作电压、电流和功率范围内才能正常工作。因此，实际电阻器上不仅要注明电阻的标称值，还要有额定功率值。图 1-13 给出了几种电阻器的实物图片。

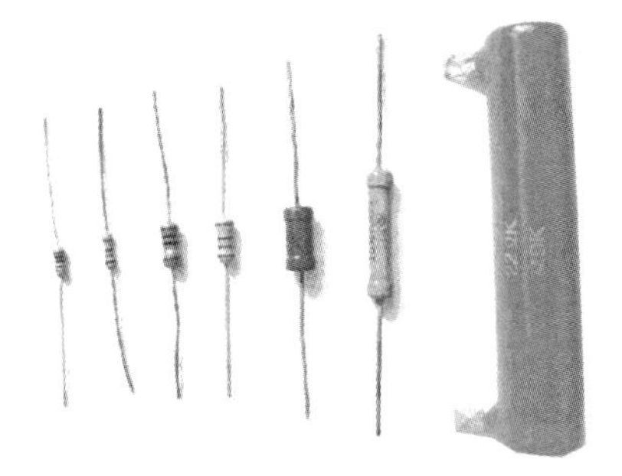

图 1-13 实际电阻器

例 1-2 如图 1-14 所示电路，试求电流 I 和电压 U。

解 根据各支路电流的参考方向，由结点 KCL：

$$3+1-2+I=0$$

可求得 $\quad I=-2\text{A}$

由欧姆定律 $\quad U_1=3I=-6\text{V}$

由回路 KVL $\quad U+U_1+3-2=0$

解得 $\quad U=5\text{ V}$

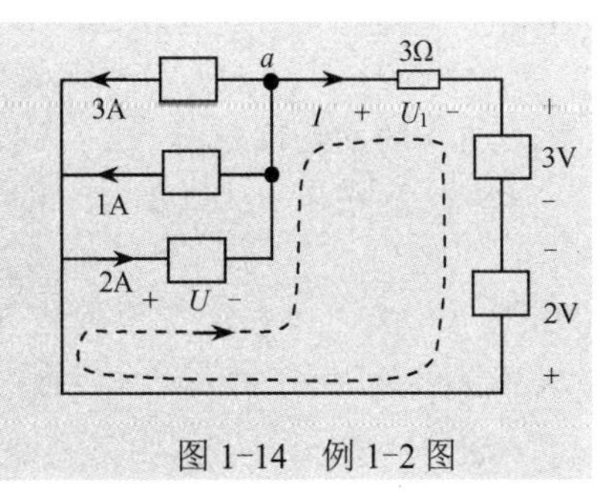

图 1-14 例 1-2 图

1.4.2 电容元件

电容是储存电场能量或储存电荷能力的度量。电容元件是用来模拟一类能够储存电场能量的理想元件模型。简单地讲，实际电容器是由两片平行导体极板，其间填充绝缘介质而构成的储存电场能量的元件。图 1-15 所示为几种实际电容器。

与电阻类似，电容元件也有线性、非线性、时不变和时变之分。本节仅限于讨论线性时不变二端电容元件。

若一个二端元件在任一时刻，其上电荷 q 与两端电压 u 之间的关系可由 q–u 平面上的一条

不随时间变化，且通过零点的直线来确定，则此二端元件称为线性时不变电容元件，简称电容C，其特性曲线及符号如图 1-16 所示。按图中的参考方向可得电容元件的特性方程

$$C = q / u \tag{1-12}$$

式中，参数 C 与直线的斜率成正比。当电荷单位为库仑，电压单位为伏特时，电容的单位为法拉（F）。实际中法拉的单位太大，常采用微法（μF）和皮法（pF）。由表 1-2 可知 $1\ \text{F}=10^6\ \mu\text{F}=10^{12}\ \text{pF}$。本书中提到的“电容”，或指元件或指参数。

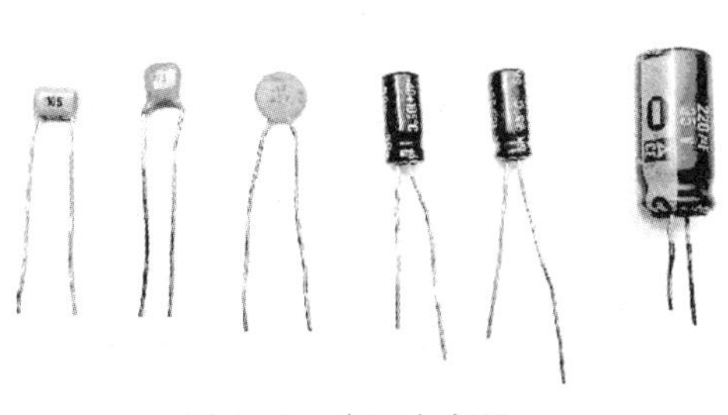

图 1-15　实际电容器

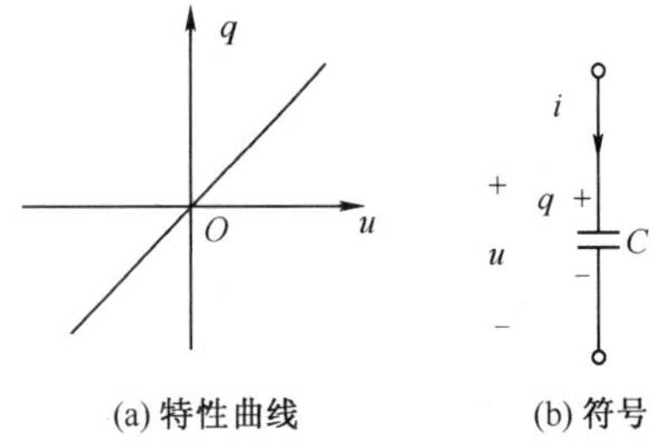

图 1-16　线性电容特性曲线及符号

在电路理论中，更多的是讨论元件电压与电流的关系（VCR）。由 $i = \mathrm{d}q/\mathrm{d}t$，并考虑到式(1-12)，则有

$$i = \frac{\mathrm{d}q}{\mathrm{d}t} = C\frac{\mathrm{d}u}{\mathrm{d}t} \tag{1-13}$$

式(1-13)表明，电容的电流与其端电压的变化率成正比，与其电压的数值大小无关。读者可自行分析在电容电压随时间的变化率分别等于零、有限值和无限值这三种情况下电容电流和电压的对应关系。由式(1-13)可得

$$u = \frac{1}{C}\int_{-\infty}^{t} i(\tau)\ \mathrm{d}\tau = \frac{1}{C}\int_{-\infty}^{0} i(\tau)\,\mathrm{d}\tau + \frac{1}{C}\int_{0}^{t} i(\tau)\ \mathrm{d}\tau = u(0) + \frac{1}{C}\int_{0}^{t} i(\tau)\ \mathrm{d}\tau \tag{1-14}$$

式(1-14)中，$u(0)=\frac{1}{C}\int_{-\infty}^{0} i(\tau)\,\mathrm{d}\tau$，称为电容电压在 $t=0$ 时刻的初始值。这说明任一时刻的电容电压不仅与该时刻的电流有关，而且还与此时刻以前的“历史状态”有关(从$-\infty$开始)，与电阻的电压只取决于即时的电流有着截然不同，故电容称为“记忆元件”。

例 1-3　图 1-17(a)所示的电容元件，已知电流的波形如图 1-17(b)所示，设 C=5μF，电容电压的初始值 $u(0)$ =0。试求电容两端的电压 u。

解　由图 1-17(b)可知，电流分段表示为

$$i = \begin{cases} 1\text{mA}，0 \leqslant t \leqslant 2\text{s} \\ 0，\quad 其他 \end{cases}$$

又因为 $u(0)=0$，根据式(1-14)可得电容两端的电压为

$$u = 0, \qquad t < 0$$

$$u = u(0) + \frac{1}{C}\int_0^t i\mathrm{d}\tau$$

因此，当 $0 \leqslant t \leqslant 2\text{s}$ 时

$$u = \frac{10^6}{5}\int_0^t 1\times 10^{-3}\ \mathrm{d}\tau\ = 200\,t\ \text{V}$$

当 $2\text{s} \leqslant t \leqslant \infty$ 时

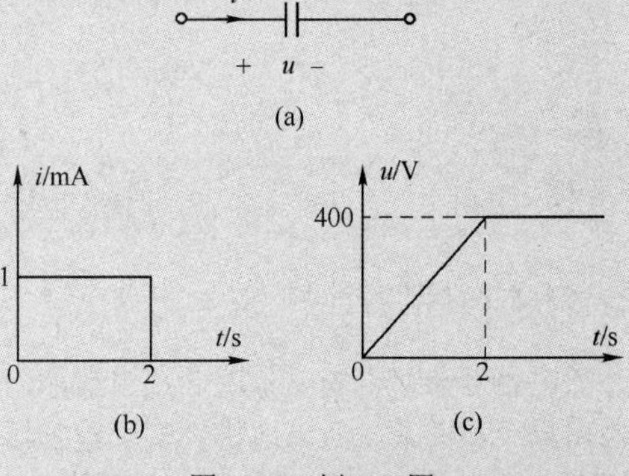

图 1-17　例 1-3 图

$$u=\frac{1}{5\times10^{-6}}\int_0^2 1\times10^{-3}\mathrm{d}\tau=400\ \mathrm{V}$$

电容电压的波形如图 1-17(c)所示。

例 1-4 图 1-18(a)所示电路已稳定(电压电流不随时间变化)，试求电流 I 和电压 U_c。

解 因电路已稳定，电容电压不随时间变化，则 $I_c=0$，电容视为开路，可等效为图 1-18(b)所示电路。则由 KVL 得

$$I\times10\times10^3+I\times40\times10^3=10\ \mathrm{V}$$

解得

$$I=0.2\ \mathrm{mA}$$

$$U_c=40\times10^3 I=8\ \mathrm{V}$$

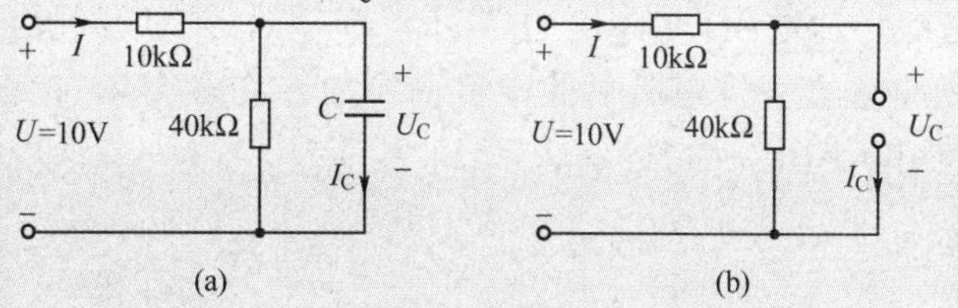

(a)　(b)

图 1-18　例 1-4 图

设电容的电压和电流参考方向相关联，电容吸收的功率为

$$p=ui=Cu\frac{\mathrm{d}u}{\mathrm{d}t} \tag{1-15}$$

则在 t_1～t_2 内电容中所储存的电场能量为

$$w=\int_{t_1}^{t_2}p\mathrm{d}t=\int_{u(t_1)}^{u(t_2)}Cu\mathrm{d}u=\frac{1}{2}Cu^2(t_2)-\frac{1}{2}Cu^2(t_1) \tag{1-16}$$

当 $u(t_2)>u(t_1)$ 时，表明电容从外部电路吸收能量，并以电场形式储存能量(充电)；反之，当 $u(t_2)<u(t_1)$ 时，表明电容将原先已储存的电场能量向外部电路释放(放电)。由于电容具有能量储存能力，通常称为储能元件。

需要强调，电容只有先被充电，才有可能向外部电路放电。故电容是无源元件，理想电容是不消耗能量的，又称为无损元件。

实际电容器两极板间的绝缘介质并非理想的。当两极板间施加电压时，将有漏电流存在。在考虑漏电流的情况下(如电解质电容器)，实际电容器可用一理想电容元件和理想电阻元件的并联来模拟。此外，实际中为改变电容量的大小，常将极板的面积制作成可调的，称为可变电容器，如收音机中用来选台(调频)的电容器。实际电容器制作的材料和结构不尽相同，通常有云母电容器、陶瓷电容器、钽质电容器、聚碳酸酯电容器等。

1.4.3　电感元件

由物理学知道，当导体中有电流流过时，导体周围将产生磁场。变化的磁场可以使置于磁场中的导体产生电压，这个电压的大小与产生磁场的电流随时间的变化率成正比。这里所讨论的电感元件就是用来模拟实际电磁器件的理想元件。下面给出二端电感元件的定义。

若一个二端元件在任一时刻，其中的电流与其磁通链之间的关系可由 $\psi-i$ 平面上的一条曲线所确定，则此二端元件称为电感元件，这条曲线称为电感元件的特性曲线。若特性曲线是一条不随时间变化的过零点直线，则称为线性时不变电感元件，简称电感 L。

图 1-19 示出了线性电感元件的特性曲线和元件符号(设磁通与电流方向符合右手螺旋法则)。其数学关系为

$$L=\psi/i \tag{1-17}$$

其中，磁通链的单位为韦伯(Wb)，电流的单位为安培(A)时，电感的单位为亨利(H)。如同电

阻、电容一样，“电感”一词既表示元件，又表示元件参数大小的度量。

如上所述，随时间变化的磁场将产生电压，设电感电压和电流的参考方向相关联，则有

$$u=\frac{\mathrm{d}\psi}{\mathrm{d}t}=L\frac{\mathrm{d}i}{\mathrm{d}t} \tag{1-18}$$

式(1-18)表明，电感的端电压与其通过的电流变化率成正比。当电流为直流时，端电压为零，此时可将电感视为短路；当电流随时间的变化率很大时，端电压将会很高。理论上，电感电流的突变可导致电感两端的电压为无穷大。

实际的电感器通常由线圈绕制而成，如图 1-20 所示。其中$\psi=\Phi N$，Φ为磁通，N为线圈的匝数。空心线圈(近似线性)在低频条件下可以用电感和电阻的串联来模拟。对含有电感的电路，可控制线圈中的电流迅速通断，从而产生高压。在很短的空间间隔处，大电压等于存在很大的电场，储存的能量将通过空气电离后的电弧而释放。许多实际的点火装置(如汽车、煤气灶等设备的点火系统)就利用了这一特性。

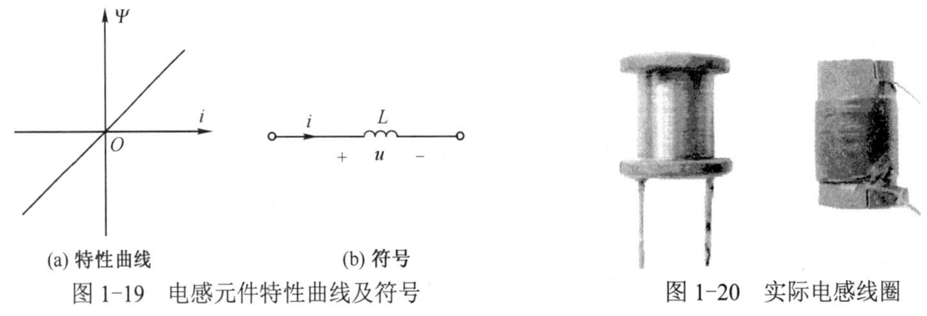

(a) 特性曲线　　(b) 符号

图 1-19　电感元件特性曲线及符号

图 1-20　实际电感线圈

由式(1-18)可知，电感电压与电流的关系还可表达为积分关系，即

$$i=\frac{1}{L}\int_{-\infty}^{t}u(\tau)\mathrm{d}\tau=\frac{1}{L}\int_{-\infty}^{0}u(\tau)\,\mathrm{d}\tau+\frac{1}{L}\int_{0}^{t}u(\tau)\,\mathrm{d}\tau=i(0)+\frac{1}{L}\int_{0}^{t}u(\tau)\,\mathrm{d}\tau \tag{1-19}$$

式(1-19)中，$i(0)=\frac{1}{L}\int_{-\infty}^{0}u(\tau)\,\mathrm{d}\tau$，是电感电流的初始值。此式说明，任意时刻 t 的电感电流不仅取决于［0, t］间的电压波形，而且还取决于$(-\infty, 0)$间的电压，即零时刻电感电流的初值。这一性质与电容相似，所以，电感也是“记忆元件”。

例 1-5　已知流过 0.2H 电感的电流波形如图 1-21(a)所示。设电感的电流和电压参考方向相关联，求电感电压的波形。

解　由图可知电感电流可分段表示为

$$i=\begin{cases}t, & 0\leqslant t\leqslant 1\\ 1, & 1\leqslant t\leqslant 2\\ -t+3, & 2\leqslant t\leqslant 3\\ 0, & \text{其他}\end{cases}$$

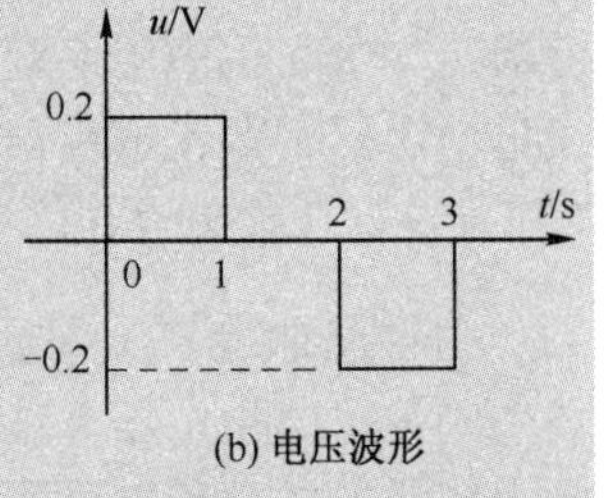

(a) 电流波形　　(b) 电压波形

图 1-21　例 1-5 图

应用式(1-18)可得电感电压为

$$u=L\frac{\mathrm{d}i}{\mathrm{d}t}=\begin{cases}0.2\times1=0.2\ \mathrm{V}, & 0\leqslant t\leqslant 1\mathrm{s}\\ 0.2\times0=0, & 1\mathrm{s}<t<2\mathrm{s}\\ 0.2\times(-1)=-0.2\ \mathrm{V}, & 2\mathrm{s}\leqslant t\leqslant 3\mathrm{s}\\ 0, & \text{其他}\end{cases}$$

由此可得电压波形，如图 1-21(b)所示。

在电感电流与电压参考方向关联时，电感吸收的功率为

$$p = ui = Li\frac{\mathrm{d}i}{\mathrm{d}t} \tag{1-20}$$

则在$[t_1, t_2]$区间内电感中储存的磁场能量为

$$w = \int_{t_1}^{t_2} p\ \mathrm{d}t = \int_{i(t_1)}^{i(t_2)} Li\mathrm{d}i = \frac{1}{2}Li^2(t_2) - \frac{1}{2}Li^2(t_1) \tag{1-21}$$

当$i(t_2) > i(t_1)$时，表明电感从外部电路吸收能量，并以磁场形式储存能量(充电)；反之，当$i(t_2) < i(t_1)$时，表明电感将原先已储存的磁场能量向外部电路释放(放电)。由于电感具有能量储存能力，通常也称为储能元件。与电容类似，理想电感也是无源无损元件。应该认识到，实际电感线圈存在导线电阻，因而能量就不能无损耗地储存。

1.4.4 独立电压源

任何实际电路正常工作必须有提供能量的电源。实际电源多种多样，图 1-22 给出了几种实际电源的图片：图 1-22(a)为手电筒和收音机上用的干电池及计算器中用的纽扣电池，图 1-22(b)为实验室中用的稳压电源。还有其他种类的电源，如机动车上用的蓄电池和人造卫星上用的太阳能电池，以及工程上使用的直流发电机、交流发电机等。

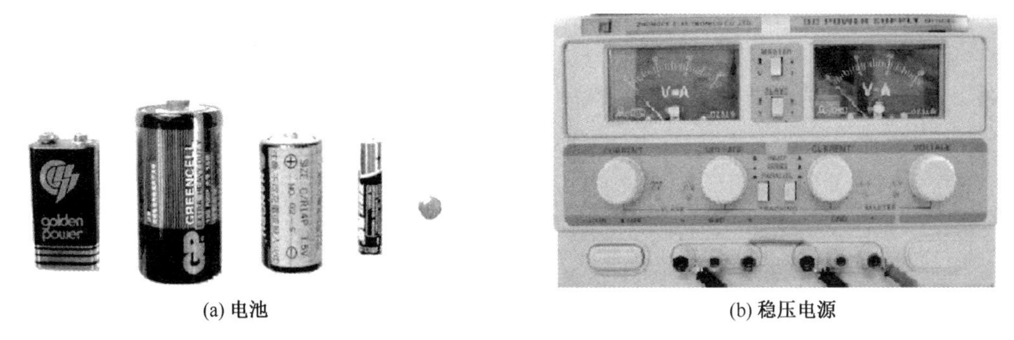

(a) 电池　　(b) 稳压电源

图 1-22　实际电源

为了对实际电源进行模拟，理论上定义了两种理想的独立电源：独立电压源和独立电流源。这里“独立”一词反映了电源自身的特性与其他元件无关，这也是为区别后面将要介绍的受控源而强调的。本节先讨论独立电压源。

若一个二端元件不论其电流为何值，或外部电路如何，其两端电压始终保持某确定的时间函数 $u_s(t)$，则称该二端元件为独立电压源，简称电压源。相应的模型符号如图 1-23(a)所示。其中端电压保持常量的电压源，称为直流(恒定)电压源，常用 U_s 表示。图 1-23(b)和(c)为直流电压源的特性曲线和符号，当直流电压源为电池时，也常用图 1-23(d)所示的符号表示。

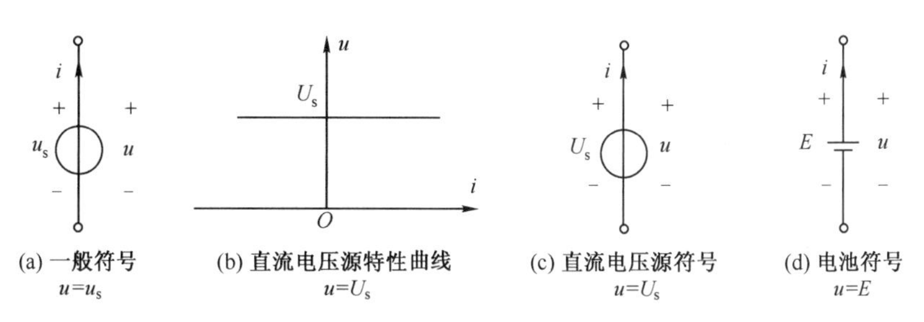

(a) 一般符号 $u=u_s$　　(b) 直流电压源特性曲线 $u=U_s$　　(c) 直流电压源符号 $u=U_s$　　(d) 电池符号 $u=E$

图 1-23　独立电压源特性及符号

端电压按确定的函数关系随时间变化的电压源称为交变电压源。端电压随时间周期性变化且在一个周期内的平均值为零的电压源，称为交流电压源。

设独立电压源的电流和电压参考方向相关联，其吸收的功率为 $p=ui$ 。当功率大于零时，表明电压源实际吸收功率(可理解为被充电)；反之，为发出功率(给电路提供能量)。

例 1-6 图 1-24 所示电路中，已知 $U_{s1}=4\text{ V}$，$U_{s2}=2\text{ V}$，$I=1\text{ A}$。求：(1) 元件 A 的功率；(2) 设元件 A 是线性电阻 R，求其电阻值。

解 (1) 两个电压源的功率分别为

$$P_1=-U_{s1}I=-4\times1=-4\text{ W}$$

$$P_2=U_{s2}I=2\times1=2\text{ W}$$

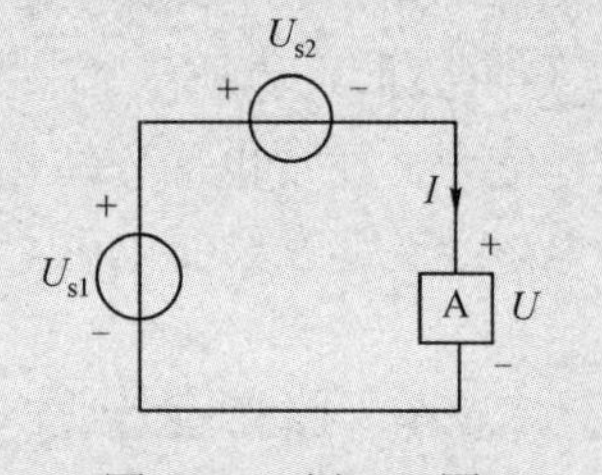

图 1-24 例 1-6 图

由能量守恒定律可知，元件 A 的功率为

$$P_3=-(P_1+P_2)=-(-4+2)=2\text{ W}$$

(2) 由 KVL 可得

$$U=U_{s1}-U_{s2}=4-2=2\text{ V}$$

由欧姆定律得 $R=U/I=2/1=2\ \Omega$

由上述定义可知，独立电压源中的电流是任意的，与外部电路有关。作为理想元件，没有能量的限制(电流可无穷大)。显然，这在实际中不可能存在，实际电压源是不能短路的，否则将会被损坏。

1.4.5 独立电流源

独立电流源也是一种理想化的电源模型。若一个二端元件不论其电压为何值(或外部电路如何)，其电流始终保持常量 I_s 或确定的时间函数 $i_s(t)$，则称该二端元件为独立电流源(简称电流源)。相应的模型符号如图 1-25(a)所示。其中保持常量的电流源称为直流(恒定)电流源，常用大写 I_s 表示，直流电流源的特性曲线及模型符号如图 1-25(b)和(c)所示。电流按给定的函数关系随时间变化的电流源，称为交变电流源。电流随时间周期性变化且一个周期内的平均值为零的电流源，称为交流电流源。

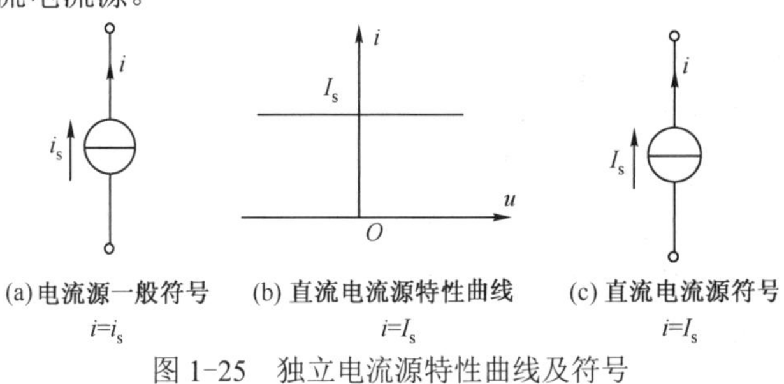

图 1-25 独立电流源特性曲线及符号

设独立电流源的电流和电压参考方向相关联，则电流源所吸收的功率为

$$p=ui$$

当功率大于零时，表明电流源实际吸收功率(作为负载)；反之，为发出功率(作为电源)。

例 1-7 图 1-26 所示电路中，已知 $I_s=0.5\text{ A}$，$R=10\ \Omega$，$U_s=10\text{ V}$。试求电阻端电压 U_R 及电流源的功率 P_{IS}。

解 由欧姆定律得

$$U_R=RI_s=10\times0.5=5\text{ V}$$

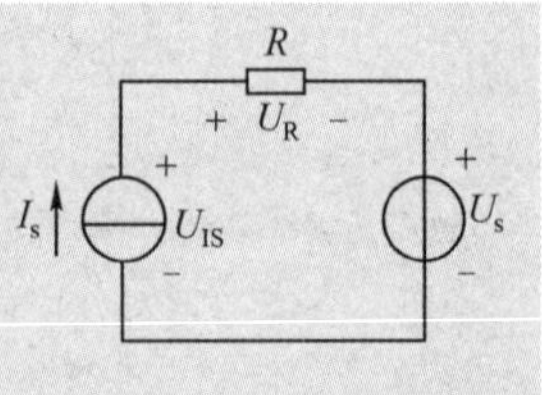

图 1-26 例 1-7 图

电流源端电压为 $U_{IS}=U_R+U_s=5+10=15\text{ V}$

电流源的功率为 $P_{IS}=-U_{IS}I_s=-15\times0.5=-7.5\text{ W}$(发出功率)

由上可知，独立电流源的端电压是任意的，与外部电路有关。作为理想元件，其端电压可为无穷大(电流源开路)，这意味着没有能量的限制。这在实际中也不可能存在。

1.4.6 受控源

受控源也称不独立电源，可用它来建立电子元器件的模型。受控源与独立电源不同，它不能给电路提供能量，而是描述了电路中不同之处的电压与电流之间的关系，即同一电路中某处的电压或电流受另一处的电压或电流控制。本书限于讨论控制量与被控制量之间呈线性关系的受控源，亦称线性受控源。根据控制量与被控制量是电压还是电流，受控源模型可分为四种：电压控制的电压源(Voltage Controlled Voltage Source，简称 VCVS)，电流控制的电压源(Current Controlled Voltage Source，简称 CCVS)，电压控制的电流源(Voltage Controlled Current Source，简称 VCCS)和电流控制的电流源(Current Controlled Current Source，简称 CCCS)。四类受控源符号如图 1-27 所示。受控源元件方程及物理量说明见表 1-3。

表 1-3　受控源元件方程及物理量说明

元件名称	元件方程	控制量	被控制量	控制系数
VCVS	$u_2=\alpha u_1$	u_1	u_2	α
CCVS	$u_2=r i_1$	i_1	u_2	r
VCCS	$i_2=g u_1$	u_1	i_2	g
CCCS	$i_2=\beta i_1$	i_1	i_2	β

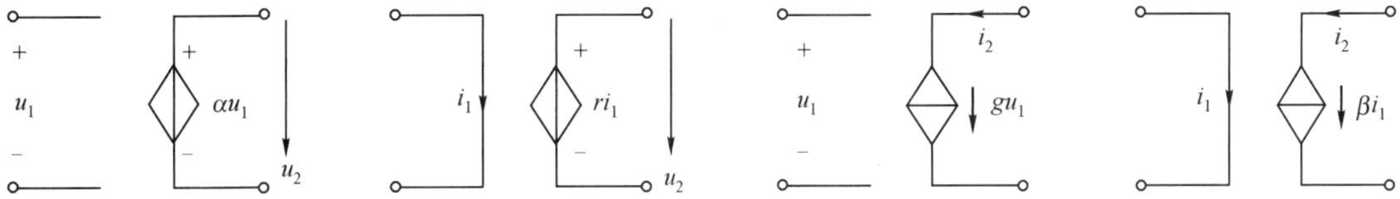

(a) VCVS　(b) CCVS　(c) VCCS　(d) CCCS

图 1-27　四种受控源符号

例 1-8　图 1-28 所示电路中含有电压控制电压源(VCVS)，已知 $R_1=R_2=5\Omega$，$U_s=5$ V。求电路中的 i 和 u_1。

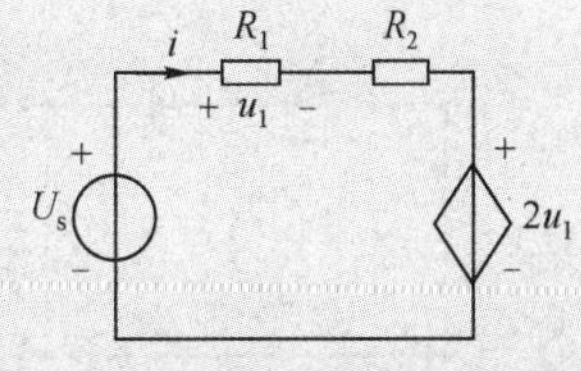

图 1-28　例 1-8 图

解　由欧姆定律和 KVL 得

$$u_1 = R_1 i$$

$$R_1 i + R_2 i + 2u_1 = U_s$$

$$R_1 i + R_2 i + 2R_1 i = U_s$$

所以

$$i = \frac{U_s}{3R_1 + R_2} = \frac{5}{20} = 0.25\text{ A}$$

$$u_1 = R_1 i = 5 \times 0.25 = 1.25\text{ V}$$

思考题

T1.4-1　试写出图 1-29 所示电阻的 VCR 关系式(欧姆定律)和功率的表达式。

T1.4-2　标称值为 100 Ω的电阻 R，额定功率 P_N =0.25 W。试求额定电压 u_N 和额定电流 i_N。

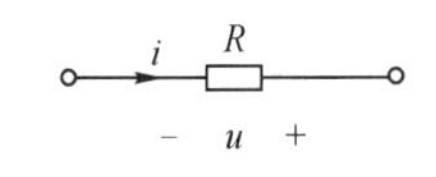

图 1-29　T1.4-1 图

T1.4-3　考虑电容中的介质为非理想时，一个实际电容器的模型应如何构成？

T1.4-4　电感两端的电压为零时是否有能量的储存？

T1.4-5　试求图 1-30 所示电路中的 u 和 i。

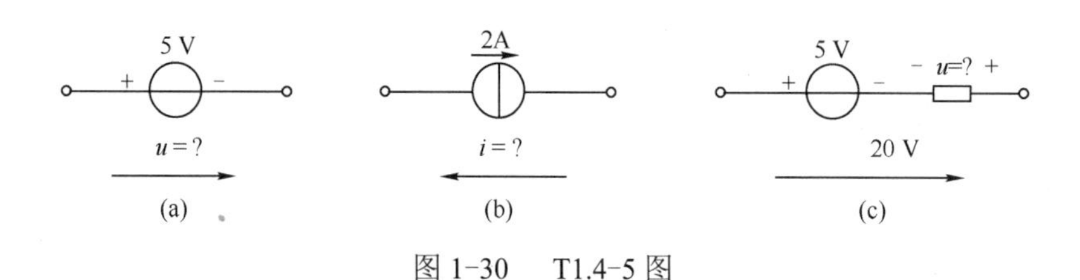

图 1-30　T1.4-5 图

T1.4-6　受控源与独立源的差别是什么？

基本练习题

1.4-1　已知图题 1.4-1(a)所示电容两端电压波形如图 1.4-1(b)所示。已知 $C=100$ pF，求电流 i 的波形。

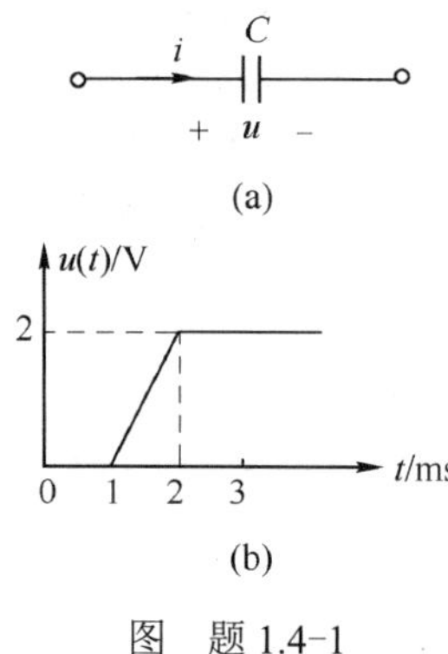

图　题 1.4-1

1.4-2　设电感的电流 i 和电压 u 参考方向相同，已知 L = 25 mH，$i=8(1-\mathrm{e}^{-500t})$ mA，求 t=2 ms 时电感的功率。

1.4-3　求图题 1.4-3 中电压 u 和电流 i。

1.4-4　求图题 1.4-4 所示电路中的电压 u；若将 20 Ω电阻改成 40 Ω，对结果有何影响，为什么？

1.4-5　图题 1.4-5 所示电路中，若四个元件均不吸收任何功率，则电流源 i_s 的值为多少？

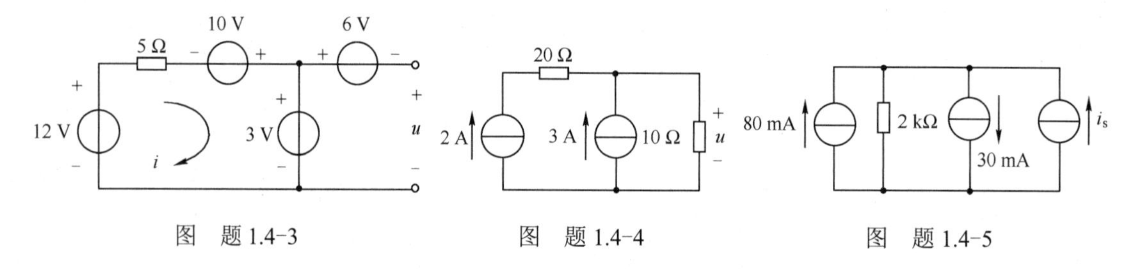

图　题 1.4-3　　图　题 1.4-4　　图　题 1.4-5

△1.5　应　　用

电路模型来源于工程实际，本节介绍电路模型工程应用的实例。

1.5.1　电阻值的工程表示法

电阻元件是对电流呈现阻碍作用的耗能元件。根据制造材料不同，电阻的种类可分为碳膜电阻、金属膜电阻、线绕电阻、无感电阻、薄膜电阻等。为方便表示电阻的阻值，工程上用色环的颜色来辨别电阻的阻值及误差。分为四色环、五色环和六色环电阻等，常用的为四色环与五色环两种，并由 12 种颜色构成不同的环来表示电阻值及误差，如图 1-31 所示。

例如：四色环电阻颜色依次为红色、红色、黑色和金色，分别对应 2、2、1、±5%，即电阻值为：22×1=22Ω，误差为±5%；五色环电阻颜色依次为黄色、紫色、黑色、金色和棕色，分别对应4、7、0、0.1、±1%，即电阻值为470×0.1=47Ω，误差为±1%。

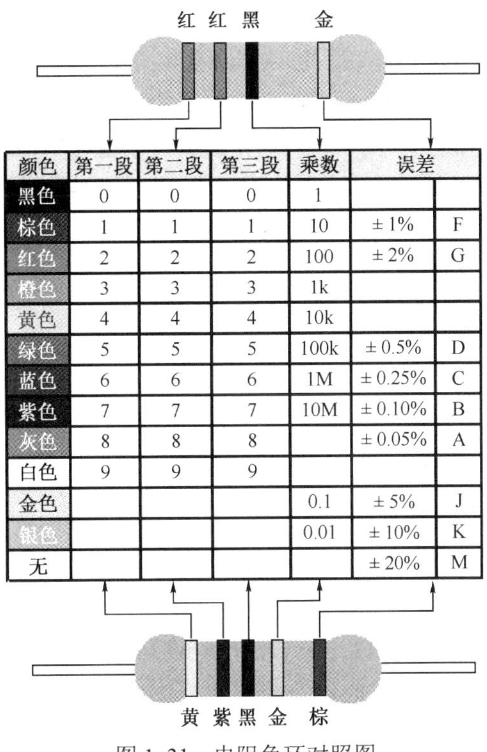

颜色	第一段	第二段	第三段	乘数	误差	
黑色	0	0	0	1		
棕色	1	1	1	10	±1%	F
红色	2	2	2	100	±2%	G
橙色	3	3	3	1k		
黄色	4	4	4	10k		
绿色	5	5	5	100k	±0.5%	D
蓝色	6	6	6	1M	±0.25%	C
紫色	7	7	7	10M	±0.10%	B
灰色	8	8	8		±0.05%	A
白色	9	9	9			
金色				0.1	±5%	J
银色				0.01	±10%	K
无					±20%	M

图1-31　电阻色环对照图

1.5.2　人体防电击接地电路模型

在现代社会里，人们离不开对仪器设备和家电产品的使用。因而电气安全问题十分重要。下面讨论防用电设备漏电而采取的接地保护措施的电路模型。

人体本身就是一个导电体，人体损伤的直接因素是电流而不是电压。如果设备的金属外壳漏电，则站立在地面上的人体触及金属壳体，人体就成了电源与地之间的负载，造成致命的危险。

设备外壳接地是最常用的安全措施。由于外壳接地，即使电源与外壳发生短路，大部分短路电流会通过外壳地线回流到地，而流过人体的电流很小。此时回流电流很大，可使线路中的保险丝熔断而迅速切断设备电源，保障人身安全。图1-32(a)和(b)所示分别为设备外壳接地示意图及等效电路模型。其中 R_s 表示电源内电阻，R_E 和 R_P 分别表示外壳接地电阻和人体电阻。由于 R_E 比 R_P 小很多($R_E \ll R_P$)，所以大部分电流经外壳地线流向大地。显然，接地电阻越小，流过人体的电流也就越小。

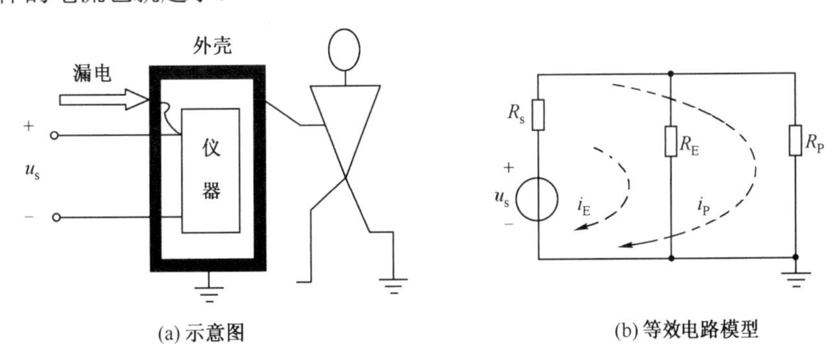

图1-32　设备外壳接地示意图及等效电路模型

还有其他一些防电击保护措施，这里不再一一列举。

本 章 小 结

严格地说，线性元件和线性电路在实际中是不存在的，为了便于理论研究、探讨实际电路的规律，本章从实际电路引出了理想元件和电路模型的概念与意义。电路理论所涉及的物理量有六种：电荷、电流、磁通(链)、电压、功率和能量，在电路分析中常用的是：电流、电压和功率。电压、电流的参考方向(极性)有重要的物理意义，也是列写方程的依据。本章讨论的电路理论的基本定律——KCL 和 KVL，以及若干电路元件的定义、性质及特性方程，是电路分析的基础。

难点提示：要正确理解电路模型的意义，各物理量的参考方向不容忽视，正确理解独立源与受控源的定义，应能灵活应用 KCL、KVL 定律、电功率守恒以及元件方程分析简单电路。

名 人 轶 事

基尔霍夫(Gustav Robert Kirchhoff，1824—1887)，德国物理学家。1824 年 3 月 12 日生于普鲁士的柯尼斯堡(今为俄罗斯加里宁格勒)，1887 年 10 月 17 日卒于柏林。基尔霍夫在柯尼斯堡大学读物理，1847 年毕业后去柏林大学任教，3 年后去布雷斯劳任临时教授。1854 年由化学家本生推荐任海德堡大学教授。1875 年到柏林大学任理论物理教授，直到逝世。

1845 年，21 岁的他发表了第一篇论文，提出了稳恒电路网络中电流、电压、电阻关系的两条电路定律，即著名的基尔霍夫电流定律(KCL)和基尔霍夫电压定律(KVL)，解决了电器设计中电路方面的难题。后来又研究了电路中电的流动和分布，从而阐明了电路中两点间的电势差和静电学的电势这两个物理量在量纲和单位上的一致，使基尔霍夫电路定律具有更广泛的意义。直到现在，基尔霍夫电路定律仍旧是解决复杂电路问题的重要工具。基尔霍夫被称为“电路求解大师”。

安德烈·玛丽·安培(André-Marie Ampère，1775—1836)，法国物理学家、化学家、数学家，在电磁作用方面的研究成就卓著，电流的国际单位安培即以其姓氏命名。奥斯特发现电流磁效应的实验，引起了安培的注意，使他长期信奉的库仑关于电、磁没有关系的信条受到了极大的冲击，他随后提出了磁针转动方向和电流方向的关系的报告，并总结出安培定则，即右手螺旋定则。安培还发现，电流在线圈中流动的时候表现出来的磁性和磁铁相似，并创制出第一个螺线管，在这个基础上发明了探测和量度电流的电流计。他还提出了著名的分子电流假说。此外，安培做了关于电流相互作用的四个实验，并运用高超的数学技巧总结出了关于电流元之间作用力的定律，来描述两电流元之间的相互作用同两电流元的大小、间距以及相对取向之间的关系。

综合练习题

1-1　试求图题 1-1 所示电路中的 u 和 i_s 的值。

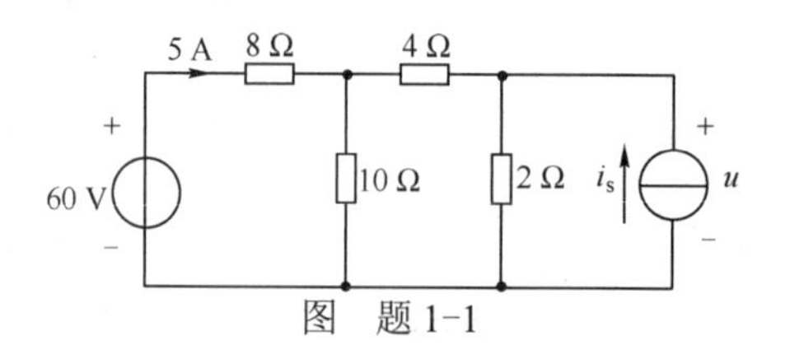

图　题 1-1

1-2　试求图题 1-2 所示各电路中电阻消耗的功率。

1-3　设图题 1-3 所示电路中，$u_s = 1\ \text{V}$，$u_R = 9\ \text{V}$。求：（1）每个元件吸收的功率；（2）验证是否满足能量守恒。

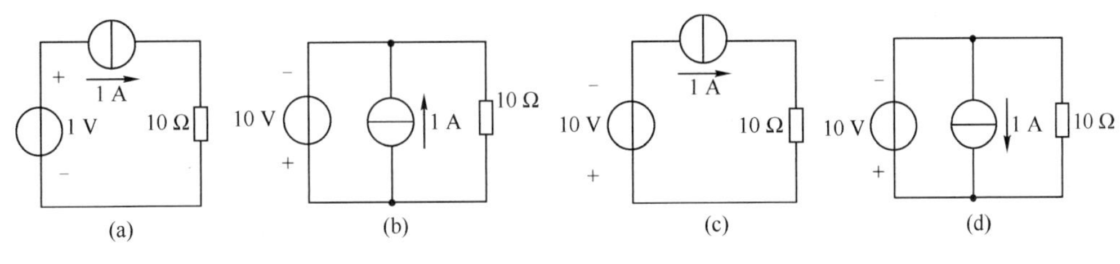

图　题 1-2

1-4　试求图题 1-4 所示电路中的电压 u，设 $i_s = 2\ \text{A}$。

1-5　试求图题 1-5 所示电路中 u_s 及受控源吸收的功率。

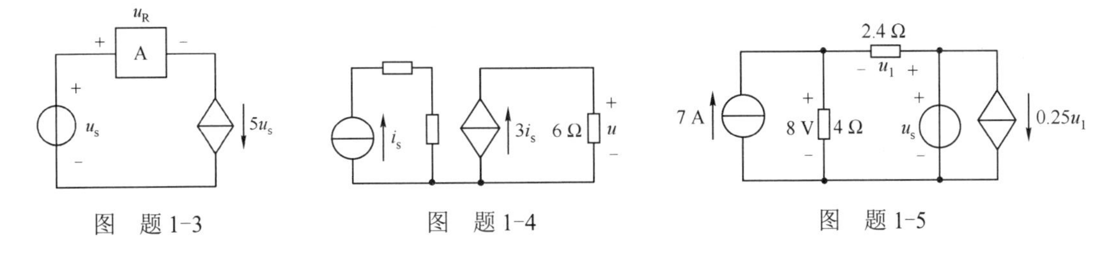

图　题 1-3　　　　图　题 1-4　　　　图　题 1-5

1-6　电流和电压参考方向的不同选择将对实际结果的判断有何影响？为什么？

1-7　如何判断元件的功率是吸收还是发出？

第 2 章　电阻电路的一般分析方法

【内容提要】

本章主要介绍线性电阻电路的等效变换和复杂电路的系统分析方法，内容包括：电路的等效变换(串联、并联和 Y/Δ转换)，以及等效电阻的概念；网络图论的初步知识，以及线性电路方程组的独立性；线性电阻电路系统的分析方法，包括支路法、回路电流法(网孔电流法)和结点电压法。拓展应用中，介绍万用表的原理和使用万用表测量电路变量、元件参数以及简单的电路诊断。

2.1　电路的化简与等效

2.1.1　电阻的串联和并联

1．电阻的串联

图 2-1(a)所示为由 n 个电阻 R_1、R_2、…、R_n 组成的串联电路。电阻串联时，流过每个电阻中的电流为同一电流。

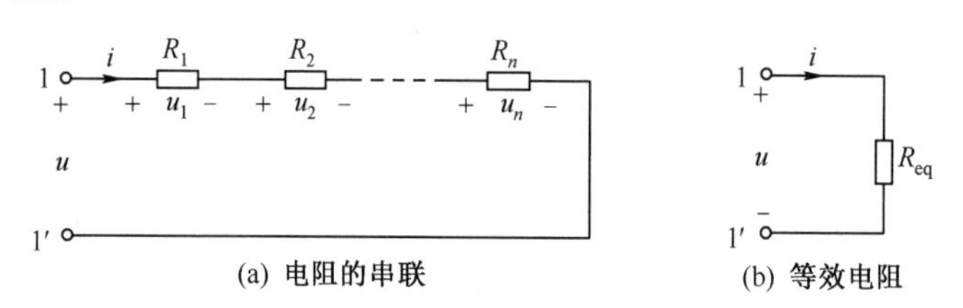

图 2-1　电阻的串联及其等效电阻

由 KVL 得

$$u = u_1 + u_2 + \cdots + u_k + \cdots + u_n$$

由于流过每个电阻的电流均为 i，根据图中所示参考方向，由欧姆定律得

$$u_1 = R_1 i,\ u_2 = R_2 i,\ \cdots,\ u_k = R_k i,\ \cdots,\ u_n = R_n i$$

代入上式得

$$u = (R_1 + R_2 + \cdots + R_k + \cdots + R_n)i = \sum_{k=1}^{n} R_k i = R_{eq} i \tag{2-1}$$

式中

$$R_{eq} = R_1 + R_2 + \cdots + R_k + \cdots + R_n = \sum_{k=1}^{n} R_k$$

为 n 个电阻串联的等效电阻。显然，等效电阻必大于其中任意一个串联的电阻。

电阻串联时，各电阻上的电压为

$$u_k = R_k i = R_k \frac{u}{R_{eq}} = \frac{R_k}{R_{eq}} u \ \ (k = 1, 2, \cdots, n)$$

可见，串联电阻上的电压分配与电阻成正比。上式称为电压分配公式，或称为分压公式。

当只有两个电阻串联时，则由分压公式得

$$u_1 = \frac{R_1}{R_1 + R_2} u,\ \ u_2 = \frac{R_2}{R_1 + R_2} u$$

2．电阻的并联

图 2-2(a)所示为由 n 个电阻(电导)组成的并联电路。电阻并联时，各个电阻两端的电压为同一电压。

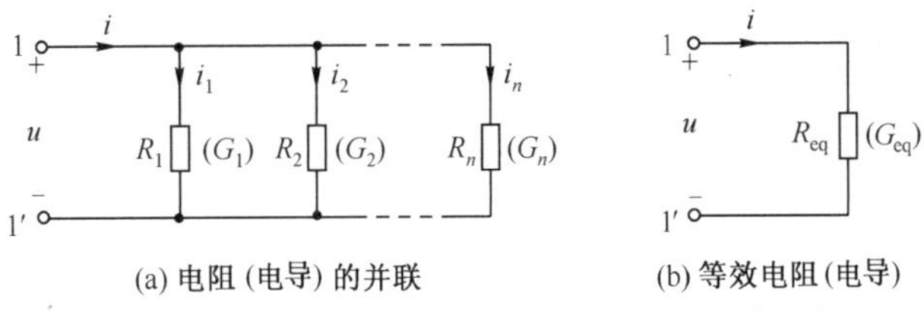

图 2-2　电阻(电导)的并联及其等效电阻(电导)

由 KCL 得

$$i = i_1 + i_2 + \cdots + i_k + \cdots + i_n$$

由于每个电阻(电导)两端的电压相等，由欧姆定律有

$$i_1 = G_1 u\,,\quad i_2 = G_2 u\,,\quad \cdots\,,\quad i_k = G_k u\,,\quad \cdots\,,\quad i_n = G_n u$$

代入上式得

$$i = (G_1 + G_2 + \cdots + G_k + \cdots + G_n)u = \sum_{k=1}^{n} G_k u = G_{eq} u \tag{2-2}$$

式中

$$G_{eq} = G_1 + G_2 + \cdots + G_k + \cdots + G_n = \sum_{k=1}^{n} G_k$$

为 n 个电阻并联的等效电导，如图 2-2(b)所示。并联后的等效电阻为

$$R_{eq} = \frac{1}{G_{eq}} = \frac{1}{\sum_{k=1}^{n} G_k} = \frac{1}{\sum_{k=1}^{n} \frac{1}{R_k}}$$

或

$$\frac{1}{R_{eq}} = \sum_{k=1}^{n} \frac{1}{R_k}$$

可以看出，等效电阻小于其中任意一个并联电阻。在分析计算多支路并联电路时，采用电导简便些。电阻并联时，各电阻中的电流为

$$i_k = G_k u = \frac{G_k}{G_{eq}} i \quad (k = 1\,, 2\,, \cdots, n)$$

可见，并联电阻中的电流与各自的电导成正比。上式称为电流分配公式，或称为分流公式。

当只有两个电阻并联时，如图 2-3(a)所示，其等效电路如图 2-3(b)所示。其等效电阻为

$$R_{eq} = \frac{1}{\frac{1}{R_1} + \frac{1}{R_2}} = \frac{R_1 R_2}{R_1 + R_2}$$

两个电阻并联的分流公式为

$$i_1 = \frac{G_1}{G_1 + G_2} i = \frac{R_2}{R_1 + R_2} i, \qquad i_2 = \frac{G_2}{G_1 + G_2} i = \frac{R_1}{R_1 + R_2} i$$

当电路的连接中既有串联，又有并联时，称为电阻的混联(或复联)。图 2-4(a)即为混联电路，R_3 和 R_4 串联后与 R_2 并联，再与 R_1 串联，等效电路如图 2-4(b)所示。故其等效电阻为

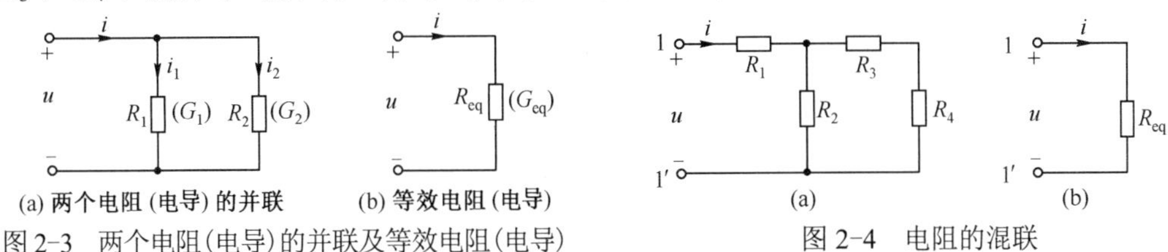

图 2-3　两个电阻(电导)的并联及等效电阻(电导)

图 2-4　电阻的混联

$$R_{\mathrm{eq}} = R_1 + \frac{R_2(R_3 + R_4)}{R_2 + R_3 + R_4}$$

注意，以上等效的概念均保证了等效前、后端口的电压和电流相同。

2.1.2 独立源的串联和并联

1．电压源的串联

图 2-5(a)所示为 n 个电压源的串联，可以用一个等效电压源替代，如图 2-5(b)所示。这个等效电压源的电压为

$$u_{\mathrm{s}} = u_{\mathrm{s1}} + u_{\mathrm{s2}} + \cdots + u_{\mathrm{s}n} = \sum_{k=1}^{n} u_{\mathrm{s}k}$$

如果 $u_{\mathrm{s}k}$ 的参考方向与 u_{s} 的参考方向一致，上式中 $u_{\mathrm{s}k}$ 前面取“+”号，否则取“－”号。

只有电压大小相等、极性相同的电压源才能并联，否则违背 KVL。其等效电路为其中任一电压源，但是这个并联组合向外部提供的电流在各个电压源之间如何分配则无法确定。

2．电流源的并联

图 2-6(a)所示为 n 个电流源的并联，可以用一个等效电流源替代，如图 2-6(b)所示。这个等效电流源的电流为

$$i_{\mathrm{s}} = i_{\mathrm{s1}} + i_{\mathrm{s2}} + \cdots + i_{\mathrm{s}n} = \sum_{k=1}^{n} i_{\mathrm{s}k}$$

如果 $i_{\mathrm{s}k}$ 的参考方向与 i_{s} 的参考方向一致，上式中 $i_{\mathrm{s}k}$ 前面取“+”号，否则取“−”号。

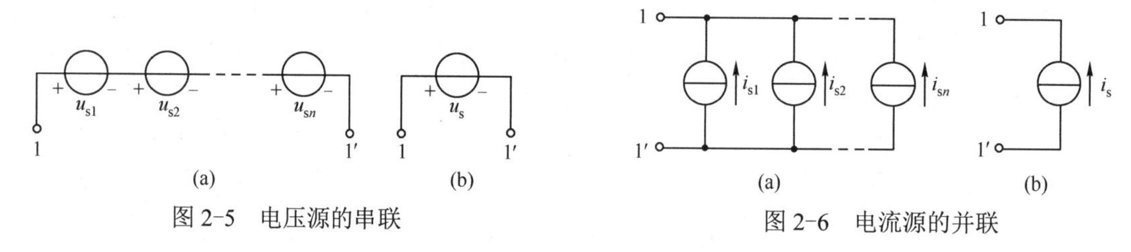

图 2-5 电压源的串联

图 2-6 电流源的并联

只有电流大小相等、方向一致的电流源才能串联，否则违背 KCL。其等效电路为其中任一电流源，但是这个串联组合总电压在各个电流源之间如何分配则无法确定。

2.1.3 实际电源的两种模型及其等效变换

如图 2-7(a)所示为一个实际的直流电源(例如一个电池)，图 2-7(b)为它的输出电压 u 和输出电流 i 的伏安特性曲线。可见，在一定电流范围内电压和电流的关系近似为直线，当电流超出这个范围后，电源会被损坏，电压下降较快。如果把直线部分延长，如图 2-7(c)所示，可以看出它和 u 轴和 i 轴都有一个交点：前者相当于 $i=0$ 时的电压，即开路电压 U_{oc}；后者相当于 $u=0$ 时的电流，即短路电流 I_{sc}。根据此伏安特性，可以用电压源和电阻的串联组合或电流源和电导的并联组合作为实际电源的电路模型，如图 2-8 所示。

对于图 2-8(a)所示电压源模型，其端口的伏安特性为

$$u = u_{\mathrm{s}} - Ri \tag{2-3}$$

对于图 2-8(b)所示电流源模型，其端口的伏安特性为

$$i = i_{\mathrm{s}} - Gu \tag{2-4}$$

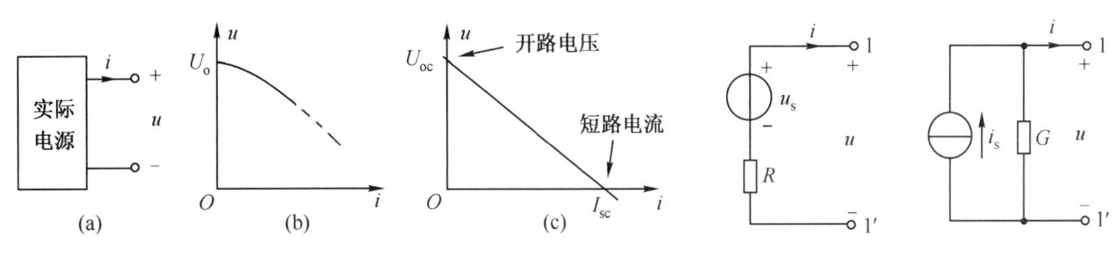

图 2-7　实际电源及其伏安特性　　　　图 2-8　实际电源的两种电路模型

如果令

$$G = 1/R\text{，}\quad i_s = Gu_s \tag{2-5}$$

则式(2-3)和式(2-4)所示的两个方程完全相同，即图 2-8(a)、(b)所示端口的伏安特性相同，也就是两种模型对外电路等效。式(2-5)为两种模型等效变换的条件。

两种模型等效变换时需注意以下几个问题：

（1）等效变换时 u_s 和 i_s 的参考方向：i_s 的参考方向由 u_s 的负极指向正极。

（2）等效变换是对外电路而言的，对电源内部并不等效。

例如，图 2-8 中，当端子 11' 开路时，两电路对外均不发出功率，但此时电压源发出的功率为零，电流源发出的功率为 i_s^2/G，电流源发出的功率将全部被电导 G 消耗掉。端子 11' 短路时，电压源发出的功率为 u_s^2/R，而电流源发出的功率为零。

利用电阻的串、并联和电源的等效变换，可以求解由电压源、电流源和电阻组成的串、并联电路。

例 2-1　试用电压源与电流源等效变换的方法计算图 2-9(a)中的电流 I。

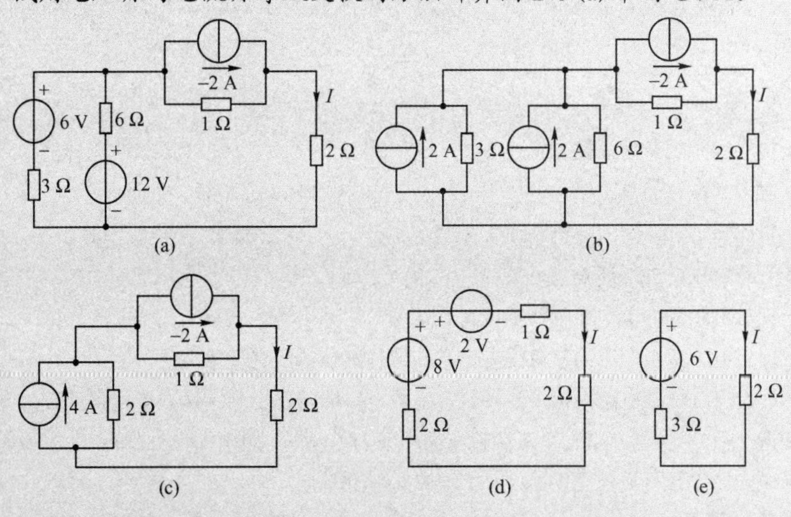

图 2-9　例 2-1 图

解　图 2-9(a)电路可化简为图(e)所示单回路结构。化简过程如图 2-9(b)～图 2-9(d)所示。由图 2-9(e)可得电流为

$$I = \frac{6}{2+3} = 1.2\ \text{A}$$

受控电压源、电阻的串联组合和受控电流源、电导的并联组合也可按此方法进行变换，但在变换过程中必须保留控制量所在支路，不能把它变换掉。

例 2-2　求如图 2-10(a)所示电路中的电流 I。

解　图 2-10(a)所示电路经过变换后可得图 2-10(c)所示电路。对图 2-10(c)电路，列

KVL 方程有：$4I+4=2I$，解得 $I=-2$ A。

(a)　(b)　(c)

图 2-10　例 2-2 图

思考题

T2.1-1　两个电导 G_1 与 G_2 串联的等效电导 G 为多大？

T2.1-2　实际电源的两种模型在进行等效变换时需注意哪些问题？等效是对内电路等效还是对外电路等效？理想电压源和理想电流源之间能否相互转换？

T2.1-3　图 2-11 所示两电路：

（1）若 1-1' 端都接上 3Ω的电阻，电压源和电流源发出的功率是否相同？

（2）若 1-1' 端都接上 15Ω的电阻，电压源和电流源发出的功率是否相同？

（3）探索 1-1' 端接上多大值电阻时，电压源和电流源发出的功率相同，该电阻消耗的功率是否最大？

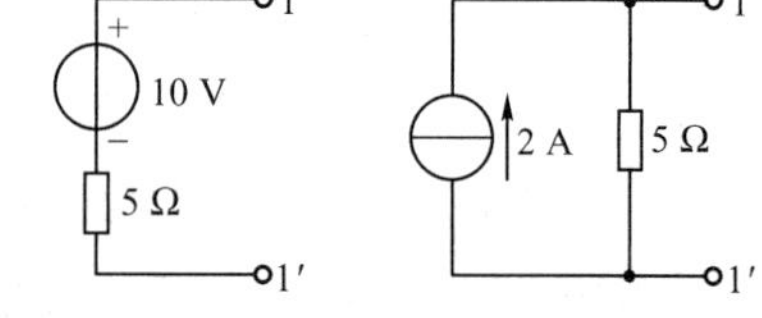

图 2-11　T2.1-3 图

基本练习题

2.1-1　关于电源的等效变换，是指：________

A．对内部电路而言；　B．对外部电路而言；

C．负载确定时，对内部电路而言；　D．对内、外电路而言。

2.1-2　关于理想电压源的描述是：________

A．理想电压源的端电压为常量或者定常函数，其电流为任意值；

B．理想电压源中电流为常量或者定常函数，其端电压为任意值；

C．理想电压源中电流为常量或者定常函数，其端电压也为常量或者定常函数。

2.1-3　如图题 2.1-3 所示，若 1A 电流源输出的功率为 10W，求出电流 I_0。

2.1-4　利用电源的等效变换求出图题 2.1-4 所示电路的电流 I。

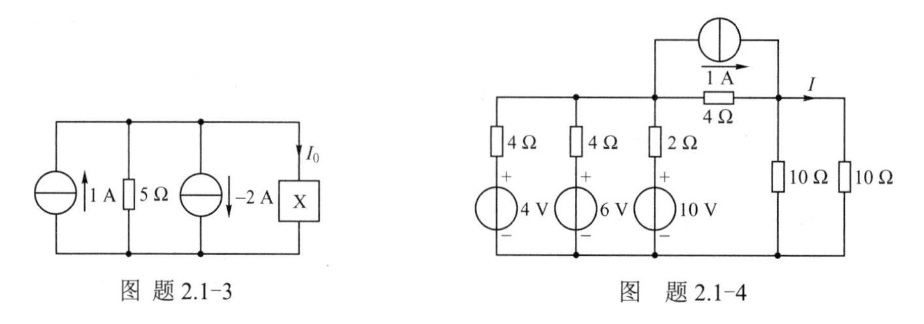

图　题 2.1-3　　图　题 2.1-4

2.1-5　如图题 2.1-5 所示，求最右侧 1Ω 电阻消耗的功率。

2.1-6　利用电源的等效变换，求图题 2.1-6 所示电路中电压比 u_o/u_s。已知 $R_1=R_2=2\Omega$，$R_3=R_4=1\Omega$。

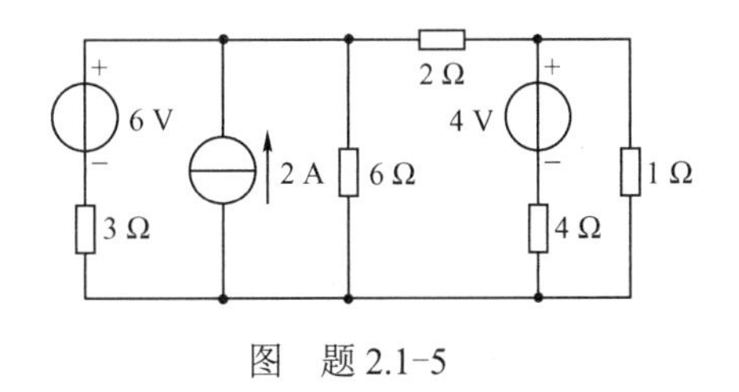

图　题 2.1-5

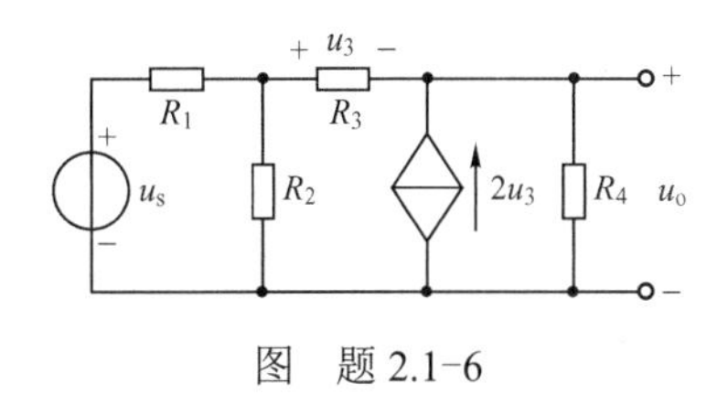

图　题 2.1-6

*2.2　电阻星形连接与三角形连接的等效变换

在电路分析中，除了经常遇到电阻的串、并联电路外，还会遇到电阻既非串联又非并联的电路，如图 2-12(a)所示，R_1、R_2、R_5 构成三角形(Δ)连接，R_1、R_4、R_5 构成星形(Y)连接。如果 Y 和 Δ 连接可以等效变换，如由 R_1、R_2、R_5 组成的 Δ 连接变成如图 2-12(b)所示的 Y 连接，就可以利用电阻的串、并联来求解。

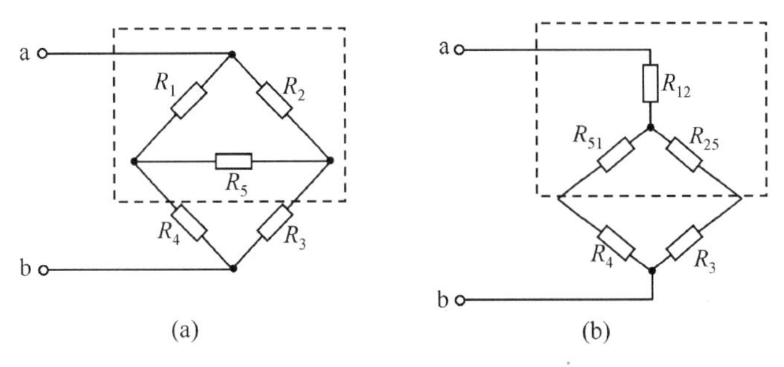

图 2-12　Δ 与 Y 连接的例子

讨论图 2-13 所示电路。Y-Δ 等效变换的条件是：对应端子流入(或流出)的电流(如 i_1, i_2, i_3)相等，对应端子间的电压(如 u_{12}, u_{23}, u_{31})相等。

当满足上述条件后，在两种接法中，对应的任意两端间的等效电阻也必然相等。在图 2-13 中，1、2 端的等效电阻(3 端开路)为

$$R_1 + R_2 = \frac{R_{12}(R_{23} + R_{31})}{R_{12} + R_{23} + R_{31}}$$

同理可得

$$R_2 + R_3 = \frac{R_{23}(R_{31} + R_{12})}{R_{12} + R_{23} + R_{31}}$$

$$R_3 + R_1 = \frac{R_{31}(R_{23} + R_{12})}{R_{12} + R_{23} + R_{31}}$$

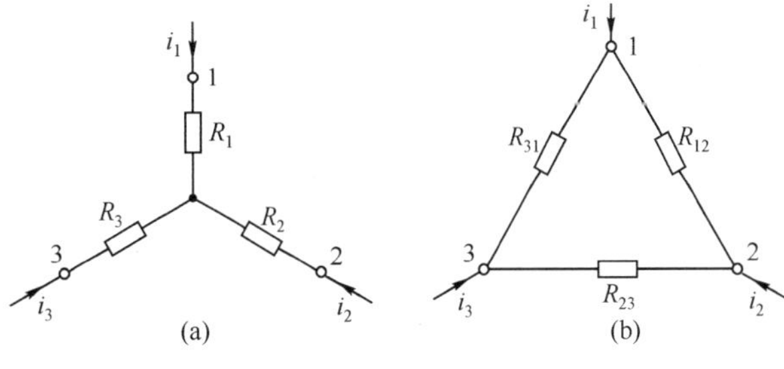

图 2-13　Y-Δ 等效变换

由上述三式可以解得：

- Y 连接变换为 Δ 连接的公式

$$R_{12} = \frac{R_1R_2 + R_2R_3 + R_3R_1}{R_3},\ R_{23} = \frac{R_1R_2 + R_2R_3 + R_3R_1}{R_1},\ R_{31} = \frac{R_1R_2 + R_2R_3 + R_3R_1}{R_2} \tag{2-6}$$

- Δ 连接变换为 Y 连接的公式

$$R_1 = \frac{R_{12}R_{31}}{R_{12} + R_{23} + R_{31}},\ R_2 = \frac{R_{23}R_{12}}{R_{12} + R_{23} + R_{31}},\ R_3 = \frac{R_{31}R_{23}}{R_{12} + R_{23} + R_{31}} \tag{2-7}$$

为了便于记忆，以上互换公式可归纳为：

$$\text{Y连接电阻}=\frac{\Delta\text{连接相邻电阻的乘积}}{\Delta\text{连接电阻之和}}，\quad \Delta\text{连接电阻}=\frac{\text{Y连接电阻两两乘积之和}}{\text{Y连接不相邻电阻}}$$

当 Y 连接中 3 个电阻相等，即 $R_1=R_2=R_3=R_Y$ 时，则等效 Δ 连接中 3 个电阻也相等，即

$$R_\Delta=R_{12}=R_{23}=R_{31}=3R_Y$$

或

$$R_Y=\frac{1}{3}R_\Delta$$

例 2-3 求图 2-14(a)所示电路 a、b 端的等效电阻 R_{ab}。

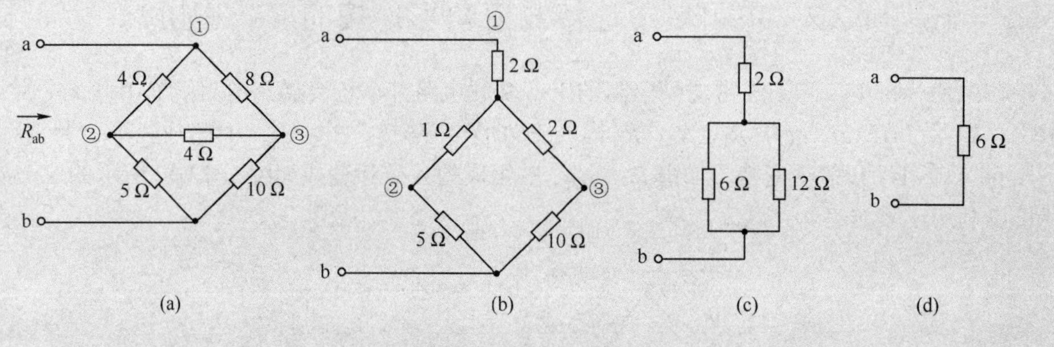

图 2-14　例 2-3 图

解 将结点①、②、③内 Δ 连接变换成如图 2-14(b)所示的 Y 连接，其中

$$R_1=\frac{4\times 8}{4+4+8}=2\ \Omega，\quad R_2=\frac{4\times 8}{4+4+8}=2\ \Omega，\quad R_3=\frac{4\times 4}{4+4+8}=1\ \Omega$$

利用电阻的串、并联化简，如图 2-14(c)和(d)所示，最后可求得 $R_{ab}=6\ \Omega$。

图 2-12(a)中，电阻 R_1～R_5 组成的电路是电桥电路，当 $R_1R_3=R_2R_4$ 时，电桥处于平衡，此时 R_5 中的电流为零，R_5 相当于开路。

对于例 2-3 所示的电桥电路，也处于平衡，所以②、③结点间相当于开路，可得

$$R_{ab}=(4+5)//(8+10)=6\ \Omega$$

与上述结果相同。

思考题

*T2.2-1　采用 Y-Δ 等效变换公式，把图 2-14(a)中②结点连接的三个电阻，转换成 Δ 连接三个电阻，再分析等效电阻 R_{ab}。

*T2.2-2　推导星形电阻网络变成三角形电阻网络的方程。

基本练习题

*2.2-1　将图题 2.2-1 所示电路变换为等效 Y 连接，三个等效电阻各为多少？图中各个电阻均为 R。

*2.2-2　计算图题 2.2-2 所示电路的等效电阻 R_{ab}。

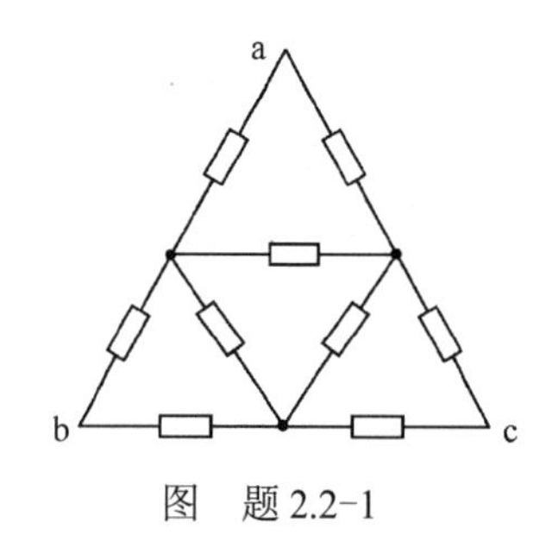

图　题 2.2-1

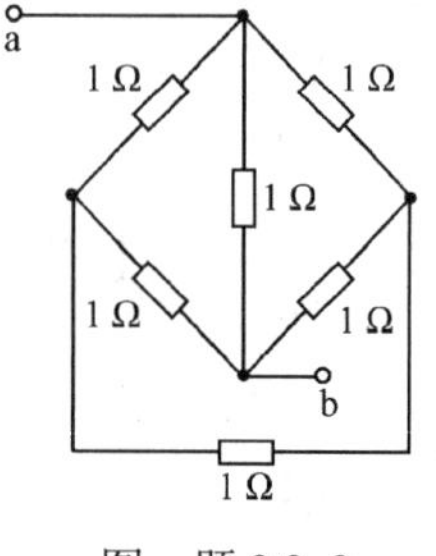

图　题 2.2-2

2.3 等效电路及等效电阻

2.3.1 等效电路及等效电阻的概念

前面涉及“等效”一词，下面对等效的概念做进一步阐述。首先定义单口网络，所谓单口网络(又称一端口或二端网络)是指向外引出两个端子的网络，从其中一个端子流入的电流等于从另一个端子流出的电流。图 2-15 所示为一个单口网络 N 的符号表示。

如果一个单口网络 N 的伏安关系与另一个单口网络 N′ 的伏安关系完全相同，则这两个单口网络对外电路是等效的。

如图 2-16(a)所示，R_1 和 R_2 组成的串联电路，可以用一个等效电阻 $R_{eq}=R_1+R_2$ 来代替，如图 2-16(b)所示，替代后单口网络的端口对外的伏安关系未变。也就是说等效是指对任意外电路而言的，但对内而言，等效电路与被替代的那部分电路显然不同。对于单口网络内部各元件的电压、电流则必须按原电路计算。

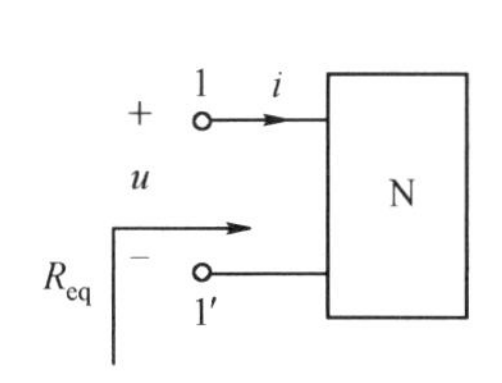

图 2-15 单口网络 N 的符号表示

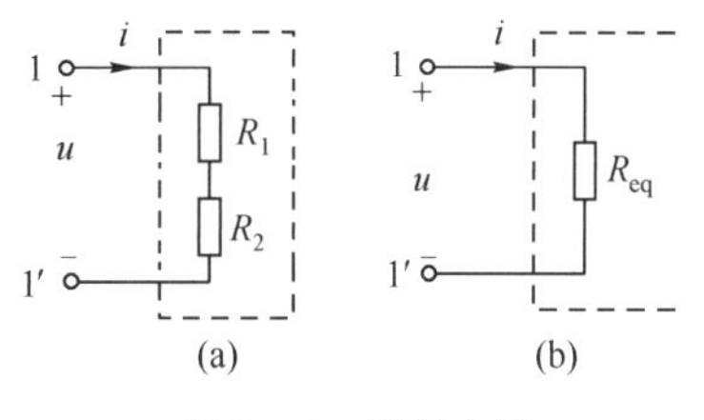

图 2-16 等效电路

运用等效的概念可以把一个结构复杂的单口网络用一个结构简单的单口网络替代，从而简化电路的计算。

对于不含独立电源，仅含受控源和电阻或仅含电阻的单口网络，若端口电压和端口电流采用图 2-15 所示的参考方向，则其等效电阻为

$$R_{eq} \overset{\text{def}}{=\!=} \frac{u}{i}$$

2.3.2 等效电阻的计算

对于仅含电阻的单口网络，可以利用前面所讲的电阻的串、并联和 Y-Δ 变换的方法来求它的等效电阻。若单口网络内部还含有受控源，则采用外加电源法：①在端口加电压源 u_s，然后求出端口电流 i，如图 2-17(a)所示，则 $R_{eq}=u_s/i$，此法称为外加电压源法。②端口加电流源 i_s，然后求出端口电压 u，如图 2-17(b)所示，则 $R_{eq}=u/i_s$，此法称为外加电流源法。

例 2-4 求图 2-18 所示一端口的等效电阻 R_{eq} ($\beta\neq 1$)。

解 采用外加电流源法。在端口 1-1′处加一电流源 I，求电压 U。由 KCL 及欧姆定律可得

$$I_R = I-\beta I$$

$$U = RI_R = R(1-\beta)I$$

则等效电阻为

$$R_{eq} = U/I = R(1-\beta)$$

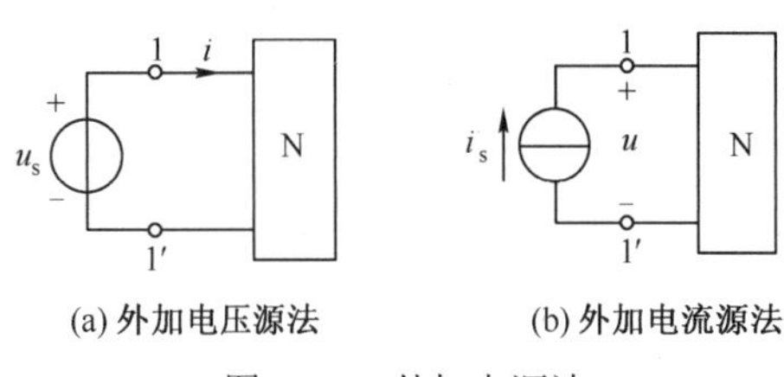

图 2-17　外加电源法

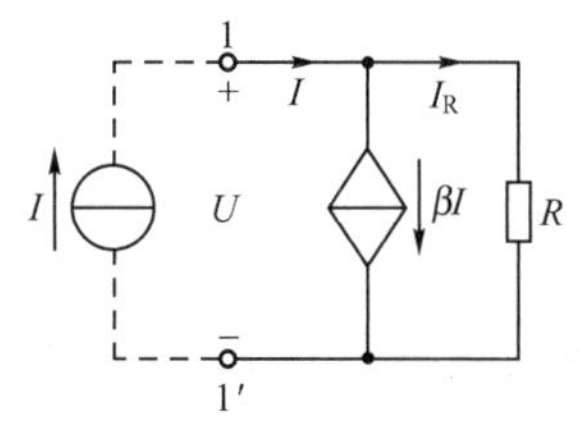

图 2-18　例 2-4 图

当$\beta=1$ 时，该电路的等效电阻为零。分析表明：在一定的参数条件下，R_{eq} 有可能为负值。因此，当电路中含受控源时，其等效电阻可为零、无穷大或负值。

思考题

T2.3-1　在图 2-15 所示单口网络中，如果端口电压和端口电流为非关联参考方向，则等效电阻为多少？

T2.3-2　在例 2-4 所示电路中，若采用外加电压源法，应如何求等效电阻？

基本练习题

2.3-1　计算如图题 2.3-1 所示电路中 a、b 两端的等效电阻。

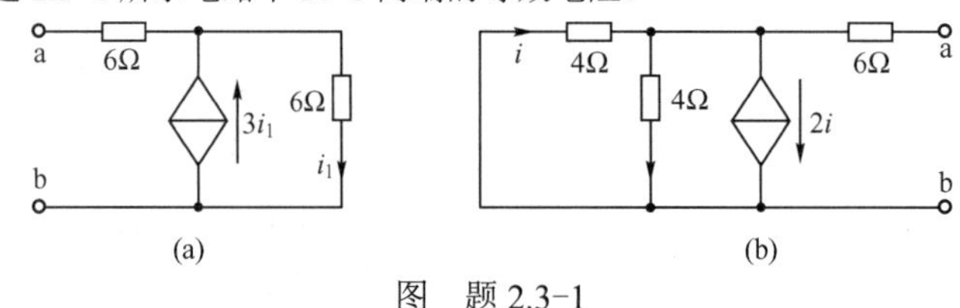

图　题 2.3-1

2.3-2　求如图题 2.3-2 所示电路的等效电阻 R_{ab}。

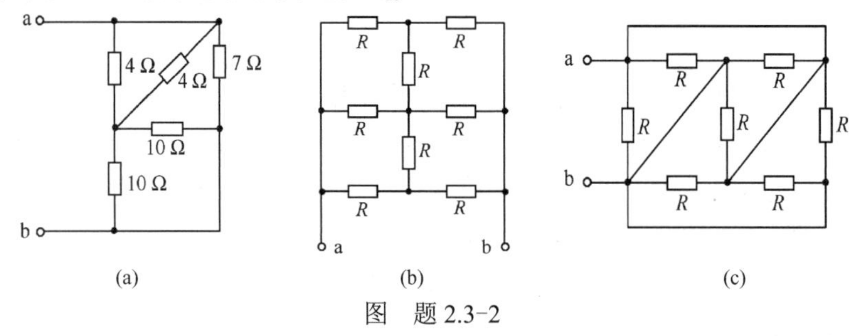

图　题 2.3-2

*2.4　电路的拓扑图及电路方程的独立性

对于复杂的电路一般不采用化简的方法，本章后面几节将介绍电路的一般分析方法，这些方法不要求改变电路的结构。其基本步骤如下：

（1）选取一组合适的电路变量(电压和/或电流)；

（2）根据 KVL 和 KCL，以及元件的电压和电流关系(VCR)，建立该组变量的独立的电路方程；

（3）求解电路变量。

在电路分析中，如何选取电路变量并建立独立的电路方程呢？下面介绍的网络图论的初步知识就提供了一个选择电路变量和建立独立的电路方程的方法。

2.4.1　网络图论的初步知识

1．网络的图

对于一个由集总元件组成的网络 N，以线段(线段的长短或曲直无关紧要)表示支路，以黑点表示结点，得到一个由线段和黑点组成的图形，这个图形用 G(Graph)表示。图形 G 称为网络 N 的拓扑图(或线图)，简称为 G 或 G 图。由此可得 G 图的定义为：G 图是一组点和线段的集合，其中每条线段的两端都连到相应的点上。电路的 G 图是一个几何图形，它只反映电路的支路和结点之间的连接关系。在 G 图的定义中，点和线段各自是一个整体，但任一条线段必须终止在点上。移去一条线段并不意味着同时把它连接的点也移去，所以允许有孤立的点存在。若移去一个点，则应当把与该点连接的全部线段都同时移去。在电路模型图（为区分 G 图，称电路模型图为 F 图）中，线段是由具体元件构成的支路，结点是支路的汇集点。

图 2-19(a)是一个由 6 个电阻和 2 个独立电源组成的电路 F 图。如果将每一个二端元件作为一条线段，则图 2-19(b)就是该电路的 G 图，它共有 5 个结点和 8 条支路。有时常把电压源和电阻的串联组合及电流源和电阻的并联组合(实际电源的两种电路模型)当成一条支路，这样电路的 G 图就如图 2-19(c)所示，它共有 4 个结点和 6 条支路。所以，当用不同的元件结构定义电路的一条支路时，该电路及它的 G 图的结点数和支路数也会随之不同。

在电路中通常每一条支路都指定电流的参考方向，而且电压和电流一般采用关联参考方向。电路的 G 图中每一条线段也可以指定一个方向，此方向与该支路电流(和电压)的参考方向相同。标明线段参考方向的 G 图称为有向 G 图，否则就称为无向 G 图。图 2-19(b)、(c)为无向 G 图，图 2-19(d)为有向 G 图。

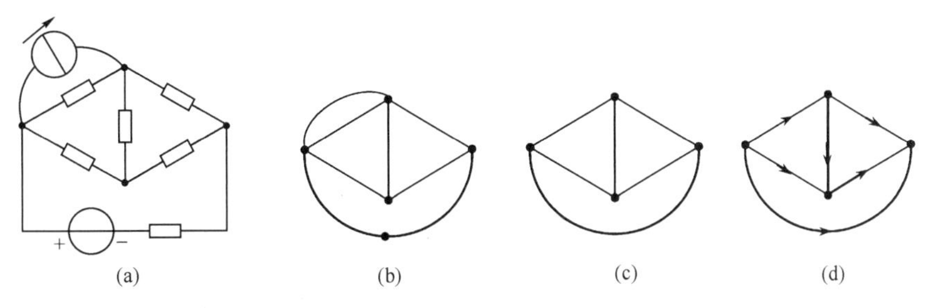

图 2-19　电路的 F 图与 G 图

从 G 图的某一结点出发，沿着一些支路移动，从而到达另一结点(或回到原出发点)，这样的一系列支路就构成 G 图的一条路径。一条支路本身也算一条路径。当 G 图中的任意两个结点之间至少存在一条路径时，G 图就称为连通 G 图，否则就是非连通 G 图。图 2-20(a)是连通 G 图，而 2-20(b)是非连通 G 图。

如果一条路径的起点和终点重合，且经过的其他结点都相异，这条闭合路径就构成 G 图的一个回路。例如图 2-20(a)中，支路集合(1, 2, 4)、(2, 3, 5)、(4, 5, 6)、(1, 2, 5, 6)等都是回路，该图共有 7 个回路，但这些回路之间不相互独立。独立回路数要少于总的回路数。

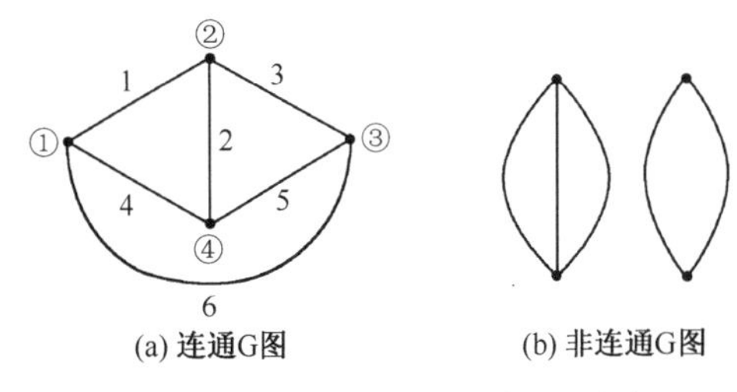

图 2-20　连通 G 图与非连通 G 图

2. 树和基本回路

一个 G 图的回路数很多，如何确定它的独立回路有时不太容易。利用“树”的概念有助于寻找一个 G 图的独立回路组。树的定义是：一个连通 G 图的树 T，包含 G 图中的全部结点和部分支路，而树 T 本身又是连通的且不包含回路。树中包含的支路称为该树的树枝，而其他支路则称为树的连枝。树枝和连枝一起构成 G 图的全部支路。

对于图 2-20(a)所示的 G 图，几种不同的树分别如图 2-21(a)、(b)和(c)所示。而图 2-21(d)和(e)不是该 G 图的树，因为图(d)包含了回路，而图(e)是不连通的。在图 2-21(a)所示的树中，(1, 2, 5)为树枝，(3, 4, 6)为连枝；图 2-21(b)中，(2, 4, 5)为树枝，(1, 3, 6)为连枝。无论哪一个树，可以看出其树枝数总是 3。

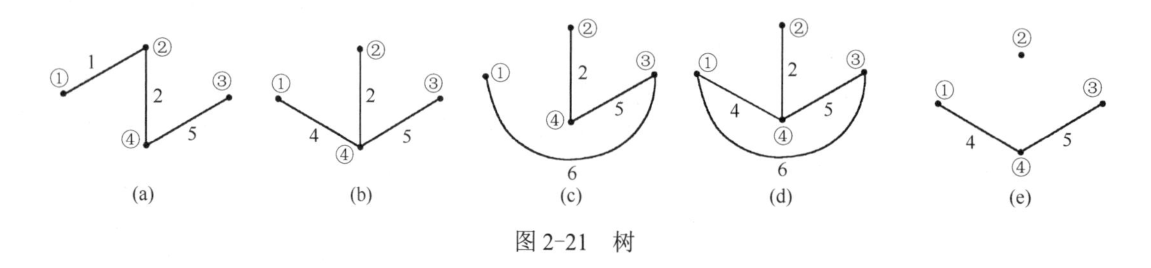

图 2-21　树

可以证明，对于任一个具有 n 个结点、b 条支路的连通 G 图，它的任一个树的树枝数为 $(n-1)$，连枝数为 $(b-n+1)$。

由于连通 G 图的树连接所有结点又不形成回路，因此，对于 G 图的任意一个树，每加入一个连枝后，就会形成一个回路。由一个连枝与相应的树枝构成的回路称为单连枝回路或基本回路。对于图 2-21(a)所示的树，其基本回路为 $l_1(1, 2, 4)$、$l_2(2, 3, 5)$、$l_3(1, 2, 5, 6)$，分别如图 2-22(a)、(b)和(c)所示，每一个基本回路仅含一个连枝。由全部连枝回路形成的基本回路构成基本回路组。显然，基本回路组是独立回路组。基本回路数为连枝数，即为 $(b-n+1)$。选择不同的树就可得到不同的基本回路组。

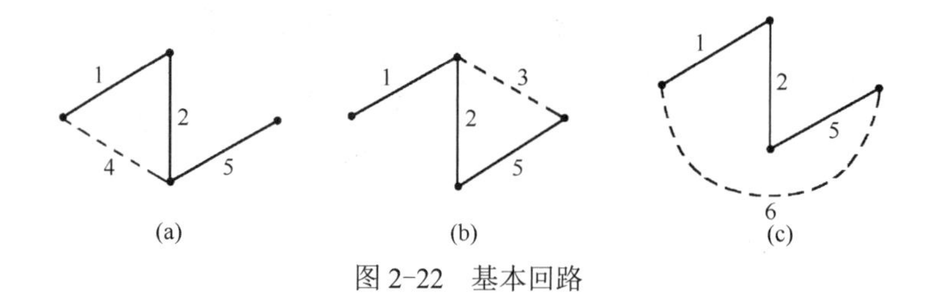

图 2-22　基本回路

3. 割集

图论中另一个重要的概念是割集。所谓连通 G 图的一个割集是指一组支路集合，它必须同时满足下列两个条件：

（1）移去该集合中的所有支路，G 图将分成两个部分；

（2）当少移去其中任一支路时，G 图仍是连通的。

割集的确定：可以借助在连通图上作闭合面(平面图中为闭合线)，寻找与闭合面(线)仅切割一次的所有支路即为一个割集。

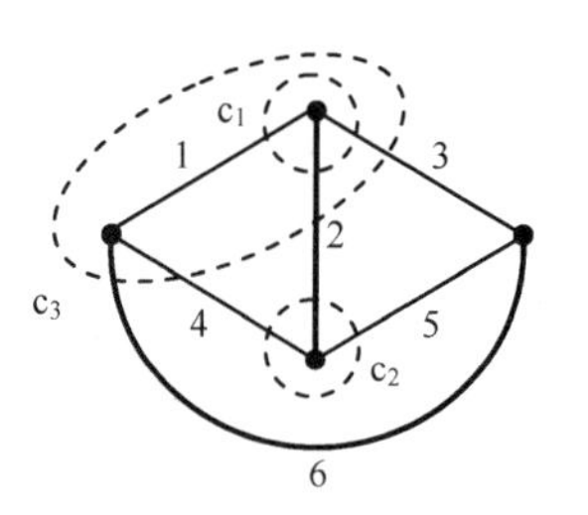

图 2-23　割集的定义

如在 G 图上作一个闭合面(线)，使其包围 G 图的一个(或多个)结点，一般情况下与此闭合面(线)相切割的所有支路作为一个割集。在一个连通 G 图中，可以选取很多个割集。如图 2-23 所示的连通 G 图中，支路集合 $c_1(1, 2, 3)$是割集。而闭合线 c_3 包含了两个结点，其切割的支路(2, 3, 4, 6)也是一个割集。但注意，当把割集的支路去除后，连通 G 图应该剩下仅为闭合面内部和外部两个部分，且分别连通。

由于 KCL 适用于任何一个闭合面(线)，因此属于同一割集的所有支路的电流的代数和为零。当一个割集的所有支路都连接在同一结点上时，如图 2-23 中割集 c_1、c_2，则割集的 KCL 方程变为结点的 KCL 方程。对于每一割集都可以写出一个 KCL 方程，但这些方程并非都是独立的。对应于一组线性独立的 KCL 方程的割集称为独立割集。可以借助“树”来确定一组独立割集。

对于一个连通 G 图，如任选一个树，由一个树枝与相应的一些连枝构成的割集称为单树枝割集或基本割集。如图 2–23 所示 G 图，若选择(1, 2, 5)为树，则基本割集为 c_1(1, 4, 6)，c_2(2, 3, 4, 6)，c_3(3, 5, 6)，分别如图 2–24(a)、(b)和(c)所示，其中实线表示树枝，虚线表示连枝，闭合虚线表示为寻找割集支路而画的辅助闭合面(线)。

对于任一个具有 n 个结点、b 条支路的连通 G 图，其树枝数为$(n–1)$，则其基本割集数等于树枝数，也为$(n–1)$。基本割集是独立割集，但独立割集不一定是基本割集，就如同独立回路不一定是基本回路一样。

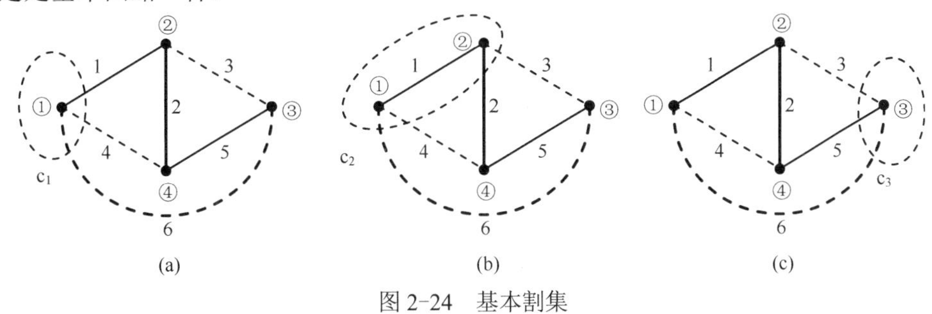

图 2–24　基本割集

如果把一个 G 图画在平面上，能使它的各条支路除连接的结点外不再交叉，这样的 G 图称为平面图，否则称为非平面图。图 2–25(a)所示为平面图，而图 2–25(b)所示为非平面图。

在平面图上，网孔是一个回路，但在此回路所包围的区域内，不能包含有其他支路。例如，对于图 2–25(a)所示的平面图，支路(1, 2, 4)，(2, 3, 5)，(4, 5, 6)都是网孔[①]。平面图的全部网孔是一组独立回路，所以平面图的网孔数也是独立回路数，也为$(b – n + 1)$个。

例如，图 2–25(a)所示的平面图有 4 个结点、6 条支路，独立回路数 $l = (6 – 4 + 1) = 3$，它的网孔数也正好是 3 个。需要注意的是：网孔只适用于平面图。

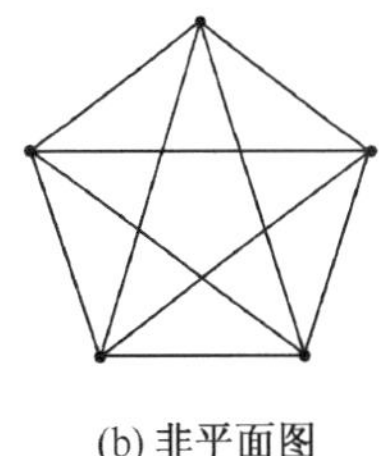

(a) 平面图　　(b) 非平面图

图 2–25　平面图与非平面图

2.4.2　KCL 方程的独立性

电路方程的列写关键是要保证其独立性。下面利用电路的 G 图来讨论 KCL 和 KVL 方程的独立性。图 2–26(a)所示为一个电路的有向 G 图，它的结点和支路已加以编号，并给出了各支路的电流方向(电压和电流取关联参考方向)。

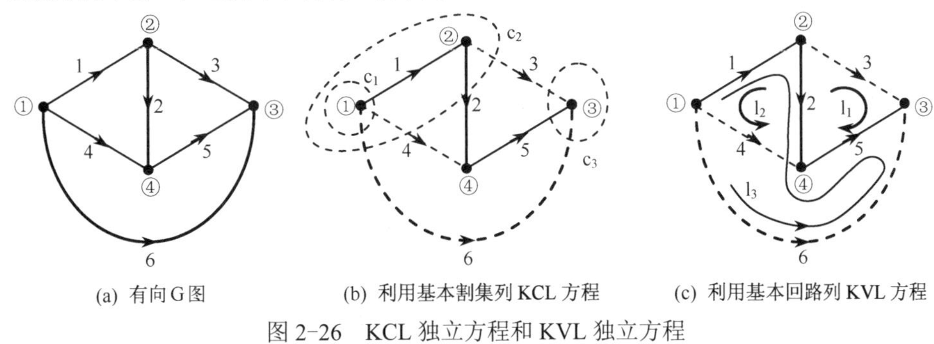

(a) 有向G图　　(b) 利用基本割集列 KCL 方程　　(c) 利用基本回路列 KVL 方程

图 2–26　KCL 独立方程和 KVL 独立方程

① 这些都是“内网孔”。平面图周界形成的回路有时称为“外网孔”。本节中所讲的网孔指的都是内网孔。

图 2-26(a)中，对结点①、②、③、④分别列 KCL 方程，有

$$i_1+i_4+i_6=0,\quad -i_1+i_2+i_3=0,\quad -i_3-i_5-i_6=0,\quad -i_2-i_4+i_5=0$$

由于对所有结点都列了 KCL 方程，而每一条支路都与 2 个结点相连，且每个支路电流必然从其中一个结点流出，流入另一个结点。因此，在所有 KCL 方程中支路电流必然出现 2 次，1 次为正，1 次为负。将上述 4 个方程相加，必然得到方程两边均为零的结果。这就是说，这 4 个方程并不是相互独立的，其中只有 3 个是独立的。可以证明，对于具有 n 个结点的电路，其独立的 KCL 方程为$(n-1)$个，相应的$(n-1)$个结点称为独立结点。通常选取某个结点为参考结点，则其余结点为独立结点。对独立结点所列的 KCL 方程是相互独立的。

同理，对基本割集(单树枝割集)所列的 KCL 方程也是相互独立的。对于图 2-26(a)所示电路，若选取(1，2，5)为树，则其基本割集如图 2-26(b)所示，对基本割集列 KCL 方程为

$$c_1:\ i_1+i_4+i_6=0,$$
$$c_2:\ i_2+i_3+i_4+i_6=0,$$
$$c_3:\ i_3+i_5+i_6=0$$

上述方程是相互独立的。实际上，若选取(2，4，5)为树，则基本割集的 KCL 方程就变成了结点的 KCL 方程。

2.4.3 KVL 方程的独立性

前面讲过，独立回路可以选取网孔或基本回路，对独立回路所列的 KVL 方程也是相互独立的。对于具有 n 个结点、b 条支路的电路，其独立的 KVL 方程为$(b-n+1)$个。

对于图 2-26(a)所示电路，若选取(1,2,5)为树，则其基本回路(单连枝回路)如图 2-26(c)所示，取连枝方向为基本回路绕行方向，列 KVL 方程为

$$l_1:\ -u_2+u_3-u_5=0,\quad l_2:\ -u_1-u_2+u_4=0,\quad l_3:\ -u_1-u_2-u_5+u_6=0$$

这是一组相互独立的方程。实际上，若选取(2, 4, 5)为树，则基本回路的 KVL 方程就变成了网孔的 KVL 方程。

思考题

*T2.4-1　对于图 2-21(b)、(c)所示的树，其基本回路是什么？基本回路数是多少？

*T2.4-2　对于图 2-21(b)、(c)所示的树，其基本割集是什么？基本割集数是多少？

基本练习题

*2.4-1　判断题

(1) 已知某线性电路，支路数为 b 条，结点数为 n 个，则其独立回路方程数为$(n-1)$个。

(2) 一个 G 图的树枝数一定等于该 G 图的基本割集的个数。

*2.4-2　下列说法所构成的某电路的所有回路若都是独立回路，则正确的是：_____。

A．由单树枝构成的回路；　　B．若干连枝和树枝构成的回路；

C．由单连枝和部分树枝构成的回路；　　D．所有的回路。

*2.4-3　画出图题 2.4-3 所示电路的 G 图，并说明其结点数和支路数。按照要求：

(1) 每个元件作为一条支路处理；

(2) 电压源(独立或受控)和电阻的串联组合以及电流源(独立或受控)和电阻的并联组合均作为一条支路处理。

*2.4-4　对于如图题 2.4-4 所示的 G 图，各画出 4 个不同的树，树枝数为多少？任选一个树，确定其基本回路组，并且指出独立回路数和独立结点数各为多少？

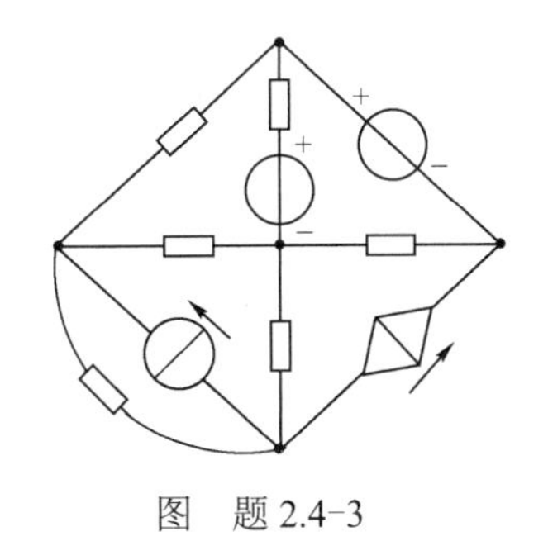

图　题2.4-3

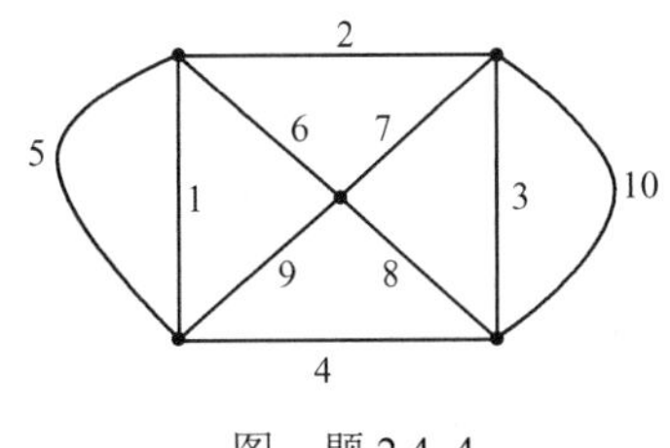

图　题2.4-4

2.5　支　路　法

对于具有 n 个结点、b 条支路的电路，可以选取 b 个支路电压和 b 个支路电流作为电路变量，然后根据KCL对 $(n-1)$ 个独立结点列方程，根据KVL对 $(b-n+1)$ 个独立回路列方程，根据元件的VCR列 b 个支路方程，共计 $2b$ 个方程，由此可解出 b 个支路电压和 b 个支路电流。这种方法称为 $2b$ 法。这种方法虽然简单，但所需列的方程数多，为了减少求解的方程数，可采用支路电流法和支路电压法(又称为 $1b$ 法)。

支路电流法是以支路电流作为电路的独立变量的解题方法。以图2-27(a)所示的电路为例来说明支路电流法。作出电路的有向G图如图2-27(b)所示，其结点数 n=2，支路数 b=3，各支路的方向和编号均已标于图中。

选0为参考结点，对结点①列KCL方程，有

$$-i_1+i_2+i_3=0 \tag{2-8}$$

选取网孔作为独立回路，采用图2-27(b)所示的绕行方向列KVL方程，有

$$\begin{cases} u_1+u_2=0 \\ -u_2+u_3=0 \end{cases} \tag{2-9}$$

利用元件的VCR，将支路电压用支路电流表示出来，有

$$\begin{cases} u_1=-u_{s1}+R_1i_1 \\ u_2=R_2i_2 \\ u_3=u_{s3}+R_3i_3 \end{cases} \tag{2-10}$$

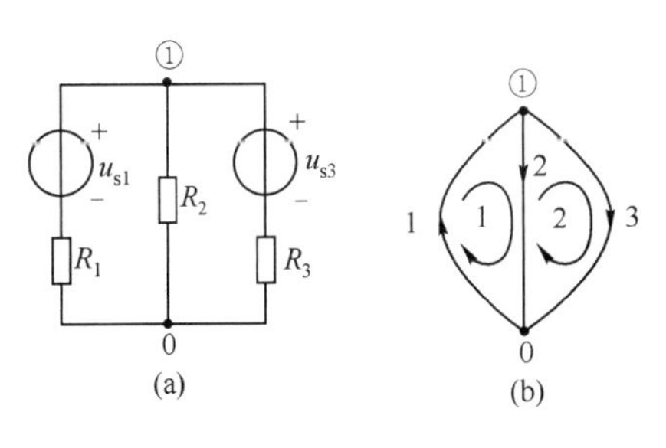

图2-27　支路电流法

将式(2-10)代入式(2-9)得

$$\begin{cases} -u_{s1}+R_1i_1+R_2i_2=0 \\ -R_2i_2+R_3i_3+u_{s3}=0 \end{cases} \tag{2-11}$$

式(2-8)和式(2-11)就是以支路电流为变量的支路电流方程。式(2-11)常可以根据KVL结合元件的VCR直接列出。

利用支路电流法分析电路的一般步骤为：

(1) 选取各支路电流的参考方向和独立回路的绕行方向；

(2) 根据KCL对 $(n-1)$ 个独立结点列方程；

(3) 根据KVL和VCR对 $(b-n+1)$ 个独立回路列以支路电流为变量的方程；

(4) 求解各支路电流，进而求出其他所需求解的量。

若电路中含有无伴电流源(无电阻与之并联)，可设电流源两端的电压为未知量，在列KVL方程时将出现该未知量，在求解支路电流时将一并求出。

例 2-5 列写图 2-28 所示电路的支路电流方程。

解 选取支路电流和方向如图中所示，对结点①，②列 KCL 方程，有

$$-i_1 - i_2 + i_3 = 0$$
$$-i_3 + i_4 + i_5 = 0$$

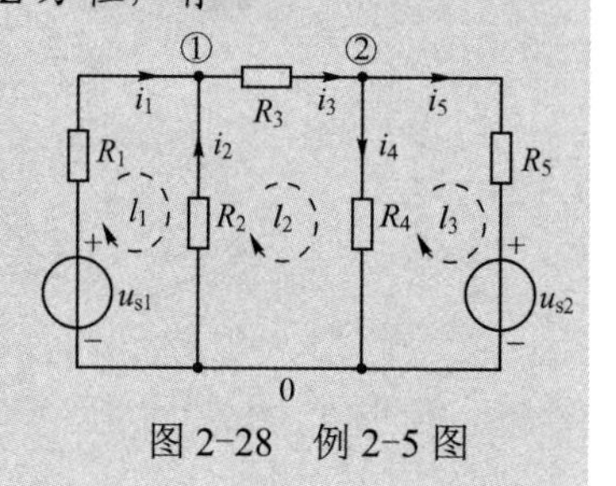

图 2-28 例 2-5 图

取回路绕行方向如图 2-28 中虚线所示，列回路的 KVL 方程，有

$$R_1 i_1 - R_2 i_2 = u_{s1}$$
$$R_2 i_2 + R_3 i_3 + R_4 i_4 = 0$$
$$-R_4 i_4 + R_5 i_5 = -u_{s2}$$

支路电压法与支路电流法类似。支路电压法以支路电压为电路变量，它将支路电流用支路电压表示，代入 KCL 方程后，得出以支路电压为变量的方程，把它们和 KVL 方程联立，即可求得所需的支路电压。若电路中含有无伴电压源(无电阻与之串联)时，可设电压源的电流为未知量，则在 KCL 方程中将出现该未知量，在求解支路电压时将一并求出。

支路电流法和支路电压法与 $2b$ 法相比，方程数减少了一半，但要求每个支路电压(电流)能用支路电流(电压)表示，使得该方法有一定局限性，而 $2b$ 法则不存在此问题。

思考题

T2.5-1 如何使用支路电流法或支路电压法求解电路？

T2.5-2 支路法求解电路的适用范围包括哪些电路？支路电流法和支路电压法又适用于哪些电路？

T2.5-3 支路法为什么可以不需要再化简电路了？

基本练习题

2.5-1 图题 2.5-1(a)所示电路中，电阻 R_1、R_2 及 R_4～R_6 和电源 u_{s3} 已知，图(b)为其有向 G 图，列写支路电流法方程。

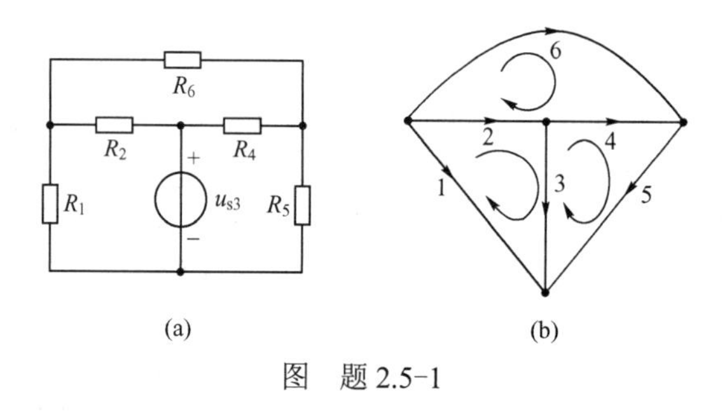

图 题 2.5-1

*2.6 网孔电流法和回路电流法

2.6.1 网孔电流法

网孔电流法是以网孔电流作为电路独立变量的解题方法，它仅适用于平面电路。下面以图 2-29 所示电路为例来说明。网孔电流是一组假想的沿网孔流动的电流，可以指定为顺时针方向，也可为逆时针方向。图中指定了两个网孔电流方向，用 i_{m1} 和 i_{m2} 表示(下标 m 表示网孔)。由于网孔电流是环流，它们在电路的每一结点上流入，又流出该结点，所以网孔电流自动地满足了 KCL，各网孔电流之间是相互独立的(支路电流是不独立的)。而各支路电流又可用网孔电流表示出来，在图 2-29 中，有 $i_1 = i_{m1}$，$i_2 = i_{m1} - i_{m2}$，$i_3 = i_{m2}$，所以网孔电

流是一组独立和完备的变量，以网孔电流为变量所列的方程是独立的。

由于网孔电流满足 KCL，所以只需利用 KVL 和 VCR 来列写方程。对图 2-29 所示电路，对网孔 1 和网孔 2 列 KVL 方程，列方程时，以网孔电流方向为绕行方向，有

$$\begin{cases} u_1 + u_2 = 0 \\ -u_2 + u_3 = 0 \end{cases} \tag{2-12}$$

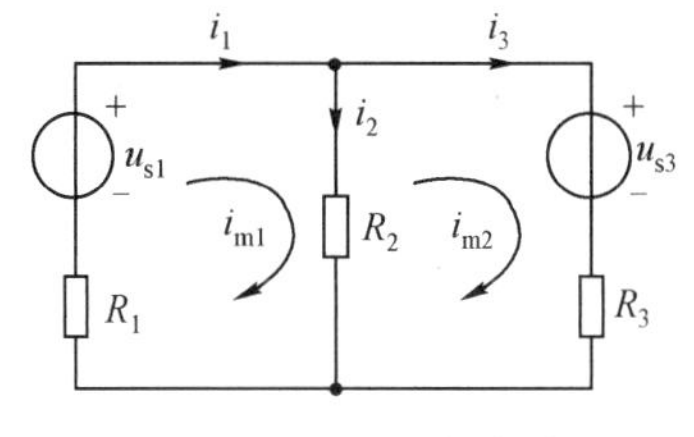

图 2-29　网孔电流法

将各支路电压用网孔电流表示为

$$\begin{cases} u_1 = -u_{s1} + R_1 i_1 = -u_{s1} + R_1 i_{m1} \\ u_2 = R_2 i_2 = R_2 (i_{m1} - i_{m2}) \\ u_3 = u_{s3} + R_3 i_3 = u_{s3} + R_3 i_{m2} \end{cases} \tag{2-13}$$

将式(2-13)代入式(2-12)，整理后得

$$\begin{cases} (R_1 + R_2) i_{m1} - R_2 i_{m2} = u_{s1} \\ -R_2 i_{m1} + (R_2 + R_3) i_{m2} = -u_{s3} \end{cases} \tag{2-14}$$

式(2-14)即是以网孔电流为变量的网孔电流方程。

具有两个网孔的电路，网孔电流方程的一般形式为：

$$\begin{cases} R_{11} i_{m1} + R_{12} i_{m2} = u_{s11} \\ R_{21} i_{m1} + R_{22} i_{m2} = u_{s22} \end{cases} \tag{2-15}$$

式中，R_{11} 和 R_{22} 分别称为网孔 1 和网孔 2 的自阻，它们分别是网孔 1 和网孔 2 中所有电阻之和。例如，本例中 $R_{11} = R_1 + R_2$，$R_{22} = R_2 + R_3$。R_{12} 和 R_{21} 代表网孔 1 和网孔 2 的互阻，即两个网孔的公共电阻。当通过网孔 1 和网孔 2 的公共电阻上的两个网孔电流的参考方向相同时，互阻为正，否则为负。如果两个网孔之间没有公共支路，或者有公共支路但其电阻为零(例如公共支路仅有电压源)，则互阻为零。如果所有网孔电流都取顺(或逆)时针，则所有互阻总是负的。例如，本例中 $R_{12} = R_{21} = -R_2$。在不含有受控源的电阻电路中，$R_{12} = R_{21}$。在计算自阻和互阻时，独立电源都置零(电压源用短路代替，电流源用开路代替)。u_{s11}、u_{s22} 分别为网孔 1 和网孔 2 中所有电压源电压的代数和，当电压源的方向与网孔电流一致时，前面取“-”号，反之取“+”号。例如，本例中 $u_{s11} = u_{s1}$，$u_{s22} = -u_{s3}$。

式(2-15)实质上是 KVL 的体现，方程的左边是由网孔电流在各电阻上所产生的电压之和，方程的右边是网孔内所有电压源电压的代数和。

对于具有 m 个网孔的平面电路，网孔电流方程的一般形式为

$$\begin{cases} R_{11} i_{m1} + R_{12} i_{m2} + \cdots + R_{1m} i_{mm} = u_{s11} \\ R_{21} i_{m1} + R_{22} i_{m2} + \cdots + R_{2m} i_{mm} = u_{s22} \\ \qquad \vdots \\ R_{m1} i_{m1} + R_{m2} i_{m2} + \cdots + R_{mm} i_{mm} = u_{smm} \end{cases} \tag{2-16}$$

用网孔电流法求解电路的一般步骤为：

（1）选择合适的网孔电流。

（2）按照式(2-16)列网孔电流方程。注意自阻总是正的，而互阻可正可负，并注意电压源前面的“+”、“-”号。

（3）求解网孔电流。

（4）根据所求得的网孔电流来求其他的电压和电流。

例 2-6　用网孔电流法求图 2-30 所示含受控电压源电路的各支路电流。

解 （1）选取网孔电流 i_{m1}、i_{m2}、i_{m3} 如图中所示。

（2）列网孔电流方程，先计算各个网孔的自阻、互阻以及独立电压源的压降。

$R_{11}=1+3=4\ \Omega$，$R_{22}=3+2+1=6\ \Omega$，$R_{33}=3\ \Omega$，$R_{12}=R_{21}=-3\ \Omega$，$R_{23}=R_{32}=-1\Omega$；$R_{13}=R_{31}=0\ \Omega$，$U_{s11}=2\ \text{V}$。

所以网孔电流方程为

$$4i_{m1}-3i_{m2}=2$$
$$-3i_{m1}+6i_{m2}-i_{m3}=-3u_2$$
$$-i_{m2}+3i_{m3}=3u_2$$

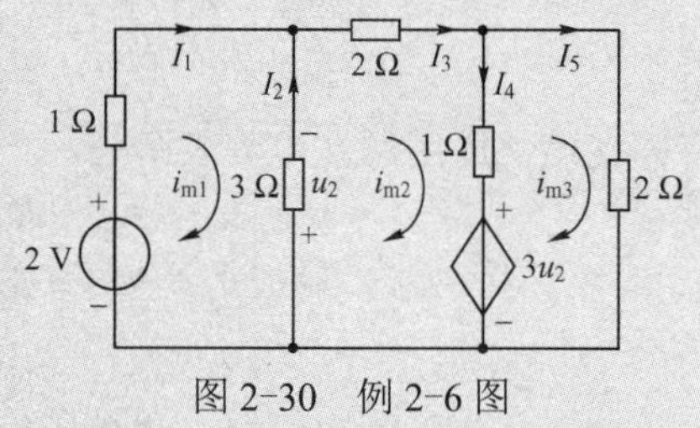

图 2-30　例 2-6 图

因为上述 3 个式子中后两个式子中有受控源，使得线性方程组中变量增加了一个，因此，需要补充一个方程用于消除增加的变量，即

$$u_2=3(i_{m2}-i_{m1})$$

（3）解方程组，得 $i_{m1}=1.19\text{A}$，$i_{m2}=0.92\text{A}$，$i_{m3}=-0.52\text{A}$，$u_2=-0.823\text{V}$。

而利用网孔电流与支路电流的关系，得出各个支路电流：

$I_1=1.19\ \text{A}$，　$I_2=-0.27\ \text{A}$，　$I_3=0.92\ \text{A}$，　$I_4=1.44\ \text{A}$，　$I_5=-0.52\ \text{A}$

显然，在采用网孔电流法列写网孔电流方程，遇到支路中含有受控电压源(受控电流源或独立电流源，另有方法处理)时，可以先把受控电压源作为独立电压源，列到网孔方程右侧，然后通过补充方程，与网孔方程形成有线性唯一解的方程组。要注意，补充方程是把受控源的控制量用网孔电流的线性函数描述的，如例 2-6 中补充方程为 $u_2=3(i_{m2}-i_{m1})$。

2.6.2　回路电流法

回路电流法是以回路电流作为电路变量的解题方法，它不仅适用于平面电路，而且适用于非平面电路。回路电流是在一个回路中连续流动的假想电流。通常选择基本回路作为独立回路，这样，回路电流就将是相应的连枝电流，它们是一组独立的、完备的电流变量。

以图 2-31 所示电路的 G 图为例。如果选取(4, 5, 6)为树，可以得到以支路(1, 2, 3)为单连枝的 3 个基本回路，连枝电流 i_1、i_2、i_3 分别作为在单连枝回路中流动的假想回路电流 i_{l1}、i_{l2}、i_{l3}。

树枝电流可以用连枝电流表示为

$$i_4=i_{l2}-i_{l1}，\ i_5=-i_{l1}-i_{l3}，\ i_6=i_{l2}-i_{l1}-i_{l3}$$

即全部支路电流可以通过回路电流表示出来，回路电流是完备的。

另一方面，对结点①、②、③分别列 KCL 方程，有

$$i_4+i_1-i_2=i_{l2}-i_{l1}+i_{l1}-i_{l2}=0$$
$$i_1+i_5+i_3=i_{l1}-i_{l1}-i_{l3}+i_{l3}=0$$
$$i_4-i_3-i_6=i_{l2}-i_{l1}-i_{l3}-i_{l2}+i_{l1}+i_{l3}=0$$

可见，回路电流是一组独立的变量，它们自动地满足 KCL。

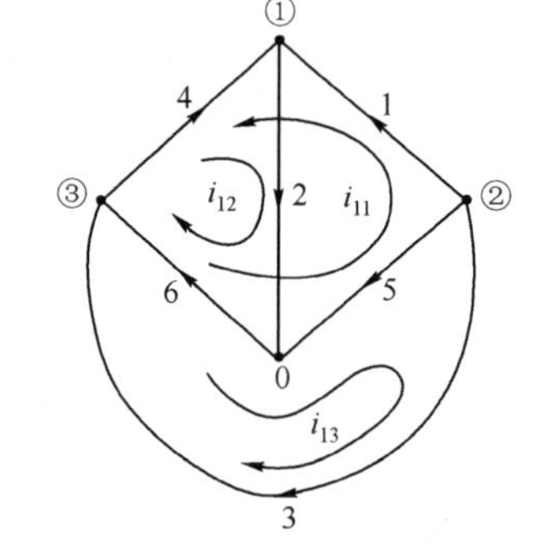

图 2-31　回路电流法举例

对于图 2-31，若选取(2, 5, 6)为树，则此时的基本回路就成为网孔。所以网孔电流法是回路电流法的特例，而回路电流法是网孔电流法的推广。回路电流方程与网孔电流方程类似。在列方程时同样要注意：自阻总是正的，互阻取正、取负则由公共支路上两回路电流的方向决定。

例 2-7　在如图 2-32(a)所示电路中，电路的 G 图如图 2-32(b)所示。若选择(2, 3, 4)为树，试列出回路电流方程。

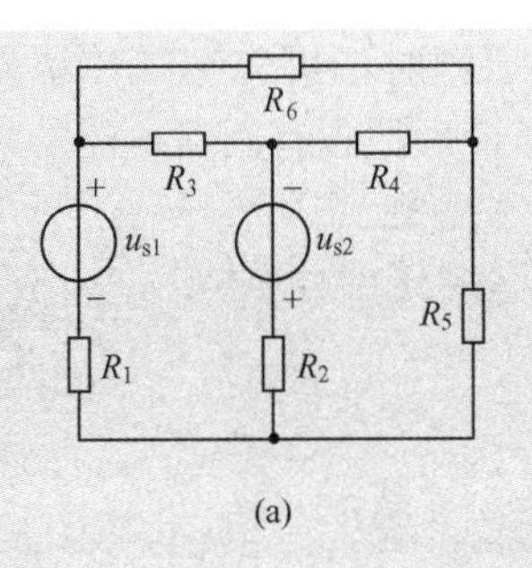

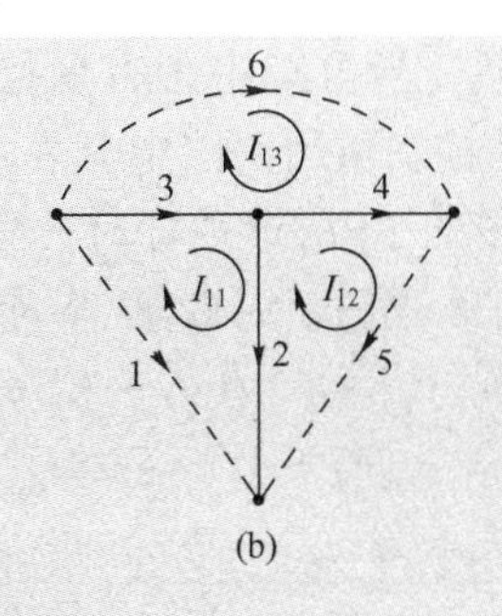

图 2-32　例 2-7 图

解　单连枝回路及绕向如图 2-32(b)所示，设回路电流为 I_{11}、I_{12}、I_{13}，则

$$R_{11} = R_1 + R_2 + R_3,\quad R_{12} = R_{21} = -R_2,\quad R_{22} = R_2 + R_4 + R_5$$
$$R_{23} = R_{32} = -R_4,\quad R_{33} = R_3 + R_4 + R_6,\quad R_{31} = R_{13} = -R_3$$
$$u_{s11} = u_{s1} + u_{s2},\ u_{s22} = -u_{s2},\ u_{s33} = 0$$

故回路电流方程为

$$(R_1 + R_2 + R_3)I_{11} - R_2 I_{12} - R_3 I_{13} = u_{s1} + u_{s2}$$
$$-R_2 I_{11} + (R_2 + R_4 + R_5)I_{12} - R_4 I_{13} = -u_{s2}$$
$$-R_3 I_{11} - R_4 I_{12} + (R_3 + R_4 + R_6)I_{13} = 0$$

如果电路中有电流源和电阻的并联组合，可以先经等效变换成为电压源和电阻的串联后，再列回路电流方程。但当电路中存在无伴电流源时，可采用下述两种方法处理：①在选取回路电流时，仅让一个回路电流流过该支路，则不必再列该回路电流方程。②将无伴电流源两端的电压作为一个求解变量列方程，虽然多了一个变量，但是无伴电流源所在支路的电流为已知，故增加了一个回路电流的附加方程。

例 2-8　试用回路电流法列出图 2-33(a)所示电路的方程。

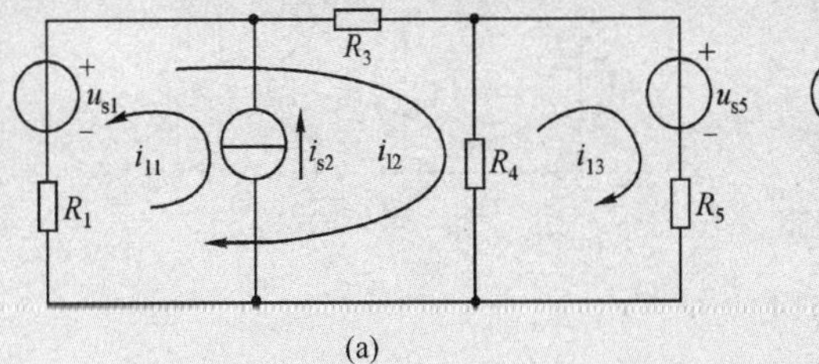

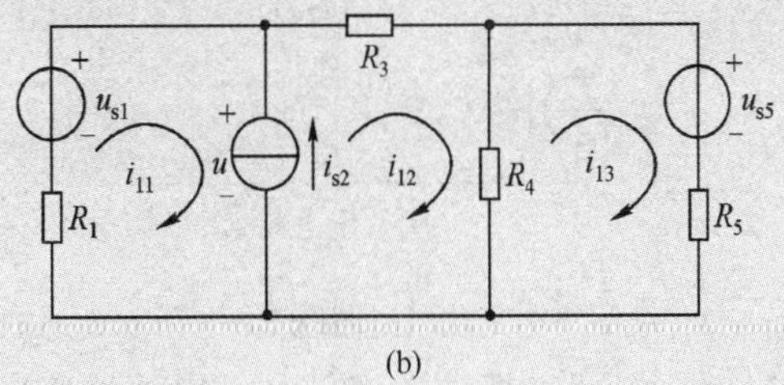

图 2-33　例 2-8 图

解　方法一：选取图 2-33(a)中所示的回路及绕向。回路 1 的回路电流方程为

$$i_{11} = i_{s2}$$

回路 2、3 的回路电流方程为

$$-R_1 i_{11} + (R_1 + R_3 + R_4)i_{12} - R_4 i_{13} = u_{s1}$$
$$-R_4 i_{12} + (R_4 + R_5)i_{13} = -u_{s5}$$

方法二：设电流源 i_{s2} 两端的电压为 u，选取图 2-33(b)中所示的回路及绕向，则回路电流方程为

$$R_1 i_{11} + u = u_{s1}$$
$$(R_3 + R_4)i_{12} - R_4 i_{13} - u = 0$$
$$-R_4 i_{12} + (R_4 + R_5)i_{13} = -u_{s5}$$

增加一个方程

$$-i_{11} + i_{12} = i_{s2}$$

与网孔电流法类似，当电路中含有受控电压源时，可先把受控源先当作独立源处理列方程，然后再把受控源的控制量用回路电流表示，最后把含有回路电流的项移到方程左边。

例 2-9 试列出图 2-34 所示电路的回路电流方程。

解 选取如图 3-34 中所示的回路(实际上是网孔)，则

$$(R_1+R_2)i_{11}-R_2i_{12}=u_{s1}$$

$$-R_2i_{11}+(R_2+R_3)i_{12}=\alpha u_{R_1}$$

把控制量用回路电流表示为 $u_{R_1}=-R_1i_{11}$，代入上式并整理，得

$$(R_1+R_2)i_{11}-R_2i_{12}=u_{s1}$$

$$(\alpha R_1-R_2)i_{11}+(R_2+R_3)i_{12}=0$$

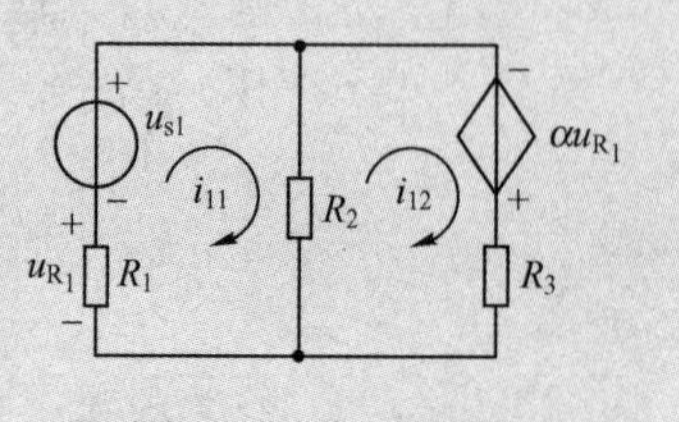

图 2-34 例 2-9 图

可见，含受控源的电路，其互阻一般不再相等。如本例中 $R_{12}\neq R_{21}$。

思考题

*T2.6-1 为什么网孔电流是相互独立的，而支路电流是不独立的？

*T2.6-2 为什么说网孔(回路)电流方程实质上是 KVL 的体现？

*T2.6-3 为什么列网孔(或回路)电流方程时，自阻总是正的，互阻可正、可负？互阻的正、负又是如何确定的？

*T2.6-4 对于含有受控源的电路，其互阻是否仍相等？

基本练习题

*2.6-1 写出如图题 2.6-1 所示电路中规定的网孔电流方向的网孔电流方程。

*2.6-2 写出如图题 2.6-2 所示的回路电流方程。

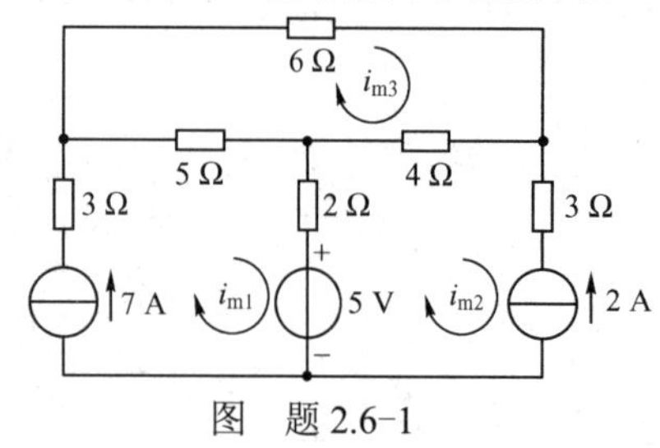

图 题 2.6-1

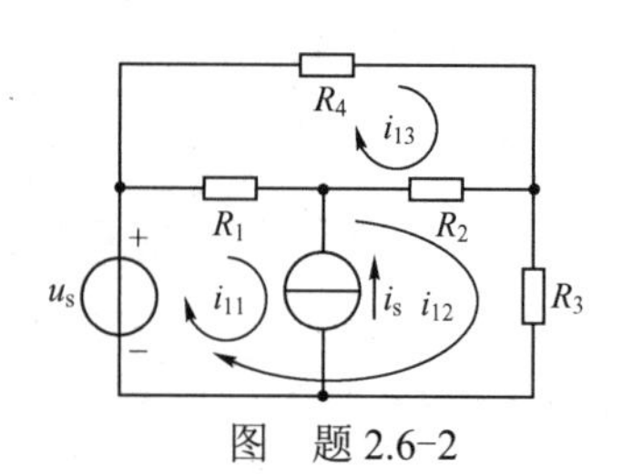

图 题 2.6-2

*2.6-3 用回路电流法求出图题 2.6-3 所示电路的电流 I。

*2.6-4 用回路电流法求出图题 2.6-4 所示电路结点 A、B 间的电压 U。

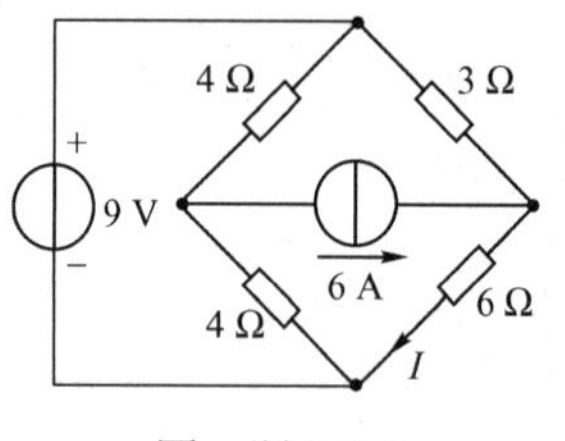

图 题 2.6-3

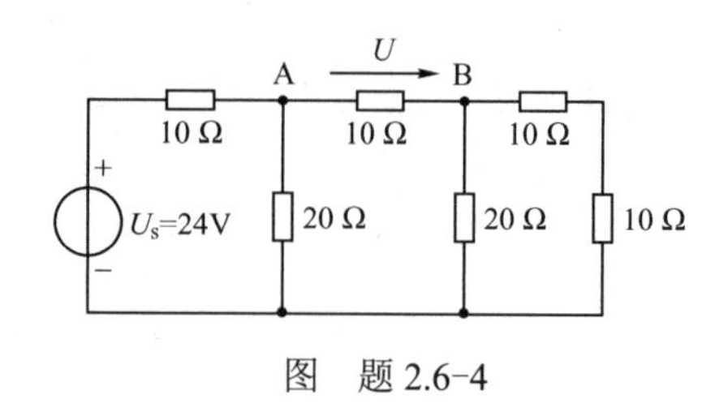

图 题 2.6-4

2.7 结点电压法

结点电压法是以结点电压为电路变量的解题方法。在电路中任选一个结点为参考结点，其他结点与此参考结点之间的电压为结点电压。参考结点电压为负，其余独立结点电压为正。以图 2-35(a) 所示的电路为例来说明结点电压法。

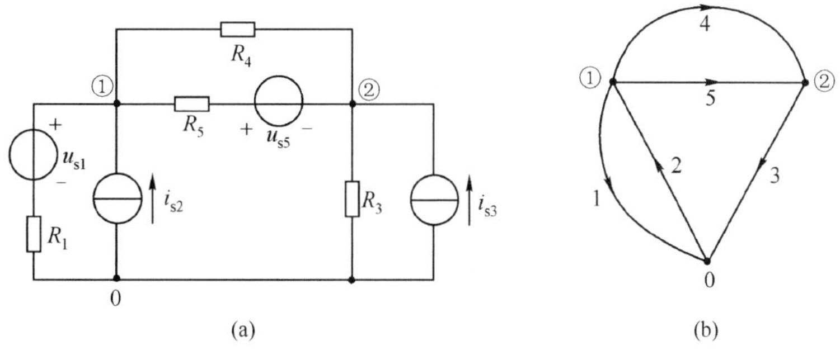

图 2-35　结点电压法

对图 2-35(a)所示电路，电路的 G 图如图 2-35(b)所示，电路共有 3 个结点，若选取结点 0 为参考结点，并令结点①、②的结点电压分别用 u_{n1}、u_{n2} 表示(下标 n 表示结点)，则各个支路电压都可以用结点电压表示出来，即

$$u_1=u_{n1},\quad u_2=-u_{n1},\quad u_3=u_{n2},\quad u_4=u_{n1}-u_{n2},\quad u_5=u_{n1}-u_{n2}$$

可见，结点电压是完备的。

结点电压自动地满足了 KVL，因为沿任一回路的各支路电压，如以结点电压表示，其代数和恒等于零。例如，由支路 2、5、3 所组成的回路，有

$$u_2+u_5+u_3=-u_{n1}+u_{n1}-u_{n2}+u_{n2}=0$$

因此，各结点电压是相互独立的。

结点电压是一组独立完备的电压变量，以结点电压为变量所列的方程也是独立的。

由于结点电压已满足了 KVL，所以只需由 VCR 和 KCL 列结点电压方程。对图 2-35 中结点①、②列 KCL 方程，有

$$\begin{cases} i_1-i_2+i_4+i_5=0 \\ i_3-i_4-i_5=0 \end{cases} \tag{2-17}$$

由元件的 VCR，把支路电流用结点电压表示出来，得

$$\begin{cases} i_1=\dfrac{u_1-u_{s1}}{R_1}=\dfrac{u_{n1}-u_{s1}}{R_1} \\ i_2=i_{s2} \\ i_3=\dfrac{u_3}{R_3}-i_{s3}=\dfrac{u_{n2}}{R_3}-i_{s3} \\ i_4=\dfrac{u_4}{R_4}=\dfrac{u_{n1}-u_{n2}}{R_4} \\ i_5=\dfrac{u_5-u_{s5}}{R_5}=\dfrac{u_{n1}-u_{n2}-u_{s5}}{R_5} \end{cases} \tag{2-18}$$

将式(2-18)代入式(2-17)并整理得

$$\begin{cases} \left(\dfrac{1}{R_1}+\dfrac{1}{R_4}+\dfrac{1}{R_5}\right)u_{n1}-\left(\dfrac{1}{R_4}+\dfrac{1}{R_5}\right)u_{n2}=i_{s2}+\dfrac{u_{s1}}{R_1}+\dfrac{u_{s5}}{R_5} \\ -\left(\dfrac{1}{R_4}+\dfrac{1}{R_5}\right)u_{n1}+\left(\dfrac{1}{R_3}+\dfrac{1}{R_4}+\dfrac{1}{R_5}\right)u_{n2}=i_{s3}-\dfrac{u_{s5}}{R_5} \end{cases} \tag{2-19}$$

式(2-19)就是所求的结点电压方程。

具有两个独立结点的电路，其结点电压方程的一般形式为

$$\begin{cases} G_{11}u_{n1}+G_{12}u_{n2}=i_{s11} \\ G_{21}u_{n1}+G_{22}u_{n2}=i_{s22} \end{cases} \tag{2-20}$$

式中，G_{11} 和 G_{22} 分别为结点①、②的自导，它们等于连接到结点①、②上的全部电导之和，自导总是正的。例如，本例中 $G_{11}=1/R_1+1/R_4+1/R_5$，$G_{22}=1/R_3+1/R_4+1/R_5$。G_{12} 和 G_{21} 为结点①和②的互导，它们等于连接于结点①和结点②之间公共电导的负值，互导总是负的。例如，本例中 $G_{12}=G_{21}=-(1/R_4+1/R_5)$。在不含有受控源的电阻电路中，$G_{12}=G_{21}$。在计算自导和互导时，独立电源都置零(电压源用短路代替，电流源用开路代替)。i_{s11}、i_{s22} 分别为注入结点①和②的电流源(或由电压源和电阻串联等效变换形成的电流源)的代数和，当电流源流入结点时前面取“+”号，流出结点时前面取“−”号。例如，本例中 $i_{s11}=i_{s2}+u_{s1}/R_1+u_{s5}/R_5$。

式(2-20)实质上是 KCL 的体现，方程的左边是由结点电压产生的流出该结点的电流的代数和，方程的右边是流入该结点的电流源电流的代数和。

对于具有$(n-1)$个独立结点的电路，结点电压方程的一般形式为

$$\begin{cases} G_{11}u_{n1}+G_{12}u_{n2}+\cdots+G_{1(n-1)}u_{n(n-1)}=i_{s11} \\ G_{21}u_{n1}+G_{22}u_{n2}+\cdots+G_{2(n-1)}u_{n(n-1)}=i_{s22} \\ \qquad\vdots \\ G_{(n-1)1}u_{n1}+G_{(n-1)2}u_{n2}+\cdots+G_{(n-1)(n-1)}u_{n(n-1)}=i_{s(n-1)(n-1)} \end{cases} \tag{2-21}$$

用结点电压法求解电路的一般步骤为：

（1）选择合适的参考结点。

（2）按照式(2-21)用观察法对$(n-1)$个独立结点列结点电压方程。注意自导总是正的，互导总是负的，并注意电流源前面的“+”“−”号。

（3）求解结点电压，根据所求结点电压求出其他要求解的量。

例 2-10 列写图 2-36 所示电路的结点电压方程。

解 选择结点 0 为参考结点，对结点①、②、③列结点电压方程为

$$\left(\frac{1}{R_1}+\frac{1}{R_4}+\frac{1}{R_6}\right)u_{n1}-\frac{1}{R_4}u_{n2}-\frac{1}{R_6}u_{n3}=i_{s1}-i_{s6}$$

$$-\frac{1}{R_4}u_{n1}+\left(\frac{1}{R_2}+\frac{1}{R_4}+\frac{1}{R_5}\right)u_{n2}-\frac{1}{R_5}u_{n3}=0$$

$$-\frac{1}{R_6}u_{n1}-\frac{1}{R_5}u_{n2}+\left(\frac{1}{R_3}+\frac{1}{R_5}+\frac{1}{R_6}\right)u_{n3}=i_{s6}+\frac{u_{s3}}{R_3}$$

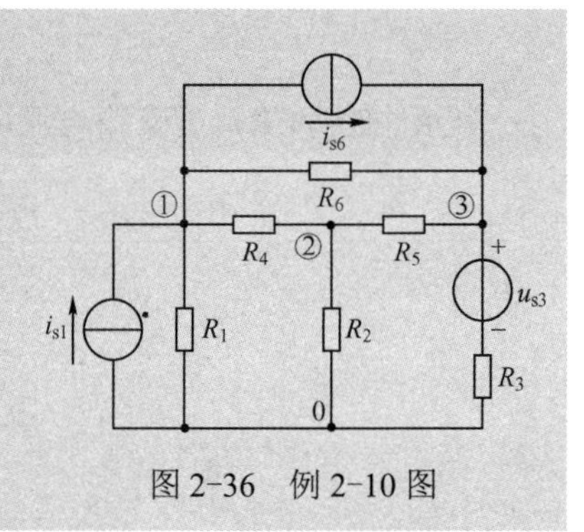

图 2-36　例 2-10 图

例 2-11 用结点电压法求图 2-37 所示电路的电流 I。

解 取参考结点如图中所示，列结点电压方程为

$$\left(\frac{1}{10}+\frac{1}{15}\right)U_{n1}-\frac{1}{15}U_{n2}=2$$

$$-\frac{1}{15}U_{n1}+\left(\frac{1}{15}+\frac{1}{5}\right)U_{n2}=4$$

解得　　$U_{n1}=20\,\text{V}$，$U_{n2}=20\,\text{V}$

所以 $I=0\,\text{A}$。

校验：对参考结点列 KCL 有

$$2-\frac{U_{n1}}{10}-\frac{U_{n2}-20}{15}=0$$

代入 U_{n1} 和 U_{n2} 后，得上式是正确的。

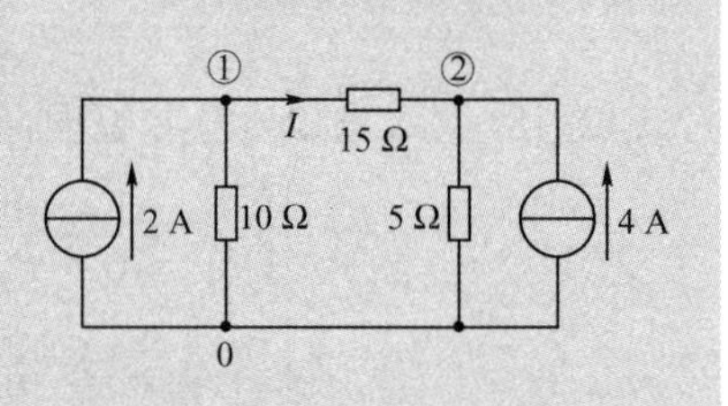

图 2-37　例 2-11 图

如果电路中含有无伴电压源，由于该支路的电阻为零，电导为无穷大，所以无法采用上述方法列结点电压方程。可以采用下述两种方法处理：①把无伴电压源的一端选为参考结点，则对另一端就无需再列结点电压方程，仅需对其他结点列结点电压方程。②把无伴电压源的电流作为变量列方程，同时增加一个相关的结点电压与无伴电压源的电压之间的约束关系。

例 2-12 列写图 2-38 所示电路的结点电压方程。

解 方法一：选取参考结点如图中所示，则结点①的方程为

$$u_{n1} = u_{s1}$$

结点②的方程为

$$-G_2u_{n1} + (G_2 + G_3)u_{n2} = i_{s3}$$

方法二：设电压源 u_{s1} 的电流为 i，则结点电压方程为

$$(G_1 + G_2)u_{n1} - G_2u_{n2} - i = 0$$

$$-G_2u_{n1} + (G_2 + G_3)u_{n2} = i_{s3}$$

补充方程为

$$u_{n1} = u_{s1}$$

由上述 3 个方程，可解出 u_{n1}、u_{n2} 和 i。

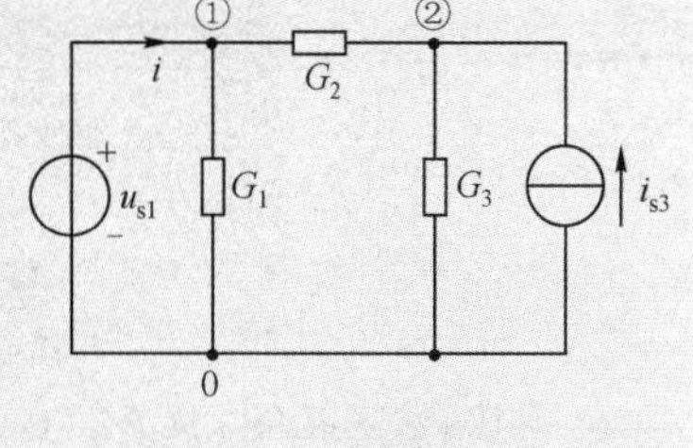

图 2-38 例 2-12 图

当电路中含有受控电流源时，可把受控源先当作独立源处理列方程，然后再把受控源的控制量用结点电压表示，最后把含有结点电压的项移到方程左边。

例 2-13 如图 2-39 所示电路，列写此电路的结点电压方程。

解 选取参考结点如图中所示，则结点电压方程为

$$\left(\frac{1}{R_1} + \frac{1}{R_2}\right)u_{n1} = \frac{u_{s1}}{R_1} - gu_1$$

$$\left(\frac{1}{R_3} + \frac{1}{R_4}\right)u_{n2} = \frac{u_{s2}}{R_4} + gu_1$$

将 $u_1 = u_{n1} - u_{s1}$ 代入上述方程，整理得

$$\left(\frac{1}{R_1} + \frac{1}{R_2} + g\right)u_{n1} = \frac{u_{s1}}{R_1} + gu_{s1}$$

$$-gu_{n1} + \left(\frac{1}{R_3} + \frac{1}{R_4}\right)u_{n2} = \frac{u_{s2}}{R_4} - gu_{s1}$$

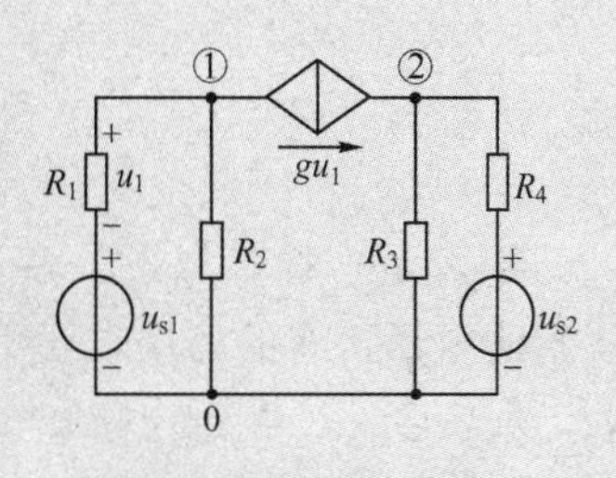

图 2-39 例 2-13 图

从上述结点电压方程可以看出，当电路中含有受控源时，互导一般不再相等，如本例中 $G_{12} \neq G_{21}$。

思考题

T2.7-1 对于图 2-35(a)所示电路，若电流源 i_{s2} 支路中再串联一个电阻 R_2，问结点电压方程是否改变？

T2.7-2 为什么在列写结点电压方程时，自导总是正的，互导总是负的？

基本练习题

2.7-1 用结点电压法计算图题 2.7-1 所示电路中结点 A、B 的电压。

2.7-2 如图题 2.7-2 所示，已知 R=20Ω，用结点电压法求解电阻 R 两端的电压。

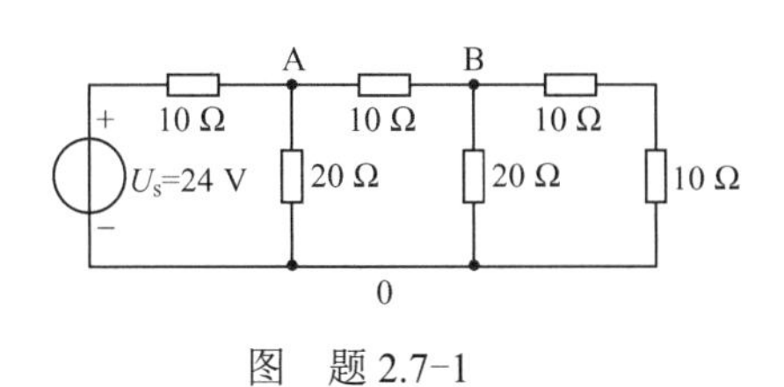

图 题 2.7-1

图 题 2.7-2

2.7-3　列写图题 2.7-3 所示电路的结点电压方程。

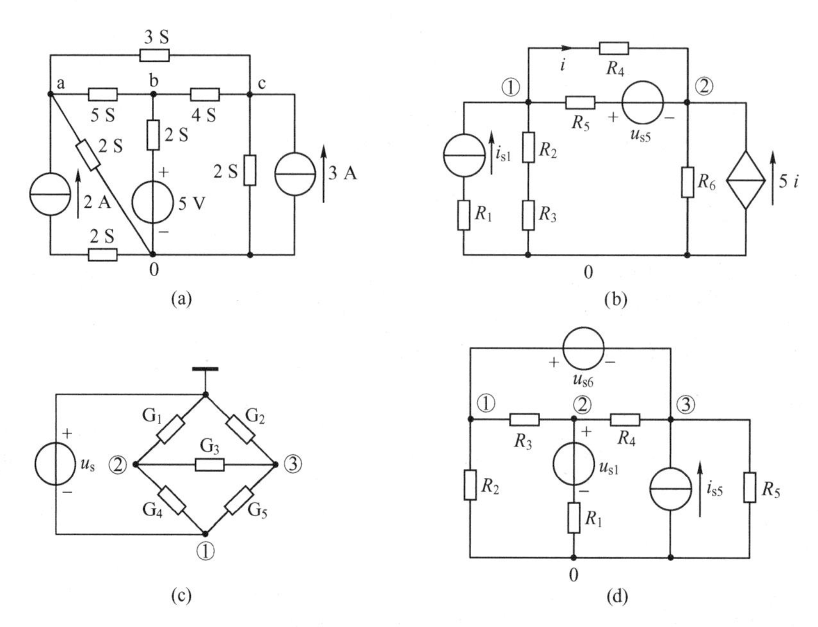

图　题 2.7-3

△2.8　应　　用

万用表是一种多电量、多量程的便携式测量工具。它可以用来测量电阻、直流电流以及交、直流电压，有的万用表还可以测量交流电流、电容、电感以及晶体三极管的 h_{FE} 值等。万用表一般由表头、测量电路和转换开关三部分组成。

2.8.1　万用表的原理

图 2-40 示出了 U-101 型万用表的总电路图。当转换开关 S_1、S_2 位于不同位置时，可组成不同的测量电路。

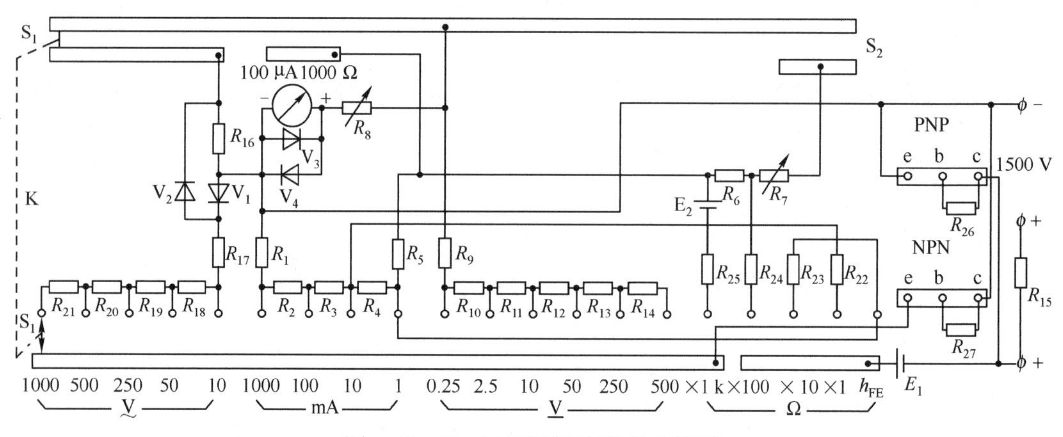

图 2-40　U-101 型万用表的总电路图

（1）直流电流的测量电路

将转换开关置于 mA 挡，就可组成如图 2-41 所示的直流测量电路。图中可调电阻 R_8 始终与表头串联，作为温度补偿。R_1～R_5为分流电阻；R_9为 100 μA 直流电流挡和 0.25 V 直流电压挡的附加电阻，这两个挡无分流电阻。V_3、V_4作为过载保护用。

（2）直流电压的测量电路

直流电压的测量电路如图 2-42 所示。图中，R_9～R_{14}为测量电压的分压电阻，测量高压 1500 V 时，开关可置于 500 V 挡，测试棒与“1500 V”端和“ϕ”端插孔相接。1500 V 挡专用一个 10 MΩ电阻作为分压电阻。

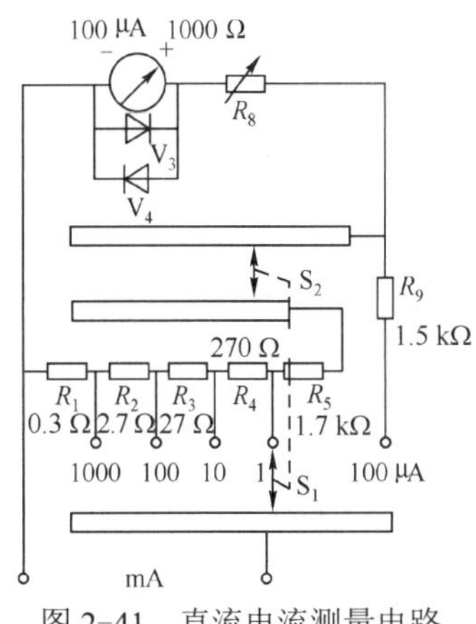

图 2-41　直流电流测量电路

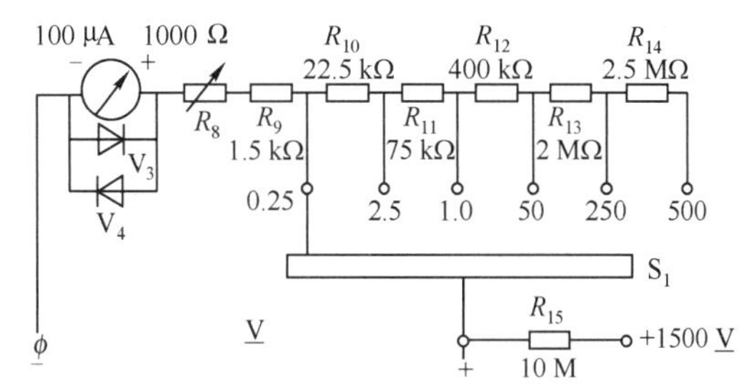

图 2-42　直流电压测量电路

对于其他的测量电路这里就不再做详细的说明，读者可以自己查阅有关方面的资料。

图 2-43(a)给出了 U-101 型万用表，它是经典的模拟型电路万用表；图 2-43(b)所示的 FLUKE 15B 型万用表，为经典的数字电路万用表，目前较为常见。

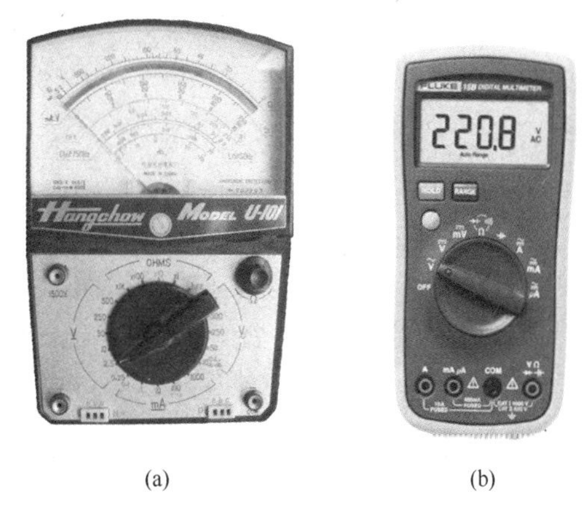

(a)　(b)

图 2-43　万用表实物图

2.8.2　万用表的使用

随着科技的发展，万用表的设计趋向于轻巧化、数字化、多功能化，更加方便测量。下面简单介绍图 2-43(b)所示的常用 FLUKE 15B 型万用表的使用。

常用的几种测试功能有：交流和直流电压、交流和直流电流、电阻、通断性、二极管、电容等。在使用的过程需要注意调节表笔，以和其中的测量功能相对应。

（1）测量交流和直流电压

调节旋钮至$\tilde{V}$，$\overline{V}$，或$\overline{mV}$以选择交流或直流。将红表笔连接至 VΩC 端子，黑表笔连接至 COM 端子。将探针接触想要的电路测量点，测量电压。读出显示屏上测出的电压。

（2）测量交流和直流电流

调节旋钮至 $\widetilde{\overline{A}}$，$\widetilde{\overline{mA}}$，或$\widetilde{\overline{\mu A}}$。按下“黄色”按钮，在交流和直流电流测量间切换。根据要测量的电流将红表笔连至 A、mA 或 μA 端子，并将黑表笔连接至 COM 端子。断开待测的电路路径，然后将表笔衔接断口并施加电源。读取显示屏上测出的电流。

（3）测量电阻

将旋转开关转至 Ω。确保已切断待测电路的电源。将红表笔连接至 VΩC 端子，黑表笔连接至 COM 端子。将探针接触想要测量的电阻两侧。读取显示屏上的测出电阻。

（4）测试通断性

选择电阻模式，按下“黄色”按钮两次，以激活通断性蜂鸣器。如果电阻低于 50Ω，蜂鸣器将持续嗡鸣，表明出现短路。如果电表读数为0L，则表明电路断路。

（5）测试二极管

将旋转开关转至→+·)))Ω。按“黄色”功能按钮一次，启动二极管测量。将红表笔连接至VΩ℃→+⊣⊢端子，黑表笔连接至 COM 端子。将红色探针接到待测的二极管的阳极而黑色探针接到阴极，读取显示屏上的正向偏压。如果表笔极性与二极管极性相反，则显示读数为0L。

（6）测量电容

将旋转开关转至⊣⊢。将红表笔连接至VΩ℃→+⊣⊢端子，黑表笔连接至 COM 端子。将探针接触电容器引脚。读数稳定后(最多 15 秒)，读取显示屏所显示的电容值。

本 章 小 结

在处理实际工程问题时，为了便于研究和讨论感兴趣支路上的电压和电流的大小，对电路其他部分采用等效的方法处理。本章引入了等效及等效模型的概念，详细地讨论了电阻等效、电源等效以及电阻星形连接与三角形连接的等效变换。为了求解复杂电路，介绍了网络图论的基础知识，以获得独立的 KCL 方程和 KVL 方程，并与支路 VCR 方程联立构成电路方程组。介绍了电路分析的三大系统方法，即支路法、回路电流法(网孔电流法)和结点电压法。

难点提示：要正确理解等效的概念、对外等效的特性。注意每种系统方法中变量的定义和选取，以及电路方程一般的列写方法和特殊情况的处理。

名 人 轶 事

欧姆(Georg Simon Ohm，1789—1854)，德国物理学家，1789 年 3 月 16 日生于德国埃尔朗根城，提出了经典电磁理论中著名的欧姆定律。为纪念其重要贡献，人们将其名字作为电阻单位。欧姆的名字也被用于其他物理及相关技术内容中，比如“欧姆接触”、“欧姆杀菌”和“欧姆表”等。

1827 年，欧姆发表了《伽伐尼电路的数学论述》，明确指出伽伐尼电路中电流的大小与总电压成正比，与电路的总电阻成反比，这就是今天的部分电路欧姆定律公式。随着研究电路工作的进展，人们逐渐认识到欧姆定律的重要性，欧姆本人的声誉也大大提高。1841 年英国皇家学会授予他科普利奖章，1842 年被聘为国外会员，1845 年被接纳为巴伐利亚科学院院士。

恩斯特·维尔纳·冯·西门子(Ernst Werner von Siemens，1816—1892)，德国发明家、企业家、物理学家、电报大王，铺设、改进海底、地底电缆、电线，修建电气化铁路，提出平炉炼钢法，革新炼钢工艺，西门子公司创始人之一。西门子在科学研究上的一个重大贡献是确定电阻单位。

1860 年，其论文发表在《波根多夫年鉴》上，建议以截面为 1 mm^2、长 1 m 的汞柱在 0℃时的电阻作为电阻单位。1884 年，各国学者一致同意将长 106 cm、横截面为 1 mm^2 的汞柱在 0℃时的电阻确定为国际法定的电阻单位，命名为欧姆(Ω)。西门子最初确定的电阻单位虽然被废除了，但他在这一事业中的贡献得到了肯定。后来，人们为了纪念他，将他的姓氏作为电导单位保留在物理学中，规定当导体电阻为 1 Ω时，其电导为 1 西门子，简写为 1S。

综合练习题

2-1　电路如图题 2-1 所示，其中电阻、电压源和电流源均为已知，且为正值。求：

（1）电压 u_2 和电流 i_2；

（2）若电阻 R_1 增大，对哪些元件的电压、电流有影响？如何影响？

2-2　求如图题 2-2 所示电路的等效电阻 R_{eq}。

2-3　一无限链形网络如图题 2-3 所示，求等效电阻 R_{eq}。

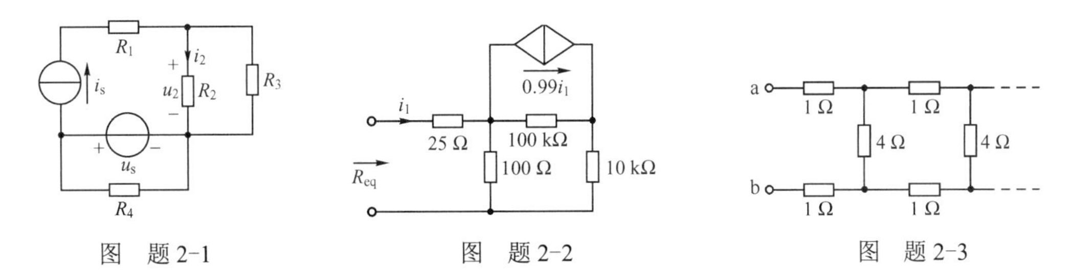

图　题 2-1　　　图　题 2-2　　　图　题 2-3

2-4　如图题 2-4 所示电路，分别用 2b 法、支路电流法、支路电压法列方程。设其中电阻 R_1～R_4 和电源 u_s、i_s 参数已知。

*2-5　用回路电流法计算图题 2-5 所示电路中电流 I 的值。

2-6　用结点电压法计算图题 2-6 所示电路中电压 U 的值和 4V 电压源所发出的功率。

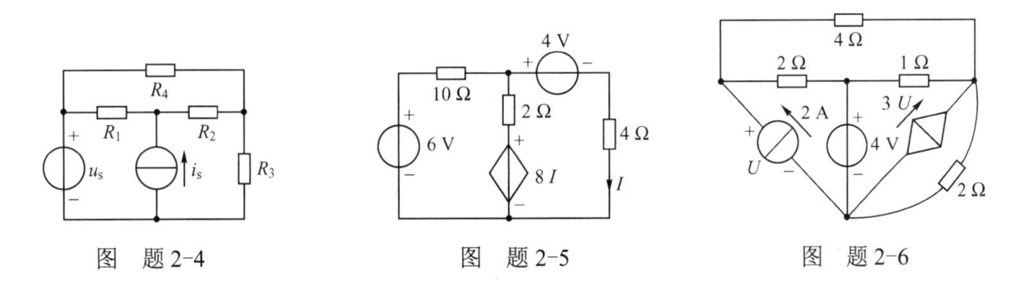

图　题 2-4　　　图　题 2-5　　　图　题 2-6

*2-7　分别用回路电流法和结点电压法计算图题 2-7 所示电路中电流 I 的值。

2-8　图题 2-8 所示为由电压源和电阻组成的一个独立结点电路，用结点电压法证明其结点电压为 $u_{n1}=\sum G_k u_{sk}/\sum G_k$，此式称为弥尔曼定理(其中 $G_k=1/R_k$)。

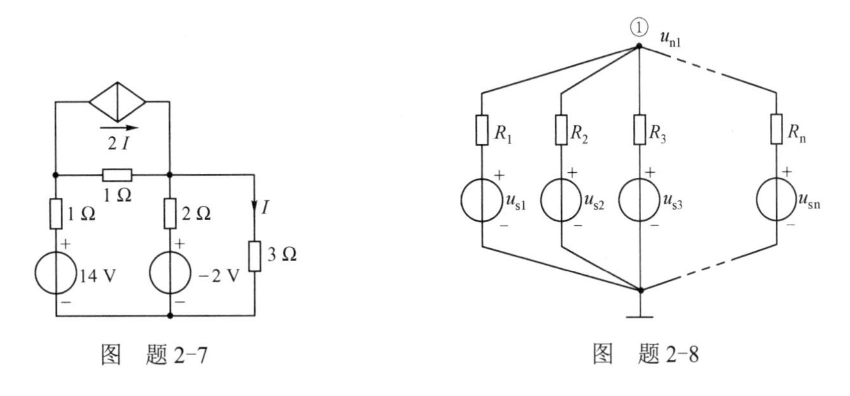

图　题 2-7　　　图　题 2-8

2-9　在电子电路中，很多时候电源仅画出悬空端的电势，并画出多个接地点，如图题 2-9 所示。在电路分析中，通常要补充一些连线，且画出完整的电压源，即把所有接地点和电压源的零电势点用短路线连起来，悬空电势端与接地端补上理想电压源。试补充完整图题 2-9 所示电路，并计算电流 I。

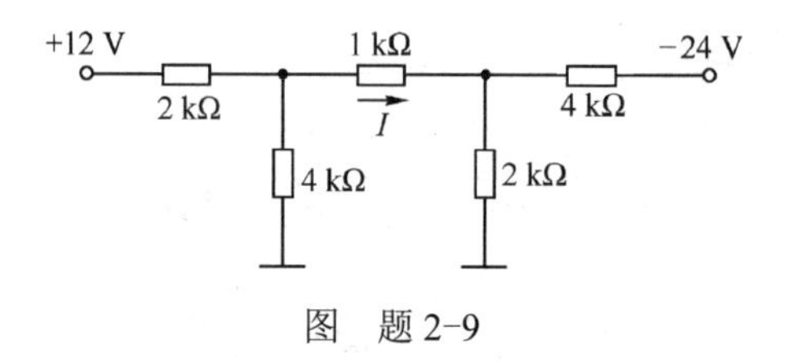

图　题2-9

2-10　电压大小不等、方向相同的电压源能并联吗？电流大小不等、方向相同的电流源能串联吗？为什么？

*2-11　回路电流法与结点电压法是基于什么定律得到的？是否适用于非线性电路？

第 3 章　电路基本定理及应用

【内容提要】

本章介绍电路理论中的一些重要定理，主要有叠加定理、替代定理、戴维南定理和诺顿定理、特勒根定理、互易定理和对偶原理。其中戴维南定理是一个极其有用和重要的定理。本章主要讨论电路定理在直流电阻电路分析中的应用，定理的掌握和分析方法对以后其他电路的分析起着至关重要的作用。在拓展应用中，介绍典型的数模转换电路中 T 形电阻网络的等效计算及原理。

3.1　叠加定理和齐性定理

叠加定理是线性电路的一个重要定理，那么什么是线性电路呢？所谓线性电路，从电路的构成角度讲，就是由独立电源和线性元件组成的电路。独立电源是电路的输入，对电路起激励作用。

3.1.1　叠加定理

下面以一个简单的例子来看叠加定理的内容。求如图 3-1(a)所示电路中的电压 U_2，图中有两个独立电源 U_s 和 I_s。由结点电压公式可得

$$U_2=\frac{\dfrac{U_s}{R_1}+I_s}{\dfrac{1}{R_1}+\dfrac{1}{R_2}}=\frac{R_2}{R_1+R_2}U_s+\frac{R_1R_2}{R_1+R_2}I_s$$

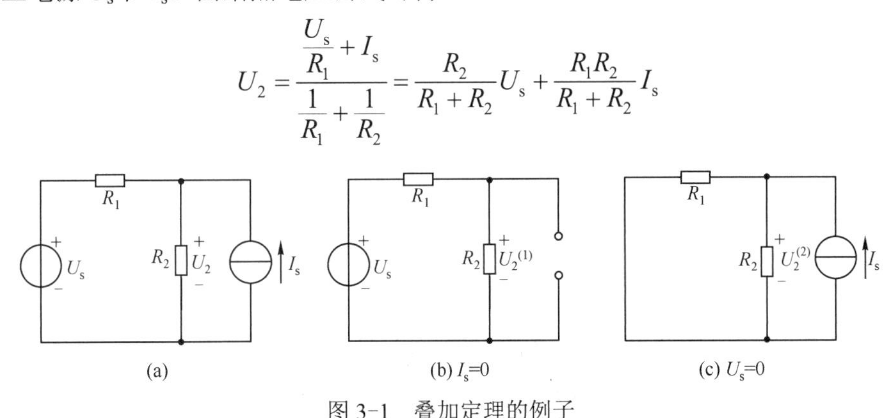

图 3-1　叠加定理的例子

电压源 U_s 单独作用时，电流源置零(令 $I_s=0$)，此时电流源相当于开路，可得图 3-1(b)。

由图 3-1(b)可得
$$U_2^{(1)}=\frac{R_2}{R_1+R_2}U_s$$

电流源 I_s 单独作用时，电压源置零(令 $U_s=0$)，此时电压源相当于短路，可得图 3-1(c)。

由图 3-1(c)可得
$$U_2^{(2)}=\frac{R_1R_2}{R_1+R_2}I_s$$

可以看出
$$U_2=U_2^{(1)}+U_2^{(2)}$$

即 U_2 是各个独立电源单独作用时所产生的电压的叠加，由于线性电路中各个支路电压和支路电流都是线性关系，由此可得出电路中各个支路电压和支路电流都是电路中各个独立电源单独作用时产生的支路电压和支路电流的叠加。

叠加定理的内容：在线性电路中，任一电压或电流都是电路中各个独立电源单独作用时，在该处产生的电压或电流的叠加。用公式表示为

$$y = y^{(1)} + y^{(2)} + \cdots + y^{(n)} = k_1 x_1 + k_2 x_2 + \cdots + k_n x_n \tag{3-1}$$

式中，y 表示待求电流或电压，$y^{(i)}$ 表示为 x_i(单个独立电压源或电流源)作用产生的电流或电压，k_i 为常系数，$i=1, 2, \cdots, n$。

使用叠加定理时应注意以下几点：

（1）叠加定理只适用于线性电路，不适用于非线性电路。

（2）在使用叠加定理计算电路时，应画出各分电路。在分电路中，所有电阻都不予改动，受控源保留，不作用的电压源代之以短路，不作用的电流源代之以开路。

（3）叠加时各分电路中的电压和电流的参考方向一般取与原电路中相同的方向。取和时，应注意各分量前的“+”“-”号。

（4）叠加定理不适用于计算功率。这是因为功率是电压和电流的乘积，是电压或电流的二次函数。

叠加定理在线性电路分析中起着重要的作用，它是分析线性电路的基础。在某一类电路中，应用叠加定理后可以避免求解联立方程组，从而简化电路的分析；在非正弦交变电路中可以用叠加定理分析计算(如谐波分析法)；在动态电路中，将全响应分为零输入响应和零状态响应，也是叠加定理的具体应用，等等。

例 3-1 用叠加定理求图 3-2(a)所示电路中的支路电流 I。

解 画出各个独立电源分别作用时的分电路如图 3-2(b)和(c)所示。

对于图(b)有 $$I^{(1)}=0\ \text{A}$$

对于图(c)有 $$I^{(2)}=2\ \text{A}$$

因而有 $$I = I^{(1)} + I^{(2)} = 2\ \text{A}$$

讨论:（1）将电压源和电流源并联如图 3-3(a)所示，重求支路电流 I。

当电压源和电流源分别单独作用时[见图 3-3(b)和(c)]，利用上述结果，可得

图(b)的解为 $$I^{(1)} = 2.5\ \text{A}$$

图(c)的解为 $$I^{(2)} = 1\ \text{A}$$

因而有 $$I = I^{(1)} + I^{(2)} = 3.5\ \text{A}$$

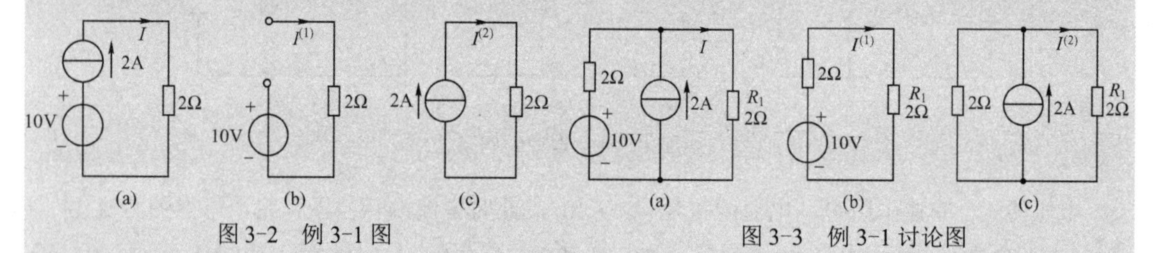

图 3-2 例 3-1 图

图 3-3 例 3-1 讨论图

（2）分析 R_1 在图 3-3(a)中消耗的功率为

$$P_{R_1} = R_1 I^2 = 2\times 3.5^2 = 24.5\ \text{W}$$

R_1 在图 3-3(b)和(c)中消耗的功率分别为

$$P_{R_1}^{(b)} = R_1[I^{(1)}]^2 = 2\times 2.5^2 = 12.5\ \text{W}$$

$$P_{R_1}^{(c)} = R_1[I^{(2)}]^2 = 2\times 1^2 = 2\ \text{W}$$

显然 $P_{R_1} \neq P_{R_1}^{(b)} + P_{R_1}^{(c)}$，原图中某元件功率不等于分图中该元件功率的叠加。

例 3-2 如图 3-4(a)所示电路，用叠加定理求电压 U_i。

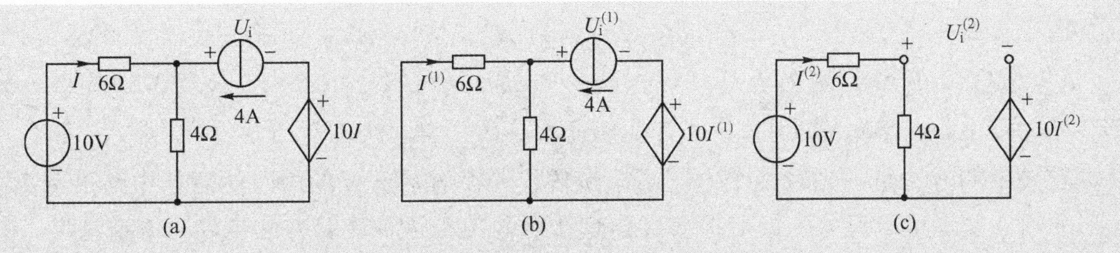

图 3-4　例 3-2 图

解　按叠加定理，分别画出 4A 电流源和 10 V 电压源单独作用时的分电路，见图 3-4(b)和(c)。注意：受控源保留在分电路中，受控源的电压应为 $10I^{(1)}$ 和 $10I^{(2)}$。

对于图(b)，由并联电阻分流原理得 $I^{(1)}=-1.6$ A，列 KVL 方程有

$$U_i^{(1)}+10I^{(1)}=9.6\text{ V}$$

解得

$$U_i^{(1)}=25.6\text{ V}$$

对于图(c)，$I^{(2)}=1$ A，列 KVL 方程有

$$U_i^{(2)}+10I^{(2)}=4\text{ V}$$

解得

$$U_i^{(2)}=-6\text{ V}$$

所以

$$U_i=U_i^{(1)}+U_i^{(2)}=19.6\text{ V}$$

例 3-3　如图 3-5 所示，N_s表示含有独立电源的线性网络。若 U_s = 10 V，则 I=1 A；若 $U_s=20$V，则 $I=1.5$A。求当 $U_s=30$ V 时，I 的值为多少？

解　由于 N_s 为线性含源网络，则整个电路中可分为两组独立电源，一组是 U_s，另一组是 N_s 中的所有独立源 I_s'，由叠加定理[式(3-1)]可得

$$I=I^{(1)}+I^{(2)}=k_1U_s+k_2I_s'$$

式中，$I^{(1)}=k_1U_s$，为电压源单独作用时产生的电流分量；$I^{(2)}=k_2I_s'$，为有源网络内的所有独立源单独作用时产生的电流分量。

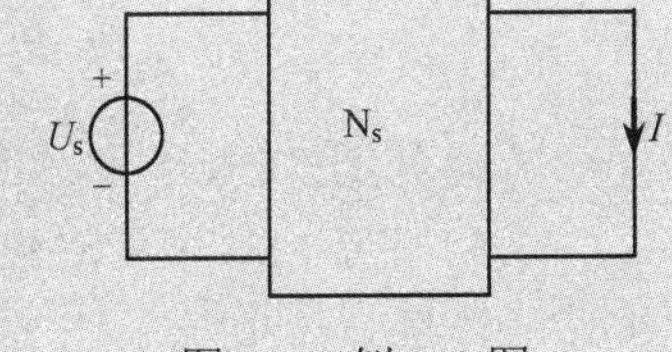

图 3-5　例 3-3 图

代入已知条件得　$1=10k_1+k_2I_s'$，$1.5=20k_1+k_2I_s'$

解得

$$k_1=0.05，\ k_2I_s'=0.5$$

所以有

$$I=0.05U_s+0.5$$

当 U_s=30 V 时，$I=0.05\times30+0.5=2$ A。

3.1.2　齐性定理

齐性定理：在线性电路中，当所有激励或输入(电压源和电流源)都同样增大或缩小 K 倍(K 为实常数)时，响应或输出(电压和电流)也将同样增大或缩小 K 倍。

齐性定理很容易由叠加定理得到。应注意，必须是所有激励同样增大或缩小 K 倍，否则应结合式(3-1)进行分析。当电路中只有一个激励时，响应和激励成正比。

如果例 3-1 的讨论（1）中图 3-3(a)所示电路，当电压源 10V 增加 1 倍时，则 I 为多少？

可以用齐性定理得　$I^{(1)'}=2I^{(1)}=5\text{A}$

再用叠加定理公式[式(3-1)]，得

$$I=I^{(1)'}+I^{(2)}=5+1=6\text{A}$$

例 3-4　求图 3-6 所示电路中的电流 i，$U_s=68$ V。

解　假定待求量标记均加上′，如设 $i'=1$ A，则有

$$I_1'=2\text{ A}，\ I_2'=I_1'+i'=3\text{ A}，\ I_3'=5\text{ A}，$$

$$I_4'=I_3'+I_2'=8\text{ A}，\ I_5'=13\text{ A}$$

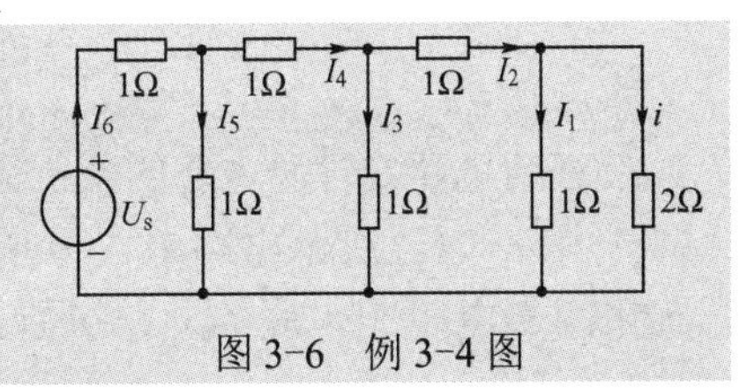

图 3-6　例 3-4 图

$$I'_6 = I'_5 + I'_4 = 21\ \text{A}, \quad U'_s = 34\ \text{V}$$

而实际$U_s = 68$ V，是假定激励的 K 倍($K = U_s / U'_s = 68/34 = 2$)，根据齐性定理，电路中实际的响应(各支路电流或电压)也将是假定响应的2倍，所以$i = 2$ A。

本题采用的方法是：先对某个电压或电流假设一个容易计算的值，然后从电路最远离电源的一端开始，倒退至电源处，最后按齐性定理予以修改。这种计算方法称为“倒退法”。

本题也可采用电阻的串、并联求解。

思考题

T3.1-1　叠加定理适用于何种电路？使用叠加定理时应该注意哪些问题？

T3.1-2　使用叠加定理时电路中的受控源是否和独立源同样处理？

基本练习题

3.1-1　单个激励源作用于线性电路时，激励与响应的关系是：_____

A．成正比；　　B．成反比；　　C．积分关系；　　D．导数关系。

3.1-2　用叠加定理的方法计算如图题 3.1-2 所示电路中的电流 I。

3.1-3　含受控源的电路如图题 3.1-3 所示，试用叠加定理求电流 I，并与第 2 章中综合练习题 2-7 进行比较，讨论用系统分析法和叠加定理求解时，何种方案更简单？

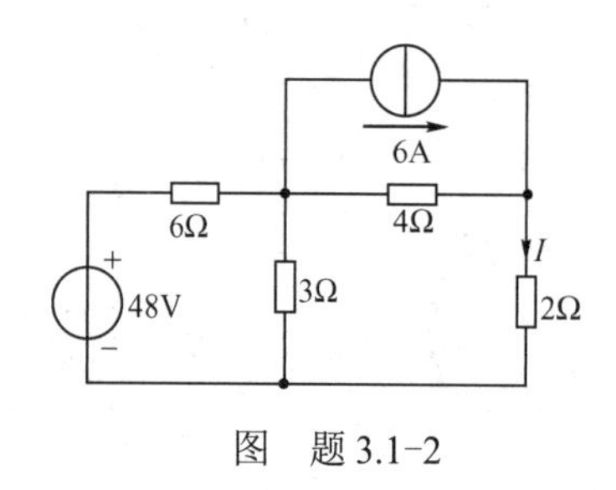

图　题 3.1-2

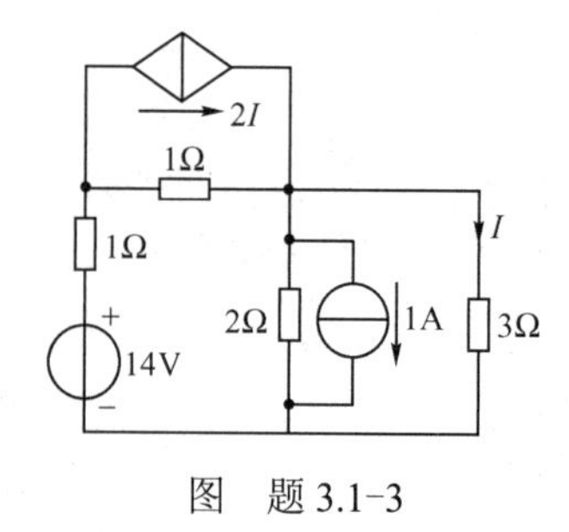

图　题 3.1-3

3.1-4　用叠加定理求出如图题 3.1-4 所示电路的电流 I。

3.1-5　图题 3.1-5 所示线性纯电阻网络 N，外加两个独立电源。当 2A 电流源单独作用时(电压源置零)，5Ω 电阻消耗的功率为 20W；当 20V 电压源单独工作时(电流源置零)，5Ω 电阻消耗的功率为 5W。请计算当两个电源同时工作时，5Ω 电阻消耗的功率为多少？

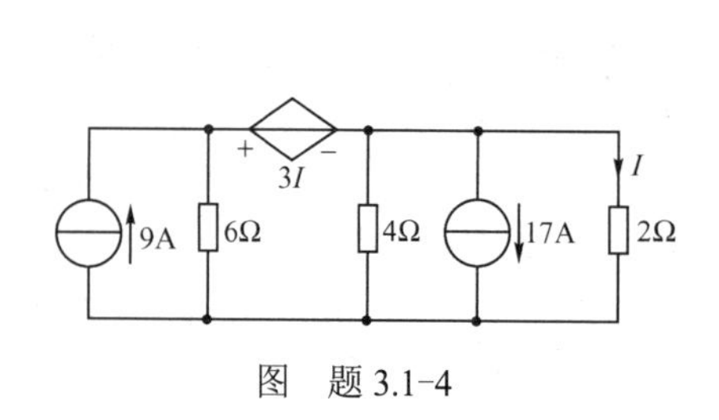

图　题 3.1-4

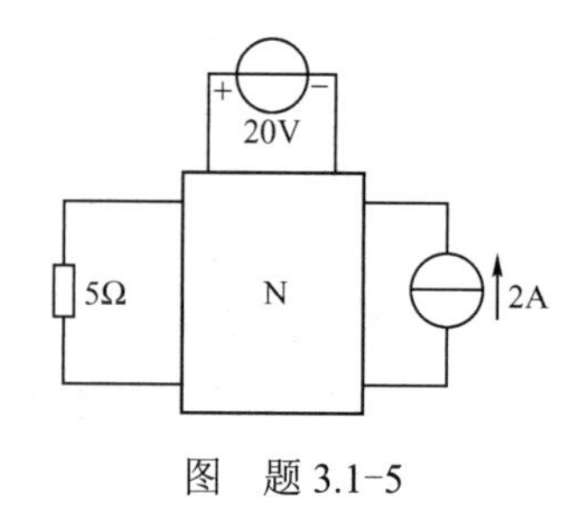

图　题 3.1-5

3.2　替 代 定 理

在证明电路定理及电路的分析计算中，常用到替代定理。先看下面一个例子。

在图 3-7(a)所示电路中，可求得：$I_1 = 2$ A , $I_2 = 1$ A , $I_3 = 1$ A , $U_3 = 8$ V。现在将 4 V 电压源和 4 Ω电阻相串联的支路分别用 $U_s = U_3 = 8$ V 的电压源和 $I_s = I_3 = 1$ A 的电流源替代，

如图 3-7(b)和(c)所示，不难得出图 3-7(a)、(b)、(c)电路中各支路电压和电流均保持不变。

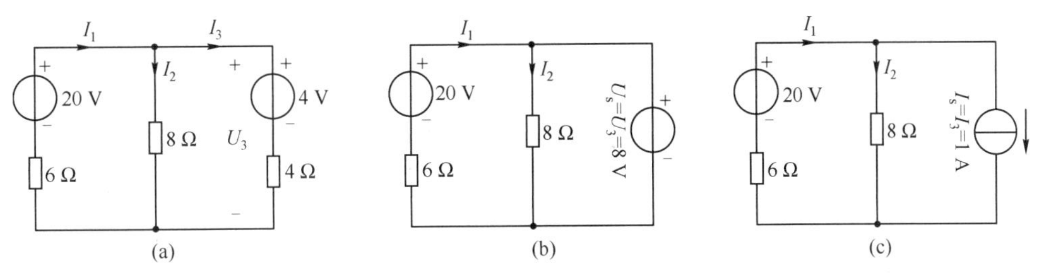

图 3-7 替代定理的例子

替代定理：在任意线性和非线性、定常和时变电路中，如果第 k 条支路的电压 u_k 和电流 i_k 为已知，只要该支路和电路的其他支路之间无耦合，那么该支路可以用一个电压等于 u_k 的电压源或一个电流等于 i_k 的电流源替代，替代后电路中全部的电压和电流均保持不变。替代定理的应用很广泛。

替代定理的证明如下。

设电路由 b 条支路组成，支路电流 i_1、i_2、…、i_k、…、i_b 受 KCL 约束，支路电压 u_1、u_2、…、u_k、…、u_b 受 KVL 约束，现在用一电流源 $i_s = i_k$ 替代第 k 条支路，替代后各支路电流都没有改变。第 k 条支路为电流源支路，其电压是任意的，由外电路确定(电流源的特点)。由于除第 k 条支路外，其余各支路的结构和参数都没有改变，在支路电流不变的情况下，这些支路的电压也不会改变，而所有支路电压又受 KVL 约束，这样第 k 条支路的电压就被约束为原来的值 u_k，保持不变。

如果用电压源替代第 k 条支路，可做类似的证明。

思考题

T3.2-1 图 3-7(a)所示电路中，4 V 电压源和 4 Ω电阻相串联的支路是否可以用一电阻支路替代？若能，其阻值为多大？

T3.2-2 图 3-8 所示电路中，3 Ω电阻所在支路是否可以替代？为什么？

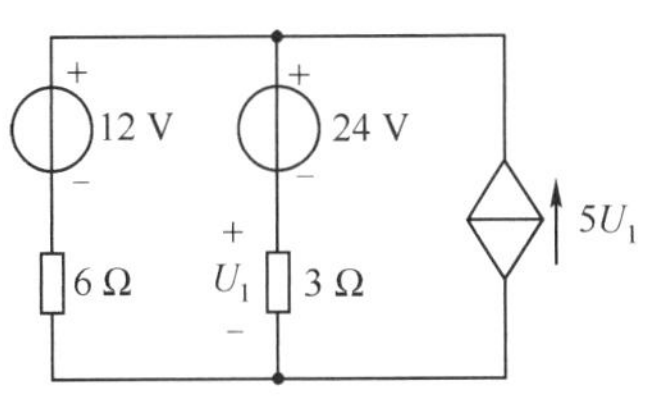

图 3-8 题 T3.2-2

3.3 戴维南定理和诺顿定理

第 2 章讲过，对于一个不含独立电源，仅含电阻和受控源的一端口(称为无源一端口，用 P 表示)，该一端口可以用一个电阻支路(其阻值为一端口的等效电阻)等效替代。若一端口既含独立电源又含电阻和受控源(称为含源一端口，用 A 表示)，则如何来求它的等效电路呢？本节介绍的戴维南定理和诺顿定理就来回答这个问题。戴维南定理和诺顿定理又称为等效发电机定理。

3.3.1 戴维南定理

戴维南定理：线性含源一端口 A，如图 3-9(a)所示。对外电路来说，可以用一个电压源和电阻的串联组合来替代，如图 3-9(b)所示。此电压源的电压等于该一端口 A 的开路电压 u_{oc}，如图 3-9(c)所示。电阻等于一端口 A 中所有独立电源置零后所得无源一端口 P 的等效电阻 R_{eq}，如图 3-9(d)所示。

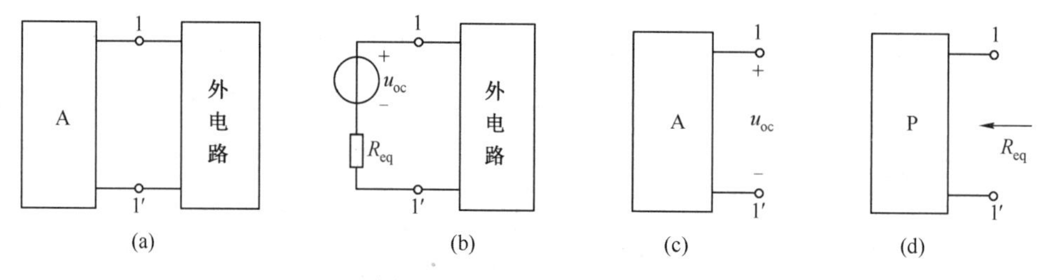

图 3-9　戴维南定理的内容

上述电压源和电阻的串联组合称为戴维南等效电路，等效电路中的电阻称为戴维南等效电阻。当一端口用戴维南等效电路替代后，端口以外的电路(简称外电路)中的电压和电流均保持不变，即等效是对外电路而言的。

戴维南定理的证明如下。

图 3-10(a)中，A 为线性含源一端口，设外电路为电阻 R_L(主要为简化讨论)，根据替代定理，用 $i=i_s$，方向与 i 相同的电流源替代 R_L 支路，替代后的电路如图 3-10(b)所示。应用叠加定理，所得的分电路如图 3-10(c)、3-10(d)所示。在图 3-10(c)中，i_s 不作用而 A 中全部独立电源作用时，$u^{(1)}=u_{oc}$；在图 3-10(d)中，i_s 作用而 A 中全部独立电源置零(注意受控源保留)变为无源一端口 P 时，$u^{(2)}=-R_{eq}i$，式中 R_{eq} 为从 11′ 看进去的等效电阻。由叠加定理，端口 11′ 间的电压为：

$$u=u^{(1)}+u^{(2)}=u_{oc}-R_{eq}i$$

图 3-10(e)中端口的伏安特性与上式相同，戴维南定理得证。

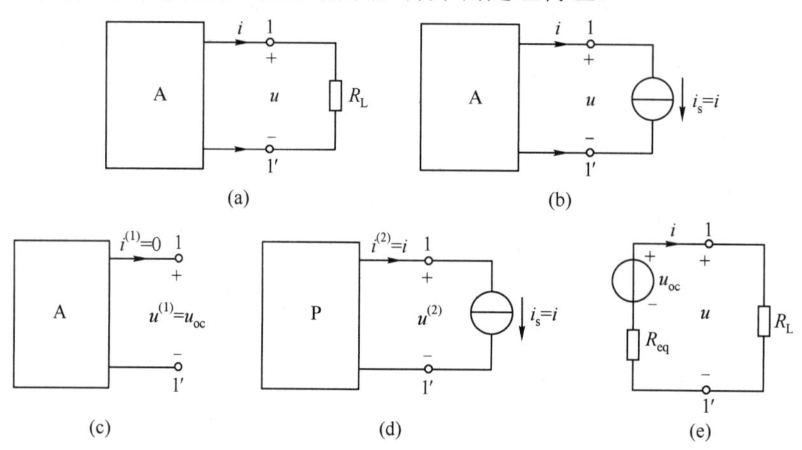

图 3-10　戴维南定理的证明过程

如果把外电路改为一个含源一端口，以上证明同样成立。

应用戴维南定理时必须注意：戴维南定理是在叠加定理的基础上得出的，所以戴维南定理只适用于线性电路。使用时的基本步骤如下：

(1) 先求含源一端口的开路电压 u_{oc}，要画出相应的电路，标明开路电压的极性。

(2) 求戴维南等效电阻 R_{eq}，也必须画出相应的电路，按照前面求等效电阻的方法求得。

(3) 画出含源一端口的戴维南等效电路。注意：等效电压源的极性应与所求 u_{oc} 的极性一致。

例 3-5　求图 3-11(a)所示含源一端口的戴维南等效电路。

解　先求含源一端口的开路电压 U_{oc}。

$$I=2\ \text{A},\ U_{oc}=18-3I=12\ \text{V}$$

再求戴维南等效电阻 R_{eq}。含源一端口独立电源置零后的电路如图 3-11(b) 所示。有

$$R_{eq}=9\ \Omega$$

戴维南等效电路如图 3-11(c) 所示。

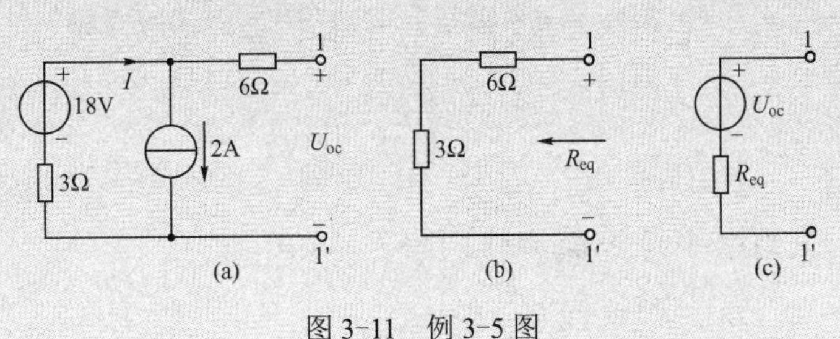

图 3-11　例 3-5 图

求含源一端口 A 的戴维南等效电路还可以采用外加电压源法或外加电流源法，例如图 3-12（a）、(b) 所示，求出含源一端口的端口的伏安特性后，从而一次性求出图 3-12(c) 所示等效电路中的 u_{oc} 和 R_{eq}。注意：当 u 和 i 的参考方向选取不同时，所得出的表达式也不同。

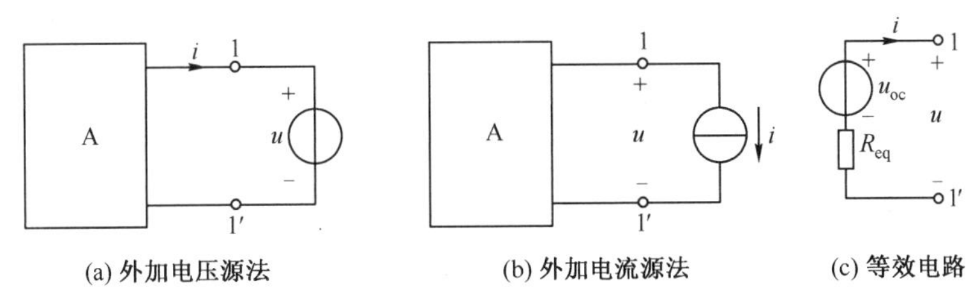

图 3-12　外加电源法

在例 3-5 中，若采用外加电源法，在 11′ 端外加一电压源，如图 3-13 所示。

采用网孔分析法，列网孔方程：

$$\begin{cases}3I_1+U_i=18\\6I+U=U_i\\I_1-I=2\end{cases}$$

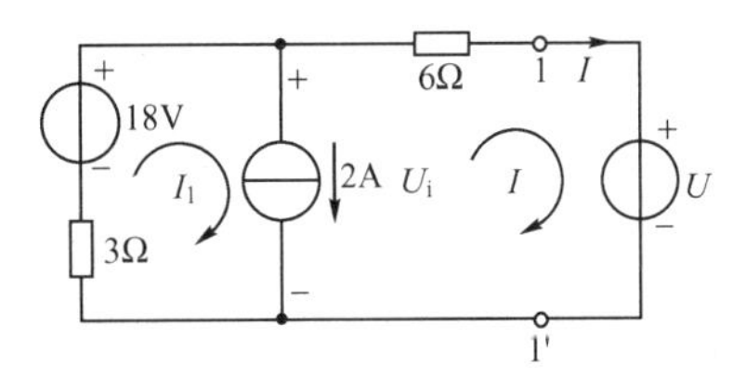

图 3-13　外加电源法求例 3-5

消去 I_1 可得　　$U=12-9I$

与等效电路比较可得

$$U_{oc}=12\ \text{V},\ R_{eq}=9\ \Omega$$

对于例 3-5 所示的仅含独立源和电阻所组成的网络，还可以采用电源等效变换法求得其戴维南等效电路。读者可以按此方法自己练习。

例 3-6　求图 3-14(a) 所示电路的电流 i。

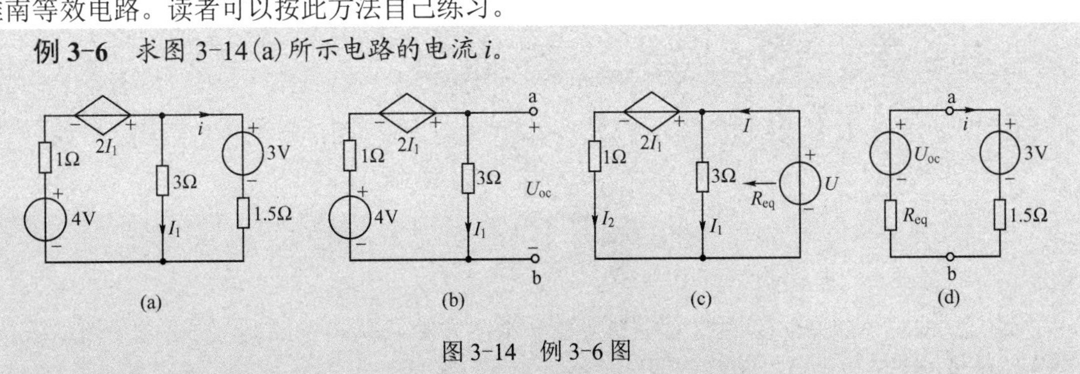

图 3-14　例 3-6 图

解　先用戴维南定理求 a、b 左端电路，如图 3-14(b) 所示。

（1）求开路电压 U_{oc}。用回路电流法，有

$$4I_1 - 2I_1 = 4\text{，}\ U_{oc} = 3I_1$$

联立解得 $U_{oc} = 6\ \text{V}$。

（2）求等效电阻 R_{eq}。采用外加电压源法，如图 3-14(c)所示，有

$$2I_1 + I_2 = 3I_1\text{，}\ I = I_1 + I_2\text{，}\ U = 3I_1$$

消去 I_1 得

$$R_{eq} = U/I = 1.5\ \Omega$$

原电路简化为如图 3-14(d)所示电路。则 $i = \dfrac{6-3}{1.5+1.5} = 1\text{A}$。

3.3.2 诺顿定理

诺顿定理：线性含源一端口 A[如图 3-15(a)所示]，对外电路来说，可以用一个电流源和电导的并联组合来替代[如图 3-15(b)所示]，此电流源的电流等于该一端口 A 的短路电流 i_{sc}[如图 3-15(c)所示]，电导等于一端口 A 中所有独立电源置零后所得无源一端口 P 的等效电导 G_{eq}[如图 3-15(d)所示]。

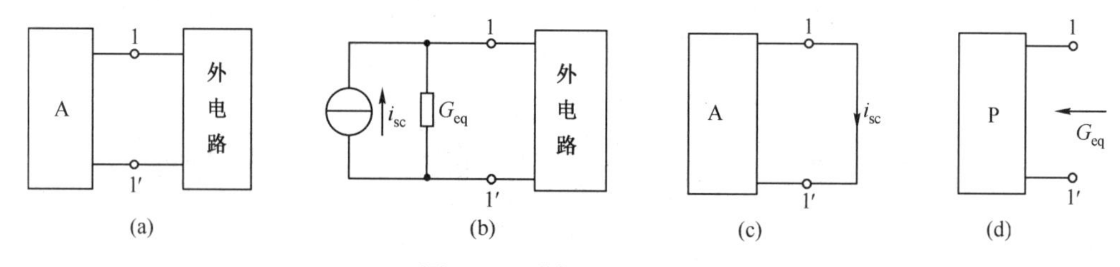

图 3-15 诺顿定理的内容

上述电流源和电导的并联组合称为诺顿等效电路，其中等效电路中的电导也称为诺顿等效电导，它与戴维南等效电阻互为倒数。

前面已经证明了戴维南定理，应用电压源和电阻的串联与电流源和电导的并联之间的等效变换，可证明诺顿定理。

戴维南等效电路和诺顿等效电路这两种等效电路共有 u_{oc}、$R_{eq}(G_{eq})$、i_{sc} 这 3 个参数，其关系为 $u_{oc}=R_{eq}i_{sc}$。若已求出了开路电压和短路电流，还可以用此式求等效电阻，即提供了求等效电阻的另一种方法。

诺顿定理的使用方法和戴维南定理类似。

例 3-7 用诺顿定理求图 3-16(a)所示电路的电流 I。

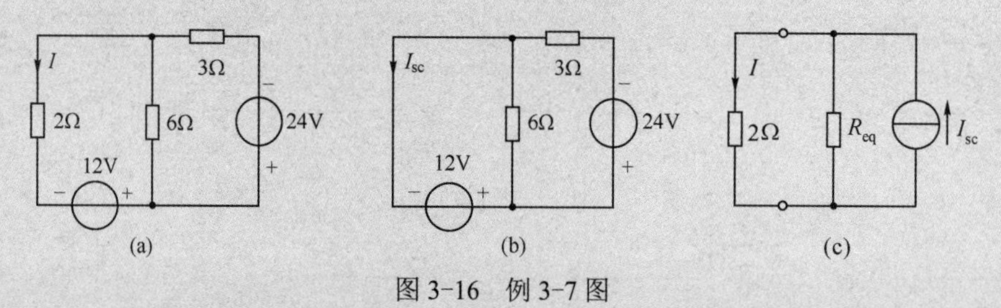

图 3-16 例 3-7 图

解 把图 3-16(a)电路中 2 Ω电阻去除，余下部分求诺顿等效电路。如图 3-16(b)所示，短路电流为 $I_{sc} = -2\text{A}$，等效电阻为 $R_{eq} = 6 // 3 = 2\ \Omega$。

原电路可简化成如图 3-16(c)所示。

所求电流为 $I=-1\mathrm{A}$。

例 3-8 求图 3-17(a)所示电路的戴维南或诺顿等效电路。

解 先求开路电压 u_{oc}。

$$i=0\,\mathrm{A},\quad u_{oc}=\frac{6}{6+2+4}\times 10=5\,\mathrm{V}$$

再求等效电阻 R_{eq}。采用外加电压源法[如图 3-17(b)所示]。

$$u=2(3i-i-u/6)-4(u/6+i)$$

解得

$$u=0\,\mathrm{V}$$

所以

$$R_{eq}=-u/i=0\,\Omega$$

此时戴维南等效电路为一电压源，如图 3-17(c)所示，而诺顿等效电路不存在。

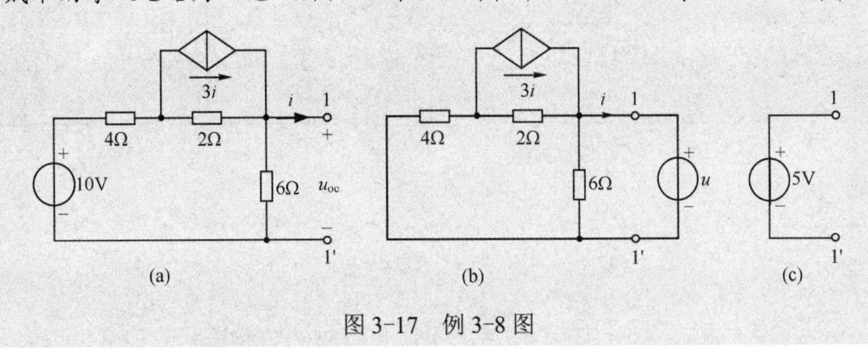

图 3-17　例 3-8 图

当含源一端口内部含受控源时，在它的内部独立电源置零后，所得无源网络的等效电阻或戴维南等效电阻有可能为零或为无穷大。

当 $R_{eq}=0$ 时，戴维南等效电路成为一个电压源，此时对应的诺顿等效电路不存在。

当 $R_{eq}=\infty$ 时，诺顿等效电路成为一个电流源，此时对应的戴维南等效电路不存在。

一般情况下，线性且含受控源的含源一端口网络，且端口的电压或电流不作为内部受控源的控制量时，戴维南等效电路和诺顿等效电路同时存在。

思考题

T3.3-1　运用外加电源法和开路电压、短路电流法求戴维南等效电阻时，对原网络内部电源的处理是否相同？为什么？

T3.3-2　用外加电源法求图 3-14(b)所示电路的戴维南和诺顿等效电路。

T3.3-3　总结求戴维南和诺顿等效电路的方法。

基本练习题

3.3-1　求如图题 3.3-1 所示含源一端口的戴维南和诺顿等效电路。

3.3-2　求如图题 3.3-2 所示含源一端口的戴维南等效电路。

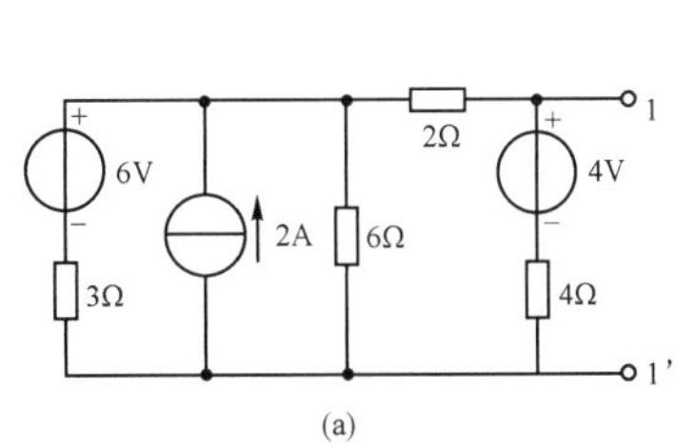

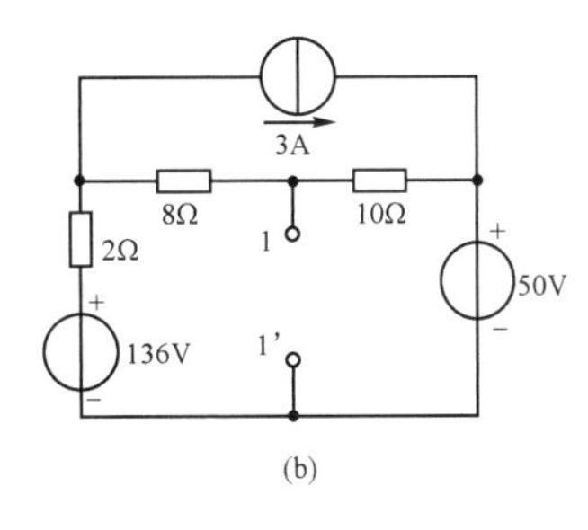

图　题 3.3-1

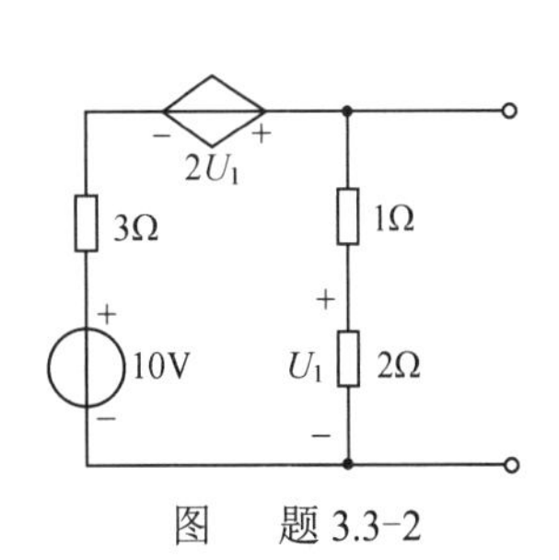

图　题 3.3-2

3.3-3　图题 3.3-3(a)所示含源一端口的伏安特性如图 3.3-3 (b)所示，求其戴维南和诺顿等效电路。

3.3-4　用戴维南定理求图题 3.3-4 所示电路 4Ω 电阻上的电压 U。

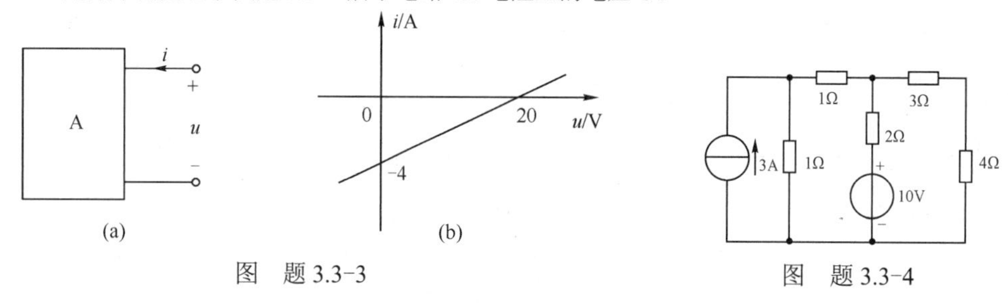

图　题 3.3-3　　　　　　图　题 3.3-4

3.3-5　求图题 3.3-5 所示含源一端口的戴维南等效电路。

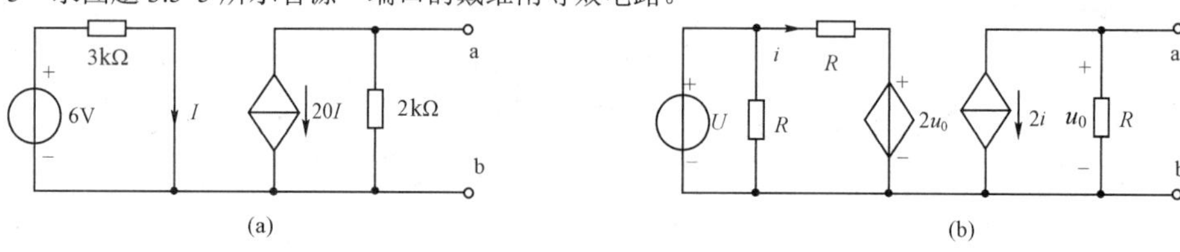

图　题 3.3-5

3.4　最大功率传输定理

设有一线性含源一端口 A，当它两端接上不同负载时，负载获得的功率也不相同。在什么情况下负载能获得最大功率呢？我们先用戴维南定理或诺顿定理对含源一端口 A 进行等效，然后对所得的等效电路进行讨论，如图 3-18 所示。

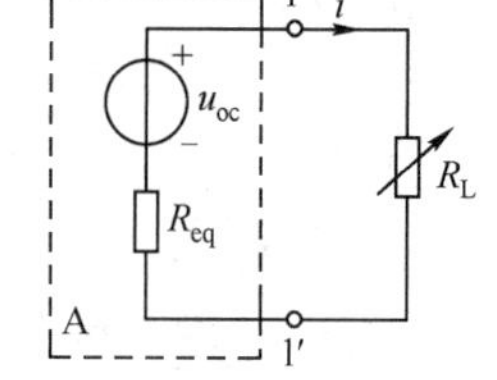

图 3-18　最大功率传输定理证明

负载电流为
$$i=\frac{u_{\mathrm{oc}}}{R_{\mathrm{eq}}+R_{\mathrm{L}}}$$

负载获得的功率为
$$R_{\mathrm{L}}=R_{\mathrm{L}}i^{2}=R_{\mathrm{L}}\left(\frac{u_{\mathrm{oc}}}{R_{\mathrm{eq}}+R_{\mathrm{L}}}\right)^{2}=\frac{R_{\mathrm{L}}u_{\mathrm{oc}}^{2}}{(R_{\mathrm{eq}}+R_{\mathrm{L}})^{2}}$$

当 R_{L} 改变时，要使 R_{L} 最大，则 $\frac{\mathrm{d}p_{\mathrm{L}}}{\mathrm{d}R_{\mathrm{L}}}=0$，由此可解得 p_{L} 为最大时的 R_{L} 值。即

$$\frac{\mathrm{d}p_{\mathrm{L}}}{\mathrm{d}R_{\mathrm{L}}}=\frac{u_{\mathrm{oc}}^{2}(R_{\mathrm{eq}}+R_{\mathrm{L}})^{2}-R_{\mathrm{L}}u_{\mathrm{oc}}^{2}\cdot 2(R_{\mathrm{eq}}+R_{\mathrm{L}})}{(R_{\mathrm{eq}}+R_{\mathrm{L}})^{4}}=0$$

当 $R_{\mathrm{eq}}+R_{\mathrm{L}}\neq 0$ 时，由上式可得 $R_{\mathrm{L}}=R_{\mathrm{eq}}$，此时

$$P_{\mathrm{Lmax}}=\frac{u_{\mathrm{oc}}^{2}}{4R_{\mathrm{eq}}}$$

若用诺顿定理等效，则

$$P_{\mathrm{Lmax}}=R_{\mathrm{eq}}i_{\mathrm{sc}}^{2}/4$$

由此可得最大功率传输定理的内容为：线性含源一端口 A，外接可变负载 $\mathrm{R_L}$，当 $R_{\mathrm{L}}=R_{\mathrm{eq}}$(含源一端口 A 的等效电阻)时，负载可获得最大功率，此最大功率为

$$P_{\mathrm{Lmax}}=\frac{u_{\mathrm{oc}}^{2}}{4R_{\mathrm{eq}}}，\text{或}\quad P_{\mathrm{Lmax}}=R_{\mathrm{eq}}i_{\mathrm{sc}}^{2}/4$$

满足上述条件称为负载电阻与一端口的等效电阻匹配。

在匹配工作状态下，对等效电源来讲，其传输效率$\eta = 50\%$，即电源发出的功率一半被负载所吸收，另一半被电源内阻消耗掉了。对网络 A 内部的电源来讲其效率并非 50%。因此，只有在小功率的电子电路中，实现最大传输功率才有现实意义；而在大功率的电力系统中，实现最大功率传输，如此低的传输效率是不允许的。

例 3-9 如图 3-19(a)所示含源一端口外接可调电阻 R，当 R 等于多少时，可以从电路中获得最大功率？求此最大功率。

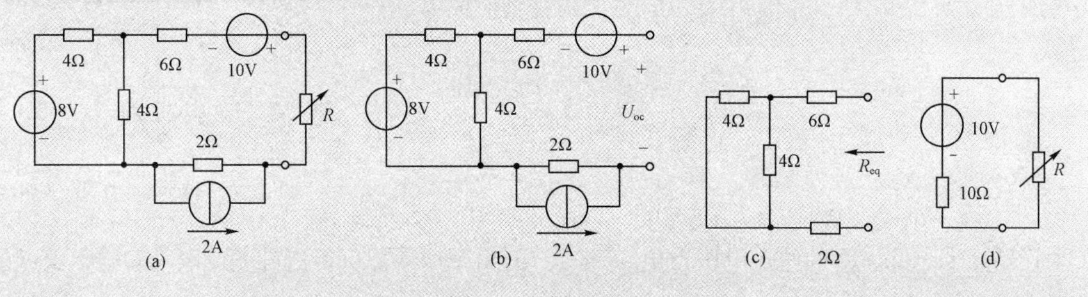

图 3-19 例 3-9 图

解 先用戴维南定理求除 R 以外的含源网络的等效电路，如图 3-19(b)所示。

(1) 求含源一端口的开路电压 U_{oc}。用电源等效及 KVL 得

$$U_{oc} - 10 + 4 = 4$$

解得

$$U_{oc} = 10 \text{ V}$$

(2) 求戴维南等效电阻 R_{eq}[如图(c)所示]

$$R_{eq} = 4//4 + 6 + 2 = 10 \ \Omega$$

等效电路如图(d)所示。当 $R = 10\Omega$ 时，R 可获得最大功率，其值为 $P_{Lmax} = \dfrac{U_{oc}^2}{4R_{eq}} = 2.5 \text{ W}$。

思考题

T3.4-1 对于图 3-18 所示电路，若 u_{oc} 和 R_L 不变，而 R_{eq} 可变，问 R_{eq} 为多大时，R_L 可获得最大功率，并求此最大功率。

T3.4-2 有一个 40 Ω的负载要想从一个内阻为 20 Ω的电源获得最大功率，再采用一个 40Ω 的电阻与该负载并联的方法是否可以？

基本练习题

3.4-1 如图题 3.4-1 所示，试问：

(1) R 为何值时它吸收的功率最大？并求此最大功率。

(2) 若 R=90Ω，欲使 R 中的电流为零，则 R 两端应接什么元件？其参数为多少？画出电路图。

3.4-2 如图题 3.4-2 所示，端口 a，b 之间连接多大的电阻时才能从电路中吸收最大功率？

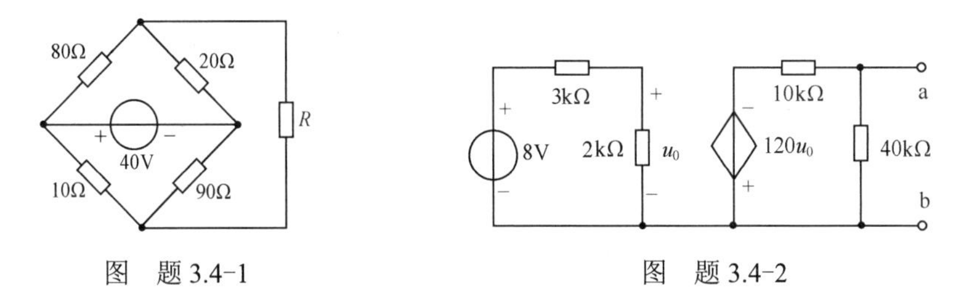

图 题 3.4-1　　图 题 3.4-2

*3.5　特勒根定理

特勒根定理是电路理论中对集总电路普遍适用的基本定理，它有以下两种形式。

1．特勒根定理 1

特勒根定理 1：对于一个具有 n 个结点和 b 条支路的电路，假定各支路电压和支路电流取关联参考方向，并设支路电压和支路电流分别为$(u_1,u_2,\cdots,u_b)$，$(i_1,i_2,\cdots,i_b)$，则对任何时间 t，有

$$\sum_{k=1}^{b}u_k i_k=0$$

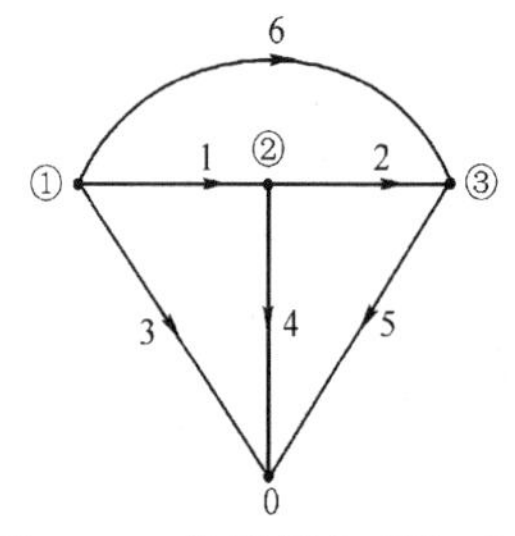

图 3-20　特勒根定理的证明

此定理可通过图 3-20 所示电路的图证明如下。

对①、②、③结点列 KCL 方程为

$$i_1+i_3+i_6=0,\ -i_1+i_2+i_4=0,\ -i_2+i_5-i_6=0 \qquad (3\text{-}2)$$

设结点①、②、③的结点电压为u_{n1}、u_{n2}、u_{n3}，由 KVL 可得出各支路电压和结点电压的关系为：

$$u_1=u_{n1}-u_{n2},\ u_2=u_{n2}-u_{n3},\ u_3=u_{n1},\ u_4=u_{n2},\ u_5=u_{n3},\ u_6=u_{n1}-u_{n3} \qquad (3\text{-}3)$$

而

$$\sum_{k=1}^{6}u_k i_k=u_1i_1+u_2i_2+u_3i_3+u_4i_4+u_5i_5+u_6i_6$$

将式(3-3)代入上式，整理得

$$\begin{aligned}\sum_{k=1}^{6}u_k i_k&=(u_{n1}-u_{n2})i_1+(u_{n2}-u_{n3})i_2+u_{n1}i_3+u_{n2}i_4+u_{n3}i_5+(u_{n1}-u_{n3})i_6\\&=u_{n1}(i_1+i_3+i_6)+u_{n2}(-i_1+i_2+i_4)+u_{n3}(-i_2+i_5-i_6)\end{aligned}$$

式中，括号内的电流分别为结点①、②、③处的电流的代数和。由式(3-2)得$\sum_{k=1}^{6}u_k i_k=0$。

上述证明可推广到任何具有 n 个结点和 b 条支路的电路。

从上面的证明可以看出：特勒根定理只涉及到电路的连接性质，而与各支路的内容无关。因此特勒根定理对任何集总电路都适用。这个定理实质上是功率守恒的体现，它表示任何一个电路的全部支路所吸收的功率之和恒等于零。在使用特勒根定理时，要注意各支路电压和电流采用关联参考方向。

2．特勒根定理 2

特勒根定理 2：如果有两个具有 n 个结点和 b 条支路的电路，它们具有相同的拓扑图，但由内容不同的支路构成，假定各支路电压和支路电流取关联参考方向，并分别用$(u_1,u_2,\cdots,u_b)$、$(i_1,i_2,\cdots,i_b)$和$(\hat{u}_1,\hat{u}_2,\cdots,\hat{u}_b)$、$(\hat{i}_1,\hat{i}_2,\cdots,\hat{i}_b)$表示两电路中 b 条支路电压和支路电流，则对任何时间 t，有

$$\sum_{k=1}^{b}u_k\hat{i}_k=0\ ,\quad \sum_{k=1}^{b}\hat{u}_k i_k=0$$

对特勒根定理 2 的证明如下。

设两个电路的图相同，仍如图 3-20 所示。对电路 1，用 KVL 可写出式(3-3)；对电路 2，应用 KCL，有

$$\hat{i}_1+\hat{i}_3+\hat{i}_6=0,\ \ -\hat{i}_1+\hat{i}_2+\hat{i}_4=0,\ \ -\hat{i}_2+\hat{i}_5-\hat{i}_6=0 \qquad (3\text{-}4)$$

则 $$\sum_{k=1}^{6} u_k \hat{i}_k = u_{n1}(\hat{i}_1 + \hat{i}_3 + \hat{i}_6) + u_{n2}(-\hat{i}_1 + \hat{i}_2 + \hat{i}_4) + u_{n3}(-\hat{i}_2 - \hat{i}_6 + \hat{i}_5)$$

利用式(3-4)可得 $$\sum_{k=1}^{6} u_k \hat{i}_k = 0$$

对于 $\sum_{k=1}^{6} \hat{u}_k i_k = 0$ ，可用类似的方法进行证明。

上述证明可推广到任何具有 n 个结点和 b 条支路的电路，只要它们具有相同的图。

特勒根定理 2 不能用功率守恒解释，但它具有功率之和的形式，所以有时又称为“拟功率定理”。同样它也适用于任何集总电路，对支路内容也没有要求。

例 3-10 如图 3-21 所示电路中，N 为仅含电阻的网络。证明：$u_1\hat{i}_1 + u_2\hat{i}_2 = \hat{u}_1 i_1 + \hat{u}_2 i_2$ 。

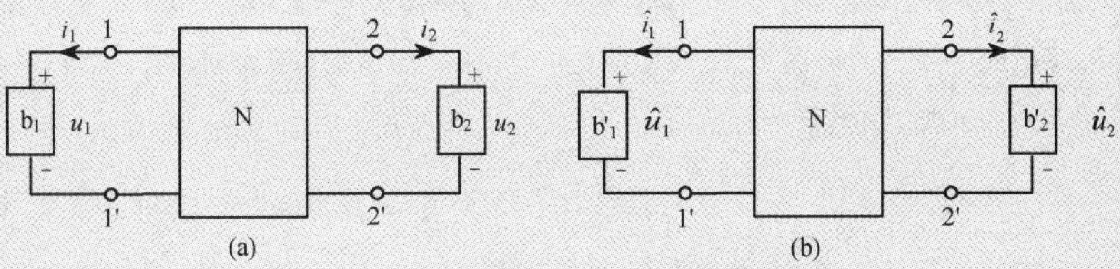

图 3-21 例 3-10 图

证明 由特勒根定理 2 有：

$$u_1\hat{i}_1 + u_2\hat{i}_2 + \sum_{k=3}^{b} u_k \hat{i}_k = 0,\ \ \hat{u}_1 i_1 + \hat{u}_2 i_2 + \sum_{k=3}^{b} \hat{u}_k i_k = 0$$

N 为仅含电阻的网络，有：

$$u_k = R_k i_k ,\ \ \hat{u}_k = R_k \hat{i}_k ,\ \ k = 3,\ \ldots,\ b$$

将它们分别代入上式得：

$$u_1\hat{i}_1 + u_2\hat{i}_2 + \sum_{k=3}^{b} R_k i_k \hat{i}_k = 0,\ \ \hat{u}_1 i_1 + \hat{u}_2 i_2 + \sum_{k=3}^{b} R_k \hat{i}_k i_k = 0$$

故有 $$u_1\hat{i}_1 + u_2\hat{i}_2 = \hat{u}_1 i_1 + \hat{u}_2 i_2$$

例 3-11 图 3-22 所示电路中，设 N 为仅含电阻的网络，当 $R_2 = 2\Omega$， $u_s = 6\text{V}$ 时，测得 $i_1 = 2\text{A}$ ，$u_2 = 2\text{V}$；当 $R_2 = 4\Omega$， $\hat{u}_s = 10\text{V}$ 时，测得 $\hat{i}_1 = 3\text{A}$ 。求 $\hat{u}_2$ 。

解 由例 3-10 可得

$$u_1\hat{i}_1 + u_2\hat{i}_2 = \hat{u}_1 i_1 + \hat{u}_2 i_2$$

由已知条件可知 $$u_1 = 6\text{V},\ \ i_2 = u_2 / R_2 = 1\text{A}$$

$$\hat{u}_1 = 10\text{V},\ \ \hat{i}_2 = \hat{u}_2 / R_2 = \hat{u}_2 / 4$$

图 3-22 例 3-11 图

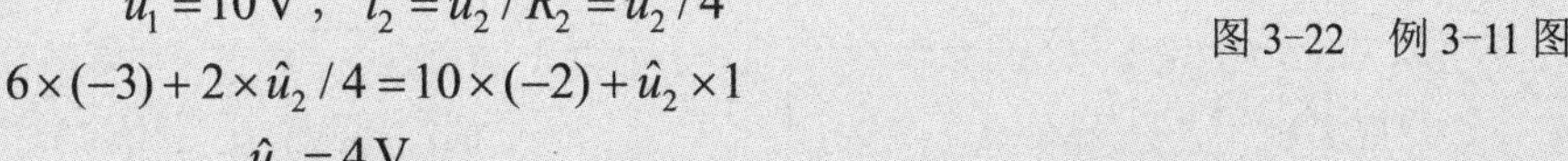

代入得 $$6 \times (-3) + 2 \times \hat{u}_2 / 4 = 10 \times (-2) + \hat{u}_2 \times 1$$

所以 $$\hat{u}_2 = 4\text{V}。$$

注意：在代入过程中，各支路电压和电流采用关联参考方向。

思考题

*T3.5-1 特勒根定理的适用条件是什么？

*T3.5-2 图 3-23 所示电路中，设 N 为仅含电阻的网络。证明：$i_2 = \hat{i}_1$ 。

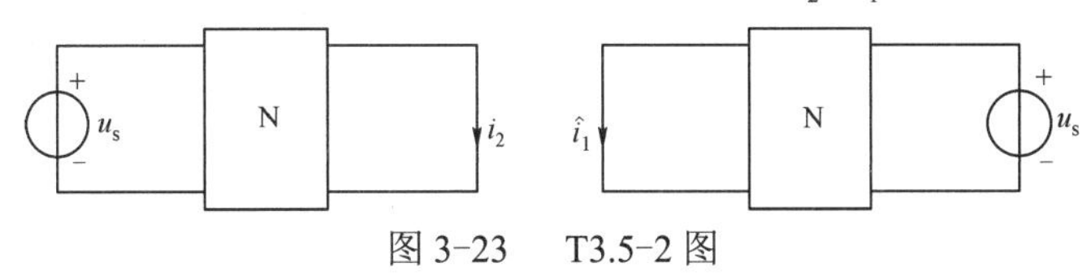

图 3-23 T3.5-2 图

基本练习题

*3.5-1　关于特勒根定理 2，下列说法正确的是：________

A．仅适用于线性电路；

B．是功率守恒的体现；

C．两个具有相同拓扑的电路相应支路电压、电流所遵循的数学关系；

D．同一电路在不同时刻相应支路电压、电流所遵循的数学关系。

*3.5-2　如图题 3.5-2 所示电路中，N 仅由电阻组成。对不同的输入 U_s 及不同的 R_1、R_2 值进行了两次测量，得到下列数据：$R_1 = R_2 = 2\Omega$，$U_s = 8$ V 时，$I_1 = 2$ A，$U_2 = 2$ V；$R_1 = 1.4\Omega$，$R_2 = 0.8\Omega$，$\hat{U}_s = 9$ V 时，$\hat{I}_1 = 3$ A。求 $\hat{U}_2$ 的值。

*3.5-3　如图题 3.5-3 所示电路中，N 为仅由电阻组成的网络，当输入端接 10 V 电压源时，输入端电流为 5A，而输出端短路电流为 1 A，如图题 3.5-3 (a) 所示；如果把电压源移到输出端，同时在输入端接 2Ω 的电阻，如图题 3.5-3 (b) 所示。求 2Ω 电阻上的电压。

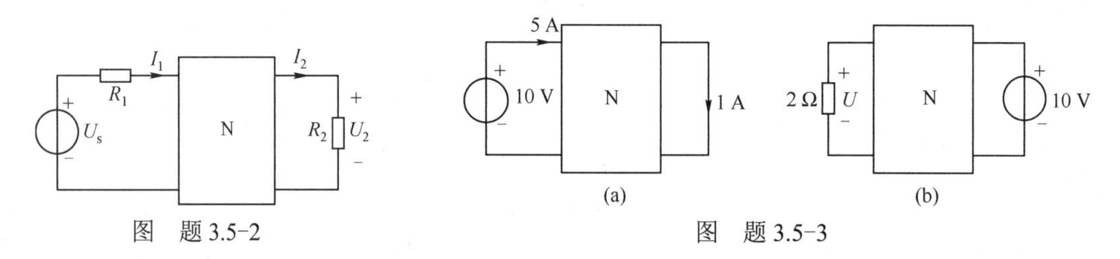

图　题 3.5-2　　　　图　题 3.5-3

*3.6　互 易 定 理

设网络 N_R 内没有独立电源，也没有受控源，仅由线性电阻元件组成，该网络对外具有两对连接端钮 1-1′ 和 2-2′，则互易定理指出：

形式一　当在 1-1′ 端接电压源 u_s 时，2-2′ 端的短路电流为 i_2，电路如图 3-24(a) 所示；当在 2-2′ 端接电压源 $\hat{u}_s$ 时，1-1′ 端的短路电流为 $\hat{i}_1$，电路如图 3-24(b) 所示。则不管互易网络 N_R 的拓扑结构和电阻元件的参数如何，总有

$$\frac{i_2}{u_s} = \frac{\hat{i}_1}{\hat{u}_s}$$

当 $u_s = \hat{u}_s$ 时，有 $i_2 = \hat{i}_1$，这表明：线性电路中惟一电压源与任一支路中零内阻的电流表交换位置时，电流表的读数不变。

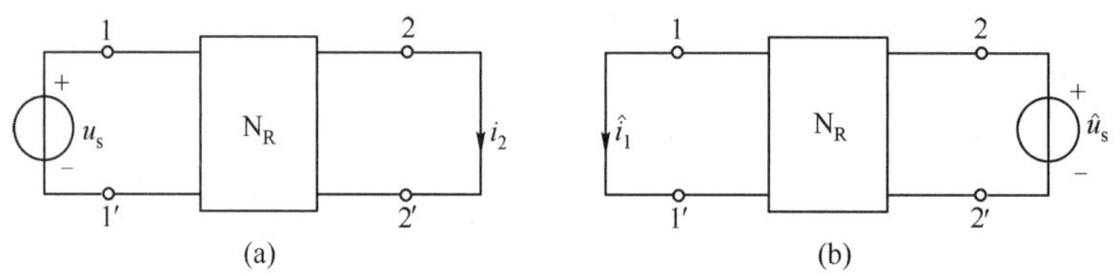

图 3-24　互易定理的形式一

形式二　当在 1-1′ 端接电流源 i_s 时，2-2′ 端的开路电压为 u_2，电路如图 3-25(a) 所示；当在 2-2′ 端接电流源 $\hat{i}_s$ 时，1-1′ 端的开路电压为 $\hat{u}_1$，电路如图 3-25(b) 所示。则不管互易网络 N_R 的拓扑结构和电阻元件的参数如何，总有

$$\frac{u_2}{i_s} = \frac{\hat{u}_1}{\hat{i}_s}$$

当 $i_s = \hat{i}_s$ 时，有 $u_2 = \hat{u}_1$，这表明：线性电路中惟一电流源与接在任意两端内阻为无穷大的电压表交换位置时，电压表的读数不变。

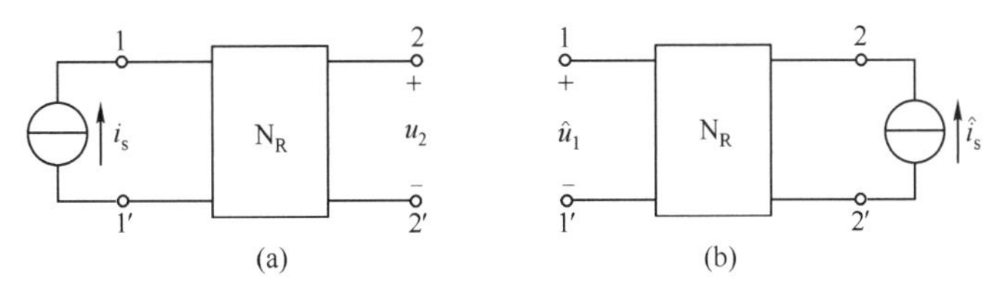

图 3-25　互易定理的形式二

形式三　当在 1-1′ 端接电流源 i_s 时，2-2′ 端的短路电流为 i_2，电路如图 3-26(a)所示；当在 2-2′ 端接电压源 $\hat{u}_s$ 时，1-1′ 端的开路电压为 $\hat{u}_1$，电路如图 3-26(b)所示。则不管互易网络 N_R 的拓扑结构和电阻元件的参数如何，总有

$$\frac{i_2}{i_s} = \frac{\hat{u}_1}{\hat{u}_s}$$

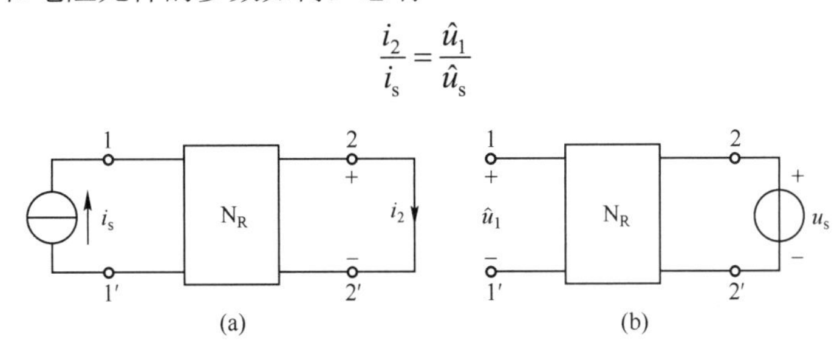

图 3-26　互易定理的形式三

当 $i_s = \hat{u}_s$ 时，有 $i_2 = \hat{u}_1$，式中 i_s 和 i_2 及 $\hat{u}_1$ 和 $\hat{u}_s$ 都分别取同样的单位。

应用互易定理时要注意电压和电流的参考方向。

例 3-12　互易网络如图 3-27 所示，已知 $u_{s1} = 1\ \text{V}$，$i_2 = 2\ \text{A}$，$\hat{u}_{s2} = -2\ \text{V}$。求电流 $\hat{i}_1$。

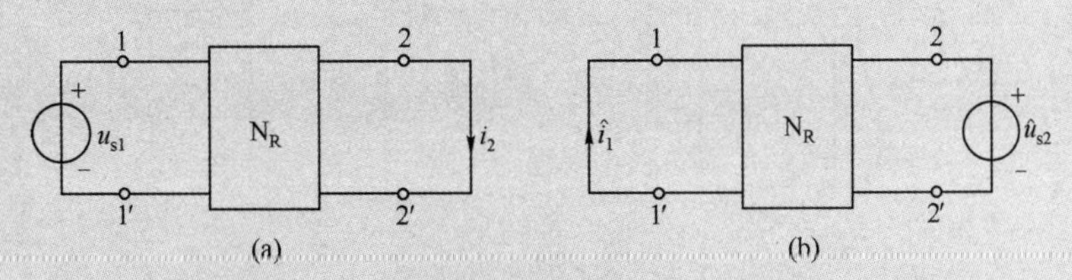

图 3-27　例 3-12 图

解　由互易定理得

$$-\frac{\hat{i}_1}{\hat{u}_{s2}} = \frac{i_2}{u_{s1}}$$

代入已知条件可得 $\hat{i}_1 = 4\ \text{A}$。注意：$\hat{i}_1$ 前面要加负号。

例 3-13　如图 3-28(a)所示电路中，已知 $U_2 = 6\ \text{V}$，求图(b)中 U_1'（网络 N 仅由电阻组成）。

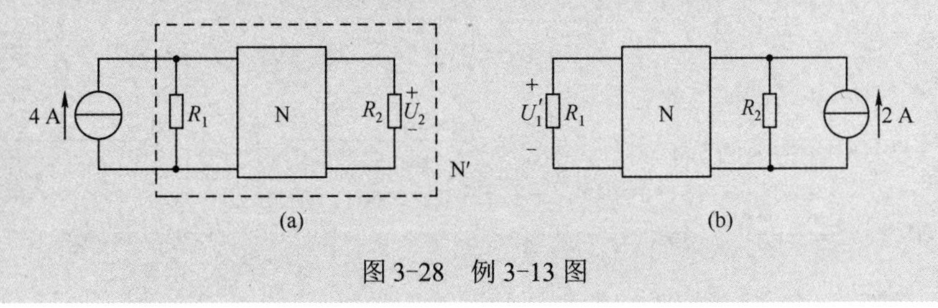

图 3-28　例 3-13 图

解 对于虚框内所包含的网络N′(仍为电阻网络)，利用互易定理有

$$U_2/4 = U_1'/2$$

所以

$$U_1' = \frac{U_2}{4} \times 2 = 3\ \text{V}$$

思考题

*T3.6-1 证明互易定理的三种形式。

*T3.6-2 使用互易定理时要注意什么？

基本练习题

*3.6-1 判断题

（1）互易定理只适用于线性电路。

（2）KCL、KVL 两个定律仅适用于线性电阻电路。

*3.6-2 图题 3.6-2 所示电路中，N 由电阻组成。图 3.6-2 (a) 中 $I_2 = 0.5$ A，求图 3.6-2 (b) 中的电压 U_1。

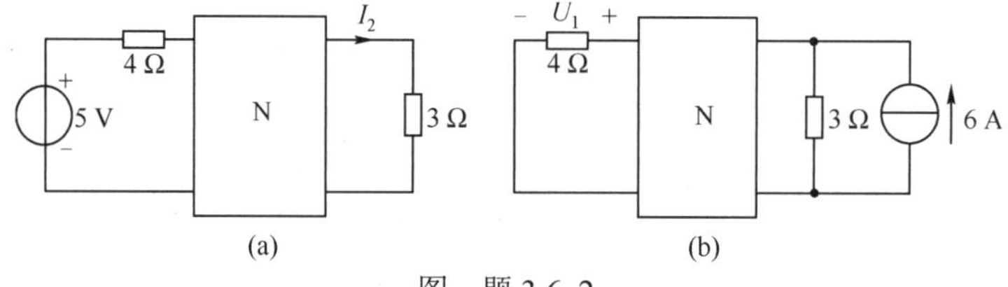

图 题 3.6-2

*3.6-3 图题 3.6-3 所示电路中，设 N 为一线性无源电阻网络。图 3.6-3 (a) 中 1-1′ 端加电流源 $I_s = 2$ A，测得 $U_{11'} = 8$ V，$U_{22'} = 6$ V。如果将 $I_s = 2$ A 的电流源接在 2-2′ 两端，而在 1-1′ 端接 2Ω 电阻，如图 3.6-3 (b) 所示，问 2Ω 电阻中电流为多大？

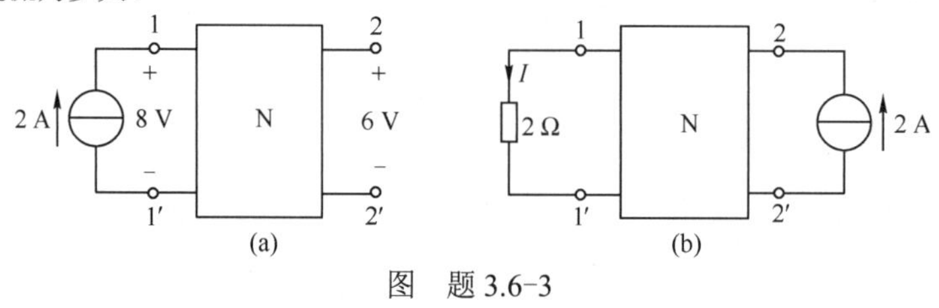

图 题 3.6-3

*3.7 对 偶 原 理

在前面分析问题时，常常会遇到一些类似的推导过程，它们在步骤上很明显地是重复的。电路元件、结构、状态及定律等方面具有成对出现的相似性，这种成对的相似性就是对偶性，具有的相似关系称为对偶关系。具有对偶关系的电路称为对偶电路。如图 3-29 (a) 和 (b) 所示串联 *RLC* 电路和并联 *GCL* 电路就是对偶电路。

对于图 3-29 (a)，由 KVL 有

$$u_s = Ri + L\frac{\mathrm{d}i}{\mathrm{d}t} + \frac{1}{C}\int_{-\infty}^{t} i\mathrm{d}\xi$$

对于图 3-29 (b)，由 KCL 有

$$i_s = Gu + C\frac{\mathrm{d}u}{\mathrm{d}t} + \frac{1}{L}\int_{-\infty}^{t} u\mathrm{d}\xi$$

(a) (b)

图 3-29 互为对偶的电路一

从上面可以看出，KVL 和 KCL (对偶定律)、R 和 G、L 和 C、u_s 和 i_s (对偶元件)、i 和

u(对偶变量)等都是对偶元素，它们具有对偶性。

又如图 3-30(a)和(b)所示的两个电路中，对于图(a)所示电路列网孔电流方程为(选取网孔电流为顺时针方向)：

$$(R_1+R_2)i_{m1}-R_2i_{m2}=u_{s1}$$
$$-R_2i_{m1}+(R_2+R_3)i_{m2}=u_{s3}$$

对于图 3-30(b)所示电路列结点电压方程为：

$$(G_1+G_2)u_{n1}-G_2u_{n2}=i_{s1}$$
$$-G_2u_{n1}+(G_2+G_3)u_{n2}=i_{s3}$$

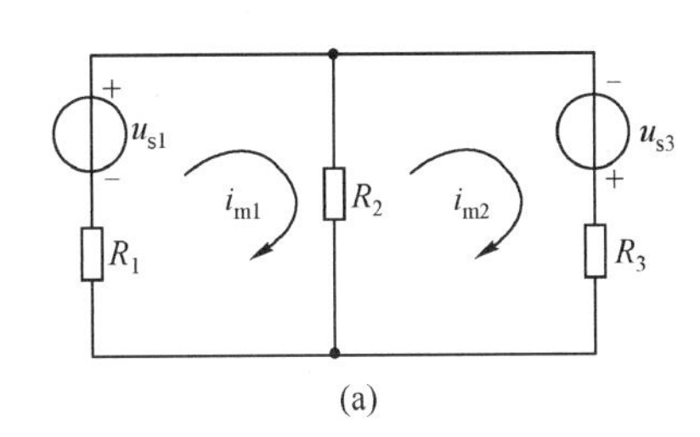

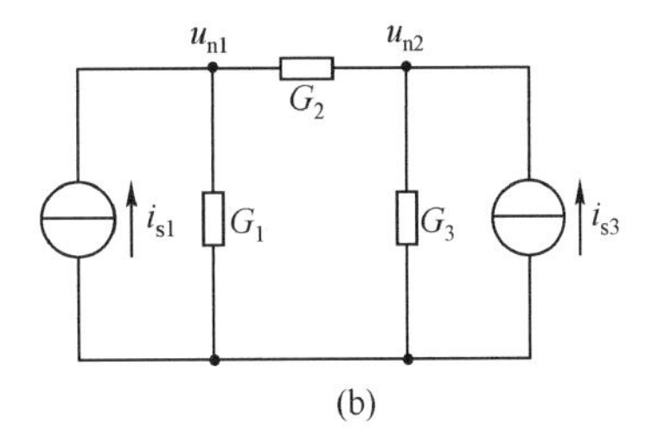

图 3-30　互为对偶的电路二

从上面的方程也可以看出，网孔电流方程和结点电压方程是对偶的。在表 3-1 中列出了电路中的若干对偶关系。

表 3-1　电路中的若干对偶关系

理想电路元件及元件方程的对偶关系			
电阻 R	$u=Ri$	电导 G	$i=Gu$
电感 L	$\psi=Li$	电容 C	$q=Cu$
电压源 u_s	u_s 为给定值	电流源 i_s	i_s 为给定值
VCVS	$u_2=\mu u_1$	CCCS	$i_2=\beta i_1$
VCCS	$i_2=gu_1$	CCVS	$u_2=ri_1$
电路变量的对偶关系			
电压 u		电流 i	
磁通 ψ		电荷 q	
树枝电压		连枝电流	
结点电压		回路电流	
开路电压		短路电流	
电路结构的对偶关系			
串联		并联	
开路		短路	
结点		回路	
电路基本定律和定理的对偶关系			
KVL		KCL	
戴维南定理		诺顿定理	

对偶原理：若 N 和 $\hat{N}$ 互为对偶，用对偶量替换后，则在网络 N 中成立的一切定理、定律和方法，在 $\hat{N}$ 中均成立，反之亦然。

应用对偶原理后可省去不必要的重复推导。如果得出了某一电路的电路方程，则其对偶电路的电路方程就可由对偶定理直接写出。更加有趣的是，当两个对偶电路中的对偶参数具有相同的数值时，则这两个对偶电路中互为对偶的响应也具有相同的数值。

注意：“对偶”和“等效”是两个不同的概念，不可混淆。

思考题

*T3.7-1　对于图 3-30(a)所示的电路，如果所选的网孔电流方向不是顺时针方向，则由此所列的网孔方程是否与图 3-30(b)所列的结点电压方程对偶？

△3.8　应用——T 形电阻网络数-模转换器

在使用电子计算机对生产过程进行控制时，首先需要将被控制的模拟量转换为数字量，才能送到计算机中进行运算和处理；然后又要将处理得出的数字量转换为模拟量，才能实现对被控制的模拟量进行控制。能将数字量转换为模拟量的装置称为数-模转换器(D/A 转换器)。下面介绍目前在集成化的数-模转换器中用得较多的 T 形电阻网络 D/A 转换器，其基本电路如图 3-31 所示。

该电路由 T 形电阻网络、模拟电子开关和运算放大器[①]组成。T 形电阻网络由 R 和 $2R$ 两种阻值的电阻组成，它的输出端接到运算放大器的反相输入端。运算放大器接成反相比例运算电路，它的输出是模拟电压 U_o。U_R 是参考电压或基准电压。S_0、S_1、…、S_{n-1} 是各位的模拟电子开关，它们受输入数字量的数字代码所控制，数字代码来自数码寄存器，代码为 0 时开关接地，代码为 1 时开关接参考电压 U_R。T 形电阻网络用来把每位代码转换成相应的模拟量。

应用叠加定理可得出图 3-31 所示 T 形电阻网络开路时的开路电压，即等效电源的电压为

$$\begin{aligned}U_E &= \frac{U_R}{2}\cdot d_{n-1} + \frac{U_R}{2^2}\cdot d_{n-2} + \cdots + \frac{U_R}{2^{n-1}}\cdot d_1 + \frac{U_R}{2^n}\cdot d_0 \\ &= \frac{U_R}{2^n}(d_{n-1}\cdot 2^{n-1} + d_{n-2}\cdot 2^{n-2} + \cdots + d_1\cdot 2^1 + d_0\cdot 2^0)\end{aligned}$$

不难求得 T 形电阻网络的等效电阻为 R，因而其戴维南等效电路如图 3-32 所示。

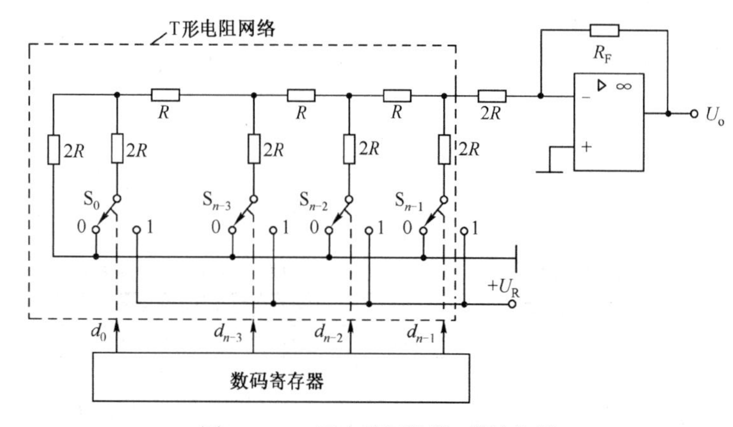

图 3-31　T 形电阻网络数-模转换器

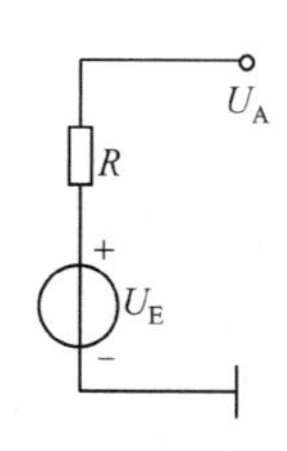

图 3-32

T 形电阻网络与运算放大器连接的等效电路如图 3-33 所示。运算放大器输出的模拟电压为：

$$U_o = -\frac{R_F U_R}{3R\cdot 2^n}(d_{n-1}\cdot 2^{n-1} + d_{n-2}\cdot 2^{n-2} + \cdots + d_0\cdot 2^0)$$

当取 $R_F = 3R$ 时，代入上式可得

$$U_o = -\frac{U_R}{2^n}(d_{n-1}\cdot 2^{n-1} + d_{n-2}\cdot 2^{n-2} + \cdots + d_0\cdot 2^0)$$

可见，输出的模拟量与输入的数字量成正比，从而实现了数字量向模拟量的转换。

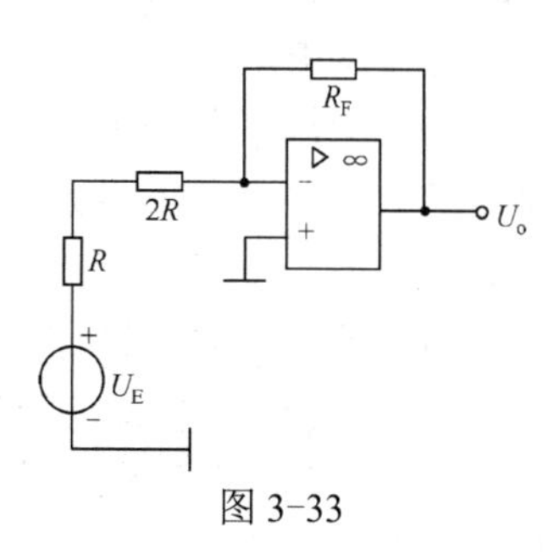

图 3-33

本 章 小 结

本章讨论了电路的基本定理及应用，主要有：叠加定理、齐性定理、戴维南定理、诺顿定理、特勒根定理和互易定理，并基于戴维南定理和诺顿定理，介绍了最大功率传输定理。这些定理都是分析和求解电路最实用的方法，其思路也常被应用于解决工程实践问题。

难点提示：要注意到各定理的内涵和应用范围。叠加定理不能用于功率的计算；戴维南等效电路中开路电压的求解需要注意其正负方向，等效电阻的计算有多种方法；特勒根定理描述了各支路电压、电流的关系，要注意参考方向的正确选择；互易定理是特勒根定理的一种特殊应用形

① 运算放大器见第 11 章。

式；要理解最大功率传输定理与戴维南(或诺顿)定理的关联，并正确理解匹配电阻的含义。

名 人 轶 事

莱昂·夏尔·戴维南(Léon Charles Thévenin，1857—1926)，法国电信工程师。戴维南出生于法国莫城，1876 年毕业于巴黎综合理工学院。1878 年加入电信工程军团(即法国 PTT 的前身)，最初的任务为架设地底远距离的电报线。1882 年成为综合高等学院的讲师，他对电路测量问题产生了浓厚的兴趣。在研究了基尔霍夫电路定律以及欧姆定律后，他发现了著名的戴维南定理，用于计算更为复杂电路上的电流。1896 年被聘为电信工程学校的校长，1901 年成为电信工坊的首席工程师。戴维南定理于 1883 年被发表在法国科学院刊物上，论文仅一页半，是在直流电源和电阻的条件下提出的，然而由于其证明所具有的普遍性，实际上它适用于当时未知的其他情况，如含电流源、受控源以及正弦交流、复频域等电路。50 余年后，其对偶形式由美国贝尔实验室工程师诺顿提出，即诺顿定理。

综合练习题

3-1　适用于非线性电路的定理(律)是：__________

A．叠加定理；　　B．欧姆定律；　　C．互易定理；　　D．基尔霍夫定律。

3-2　求图题 3-2 所示电路的电流 I。讨论用戴维南等效电路来求解会出现什么现象？

3-3　如图题 3-3 所示，试用戴维南定理求电流 I。

3-4　如图题 3-4 所示电路方框内为任意线性含独立源电阻电路。已知，当 U_s=5V，I_s= 1A 时，I=15A；当 U_s=−5V，I_s= 1A 时，I=25A；当 U_s=−5V，I_s=−1A 时，I=−5A。求当 U_s= 5V，I_s=−1A 时，I 的值。

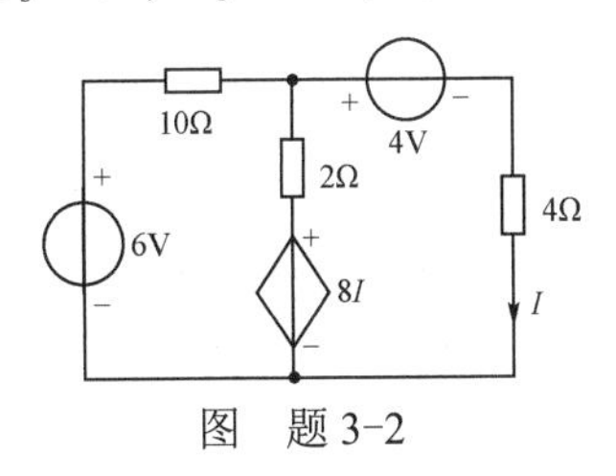

图　题 3-2

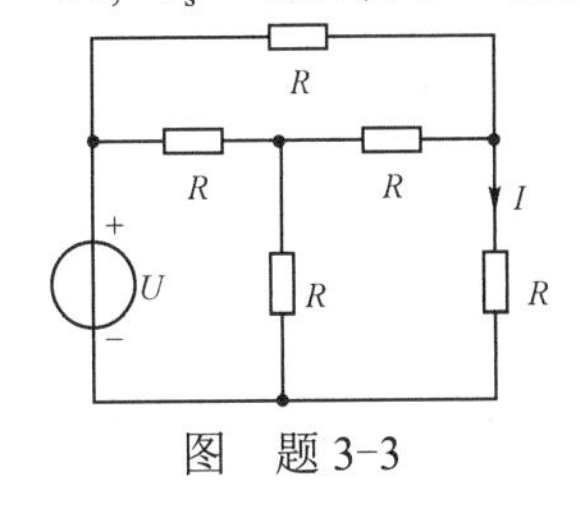

图　题 3-3

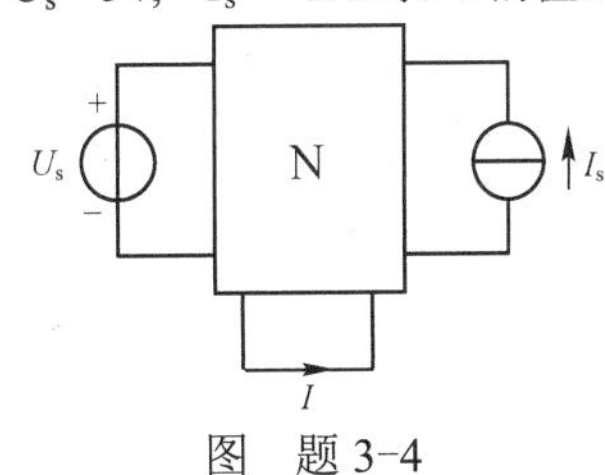

图　题 3-4

*3-5　图题 3-5 所示电路中，网络 N 内无独立源也无受控源，仅由线性电阻元件构成，R_1 =1Ω，R_2 =2Ω，U_1 =1V，U_2=2V。图题 3-5(a)中 I_{s2} = 3A，图题 3-5(b)中 I_{s1} = 2A。图题 3-5(b)中负载电阻为 R，试问 R 等于多少时，获得最大功率？求其最大功率。

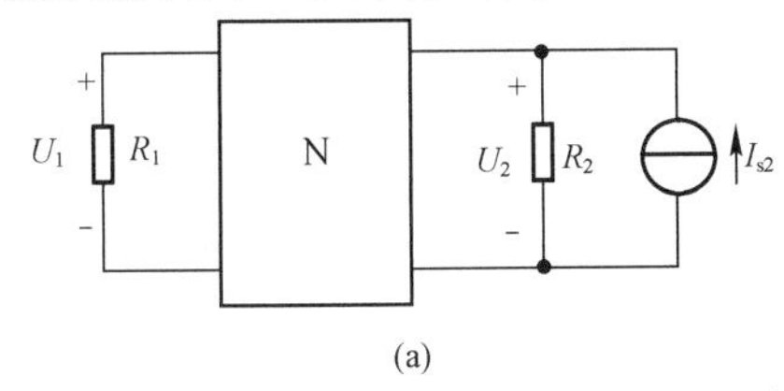

(a)

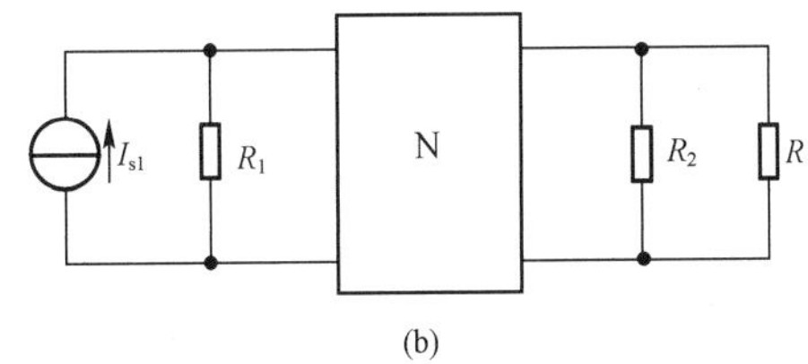

(b)

图　题 3-5

*3-6　叠加定理、替代定理、戴维南定理和诺顿定理、特勒根定理和互易定理，都适用于什么电路？叠加定理、替代定理和戴维南定理之间存在什么样的关系？特勒根定理和互易定理之间存在什么样的关系？

3-7　从前 3 章的学习可知，所谓电路分析是已知电路的结构和元件的参数，求取感兴趣的电流、电压或功率。请总结一下，到目前为止，您已经掌握的分析方法、定律、定理等哪种方案比较简便或优化？可以通过综合练习题 3-2 来举例说明。

第4章 动 态 电 路

【内容提要】

本章讨论动态电路的时域分析，其中包括换路定则、零输入响应、零状态响应、全响应、阶跃响应和冲激响应等概念以及求解方法。在一阶电路的分析中，以经典法为基础，并导出了三要素计算公式。在二阶电路的分析中，重点讨论了 RLC 串联情况下三种不同特征根情况时，对应不同过渡过程的响应性质。拓展应用中，介绍了闪光灯电路和汽摩点火电路等工程应用实例的工作原理。

4.1 动态电路的基本概念和换路定则

4.1.1 动态电路的基本概念

前面所讲的线性电阻电路，描述电路的方程是线性代数方程。但当电路中含有电容元件和电感元件(又称为动态元件或储能元件)时，由于它们的元件方程中电压和电流之间的关系是通过导数(或积分)来表达的，因而根据 KVL、KCL 和 VCR 建立的电路方程将是微分方程或微分-积分方程。

当线性时不变电路中仅含一个独立的动态元件(或储能元件)时，电路的方程将是一阶常系数微分方程，对应的电路称为一阶电路，如图 4-1(a)所示。当电路中含有两个独立的动态元件时，电路的方程是二阶常系数微分方程，对应的电路称为二阶电路，如图 4-1(b)所示。当电路中含有 n 个独立的动态元件时，电路的方程是 n 阶常系数微分方程，对应的电路为 n 阶电路。

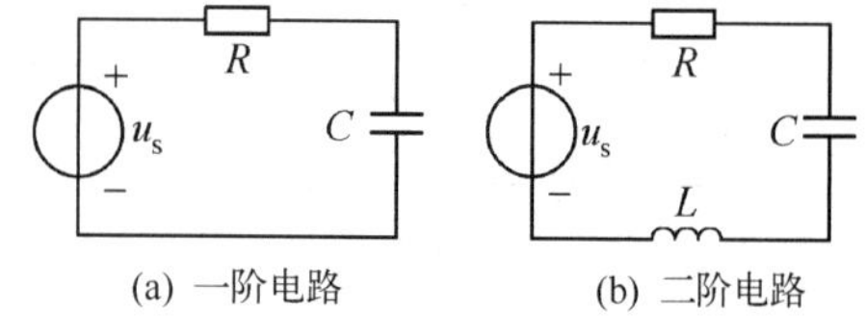

图 4-1 动态电路的例子

动态电路的一个重要特征是存在着过渡过程，所谓过渡过程是指电路从一种稳定工作状态转变到另一种稳定工作状态之间的瞬态过程。发生过渡过程的原因有两个：①电路中存在动态元件，由于动态元件中的储能是不能突变的，因而引起过渡过程。②电路的结构或元件参数发生变化(例如电路中电源或无源元件的断开或接入，信号的突然注入等)，而迫使电路的工作状态发生变化。

电路分析中将电路的结构或元件参数变化而引起的电路变化统称为“换路”，并假设换路是在 $t=0$ 时刻进行的。把换路前的最终时刻记为 $t=0_-$，把换路后的最初时刻记为 $t=0_+$，换路经历的时间为 $0_-\sim0_+$(这里忽略了开关的动作时间)。

分析动态电路过渡过程的基本方法是经典法：根据 KVL、KCL 和元件的 VCR 建立描述电路的微分方程，以及确定换路后的初始条件，然后求解微分方程，从而得到电路所求变量(电压或电流)。由于这种方法是在时域中进行的，所以又称时域分析法。

4.1.2 换路定则与初始值的确定

用经典法求解常微分方程时，必须根据电路的初始条件确定解答中的积分常数。设描述电路动态过程的微分方程为 n 阶，初始条件是指电路所求变量（电压或电流）及其 $(n-1)$ 阶导数在 $t=0_+$ 时刻的值，也称为初始值。电容电压 u_C 和电感电流 i_L 的初始值，即 $u_C(0_+)$ 和 $i_L(0_+)$ 称为独立的初始条件，其他的则称为非独立的初始条件。

1．$u_C(0_+)$ 和 $i_L(0_+)$ 的确定

对于线性电容，在任意时刻 t，它的电荷、电压与电流的关系为

$$q_C(t)=q_C(t_0)+\int_{t_0}^{t} i_C(\xi)\mathrm{d}\xi$$

$$u_C(t)=u_C(t_0)+\frac{1}{C}\int_{t_0}^{t} i_C(\xi)\mathrm{d}\xi$$

令 $t_0=0_-$，$t=0_+$，得

$$q_C(0_+)=q_C(0_-)+\int_{0_-}^{0_+} i_C(\xi)\mathrm{d}\xi \tag{4-1a}$$

$$u_C(0_+)=u_C(0_-)+\frac{1}{C}\int_{0_-}^{0_+} i_C(\xi)\mathrm{d}\xi \tag{4-1b}$$

如果在 $0_-\sim 0_+$ 内，流过电容的电流 $i_C(t)$ 为有限值，则式（4-1a）和式（4-1b）中右边的积分项为零，此时电容上的电荷和电压就不发生跃变。即

$$q_C(0_+)=q_C(0_-) \tag{4-2a}$$

$$u_C(0_+)=u_C(0_-) \tag{4-2b}$$

对于线性电感，在任意时刻 t，它的磁通链、电流与电压的关系为

$$\psi_L(t)=\psi_L(t_0)+\int_{t_0}^{t} u_L(\xi)\mathrm{d}\xi$$

$$i_L(t)=i_L(t_0)+\frac{1}{L}\int_{t_0}^{t} u_L(\xi)\mathrm{d}\xi$$

令 $t_0=0_-$，$t=0_+$，得

$$\psi_L(0_+)=\psi_L(0_-)+\int_{0_-}^{0_+} u_L(\xi)\mathrm{d}\xi \tag{4-3a}$$

$$i_L(0_+)=i_L(0_-)+\frac{1}{L}\int_{0_-}^{0_+} u_L(\xi)\mathrm{d}\xi \tag{4-3b}$$

如果在 $0_-\sim 0_+$ 内，电感两端的电压 $u_L(t)$ 为有限值，则式（4-3a）和式（4-3b）中右边的积分项为零，此时电感中的磁通链和电流就不发生跃变。即

$$\psi_L(0_+)=\psi_L(0_-) \tag{4-4a}$$

$$i_L(0_+)=i_L(0_-) \tag{4-4b}$$

式（4-2a）、式（4-2b）和式（4-4a）、式（4-4b）称为换路定则。

2．电路中其他变量初始值的确定

对于电路中除 u_C 和 i_L 以外的其他变量的初始值可按下面步骤确定：

（1）根据 $t=0_-$ 的等效电路，确定 $u_C(0_-)$ 和 $i_L(0_-)$。对于直流激励的电路，若在 $t=0_-$ 时电路处于稳态，则电感视为短路，电容视为开路，得到 $t=0_-$ 时的等效电路，并用前面所讲的分析直流电路的方法确定 $u_C(0_-)$ 和 $i_L(0_-)$。

（2）由换路定则得到 $u_C(0_+)$ 和 $i_L(0_+)$。

（3）画出 $t=0_+$ 时的等效电路。在 $t=0_+$ 时的等效电路中，电容用电压为 $u_C(0_+)$ 的电压源替代，电感用电流为 $i_L(0_+)$ 的电流源替代，电路中的独立电源取 $t=0_+$ 时的值。

（4）根据 $t=0_+$ 时的等效电路求其他变量的初始值。

3．确定 $\left.\frac{du_C}{dt}\right|_{0_+}$ 与 $\left.\frac{di_L}{dt}\right|_{0_+}$ 的值

当电容和电感上的电压和电流取关联参考方向时，$i_C = C\frac{du_C}{dt}$，$u_L = L\frac{di_L}{dt}$，可得 $\left.\frac{du_C}{dt}\right|_{0_+} = \frac{1}{C}i_C(0_+)$ 和 $\left.\frac{di_L}{dt}\right|_{0_+} = \frac{1}{L}u_L(0_+)$，其中 $i_C(0_+)$和 $u_L(0_+)$可根据 $t=0_+$ 时的等效电路确定。

例 4-1 电路如图 4-2(a)所示，开关动作前电路已达稳态，$t=0$ 时开关 S 打开。求 $u_C(0_+)$、$i_L(0_+)$、$i_C(0_+)$、$u_L(0_+)$、$i_R(0_+)$、$\left.\frac{du_C}{dt}\right|_{0_+}$、$\left.\frac{di_L}{dt}\right|_{0_+}$。

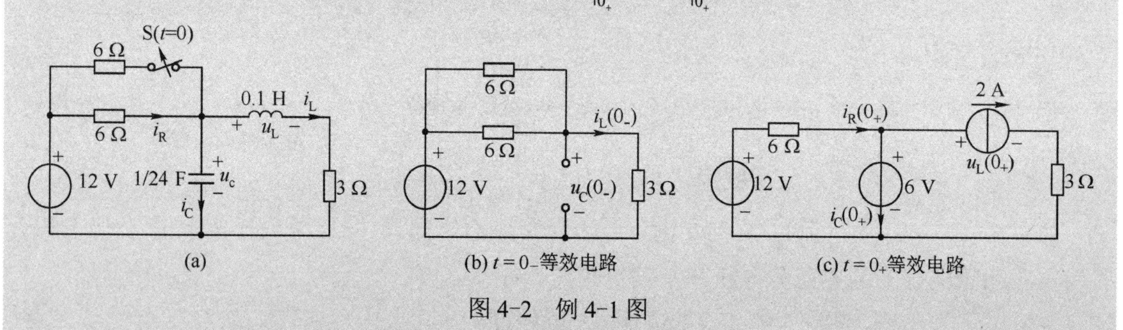

图 4-2　例 4-1 图

解　由于开关动作前电路已达稳态，作出 $t=0_-$ 的等效电路如图 4-2(b)所示。有

$$i_L(0_-) = \frac{12}{6//6+3} = 2\ \text{A}，\quad u_C(0_-) = 3i_L(0_-) = 6\ \text{V}$$

由换路定则得　　$u_C(0_+) = u_C(0_-) = 6\ \text{V}，\quad i_L(0_+) = i_L(0_-) = 2\ \text{A}$

画出 $t=0_+$ 时的等效电路如图 4-2(c)所示，由 KVL 有

$$6i_R(0_+) + 6 - 12 = 0$$

所以　$i_R(0_+) = 1\ \text{A}，\quad i_C(0_+) = i_R(0_+) - 2 = -1\ \text{A}，\quad u_L(0_+) = 6 - 3\times 2 = 0$

$$\left.\frac{du_C}{dt}\right|_{0+} = \frac{1}{C}i_C(0_+) = -24\ \text{V/s}，\quad \left.\frac{di_L}{dt}\right|_{0_+} = \frac{1}{L}u_L(0_+) = 0$$

思考题

T4.1-1　过渡过程产生的原因是什么？

T4.1-2　如何画 $t=0_+$、$t=0_-$ 和 $t=\infty$时的等效电路图？其中电容和电感是如何处理的？

基本练习题

4.1-1　如图题 4.1-1 所示各电路原已处于稳态，开关 S 在 t=0 时动作。试求各电路在 t=0₊ 时刻的电压，电流。已知图(d)中的 $e(t) = 100\sin\left(\omega t + \frac{\pi}{3}\right)$ V，$u_C(0_-) = 20$ V。

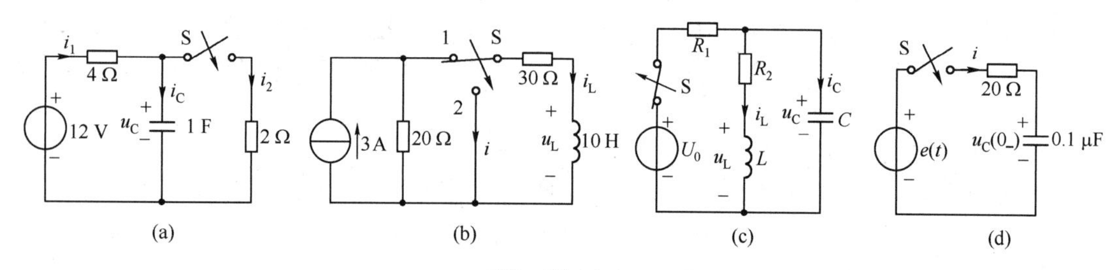

图　题 4.1-1

4.1-2　如图题 4.1-2 所示电路原已处于稳态，开关 S 在 t=0 时打开。试求 $i_C(0_+)$、$i_L(0_+)$、$i(0_+)$、$u_C(0_+)$、$u_L(0_+)$、$\left.\frac{di_L}{dt}\right|_{0_+}$、$\left.\frac{du_C}{dt}\right|_{0_+}$ 的值。

4.1-3　如图题 4.1-3 所示电路，开关动作前电路已处于稳态。试求 $i_L(0_+)$、$u_L(0_+)$。

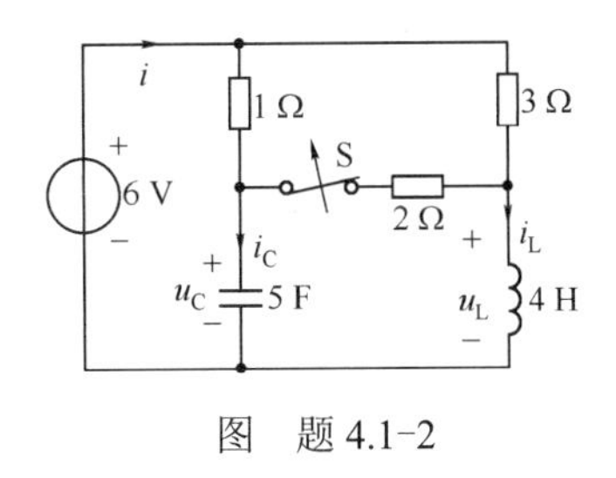

图　题 4.1-2

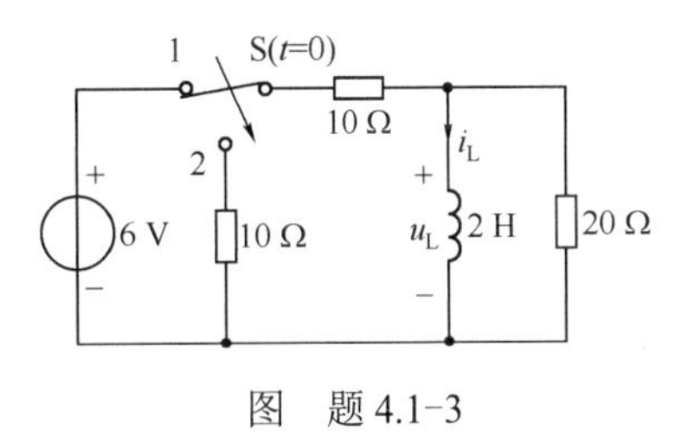

图　题 4.1-3

4.2　一阶电路的分析

前面已讲过，一阶电路是指电路中仅含一个独立的动态元件(或储能元件)的电路。当一阶电路中的动态元件为电容时称为一阶电阻电容电路(简称为 RC 电路)；当动态元件为电感时称为一阶电阻电感电路(简称为 RL 电路)。

当电路中仅含有一个电容和一个电阻或一个电感和一个电阻时，称为最简 RC 电路或 RL 电路。如果不是最简，则可以把该动态元件以外的电阻电路用戴维南定理或诺顿定理进行等效，从而变换为最简 RC 电路或 RL 电路。

4.2.1　RC 和 RL 电路的零输入响应

零输入响应是指电路没有外加激励，仅由储能元件(动态元件)的初始储能所引起的响应。

1．RC 电路的零输入响应

在图 4-3(a)所示 RC 电路中，开关原来在位置 1，电容已充电，其上电压 $u_C(0_-)=U_0$，开关在 $t=0$ 时从 1 打到 2，由于电容电压没有跃变，$u_C(0_+)=u_C(0_-)=U_0$，此时电路中的电流最大，$i(0_+)=U_0/R$，即在换路瞬间，电路中的电流发生跃变。换路后，电容通过电阻 R 放电，u_C 减小，当 $t\to\infty$时，$u_C\to 0$，$i\to 0$。在这一过程中，电容所储存的能量逐渐被电阻所消耗，转化为热能。以上是从物理概念上做的定性分析。

下面从数学上来分析电路中的电压和电流的变化规律。

(a) $u_C(0_-)=U_0$　　(b) $t>0$ 时

图 4-3　RC 电路的零输入响应

当 $t>0$ 时，电路如图 4-3(b)所示。由 KVL 得：

$$u_C-u_R=0$$

而 $u_R=Ri$，$i=-C\frac{du_C}{dt}$，代入上式得

$$RC\frac{du_C}{dt}+u_C=0$$

这是一阶齐次微分方程，初始条件为 $u_C(0_+)=u_C(0_-)=U_0$。

相应的特征方程为　$RCp+1=0$

特征根为　$p=-\frac{1}{RC}$

齐次微分方程的通解为

$$u_C = Ae^{pt} = Ae^{-\frac{1}{RC}t}$$

代入初始条件得　　$A = u_C(0_+) = U_0$

所以微分方程的解为

$$u_C = u_C(0_+)e^{-\frac{1}{RC}t} = U_0e^{-\frac{1}{RC}t}$$

这就是放电过程中电容电压 u_C 的表达式。

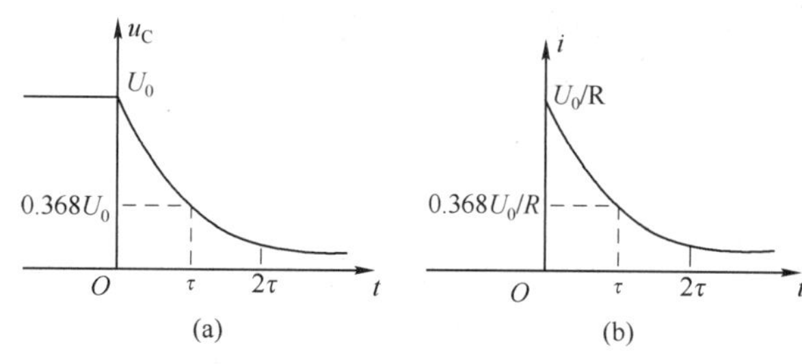

图 4-4　零输入响应 u_C 和 i 随时间变化的曲线

电路中的电流为

$$i = -C\frac{du_C}{dt} = \frac{U_0}{R}e^{-\frac{1}{RC}t}$$

电阻上的电压为

$$u_R = u_C = U_0e^{-\frac{1}{RC}t}$$

u_C 和 i 的波形如图 4-4(a)、(b)所示。

从上面的波形可以看出，在换路瞬间，$i(0_-) = 0$，$i(0_+) = U_0/R$，电流发生了跃变，而电容电压没有发生跃变。从它们的表达式可以看出，电压 u_C 、u_R 和电流 i 都是按照相同的指数规律变化，它们衰减的快慢取决于指数中的 $1/(RC)$的大小。

定义 τ 为一阶电路齐次方程特征根 p 的倒数的负值，即 $\tau = -1/p$ 。

对于 RC 电路，则 $\tau = -1/p = RC$ 。

τ 的单位为：$\Omega \cdot \mathrm{F} = \frac{\mathrm{V}}{\mathrm{A}}\cdot\frac{\mathrm{C}}{\mathrm{V}} = \frac{\mathrm{V}}{\mathrm{A}}\cdot\frac{\mathrm{A\cdot s}}{\mathrm{V}} = \mathrm{s}$ [秒]

当电路的结构和元件的参数一定时，τ 为常数，又因为它具有时间的量纲，所以称 τ 为时间常数。引入时间常数 τ 后，上述 u_C 和 i 又可以表示为

$$u_C = U_0e^{-t/\tau}\text{，}\quad i = \frac{U_0}{R}e^{-t/\tau}$$

τ 的大小反映了一阶过渡过程的进展速度，它是反映过渡过程特性的一个重要的量。表 4-1 列出了 $t = 0$、τ、2τ、3τ、…时刻的电容电压 u_C 的值。

表 4-1　不同时刻的 u_C 的值

t	0	τ	2τ	3τ	4τ	5τ	…	∞
$u_C(t)$	U_0	0.368 U_0	0.135 U_0	0.05 U_0	0.018 U_0	0.0067 U_0	…	0

从上表可以看出，经过一个时间常数 τ 后，电容电压衰减为初始值的 36.8%或衰减了 63.2%。理论上讲要经过无穷长的时间后 u_C 才能衰减为零。但工程上一般认为经过 3τ～5τ 的时间，过渡过程结束。

时间常数 τ 可以根据电路参数或特征方程的特征根计算，也可以在响应曲线上确定。

（1）用电路参数计算

$$\tau = R_{eq}C$$

式中，R_{eq} 为从电容两端看进去的等效电阻。

例如：图 4-5 所示为一换路后的零输入电路，则 $R_{eq} = R_2 // R_3 + R_1$

$$\tau = R_{eq}C = \left(\frac{R_2R_3}{R_2+R_3} + R_1\right)C$$

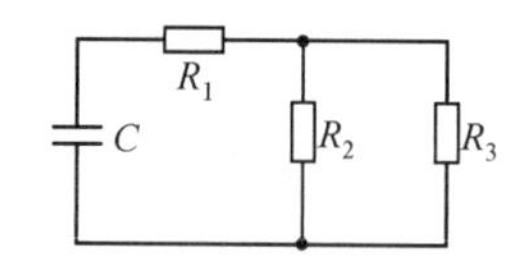

图 4-5　换路后的零输入电路

（2）用特征根计算

$$\tau = -1/p$$

（3）用图解法确定

在图 4-6 中，取电容电压曲线上任意一点 A，过 A 作切线 AC，则图中的次切距

$$BC=\frac{AB}{\tan\alpha}=\frac{u_C(t_0)}{-\left.\frac{\mathrm{d}u_C}{\mathrm{d}t}\right|_{t=t_0}}=\frac{U_0\mathrm{e}^{-t_0/\tau}}{\frac{1}{\tau}U_0\mathrm{e}^{-t_0/\tau}}=\tau$$

即在时间坐标上的次切距的长度等于时间常数 τ。

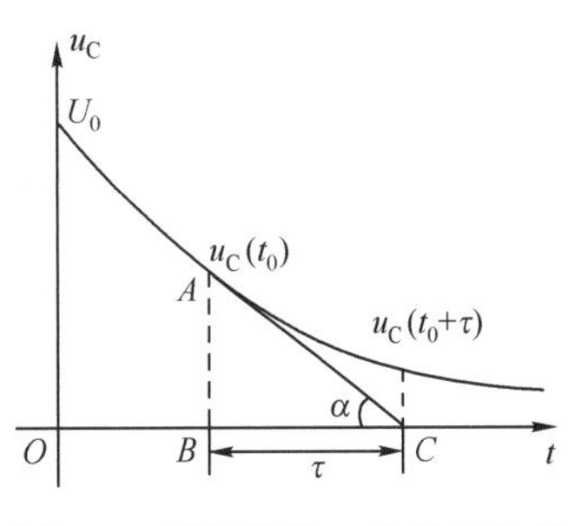

图 4-6　时间常数 τ 的几何意义

2．RL 电路的零输入响应

图 4-7(a)所示的 RL 电路中，开关 S 动作之前电压和电流恒定不变，$i_L(0_-)=U_0/R_0=I_0$。在 $t=0$ 时开关从 1 合到 2，由于电感电流没有跃变，$i_L(0_+)=i_L(0_-)=I_0$，这一电流将在 RL 回路中逐渐下降，最后为零。在这一过程中，初始时刻电感储存的磁场能量逐渐被电阻消耗，转化为热能。以上是从物理概念上做的定性分析。下面从数学上来分析电路中的电压和电流的变化规律。

在图 4-7(b)所示电路中，由 KVL 得：

$$u_L+u_R=0$$

而 $u_R=Ri_L$，$u_L=L\frac{\mathrm{d}i_L}{\mathrm{d}t}$，代入上式得

$$L\frac{\mathrm{d}i_L}{\mathrm{d}t}+Ri_L=0$$

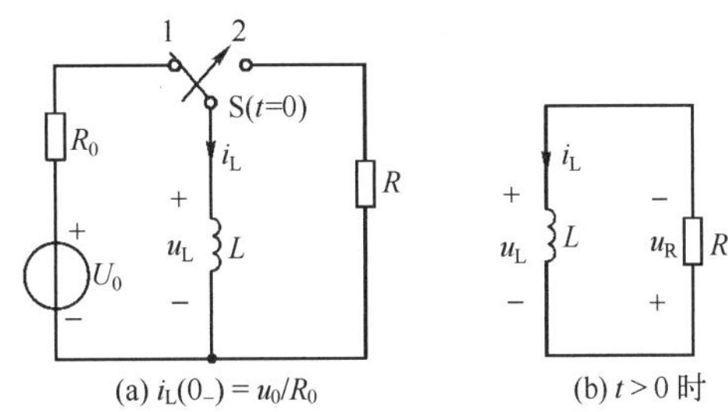

图 4-7　RL 电路的零输入响应

这也是一阶齐次微分方程，其初始条件为

$$i_L(0_+)=i_L(0_-)=I_0$$

相应的特征方程为　　$Lp+R=0$

特征根为　　$p=-R/L$

RL 电路的时间常数为

$$\tau=-1/p=L/R$$

电感电流为　　$i_L=I_0\mathrm{e}^{-\frac{R}{L}t}=I_0\mathrm{e}^{-t/\tau}$

电阻上的电压为　　$u_R-Ri_L-RI_0\mathrm{e}^{-t/\tau}$

电感上的电压为　　$u_L=L\frac{\mathrm{d}i_L}{\mathrm{d}t}=-RI_0\mathrm{e}^{-t/\tau}$

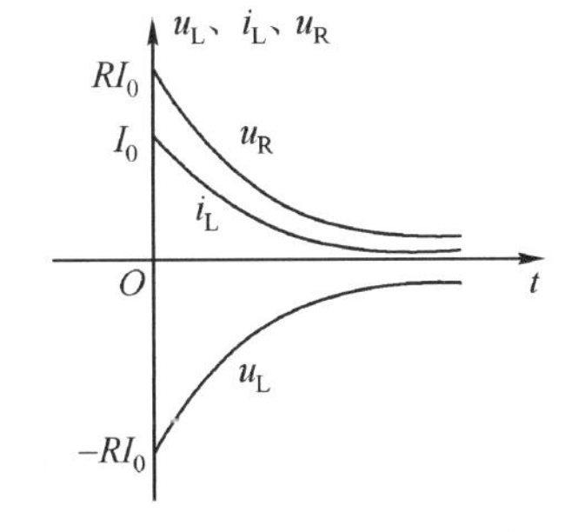

图 4-8　RL 电路的零输入响应曲线

RL 电路的零输入响应曲线如图 4-8 所示。

从上面的分析可得：RC 电路(或 RL 电路)的零输入响应都是从初始值开始，按同一指数规律变化。若初始值增大 K 倍，则零输入响应也相应增大 K 倍，这种关系称为零输入响应的比例性(齐性)。零输入响应的一般形式可写成：

$$f(t)=f(0_+)\mathrm{e}^{-t/\tau}$$

式中，$f(t)$为电路的零输入响应；$f(0_+)$为响应的初始值；τ 为时间常数(对于 RC 电路，$\tau=RC$；对于 RL 电路，$\tau=L/R$)。

例 4-2　如图 4-9(a)所示电路中，开关 S 原在位置 1，且电路已达稳态。$t=0$ 时开关由 1 合向 2，试求 $t>0$ 时的电流 $u_C(t)$、$i(t)$。

解　换路前电路已达稳态，则

$$u_C(0_+)=u_C(0_-)=\frac{10}{2+4+4}\times4=4\ \mathrm{V}$$

换路后电路如图 4-9(b)所示，电容经 R_1、R_2 放电，为零输入响应。

$$R_{\mathrm{eq}}=4//4=2\ \Omega,\quad \tau=R_{\mathrm{eq}}C=2\times 1=2\ \mathrm{s}$$

所以 $$u_{\mathrm{C}}(t)=u_{\mathrm{C}}(0_+)\mathrm{e}^{-t/\tau}=4\mathrm{e}^{-0.5t}\ \mathrm{V},\quad i(t)=-u_{\mathrm{C}}/4=-\mathrm{e}^{-0.5t}\ \mathrm{A}\ (t>0)$$

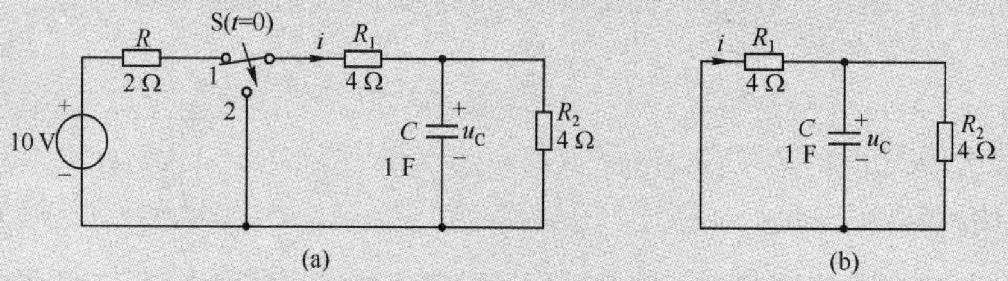

图 4-9 例 4-2 图

i 也可根据 $i=i(0_+)\mathrm{e}^{-t/\tau}$ 求得，读者可以自己练习。

例 4-3 如图 4-10(a)所示电路，已知 $i_{\mathrm{L}}(0_+)=150\ \mathrm{mA}$，求 $t>0$ 时的电压 $u(t)$。

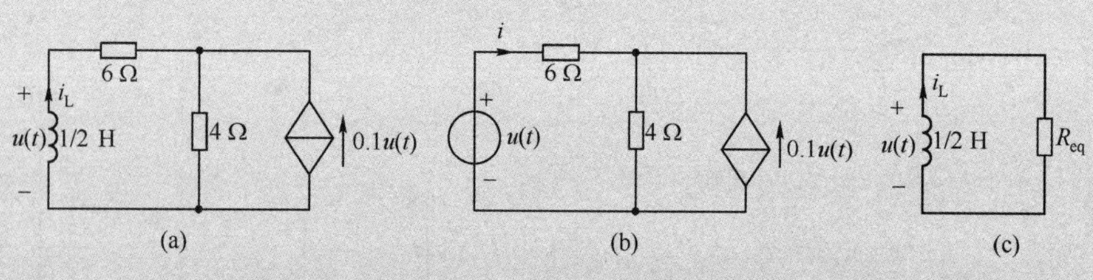

图 4-10 例 4-3 图

解 先求电感两端的等效电阻 R_{eq}。采用外加电源法，如图 4-10(b)所示。由 KVL 得

$$u=6i+4(i+0.1u)$$

可得 $$R_{\mathrm{eq}}=u/i=50/3\ \Omega$$

等效电路如图 4-10(c)所示，则

$$\tau=\frac{L}{R_{\mathrm{eq}}}=\frac{1/2}{50/3}=\frac{3}{100}\ \mathrm{s}$$

$$u(0_+)=R_{\mathrm{eq}}i_{\mathrm{L}}(0_+)=\frac{50}{3}\times 0.15=2.5\ \mathrm{V}$$

所以 $$u(t)=u(0_+)\mathrm{e}^{-t/\tau}=2.5\mathrm{e}^{-100t/3}\ \mathrm{V}\quad (t>0)$$

4.2.2 RC 和 RL 电路的零状态响应

零状态响应是指电路在零初始状态下(动态元件的初始储能为零)仅由外加激励所产生的响应。

1. RC 电路的零状态响应

如图 4-11 所示 RC 电路，开关闭合前电路处于零初始状态，在 $t=0$ 时开关 S 闭合。其物理过程为：开关闭合瞬间，电容电压没有跃变，电容相当于短路，此时 $u_{\mathrm{R}}(0_+)=U_{\mathrm{s}}$，充电电流 $i(0_+)=U_{\mathrm{s}}/R$，为最大；随着电源对电容充电，u_{C} 增大，电流逐渐减小；当 $u_{\mathrm{C}}=U_{\mathrm{s}}$ 时，$i=0$，$u_{\mathrm{R}}=0$，充电过程结束，电路进入另一种稳态。

现在从数学上来分析电路中的电压和电流是按何种规律变化的。

由 KVL 得 $$u_{\mathrm{R}}+u_{\mathrm{C}}=U_{\mathrm{s}}$$

把 $u_{\mathrm{R}}=Ri$，$i=C\dfrac{\mathrm{d}u_{\mathrm{C}}}{\mathrm{d}t}$，代入得

$$RC\frac{\mathrm{d}u_{\mathrm{C}}}{\mathrm{d}t}+u_{\mathrm{C}}=U_{\mathrm{s}}$$

此方程为一阶线性非齐次微分方程，初始条件为 $u_{\mathrm{C}}(0_+)=u_{\mathrm{C}}(0_-)=0$。非齐次方程的全解由两个分量组成，即非齐次方程的特解 u_{Cp} 和对应齐次方程的通解 u_{Ch}，即

$$u_{\mathrm{C}}=u_{\mathrm{Cp}}+u_{\mathrm{Ch}}$$

不难求得特解 $u_{\mathrm{Cp}}=U_{\mathrm{s}}$

而对应的齐次方程 $RC\frac{\mathrm{d}u_{\mathrm{C}}}{\mathrm{d}t}+u_{\mathrm{C}}=0$ 的通解为

$$u_{\mathrm{Ch}}=A\mathrm{e}^{-\frac{t}{RC}}=A\mathrm{e}^{-\frac{t}{\tau}}$$

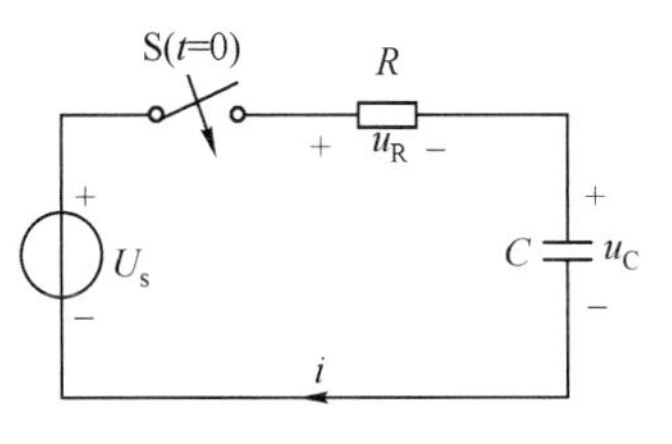

图 4-11　RC 电路的零状态响应

因此 $u_{\mathrm{C}}=u_{\mathrm{Cp}}+u_{\mathrm{Ch}}=U_{\mathrm{s}}+A\mathrm{e}^{-\frac{t}{\tau}}$

代入初始条件：$u_{\mathrm{C}}(0_+)=u_{\mathrm{C}}(0_-)=0$，得 $A=-U_{\mathrm{s}}$。

所以 $u_{\mathrm{C}}=U_{\mathrm{s}}-U_{\mathrm{s}}\mathrm{e}^{-t/\tau}=U_{\mathrm{s}}(1-\mathrm{e}^{-t/\tau})$

电路中电流为 $i=C\frac{\mathrm{d}u_{\mathrm{C}}}{\mathrm{d}t}=\frac{U_{\mathrm{s}}}{R}\mathrm{e}^{-t/\tau}$

u_{C} 和 i 的零状态响应波形如图 4-12 所示。

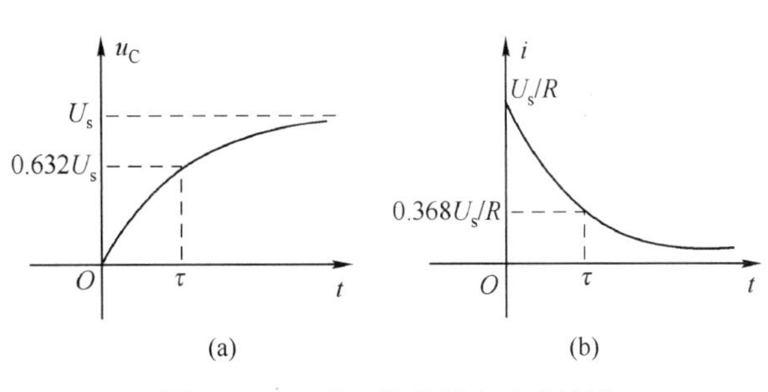

图 4-12　u_{C} 和 i 的零状态响应波形

在这里说明几个概念。非齐次方程的特解 u_{Cp} 称为强制分量，它与外加激励的变化有关。当强制分量为常量或周期函数时，这一分量又称为稳态分量。齐次方程的通解 u_{Ch}，其变化规律取决于电路的结构和元件参数，与外加激励无关，随时间的增长而衰减为零，所以称为自由分量，又可称为暂态分量。

RC 电路接通直流电源的过程也即是电源通过电阻对电容充电的过程。在充电过程中电阻消耗的能量为

$$W_{\mathrm{R}}=\int_0^{\infty}i^2R\mathrm{d}t=\int_0^{\infty}\left(\frac{U_{\mathrm{s}}}{R}\mathrm{e}^{-\frac{t}{\tau}}\right)^2R\mathrm{d}t=\frac{U_{\mathrm{s}}^2}{R}\left(-\frac{RC}{2}\right)\mathrm{e}^{-\frac{2}{RC}t}\Bigg|_0^{\infty}=\frac{1}{2}CU_{\mathrm{s}}^2$$

电容的储能为

$$W_{\mathrm{C}}=\frac{1}{2}CU_{\mathrm{C}}^2(\infty)=\frac{1}{2}CU_{\mathrm{s}}^2$$

可见，在充电过程中电源提供的能量只有一半转变成电场能量储存于电容中，而另一半则为电阻所消耗，即充电效率只有 50%。

2．RL 电路的零状态响应

如图 4-13 所示 RL 电路，开关闭合前电路处于零初始状态，即 $i_{\mathrm{L}}(0_-)=0$。开关闭合瞬间，由于电感电流没有跃变，$i_{\mathrm{L}}(0_+)=i_{\mathrm{L}}(0_-)=0$，电感相当于开路，电感两端的电压 $u_{\mathrm{L}}(0_+)=U_{\mathrm{s}}$；随着电流的增加，$u_{\mathrm{R}}$ 也增加，u_{L} 减小，由于 $\frac{\mathrm{d}i_{\mathrm{L}}}{\mathrm{d}t}=\frac{1}{L}u_{\mathrm{L}}$，电流的变化率也减小，电流上升得越来越慢；最后，当 $i_{\mathrm{L}}=U_{\mathrm{s}}/R$，$u_{\mathrm{R}}=U_{\mathrm{s}}$，$u_{\mathrm{L}}=0$ 时电路进入另一种稳定状态。

电路的微分方程为

$$L\frac{\mathrm{d}i_{\mathrm{L}}}{\mathrm{d}t}+Ri_{\mathrm{L}}=U_{\mathrm{s}}$$

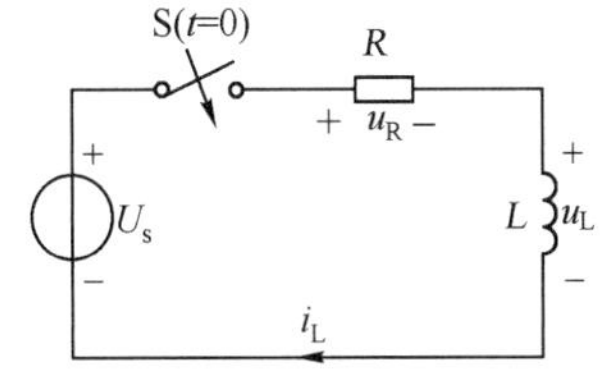

图 4-13　RL 电路的零状态响应

这也是一个一阶非齐次微分方程，初始条件为 $i_{\mathrm{L}}(0_+)=i_{\mathrm{L}}(0_-)=0$。

电流 $i_{\rm L}$ 的全解为 $$i_L = i_{\rm Lp} + i_{\rm Lh} = \frac{U_{\rm s}}{R} + A{\rm e}^{-\frac{R}{L}t} = \frac{U_{\rm s}}{R} + A{\rm e}^{-\frac{t}{\tau}}$$

代入初始条件得 $$A = -U_{\rm s} / R$$

所以 $$i_{\rm L} = \frac{U_{\rm s}}{R} - \frac{U_{\rm s}}{R}{\rm e}^{-\frac{t}{\tau}} = \frac{U_{\rm s}}{R}\left(1 - {\rm e}^{-\frac{t}{\tau}}\right)$$

电感两端的电压为 $$u_{\rm L} = L\frac{{\rm d}i_{\rm L}}{{\rm d}t} = U_{\rm s}{\rm e}^{-\frac{t}{\tau}}$$

$i_{\rm L}$ 和 $u_{\rm L}$ 的零状态响应波形如图 4-14 所示。

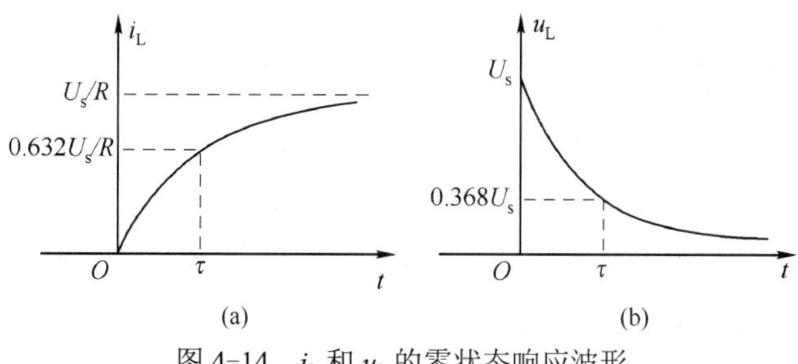

图 4-14 $i_{\rm L}$ 和 $u_{\rm L}$ 的零状态响应波形

从上面零状态响应的表达式可以看出，零状态响应与外加激励成正比，当外加激励增大 K 倍时，则零状态响应也增大 K 倍。这种线性关系称为零状态响应的比例性(齐性)。

3．正弦激励下的零状态响应

以图 4-15(a)所示电路为例。设外加激励为正弦电压：$u_{\rm s} = U_{\rm m}\cos(\omega t + \psi_u)$，式中 ψ_u 为接通电路时外施电压的初相角，它决定于电路的接通时刻，所以又称为接入相位角或合闸角。

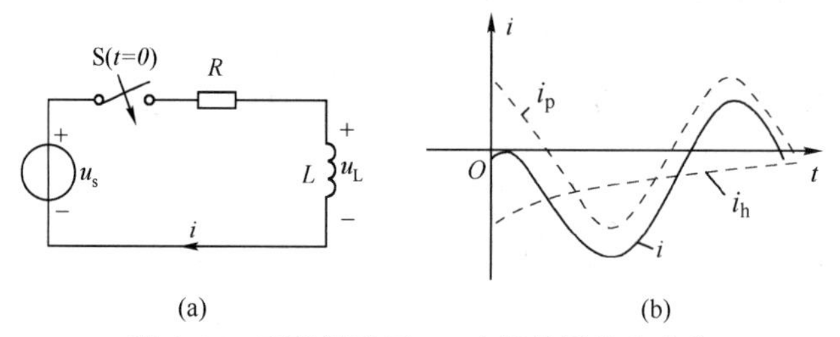

图 4-15 正弦激励下 RL 电路的零状态响应

开关接通后电路方程为

$$L\frac{{\rm d}i}{{\rm d}t} + Ri = u_{\rm s} = U_{\rm m}\cos(\omega t + \psi_u)$$

其解为 $i = i_{\rm p} + i_{\rm h}$。其中齐次方程的通解 $i_{\rm h} = A{\rm e}^{-t/\tau}$，$\tau = L/R$。$i_{\rm p}$ 为非齐次方程的特解，特解应与外加激励的形式相同，可设 $i_{\rm p} = I_{\rm m}\cos(\omega t + \theta)$。$i_{\rm p}$ 应满足下列方程

$$L\frac{{\rm d}i_{\rm p}}{{\rm d}t} + Ri_{\rm p} = U_{\rm m}\cos(\omega t + \psi_u)$$

代入上述方程用待定系数法可解出①

$$I_{\rm m} = \frac{U_{\rm m}}{\sqrt{R^2 + (\omega L)^2}} = \frac{U_{\rm m}}{|Z|}，\quad \theta = \psi_u - \varphi$$

其中 $\tan\varphi = \omega L / R$，$|Z| = \sqrt{R^2 + (\omega L)^2}$

① 特解也可以采用第 5 章的相量法求解。

所以特解为

$$i_{\mathrm{p}}=\frac{U_{\mathrm{m}}}{|Z|}\cos(\omega t+\psi_u-\varphi)$$

全解为
$$i=\frac{U_{\mathrm{m}}}{|Z|}\cos(\omega t+\psi_u-\varphi)+A\mathrm{e}^{-t/\tau}$$

代入初始条件：$i(0_+)=i(0_-)=0$，可解得 $A=-\dfrac{U_{\mathrm{m}}}{|Z|}\cos(\psi_u-\varphi)$

最后，电路中的电流为

$$i=\frac{U_{\mathrm{m}}}{|Z|}\cos(\omega t+\psi_u-\varphi)-\frac{U_{\mathrm{m}}}{|Z|}\cos(\psi_u-\varphi)\mathrm{e}^{-t/\tau}$$

由上述解可见，非齐次方程的特解或强制分量与外加激励按同频率的正弦规律变化，齐次方程的通解或自由分量则随时间增长而趋于零，最后只剩下强制分量，如图 4-15(b)所示。自由分量与开关闭合的时刻有关。

当开关闭合时，若有$\psi_u=\varphi\pm\dfrac{\pi}{2}$，自由分量为零，则

$$i=\frac{U_{\mathrm{m}}}{|Z|}\cos\left(\omega t\pm\frac{\pi}{2}\right)$$

即换路后，电路不发生过渡过程而立即进入稳定状态。

当开关闭合时，若有$\psi_u=\varphi$，则有 $A=-U_{\mathrm{m}}/|Z|$。电路中电流

$$i=\frac{U_{\mathrm{m}}}{|Z|}\cos\omega t-\frac{U_{\mathrm{m}}}{|Z|}\mathrm{e}^{-t/\tau}$$

从上式可以看出，当电路的时间常数很大时，则i_{h}衰减得很慢，大约经过半个周期的时间，电流的最大瞬时值将接近稳态电流振幅的两倍。如在电力系统中出现这种情况，电路中会产生过电流，这种情况要避免。

可见，RL 串联电路与正弦电压接通后，在 U_{m}、$|Z|$、φ一定的情况下，电路的过渡过程与开关动作的时刻有关。

4.2.3 全响应

一个非零初始状态的一阶电路在外加激励下所产生的响应称为全响应。

图 4-16 所示电路中，设电容的初始电压为 U_0，在 $t=0$ 时开关 S 闭合。则根据 KVL 有

$$RC\frac{\mathrm{d}u_{\mathrm{C}}}{\mathrm{d}t}+u_{\mathrm{C}}=U_{\mathrm{s}}$$

全解为
$$u_C=u_{\mathrm{Cp}}+u_{\mathrm{Ch}}$$

其中特解u_{Cp}取电路进入稳定状态的电容电压，则

$$u_{\mathrm{Cp}}=U_{\mathrm{s}}$$

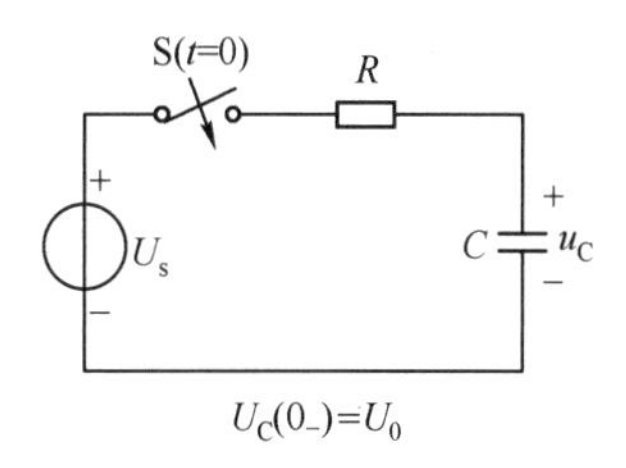

图 4-16　一阶电路的全响应

对应的齐次方程的通解为
$$u_{\mathrm{Ch}}=A\mathrm{e}^{-t/\tau}$$

所以
$$u_{\mathrm{C}}=U_{\mathrm{s}}+A\mathrm{e}^{-t/\tau}$$

代入初始条件：$u_{\mathrm{C}}(0_+)=u_{\mathrm{C}}(0_-)=U_0$，得 $A=U_0-U_{\mathrm{s}}$

所以电容电压为
$$u_{\mathrm{C}}=U_{\mathrm{s}}+(U_0-U_{\mathrm{s}})\mathrm{e}^{-t/\tau}\tag{4-5}$$

这就是电容电压的全响应表达式。

由式(4-5)可以看出，右边的第一项是稳态分量，它等于外施的直流电压，而第二项是暂态分量，它随时间的增长而衰减为零。所以全响应可以表示为

全响应=(稳态分量)+(暂态分量)=(强制分量)+(自由分量)

若把式(4-5)改写为 $$u_C = U_s(1-e^{-t/\tau}) + U_0 e^{-t/\tau}$$

上式右边第一项为电路的零状态响应，因为它正好是 $u_C(0_-)=0$ 时的响应；第二项为电路的零输入响应，因为当 $U_s=0$ 时电路的响应正好等于 $U_0 e^{-t/\tau}$。这说明在一阶电路中，全响应是零输入响应和零状态响应的叠加，这是线性电路的叠加定理在动态电路中的体现。

上述对全响应的两种分析方法只是着眼点不同，前者着眼于反映线性动态电路在换路后通常要经过一段过渡时间才能进入稳态，而后者则着眼于电路中的因果关系。并不是所有的线性电路都能分出暂态和稳态这两种工作状态，但只要是线性电路，全响应总可以分解为零输入响应和零状态响应。

4.2.4 三要素法

从上面的分析可以看出，无论是零输入响应、零状态响应还是全响应，当初始值 $f(0_+)$、特解 $f_p(t)$ 和时间常数 τ(称为一阶电路的三要素)确定后，电路的响应也就确定了。电路的响应可以按下面的公式求出

$$f(t) = f_p(t) + [f(0_+) - f_p(0_+)]e^{-t/\tau} \tag{4-6}$$

当电路的三要素确定后，根据式(4-6)可直接写出电路的响应，这种方法称为三要素法。在直流激励下，特解 $f_p(t)$ 为常数，$f_p(t) = f_p(0_+) = f(\infty)$，式(4-6)又可写为

$$f(t) = f(\infty) + [f(0_+ - f(\infty))]e^{-t/\tau}$$

在正弦激励下，特解 $f_p(t)$ 为正弦函数，$f_p(0_+)$ 取 $f_p(t)$ 在 $t=0_+$ 时的值。式中 $f(0_+)$、τ 的含义和前面所述相同。三要素法只适用于一阶电路，电路中的激励可以是直流、正弦函数、阶跃函数等。

例 4-4 如图 4-17(a)所示电路，开关打开以前电路已达稳态，$t=0$ 时开关S打开。求 $t>0$ 时的 u_C、i_C。

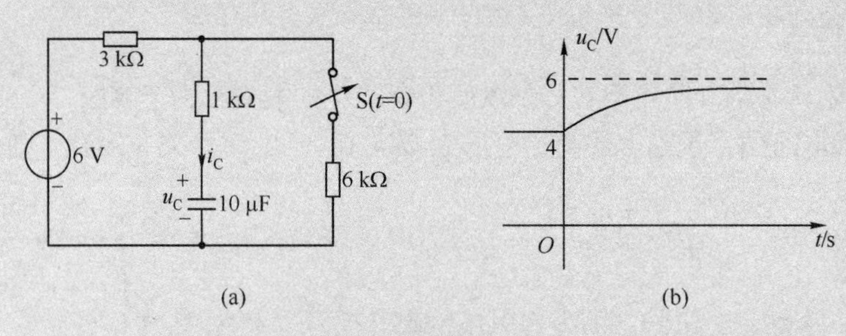

图 4-17 例 4-4 图

解 u_C 的初始值为 $$u_C(0_+) = u_C(0_-) = \frac{6}{6+3} \times 6 = 4\text{ V}$$

特解为 $$u_{Cp} = u_C(\infty) = 6\text{ V}$$

时间常数为 $$\tau = R_{eq}C = (1+3)\times 10^3 \times 10 \times 10^{-6} = 0.04\text{ s}$$

由式(4-6)可得 $$u_C = 6 + (4-6)e^{-t/0.04} = 6 - 2e^{-25t}\text{ V} \quad (t>0)$$

$$i_C = C\frac{du_C}{dt} = 0.5e^{-25t}\ \text{mA} \qquad (t>0)$$

u_C 的波形如图 4-17(b)所示。

例 4-5 如图 4-18(a)所示电路，已知 $i_L(0_-)=2A$，求 $t>0$ 时的 $i_L(t)$、$i_1(t)$。

解 先求出电感两端的戴维南等效电路，如图(b)所示，其中 $U_{oc}=24$ V，$R_{eq}=6\ \Omega$。

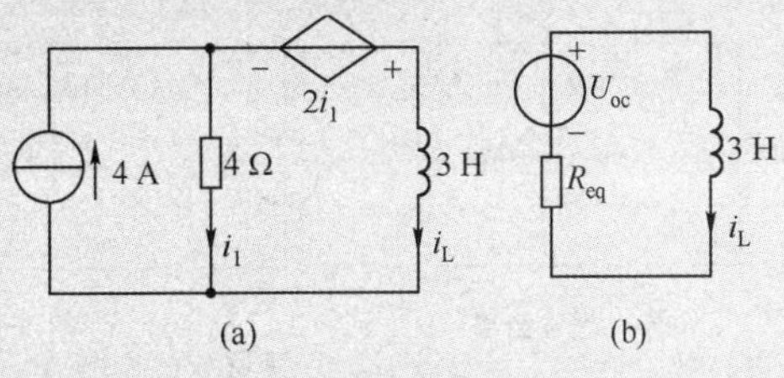

图 4-18 例 4-5 图

$$i_L(0_+)=i_L(0_-)=2\ \text{A}$$

$$i_{Lp}=i_L(\infty)=U_{oc}/R_{eq}=4\ \text{A}$$

$$\tau = L/R_{eq}=3/6=0.5\ \text{s}$$

所以 $i_L = 4+(2-4)e^{-2t}=4-2e^{-2t}\ \text{A}\ (t>0)$

$$i_1 = 4 - i_L = 2e^{-2t}\ \text{A} \quad (t>0)$$

思考题

T4.2-1 已知某 RC 电路的全响应为 $u_C(t)=4+2e^{-t}$ V，试写出该电路的零输入响应、零状态响应。若将输入激励增加一倍，求电路的全响应。

T4.2-2 如图 4-19 所示电路，求当 S 闭合后电路的时间常数。

T4.2-3 某 RC 串联电路，其电容电压 $u_C(t)$的变化规律如图 4-20 所示，写出 $u_C(t)$的表达式。

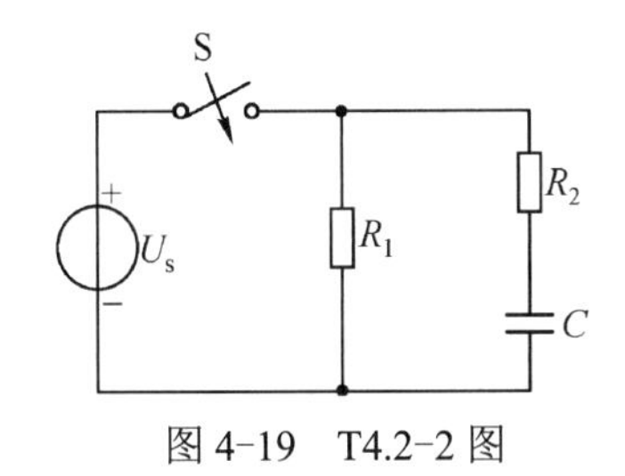

图 4-19 T4.2-2 图

图 4-20 T4.2-3 图

基本练习题

4.2-1 如图题 4.2-1 所示电路，原已稳定，求开关打开后的电流 i。

4.2-2 如图题 4.2-2 所示电路，开关动作前电路已达稳态。$t=0$ 时开关由 1 合向 2，求 $t>0$ 时 $u(t)$和 $i(t)$。

4.2-3 一台 300 kW 的汽轮发电机的励磁回路如图题 4.2-3 所示。已知励磁绕组的电阻 $R=0.189\ \Omega$，电感 $L=0.398$ H，直流电压 $U=35$ V。电压表的量程为 50 V，内阻 $R_V=5\ \text{k}\Omega$。开关未断开时，电路中的电流已经恒定不变。在 $t=0$ 时，断开开关。求：

（1）电阻、电感回路的时间常数；

（2）电流 i 的初始值和开关断开后电流 i 的稳态值；

（3）电流 i 和电压表的端电压 u_V；

（4）开关断开的瞬间，电压表将有什么危险？并设计一种方案来防止这种情况出现。

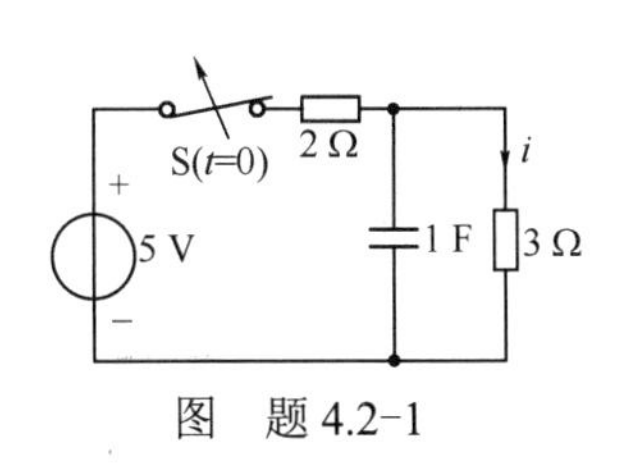

图 题 4.2-1

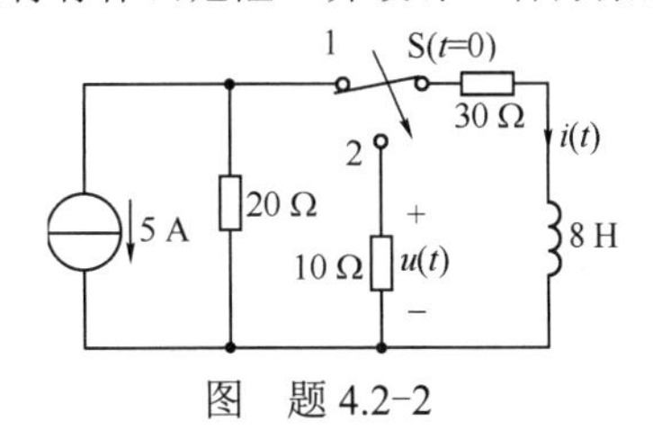

图 题 4.2-2

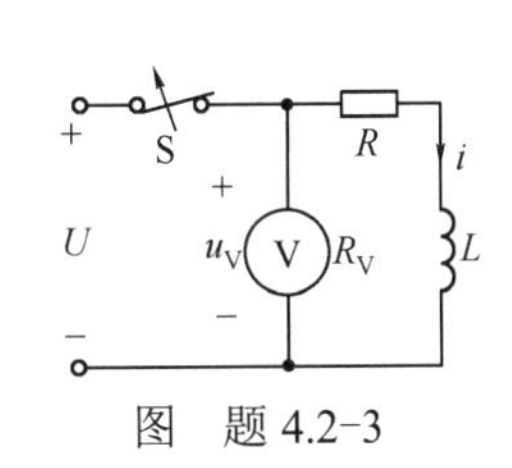

图 题 4.2-3

4.2-4 换路后的电路如图题 4.2-4 所示，已知 $R_1=1\ \Omega$，$R_2=2\ \Omega$，$C=1$ F，$\alpha=1$，$u_C(0_+)=1$ V，试求零

输入响应 u_C 、i_1 、i_2。

4.2-5　图题 4.2-5 所示电路中，开关闭合前 $u_C(0_-)=0$，在 $t=0$ 时开关闭合。求 $t>0$ 时的 $u_C(t)$和 $i_C(t)$。

4.2-6　如图题 4.2-6 所示电路，开关 S 打开前已处于稳态，$t=0$ 时开关 S 打开。求 $t>0$ 时的 $u_L(t)$和电压源发出的功率。

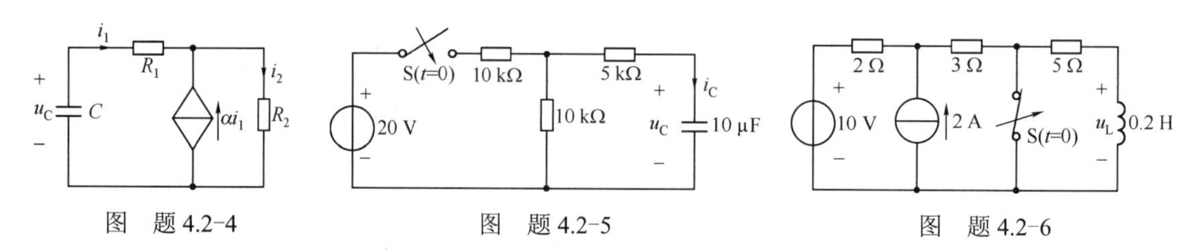

图　题 4.2-4　　图　题 4.2-5　　图　题 4.2-6

4.2-7　图题 4.2-7 所示电路中，开关闭合前电容无储能，$t=0$ 时开关 S 闭合。求 $t>0$ 时的电容电压 $u_C(t)$。

4.2-8　电路如图题 4.2-8 所示，开关闭合前电路已达稳态，$t=0$ 时开关 S 闭合。求 $t>0$ 时的 $u_C(t)$。

4.2-9　电路如图题 4.2-9 所示，开关合在 1 位置已达稳定状态，$t=0$ 时开关由 1 合向 2。求 $t>0$ 时 u_L、i_L。

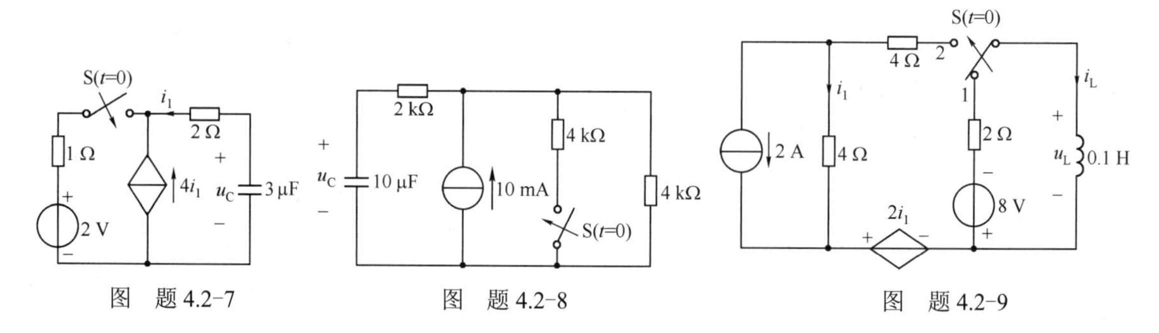

图　题 4.2-7　　图　题 4.2-8　　图　题 4.2-9

*4.3　二阶电路的分析

前面所讲的一阶电路的分析中，三要素法是一个有效的方法，但在二阶电路的分析中，三要素法不再适用。本节对于二阶电路的分析，采用的是经典法。在二阶电路中，由于所列的方程是二阶微分方程，因而需要两个初始条件，它们均由储能元件的初始值决定。

4.3.1　二阶电路的零输入响应

图 4-21 所示 RLC 串联电路，假定电容已充电，其电压为 U_0，电感中的初始电流为 I_0。$t=0$ 时，开关 S 闭合，此电路的放电过程即是二阶电路的零输入响应。

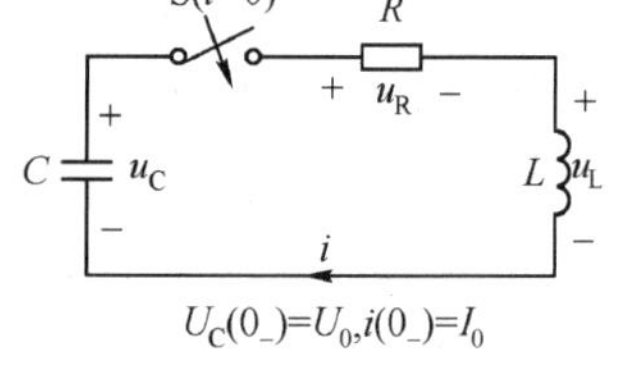

图 4-21　RLC 电路的零输入响应

根据 KVL 有　　$-u_C+u_R+u_L=0$

又　　$u_R=Ri$，$i=-C\dfrac{du_C}{dt}$，$u_L=L\dfrac{di}{dt}=-LC\dfrac{d^2u_C}{dt^2}$

代入得

$$LC\frac{d^2u_C}{dt^2}+RC\frac{du_C}{dt}+u_C=0 \tag{4-7}$$

式(4-7)是以 u_C 为变量的二阶线性常系数齐次微分方程。相应的特征方程为

$$LCp^2+RCp+1=0$$

特征根为

$$p_{1,2}=-\frac{R}{2L}\pm\sqrt{\left(\frac{R}{2L}\right)^2-\frac{1}{LC}}$$

因为有两个特征根，设电容电压为

$$u_C = A_1 e^{p_1 t} + A_2 e^{p_2 t} \tag{4-8}$$

式中
$$p_1 = -\frac{R}{2L} + \sqrt{\left(\frac{R}{2L}\right)^2 - \frac{1}{LC}}，\ p_2 = -\frac{R}{2L} - \sqrt{\left(\frac{R}{2L}\right)^2 - \frac{1}{LC}} \tag{4-9}$$

从式(4-9)可见，特征根 p_1 和 p_2 仅与电路的结构和元件的参数有关，它们又被称为电路的固有频率。注意：在二阶电路中，没有时间常数的概念。

给定的初始条件为：$u_C(0_+) = u_C(0_-) = U_0$，$i(0_+) = i(0_-) = I_0$。由于 $i = -C\frac{du_C}{dt}$，因此有 $\left.\frac{du_C}{dt}\right|_{0_+} = -\frac{1}{C}i(0_+) = -\frac{I_0}{C}$。将初始条件代入式(4-8)得

$$\left.\begin{aligned} A_1 + A_2 &= U_0 \\ A_1 p_1 + A_2 p_2 &= -\frac{I_0}{C} \end{aligned}\right\} \tag{4-10}$$

由式(4-10)可解出常数 A_1 和 A_2，从而求出 u_C。

为了简化分析，下面仅讨论 $U_0 \neq 0$ 而 $I_0 = 0$ 的情况，即已充电的电容 C 经 R、L 放电的情况。此时可解得

$$A_1 = \frac{p_2 U_0}{p_2 - p_1}，\quad A_2 = \frac{-p_1 U_0}{p_2 - p_1}$$

代入式(4-8)可得电容电压 u_C 的零输入响应的表达式。

由于电路中 R、L、C 参数的不同，特征根可能是：①不相等的负实根；②一对实部为负的共轭复根；③一对相等的负实根。下面分三种情况加以讨论。

1. $R > 2\sqrt{L/C}$，非振荡放电过程

在这种情况下，特征根 p_1 和 p_2 为两个不相等的负实根。

电容上的电压为
$$u_C = \frac{U_0}{p_2 - p_1}(p_2 e^{p_1 t} - p_1 e^{p_2 t}) \tag{4-11}$$

电路中的电流为
$$\begin{aligned} i = -C\frac{du_C}{dt} &= -\frac{CU_0 p_1 p_2}{p_2 - p_1}(e^{p_1 t} - e^{p_2 t}) \\ &= -\frac{U_0}{L(p_2 - p_1)}(e^{p_1 t} - e^{p_2 t}) \end{aligned} \tag{4-12}$$

式中，利用了 $p_1 p_2 = 1/(LC)$ 的关系。

电感电压为
$$u_L = L\frac{di}{dt} = -\frac{U_0}{p_2 - p_1}(p_1 e^{p_1 t} - p_2 e^{p_2 t}) \tag{4-13}$$

从 u_C、i、u_L 的表达式可以看出，它们都是由随时间衰减的指数函数项来表示的，这表明电路的响应是非振荡性的，又称为过阻尼情况。图 4-22 画出了 u_C、i、u_L 的非振荡响应曲线。从图中可以看出，u_C、i 的方向始终不变，而且 $u_C > 0$、$i > 0$，表明电容在整个过程中一直释放储存的电场能量，最后 $u_C = 0$、$i = 0$。由于电流的初始值和稳态值均为零，因此在某一时刻 t_m 电流达到最大值，此时 $\frac{di}{dt} = 0$，得

$$t_m = \frac{\ln(p_2/p_1)}{p_1 - p_2}$$

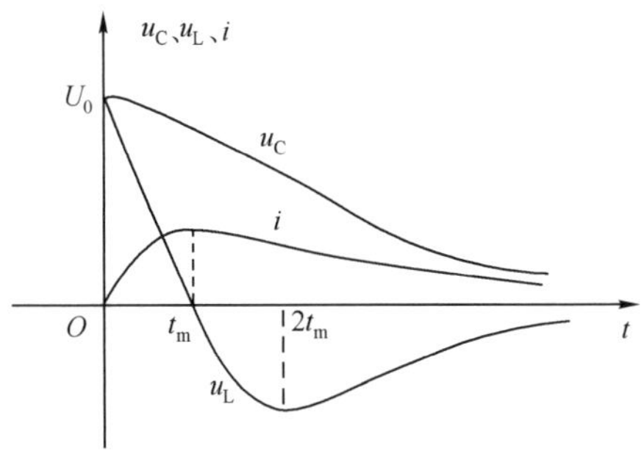

图 4-22　u_C、i、u_L 的非振荡响应曲线

当 $t < t_m$ 时，电感吸收能量，建立磁场；当 $t > t_m$ 时，

电感释放能量，磁场逐渐消失；当 $t=t_m$ 时，正是电感电压过零点。

从物理意义上来说，开关合上后，电容通过 R、L 放电，它的电场能量一部分转变成磁场能量储存于电感中，另一部分则为电阻所消耗。由于电阻较大，电阻消耗能量迅速。到 $t=t_m$ 时电流达到最大值，以后磁场能量不再增加，并随电流的下降而逐渐放出，连同继续放出的电场能量一起供给电阻的能量消耗，一直到最后 $u_C=0$、$i=0$、$u_L=0$。

2．$R<2\sqrt{L/C}$，振荡放电过程

在这种情况下，特征根 p_1 和 p_2 为一对共轭复数。令 $\delta=\dfrac{R}{2L}$，$\omega_0=\dfrac{1}{\sqrt{LC}}$，$\omega=\sqrt{\dfrac{1}{LC}-\left(\dfrac{R}{2L}\right)^2}=\sqrt{\omega_0^2-\delta^2}$，其相互关系如图 4-23 所示。则特征根为

$$p_1=-\delta+\mathrm{j}\omega,\quad p_2=-\delta-\mathrm{j}\omega\quad(\mathrm{j}^2=-1)$$

设齐次方程的通解为 $u_C=A\mathrm{e}^{-\delta t}\sin(\omega t+\beta)$

代入初始条件：$u_C(0_+)=U_0$，$\left.\dfrac{\mathrm{d}u_C}{\mathrm{d}t}\right|_{0_+}=0$，得

$$A\sin\beta=U_0,\quad -A\delta\sin\beta+A\omega\cos\beta=0$$

图 4-23　表示 ω_0、δ、ω、β 相互关系的三角形

解得 $A=\dfrac{\omega_0 U_0}{\omega}$，$\beta=\arctan\dfrac{\omega}{\delta}$

则电容电压为
$$u_C=\frac{\omega_0 U_0}{\omega}\mathrm{e}^{-\delta t}\sin(\omega t+\beta)$$

电流为
$$i=-C\frac{\mathrm{d}u_C}{\mathrm{d}t}=\frac{U_0}{\omega L}\mathrm{e}^{-\delta t}\sin\omega t$$

电感电压为
$$u_L=L\frac{\mathrm{d}i}{\mathrm{d}t}=-\frac{\omega_0 U_0}{\omega}\mathrm{e}^{-\delta t}\sin(\omega t-\beta)$$

在求 i、u_L 时要用到 ω_0、δ、ω、β 之间的关系。

振荡放电过程中 u_C、i、u_L 的波形如图 4-24(a)所示。它们的振幅随时间作指数衰减，衰减快慢取决于 δ，所以把 δ 称为衰减系数，δ 越大，衰减越快；ω 是衰减振荡角频率，ω 越大，振荡周期越小，振荡越快。当电路中的电阻较小时，响应是振荡性的，称为欠阻尼情况。

从上述表达式还可以得出：

（1）$\omega t=k\pi$，k=0, 1, 2, 3, …为电流的过零点，即 u_C 的极值点；

（2）$\omega t=k\pi+\beta$，k=0, 1, 2, 3, …为电感电压的过零点，也即电流 i 的极值点；

（3）$\omega t=k\pi-\beta$，k=1, 2, 3, …为电容电压的过零点。

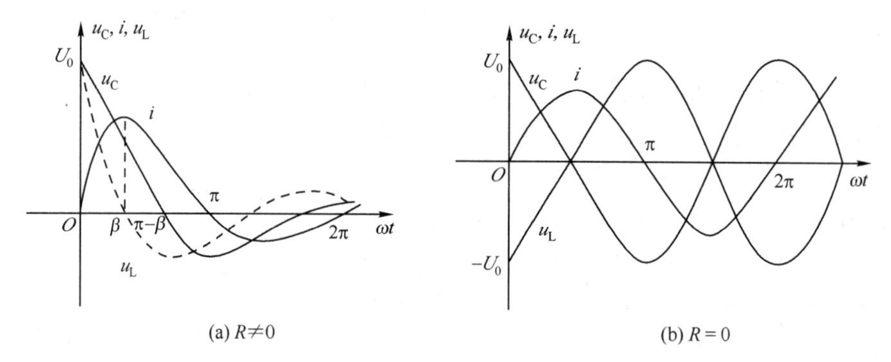

(a) $R\neq0$　　(b) $R=0$

图 4-24　振荡放电过程中 u_C、i、u_L 的波形

根据上述过零点的情况可以看出，元件之间的能量吸收、转换的情况，见表 4-2。

当 $\delta=0$，即 $R=0$ 时，特征根 $p_1=+\mathrm{j}\omega_0$，$p_2=-\mathrm{j}\omega_0$，为一对共轭虚数，ω_0 称为电路的谐振角频率。此时，$\omega_0=\omega$，$\beta=90°$，可得

$$u_C=U_0\cos\omega_0 t,\ i=\frac{U_0}{\omega_0 L}\sin\omega_0 t,\ u_L=U_0\cos\omega_0 t$$

可见电路中的振荡为等幅振荡，又称为无阻尼振荡。u_C、i、u_L 的波形如图 4-24(b)所示。

表 4-2　振荡放电过程中元件之间的能量关系

	$0<\omega t<\beta$	$\beta<\omega t<\pi-\beta$	$\pi-\beta<\omega t<\pi$
电感	吸收	释放	释放
电容	释放	释放	吸收
电阻	消耗	消耗	消耗

3. $R=2\sqrt{L/C}$，临界情况

在这种情况下，特征根为一对相等的负实根，即

$$p_1=p_2=-\frac{R}{2L}=-\delta$$

设微分方程的通解为
$$u_C=(A_1+A_2 t)\mathrm{e}^{-\delta t}$$

代入初始条件得：$A_1=U_0$，$A_2=\delta U_0$。所以可得

$$u_C=U_0(1+\delta t)\mathrm{e}^{-\delta t},\quad i=-C\frac{\mathrm{d}u_C}{\mathrm{d}t}=\frac{U_0}{L}t\mathrm{e}^{-\delta t},\quad u_L=L\frac{\mathrm{d}i}{\mathrm{d}t}=U_0\mathrm{e}^{-\delta t}(1-\delta t)$$

从上面的表达式可以看出，u_C、i、u_L 不做振荡变化，即具有非振荡的性质，其波形与图 4-22 相似。然而，这种过程是振荡与非振荡过程的分界线，所以称为临界阻尼过程，这时的电阻称为临界电阻。上述临界情况的计算公式还可根据非振荡情况的计算公式由洛必达法则求极限得出。

上述讨论的具体公式，仅适用于串联 RLC 电路在 $u_C(0_-)=U_0$ 和 $i(0_-)=0$ 时的情况。对于任何可以等效变换成串联 RLC 的二阶电路，则需根据特征根的形式，写出微分方程的通解，然后根据初始条件求出通解中的常数。对于并联 GCL 电路的零输入响应，可直接列写电路方程求解，也可根据对偶原理由串联 RLC 电路导出。

例 4-6　图 4-21 所示电路中，已知 $L=1\ \mathrm{H}$，$C=0.25\ \mathrm{F}$，$u_C(0_-)=4\ \mathrm{V}$，$i(0_-)=-2\ \mathrm{A}$。求以下几种情况，电容电压 u_C。

（1）$R=5\ \Omega$；（2）$R=4\ \Omega$；（3）$R=2\ \Omega$；（4）$R=0$。

解　（1）$R=5\ \Omega$ 时，临界电阻 $R_0=2\sqrt{L/C}=4<R$，电路为过阻尼情况。

特征根为
$$p_1=-\frac{R}{2L}+\sqrt{\left(\frac{R}{2L}\right)^2-\frac{1}{LC}}=-\frac{5}{2}+\sqrt{\left(\frac{5}{2}\right)^2-4}=-1$$

$$p_2=-\frac{R}{2L}-\sqrt{\left(\frac{R}{2L}\right)^2-\frac{1}{LC}}=-\frac{5}{2}-\sqrt{\left(\frac{5}{2}\right)^2-4}=-4$$

设电容电压为
$$u_C=A_1\mathrm{e}^{-t}+A_2\mathrm{e}^{-4t}$$

代入初始条件：$u_C(0_+)=u_C(0_-)=4$，$\left.\frac{\mathrm{d}u_C}{\mathrm{d}t}\right|_{0_+}=-\frac{1}{C}i(0_+)=8$，得

$$A_1+A_2=4,\quad -A_1-4A_2=8$$

解得
$$A_1=8,\quad A_2=-4$$

因此
$$u_C=8\mathrm{e}^{-t}-4\mathrm{e}^{-4t}\ \mathrm{V}\quad (t>0)$$

（2）$R=4\ \Omega$ 时，电路为临界阻尼情况。

特征根为
$$p_1=p_2=-\frac{R}{2L}=-2$$

设电容电压为
$$u_C=(A_1+A_2 t)\mathrm{e}^{-2t}$$

代入初始条件得
$$A_1 = 4, \quad A_2 - 2A_1 = 8$$
解得
$$A_1 = 4, \quad A_2 = 16$$
因此
$$u_C = (4 + 16t)e^{-2t} \text{ V} \qquad (t > 0)$$
（3）$R = 2\,\Omega$ 时，电路为欠阻尼情况。

特征根为
$$p_{1,2} = -\frac{R}{2L} \pm \sqrt{\left(\frac{R}{2L}\right)^2 - \frac{1}{LC}} = -1 \pm j\sqrt{3}$$
设电容电压为
$$u_C = Ae^{-t}\sin\left(\sqrt{3}t + \beta\right)$$
代入初始条件得
$$A\sin\beta = 4, \quad -A\sin\beta + \sqrt{3}A\cos\beta = 8$$
解得
$$A = 8, \quad \beta = 30°$$
则
$$u_C = 8e^{-t}\sin\left(\sqrt{3}t + 30°\right) \text{ V} \quad (t > 0)$$
（4）$R = 0$，电路为无阻尼振荡。

特征根为
$$p_{1,2} = \pm j2$$
设电容电压为
$$u_C = A\sin(2t + \beta)$$
代入初始条件得
$$A\sin\beta = 4, \quad 2A\cos\beta = 8$$
解得
$$A = 4\sqrt{2}, \quad \beta = 45°$$
所以
$$u_C = 4\sqrt{2}\sin(2t + 45°) \text{ V} \qquad (t > 0)$$

4.3.2 二阶电路的零状态响应与全响应

二阶电路的初始储能为零(即电容电压为零和电感电流为零)，仅由外加激励所产生的响应，称为二阶电路的零状态响应。

图 4-25 所示 RLC 串联电路，$u_C(0_-) = 0$，$i(0_-) = 0$。t=0 时，开关 S 闭合，根据 KVL 有
$$u_R + u_C + u_L = u_s$$
又 $u_R = Ri$，$i = C\frac{du_C}{dt}$，$u_L = L\frac{di}{dt} = LC\frac{d^2u_C}{dt^2}$，代入上式得
$$LC\frac{d^2u_C}{dt^2} + RC\frac{du_C}{dt} + u_C = u_s$$
这是以 u_C 为变量的二阶线性常系数非齐次微分方程。方程的解由非齐次方程的特解 u_{Cp} 和对应齐次方程的通解 u_{Ch} 组成，即
$$u_C = u_{Cp} + u_{Ch}$$

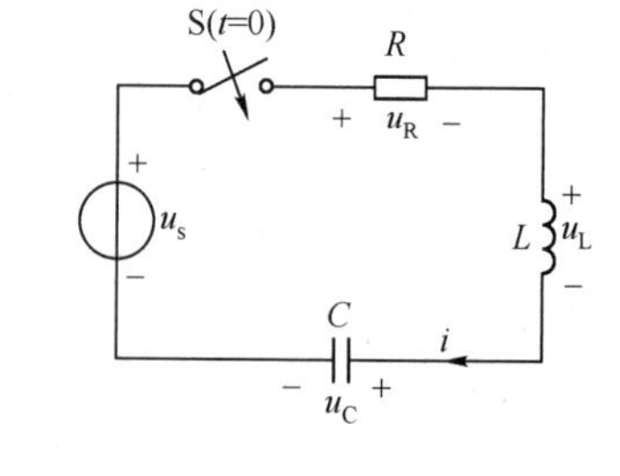

图 4-25　二阶电路的零状态响应

取稳态时的解为特解 u_{Cp}，而通解 u_{Ch} 与零输入响应相同，再根据初始条件确定积分系数，从而得到全解。

二阶电路的全响应是指二阶电路的初始储能不为零，又接有外加激励所产生的响应。它可利用全响应是零输入响应和零状态响应的叠加求得，也可通过列电路的微分方程求得。

例 4-7　如图 4-25 所示电路，L = 1 H，C = 1/3 F，R = 4 Ω，u_s = 16 V，初始状态为零。求 $u_C(t)$、$i(t)$。

解　电路方程为
$$LC\frac{d^2u_C}{dt^2} + RC\frac{du_C}{dt} + u_C = u_s$$
代入已知条件得
$$\frac{d^2u_C}{dt^2} + 4\frac{du_C}{dt} + 3u_C = 48$$

特征根为
$$p_1=-\frac{R}{2L}+\sqrt{\left(\frac{R}{2L}\right)^2-\frac{1}{LC}}=-2+\sqrt{4-3}=-1$$
$$p_2=-\frac{R}{2L}-\sqrt{\left(\frac{R}{2L}\right)^2-\frac{1}{LC}}=-2-\sqrt{4-3}=-3$$

设电容电压为
$$u_C=u_{Cp}+u_{Ch}$$
特解
$$u_{Cp}=16\text{ V}$$
对应齐次方程的通解
$$u_{Ch}=A_1e^{-t}+A_2e^{-3t}$$
所以全解为
$$u_C=A_1e^{-t}+A_2e^{-3t}+16$$
代入初始条件：$u_C(0_+)=u_C(0_-)=0$，$\left.\frac{du_C}{dt}\right|_{0_+}=\frac{1}{C}i(0_+)=0$，得
$$A_1+A_2+16=0,\quad -A_1-3A_2=0$$
解得
$$A_1=-24,\quad A_2=8$$
因此
$$u_C=-24e^{-t}+8e^{-3t}+16\text{ V}\qquad(t>0)$$
$$i=C\frac{du_C}{dt}=8e^{-t}-8e^{-3t}\text{ A}\qquad(t>0)$$

思考题

*T4.3-1　试写出求解二阶电路响应的一般步骤。

*T4.3-2　RLC 串联电路，设 $R=2\ \Omega$，$C=1$ F，$L=1$ H，则电路是什么响应？

*T4.3-3　对于并联 GCL 电路，当 G、L、C 满足何种条件时，电路为过阻尼、欠阻尼和临界阻尼情况？

基本练习题

*4.3-1　如图题 4.3-1 所示电路，$t=0$ 时开关闭合，已知 $C=1/4$ F，$L=1/2$ H，$R=3\ \Omega$，$u_C(0_-)=2$ V，$i(0_-)=3$ A。试求零输入响应 u_C 和 i。

*4.3-2　电路如图题 4.3-2 所示，开关打开前电路已处于稳态，$t=0$ 时开关打开，求 $t>0$ 时 $u_C(t)$、$i_L(t)$。

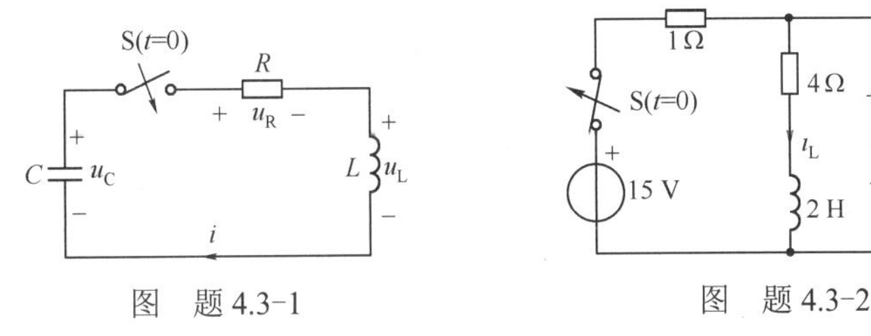

图　题 4.3-1　　　　图　题 4.3-2

*4.3-3　图题 4.3-3 所示电路中，已知 $R=1/6\ \Omega$，$C=1$ F，$L=1/8$ H，$u_C(0_-)=10$ V，$i_L(0_-)=0$。$t=0$ 时将开关合上，求开关闭合后的 u_L、i_L。

*4.3-4　图题 4.3-4 所示电路中，已知 $R_1=30\ \Omega$，$R_2=10\ \Omega$，$C=1000\ \mu$F，$L=0.1$ H，$u_C(0_-)=100$ V，$U_s=200$ V，开关 S 闭合前电路已处于稳态。求开关闭合后的电流 i_L。

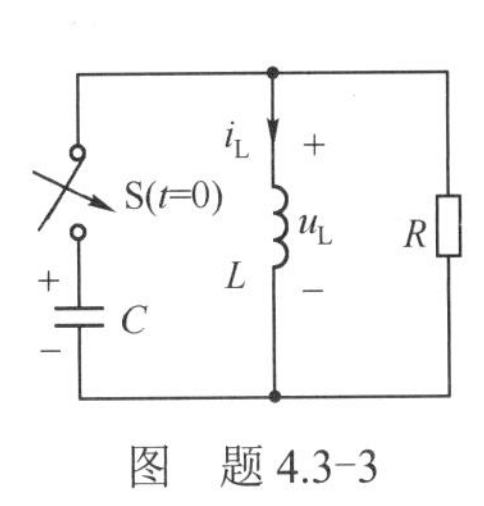

图　题 4.3-3

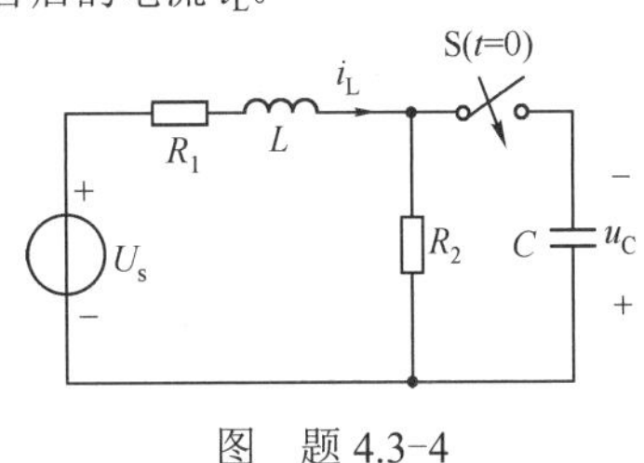

图　题 4.3-4

*4.4 阶跃响应与冲激响应

4.4.1 阶跃函数与冲激函数

1. 单位阶跃函数

单位阶跃函数是一种奇异函数，见图 4-26(a)，定义为

$$\varepsilon(t)=\begin{cases}0 & t<0\\ 1 & t>0\end{cases}$$

它在$(0_-,\ 0_+)$内发生了单位阶跃。这个函数可以用来描述如图 4-26(b)所示的开关从 1 到 2 的动作，它表示 $t=0$ 时把电路接到单位直流电压上。阶跃函数可以作为开关的数学模型，所以有时也称为开关函数。

若阶跃不是在 $t=0$ 时发生，而是在 $t=t_0$ 时，则延迟的单位阶跃函数定义为

$$\varepsilon(t-t_0)=\begin{cases}0 & t<t_0\\ 1 & t>t_0\end{cases}$$

它可看作是把 $\varepsilon(t)$在时间轴上移动 t_0 后的结果，如图 4-27 所示。

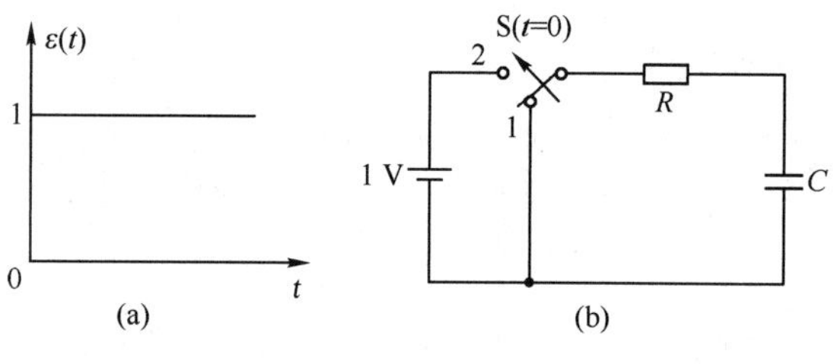

图 4-26 单位阶跃函数

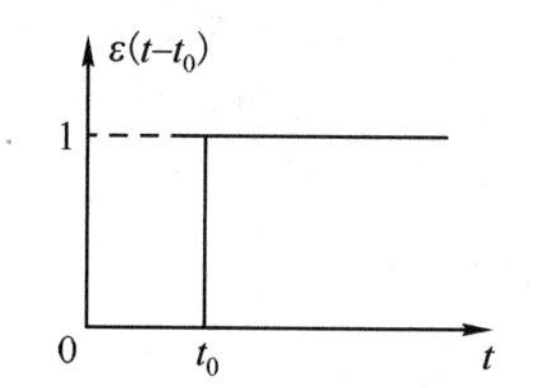

图 4-27 延迟的单位阶跃函数

假设在 $t=t_0$ 时刻把电路接到 3 A 的直流电流源上，则此电流源的电流可写成 $3\varepsilon(t-t_0)$ A。

单位阶跃函数可以用来“起始”任意一个函数 $f(t)$，设 $f(t)$为对所有 t 都有定义的一个任意函数，如图 4-28(a)所示，则有

$$f(t)\varepsilon(t-t_0)=\begin{cases}0 & t<t_0\\ f(t) & t>t_0\end{cases}$$

它的波形如图 4-28(b)所示。

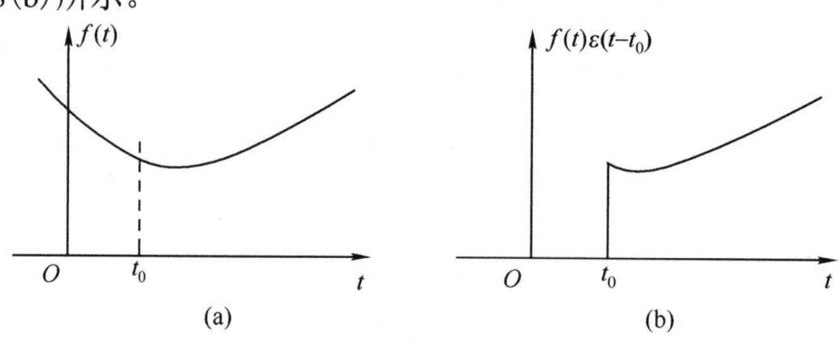

图 4-28 单位阶跃函数的起始作用

单位阶跃函数可以用来描述矩形脉冲。对于图 4-29(a)所示的脉冲信号，可以分解为两个阶跃函数之和，如图 4-29(b)所示。即

$$f(t)=\varepsilon(t)-\varepsilon(t-t_0)$$

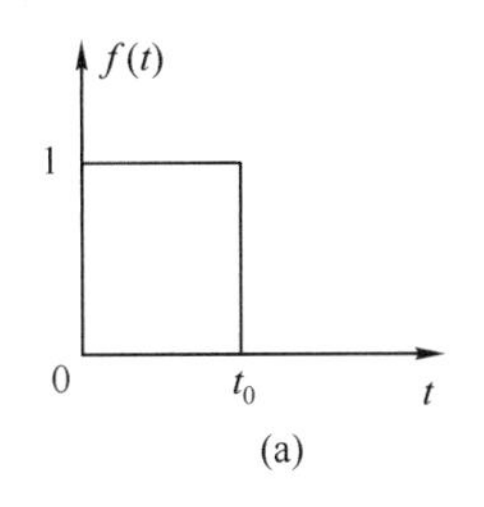

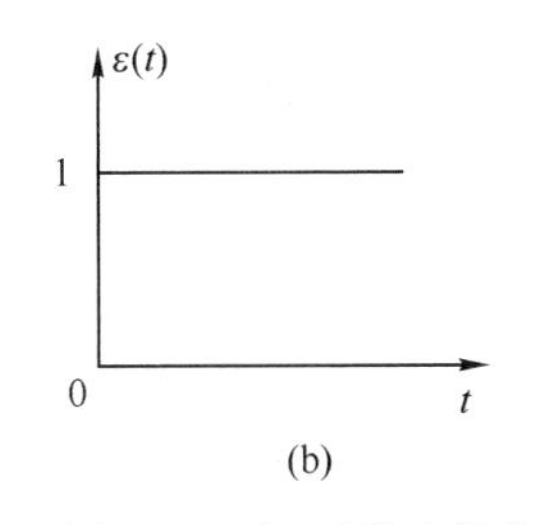

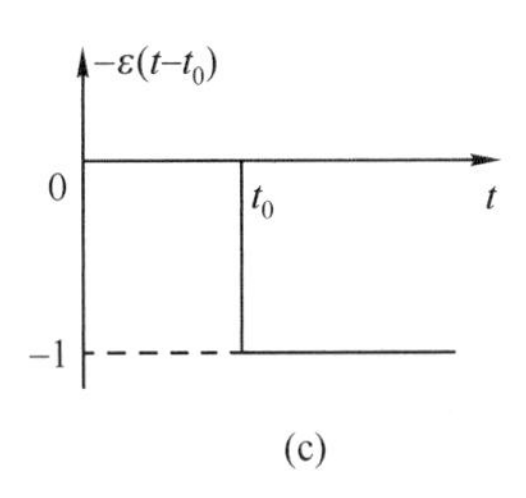

图 4-29 矩形脉冲的分解

2．单位冲激函数

单位冲激函数也是一种奇异函数，见图 4-30，定义为

$$\delta(t)=0,\ t\neq 0\ ;\ \int_{-\infty}^{+\infty}\delta(t)\mathrm{d}\,t=1$$

单位冲激函数又称为 δ 函数。它在 $t\neq 0$ 时为零，但在 $t=0$ 处为无穷大。

单位冲激函数可以看作是单位矩形脉冲函数的极限。图 4-30(a)所示为一个单位矩形脉冲函数 $p_{\varDelta}(t)$的波形，它的高为 $1/\varDelta$，宽为 $\varDelta$。当 $\varDelta$ 减小时，脉冲函数高度 $1/\varDelta$ 增加，而矩形面积$\dfrac{1}{\varDelta}\cdot\varDelta=1$总保持不变。当 $\varDelta\to 0$ 时，脉冲高度 $1/\varDelta\to\infty$，在此极限情况下，可以得到一个宽度趋于零，幅度趋于无限大但具有单位面积的脉冲，这就是单位冲激函数 $\delta(t)$，可记为

$$\lim_{\varDelta\to 0}p_{\varDelta}(t)=\delta(t)$$

单位冲激函数的波形见图 4-30(b)，有时在箭头旁边注明“1”。对强度为 K 的冲激函数可用图 4-30(c)表示，此时箭头旁注明 K。

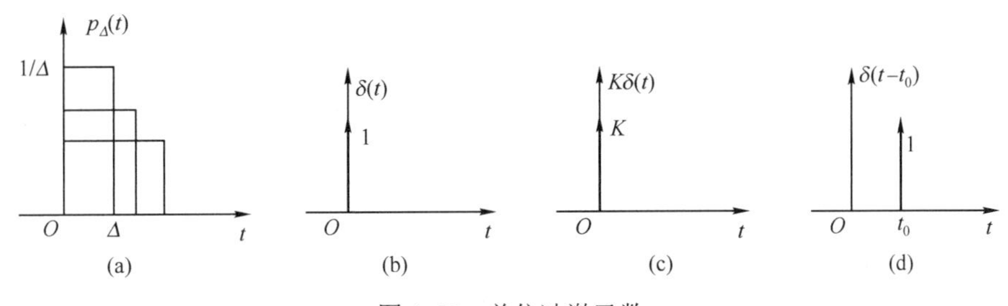

图 4-30 单位冲激函数

单位延迟冲激函数定义为

$$\delta\left(t-t_0\right)=0,\ t\neq t_0\ ;\ \int_{-\infty}^{+\infty}\delta\left(t-t_0\right)\mathrm{d}t=1$$

如图 4-30(d)所示。

若发生在 $t=t_0$时刻，冲激强度为 K 的冲激函数，则表示为$K\delta\left(t-t_0\right)$。

冲激函数有如下两个主要性质：

（1）单位冲激函数是单位阶跃函数的导数，即$\dfrac{\mathrm{d}\varepsilon\left(t\right)}{\mathrm{d}t}=\delta\left(t\right)$

反之，单位阶跃函数是单位冲激函数的变上限积分，即$\int_{-\infty}^{t}\delta(t)\mathrm{d}t=\varepsilon(t)$。

（2）单位冲激函数的“筛分”性质。由于在$t\neq 0$时，$\delta(t)=0$，所以对任意在$t=0$时连续的函数$f(t)$，有

$$f(t)\delta(t)=f(0)\delta(t)$$

所以

$$\int_{-\infty}^{+\infty}f(t)\delta(t)\mathrm{d}t=\int_{0_-}^{0_+}f(0)\delta(t)\mathrm{d}t=f(0)\int_{0_-}^{0_+}\delta(t)\mathrm{d}t=f(0)$$

同理可得
$$\int_{-\infty}^{+\infty} f(t)\delta(t-t_0)\mathrm{d}t = f(t_0)$$

这就是说：冲激函数能把函数 $f(t)$在冲激存在时刻的函数值筛选出来，所以称为“筛分”性质，又称取样性质。

4.4.2 阶跃响应

电路对于单位阶跃函数输入的零状态响应称为单位阶跃响应，用 $s(t)$表示。阶跃响应的求法与在直流激励下的零状态响应相同。如果电路的输入是幅度为 A 的阶跃函数，则根据零状态响应的比例性可知电路的零状态响应为 $As(t)$。由于时不变电路的电路参数不随时间变化，则在延迟的单位阶跃信号作用下的响应为 $s(t-t_0)$。这一性质称为时不变性(或定常性)。

例 4-8 图 4-31(a)所示电路中，R=1 Ω，L=2 H，u_s的波形如图(b)所示。计算 $t>0$ 时的零状态响应 i，并画出 i 的波形。

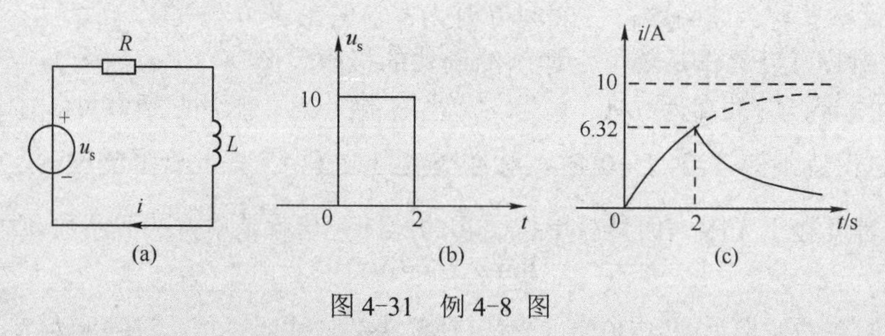

图 4-31 例 4-8 图

解 此题可用两种方法求解。

(1) 分段计算

在 $t<0$ 时，$i=0$。

在 $0<t<2$ s 时，u_s=10 V，电路为零状态响应，用“三要素”法求解。

$$i(0_+)=i(0_-)=0,\quad i(\infty)=u_s/R=10\text{ A},\quad \tau=L/R=2\text{ s}$$

所以
$$i(t)=10\left(1-\mathrm{e}^{-t/2}\right)\text{ A}$$

在 $2<t$ s 时，$u_s=0$，电路为零输入响应。

$$i(2_+)=i(2_-)=10(1-\mathrm{e}^{-1})=6.32\text{ A}$$

所以
$$i(t)=6.32\mathrm{e}^{-(t-2)/2}\text{ A}$$

(2) 用阶跃函数表示激励

$$u_s=10\varepsilon(t)-10\varepsilon(t-2)$$

电路的单位阶跃响应为

$$s(t)=\left(1-\mathrm{e}^{-t/2}\right)\varepsilon(t)$$

由零状态响应的比例性和时不变性可得

$$i(t)=10\left(1-\mathrm{e}^{-t/2}\right)\varepsilon(t)-10\left(1-\mathrm{e}^{-(t-2)/2}\right)\varepsilon(t-2)\text{ A}$$

$i(t)$的波形如图 4-31(c)所示。

4.4.3 冲激响应

电路在单位冲激函数 $\delta(t)$的激励下的零状态响应称为单位冲激响应，用 $h(t)$表示。

冲激函数作用于零状态的电路，在$(0_-, 0_+)$的区间内使电容电压或电感电流发生跃变，$t>$

0 后，冲激函数为零，电路相当于在初始状态所引起的零输入响应。所以，冲激响应的一种求法是：先计算由 $\delta(t)$作用下的 $u_C(0_+)$或 $i_L(0_+)$，然后求解由这一初始状态所产生的零输入响应，此即为 $t>0$ 时的冲激响应。

现在的关键是如何确定 $t=0_+$ 时的电容电压和电感电流。由于电容和电感的储能为有限值$\left(\text{电容能量为}\ W_C=\frac{1}{2}Cu_C^2\quad \text{电感能量为}W_L=\frac{1}{2}Li_L^2\right)$，因此电容两端不应出现冲激电压，电感中不能流过冲激电流。也就是说在冲激电源作用于电路的瞬间，电容应看作短路，电感应看作开路。据此可作出冲激电源作用瞬间的等效电路，从而确定冲激电流和冲激电压的分布情况。如有冲激电流流过电容，电容电压将发生跃变；如有冲激电压出现于电感两端，电感电流将发生跃变。利用式(4-1b)和式(4-3b)可求得 $u_C(0_+)$和 $i_L(0_+)$。

例 4-9 求图 4-32(a)所示电路中的电容电压的冲激响应 u_C。

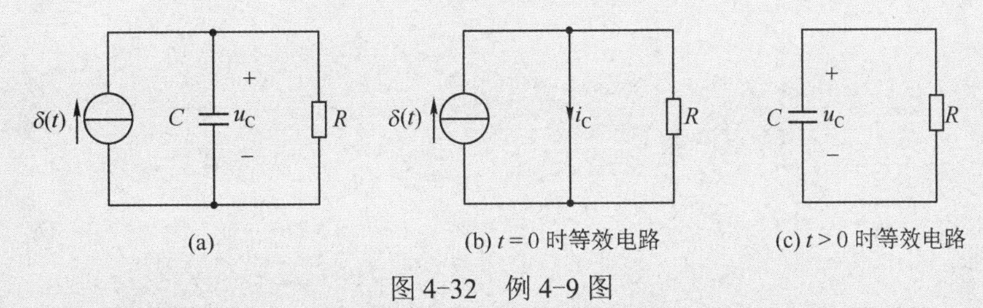

图 4-32 例 4-9 图

解 把电容看作短路，$t=0$ 时的等效电路如图 4-32(b)所示。可见电流源的冲激电流全部流过电容，这个冲激电流使电容电压发生跃变，即

$$u_C(0_+)=u_C(0_-)+\frac{1}{C}\int_{0_-}^{0_+}i_C\mathrm{d}t=\frac{1}{C}\int_{0_-}^{0_+}\delta(t)\mathrm{d}t=\frac{1}{C}$$

当 $t>0$ 时，$\delta(t)=0$，电路如图 4-32(c)所示，电容电压的冲激响应为

$$h(t)=\frac{1}{C}\mathrm{e}^{-t/\tau}$$

式中，$\tau=RC$。上式适用于 $t>0$ 时，所以又可以写为

$$h(t)=\frac{1}{C}\mathrm{e}^{-t/\tau}\varepsilon(t)\,\mathrm{V}$$

例 4-10 如图 4-33(a)所示电路，$i_L(0_-)=0$，$R_1=6\ \Omega$，$R_2=4\ \Omega$，$L=100\ \mathrm{mH}$。求冲激响应 i_L 和 u_L。

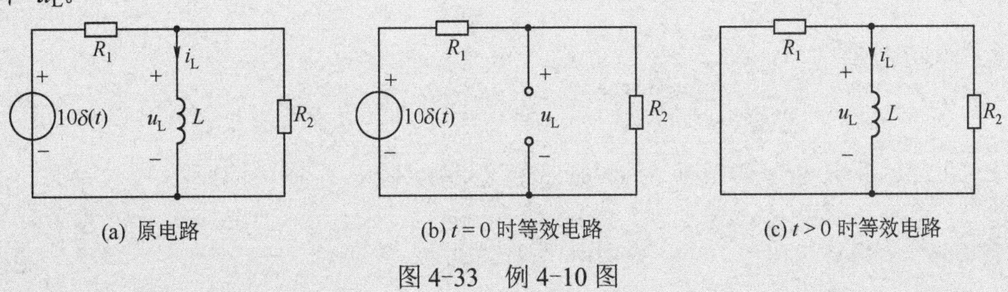

图 4-33 例 4-10 图

解 在冲激电压源的作用下，电感相当于开路，$t=0$ 时的等效电路如图 4-33(b)所示，可见电感两端的电压为

$$u_L=\frac{R_2}{R_1+R_2}\times10\delta(t)=\frac{4}{6+4}\times10\delta(t)=4\delta(t)\,\mathrm{V}$$

这个冲激电压使电感电流发生跃变，有

$$i_L(0_+)=i_L(0_-)+\frac{1}{L}\int_{0_-}^{0_+}u_L\mathrm{d}t=\frac{1}{100\times10^{-3}}\int_{0_-}^{0_+}4\delta(t)\mathrm{d}t=40\ \mathrm{A}$$

当 $t>0$ 时，等效电路如图 4-33(c)所示。有

$$\tau=\frac{L}{R_1//R_2}=\frac{100\times10^{-3}}{2.4}=\frac{1}{24}\text{ s}$$

电感电流为
$$i_L=i_L(0_+)e^{-\frac{t}{\tau}}=40e^{-24t}\varepsilon(t)\text{ A}$$

电感电压为
$$\begin{aligned}u_L&=L\frac{di_L}{dt}=100\times10^{-3}\times40\left[-24e^{-24t}\varepsilon(t)+e^{-24t}\delta(t)\right]\\&=4\delta(t)-96e^{-24t}\varepsilon(t)\text{ V}\end{aligned}$$

i_L 和 u_L 的波形如图 4-34 所示。注意：i_L 和 u_L 的冲激和跃变情况。

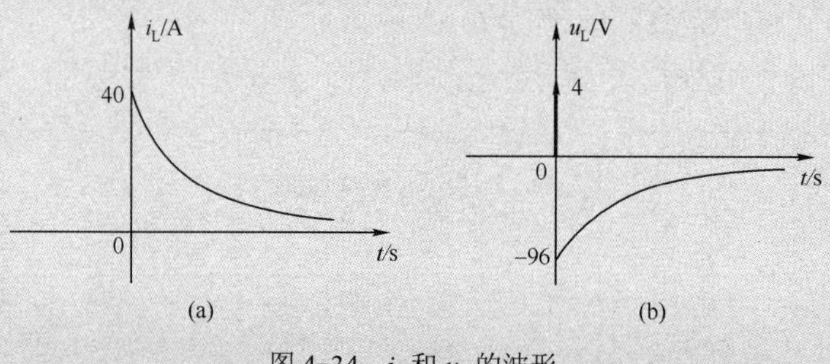

图 4-34　i_L 和 u_L 的波形

例 4-11　求图 4-35(a)所示串联 RLC 电路中的 u_C 的冲激响应。

解　在冲激电压的作用下，电容相当于短路，电感相当于开路，$t=0$ 时的等效电路如图 4-35(b)所示，可得 $u_L=\delta(t)$，$i_L=0$。由于电容中无冲激电流，因而 u_C 不发生跃变，$u_C(0_+)=u_C(0_-)=0$。

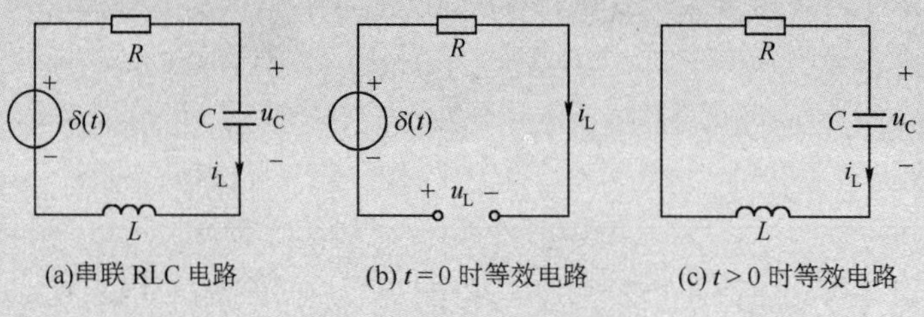

图 4-35　例 4-11 图

电感两端有冲激电压，则

$$i_L(0_+)=i_L(0_-)+\frac{1}{L}\int_{0_-}^{0_+}u_L\,dt=\frac{1}{L}$$

当 $t>0$ 时，等效电路如图 4-35(c)所示，电路为 RLC 串联电路的零输入响应。因此

电路方程为
$$LC\frac{d^2u_C}{dt^2}+RC\frac{du_C}{dt}+u_C=0$$

初始条件为
$$u_C(0_+)=u_C(0_-)=0$$

$$\left.\frac{du_C}{dt}\right|_{0_+}=\frac{1}{C}i_L(0_+)=\frac{1}{LC}$$

余下 u_C 的求解步骤读者可以按 4.3.1 节的方法可求得其解。

冲激函数是阶跃函数的导数，冲激响应也是阶跃响应的导数，即

$$h(t)=\frac{ds(t)}{dt}$$

由此可得求冲激响应的另一种方法，即先求出阶跃响应 $s(t)$，然后再求阶跃响应的导数，便可得到冲激响应 $h(t)$(这里利用了线性时不变电路的性质)。

例 4-12　利用冲激响应是阶跃响应的导数求例 4-9 中的 u_C。

解　电压 u_C 的阶跃响应为

$$s(t)=R\left(1-e^{-\frac{t}{RC}}\right)\varepsilon(t)$$

由于 $h(t)=\dfrac{ds(t)}{dt}$，则电容电压 u_C 的冲激响应为

$$h(t)=R\frac{d}{dt}\left[\left(1-e^{-\frac{t}{RC}}\right)\varepsilon(t)\right]=R\left[\frac{1}{RC}e^{-\frac{t}{RC}}\varepsilon(t)+\left(1-e^{-\frac{t}{RC}}\right)\delta(t)\right]=\frac{1}{C}e^{-\frac{t}{RC}}\varepsilon(t)$$

上式计算过程中利用了 $\left(1-e^{-\frac{t}{RC}}\right)\delta(t)=0$。可见上述结果与例 4-9 相同。

思考题

*T4.4-1　延时单位阶跃函数 $\varepsilon(t-t_0)$和 $\varepsilon(t_0-t)$的波形如何？$\varepsilon(t-t_0)=-\varepsilon(t_0-t)$ 对吗？

*T4.4-2　求 RL 串联电路在冲激电压源 $\delta(t)$作用下电感电流和电压的冲激响应。

基本练习题

*4.4-1　如图题 4.4-1(a)所示电路，$i_s(t)$的波形如图(b)所示，求零状态响应电流 $i_L(t)$。

*4.4-2　如图题 4.4-2(a)所示 RC 电路，电容 C 原未充电，所加电压 $u_s(t)$的波形如图(b)所示，其中 $R=1000\ \Omega$，$C=10\ \mu F$。试用下列两种方法求解电容电压 $u_C(t)$:

(1) 用分段计算；(2) 用阶跃函数表示激励后再求解。

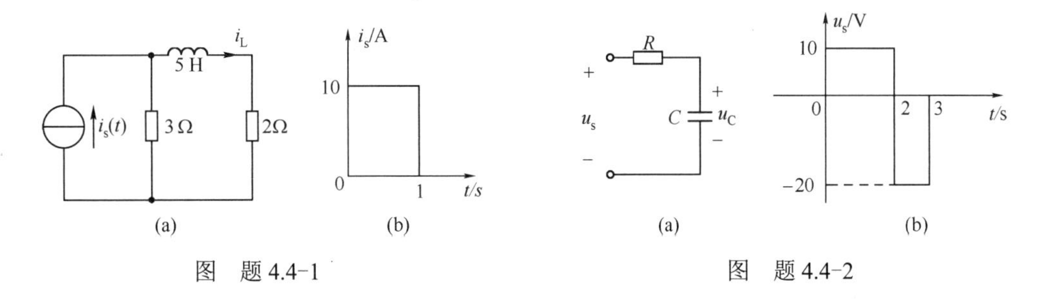

图　题 4.4-1　　　　图　题 4.4-2

*4.4-3　如图题 4.4-3 所示电路，求阶跃响应 $i(t)$。

*4.4-4　电路如图题 4.4-4 所示，$C=0.1$ F，$L=1$ H，$R=2\ \Omega$，$i_s(t)=\delta(t)$，$t=0$ 时网络处于零状态。求 $u_C(0_+)$、$i_C(0_+)$、$i_L(0_+)$、$i_R(0_+)$。

*4.4-5　如图题 4.4-5 所示电路，$R_1=3\ k\Omega$，$R_2=6\ k\Omega$，$C=25\ \mu F$，$u_C(0_-)=0$。试求电路的冲激响应 u_C、i_C、i_1。

*4.4-6　求如图题 4.4-6 所示电路的冲激响应 $u_L(t)$和 $i_L(t)$。

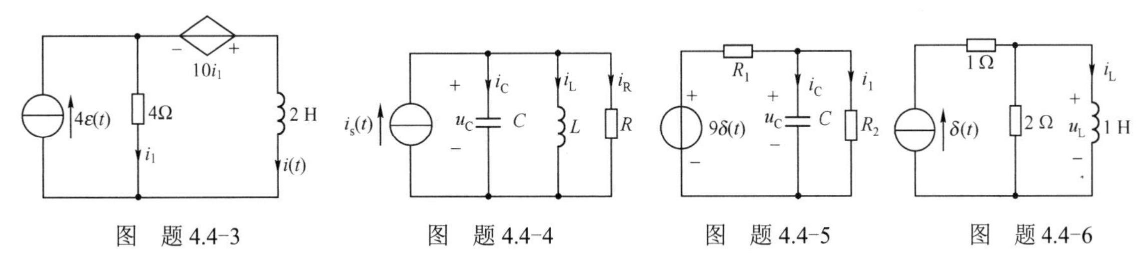

图　题 4.4-3　　图　题 4.4-4　　图　题 4.4-5　　图　题 4.4-6

$^{\triangle}$4.5 应　　用

4.5.1 闪光灯实例电路

RC 一阶电路的充放电可产生短时大电流脉冲，在实际工程的电动式点焊装置、雷达发射和电子闪光灯等领域得到了广泛应用。图 4-36 为电子闪光灯的应用电路，当开关在 1 位置时，充电回路由高压直流电压源 U_s、限流电阻 R_1 和电容器 C 构成，时间常数 $\tau_1\,(R_1C)$大，电容充电缓慢，经过 $5\tau_1$ 可认为充电结束，电压充到 U_s 时，电流趋于零，电容以电场形式储存能量。当开关转到 2 位置后，放电回路由闪光灯低值电阻 R_2 和电容器 C 构成，时间常数 $\tau_2\,(R_2C)$很小，电容迅速放电，放电时间约为 $5\tau_2$，图 4-37(a)和(b)分别为电容电压和电流的充放电曲线。

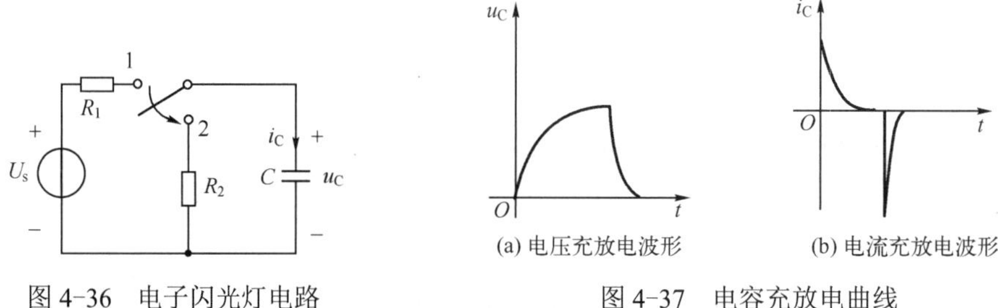

图 4-36　电子闪光灯电路　　　　图 4-37　电容充放电曲线

4.5.2 点火装置应用电路

图 4-38 为实际点火装置的 RL 电路模型。汽车发动机的启动需要气缸的混合燃料在适当时间里被点燃，这是由火花塞实现的。火花塞有个空气间隙隔开的电极对(如图 4-38 所示)，通过在电极两端施加高压(几千伏)，形成空气的间隙电火花，点燃汽油。汽车中的电池是 12 伏直流电压，利用点火线圈(电感器 L)中电流的突然变化(开关 S 突然打开)，使其两端产生高压，电感电压为 $u_L = L\dfrac{di_L}{dt}$，在空气间隙引起火花或电弧，电感中储存的能量在火花放电中耗散。

实例计算　设汽车自动点火线圈的电感 L=30 mH，串联电阻 R=6 Ω，汽车直流电压源 U_s=12 V，开关打开时间为 2 μs。计算电感线圈储存的能量 W_L和电感线圈两端的电压 u_L。

解　电感线圈中最大电流为

$$i_L = U_s / R = 12/6 = 2\text{ A}$$

电感线圈储存的最大能量为

$$W_L = \frac{1}{2}Li_L^2 = \frac{1}{2}\times 30\times 10^{-3}\times 2^2 = 60\text{ mJ}$$

电感线圈两端产生的高电压为

$$u_L = L\frac{\Delta I}{\Delta T} = 30\times 10^{-3}\times\frac{2}{2\times 10^{-6}} = 30\text{ kV}$$

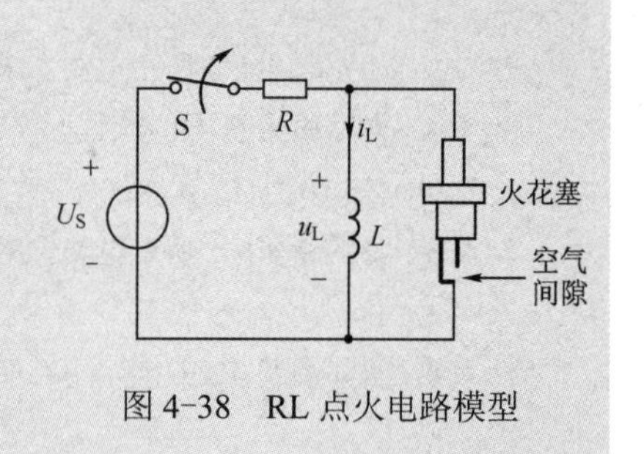

图 4-38　RL 点火电路模型

本 章 小 结

本章讨论了动态电路时域分析方法，包括电路的微分方程建立，初始条件计算和微分方程求解。在初始条件计算中，分别应用了 0_-和 0_+等效电路以及换路定则。电路的全响应可以分解为零输入响应和零状态响应。在一阶电路分析中，分别讨论了激励源为直流电源、正弦电源、阶跃函数和冲激函数作用下的响应。在经典法基础上，导出了三要素计算公式，其中时间常数在一阶电路中有着特定的物理意义。在二阶电路分析中，过渡过程的性质(过阻尼、临界阻尼和欠阻尼)是由特征根的不同而决定的。

难点提示：换路定则的成立是有条件的，当电容中电流或电感端电压在[0_-, 0_+]区间出现冲激情况下，换路定则是不成立的，因而要正确应用。当一阶电路中含有多个电阻支路或含有受控源时，为了简化计算，通常将动态元件移去后的剩余部分用戴维南等效电路替代，然后再进行求解。三要素公式的应用仅适用于求解一阶电路的响应。二阶电路的过渡过程性质与元件参数的关系将随电路结构的不同而异，由特征根决定。注意到，单位阶跃响应和单位冲激响应都是定义在零状态条件下的。

名 人 轶 事

爱迪生(Thomas Alva Edison，1847－1931年)，举世闻名的美国电学家、科学家、发明家和企业家，被誉为“世界发明大王”。他除了在留声机、电灯、电报、电影、电话等方面的发明和贡献以外，在矿业、建筑业、化工等领域也有不少著名的创造和真知灼见，拥有众多知名的发明专利超过 2000 项，是人类历史上第一个利用大量生产原则和电气工程研究来进行从事发明专利，而对世界产生重大深远影响的人。为人类的文明和进步做出了巨大的贡献。1931 年 10 月 18 日，爱迪生在西奥伦治逝世，1931 年 10 月 21 日，全美国熄灯以示哀悼。

综合练习题

4-1　如图题 4-1 所示电路，若 $t=0$ 时开关 S 闭合，求电流 i。

4-2　如图题 4-2 所示电路，已知 $i_s(t)=2\cos\left(3t+\dfrac{\pi}{4}\right)$ A，$R=1\,\Omega$，$C=2$ F。$t=0$ 时开关 S 合上，求 u_C。

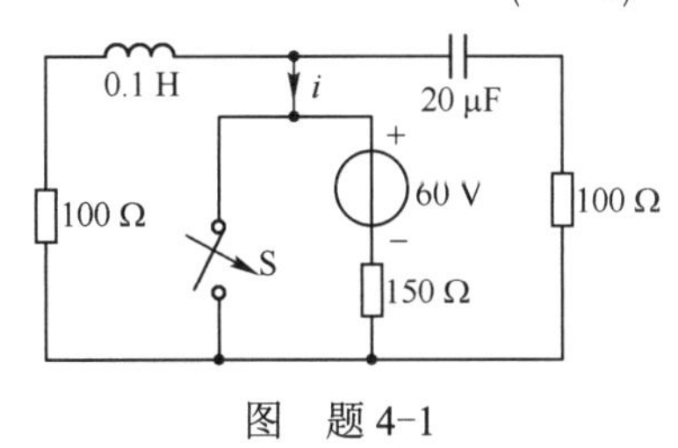

图　题 4-1

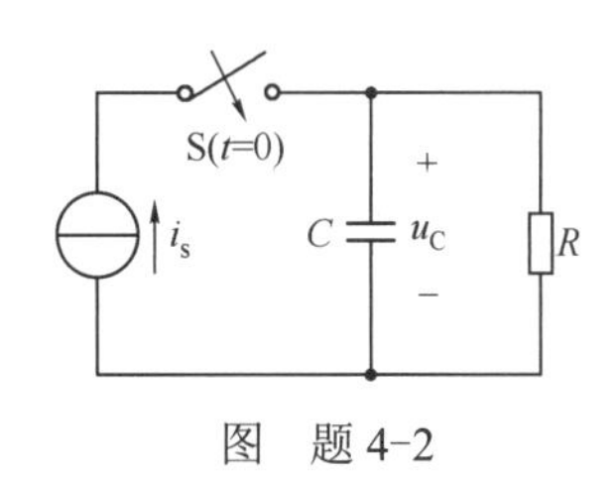

图　题 4-2

4-3　如图题 4-3 所示电路，$t=0$ 时开关 S 合上。求下列三种情况下的电压 $u(t)$，并画出 $u(t)$的波形。

(1) $u_C(0_-)=4$ V；(2) $u_C(0_-)=3$ V；(3) $u_C(0_-)=2$ V。

4-4　电路如图题 4-4 所示，其中 N 内部只含电阻，$u_s(t)=\varepsilon(t)$ V，$C=2$ F，其零状态响应为

$$u_0=\left(\frac{1}{2}+\frac{1}{8}e^{-0.25t}\right)\varepsilon(t)$$

如果用 $L=2$ H 的电感代替电容 C，试求零状态响应 $u_0(t)$。

4-5　RL 串联电路的时间常数为 1 ms，电感为 1 H。若要求在零输入时的电感电压响应减半而电流响应不改变，求 L、R 应改为何值？

*4-6　已知某电路在相同初始条件下，当激励为 $e(t)$时，其全响应为 $r_1(t)=[2e^{-3t}+\sin(2t)]\varepsilon(t)$；当激励为 $2e(t)$时，其全响应为 $r_2(t)=[e^{-3t}+2\sin(2t)]\varepsilon(t)$。求：

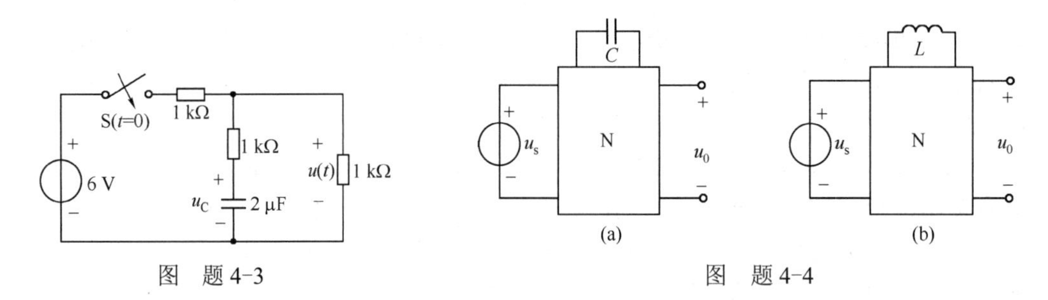

图　题 4-3

图　题 4-4

（1）初始条件不变，当激励为 $e(t-t_0)$时的全响应 $r_3(t)$；

（2）初始条件增大一倍，当激励为 $0.5e(t)$时的全响应 $r_4(t)$。

4-7　阐述换路定则成立的条件。

4-8　动态电路的阶数是否与电路中的动态元件个数相同，为什么？

第 5 章　正弦稳态电路

【内容提要】

正弦稳态电路，是指线性电路中各处的电压和电流都是与电源同频率的正弦量。相量法是正弦稳态电路分析的有效工具。本章是正弦稳态电路分析的基础知识，主要包括：正弦量的特征及正弦量的相量表示法；基尔霍夫定律的相量形式及电阻、电感、电容在相量法中的特性；阻抗、导纳的概念；正弦稳态电路的相量法分析和计算；正弦稳态电路的功率。拓展应用中，介绍了电磁系和电动系仪表的表头机构电磁工作原理。

5.1　正弦量的基本概念

电路中电压 $u(t)$和电流 $i(t)$均按同频率正弦时间函数变化的线性电路，简称正弦稳态电路。按正弦时间函数变化的电路变量，统称为正弦量。正弦量的数学描述，可以用正弦函数，也可以用余弦函数。本书采用余弦函数形式，对于不是余弦函数的要先转换为余弦函数形式，如 $u = 10\sin(\omega t + 30^\circ) = 10\cos(\omega t - 60^\circ)$ 。

5.1.1　正弦量的三要素

设图 5-1 中正弦稳态电路电流 i 为正弦量，在图示参考方向下，正弦电流的时间函数表达式(或瞬时值表达式)为

$$i = I_{\mathrm{m}}\cos(\omega t + \varphi_i) \tag{5-1}$$

正弦量也可以用曲线表示，如图 5-2 所示，称为正弦量的波形图。

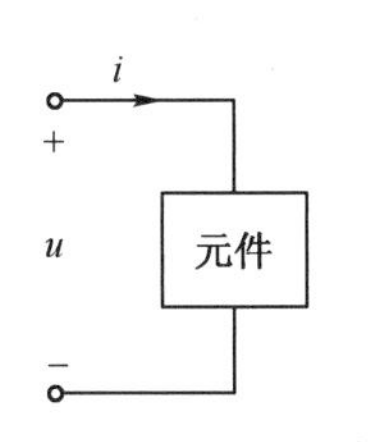

图 5-1　一段正弦稳态电路

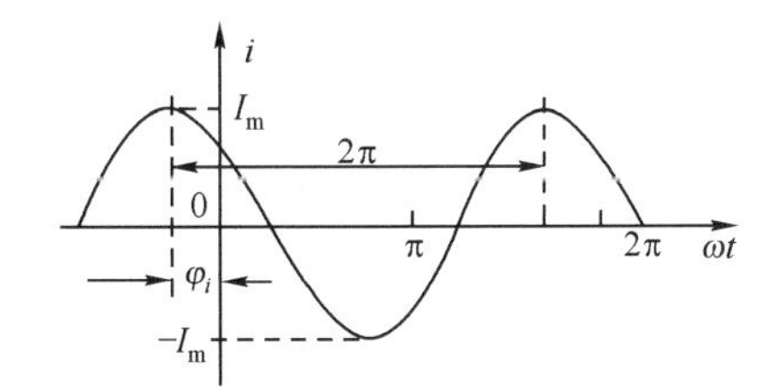

图 5-2　正弦量的波形图

式(5-1)中的 I_{m}、ω 和 φ_i 称为正弦量的三要素。

I_{m} 称为正弦量的振幅，振幅是正弦量在整个振荡过程中的最大值。当 $\cos(\omega t + \varphi_i)=1$ 时，有 $i_{\max} = I_{\mathrm{m}}$，表示正弦量的最大值(极大值)。当 $\cos(\omega t + \varphi_i) = -1$ 时，$i_{\min} = -I_{\mathrm{m}}$，正弦量出现最小值(极小值)。$i_{\max} - i_{\min} = 2I_{\mathrm{m}}$，称为正弦量的峰–峰值。正弦电流的峰–峰值用 $I_{\text{p-p}}$ 表示。正弦电压的峰–峰值用 $V_{\text{P-P}}$ 表示。

式(5-1)中，随时间变化的角度 $(\omega t + \varphi_i)$ 称为正弦量的相位，或称相角。ω 称为正弦量的角频率，是正弦量的相位随时间变化的角速度，即

$$\omega = \frac{\mathrm{d}}{\mathrm{d}t}(\omega t + \varphi_i)$$

ω 的单位是弧度/秒(rad/s)。它同正弦量的周期 T、频率 f 之间的关系为

$$\omega T = 2\pi\text{，}\quad \omega = 2\pi f\text{，}\quad f = 1/T$$

频率 f 的单位是 1/s，称为赫兹(Hz，简称赫)；周期 T 的单位是秒(s)。例如，我国工业和居民用电的频率 f=50 Hz，周期 T=0.02 s，角频率 $\omega = 314$ rad/s 。

φ_i 是正弦量在 t=0 时刻的相位，称为正弦量的初相位(初相角)，简称初相，即

$$(\omega t + \varphi_i)\big|_{t=0} = \varphi_i$$

初相的单位可以用弧度表示，也可以用度数表示，通常在主值范围内取 $|\varphi| \leqslant 360°$ 。初相与计时的零点有关。

正弦量的三要素是正弦量之间区分和比较的依据。

5.1.2　正弦量的相位差与参考正弦量

如果有两个频率相同的正弦量 $u_1 = U_{m1}\cos(\omega t + \varphi_1)$ 和 $u_2 = U_{m2}\cos(\omega t + \varphi_2)$，定义它们的相位差为

$$\varphi = (\omega t + \varphi_1) - (\omega t + \varphi_2) = \varphi_1 - \varphi_2$$

即它们的初相之差，在任何瞬时都是定值。通常在同一电路中，会有多个相同频率的正弦量，因此研究两个不同正弦量的相位差十分必要。当 $\varphi = 0$ 时，称这两个正弦量为同相；当 $\varphi = \pm 90°$ 时，称之为正交；$\varphi = \pm 180°$ 时称为反相。在描述相位差时，通常 $|\varphi| \leqslant 180°$，当 $\varphi > 0$ 时，称 u_1 超前 u_2；$\varphi < 0$ 时，称 u_1 滞后 u_2 。

在同一个电路中有很多相同频率的正弦量时，这些正弦量则相对于一个共同的计时零点确定各自的初相，通常取某个计时零点处初相位为零的正弦量定义为参考正弦量。当然参考正弦量是一个相对的概念，在同一电路中可以指定任意一个正弦量作为参考正弦量。在串联电路中习惯设定串联电流为参考正弦量，在并联电路中取并联电压为参考正弦量。

5.1.3　正弦量的有效值

周期性的电流(或电压)大小是不断地随时间变化的，通常不需要知道它们的每一个瞬间的大小。例如，考虑一个正弦电压 u 对于一个电热器的绝缘危害时，只要考虑这个电压的最大值(正弦量的振幅 U_m)即可。

为了衡量周期量的大小，工程中引入有效值概念。它是基于周期电流(电压)的热效应与直流电流的热效应相比较而定义的。即某一周期电流 i 流过电阻 R，在一个周期内产生的热量，与某一直流电流 I 流过同一电阻 R 在相等的时间内产生的热量相等，称这一直流电流 I 为周期电流 i 的有效值。上述的概念用数学式表示为

$$\int_0^T i^2 R\mathrm{d}t = RI^2 T$$

由此可以得出周期电流 i 的有效值

$$I = \sqrt{\frac{1}{T}\int_0^T i^2 \mathrm{d}t} \tag{5-2}$$

由式(5-2)可以看出，周期电流 i 的有效值，等于它瞬时值 i 的平方在一个周期内的积分平均值取平方根。因此，有效值又称均方根值，都是正的实数。它是从功率损耗的观点来衡量一个周期电流的大小的，可以看成是一个与交流电流平均做功能力相等效的直流电流的数值。

当周期量为正弦量时，将 $i = I_m\cos(\omega t + \varphi_i)$ 代入式(5-2)，可以推出正弦量的有效值与正弦量的振幅之间的关系，即

$$I=\sqrt{\frac{1}{T}\int_0^T i^2\mathrm{d}t}=\sqrt{\frac{1}{T}\int_0^T I_\mathrm{m}^2\cos^2(\omega t+\varphi_i)\mathrm{d}t}$$

因为$\cos^2(\omega t+\varphi_i)=\dfrac{1+\cos(2\omega t+2\varphi_i)}{2}$，将其代入上式后得

$$I=I_\mathrm{m}/\sqrt{2}=0.707I_\mathrm{m}\text{，或}I_\mathrm{m}=\sqrt{2}I$$

类似地，正弦电压有效值和振幅之间也具有同样的关系

$$U_\mathrm{m}=\sqrt{2}U$$

因而正弦电流和电压可以表示为

$$i=\sqrt{2}I\cos(\omega t+\varphi_i)\text{，}\quad u=\sqrt{2}U\cos(\omega t+\varphi_u)$$

式中，I 和 U 分别为电流和电压的有效值。通常所说的电力线路中的电压为 220 V、电动机的额定电流为 5 A 等，均指有效值。交流电流表、电压表测量的值都是有效值。

思考题

T5.1-1　某电器设备的两端最大电压超过 250 V 就会被烧毁。能否把它接于电压有效值为 220 V 的正弦电源两端？在电压有效值为 220 V 正弦交流电压源的作用下，电源两端并联连接的电器设备其耐压值最低不得低于多少伏？

T5.1-2　两个不同频率的正弦量的相位差也是常数吗？

T5.1-3　设 $i=-2\sqrt{2}\cos\omega t$ A，能否说 i 的有效值为-2A？

基本练习题

5.1-1　某正弦电流的最大值 I_m= 5A，频率 f =50 Hz，初相 $\varphi_i=30°$。写出其瞬时值表达式，并分别求出 $t=0$ 和 $t=1/300$ s 时的电流瞬时值。

5.1-2　已知元件端电压 $u=311.1\cos(314t+30°)$ V，电流 $i=14.1\sin(314\,t)$ A。求其电压和电流的有效值，若以电压为参考，分析电压超前电流多少相位？

5.1-3　已知某电路的电流为 $i=-2.83\cos(314t-70°)$A，计算它的周期、频率和有效值。

5.2　正弦量的相量表示法

5.2.1　复数的表示形式及运算

一个复数 F 有多种表示形式。例如，其代数形式、三角形式、指数形式和极坐标形式的表示式分别为

$$F=a+\mathrm{j}b\text{，}\quad F=|F|\cos\theta+\mathrm{j}|F|\sin\theta\text{，}\quad F=|F|\mathrm{e}^{\mathrm{j}\theta}\text{，}\quad F=|F|\underline{/\theta}$$

式中，$|F|$ 称为复数的模，θ 称为复数的幅角。复数 F 的共轭复数，用 F^* 表示，其虚部为原复数虚部的相反数。例如，$F=5+\mathrm{j}4$，则 $F^*=5-\mathrm{j}4$。

对于取复数 F 的实部 a 或虚部 b 运算可以分别用下列符号表示

$$\mathrm{Re}[F]=a\text{，}\quad \mathrm{Im}[F]=b$$

复数 F 可以在复平面(实轴和虚轴形成的直角坐标系)上用一条由原点 O 指向对应坐标点形成的有向线段(矢量)表示，如图 5-3 所示。对于同一个复数的上述几种表示形式，由图 5-3 可以得出它们的相互关系

$$a=|F|\cos\theta\text{，}\quad b=|F|\sin\theta\text{，}\quad |F|=\sqrt{a^2+b^2}$$

以及 $$\frac{b}{a}=\tan\theta,\quad \theta=\arctan\frac{b}{a}$$

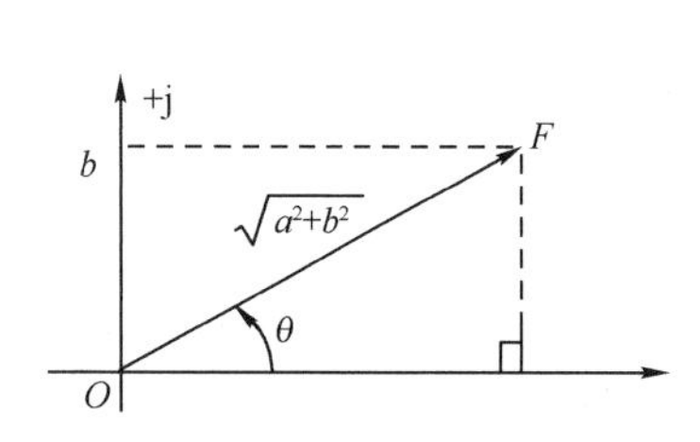

图 5-3　复数的几种表示形式在复平面上的关系

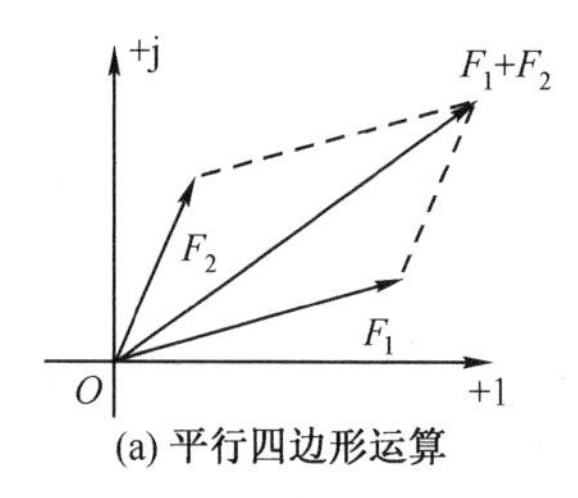

(a) 平行四边形运算

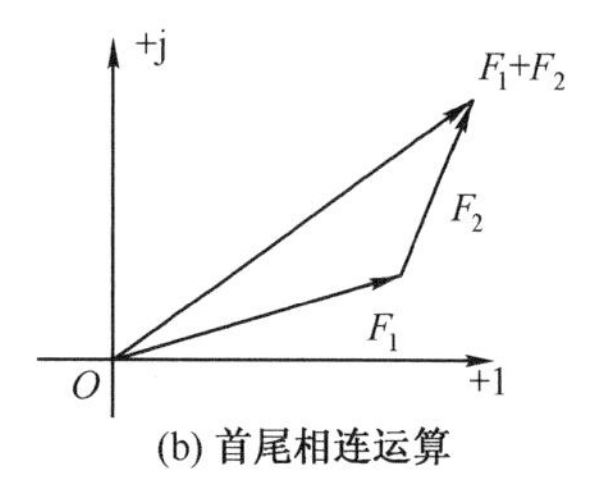

(b) 首尾相连运算

图 5-4　复数加法作图运算法

复数的基本运算有：加、减、乘、除。两个复数的加、减运算用代数形式计算较简单。例如

$$(a_1+\mathrm{j}b_1)\pm(a_2+\mathrm{j}b_2)=(a_1\pm a_2)+\mathrm{j}(b_1\pm b_2)$$

复数的加、减可以在复平面上用作图法完成。如图 5-4(a)所示作一个平行四边形，或图 5-4(b)将两个矢量首尾相连，都可以得到两个矢量的相加之和。

两个复数的乘、除运算，其代数形式比较冗长，分别如下

$$(a_1+\mathrm{j}b_1)\times(a_2+\mathrm{j}b_2)=(a_1a_2-b_1b_2)+\mathrm{j}(a_1b_2+a_2b_1)$$

$$\frac{a+\mathrm{j}b}{c+\mathrm{j}d}=\frac{(ac+db)+\mathrm{j}(bc-ad)}{c^2+d^2}$$

采用复数的指数形式进行乘、除运算，比较方便。例如

$$F_1=|F_1|\mathrm{e}^{\mathrm{j}\theta_1},\quad F_2=|F_2|\mathrm{e}^{\mathrm{j}\theta_2}$$

则 $$F_1F_2=|F_1||F_2|\mathrm{e}^{\mathrm{j}(\theta_1+\theta_2)},\quad \frac{F_1}{F_2}=\frac{|F_1|}{|F_2|}\mathrm{e}^{\mathrm{j}(\theta_1-\theta_2)}$$

极坐标形式的乘、除运算也很方便。例如

$$F_1=|F_1|\angle\varphi_1,\quad F_2=|F_2|\angle\varphi_2,$$

则 $$F_1F_2=|F_1||F_2|\angle\varphi_1+\varphi_2,\quad \frac{F_1}{F_2}=\frac{|F_1|}{|F_2|}\angle\varphi_1-\varphi_2$$

例 5-1　设两个复数 $A=8+\mathrm{j}6$ 和 $B=3-\mathrm{j}4$，计算 $A+B$，AB 和 A/B。

解　加、减计算用代数形式，即

$$A+B=8+\mathrm{j}6+3-\mathrm{j}4=11+\mathrm{j}2$$

乘、除运算时，可以先将 A 和 B 化为极坐标形式，即

$$A=10\angle 36.9^\circ,\quad B=5\angle -53.1^\circ$$

则 $$AB=10\times5\angle(36.9^\circ-53.1^\circ)=50\angle-16.2^\circ$$

$$\frac{A}{B}=\frac{10}{5}\angle(36.9^\circ+53.1^\circ)=2\angle 90^\circ$$

5.2.2　正弦量的相量表示

1．正弦量的相量形式

对于一个正弦电流量 $$i=\sqrt{2}I\cos(\omega t+\varphi_i)$$

定义 $$\dot{I}=I\mathrm{e}^{\mathrm{j}\varphi_i}=I\angle\varphi_i \tag{5-3}$$

为 i 的相量形式，简称相量，是一个复数形式的物理量。i 与 $\dot{I}$ 的关系为

$$i = \mathrm{Re}\left[\sqrt{2}I\mathrm{e}^{\mathrm{j}(\omega t+\varphi_i)}\right] = \mathrm{Re}\left[\sqrt{2}I\mathrm{e}^{\mathrm{j}\varphi_i}\mathrm{e}^{\mathrm{j}\omega t}\right] = \mathrm{Re}\left[\sqrt{2}\dot{I}\mathrm{e}^{\mathrm{j}\omega t}\right] \tag{5-4}$$

注意，不能认为 $\dot{I} = i$。用有效值上加点的方式表示正弦量的相量，用 I 表示正弦量的有效值，用 i 表示正弦量的时域瞬时量，注意三者的区别。

式(5-4)表示一个实数范围内的正弦量与一个复数范围内的复指数量具有一一对应关系。根据这种映射关系，将时域中周期变化的正弦量，转换成复数形式，可以将描述正弦稳态电路的微分(积分)方程变换成复数代数方程，从而简化电路的分析和计算，这就是相量法的思想。而相量形式的 $\dot{I}$ 在复平面上的矢量图形称为相量图，如图 5-5 所示。

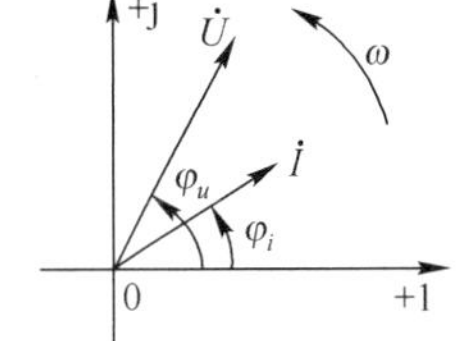

图 5-5　正弦量的相量图

利用相量形式与正弦量在不同定义域的一一对应关系，可以通过观察的方法，由正弦量直接写出其相量形式。如一个正弦量 $i = 2\sqrt{2}\cos(\omega t + 28^\circ)$ A，其相量形式为 $\dot{I} = 2\angle 28^\circ$ A。在已知电路频率时，也可以直接由相量形式写出其正弦量，例如当相量形式电压 $\dot{U} = 200\angle 28^\circ$ V，其正弦量形式为：$u = 200\sqrt{2}\cos(\omega t + 28^\circ)$ V。相量形式中不包含正弦量的频率，一方面是认为电路的响应具有与其激励相同的频率，另一方面表示正弦量在 $t = 0$ 时刻的有效值和初相(ωt=0)在复平面的投影，所以相量形式或相量图都完备地体现了正弦量的三要素。因此以后在采用相量法计算时，默认该电路的各个电量均是同频率的；而相量图反映的是各个相量为(默认)逆时针旋转的矢量(称为旋转相量)在零时刻定格的几何图形，如图 5-5 所示，$\dot{U}$ 和 $\dot{I}$ 均为旋转的相量，在零时刻时复平面上的位置。

前面已经提到一般取初相为零的正弦量为参考正弦量。那么将该参考正弦量转换成相量形式，称为参考相量。

2. 同频率正弦量的运算

正弦量乘以实常数、同频率正弦量的代数和，以及正弦量的微分、积分运算，其结果仍然为同频率的正弦量。把它们转换成相量形式，采用复数计算比较方便。

(1) 同频率正弦量的线性运算

设 k_1,k_2 为实常数，$i_1 = \sqrt{2}I\cos(\omega t + \varphi_1)$ 与 $i_2 = \sqrt{2}I\cos(\omega t + \varphi_2)$ 的线性运算结果为另一正弦量 i，则

$$i = k_1 i_1 \pm k_2 i_2 = \mathrm{Re}[\sqrt{2}k_1\dot{I}_1\mathrm{e}^{\mathrm{j}\omega t} \pm \sqrt{2}k_2\dot{I}_2\mathrm{e}^{\mathrm{j}\omega t}] = \mathrm{Re}[\sqrt{2}(k_1\dot{I}_1 \pm k_2\dot{I}_2)\mathrm{e}^{\mathrm{j}\omega t}]$$

而

$$i = \mathrm{Re}\left[\sqrt{2}\dot{I}\mathrm{e}^{\mathrm{j}\omega t}\right]$$

有

$$\mathrm{Re}\left[\sqrt{2}\dot{I}\mathrm{e}^{\mathrm{j}\omega t}\right] = \mathrm{Re}\left[\sqrt{2}(k_1\dot{I}_1 \pm k_2\dot{I}_2)\mathrm{e}^{\mathrm{j}\omega t}\right]$$

上式对于任何时刻 t 都成立，所以将同频率正弦量的线性运算转换为相量计算，则有

$$\dot{I} = k_1\dot{I}_1 \pm k_2\dot{I}_2$$

(2) 正弦量的微分

设正弦电流 $i = \sqrt{2}I\cos(\omega t + \varphi_i)$，可以表示为 $i = \mathrm{Re}\left[\sqrt{2}\dot{I}\mathrm{e}^{\mathrm{j}\omega t}\right]$。对其求导运算如下

$$\frac{\mathrm{d}i}{\mathrm{d}t} = \frac{\mathrm{d}}{\mathrm{d}t}\left[\sqrt{2}I\cos(\omega t + \varphi_i)\right] = -\sqrt{2}\omega I\sin(\omega t + \varphi_i) = \sqrt{2}\omega I\cos\left(\omega t + \varphi_i + \frac{\pi}{2}\right)$$

$$= \mathrm{Re}\left[\omega\sqrt{2}I\mathrm{e}^{\mathrm{j}\frac{\pi}{2}}\mathrm{e}^{\mathrm{j}\varphi_i}\mathrm{e}^{\mathrm{j}\omega t}\right] = \mathrm{Re}\left[\mathrm{j}\omega\sqrt{2}\dot{I}\mathrm{e}^{\mathrm{j}\omega t}\right]$$

表明正弦量的时域微分运算其结果仍然为同频率的正弦量，在转换到相量形式中，相当于在该相量前乘以一个 jω的系数，或表明相量的模被扩大到原来的ω倍，初相角增加了 90°(超前90°)。

对于 i 的 n 阶微分运算 $\mathrm{d}^n i/(\mathrm{d}t^n)$，就相当于在其相量前乘以一个 $(\mathrm{j}\omega)^n$ 的系数。

（3）正弦量的积分

设正弦电流 $i=\sqrt{2}I\cos(\omega t+\varphi_i)$，或表示为 $i=\mathrm{Re}\left[\sqrt{2}\dot{I}\mathrm{e}^{\mathrm{j}\omega t}\right]$。对其求积分运算如下

$$\int i\mathrm{d}t=\int\left[\sqrt{2}I\cos(\omega t+\varphi_i)\right]\mathrm{d}t=\sqrt{2}\frac{I}{\omega}\sin(\omega t+\varphi_i)$$

$$=\sqrt{2}\frac{I}{\omega}\cos\left(\omega t+\varphi_i-\frac{\pi}{2}\right)=\mathrm{Re}\left[\sqrt{2}\frac{1}{\mathrm{j}\omega}\dot{I}\mathrm{e}^{\mathrm{j}\omega t}\right]$$

表明正弦量的时域积分运算结果仍然为同频率的正弦量，在转换到相量形式中，相当于在该相量前除以一个jω的系数，或者说该相量的模被扩大到原来的 $1/\omega$倍，初相角减小了 90°(滞后 90°)。

对于 i 的 n 重积分运算，其相量就变为 $\dot{I}/(\mathrm{j}\omega)^n$ 。

例 5-2 设两个同频率正弦电流分别为 $i_1=10\sqrt{2}\cos(314t+60°)$ A，$i_2=22\sqrt{2}\sin(314t-60°)$ A。求：（1）i_1+i_2；（2）$\mathrm{d}i_1/\mathrm{d}t$ 的相量；（3）$\int i_2\mathrm{d}t$ 的相量。

解 一般首先将不是用余弦函数表达的式子转换为余弦函数的形式，即

$$i_2=22\sqrt{2}\sin(314t-60°)=22\sqrt{2}\cos(314t-150°)$$

然后再采用相量计算。

（1）设 i_1+i_2 结果的相量形式为 $\dot{I}=I\angle\varphi$，而 $\dot{I}_1=10\angle 60°$，$\dot{I}_2=22\angle -150°$，则

$$\dot{I}=\dot{I}_1+\dot{I}_2=10\angle 60°+22\angle -150°=5+\mathrm{j}8.66+(-19.05-\mathrm{j}11)$$

$$=-14.05-\mathrm{j}2.34=14.2\angle -170.54°$$

所以

$$i=14.24\sqrt{2}\cos(314t-170.54°)\text{ A}$$

（2）设 $\mathrm{d}i_1/\mathrm{d}t$ 的相量为 $K\angle\varphi$，则

$$K\angle\varphi=\mathrm{j}\omega\dot{I}_1=\mathrm{j}314\times 10\angle 60°=3140\angle 150°\text{ A}$$

（3）设 $\int i_2\mathrm{d}t$ 的相量为 $C\angle\varphi$，则

$$C\angle\varphi=\frac{\dot{I}_2}{\mathrm{j}\omega}=\frac{22}{314}\angle -150°-90°=0.07\angle -240°\text{ A}$$

在第 4 章求一阶电路过渡过程中，采用三要素方法十分简单。但是当外激励为正弦激励时，求特解比较麻烦。相量法是一个很有效的方法。

例 5-3 求图 5-6 中的 RL 电路在正弦电压 $u_\mathrm{s}=\sqrt{2}U_\mathrm{s}\cos(\omega t+\varphi_u)$ V 作用下的全响应。设电感的初始电流为 I_0。

解 采用三要素法分析。时间常数 τ、初值 I_0 的求解比较容易。稳态解 $i_\mathrm{p}(t)$ 采用相量方法来计算。因为时域中电路的方程为(设 i 为待求量)

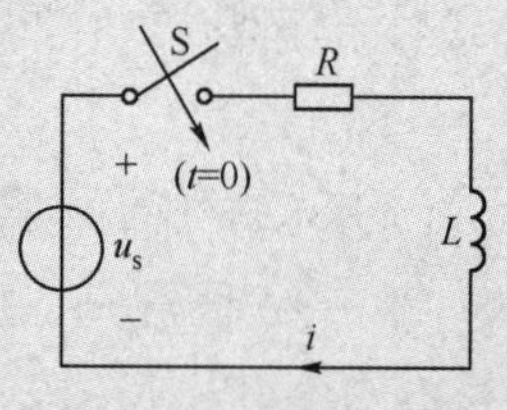

S R + (t=0) u_s L − i

图 5-6 例 5-3 图

$$Ri+L\frac{\mathrm{d}i}{\mathrm{d}t}=u_\mathrm{s}$$

而方程的特解 $i_\mathrm{p}(t)$ 是与 u_S 同频率的正弦量，因此可以采用把正弦量转换成相量的方法，则上面微分方程为

$$R\dot{I}+\mathrm{j}\omega L\dot{I}=\dot{U}_{\mathrm{s}}$$

这样就变成以了复数形式的代数方程，式中 $\dot{U}_{\mathrm{s}}=U_{\mathrm{s}}\angle\varphi_u$，从而

$$\dot{I}=\frac{\dot{U}_{\mathrm{s}}}{R+\mathrm{j}\omega L}=\frac{U_{\mathrm{s}}}{\sqrt{R^2+(\omega L)^2}}\angle\varphi_u-\arctan\frac{\omega L}{R}$$

即

$$i_{\mathrm{p}}(t)=\frac{\sqrt{2}U_{\mathrm{s}}}{\sqrt{R^2+(\omega L)^2}}\cos\left(\omega t+\varphi_u-\arctan\frac{\omega L}{R}\right)$$

于是电路的全响应为

$$i(t)=i_{\mathrm{p}}(t)+[i(0_+)-i_{\mathrm{p}}(0_+)]\mathrm{e}^{-\frac{t}{\tau}}$$

$$=\frac{\sqrt{2}U_{\mathrm{s}}}{\sqrt{R^2+(\omega L)^2}}\cos(\omega t+\varphi_u-\arctan\frac{\omega L}{R})+\left[I_0-\frac{\sqrt{2}U_{\mathrm{s}}}{\sqrt{R^2+(\omega L)^2}}\cos\left(\varphi_u-\arctan\frac{\omega L}{R}\right)\right]\mathrm{e}^{-\frac{t}{\tau}}\ \mathrm{A}\ \ (t>0)$$

思考题

T5.2-1　写出下列正弦量的相量形式并画出其相量图。

（1）$u=170\cos(337t-40^\circ)$ V；　　（2）$i=10\sin(100t+20^\circ)$ A；

T5.2-2　求下列相量的时域形式(设频率均为 ω)。

（1）$\dot{U}=13.15\angle{-54^\circ}$ V；　　（2）$\dot{I}=14.14\angle{45^\circ}-35.35\angle{-30^\circ}$ mA；

基本练习题

5.2-1　求下列正弦量的相量。

（1）$u=150\sqrt{2}\cos(330t-40^\circ)$ V；　　（2）$i=60\sqrt{2}\sin(1000t+20^\circ)$ A；

5.2-2　给出下面相量的时域形式，设其频率分别为 ω_1,ω_2。

（1）$\dot{I}=220\angle{30^\circ}$ A；　　（2）$\dot{U}=4\angle{0^\circ}+3\angle{90^\circ}$ V；

5.2-3　已知 $u_1=-5\cos(314t-53.13^\circ)$ V，$u_2=10\cos(942t-36.87^\circ)$ V。

（1）分别写出其相量形式；　　（2）计算 u_1+u_2；　　（3）能否用相量方法计算 u_1+u_2，为什么?

5.3　基尔霍夫定律及元件方程的相量形式

5.3.1　基尔霍夫定律的相量形式

同一正弦稳态电路中的各支路电流和各支路电压的频率都与电源频率相同，可以采用相量法把 KCL 和 KVL 转换成相量形式。

时域形式的基尔霍夫电压定律(KVL)为

$$\sum u=0$$

由于所有电压均为同频率正弦量，所以其相量形式为

$$\sum\dot{U}=0$$

同理对于任一结点，时域形式的 KCL 方程为

$$\sum i=0$$

由于所有支路电流为同频率正弦量，其相量形式为

$$\sum \dot{I} = 0$$

例 5-4 如图 5-7 所示，电路中某结点的三个电流分别为

$$i_1 = 10\sqrt{2}\cos(314t)\ \text{A}，\ i_2 = 10\sqrt{2}\cos(314t - 120°)\ \text{A}，$$
$$i_3 = 10\sqrt{2}\cos(314t + 120°)\ \text{A}$$

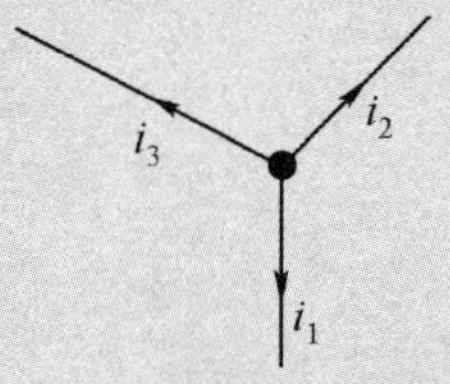

分别写出其时域和相量形式的 KCL 方程并计算结果。

图 5-7 例 5-4 图

解 由已知条件，时域形式 KCL 方程为

$$\begin{aligned}\sum_{k=1}^{3} i_k &= i_1 + i_2 + i_3 \\ &= 10\sqrt{2}[\cos(314t) + \cos(314t - 120°) + \cos(314t + 120°)] \\ &= 10\sqrt{2}[\cos(314t) + \cos(314t)\cos(120°) + \sin(314t)\sin(120°) + \\ &\qquad \cos(314t)\cos(120°) - \sin(314t)\sin(120°)] \\ &= 10\sqrt{2}[\cos(314t) - \frac{1}{2}\cos(314t) - \frac{1}{2}\cos(314t)] = 0\end{aligned}$$

其相量形式为 $\sum_{k=1}^{3} \dot{I}_k = \dot{I}_1 + \dot{I}_2 + \dot{I}_3 = 10\underline{/0°} + 10\underline{/-120°} + 10\underline{/120°} = 10 - 5 - \text{j}8.66 - 5 + \text{j}8.66 = 0$

例 5-5 如图 5-8 所示，电路中 A、B、C 元件上的电压分别为 $u_\text{A} = 80\sqrt{2}\cos(500t)\ \text{V}$，$u_\text{B} = 240\sqrt{2}\cos(500t - 90°)\ \text{V}$，$u_\text{C} = 180\sqrt{2}\cos(500t + 90°)\ \text{V}$，试计算端口的电压 u。

解 直接用相量形式，取 $\dot{U}_\text{A} = 80\ \underline{/0°}$ 为参考相量，则 $\dot{U}_\text{B} = 240\underline{/-90°}$，$\dot{U}_\text{C} = 180\underline{/90°}$。

于是根据 KVL 方程得

$$\begin{aligned}\dot{U} &= \dot{U}_\text{A} + \dot{U}_\text{B} + \dot{U}_\text{C} = 80\underline{/0°} + 240\underline{/-90°} + 180\underline{/-90°} \\ &= 80 + (-\text{j}240 + \text{j}180) = 80 - \text{j}60 = 100\underline{/-36.9°}\end{aligned}$$

写成时域形式 $u = 100\sqrt{2}\cos(500t - 36.9°)\ \text{V}$

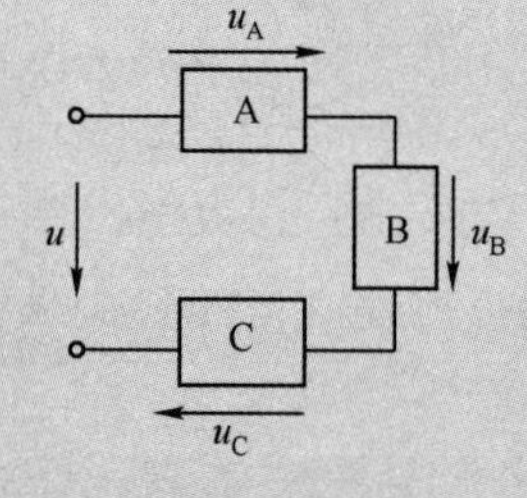

图 5-8 例 5-5 图

5.3.2 元件方程的相量形式

1. 电阻

对于图 5-9(a)所示的电阻 R，当有正弦电流 $i_\text{R} = \sqrt{2}I_\text{R}\cos(\omega t + \varphi_\text{R})$ 通过时，电阻两端电压为

$$u_\text{R} = \sqrt{2}I_\text{R}R\cos(\omega t + \varphi_\text{R}) = \sqrt{2}U_\text{R}\cos(\omega t + \varphi_\text{R})$$

或

$$i_\text{R} = \sqrt{2}GU_\text{R}\cos(\omega t + \varphi_\text{R})$$

其中，$G = 1/R$。u_R 和 i_R 是同频率正弦量，其相量形式为

$$\dot{U}_\text{R} = R\dot{I}_\text{R}，\ 或 \quad \dot{I}_\text{R} = G\dot{U}_\text{R}$$

对应的有效值形式为 $U_\text{R} = RI_\text{R}$，或 $I_\text{R} = GU_\text{R}$。

u_R 和 i_R 的相位差为零，它们为同相。图 5-9(b)表示了电阻 R 的相量形式模型；图 5-9(c)表示电阻中正弦电压与电流的相量图。

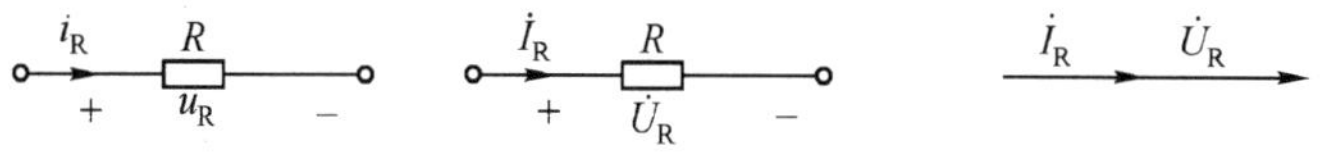

(a) 时域形式 (b) 相量形式 (c) 电压与电流相量图

图 5-9 电阻中的正弦电流

2．电感

当正弦电流i_L通过图 5-10(a)中的电感 L 时，其端电压为

$$u_L = L\frac{di_L}{dt}$$

由相量运算规则知，i_L和u_L仍然为同频率正弦量，其相量形式为

$$\dot{U}_L = j\omega L\dot{I}_L，或 \dot{I}_L = \frac{\dot{U}_L}{j\omega L}$$

对应的有效值形式为 $U_L = \omega LI_L$，或 $I_L = \frac{U_L}{\omega L}$

正弦电流i_L滞后正弦电压u_L的相位为 90°。其中，ωL具有欧姆量纲，单位为欧姆(Ω)。当$\omega=0$时，电感相当于短路。

图 5-10(b)表示电感 L 的相量形式模型；图 5-10(c)表示电感中正弦电压与电流的相量图。

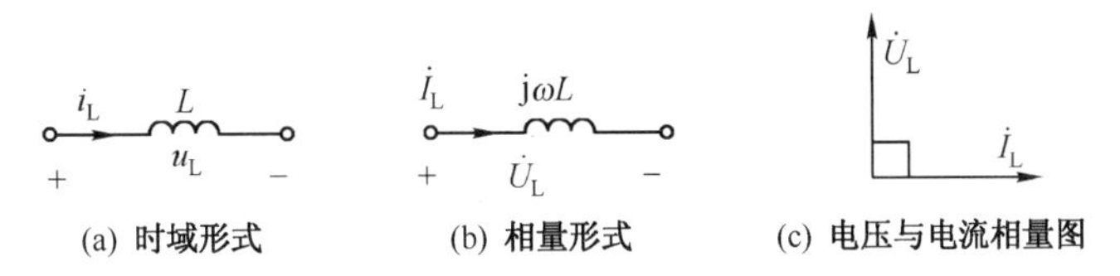

图 5-10　电感中的正弦电流

3．电容

当通过电容 C 的正弦电压为u_C时，图 5-11(a)中电流为

$$i_C = C\frac{du_C}{dt}$$

由相量运算规则知，i_C和u_C为同频率正弦量，其相量形式为

$$\dot{I}_C = j\omega C\dot{U}_C，或 \dot{U}_C = \frac{\dot{I}_C}{j\omega C}$$

对应的有效值形式为 $I_C = \omega CU_C$，或 $U_C = \frac{I_C}{\omega C}$

正弦量u_C的相位滞后正弦量i_C的相位为 90°。其中，$1/(\omega C)$具有欧姆量纲，单位为欧姆(Ω)。当$\omega=0$时，电容相当于开路。图 5-11(b)表示电容 C 的相量形式模型；图 5-11(c)表示电容中正弦电压与电流的相量图。

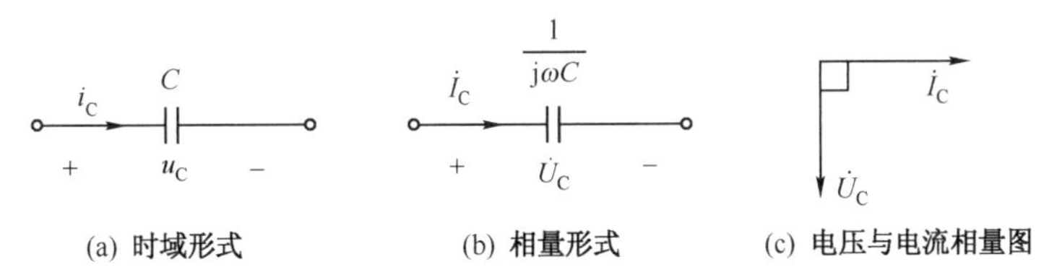

图 5-11　电容中的正弦电流

电阻、电感和电容的伏安关系在相量中的表现形式分别为

$$\dot{U}_R = R\dot{I}_R，\dot{U}_L = j\omega L\dot{I}_L，\dot{U}_C = \frac{1}{j\omega C}\dot{I}_C$$

显然，相量形式中，电感、电容与电阻一样，没有微分或积分运算，仅有代数运算了。

例 5-6　求图 5-12 中电感的电压 u_L 和电容中的电流 i_C。已知 $i_s = 10\sqrt{2}\cos(100t + 30°)$ A，$u_s = 200\sqrt{2}\sin 100t$ V。

解　采用相量法。

由已知条件得 $\dot{I}_s = 10\angle 30°$，$\dot{U}_s = 200\angle -90°$，根据其电压、电流的约束关系：$u_L = L\dfrac{di_L}{dt}$，用相量表示为

$$\dot{U}_L = L(j\omega\dot{I}_s) = 10^{-3} \times 100j \times 10\angle 30° = 1\angle 120°$$

又 $i_C = C\dfrac{du_C}{dt}$，用相量表示为

$$\dot{I}_C = j\omega C\dot{U}_s = j100 \times 10^{-6} \times 200\angle -90° = 0.02\angle 0°$$

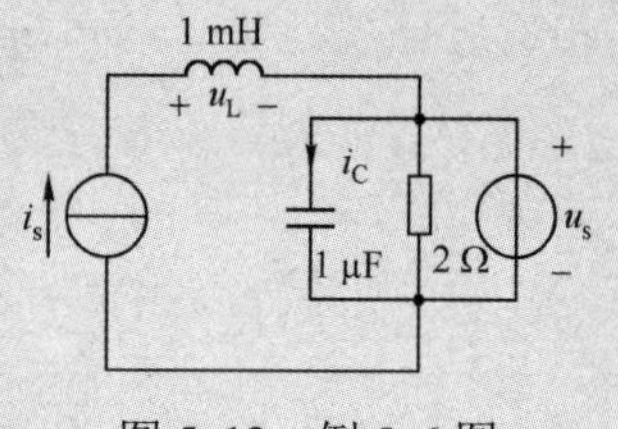

图 5-12　例 5-6 图

对应写出时域形式为

$$u_L = \sqrt{2}\cos(100t + 120°)\ \text{V}，\ i_C = 0.02\sqrt{2}\cos 100t\ \text{A}$$

4．线性受控源

由于线性受控源的控制量与被控量为线性关系，所以，将其转换成相量形式时也比较简单，两者将也是同频率的正弦量。以图 5-13 所示的 CCVS 为例，其时域表达式为

$$u_j = ri_k$$

其相量形式为

$$\dot{U}_j = r\dot{I}_k$$

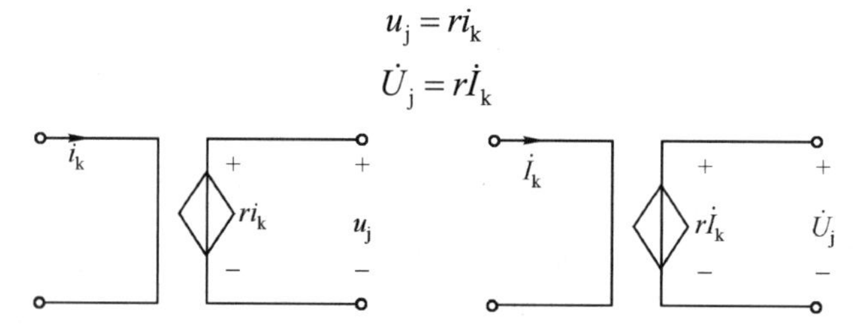

图 5-13　CCVS 的相量表示

由上述的 KCL 和 KVL 的相量形式，以及 R、L、C 和受控源等元件的相量形式，不难看出正弦稳态电路用相量表示时，在形式上与直流电路是相似的。

例 5-7　图 5-14(a)和(b)所示的仪表均为交流电压表，各读数为电压的有效值。图(a)中读数，V_1：30 V；V_2：60 V。图(b)中读数，V_1：15 V；V_2：80 V；V_3：100 V。分别求出图中的电源端电压有效值 U_{s1}, U_{s2}。

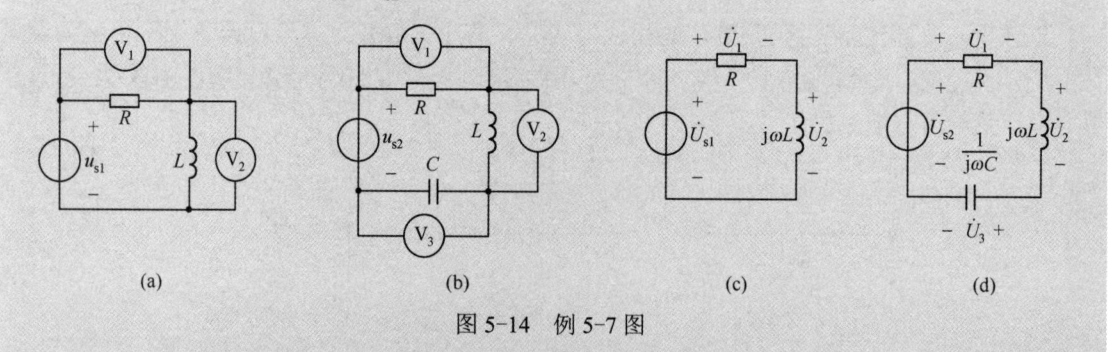

图 5-14　例 5-7 图

解　作出相量形式电路，如图 5-14(c)和(d)所示。串联电路中，可以设电流为参考相量(初相角为零)，即 $\dot{I} = I\angle 0°$ A，再根据电阻、电感、电容的电压与电流的相位关系，由图(c)可得

$$\dot{U}_1 = 30\angle 0°，\ \dot{U}_2 = 60\angle 90°$$

所以根据 KVL 得

$$\dot{U}_{s1} = \dot{U}_1 + \dot{U}_2 = 30 + j60 = 67.08\angle 63.43°$$

于是$U_{s1}=67.08\text{ V}$。

由图(d)可得 $\dot{U}_1=15\angle 0^\circ$，$\dot{U}_2=80\angle 90^\circ$，$\dot{U}_3=100\angle -90^\circ$

同理得 $$\dot{U}_{s2}=\dot{U}_1+\dot{U}_2+\dot{U}_3=15+\text{j}80-\text{j}100=15-\text{j}20=25\angle -53.13^\circ$$

即 $$U_{s2}=25\text{ V}$$

思考题

T5.3-1 若同频率的正弦电流i_1和i_2的有效值分别为I_1和I_2，i_1+i_2的有效值为I，问在什么条件下，下列关系成立。

（1）$I_1+I_2=I$；（2）$I_1-I_2=I$；（3）$I_2-I_1=I$；（4）$I_1^2+I_2^2=I^2$。

T5.3-2 在正弦稳态交流电路中，某电容两端电压初相位为零，电容两端电压的相位超前其电流相位多少？

T5.3-3 试分析实际电感线圈，其端电压与电流相位差不是90°的原因。

基本练习题

5.3-1 电路由电压源$u_s=25\sqrt{2}\cos 1000t\text{ V}$及电阻$R$和电感$L$=0.015 H串联组成，电感两端电压有效值为15 V。计算电阻R的值和电流的表达式。

5.3-2 一个由4个支路连接的结点，4个支路的电流i_1、i_2、i_3、i_4均流入该结点。已知$i_1=10\cos(10t+10^\circ)\text{ A}$，$i_2=10\cos(10t-110^\circ)\text{ A}$，$i_3=10\cos(10t+130^\circ)\text{ A}$。求$i_4$。

5.3-3 RC串联电路在正弦稳态激励下的电压和电流分别为

$$u=150\sin(500t+10^\circ)\text{ V}，\quad i=13.42\cos(500t-53.4^\circ)\text{ A}$$

求这两个元件的参数R和C。

5.3-4 已知图题5.3-4中电流$I_1=I_2=10$ A，求$\dot{I}$和$\dot{U}_s$。

5.3-5 图题5.3-5中$\dot{I}_s=2\angle 0^\circ$ A，求$\dot{U}$。

5.3-6 调节图题5.3-6中电容C，可以使电流$\dot{I}$和电压$\dot{U}$同相。已知$u=250\cos 100t\text{ V}$，计算电容C的值和电流i的表达式。

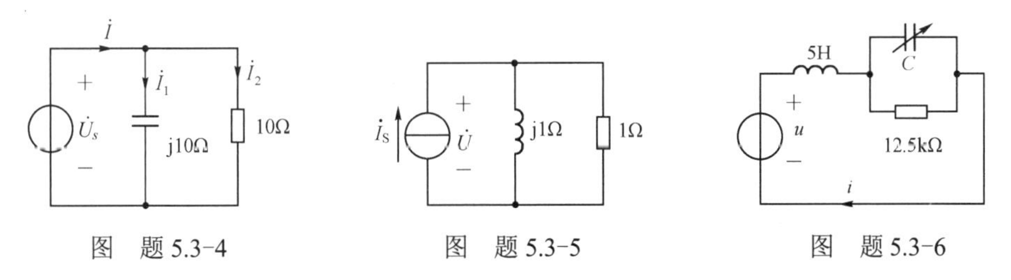

图 题5.3-4　　图 题5.3-5　　图 题5.3-6

5.3-7 图题5.3-7所示正弦稳态电路中，R=10Ω，请分析L与C的关系。已知电压和电流的表达式分别为$u=50\cos(\omega t-45^\circ)\text{ V}$，$i=5\cos(\omega t-45^\circ)$ A。

5.3-8 图题5.3-8所示电路中，电流源$i_s=10\sqrt{2}\cos 10t$ A，用相量方法计算电流i_1、i_2、i_3及电流源的端电压。

5.3-9 图题5.3-9中，$u_s=20\sqrt{2}\cos(5000t-20^\circ)$ V，R=20 Ω，L=40 μH。用相量方法计算图中的i_2。

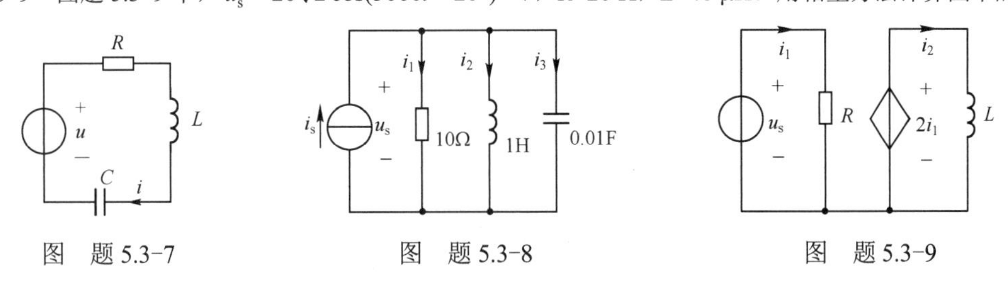

图 题5.3-7　　图 题5.3-8　　图 题5.3-9

5.4 阻抗和导纳

5.4.1 阻抗的定义

一个线性无源一端口网络如图 5-15(a)所示，在正弦稳态电路中，其端口的电压和电流将是同频率的正弦量。阻抗定义为端口电压相量$\dot{U}$与流入端口电流相量$\dot{I}$的比值，用符号Z表示，即

$$Z=\frac{\dot{U}}{\dot{I}}=\frac{U}{I}\angle\varphi_u-\varphi_i=|Z|\angle\varphi_z=R+\mathrm{j}X \tag{5-5}$$

式(5-5)中，$\dot{U}=U\angle\varphi_u$，$\dot{I}=I\angle\varphi_i$。$|Z|$是阻抗的模，φ_Z称为阻抗角，Z是一个复数量，故又称为复阻抗。R=Re[Z]，表示阻抗的电阻分量；X=Im[Z]，为阻抗的电抗分量，单位是欧姆(Ω)。若X为正，称Z为感性阻抗；反之X为负，称Z为容性阻抗；当X为零时，则Z为纯电阻(或纯阻性)。其相量模型如图 5-15(b)所示。

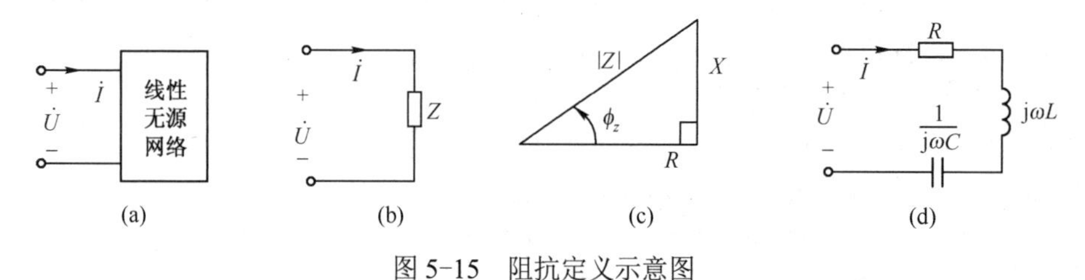

图 5-15　阻抗定义示意图

当线性无源网络由 R、L、C 单个元件组成时，有

$$\dot{U}=R\dot{I}\,,\quad \dot{U}=\mathrm{j}\omega L\dot{I}\,,\quad \dot{U}=\frac{1}{\mathrm{j}\omega C}\dot{I}$$

由式(5-5)得出它们的阻抗分别为

$$Z_{\mathrm{R}}=R\,,\quad Z_{\mathrm{L}}=\mathrm{j}\omega L=\mathrm{j}X_{\mathrm{L}}\,,\quad Z_{\mathrm{C}}=\frac{1}{\mathrm{j}\omega C}=-\mathrm{j}\frac{1}{\omega C}=\mathrm{j}X_{\mathrm{C}}$$

可以看到，这些比值取决于元件参数的大小(对于电感和电容还与频率有关)，它们都是复数量(复量)。式中

$$X_{\mathrm{L}}=\omega L$$

称为感抗，单位为欧姆，为频率的函数，当频率改变时，感抗也会随之改变。而

$$X_{\mathrm{C}}=-\frac{1}{\omega C}$$

称为容抗，单位是欧姆，也为频率的函数。

取$\varphi_Z\geqslant 0$时，可以用图 5-15(c)中的三角形表示阻抗的对应关系。显然

$$|Z|=\sqrt{R^2+X^2}\,,\quad \varphi_Z=\arctan\frac{X}{R}$$

图 5-15(d)为 RLC 串联电路，其端口阻抗为

$$Z=\frac{\dot{U}}{\dot{I}}=R+\mathrm{j}\omega L-\mathrm{j}\frac{1}{\omega C}=R+\mathrm{j}(X_{\mathrm{L}}+X_{\mathrm{C}})$$

一般情况下，式(5-5)定义的阻抗是一端口的等效阻抗，也称输入阻抗(或策动阻抗)，其实部和虚部都是外加激励角频率ω的函数，所以有时也把阻抗Z写成

$$Z(\mathrm{j}\omega)=R(\omega)+\mathrm{j}X(\omega)$$

式中，将 $Z(\mathrm{j}\omega)$ 的实部 $R(\omega)$ 称为阻抗的电阻分量，其虚部 $X(\omega)$ 称为电抗分量。

例 5-8 已知图 5-16 所示电路中，$R_1=20\ \Omega$，$L=5\ \mathrm{mH}$，$R_2=5\ \Omega$，$C=25\ \mu\mathrm{F}$。求：

（1）当角频率为 2000 rad/s 时，电路的等效阻抗。

（2）当角频率为 8000 rad/s 时，电路的等效阻抗。

（3）当电路的角频率为多少时，电路的阻抗为纯电阻性？此时电阻为多少？

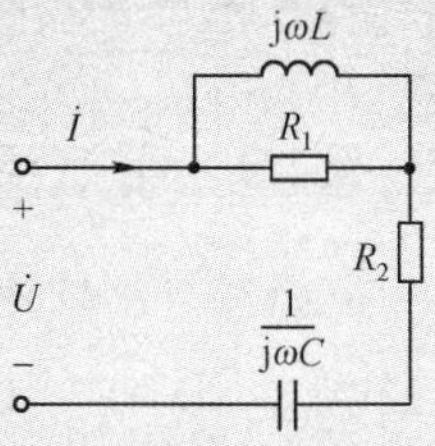

解 端口的等效阻抗为

$$Z=(R_1\,//\,\mathrm{j}\omega L)+R_2+\frac{1}{\mathrm{j}\omega C}$$

（1）当角频率为 2000 rad/s 时，有

$$Z=(20\,//\,\mathrm{j}10)+5-\mathrm{j}\frac{1}{50000\times10^{-6}}=9-\mathrm{j}12\ \Omega$$

（2）当角频率为 8000 rad/s 时，有

$$Z=(20\,//\,\mathrm{j}40)+5-\mathrm{j}\frac{1}{200000\times10^{-6}}=21+\mathrm{j}3\ \Omega$$

（3）要求阻抗为纯电阻性，即阻抗 Z 的虚部为零，所以

$$\frac{400\omega L}{400+(\omega L)^2}=\frac{1}{\omega C}$$

$$\omega=4000\ \mathrm{rad/s}\ ,\ Z=15\ \Omega$$

图 5-16 例 5-8 图

此例说明，阻抗是频率的函数，电路的频率改变，阻抗也就改变了。

5.4.2 导纳的定义

对图 5-15(a)所示的无源一端口网络，导纳 Y 定义为

$$Y=\frac{\dot{I}}{\dot{U}}=\frac{1}{Z} \tag{5-6}$$

导纳 Y 也可以表示为 $\qquad Y=|Y|\angle\varphi_Y=G+\mathrm{j}B$

导纳 Y 也是一个复量，又称复导纳，式中，φ_Y 称为导纳角，$|Y|$ 是导纳的模。$G=\mathrm{Re}[Y]$，为导纳的电导分量；$B=\mathrm{Im}[Y]$，为导纳的电纳分量。导纳、电导、电纳等的单位都是西门子(S)。电容元件的导纳(简称容纳)和电感元件的导纳(简称感纳)的定义，分别如下

$$B_\mathrm{C}=\omega C\ ,\quad B_\mathrm{L}=-\frac{1}{\omega L}$$

容纳 B_C 和感纳 B_L 的单位是西门子(S)。图 5-17(a)所示为导纳 Y 的相量模型，图 5-17(b)所示为导纳三角形。图 5-17(c)所示网络由 RLC 并联组成，其对应的端口导纳为

$$Y=\frac{1}{R}+\mathrm{j}\left(\omega C-\frac{1}{\omega L}\right)=G+\mathrm{j}(B_\mathrm{C}+B_\mathrm{L})=G+\mathrm{j}B$$

式中，$G=\dfrac{1}{R}$，$B=\omega C-\dfrac{1}{\omega L}=B_\mathrm{C}+B_\mathrm{L}$。相应的模和导纳角为

$$|Y|=\sqrt{G^2+B^2}\ ,\quad \varphi_Y=\arctan\frac{B}{G}$$

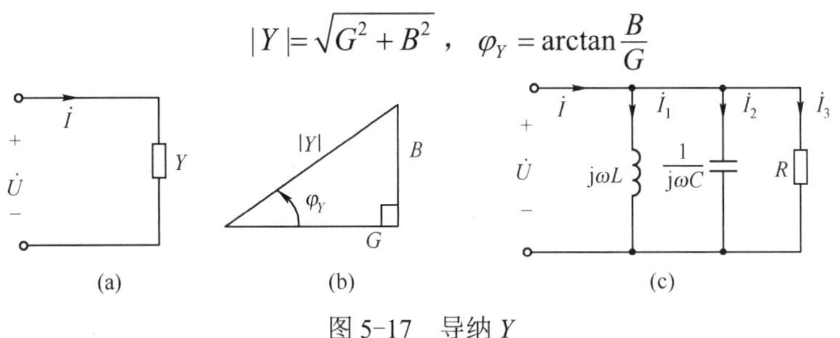

图 5-17 导纳 Y

从导纳的定义知，导纳也是一个无源一端口元件的等效导纳(或策动导纳)，其实部 G 和虚部 B 均为外加激励角频率 ω 的函数。仿照阻抗的形式，导纳的一般形式为

$$Y(\mathrm{j}\omega)=G(\omega)+\mathrm{j}B(\omega)$$

将 $Y(\mathrm{j}\omega)$ 的实部 $G(\omega)$ 称为导纳的电导分量，其虚部 $B(\omega)$ 称为电纳分量。导纳中，若 B 为正，则称为容性导纳；B 为负则称为感性导纳。

5.4.3 阻抗与导纳的关系及等效阻抗

阻抗和导纳均是复数，由其定义式知道，两者可以等效互换，因为

$$Z(\mathrm{j}\omega)Y(\mathrm{j}\omega)=1$$

所以

$$|Z(\mathrm{j}\omega)||Y(\mathrm{j}\omega)|=1，\quad \varphi_Z+\varphi_Y=0$$

如果已知 $Z=R+\mathrm{j}X$，求等效的导纳，有

$$Y=\frac{1}{Z}=\frac{1}{R+\mathrm{j}X}=\frac{R}{R^2+X^2}-\mathrm{j}\frac{X}{R^2+X^2}=G+\mathrm{j}B$$

即

$$G=\frac{R}{R^2+X^2}，\quad B=-\frac{X}{R^2+X^2}$$

已知导纳 $Y=G+\mathrm{j}B$，求等效阻抗，有

$$Z=\frac{1}{Y}=\frac{1}{G+\mathrm{j}B}=\frac{G}{G^2+B^2}-\mathrm{j}\frac{B}{G^2+B^2}=R+\mathrm{j}X$$

即

$$R=\frac{G}{G^2+B^2}，\quad X=-\frac{B}{G^2+B^2}$$

阻抗的串联和导纳的并联计算，在形式上与电阻的串联和并联计算相似。对于由 n 个阻抗相串联的电路，其等效阻抗为

$$Z_{\mathrm{eq}}=Z_1+Z_2+\cdots+Z_{\mathrm{n}}=\sum_{k=1}^{n}Z_k$$

各个阻抗上的电压分配为

$$\dot{U}_k=\frac{Z_k}{Z_{\mathrm{eq}}}\dot{U},\ \ k=1,2,3,\cdots,n$$

式中，$\dot{U}$ 为总电压，$\dot{U}_k$ 为第 k 个阻抗 Z_k 上的电压。

同理，对于由 n 个导纳相并联的电路，其等效导纳为

$$Y_{\mathrm{eq}}=Y_1+Y_2+\cdots+Y_{\mathrm{n}}=\sum_{k=1}^{n}Y_k$$

各个导纳的电流分配为

$$\dot{I}_k=\frac{Y_k}{Y_{\mathrm{eq}}}\dot{I},\ \ k=1,2,3,\cdots,n$$

式中，$\dot{I}$ 为总电流，$\dot{I}_k$ 为第 k 个导纳 Y_k 中的电流。

例 5-9 图 5-18 中，已知 $Z_1=3+\mathrm{j}8\,\Omega$，$Z_2=1-\mathrm{j}5\,\Omega$，电流的有效值为 2 A，试求端口电压和两个阻抗上电压的有效值。

解 总的阻抗为 $Z=Z_1+Z_2=4+\mathrm{j}3=5\angle 36.87^\circ\,\Omega$

端口电压有效值为 $U=I|Z|=2\times5=10\ \mathrm{V}$

两个阻抗上电压有效值为

$$U_1=I|Z_1|=2\times\sqrt{3^2+8^2}=17.09\ \mathrm{V}$$

$$U_2=I|Z_2|=2\times\sqrt{1+25}=10.20\ \mathrm{V}$$

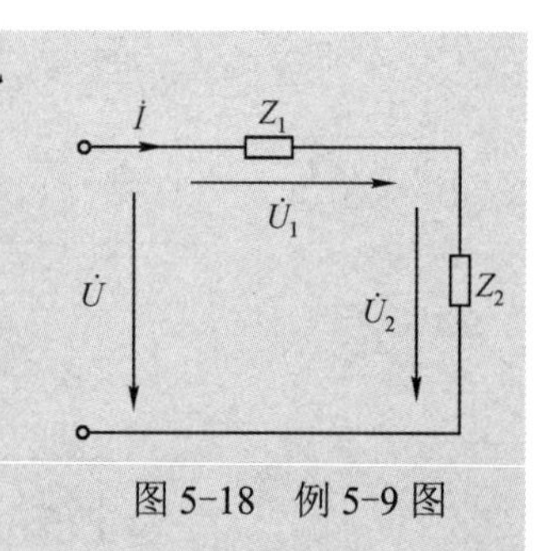

图 5-18 例 5-9 图

结果表明，正弦交流电路中不再是分压要比总电压小的规律了。即有部分(或全部)串联阻抗上电压的有效值会高于端口总电压的有效值。同样在并联分流电路中，也会出现分流电流的有效值大于总电流的有效值的情况。

例 5-10 求图 5-19 所示电路的输入端阻抗和各个支路的电流 $\dot{I}_1,\dot{I}_2,\dot{I}_3$。已知 $Z_1=4+\mathrm{j}10\ \Omega$，$Z_2=8-\mathrm{j}6\ \Omega$，$Y_3=-\mathrm{j}0.12\ \mathrm{S}$，电源电压的有效值为 220 V。

解 端口等效阻抗为

$$Z=Z_1+\frac{1}{\dfrac{1}{Z_2}+Y_3}=4+\mathrm{j}10+\frac{1}{0.08+\mathrm{j}0.06-\mathrm{j}0.12}$$

$$=4+\mathrm{j}10+8+\mathrm{j}6=20\angle 53.1^\circ$$

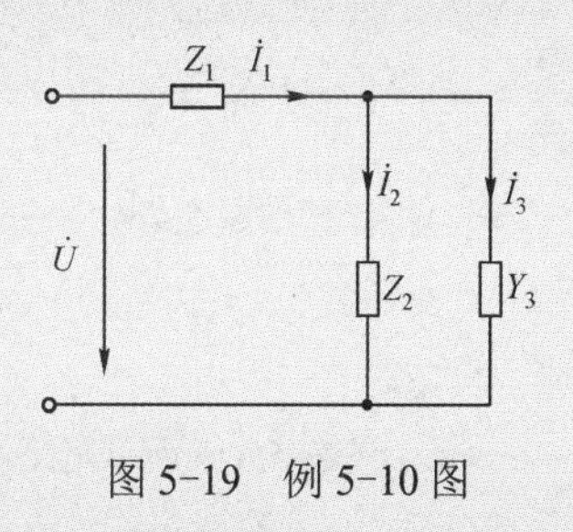

图 5-19 例 5-10 图

设电压相量为 $\dot{U}=220\angle 0^\circ$，则有

$$\dot{I}_1=\frac{\dot{U}}{Z}=\frac{220\angle 0^\circ}{20\angle 53.1^\circ}=11\angle -53.1^\circ\ \mathrm{A}$$

电流 $\dot{I}_2$ 为分流电流，即

$$\dot{I}_2=\frac{\dfrac{1}{Y_3}}{Z_2+\dfrac{1}{Y_3}}\dot{I}_1=\frac{8.33\mathrm{j}\times 11\angle -53.1^\circ}{8+\mathrm{j}2.33}=\frac{8.33\times 11\angle 36.9^\circ}{8.33\angle 16.2^\circ}=11\angle 20.7^\circ\ \mathrm{A}$$

$$\dot{I}_3=\dot{I}_1-\dot{I}_2=11\angle -53.1^\circ-11\angle 20.7^\circ=13\angle -106.2^\circ\ \mathrm{A}$$

例 5-11 Δ-Y 等效阻抗互换。

解 直流电阻电路中 Δ-Y 等效变换仍然适用于阻抗电路。图 5-20 中给出了连接分析图。已知 Δ 电路的阻抗，可以求出对应的 Y 变换后的阻抗

$$Z_1=\frac{Z_bZ_c}{Z_a+Z_b+Z_c},\quad Z_2=\frac{Z_aZ_c}{Z_a+Z_b+Z_c},\quad Z_3=\frac{Z_aZ_b}{Z_a+Z_b+Z_c}$$

反之，已知 Y 电路的阻抗，求出对应的 Δ 变换后的阻抗为

$$Z_a=\frac{Z_1Z_2+Z_2Z_3+Z_3Z_1}{Z_1},\quad Z_b=\frac{Z_1Z_2+Z_2Z_3+Z_3Z_1}{Z_2},$$

$$Z_c=\frac{Z_1Z_2+Z_2Z_3+Z_3Z_1}{Z_3}$$

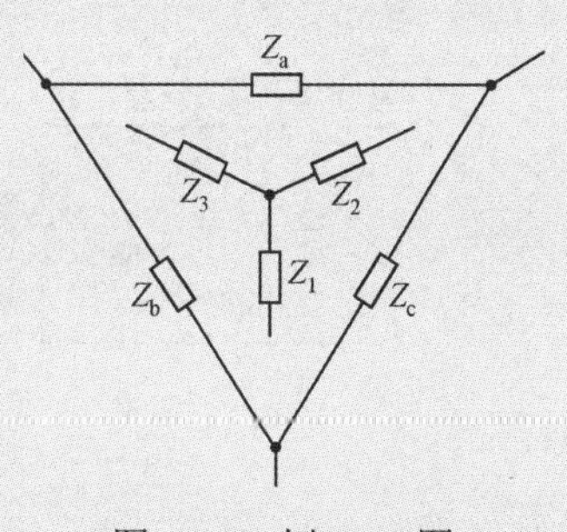

图 5-20 例 5-11 图

等效阻抗或导纳除了上述的几种情况外，还有含受控源时求输入阻抗或导纳，见下一节的分析。

思考题

T5.4-1 两个阻抗角相同的阻抗串联后总的等效阻抗的阻抗角将会发生什么样的变化？如果将它们并联后则总的等效阻抗的阻抗角又有什么变化？

T5.4-2 阻抗、导纳都是复数，而电流、电压相量也是复数，试比较它们的区别与联系。

基本练习题

5.4-1 计算图题 5.4-1 端口总阻抗 Z_{ab}，并指出电流 $\dot{I}_C$ 与 $\dot{I}_L$ 的相位差。

5.4-2 图题 5.4-2 所示三个并联支路的阻抗分别为 $3+\mathrm{j}4\Omega$，$16-\mathrm{j}12\Omega$，$-\mathrm{j}4\Omega$。计算总的等效导纳、等效电导。

5.4-3　当图题 5.4-3 所示电路含有受控源时，求端口阻抗 Z_{ab}。

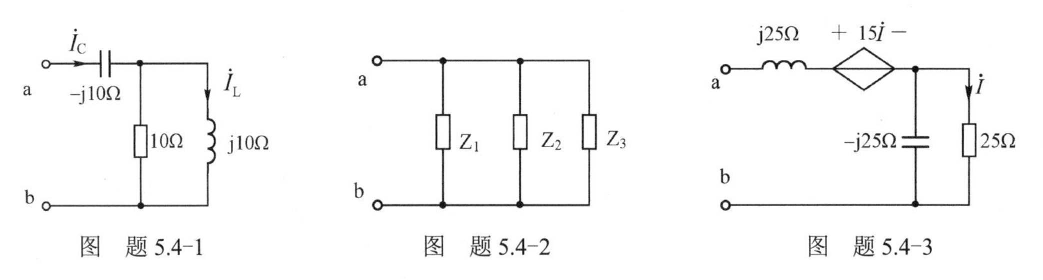

图　题 5.4-1　　图　题 5.4-2　　图　题 5.4-3

5.4-4　计算图题 5.4-4 中的导纳 Y_{ab}。

5.4-5　图题 5.4-5 所示电路中，电源频率 $\omega = 10000$ rad/s 时，可以使电流 $\dot{I}$ 和电压 $\dot{U}$ 同相。试计算此时电容 C 的值。

5.4-6　图题 5.4-6 所示电路，已知 $u = 96\cos 10000t$ V。计算电流 $\dot{I}$ 和电压 $\dot{U}$ 同相时的电感 L 的值。

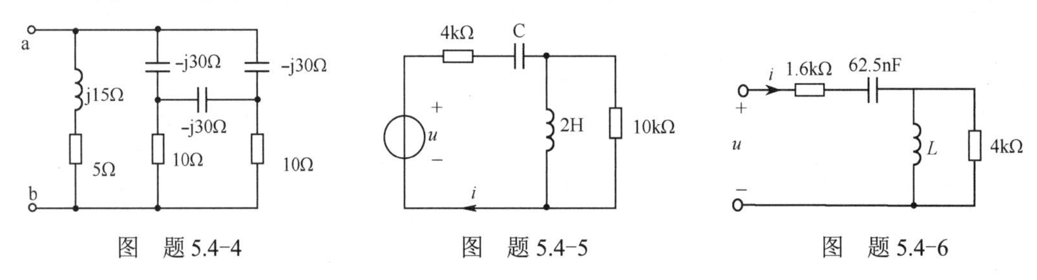

图　题 5.4-4　　图　题 5.4-5　　图　题 5.4-6

5.4-7　计算图题 5.4-7 中阻抗为纯电阻时电路的频率，并计算此时的电阻值。

5.4-8　求图题 5.4-8 中的分压 u_0，已知电源电压 u_s=75cos5000t V。

5.4-9　求图题 5.4-9 中分流电流 i_0，已知 i_s=125cos500t mA。

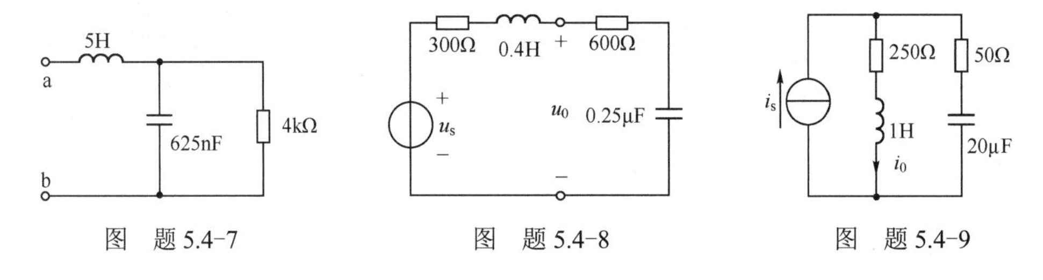

图　题 5.4-7　　图　题 5.4-8　　图　题 5.4-9

5.5　正弦稳态电路分析

由于 KCL，KVL 和电路元件方程的相量形式与直流电阻电路中的形式相似，因此可将直流电阻电路的电路定理及分析方法移植到正弦稳态电路分析中，差别在于所得的电路方程为相量形式，计算则为复数运算。但是实际的计算要复杂得多，因为各变量的计算除考虑有效值外，还要考虑相位问题。

5.5.1　相量法

对应直流电阻电路中的电路方程的列写形式，在正弦稳态电路中，直接变为相量形式即可。

例 5-12　对于图 5-21 所示电路分别用支路电流法和回路电流法列写电路方程。

解　（1）支路电流法。设 $\dot{I}_1$、$\dot{I}_2$、$\dot{I}_3$及回路方向如图中所示，则方程为

$$\begin{cases}-\dot{I}_1+\dot{I}_2+\dot{I}_3=0\\ \dot{I}_1Z_1+\dot{I}_2Z_2=\dot{U}_{s1}\\ -\dot{I}_2Z_2+(\dot{I}_3-\dot{I}_{s3})Z_3=0\end{cases}$$

（2）回路法。取 $\dot{I}_{l1}$、$\dot{I}_{l2}$ 和回路方向如图中所示，则

$$\begin{cases}\dot{I}_{l1}(Z_1+Z_2)-\dot{I}_{l2}Z_2=\dot{U}_{s1}\\ -\dot{I}_{l1}Z_2+\dot{I}_{l2}(Z_1+Z_3)=\dot{I}_{s3}Z_3\end{cases}$$

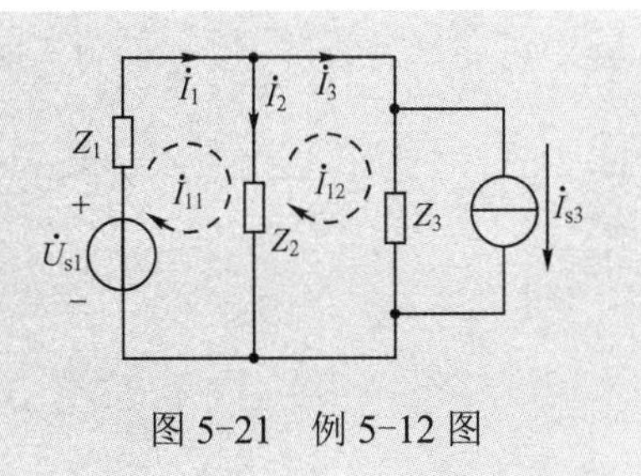

图 5-21　例 5-12 图

例 5-13　列写图 5-22 所示电路的结点电压方程。

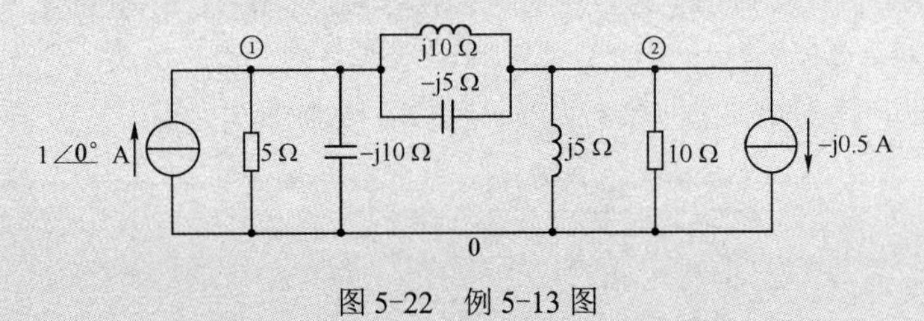

图 5-22　例 5-13 图

解　结点①上的 KCL 方程为

$$\left(\frac{1}{5}+\frac{1}{-\mathrm{j}10}+\frac{1}{\mathrm{j}10}+\frac{1}{-\mathrm{j}5}\right)\dot{U}_{n1}-\left(\frac{1}{-\mathrm{j}5}+\frac{1}{\mathrm{j}10}\right)\dot{U}_{n2}=\underline{/0^\circ}$$

结点②上的 KCL 方程为

$$-\left(\frac{1}{-\mathrm{j}5}+\frac{1}{\mathrm{j}10}\right)\dot{U}_{n1}+\left(\frac{1}{10}+\frac{1}{\mathrm{j}5}+\frac{1}{\mathrm{j}10}+\frac{1}{-\mathrm{j}5}\right)\dot{U}_{n2}=-(-\mathrm{j}0.5)$$

化简得

$$\begin{cases}(0.2+\mathrm{j}0.2)\dot{U}_{n1}-\mathrm{j}0.1\dot{U}_{n2}=1\underline{/0^\circ}\\ -\mathrm{j}0.1\dot{U}_{n1}+(0.1-\mathrm{j}0.1)\dot{U}_{n2}=\mathrm{j}0.5\end{cases}$$

在相量法中，求含有受控源电路的等效阻抗，以及相量形式的戴维南和诺顿等效电路均为复数运算。

例 5-14　已知图 5-23(a)所示电路，试求出其最简单的电路形式。

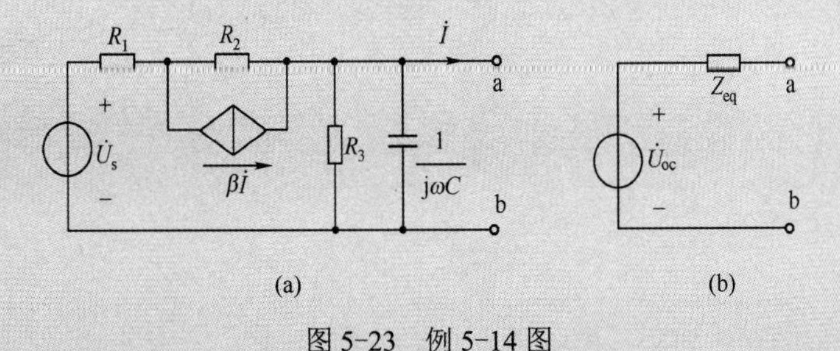

图 5-23　例 5-14 图

解　最简单的电路形式是指戴维南等效电路或诺顿等效电路。因为 ab 开路，取 b 为参考结点，显然 $\dot{I}=0$，于是 $\beta\dot{I}=0$，采用结点法列方程

$$\begin{cases}\left(\dfrac{1}{R_1+R_2}+\dfrac{1}{R_3}+\mathrm{j}\omega C\right)\dot{U}_{na}=\dfrac{\dot{U}_s}{R_1+R_2}\\ \dot{U}_{na}=\dot{U}_{oc}\end{cases}$$

所以

$$\dot{U}_{oc}=\frac{\dot{U}_s}{(R_1+R_2)\left(\dfrac{1}{R_1+R_2}+\dfrac{1}{R_3}+\mathrm{j}\omega C\right)}=\frac{R_3\dot{U}_s}{R_1+R_2+R_3+\mathrm{j}\omega C(R_1+R_2)R_3}$$

再将 ab 短路，于是 R_3 和 C 中无电流，则

$$\dot{U}_s = \dot{I}_{sc}R_1 + (1-\beta)\dot{I}_{sc}R_2$$

则

$$\dot{I}_{sc} = \frac{\dot{U}_s}{R_1 + (1-\beta)R_2}$$

因此

$$Z_{eq} = \frac{\dot{U}_{oc}}{\dot{I}_{sc}} = \frac{R_3[R_1 + (1-\beta)R_2]}{R_1 + R_2 + R_3 + j\omega R_3(R_1 + R_2)C}$$

从而得出戴维南等效电路如图 5-23(b) 所示。

例 5-15 已知图 5-24 所示电路中电源为正弦量，L=1 mH，R_0=1 kΩ，Z_0=3+j5 Ω。试分析:（1）当 $\dot{I}=0$ 时，C 值为多少？（2）当条件（1）满足时，输入阻抗是多少？

解 （1）图 5-24 所示为电桥电路，当 $\dot{I}=0$ 时，电桥平衡，有

$$\frac{R_0}{\dfrac{1}{j\omega C}} = \frac{j\omega L}{R_0}$$

即

$$R_0^2 = L/C$$

$$C = L/R_0^2 = 10^{-9}\ \text{F} = 1000\ \text{pF}$$

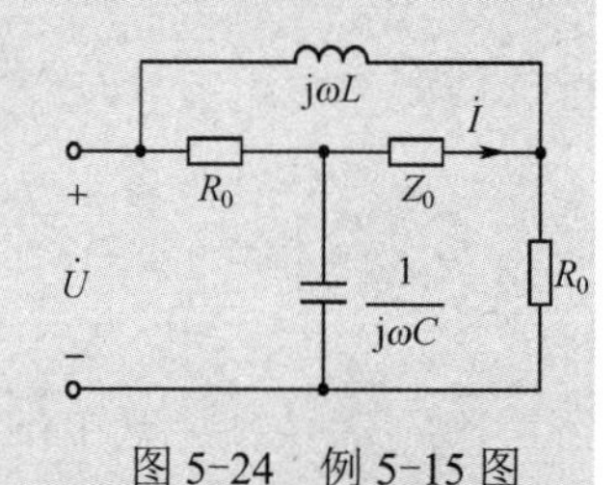

图 5-24 例 5-15 图

（2）当 $\dot{I}=0$ 时，可以把 Z_0 断开，输入阻抗为

$$Z_{in} = (R_0 + j\omega L)//\left(R_0 - j\frac{1}{\omega C}\right) = \frac{R_0^2 + jR_0\left(\omega L - \dfrac{1}{\omega C}\right) + \dfrac{L}{C}}{2R_0 + j\left(\omega L - \dfrac{1}{\omega C}\right)}$$

把 $R_0^2 = L/C$ 代入上式得：$Z_{in} = R_0$。

例 5-16 图 5-25 所示为阻容移相电路。试分析:

（1）图(a)中若要求 $\dot{U}_C$ 滞后 $\dot{U}_s$ 的角度为 π/3 时，则参数 R、C 如何选取；

（2）图(b)中若要求 $\dot{U}_C$ 滞后 $\dot{U}_s$ 的角度为 π 时，则参数 R、C 如何选取。

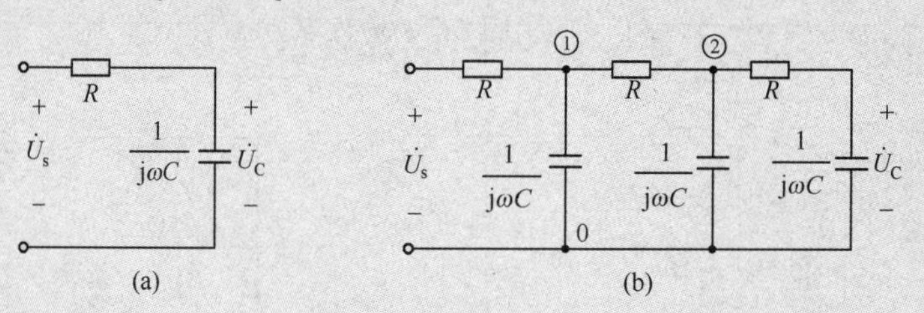

图 5-25 移相电路

解 （1）图(a)为简单的串联电路，由分压公式得

$$\dot{U}_C = \frac{-j\dfrac{1}{\omega C}}{R - j\dfrac{1}{\omega C}}\dot{U}_s = \frac{\dot{U}_s}{1 + jR\omega C} = \frac{U_s\angle\varphi_{us}}{\sqrt{1+(\omega RC)^2}\angle\arctan(\omega RC)} = U_C\angle\varphi_{uc}$$

所以

$$\varphi_{uc} = \varphi_{us} - \arctan(\omega RC)$$

由已知条件，要求 $\dot{U}_C$ 滞后 $\dot{U}_s$ 的角度为 π/3，有

$$\frac{\pi}{3} = \varphi_{us} - \varphi_{uc} = \arctan(\omega RC)$$

故

$$\omega RC = \tan\frac{\pi}{3} = \sqrt{3}$$

（2）对结点①、②列写结点电压方程：

$$\begin{cases}\left(\dfrac{1}{R}+\mathrm{j}\omega C+\dfrac{1}{R}\right)\dot{U}_{\mathrm{n1}}-\dfrac{1}{R}\dot{U}_{\mathrm{n2}}=\dfrac{\dot{U}_{\mathrm{s}}}{R}\\ \left(\dfrac{1}{R}+\mathrm{j}\omega C+\dfrac{1}{R+\dfrac{1}{\mathrm{j}\omega C}}\right)\dot{U}_{\mathrm{n2}}-\dfrac{1}{R}\dot{U}_{\mathrm{n1}}=0\end{cases}$$

得

$$\dot{U}_{\mathrm{n1}}=R\left(\frac{1}{R}+\mathrm{j}\omega C+\frac{\mathrm{j}\omega C}{1+\mathrm{j}\omega RC}\right)\dot{U}_{\mathrm{n2}}$$

$$\dot{U}_{\mathrm{s}}=R\left[(2+\mathrm{j}\omega RC)\left(\frac{1}{R}+\mathrm{j}\omega C+\frac{\mathrm{j}\omega C}{1+\mathrm{j}\omega RC}\right)-\frac{1}{R}\right]\dot{U}_{\mathrm{n2}}$$

由（1）的结论，$\dot{U}_{\mathrm{C}}$是$\dot{U}_{\mathrm{n2}}$的分压，有

$$\dot{U}_{\mathrm{C}}=\frac{\dot{U}_{\mathrm{n2}}}{1+\mathrm{j}\omega RC}$$

所以

$$\dot{U}_{\mathrm{n2}}=(1+\mathrm{j}\omega RC)\dot{U}_{\mathrm{C}}$$

故

$$\frac{\dot{U}_{\mathrm{s}}}{\dot{U}_{\mathrm{C}}}=R\left[(2+\mathrm{j}\omega RC)\left(\frac{1}{R}+\mathrm{j}\omega C+\frac{\mathrm{j}\omega C}{1+\mathrm{j}\omega RC}\right)-\frac{1}{R}\right](1+\mathrm{j}\omega RC)$$

$$=1-5R^2(\omega C)^2+\mathrm{j}\left[6\omega RC-(\omega RC)^3\right]$$

由已知条件，要求$\dot{U}_{\mathrm{C}}$和$\dot{U}_{\mathrm{s}}$反相，即上式实部为负，虚部为零，所以有

$$1-5R^2(\omega C)^2<0\text{，}\quad 6\omega RC-(\omega RC)^3=0$$

则

$$\omega RC=\sqrt{6}$$

5.5.2 相量图

在前面的介绍中，已经接触了相量图的知识。电路的相量图，就是把相关的电压、电流相量画在复平面上组成的图形。相量图比较直观地反映电路中各个相量之间的关系，是分析计算正弦稳态电路的重要辅助手段。通常的做法：以电路并联部分的电压相量为参考，根据支路的电压电流关系，确定各并联支路的电流相量与电压相量的夹角；然后根据结点上的 KCL 方程，用相量平移求和法则，画出由各个支路电流相量组成的多边形；对于电路中串联部分，则取电流相量为参考，根据支路的电压电流关系确定各串联支路的电压相量与电流相量的夹角，然后根据回路上的 KVL 方程，画出回路上由电压相量所组成的多边形。

例 5-17 已知图 5-26(a)所示电路中，电源$u=100\sqrt{2}\cos(5000t)$ V，电阻$R=15\,\Omega$、电感$L=12$ mH、电容$C=5$ μF。试计算电路中电流 i 和各个元件上的电压相量，并画出电路的相量图。

解 用相量法求解。

先令$\dot{U}=100\angle 0^\circ$ V，$\dot{I}$、$\dot{U}_{\mathrm{R}}$、$\dot{U}_{\mathrm{L}}$、$\dot{U}_{\mathrm{C}}$为待求相量。各个元件的阻抗分别为

$$Z_{\mathrm{R}}=15\text{，}\quad Z_{\mathrm{L}}=\mathrm{j}\omega L=\mathrm{j}60\text{，}\quad Z_{\mathrm{C}}=-\mathrm{j}\frac{1}{\omega C}=-\mathrm{j}40$$

端口等效阻抗为

$$Z_{\mathrm{eq}}=Z_{\mathrm{R}}+Z_{\mathrm{L}}+Z_{\mathrm{C}}=15+\mathrm{j}20=25\angle 53.13^\circ$$

则电路的电流相量为

$$\dot{I}=\frac{\dot{U}}{Z_{\mathrm{eq}}}=\frac{100\angle 0^\circ}{25\angle 53.13^\circ}=4\angle -53.13^\circ\ \mathrm{A}$$

各个元件的电压相量分别为

$\dot{U}_R = \dot{I}Z_R = 60\angle{-53.13^\circ}$ V，$\dot{U}_L = \dot{I}Z_L = 240\angle{36.87^\circ}$ V，$\dot{U}_C = \dot{I}Z_C = 160\angle{-143.13^\circ}$ V

电流的瞬时值为 $i = 4\sqrt{2}\cos(5000t - 53.13^\circ)$ A

该电路为串联电路，对串联电路，先绘出电流相量 $\dot{I}$ 作为参照，从而可确定 $\dot{U}_R$、$\dot{U}_L$ 和 $\dot{U}_C$，并根据 $\dot{U} = \dot{U}_R + \dot{U}_L + \dot{U}_C$，画出各电压相量组成的多边形，如图 5-27(a)所示。

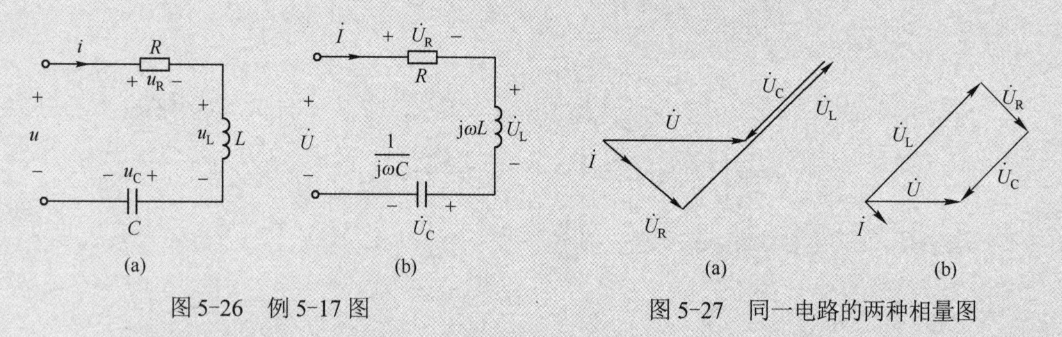

图 5-26　例 5-17 图　　图 5-27　同一电路的两种相量图

另外，在作相量图时，也可以按照 KCL 或 KVL 的不同顺序，得出不同形状的相量图，如图 5-27(b)所示，它是在 $\dot{U} = \dot{U}_L + \dot{U}_R + \dot{U}_C$ 的情况下得到的。

例 5-18　定性画出图 5-28(a)所示电路的相量图。

解　虽然元件参数未知，但是根据元件的性质，我们可以定性画出其相量图。图示为并联电路，故可以取电压相量 $\dot{U}_s$ 为参考，$\dot{U}_s = U_s\angle{0^\circ}$。$\dot{I}_1$ 所在支路为纯电阻，因此 $\dot{I}_1$ 与 $\dot{U}_s$ 同相，画在同一条水平线上(仅注意模的大小而已)；$\dot{I}_2$ 所在支路为容性阻抗，其超前电压相位在 0°～90° 之间，大致取一个合适的角度，如图 5-28(b)所示，从 $\dot{I}_1$ 末端画出，最后将原点 O 与 $\dot{I}_2$ 末端连接，利用 KCL 方程可得 $\dot{I} = \dot{I}_1 + \dot{I}_2$。

采用相量图的辅助手段，对电路的计算有时很方便。

例 5-19　正弦激励下的 RLC 并联电路如图 5-29(a)所示。已知 I_1=2A，I_2=1A，I_3=3A，试用画相量图方法求总电路中电流的有效值 I。

解　因为是并联电路，取电压为参考相量 $\dot{U} = U\angle{0^\circ}$，对应的电感支路中电流相量滞后电压相量 90°，即 $\dot{I}_1 = 2\angle{-90^\circ}$ A。电阻支路中电流相量与电压相量同相，即 $\dot{I}_2 = 1\angle{0^\circ}$ A。电容支路中电流相量超前电压相量 90°，即 $\dot{I}_3 = 3\angle{90^\circ}$ A。画出相量图如图 5-29(b)所示。利用几何关系得出合成的电流 I，即总电路中电流的有效值为 $I = \sqrt{2}$A。

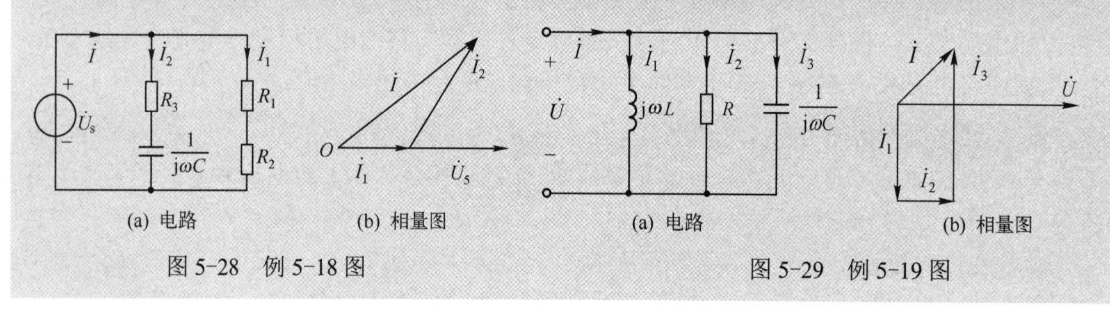

图 5-28　例 5-18 图　　图 5-29　例 5-19 图

思考题

T5.5-1　试总结正弦稳态电路与直流电阻电路分析方法的异同处。

T5.5-2　同一个电路的相量图，可有不同的画法，试作出例 5-19 中 $\dot{I} = \dot{I}_2 + \dot{I}_3 + \dot{I}_1$ 和 $\dot{I} = \dot{I}_3 + \dot{I}_1 + \dot{I}_2$ 的相量图。

基本练习题

5.5-1　对于图题 5.5-1 所示电路：（1）列写相量形式的结点电压方程；（2）列写相量形式的支路电流方程；（3）列写相量形式的回路电流方程。

5.5-2　对于图题 5.5-2 所示电路，用网孔电流法求在电压源$\dot{U}_1 = 20\sqrt{3}\angle 0^\circ$ V 和$\dot{U}_2 = 20\angle 0^\circ$ V 单独作用下的电流$\dot{I}$。

5.5-3　采用叠加定理计算图题 5.5-2 中的电流$\dot{I}$。

5.5-4　计算图题 5.5-4 中戴维南和诺顿等效电路，已知$\dot{U} = 50\angle 30^\circ$ V。

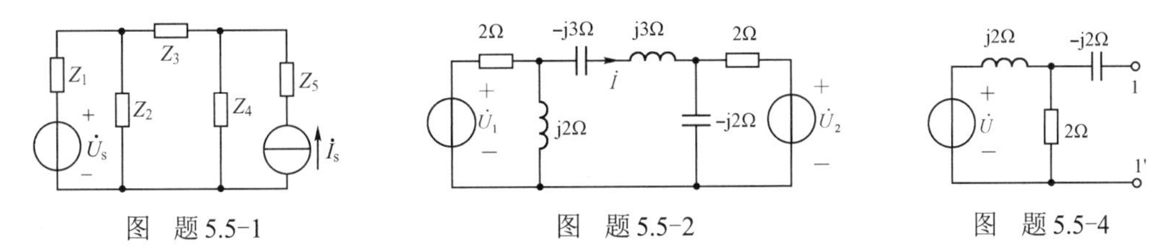

图　题 5.5-1　　图　题 5.5-2　　图　题 5.5-4

5.5-5　图题 5.5-5 所示为三个串联的阻抗电路。电源电压$\dot{U} = 130\angle 0^\circ$ V。先计算电路的电流$\dot{I}$，再画出电路的相量图：$\dot{U}_1 + \dot{U}_2 + \dot{U}_3 = \dot{U}$。

5.5-6　如图题 5.5-6 所示，取$\dot{U}_2 = U_2\angle 0^\circ$ V 为参考相量，在同一坐标系中作出所有电压和电流的相量图。

5.5-7　证明：在正弦稳态交流电路中，如图题 5.5-7 所示，当$|X_C| = R_1$，$X_L = R_2$时，U_2最大。

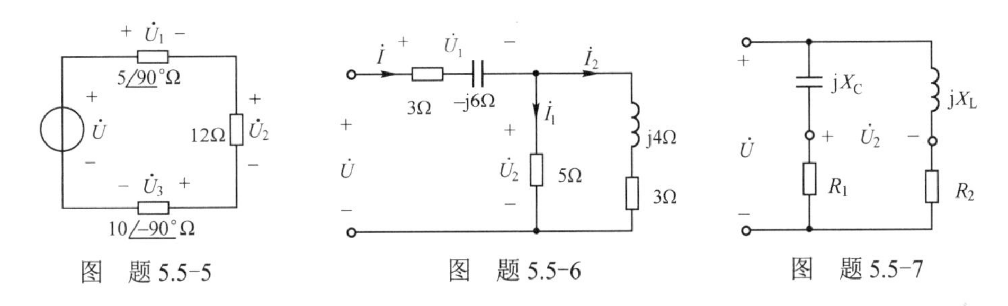

图　题 5.5-5　　图　题 5.5-6　　图　题 5.5-7

5.6　正弦稳态电路的功率

5.6.1　正弦稳态电路的功率的定义

1．瞬时功率

对于正弦稳态电路，设负载为无源一端口网络，如图 5-30 所示，电压和电流分别为

$$u(t) = \sqrt{2}U\cos(\omega t + \varphi_u),\quad i(t) = \sqrt{2}I\cos(\omega t + \varphi_i)$$

瞬时功率定义为

$$p(t) = u(t)i(t) = \sqrt{2}U\cos(\omega t + \varphi_u)\sqrt{2}I\cos(\omega t + \varphi_i)$$
$$= UI\cos(\varphi_u - \varphi_i) + UI\cos(2\omega t + \varphi_u + \varphi_i)$$

+ u − i 线性 无源 负载

图 5-30　无源一端口网络

令$\varphi = \varphi_u - \varphi_i$，为电压和电流的相位差，则

$$p(t) = UI\cos\varphi + UI\cos(2\omega t + \varphi_u + \varphi_i) \qquad (5-7)$$

式(5-7)表明，瞬时功率表现为一个常量$UI\cos\varphi$和一个周期量$UI\cos(2\omega t + \varphi_u + \varphi_i)$的和，而周期量的周期与电压、电流的周期不同。该周期量说明在分析正弦稳态电路的瞬时功率时，电路吸收的功率存在“吞吐”能量的现象，或瞬时能量中有正、负交替过程。

2．平均功率

平均功率又称有功功率(或实际功率)，用大写字母P表示，单位为瓦特(W)。它定义为瞬

时功率在一个周期内的平均值，即

$$P=\frac{1}{T}\int_0^T p\mathrm{d}t=\frac{1}{T}\int_0^T[UI\cos\varphi+UI\cos(2\omega t+\varphi_u+\varphi_i)]\mathrm{d}t=UI\cos\varphi \tag{5-8}$$

有功功率表示一端口网络实际消耗的功率，是一个与网络端口的电压、电流有效值和 $\cos\varphi$ 的乘积有关的量。其中 $\cos\varphi$ 称为功率因数，也可用 λ 表示，即 $\lambda=\cos\varphi$。

3．视在功率

视在功率定义为端口电压和电流有效值的乘积 UI，用大写字母 S 表示，即

$$S=UI \tag{5-9}$$

视在功率 S 在量纲上与有功功率相同，但是为了区别，视在功率的单位用伏安(VA)表示。由于有功功率表达式中的 λ 不可能大于 1，所以，有功功率永远不可能大于视在功率。从这个意义上说，视在功率只是一个表示电力设备最大容量的标称值。

由式(5-8)和式(5-9)知，有功功率与视在功率之比为 $\cos\varphi$。因此，功率因数也可以定义为

$$\lambda=\frac{\text{有功功率}}{\text{视在功率}}=\frac{P}{UI} \tag{5-10}$$

对于纯电阻负载，电压与电流同相，即 φ 等于零，$\lambda=1$，有功功率等于视在功率。如果负载含有电感或电容(称电抗元件)，根据电路的工作频率，负载的阻抗角可以在+90°～–90°之间变化，因此功率因数的变化范围为 0～1。当负载为纯电感或纯电容，即 φ 等于+90°或–90°时，则此时电路中有功功率为零，但是仍然有视在功率。

4．无功功率

工程中，定义无功功率为

$$Q=UI\sin\varphi \tag{5-11}$$

其量纲也是功率，其单位为了和前面的各个功率相区别，采用无功伏安(var 或乏)表示。无功功率的物理解释是：能量在电源和负载的电抗成分之间来回流动的时间速率，这些成分交替充电和放电，分别导致电源到负载和负载到电源的电流流动。在实际的电力系统中，它并非无用的功。

对于一端口网络，如果负载分别为 R、L、C 单个元件，则它们的有功功率、无功功率和视在功率如表 5-1 所示。

表 5-1　电阻、电感、电容的功率消耗情况比较

	电压与电流的相位差	有 功 功 率	无 功 功 率	视 在 功 率
电阻(R)	$\varphi=\varphi_u-\varphi_i=0$	$P_R=UI=I^2R=GU^2$	$Q_R=UI\sin\varphi=0$	$S=P_R$
电感(L)	$\varphi=\varphi_u-\varphi_i=90^\circ$	$P_L=UI\cos\varphi=0$	$Q_L=UI\sin\varphi=UI=\omega LI^2=\frac{U^2}{\omega L}>0$	$S=Q_L$
电容(C)	$\varphi=\varphi_u-\varphi_i=-90^\circ$	$P_C=UI\cos\varphi=0$	$Q_C=UI\sin\varphi=-UI=-\frac{1}{\omega C}I^2=-\omega CU^2<0$	$S=\lvert Q_C\rvert$

可见，电阻只消耗有功功率，不消耗无功功率。而理想的电感和电容均不消耗有功功率，只消耗无功功率，在关联参考方向时，其值为一正一负，电感吸收无功功率，电容发出无功功率。

若负载为 RLC 串联电路，则其有功功率、无功功率分别为

$$P=UI\cos\varphi，\quad Q=UI\sin\varphi$$

其阻抗为

$$Z=R+\mathrm{j}\left(\omega L-\frac{1}{\omega C}\right)=R+\mathrm{j}X=|Z|\angle\varphi，\quad \varphi=\arctan\frac{X}{R}$$

由于 $U=|Z|I$，$R=|Z|\cos\varphi$，$X=|Z|\sin\varphi$，所以

$$P=UI\cos\varphi=|Z|II\cos\varphi=I^2|Z|\cos\varphi=I^2R$$

$$Q=UI\sin\varphi=|Z|I^2\sin\varphi=\left(\omega L-\frac{1}{\omega C}\right)I^2=Q_{\mathrm{L}}+Q_{\mathrm{C}}$$

负载 Z 的有功功率 P、无功功率 Q、视在功率 S 三者的关系为

$$P=S\cos\varphi,\quad Q=S\sin\varphi,\quad S=\sqrt{P^2+Q^2},\quad \varphi=\arctan\frac{Q}{P}，或\varphi=\arccos\frac{P}{S}$$

例 5-20 图 5-31 所示为用三表法测量电感线圈参数的电路原理图。已知交流电压表的读数为 100 V，交流电流表的读数为 1 A，功率表(测量的数据是有功功率)的读数为 80 W，交流电源的频率为 50 Hz。计算电感线圈中 L 和电阻 R 的值。

解 根据三个表的读数，先计算线圈的阻抗

$$Z=|Z|\underline{/\varphi}=R+\mathrm{j}\omega L\qquad |Z|=U/I=100$$

由于只有电阻才消耗有功功率，根据功率表的读数(有功功率)，可得

$$P=UI\cos\varphi=80\ \mathrm{W}$$

$$\varphi=\arccos\frac{P}{S}=\arccos\frac{80}{100}=\underline{/36.9^\circ}$$

所以 $$Z=100\underline{/36.9^\circ}=80+\mathrm{j}60=R+\mathrm{j}\omega L$$

从而 $$R=80\ \Omega, L=\frac{60}{\omega}=\frac{60}{314}=0.19\ \mathrm{H}$$

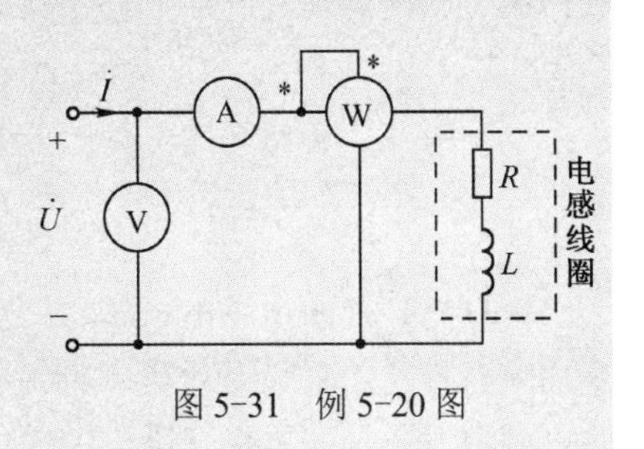

图 5-31 例 5-20 图

5. 复功率

在用相量法计算正弦交流稳态电路时，为了方便功率的计算和简化，引入复功率的概念。复功率是一个复数，若设一个一端口的电压相量 $\dot{U}=U\underline{/\varphi_u}$，电流相量 $\dot{I}=I\underline{/\varphi_i}$，定义复功率

$$\overline{S}=\dot{U}\dot{I}^*=UI\underline{/\varphi_u-\varphi_i}=UI\cos\varphi+\mathrm{j}UI\sin\varphi=P+\mathrm{j}Q=|\overline{S}|\underline{/\varphi}=S\underline{/\varphi}\tag{5-12}$$

式(5-12)中，$\dot{I}^*$ 是 $\dot{I}=I\underline{/\varphi_i}$ 的共轭，即 $\dot{I}^*=I\underline{/-\varphi_i}$。复功率的单位与视在功率一致，用伏安(或 VA)表示。复功率无物理意义，但它联系了正弦稳态电路的有功功率、无功功率、视在功率和功率因数等重要物理量，因此可以利用式(5-12)方便地计算各种功率。复功率为复数，可在复平面上用图表示，如图 5-32 所示，称为功率三角形。

根据复功率 $\overline{S}$ 的定义，对于一个无源一端口网络，用等效阻抗 $Z=R+\mathrm{j}X$(或等效导纳 $Y=G+\mathrm{j}B$)表示，则其吸收的复功率可表示为

$$\overline{S}=\dot{U}\dot{I}^*=\dot{I}Z\dot{I}^*=I^2Z，或\overline{S}=\dot{U}\dot{I}^*=\dot{U}(\dot{U}Y)^*=U^2Y^*$$

式中，$Y^*=G-\mathrm{j}B$。

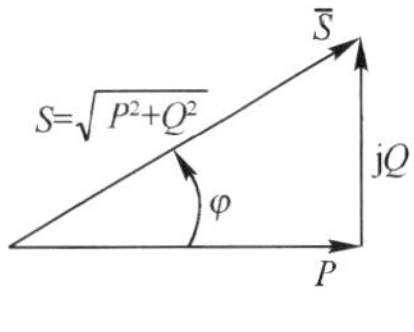

$\overline{S}$　$S=\sqrt{P^2+Q^2}$　φ　$\mathrm{j}Q$　P

图 5-32 功率三角形

例 5-21 计算例 5-20 中电感线圈吸收的复功率。

解 根据电流、电压的有效值，取电流相量为 $\dot{I}=1\underline{/0^\circ}$ A，则电压相量为

$$\dot{U}=Z\dot{I}=100\times\underline{/0^\circ+36.9^\circ}=100\underline{/36.9^\circ}\mathrm{V}$$

所以 $$\overline{S}=\dot{U}\dot{I}^*=100\underline{/36.9^\circ}=80+\mathrm{j}60\ \mathrm{VA}$$

或 $$\overline{S}=I^2Z=80+\mathrm{j}60\ \mathrm{VA}$$

分析发现，交流电路的功率表测量的有功功率，可以表示为复功率的求实部运算，即

$$P=\mathrm{Re}[\dot{U}\cdot\dot{I}^*]=UI\cos\varphi\tag{5-13}$$

用特勒根定理可以证明正弦稳态电路中的复功率守恒。对于任意一个复杂的正弦交流稳态电路，其任一结点 k 的 KCL 方程的相量形式为

$$\sum_k \dot{I}_k = 0$$

如果把支路的电流相量用实部和虚部分开的形式表示，则

$$\dot{I}_k = I'_k + \mathrm{j}I''_k$$

式中，I'_k 表示电流相量的实部，I''_k 表示虚部。所以相量形式的结点 KCL 方程可以写成

$$\sum_k \dot{I}_k = \sum_k I'_k + \mathrm{j}\sum_k I''_k = 0$$

根据复数的性质，实部之和为零，虚部之和也为零。因此由上式可得

$$\sum_k I'_k = 0\text{，}\quad \sum_k I''_k = 0$$

再取电流的共轭相量 $\dot{I}^*_k = I'_k - \mathrm{j}I''_k$，有 $\sum\limits_k \dot{I}^*_k = 0$。选取电路的支路电压与电流参考方向关联，由特勒根定理得

$$\sum_{k=1}^{b} \dot{U}_k \dot{I}^*_k = 0$$

即

$$\sum_{k=1}^{b} \overline{S}_k = 0 \tag{5-14}$$

式(5-14)说明，一个完整的电路系统，各个支路的复功率之和为零，即复功率守恒。根据复功率与有功功率和无功功率的关系，可知交流电路系统中，电路所有支路的有功功率是守恒的。同理，无功功率也守恒。由式(5-12)可见，视在功率是取复功率的模。由复数运算知，一般情况下，几个复数的代数和为零，但是它们的模的代数和却不一定为零。所以通常情况下，视在功率不守恒。

5.6.2 功率因数的提高

看一个具体的例子：如图 5-33 所示，设一个发电机工作频率 50 Hz，输出额定电压有效值 220 V 和额定电流 5A，因此最大输出容量(视在功率)为 1100 VA。若对纯电阻 44Ω供电，则可以提供 5 A 的电流，发电机的全部容量完全作为有功功率 1100W 提供给电阻；如果负载为感性（$Z_L = 44\angle 60°\Omega$ 时，即 $\lambda = 0.5$），若发电机输出额定电压和额定电流仍然为 220V、5A，则负载获得的有功功率仅为 550W($P = UI\lambda$)，说明发电机的容量未得到有效应用。如果想让感性负载仍然获得有功功率 1100W，则在额定电压不变时，必然要求发电机所提供的电流增加到 10A，这样就会增加电流在传输线间的损耗，而且必须更换更大视在功率的发电机才能满足要求，导致成本增加。显然在实际的电力供电系统中是不可取的，或者说电路系统的质量不高。

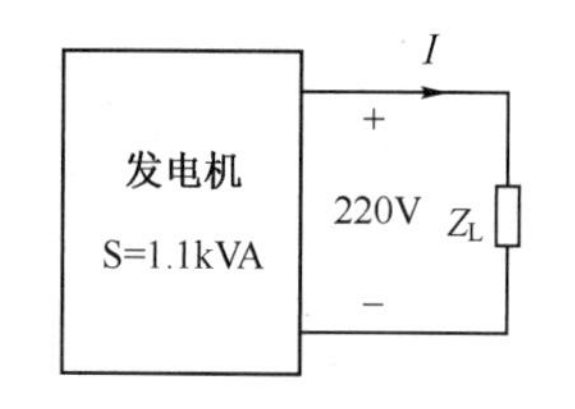

图 5-33　发电机供电示意图

上述的具体例子说明，在负载端有功功率一定，且电压一定的情况下，电路功率因数的大小对于电路的质量有很大的影响。

下面来研究一下功率因数提高的问题。

由有功功率的定义 $P = UI\cos\varphi$，在 P、U 保持不变的情况下，显然 $I\cos\varphi$ 也为定值，那么 $\cos\varphi$ 增大(或提高)时，自然导致 I 下降(或变小)，可以达到降低传输线损耗的目的。对于一般感性负载提高功率因数的原理如图 5-34 所示。

设图 5-34(a)中的并联电容为可调电容。开始时电容未接入。显然此时感性负载吸收的有功功率为 $P = UI\cos\varphi_0$，取电压 $\dot{U}$ 为参考相量，电流 $\dot{I}_0$ 滞后电压 $\dot{U}$ 的相位为 φ_0，如图 5-34(b)

所示。然后调节电容器使电容大于零，根据电容特性，电容中电流 $\dot{I}_C$ 超前电压 $\dot{U}$ 的相位为 90°。由图 5-34(b)的相量图关系，显然端口电流 $\dot{I}(=\dot{I}_0+\dot{I}_C)$滞后电压相量 $\dot{U}$ 的角度为 φ，有 $|\varphi|<|\varphi_0|$，从而 $\cos\varphi>\cos\varphi_0$，功率因数被提高了。或者说端口电流 $\dot{I}$ 与端电压 $\dot{U}$ 相位差减小了，使得并联电容后整个电路的功率因数提高了。注意，在 $|\varphi|\neq 0$ 时，同一个 $\cos\varphi$ 会有 $\pm\varphi$ 两个值，从而电容 C 的计算值会有两个。下面分析图 5-34 中($\varphi>0$)并联电容 C(又称补偿电容)的计算。

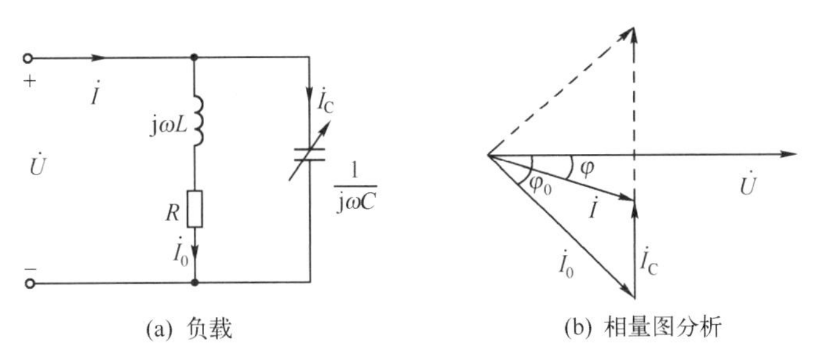

(a) 负载　　　　(b) 相量图分析

图 5-34　功率因数提高原理示意图

由 KCL 关系得
$$\dot{I}=\dot{I}_0+\dot{I}_C$$
而
$$\dot{I}_C=j\omega C\dot{U}，\quad \dot{I}=I\cos\varphi-jI\sin\varphi，\quad \dot{I}_0=I_0\cos\varphi_0-jI_0\sin\varphi_0$$
得到
$$C=\frac{I_C}{\omega U}$$
利用复数实部和虚部对应相等的运算，可得
$$I\cos\varphi=I_0\cos\varphi_0$$
$$I\sin\varphi=I_0\sin\varphi_0-I_C$$

实际工程中，通常给出负载的有功功率 P，负载的功率因数 $\cos\varphi_0$，以及要求提高的功率因数 $\cos\varphi$ 等指标，因此上述 C 的计算可以导出实用公式

$$C=\frac{I_C}{\omega U}=\frac{I_0\sin\varphi_0-I\sin\varphi}{\omega U}=\frac{UI_0\sin\varphi_0\dfrac{\cos\varphi_0}{\cos\varphi_0}-UI\sin\varphi\dfrac{\cos\varphi}{\cos\varphi}}{\omega U^2}$$
$$=\frac{UI_0\cos\varphi_0\tan\varphi_0-UI\cos\varphi\tan\varphi}{\omega U^2}=\frac{P}{\omega U^2}(\tan\varphi_0-\tan\varphi)\qquad(5\text{-}15)$$

例 5-22　对于图 5-34(a)，设负载的功率为 20 kW，$\cos\varphi_0$=0.6，要求并联电容后功率因数提高到 $\cos\varphi$=0.9，电源为 50 Hz，380 V 的正弦电压。试计算补偿电容的值，同时分析并联电容前、后电路中无功功率和视在功率变化的情况。

解　由 $\cos\varphi_0$=0.6，得 $\varphi_0=53.13°$(感性负载)。同理可得 $\varphi=\pm 25.84°$，$\omega=314$ rad/s。又已知 $U=380$ V，$P=20000$ W，因此由式(5-15)得
$$C=\frac{20000}{314\times 380^2}(\tan 53.13°-\tan 25.84°)=375\ \mu\text{F}$$

注意，这里只取电容小的值(虽然有两个值)，在实际工程中，从成本角度考虑也是取小电容值。对应上面的 $\varphi=-25.84°$ 时的电容值的计算，请读者自己分析。

设并联电容 C 之前，端口电路吸收的复功率为 $\overline{S}_1$，视在功率为 S_1；而并联电容 C 之后，端口电路吸收的复功率为 $\overline{S}_2$，视在功率为 S_2。

并联电容之前，$\cos\varphi_0$=0.6，$P=20000$ W，则有
$$Q=P\tan\varphi_0=26670\ \text{var}，\quad \overline{S}_1=20000+j26670\ \text{VA}，\quad S_1=\sqrt{20000^2+26670^2}=33340\ \text{VA}$$

并联电容之后，$\cos\varphi = 0.9$，$\varphi = \pm 25.84°$，$P = 20000\,\text{W}$，可得

$$Q' = P\tan\varphi = \pm 9690\,\text{var}，\ \overline{S}_2 = 20000 \pm \text{j}9690\,\text{VA}，\ S_2 = \sqrt{20000^2 + 9690^2} = 22220\,\text{VA}$$

可以计算并联电容吸收的复功率为

$$\overline{S}_\text{C} = \overline{S}_2 - \overline{S}_1 = -\text{j}16.98\,\text{kVA}，或 -\text{j}36.36\,\text{kVA}$$

说明在并入补偿电容后，起到“发出”无功功率的作用，用以“补偿”感性负载支路必须从电源吸收的无功功率。显然并联电容之后电路的 S_2 比并联电容之前电路的 S_1 小。

5.6.3 最大功率传输

前面对直流电路的分析中，讨论过最大功率传输定理。在正弦稳态电路中，负载也有从电源获得最大功率(有功功率)的问题，这里讨论其获得最大功率的条件，称为最大功率传输定理。

如图 5-35 所示，电源电路可以等效为戴维南等效电路，其中 $Z_\text{eq} = R_0 + \text{j}X_0$。设负载阻抗为 $Z_1 = R_1 + \text{j}X_1$。于是可得图中的电流为

$$\dot{I} = \frac{\dot{U}_\text{oc}}{(R_0 + R_1) + \text{j}(X_0 + X_1)}$$

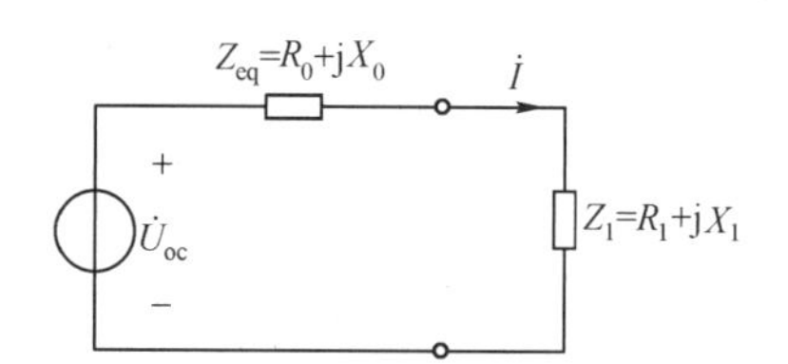

图 5-35　戴维南等效电路的最大功率

电流的有效值　$$I = \frac{U_\text{oc}}{\sqrt{(R_0 + R_1)^2 + (X_0 + X_1)^2}}$$

由于只计算负载的有功功率，所以

$$P_{\text{R}_1} = I^2 R_1 = \frac{U_\text{oc}^2}{(R_0 + R_1)^2 + (X_0 + X_1)^2} R_1$$

当阻抗 Z_eq 一定时，即不考虑 R_0 和 X_0 的变化，仅认为负载中 R_1 和 X_1 在改变。显然上式中，要使 P_{R_1} 最大，则分母最小时符合要求。这里一般 R_1 和 R_0 为非负值，所以 $X_1+X_0=0$，这样就可得出 X_1 的值。于是上式就变成

$$P_{\text{R}_1} = I^2 R_1 = \frac{U_\text{oc}^2}{(R_0 + R_1)^2} R_1$$

上式对 R_1 求导，并令

$$\frac{\text{d}P_{\text{R}_1}}{\text{d}R_1} = U_\text{oc}^2 \frac{(R_0 + R_1)^2 - 2(R_0 + R_1)R_1}{(R_0 + R_1)^2} = 0$$

于是求得　$$R_1 = R_0$$

因此当 $R_1 = R_0$，$X_1 = -X_0$，即 $Z_1 = Z_\text{eq}^*$ 时，提供给负载的功率最大。即正弦稳态电路的最大功率传输定理为：一个戴维南形式的电源，当负载阻抗等于电源中等效阻抗的共轭时，则负载获得电源提供的最大有功功率为 $P_\text{max} = U_\text{oc}^2/(4R_0)$。

对诺顿形式的电源，在 $Y_\text{L} = Y_\text{eq}^*$ 时电源提供负载的有功功率最大，式中，$Y_\text{L} = G_\text{L} + \text{j}B_\text{L}$ 为负载导纳，$Y_\text{eq} = G_\text{eq} + \text{j}B_\text{eq}$ 为诺顿形式电源的等效导纳，最大功率为 $P_\text{max} = I_\text{sc}^2/(4G_\text{eq})$。

例 5-23　图 5-36(a)所示正弦稳态电路中，已知 $R_1 = R_2 = 20\Omega$，$R_3 = 10\Omega$，$C = 250\mu\text{F}$，$g_\text{m} = 0.025\,\text{S}$，电源角频率 $\omega = 100\,\text{rad/s}$，电源电压有效值为 20 V。求阻抗 Z_L 为多少时可以从电路中获得最大功率，并求最大功率 P_max。

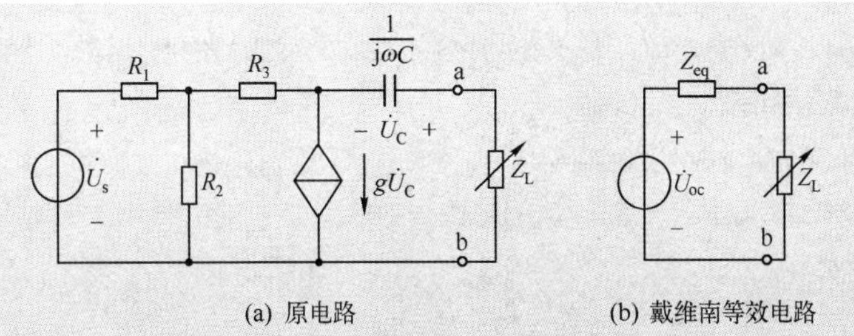

图 5-36　例 5-23 图

解　令$\dot{U}_s = 20\angle 0°$，先断开阻抗Z_L，ab 左侧电路的戴维南等效电路如图 5-36(b)所示，其中

$$\dot{U}_{oc} = 10\angle 0°\text{V},\quad Z_{eq} = 20 - \text{j}20\,\Omega$$

因此，要使Z_L获得最大功率，则$Z_L = Z_{eq}^* = 20 + \text{j}20\,\Omega$

$$P_{max} = \frac{U_{oc}^2}{4R_{eq}} = \frac{100}{4\times 20} = 1.25\text{ W}$$

例 5-24　求图 5-37(a)所示电路中阻抗 Z 获得最大功率时的匹配条件和最大功率。其中电流源为$\dot{I}_s = 4\angle 0°$ A。

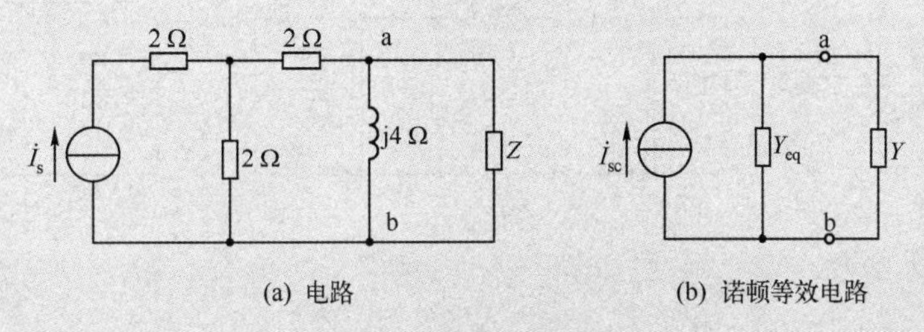

图 5-37　例 5-24 图

解　画出一端口的诺顿等效电路，如图 5-37(b)所示，其中

$$\dot{I}_{sc} = 2\angle 0°\text{ A},\quad Y_{eq} = 0.25 - \text{j}0.25\,\Omega$$

最佳匹配的条件为

$$Y = Y_{eq}^* = 0.25 + \text{j}0.25\text{ S}$$

此时的最大功率为

$$P_{max} = \frac{I_{sc}^2}{4G_{eq}} = \frac{2^2}{4\times 0.25} = 4\text{ W}$$

思考题

T5.6-1　举例说明视在功率为什么不守恒？

T5.6-2　在功率因数提高过程中，对于原来支路中的功率因数、无功功率、电流有效值等参数是否发生了变化？

基本练习题

5.6-1　图题 5.6-1 所示两支路并联，支路阻抗$Z_1 = 2 - \text{j}2\Omega$，$Z_2 = 2 + \text{j}2\Omega$，如果 Z_1 吸收的有功功率 P=200 W，求每条支路的视在功率 S_1、S_2和总电路的视在功率 S。

5.6-2　图题 5.6-2 中电容器发出的无功功率为 20kvar，使端口电路功率因数提高到 0.90(滞后)。若此时端口电路的视在功率为 185 kVA，求未增加电容时电路的复功率。

5.6-3　图题 5.6-3 中端口电压 U 保持不变，电容 C 的值从小到大变化，则电流表读数(有效值)变化的规律是什么？

5.6-4　图题 5.6-4 中端口电压 U 保持不变，电容 C 的值从小到大变化，电流表读数(有效值)一直保持增大，则阻抗 Z 是感性还是容性？

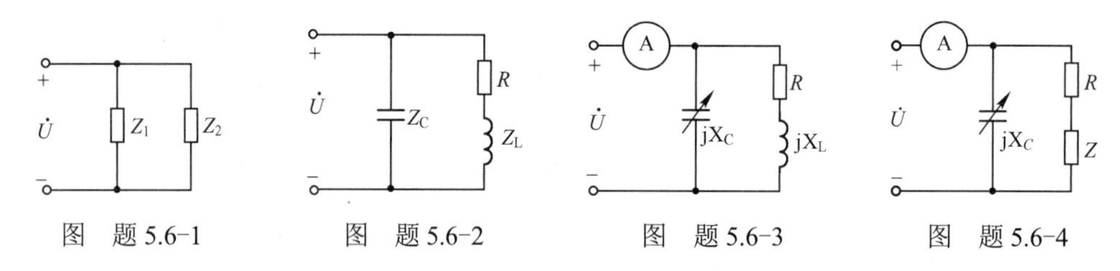

图　题 5.6-1　　图　题 5.6-2　　图　题 5.6-3　　图　题 5.6-4

5.6-5　图题 5.6-5 中，R=2 Ω，ωL=3 Ω，ωC=2 S，$\dot{U}_C=10\angle 45^\circ$ V。求各个元件的电流和电源发出的复功率。

5.6-6　图题 5.6-6 中，$R_1=R_2$=10 Ω，L=0.25 H，C=0.001 F，电压表读数为 20 V，功率表读数为 120 W。计算电源发出的复功率。

5.6-7　图题 5.6-7 中，R_1=1 Ω，R_2=2 Ω，L =0.4 mH，C =0.001 F，$\dot{U}_s=10\angle -45^\circ$ V，ω=1000 rad/s。求 Z_L 为何值时获得最大功率。

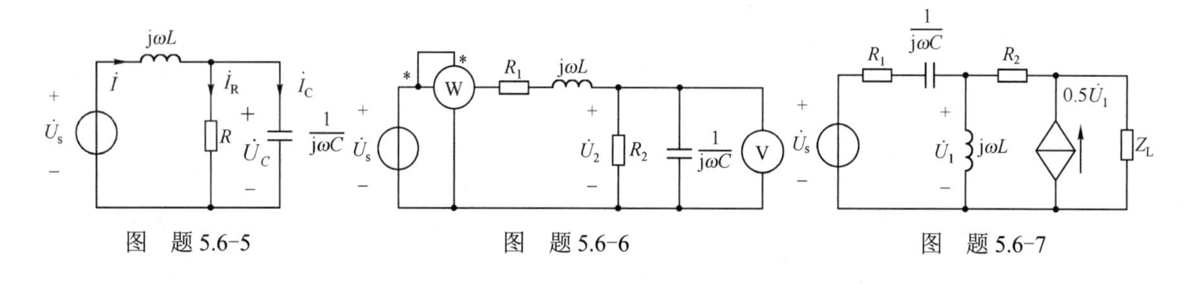

图　题 5.6-5　　图　题 5.6-6　　图　题 5.6-7

△5.7　应　　用

5.7.1　电磁系仪表

工程中往往有大量的交流电量需要测量，且被测量系统能够提供较大能量，要求测量的准确度也不是很高，但要求仪表坚固耐用、价廉、过载能力大等。而电磁系仪表能够具有上述特点。

电磁系仪表根据磁化后相互作用的形式不同，分为吸入式(吸引作用)和推斥式(推斥作用)两种，目前采用推斥式的居多。

1．原理与结构

图 5-38 所示为推斥式电磁系仪表测量机构原理。1 为固定线圈，2 为动(铁)片，3 为固定在固定线圈上的静(铁)片，4 为弹簧，5 为轴，6 为指针，7 为读数盘，8 为轴承。转动指针和动铁片连成一体。

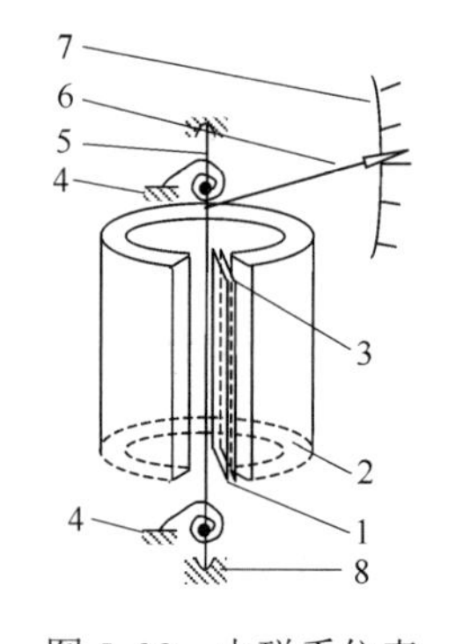

图 5-38　电磁系仪表测量机构原理

当仪表接入电路中时，固定线圈中通交变电流，产生交变电磁场，动片与静片均在电磁场中，同一瞬间，同一方向动片和静片被磁化的极性相同，即静片的上部为 S 极、下部为 N 极，动片的上部也为 S 极、下部也为 N 极，从而相互排斥而使动片转动，带动指针偏转，从刻度盘上即可读出测量示值。

2．作用力矩与电流的关系

设线圈的电感为 L，通电流 i 后磁场有储能

$$W_{\mathrm{m}}=\frac{1}{2}Li^2$$

根据虚位移原理，瞬时作用力矩 m 和动(铁)片偏转的角度 之间的关系为

$$m=\frac{\partial W_{\mathrm{m}}}{\partial\alpha}\bigg|_{i=常数}=\frac{1}{2}i^2\frac{\partial L}{\partial\alpha}$$

所以，瞬时作用力矩与电流的平方成正比。由于与电流的方向无关，故作用的瞬时力矩无方向变化。

当电流为交变时，导致上述瞬时作用力矩为脉动的，由于可动部分存在惯性，所以可动部分的偏转只是反映瞬时力矩的平均值。设电流 $i=I_{\mathrm{m}}\sin(\omega t+\varphi_i)$，作用力矩为

$$M=\frac{1}{T}\int_0^T m\mathrm{d}t=\frac{1}{2}I^2\frac{\partial L}{\partial\alpha}$$

式中，I 为正弦电流 i 的有效值。动片转动时，由于与弹簧相连会拉紧弹簧，弹簧变形会产生反作用力矩 M_α。取弹簧变形系数为 c(常数)，则 M_α 和 c、动片偏转角度α的关系为

$$M_\alpha=c\alpha \tag{5-16}$$

当作用力矩 M 与弹簧的反作用力矩 M_α 平衡时，动片上带的指针静止，从而指示标尺，则

$$\alpha=\frac{M_\alpha}{c}=\frac{M}{c}=\frac{I^2}{2c}\frac{\partial L}{\partial\alpha}$$

一般 $\frac{\partial L}{\partial\alpha}$ 也为常量。可见，电磁系仪表测量的基本量是电流的有效值，其偏转角α与电流的有效值的平方成正比，所以电磁系仪表的刻度是不均匀的。

3．电流表和电压表

由电磁系测量机构可以直接制成电流表。为了供给足够的磁场强度，一般采用 200～300 安匝。而电流表扩大量程一般是通过改变线圈的匝数实现的，如 5A 的量程约为 40～60 匝，300A 的量程则只有 1 匝，且导线很粗，制造困难。有时为了测量更大的电流，采用电流互感器与之配用。一般 50A 以上量程的电流表就采用电流互感器了。100mA 量程的电流表约用 2000～3000 匝，这时线圈的电感大，电流表两端的电压也大，可达几伏，会带来较大的误差，所以很少用这种机构配制毫安表。

电磁系测量机构串加电阻可以制成电压表。量程的扩大通过改变串联电阻实现，但测量 750V 以上电压时，往往也采用与电流互感器的配用来实现。

总之，电磁系电流表、电压表具有结构简单、可靠，成本低，过载能力强，交、直流两用，受温度变化影响不大，不受测量波形影响等特点。但灵敏度、准确度低，电表消耗大，受外磁场影响大，刻度不均匀，不宜应用于高频场合等为其主要缺点。它常用于测量工频的交流电压和电流。

5.7.2 电动系仪表

前面介绍的电磁系仪表虽然可以交、直流两用，但是准确度不高，只用于工程中，而不符合实验室的需要。电动系仪表则既能够测量交、直流，又具有较高的准确度，而且在工程中广泛应用的功率表就是由这种测量机构制成的。电动系测量机构分为铁磁电动系和空气心电动系两种，后者的准确度较高。这里主要介绍这种仪表的测量机构，即简称的电动系仪表。

1．构造和原理

图 5-39(a)为空气心式电动系仪表的结构示意图，其中，1 是两个通电线圈(简称定圈)，2

是可动线圈(简称动圈)，3 是空气室，4 是指针，5 是弹簧，6 是轴，7 是阻尼叶片。图 5-39(b)为铁磁式电动系仪表的结构示意图。

以空气心式为例，当测量机构接入电路中时，设有电流 I_1 通过定圈，并且产生磁场，电流 I_2 通过动圈，载有电流 I_2 的动圈在磁场中受到力的作用，乘以力到轴的距离，形成力矩，带动动圈上的指针而偏转，与弹簧平衡时停止转动，在刻度盘上可以指示一定的位置。这样，刻度盘上若标有电压或电流的刻度，则可以测量出被测量的数值。

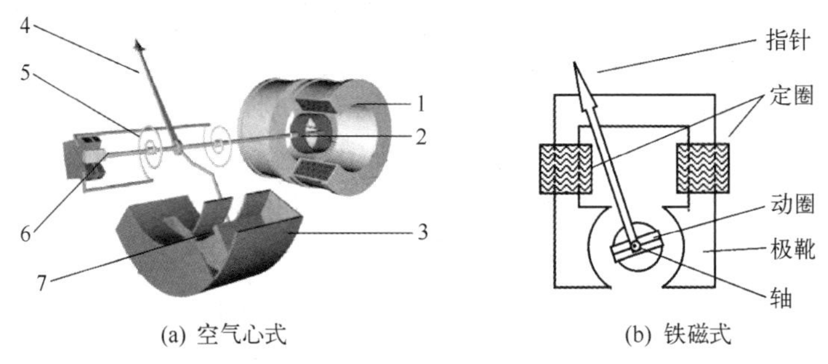

(a) 空气心式　　(b) 铁磁式

图 5-39　电动系仪表的结构示意图

2．作用力矩与线圈电流的关系

设电流 i_1 在线圈中产生的磁感应强度为

$$B = k_1 i_1$$

而电流 i_2 在磁场中受到的力为

$$f = k_2 B i_2 = k_1 k_2 i_1 i_2$$

设力到轴的距离为 r，则动圈受的瞬时转矩为

$$m = rf = rk_1 k_2 i_1 i_2 = k i_1 i_2$$

由于可动部分有一定的惯性，来不及随瞬时力矩变动，因此仪表的转动决定于平均转矩 M：

$$M = \frac{1}{T}\int_0^T m\mathrm{d}t = \frac{1}{T}\int_0^T k i_1 i_2 \mathrm{d}t$$

当电流为同频率的正弦交流电时，可求得平均转矩为

$$M = kI_1 I_2 \cos\varphi$$

式中，k_1、k_2、k 均为常数，$\dot{I}_1$、$\dot{I}_2$ 为正弦电流的有效值，φ 为电流 $\dot{I}_1$、$\dot{I}_2$ 的相位差。而弹簧的反作用力矩同前面的式(5-16)，所以平衡时偏转角为

$$\alpha = \frac{k}{c} I_1 I_2 \cos\varphi = K I_1 I_2 \cos\varphi \tag{5-17}$$

3．电流表与电压表

（1）电流表

欲测量几十毫安到几百毫安的电流时，可以把动圈与定圈串联起来，构成电流表，如图 5-40(a)所示。

这样，两个线圈中的电流相同(交流同相)，由式(5-17)知 $\alpha = KI^2$，即 α 与电流的有效值的平方成正比，将刻度盘按照有效值来刻度，即制成电流表。但是，为了有足够的磁场，要求这种仪表测量的范围不能小于几十毫安。要测量 500 mA 以上的电流，则采用动圈与定圈并联的方式，如图 5-40(b)所示。而图 5-40(c)为实际的仪表接线面板。并联后，大部分电流从定圈流过，改变动圈和定圈的匝数，可以制成不同量程的电流表。因为两组线圈的阻抗为定值，故分流比不变，偏转角仍然为

$$\alpha = KI^2$$

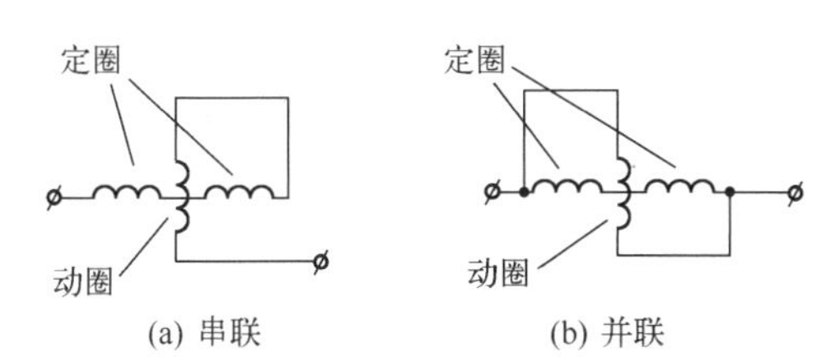

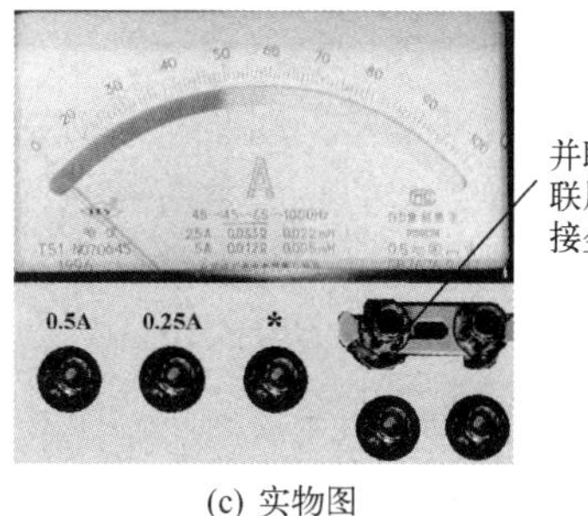

(c) 实物图

图 5-40　电流表的两种接线配制

所以，电动系电流表的刻度盘的刻度也不均匀。当电流超过 10 A 时，要通过电流互感器的配合，才能完成电动系电流表的制作。

（2）电压表

将测量机构中的两个线圈串联后再串联不同的电阻分压，就可以制成多量程电压表了。在量程很大的时候，显然串联的电阻 $R \gg \omega L$，因此频率不同造成的误差不大。而在低量程时，若频率增高，偏转角就小了。因此，为了减小这个误差，采用低量程电阻并联电容 C 的方式起到与线圈电感补偿的作用，如图 5-41 所示。

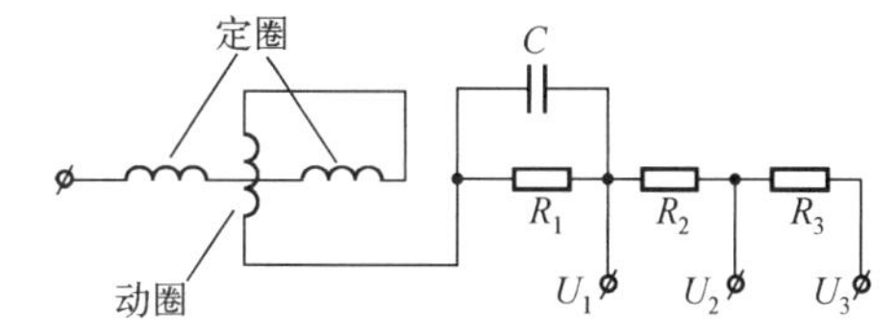

图 5-41　电压表的构造

4．电动系功率表

（1）原理

负载接入直流电路时，负载消耗的功率 P 为负载两端电压 U 和流经负载电流 I 的乘积，即 $P=UI$。负载接入交流电路时，负载消耗的功率(有功功率) P 为电压、电流的有效值的积再乘以电压、电流相量的夹角的余弦，即

$$P = UI\cos\varphi$$

电动系仪表测量机构的固定线圈如果与负载串联，则流经固定线圈的电流将与流经负载的电流相同。而动圈串联一个很大电阻 R_m，并联在电路上，其电流为

$$\dot{I}_2 = \dot{U} / R_m$$

代入式(5-17)，得

$$\alpha = KI\frac{U}{R_m}\cos\varphi = K_\alpha P$$

所以，电动系测量机构接成如图 5-42(a)所示，就构成电动系功率表，指针的偏转角度与负载的消耗功率成正比。若刻度制成有功功率，如图 5-42(b)所示，则可以直接从刻度盘上读出功率的示值。

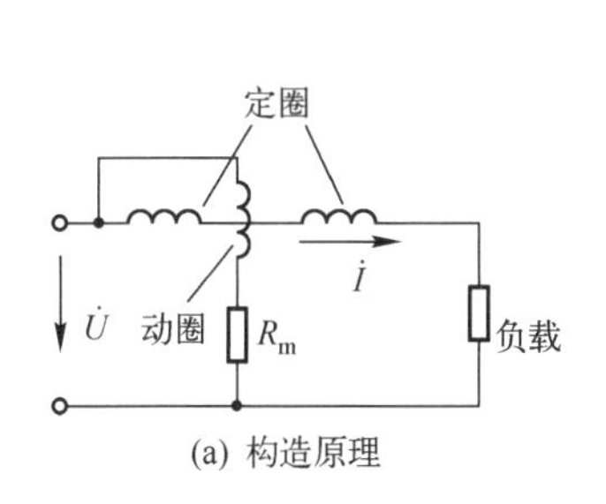

(a) 构造原理

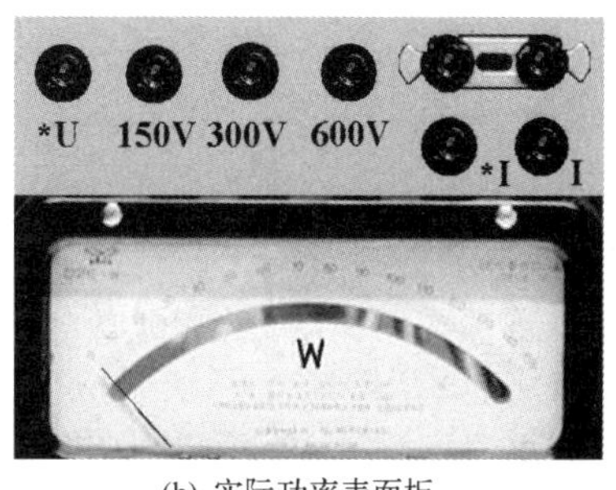

(b) 实际功率表面板

图 5-42　功率表的构造与实际功率表面板

（2）功率表的接线

单相功率表的面板上往往有几个电流端钮，也有几个电压端钮，电流端钮处还有“±”或

“*”标记，电压端钮处也有“±”或“*”标记。这些标记称为发电机端钮。功率表接入电路时，应该让电流从发电机端钮流向非发电机端钮。当发现指针反转时，只能对调电流的接线，因为电流是流经动圈的。如果对调电压端，会使电压都加到附加电阻 R_m 上，使两个电流之间有相位差，导致读数误差。当然，现在有的功率表上有对调电流的开关，在测量时若出现指针反偏，把电流端钮换个位置即可。

（3）读数

功率表的读数一般制成 $P = U_H I_H$ 时达到最大偏转，其中，U_H 为仪表的电压端钮标称值(即额定电压)，I_H 为电流端钮的标称值(即额定电流)，但是在测量时往往达不到满刻度。达不到满刻度，说明电压与电流均未达到或有一个未达到额定值。有时即使电压和电流均达到额定值，指针也未达到满刻度，这说明负载的功率因数小于 1。所以，在测量功率因数较低的负载如电感线圈的功率时，往往需要使用低功率因数的功率表(瓦特表)。一般在表的面板上都标注功率因数，此种表的读数为 $P = U_H I_H \cos\varphi$。例如，对于 $U_H = 300$ V，$I_H = 2.5$ A，$\cos\varphi = 0.2$ 的功率表，其测量的最大量程为 $P = U_H I_H \cos\varphi = 150$ W。

本 章 小 结

正弦稳态电流和电压可以用有效值(幅值)、初相位、频率(角频率)来描述和区分，同频率(角频率)正弦量之间相位差恒定，是两者初相位之差；正弦量用复数描述称为相量，电阻、电感、电容在复数域中用阻抗(导纳)表示，但不是相量。直流电路分析的系统方法(支路法、回路法、结点法)、电阻电路分析的定理定律(叠加定理、替代定理、戴维南定理、诺顿定理、最大功率传输定理、特勒根定理、互易定理)都可以在相量法中应用，只是采用复数形式的电压、电流、阻抗来进行分析。复数形式分析统称相量法，其中相量图解题是电路分析的重要组成部分。应准确理解正弦交流稳态电路的功率，包括瞬时功率、平均功率(有功功率)、无功功率、视在功率、复功率的定义和区别，并掌握其分析与计算的方法。正弦交流稳态电路的最大功率传输问题是求取最大的有功功率。

难点提示：相量的概念是熟悉和掌握本章的关键，相量法中用复数表示电压、电流、阻抗、复功率等各个重要物理量，相量法的数学基础是复数，要运用相量图来分析电压、电流相量及其相位关系。

名 人 轶 事

相量法(phaser method)——分析正弦稳态电路的便捷方法。采用称为相量的复数代表正弦量，将描述正弦稳态电路的微分(积分)方程变换成复数代数方程，从而简化了电路的分析和计算。该法自 1893 年由德裔美国人 C.P.施泰因梅茨提出后，得到广泛应用。相量可在复平面上用一个矢量来表示。

C.P.施泰因梅茨(1865—1923)，德裔美国电机工程师。美国艺术与科学学院院士。1865 年 4 月 9 日生于德国的布雷斯劳(今波兰的弗罗茨瓦夫)，1889 年迁居美国。他出生即有残疾，自幼受人嘲弄。但他意志坚强，刻苦学习，1882 年进入布雷斯劳大学就读。1888 年进入苏黎世联邦综合工科学校深造。1889 年赴美。1892 年 1 月，在美国电机工程师学会会议上，施泰因梅茨提交了两篇论文，提出了计算交流电机的磁滞损耗的公式，这是当时交流电研究方面的第一流成果。随后，他又创立了相量

法，这是计算交流电路的一种实用方法。并在 1893 年向国际电工会议报告，受到热烈欢迎并迅速推广。同年，他进入美国通用电气公司工作，负责为尼亚加拉瀑布电站建造发电机。之后，又设计了能产生 10 千安电流、100 千伏高电压的发电机；研制成避雷器、高压电容器。晚年，开发了人工雷电装置。他一生获近 200 项专利，涉及发电、输电、配电、电照明、电机、电化学等领域。

综合练习题

5-1 按要求作答。

（1）判断正误：两个相同阻抗串联后等效阻抗的阻抗角是原来阻抗角的 2 倍。

（2）单一选择：下列属于相量的量是（ ）

A. $5\angle 36.87^\circ\Omega$；B. $5\angle 36.87^\circ\text{A}$；C. $5\angle 36.87^\circ\text{VA}$；D. 5W

（3）填空：某阻抗为 $4+\text{j}3\Omega$，则阻抗端电压超前其电流相位____。

5-2 图题 5-2 中，$\dot{U}_s=100\angle 0^\circ$ V。求：（1）$\dot{U}$ 与 $\dot{I}$ 的相位差；（2）端口的阻抗角；（3）端口吸收的复功率；（4）端口的功率因数是多少？（5）若将 $\dot{U}_S$ 串联到 10 Ω电阻支路上，则其对外的戴维南等效电路是什么？

5-3 图题 5-3 中，某稳态正弦交流电路，电源电压有效值 U=200V，电阻 R=200Ω。当可调节触点处于 c 位置时，图中交流电压表数值最小，求电阻 R_{ac} 的值。

5-4 图题 5-4 中，若电路端口 $\dot{U}$、$\dot{I}$ 相位差为零，且 $U_2=\sqrt{2}U$，试计算电路的 X_L 和 X_C 的值。

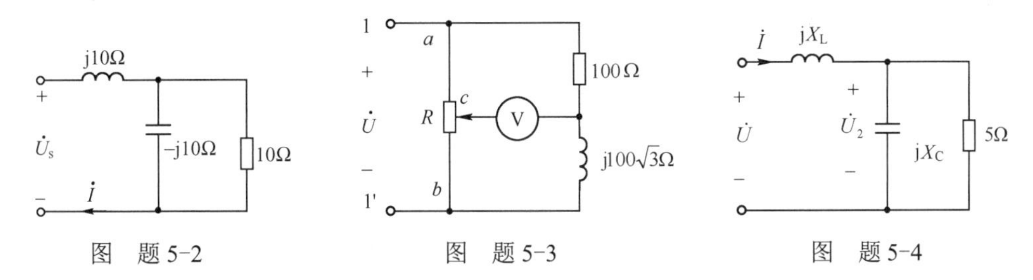

图 题 5-2　　图 题 5-3　　图 题 5-4

5-5 本章分析中提到电感线圈含电阻，其模型是 jωL 与 R 串联。实际电容若也含电阻，其模型该如何等效？

5-6 如果把一个白炽灯与一个电容器串联，设在外加电压不会损坏这两个元件的情况下，分别接上正弦稳态交流电源和相同有效值大小的直流电源，白炽灯的亮度会是什么情况？分析原因。

第6章　三 相 电 路

【内容提要】

三相电路是一种特殊形式的正弦稳态电路，目前世界上的电能生产、传输、供应大多采用三相电路形式，应用非常广泛。而且这种电路结构特殊，有明显的规律性，掌握其特点，可使分析大为简化。本章将介绍三相电路中的电源和各种三相电路的连接方式，重点介绍对称三相电路的特点和计算方法，同时介绍不对称三相电路的基本概念和简单计算，然后讨论三相电路的功率和测量。拓展应用中，介绍了供电系统中的接地保护的几种方法。

6.1　三相电路的基本概念

前一章介绍的正弦稳态电路中，所用到的电源，都是单一的正弦电源(单相电源)。本章介绍由三相电源构成的系统，称为三相系统。

三相系统主要由三相电源、三相负载和三相导线 3 个部分构成，也称为三相电路。

对称三相电源，是指由 3 个具有相同幅值、相同频率、初相依次相差 120°的正弦交流电压源连接成星形(Y)或三角形(Δ)结构的电源，如图 6-1 所示。这 3 个电压源依次被称为 A 相、B 相、C 相，用正弦量表示为

$$u_{\mathrm{A}}=\sqrt{2}U\cos(\omega t)\ \mathrm{V},\ u_{\mathrm{B}}=\sqrt{2}U\cos(\omega t-120^{\circ})\ \mathrm{V},\ u_{\mathrm{C}}=\sqrt{2}U\cos(\omega t+120^{\circ})\ \mathrm{V}$$

式中，若以 A 相电压u_{A}为参考正弦量(即令初相为零)，则各相电源所对应的相量形式为

$$\dot{U}_{\mathrm{A}}=U\angle 0^{\circ},\ \dot{U}_{\mathrm{B}}=U\angle -120^{\circ}=\alpha^{2}\dot{U}_{\mathrm{A}},\ \dot{U}_{\mathrm{C}}=U\angle 120^{\circ}=\alpha\dot{U}_{\mathrm{A}}$$

式中，$\alpha=1\angle 120^{\circ}$，是为了方便计算而引入的单位相量算子。

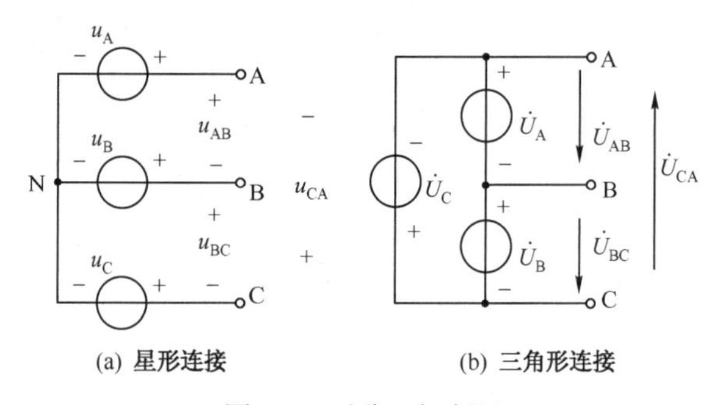

图 6-1　对称三相电源

上述的三相电源可以用波形图和相量图描述，如图 6-2 所示。由波形图可以看出，随着时间 t 由 0 到无限大的变化，3 个正弦函数会按次序出现峰值，然后无限反复下去。这种由 A→B→C→A 的相序称为正序或顺序变化。若将 C 相电压的初相和 B 相电压的初相对调(或者任意对调三相中两相电压的初相)，则波形图反映为 A→C→B→A 的相序，称为反序或逆序。本书不作特殊说明，默认三相电源的相序按照正序变化。

对称三相电压满足　　$u_{\mathrm{A}}+u_{\mathrm{B}}+u_{\mathrm{C}}=0$，或　$\dot{U}_{\mathrm{A}}+\dot{U}_{\mathrm{B}}+\dot{U}_{\mathrm{C}}=0$

单下标形式的三相电压(如u_{A}，$\dot{U}_{\mathrm{A}}$等)表达的是各个电压源两端的电压值。在三相电路的分

析中，表示电路相邻连接点之间的电压时，如图 6-1(a)中，A、B 两点间的电压，可以用带双下标的符号u_{AB}或$\dot{U}_{AB}$表示；在电路图中也可用箭头表示，如图 6-1(b)中，表示 A 为高电位，B 为低电位；但是在相量图，如图 6-2(b)中，用矢量表示$\dot{U}_{AB}$，则由 B 指向 A，要注意区别。

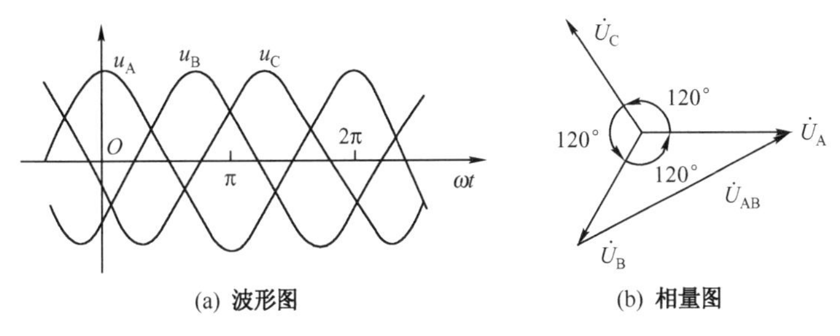

图 6-2 对称三相电压源的波形与相量图

工程中三相电源的连接方式常为星形(Y)和三角形(Δ)两种，称 A、B、C 三端子两两之间的电压为线电压，如图 6-1 中的u_{AB}、u_{BC}、u_{CA}、$\dot{U}_{AB}$、$\dot{U}_{BC}$、$\dot{U}_{CA}$。而每相电压源两端的电压为相电压，如图 6-1 中的u_A、u_B、u_C、$\dot{U}_A$、$\dot{U}_B$、$\dot{U}_C$。

例 6-1 已知对称三相电源 Y 和 Δ 连接如图 6-1(a)和(b)所示，图 6-1(a)中取时域形式，令$u_A = 220\sqrt{2}\cos 314t\text{V}$；图 6-1(b)中取相量形式，令$\dot{U}_A = 110\angle 0^\circ\text{V}$。分别计算 Y 连接中的时域形式线电压$u_{AB}$、$u_{BC}$、$u_{CA}$、$u_{AC}$和 Δ 连接中的相量形式线电压$\dot{U}_{AB}$、$\dot{U}_{BC}$、$\dot{U}_{CA}$，并指出两种连接方式中线电压与相电压的关系。

解 Y 连接中，由$u_A = 220\sqrt{2}\cos 314t\text{V}$，根据三相电源特点，得

$$u_B = 220\sqrt{2}\cos(314t - 120^\circ)\text{V}，\quad u_C = 220\sqrt{2}\cos(314t + 120^\circ)\text{V}$$

因此
$$u_{AB} = u_A - u_B = 220\sqrt{2}\cos 314t - 220\sqrt{2}\cos(314t - 120^\circ) \approx 380\sqrt{2}\cos(314t + 30^\circ)\text{V}$$

$$u_{BC} = u_B - u_C = 380\sqrt{2}\cos(314t - 90^\circ)\text{V}$$

$$u_{CA} = u_C - u_A = 380\sqrt{2}\cos(314t + 150^\circ)\text{V}$$

$$u_{AC} = u_A - u_C = 380\sqrt{2}\cos(314t - 30^\circ)\text{V}$$

Δ 连接中，由$\dot{U}_A = 110\angle 0^\circ\text{V}$，则得

$$\dot{U}_B = 110\angle -120^\circ\text{V}，\quad \dot{U}_C = 110\angle 120^\circ\text{V}$$

因此
$$\dot{U}_{AB} = \dot{U}_A，\quad \dot{U}_{BC} = \dot{U}_B，\quad \dot{U}_{CA} = \dot{U}_C$$

显然，在星形(Y)连接中，线电压的大小是相电压大小的$\sqrt{3}$倍关系，且线电压相位超前对应(所谓对应是指$\dot{U}_{AB} \xleftrightarrow{\text{对应}} \dot{U}_A$或$\dot{U}_{AN}$，$\dot{U}_{BC} \xleftrightarrow{\text{对应}} \dot{U}_B$，$\dot{U}_{CA} \xleftrightarrow{\text{对应}} \dot{U}_C$)的相电压 30°，线电压$u_{AB}$、$u_{BC}$、$u_{CA}$也是对称的。而三角形(Δ)连接中相电压与线电压大小与相位都相等。三相系统是正弦稳态交流电路，显然采用相量法分析更简洁。

思考题

T6.1-1 指出下列各组电压的相序。

(1) $\begin{cases} a = 220\sqrt{2}\cos(100t + 37^\circ)\ \text{V} \\ b = 220\sqrt{2}\cos(100t + 157^\circ)\ \text{V} \\ c = 220\sqrt{2}\cos(100t - 83^\circ)\ \text{V} \end{cases}$；(2) $\begin{cases} a = 380\sqrt{2}\cos(314t - 18^\circ)\ \text{V} \\ b = 380\sqrt{2}\cos(314t - 138^\circ)\ \text{V} \\ c = 380\sqrt{2}\cos(314t + 102^\circ)\ \text{V} \end{cases}$

T6.1-2　用相量的形式计算例 6-1 中的 u_{AC}。

基本练习题

6.1-1　下列各组电压，能否构成对称的三相电源。若能，则说明相序。

（1）$\begin{cases} u_a = 411\cos 314t\text{V} \\ u_b = 411\cos(314t - 120^\circ)\text{V} \\ u_c = 411\cos(314t + 120^\circ)\text{V} \end{cases}$；　（2）$\begin{cases} u_a = 301\cos 314t\text{V} \\ u_b = 301\cos(314t - 240^\circ)\text{V} \\ u_c = 301\cos(314t + 240^\circ)\text{V} \end{cases}$；

（3）$\begin{cases} u_a = 100\cos 314t\text{V} \\ u_b = 100\sin(314t - 120^\circ)\text{V} \\ u_c = 100\cos(314t + 120^\circ)\text{V} \end{cases}$；　（4）$\begin{cases} u_a = 220\sin 3\omega t\text{V} \\ u_b = 220\sin[3(\omega t - 40^\circ)]\text{V} \\ u_c = 220\sin[3(\omega t + 40^\circ)]\text{V} \end{cases}$；

（5）$\begin{cases} u_a = 380\cos(314t - 60^\circ)\text{V} \\ u_b = 380\sin(314t - 30^\circ)\text{V} \\ u_c = 380\cos(314t + 180^\circ)\text{V} \end{cases}$；　（6）$\begin{cases} u_a = 150\sin(\omega t + 70^\circ)\text{V} \\ u_b = 150\cos(\omega t - 140^\circ)\text{V} \\ u_c = 150\sin(\omega t + 180^\circ)\text{V} \end{cases}$。

6.1-2　对称三相电源如图题 6.1-2 所示。若从 A 到 N 点的电压为 $220\underline{/-30^\circ}$ V，求 $\dot{U}_{AB}$、$\dot{U}_{BC}$、$\dot{U}_{CA}$、$\dot{U}_{BA}$、$\dot{U}_{CB}$、$\dot{U}_{AC}$，并作出相量图。

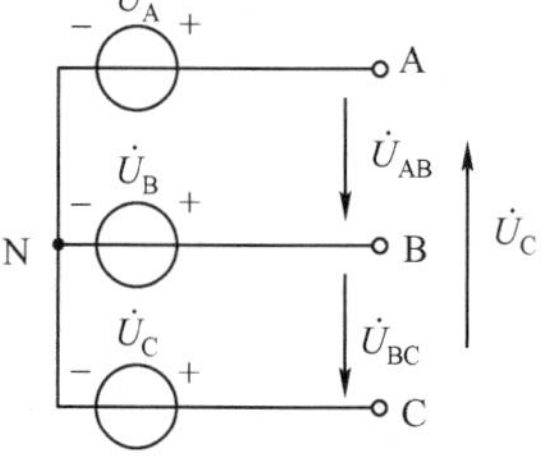

图　题 6.1-2

6.2　三相电路的连接

上一节介绍了三相电源的连接形式有星形(Y)或三角形(Δ)，而构成三相电路还有负载和导线，三相负载也可以类似电源那样有星形(Y)或三角形(Δ)的结构，几种典型三相电路的连接方式，如图 6-3 所示。

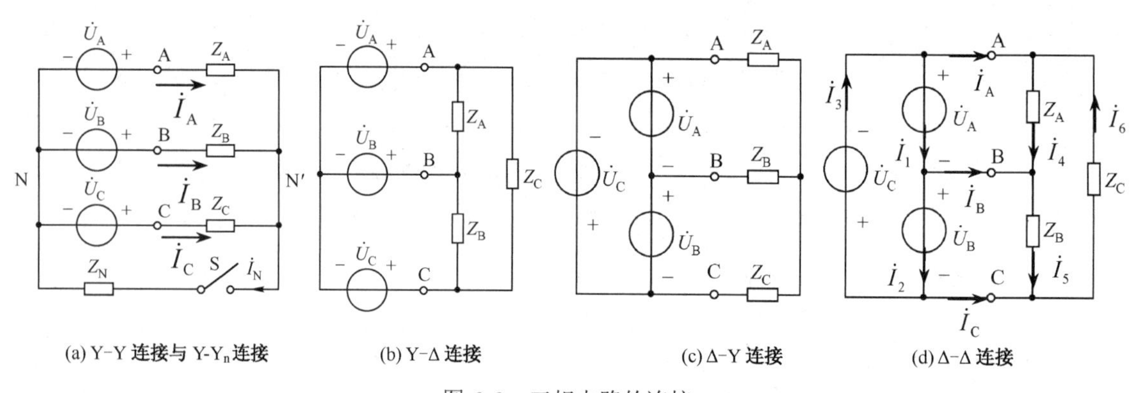

(a) Y-Y 连接与 Y-Yn 连接
(b) Y-Δ 连接
(c) Δ-Y 连接
(d) Δ-Δ 连接

图 6-3　三相电路的连接

对于图 6-3(a)的 Y-Y 连接中，开关 S 断开时，不含中线，称为三相三线制；而开关 S 闭合时，含有中线，其中 Z_N 为中线阻抗，此时称为三相四线制($Y-Y_n$)电路。

其他的连接方式有 Y-Δ、Δ-Y 和 Δ-Δ 等，分别如图 6-3(b)、(c)和(d)所示，它们与 Y-Y 连接均属于三相三线制电路。

当三线制电路中，三相的阻抗完全相同(即 $Z_A=Z_B=Z_C$)，三相导线为理想(阻抗为零)导线，三相电压源对称，即为对称三相电路。三相电路中的电流很多，如图 6-3(d)中则有 9 条不同的电流。但这些电流可以分成两类：一类是流经各相元件(电压源或负载)的电流，称为相电流；另一类是流经三相理想导线中的电流，称为线电流。

对于线电流与相电流的关系，采用图 6-4 所示三相 Y 电源和 Δ 负载为例进行分析。如图 6-4(a)中 i_a 为相电流，i_A 为线电流；图 6-4(b)中，$i_{A'B'}$、$i_{B'C'}$、$i_{C'A'}$ 为相电流，i_A、i_B、i_C

为线电流。

图 6-4(a)中电源端 Y 连接时，各相电流与线电流的关系为

$$i_a = i_A,\ i_b = i_B,\ i_c = i_C,\ 或 i_{ph} = i_l$$

即各相的相电流等于线电流。式中，下标“ph”表示为“相”，下标“l”表示为“线”。上述对于对称星形电源的分析，也可以用于对称星形负载的分析。

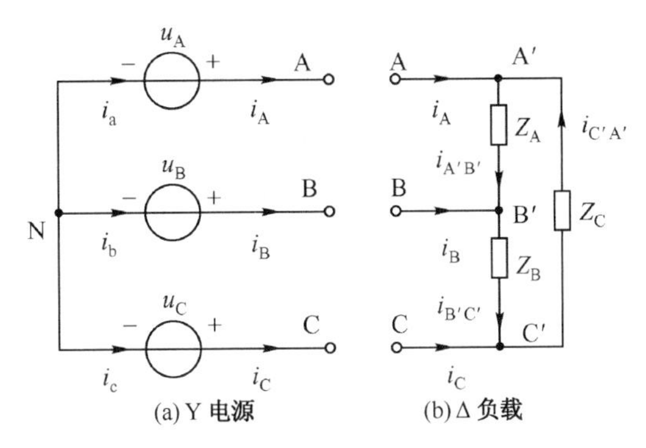

(a) Y 电源　(b) Δ 负载

图 6-4　线值与相值

对于图 6-4(b)中负载端 Δ 连接时，相电流由

$$\dot I_{A'B'} = \frac{\dot U_{A'B'}}{Z_A},\quad \dot I_{B'C'} = \frac{\dot U_{B'C'}}{Z_B},\quad \dot I_{C'A'} = \frac{\dot U_{C'A'}}{Z_C}$$

得出。由于负载相等，相电压$\dot U_{A'B'}$、$\dot U_{B'C'}$、$\dot U_{C'A'}$对称，因此可以得出三个相电流也对称，令三个相电流相量分别为

$$\dot I_{A'B'} = I\angle 0^\circ,\quad \dot I_{B'C'} = I\angle -120^\circ,\quad \dot I_{C'A'} = I\angle 120^\circ$$

则三个线电流相量分别为

$$\left.\begin{aligned}\dot I_A &= \dot I_{A'B'} - \dot I_{C'A'} = (1-\alpha)\dot I_{A'B'} = \sqrt{3}\dot I_{A'B'}\angle -30^\circ\\ \dot I_B &= \dot I_{B'C'} - \dot I_{A'B'} = (1-\alpha)\dot I_{B'C'} = \sqrt{3}\dot I_{B'C'}\angle -30^\circ\\ \dot I_C &= \dot I_{C'A'} - \dot I_{B'C'} = (1-\alpha)\dot I_{C'A'} = \sqrt{3}\dot I_{C'A'}\angle -30^\circ\end{aligned}\right\}$$

显然，线电流也对称。是大小相等、依次相差 120°的三个相量。上式表明三角形连接时，线电流(单下标)与相电流(双下标)在数值上是$\sqrt{3}$倍的关系；在相位上，线电流(如$\dot I_A$)滞后对应的相电流(如$\dot I_{A'B'}$)30°。

上述对三角形负载分析的电流关系，也可以应用于对称三角形电源分析。

结合例 6-1，三相电路连接中线电压和相电压、线电流和相电流之间的区别与联系见表 6-1。而用相量图表示线值和相值的关系如图 6-5 所示。

表 6-1　对称三相电路的电流电压的相值与线值的比较

连接类型	线电压与相电压	线电流与相电流	适用对象
Y 连接	$\dot U_{AB} = \sqrt{3}\dot U_A\angle 30^\circ$ $\dot U_{BC} = \sqrt{3}\dot U_B\angle 30^\circ$ $\dot U_{CA} = \sqrt{3}\dot U_C\angle 30^\circ$	线电流 ＝ 相电流 ($I_{ph} = I_l$) ($\dot I_{ph} = \dot I_l$)	对称三相三线制电路的电源和负载
Δ 连接	线电压 ＝ 相电压 ($U_{ph} = U_l$) ($\dot U_{ph} = \dot U_l$)	$\dot I_A = \sqrt{3}\dot I_{A'B'}\angle -30^\circ$ $\dot I_B = \sqrt{3}\dot I_{B'C'}\angle -30^\circ$ $\dot I_C = \sqrt{3}\dot I_{C'A'}\angle -30^\circ$	对称三相三线制电路的电源和负载

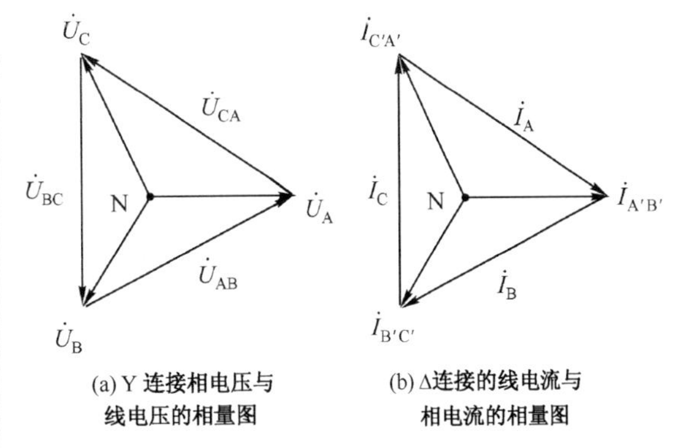

(a) Y 连接相电压与线电压的相量图　(b) Δ连接的线电流与相电流的相量图

图 6-5　相量图

思考题

T6.2-1　如果对称星形连接的电源线电压$\dot U_{AB} = 380\angle 0^\circ$ V，则对应的相电压$\dot U_A$为多少？

T6.2-2　如果对称三角形连接的 C 相负载的相电流$\dot I_{A'C'} = \sqrt{3}\angle 30^\circ$A，则线电流$\dot I_A$为多少？

基本练习题

6.2-1　对称三相负载如图题 6.2-1 所示。星形连接的负载，负载阻抗 $Z=16+\mathrm{j}12\ \Omega$，设线路的阻抗 $Z_1=1+\mathrm{j}0.8\ \Omega$，若负载端的线电压有效值为 190 V，计算电源端的电压值。

6.2-2　一个 Y-Δ 连接的对称三相电路如图题 6.2-2 所示。Δ 连接负载的单个阻抗 $Z_\Delta=150+\mathrm{j}60\ \Omega$，线路的阻抗 $Z_1=0.3+\mathrm{j}1.2\ \Omega$，设电源电压 U_{AN}=220 V。求：（1）三相电路的线电流 $\dot{I}_{Aa},\dot{I}_{Bb},\dot{I}_{Cc}$；（2）负载端的电压 $\dot{U}_{ab},\dot{U}_{bc},\dot{U}_{ca}$；（3）负载中的电流 $\dot{I}_{ab},\dot{I}_{bc},\dot{I}_{ca}$。

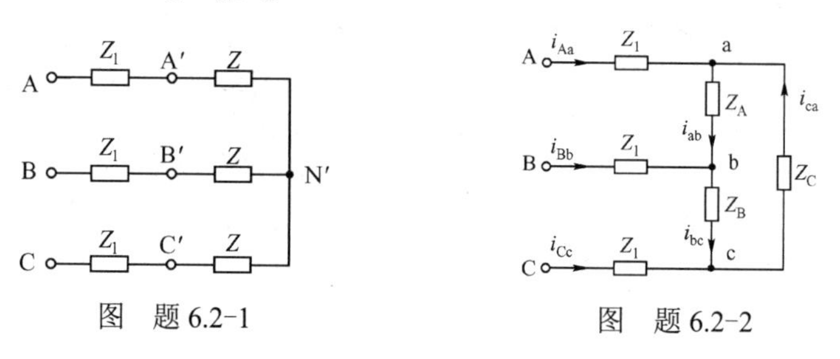

图　题 6.2-1　　　　图　题 6.2-2

6.3　对称三相电路的计算

三相电路是正弦交流电路的一种特殊形式，电路中的电源仍然是同频率的，因此第 5 章对于单相正弦稳态电路的分析方法对于三相电路完全适用。另外又由于对称三相电路的一些特点，使得对称三相电路的计算可以简化。

如图 6-6(a)所示的对称 Y-$\mathrm{Y_n}$三相四线制电路，其中 Z_1为导线阻抗，Z_N为中线阻抗，N 与 N′分别为电源和负载的中点。设电路中电源、负载、导线阻抗，以及中线阻抗的参数均已知，试求四根导线中的电流。

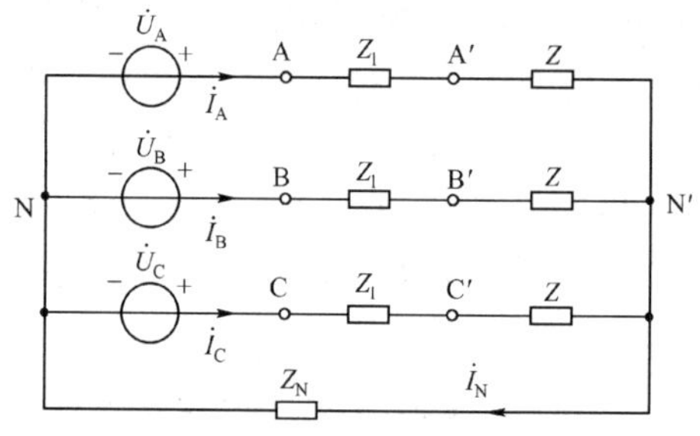

(a) 对称电路

(b) 单相计算电路

图 6-6　对称 Y-Y 连接电路

该类电路的分析一般采用结点电压法，先计算出中点 N 与 N′间的电压 $\dot{U}_{N'N}$，取 N 点为参考结点，则

$$\left(\frac{1}{Z_N}+\frac{3}{Z+Z_1}\right)\dot{U}_{N'N}=\frac{1}{Z_1+Z}(\dot{U}_A+\dot{U}_B+\dot{U}_C)$$

由于 $\dot{U}_A+\dot{U}_B+\dot{U}_C=0$，所以 $\dot{U}_{N'N}=0$。于是各根导线中的电流分别为

$$\dot{I}_A=\frac{\dot{U}_A-\dot{U}_{N'N}}{Z_1+Z}=\frac{\dot{U}_A}{Z_1+Z}$$

$$\dot{I}_B=\frac{\dot{U}_B-\dot{U}_{N'N}}{Z_1+Z}=\frac{\dot{U}_B}{Z_1+Z}=\alpha^2\dot{I}_A$$

$$\dot{I}_C=\frac{\dot{U}_C-\dot{U}_{N'N}}{Z_1+Z}=\frac{\dot{U}_C}{Z_1+Z}=\alpha\dot{I}_A$$

从结点的 KCL 关系有　　$\dot{I}_N=\dot{I}_A+\dot{I}_B+\dot{I}_C=0$

表明三相线电流是对称的，$\dot{I}_N$ 等于零。所以在对称的三相电路中，中线中没有电流，相当于断开；两个中点间无电压，也可以认为是短路。

若将 N′与 N 短路，则三个线电流相互独立，可以化成如图 6-6(b)所示的单相电路来计算，利用对称关系可写出其他两相电流。

例 6-2 已知对称三相电源相电压为 110 V，对称三相负载 $Z=6+\mathrm{j}8\ \Omega$。分别计算图 6-7(a) 中的 $\dot{I}_A$、$\dot{I}_B$、$\dot{I}_C$。

解 对称三相电路可以化为如图 6-7(b) 所示的单相电路。

设 $\dot{U}_A=110\angle 0^\circ$ V，则

$$\dot{I}_A=\frac{\dot{U}_A}{Z}=\frac{110\angle 0^\circ}{6+\mathrm{j}8}=11\angle -53.1^\circ \text{A}$$

根据对称性，得另外两相电流

$$\dot{I}_B=\alpha^2\dot{I}_A=11\angle -173.1^\circ \text{ A}$$

$$\dot{I}_C=\alpha\dot{I}_A=11\angle 66.9^\circ \text{ A}$$

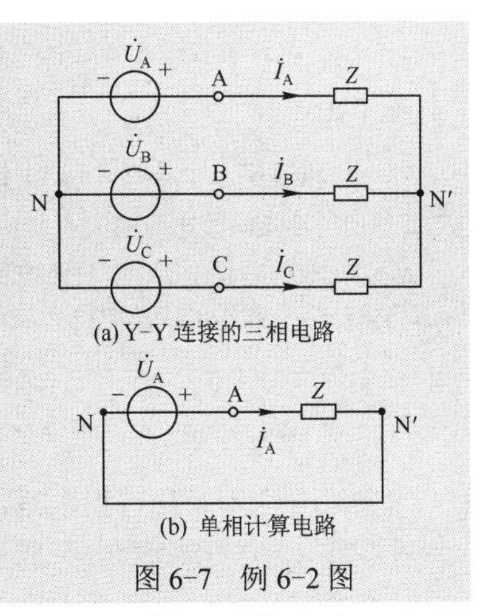

图 6-7 例 6-2 图

除了上述对称 Y-Y 三相电路连接方式外，还有 Y-Δ、Δ-Y 和 Δ-Δ 等形式的电路。对于这些电路的分析，首先把三角形电源或负载，通过 Δ/Y 等效变换，变成 Y-Y 连接方式，然后再采用 Y-Y 系统化为单相计算。负载的 Δ/Y 等效变换，是 $Z_\Delta=3Z_Y$，而电源的 Δ/Y 等效变换要注意 $\sqrt{3}$ 和 30° 的问题。

例 6-3 图 6-8(a) 所示电路中，三相电源对称，其线电压为 380V，负载 $Z_1=6+\mathrm{j}8\ \Omega$，$Z_2=9+\mathrm{j}12\ \Omega$。分别计算图中的 $\dot{I}_A$、$\dot{I}_B$、$\dot{I}_C$。

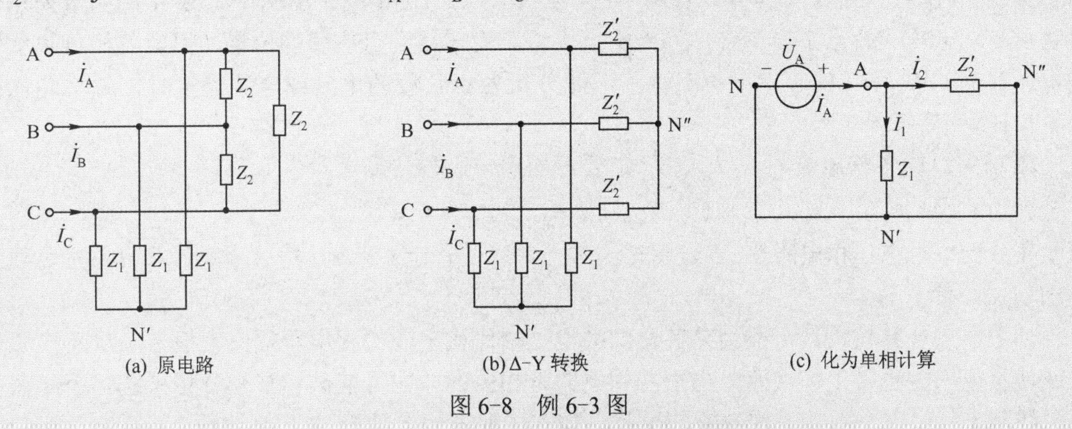

图 6-8 例 6-3 图

解 对称三相电路计算时，通常都是化成 Y-Y 连接电路。图 6-8(b) 即是把 Δ 负载化为 Y 负载，用 Z_2' 表示，有 $Z_2'=Z_2/3$。根据相电压与线电压的关系，也把电源转化成 Y 结构，于是得到如图 6-8(c) 所示的电路。

设 $\dot{U}_A=220\angle 0^\circ$ V，则

$$\dot{I}_1=\frac{\dot{U}_A}{Z_1}=\frac{220\angle 0^\circ}{6+\mathrm{j}8}=22\angle -53.13^\circ \text{ A}$$

$$\dot{I}_2=\frac{\dot{U}_A}{Z_2'}=\frac{220\angle 0^\circ}{3+\mathrm{j}4}=44\angle -53.13^\circ \text{A}$$

$$\dot{I}_A=\dot{I}_1+\dot{I}_2=66\angle -53.13^\circ \text{ A}$$

根据对称性，得出另外两相电流

$$\dot{I}_B=\alpha^2\dot{I}_A=66\angle -173.13^\circ \text{ A},\quad \dot{I}_C=\alpha\,\dot{I}_A=66\angle 66.87^\circ \text{ A}$$

思考题

T6.3-1 为什么对称 Y-Y 连接电路的计算，可以化为单相进行？

T6.3-2　试说明对称 Δ-Δ 连接电路的计算步骤。

基本练习题

6.3-1　同样的三个负载 $Z=12+\mathrm{j}16\ \Omega$，分别以 Y 连接和 Δ 连接在线电压为 240 V 的对称三相电源上，分别计算两种连接时线电流的大小、总的有功功率、功率因数。

6.3-2　对称三相电路，其负载端的线电压为 380 V，所吸收的功率为 1400 W，且功率因数 $\lambda'=0.866$（滞后）。当电源到负载端的线路阻抗 $Z_1=-\mathrm{j}55\ \Omega$ 时，计算此时电源端的电压 U_{AB} 和电源端的功率因数 λ。

6.4　不对称三相电路

本节将介绍不对称三相电路的概念，以及基本的计算方法。

在三相电路的构成中，只要有任意一部分出现不对称的情况，就称为不对称三相电路。例如，三相负载中的三个负载不完全相等，三相电源出现个别相电源短路或开路等现象，此时，都会形成不对称三相电路。

图 6-9(a)中，如果 Y-$\mathrm{Y_n}$ 连接的三相负载各不相同，当开关 S 打开时，用结点电压 $\dot{U}_{\mathrm{N'N}}$ 分析，即

$$\dot{U}_{\mathrm{N'N}}=\frac{\dot{U}_{\mathrm{A}}Y_{\mathrm{A}}+\dot{U}_{\mathrm{B}}Y_{\mathrm{B}}+\dot{U}_{\mathrm{C}}Y_{\mathrm{C}}}{Y_{\mathrm{A}}+Y_{\mathrm{B}}+Y_{\mathrm{C}}}$$

由于负载不对称，显然 $\dot{U}_{\mathrm{N'N}}\neq 0$，表明 N 点与 N′ 点的电位不同。由图 6-9(b)中的相量关系可以看出，N 点与 N′ 点不再重合，称为中点位移。而根据中点位移的位置，得出各相负载承受的电压 $\dot{U}_{\mathrm{AN'}}$、$\dot{U}_{\mathrm{BN'}}$、$\dot{U}_{\mathrm{CN'}}$ 也不再对称。因此分析各相负载的电流或电压等量时，就不能化简为单相计算了。

图 6-9(a)中各相电流 $\dot{I}_{\mathrm{A}}$、$\dot{I}_{\mathrm{B}}$、$\dot{I}_{\mathrm{C}}$，要各相逐一进行计算。即

$$\dot{I}_{\mathrm{A}}=\dot{U}_{\mathrm{AN'}}Y_{\mathrm{A}},\quad \dot{I}_{\mathrm{B}}=\dot{U}_{\mathrm{BN'}}Y_{\mathrm{B}},\quad \dot{I}_{\mathrm{C}}=\dot{U}_{\mathrm{CN'}}Y_{\mathrm{C}}$$

因此在分析不对称三相电路 Y-Y 连接时， 先计算 $\dot{U}_{\mathrm{N'N}}$ 十分重要，然后才能计算出各相负载的电压 $\dot{U}_{\mathrm{AN'}}$、$\dot{U}_{\mathrm{BN'}}$、$\dot{U}_{\mathrm{CN'}}$。

如果中点位移较大，可能会使某相的端电压幅值比电源的相电压幅值大很多，从而损坏负载或使负载不能正常工作。此外由于三相电源是相关的，也可能破坏整个三相系统。因此在使用三线制系统时，一般均采用对称的负载，如常用的三相电动机。

下面分析两种典型的不对称三相电路。

（1）某相开路，指对称三相电路的某相负载开路了。如图 6-10(a)所示的 A 相开路电路。则此时电路完全变成一个串联的回路。两相负载承受的电压为线电压 $\dot{U}_{\mathrm{BC}}$ 的一半。由图(b)中的相量图可见中点位移的位置。这种现象对于负载用户来说，电压幅值减小了，一般不会对用户的负载造成很大程度的损坏。

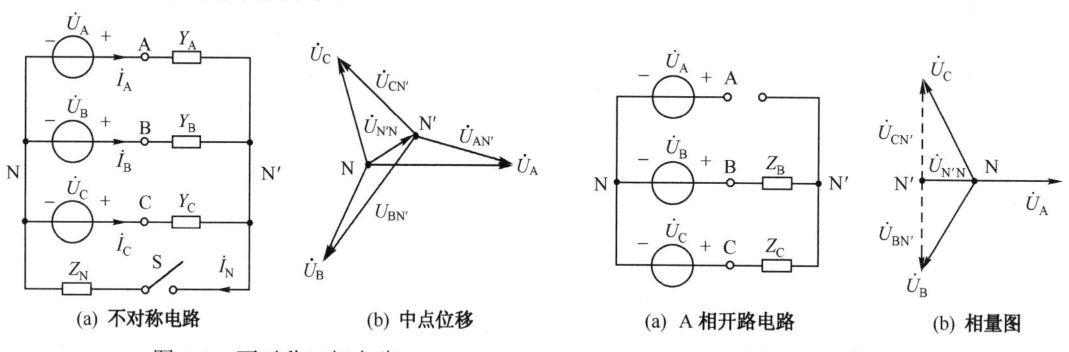

(a) 不对称电路　　(b) 中点位移

图 6-9　不对称三相电路

(a) A 相开路电路　　(b) 相量图

图 6-10　单相开路

（2）某相短路，指对称三相电路的某相负载短路了。如图 6-11(a)所示为 A 相短路电路。此时两个中点 NN′ 直接被一相电压连起来，造成另外两相的负载直接承受线电压幅值。由图(b)中的相量图可见，中点位移直接接到三角形的顶点。这种情况往往会造成负载在很大程度上损失。为避免出现上述不对称情况，需采取必要的措施，使电力系统的安全运行有充分的保障。

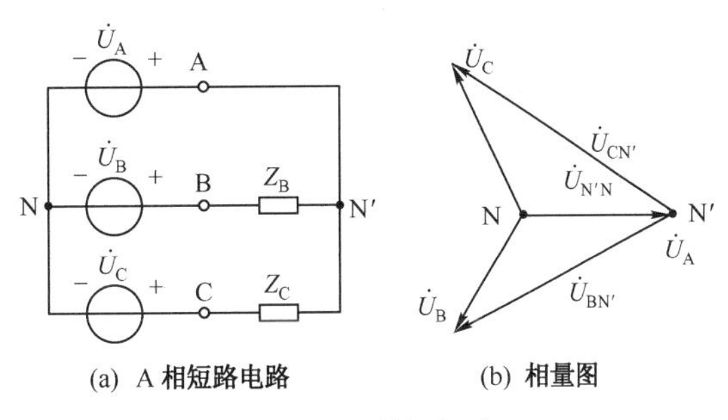

图 6-11　单相短路

如果把图 6-9(a)中的开关 S 闭合，即采用 $Y-Y_n$ 三相四线制时，再来讨论一下不对称负载情况。一般使中线的阻抗 Z_N 接近零，这样可以强迫 $\dot{U}_{N'N}=0$，而不让中点位移。这样做尽管电路还是不对称的，但是各相的负载保持电压大小相等只是相位不同，利用相量法逐相计算即可，因为此时各相负载的电压 $\dot{U}_{AN'}$、$\dot{U}_{BN'}$、$\dot{U}_{CN'}$ 被强制成对称电源了。当然此时的三相负载不对称，中线的电流将不再为零，即

$$\dot{I}_N=\dot{I}_A+\dot{I}_B+\dot{I}_C\neq 0$$

当三相负载严重不对称时，可能中线的电流很大。在居民用电的供电系统中，不准在中线上设置限流保护装置，否则就不能体现三相四线制的优点。

例 6-4　电路如图 6-12 所示，电源对称，线电压 $U_l=380\text{ V}$。试计算 $\dot{I}_A$、$\dot{I}_B$、$\dot{I}_C$、$\dot{I}_N$。

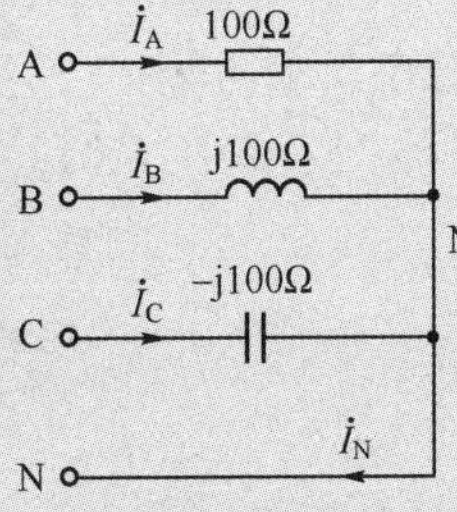

解　令相电压 $\dot{U}_A=220\angle 0^\circ\text{V}$，则

$$\dot{U}_{AN'}=220\angle 0^\circ\text{V},\quad \dot{U}_{BN'}=220\angle -120^\circ\text{V},\quad \dot{U}_{CN'}=220\angle -120^\circ\text{V}$$

有

$$\dot{I}_A=\frac{\dot{U}_{AN'}}{100}=2.2\angle 0^\circ\text{A},\quad \dot{I}_B=\frac{\dot{U}_{BN'}}{\text{j}100}=2.2\angle -210^\circ=2.2\angle 150^\circ\text{A}$$

$$\dot{I}_C=\frac{\dot{U}_{CN'}}{-\text{j}100}=2.2\angle 210^\circ=2.2\angle -150^\circ\text{A}$$

$$\dot{I}_N=\dot{I}_A+\dot{I}_B+\dot{I}_C=2.2(\sqrt{3}-1)\angle 180^\circ\text{A}$$

A ○—$\dot{I}_A$—100Ω
B ○—$\dot{I}_B$—j100Ω
C ○—$\dot{I}_C$—−j100Ω
N ○—$\dot{I}_N$
N′

图 6-12　例 6-4 图

例 6-5　图 6-13(a)所示为相序指示电路，用来判别三相电路中各相相序。它由一只电容和两只灯泡(相当于电阻 R)组成星形负载。已知 $1/(\omega C)=R$，三相电源对称，试计算两只灯泡上的电压。

解　设电源电压 $\dot{U}_A=U\angle 0^\circ$，计算两个中点之间的电压

$$\dot{U}_{N'N}=\frac{\dot{U}_A\text{j}\omega C+\frac{\dot{U}_B}{R}+\frac{\dot{U}_C}{R}}{\text{j}\omega C+\frac{1}{R}+\frac{1}{R}}=\frac{\frac{1}{R}U\angle 90^\circ+U\angle -120^\circ+U\angle -240^\circ}{\frac{1}{R}(\text{j}+2)}$$

$$=(-0.2+\text{j}0.6)U=0.63U\angle 108.4^\circ$$

B 相灯泡两端电压为

$$\dot{U}_{BN'}=\dot{U}_B-\dot{U}_{N'N}=U\angle -120^\circ-(-0.2+\text{j}0.6)U=1.5U\angle -101.5^\circ$$

其有效值为　$U_{BN'}=1.5U$

C 相灯泡两端电压为

$$\dot{U}_{CN'}=\dot{U}_C-\dot{U}_{N'N}=U\angle -240^\circ-(-0.2+\text{j}0.6)U=0.4U\angle 133.4^\circ$$

其有效值为　$U_{CN'}=0.4U$

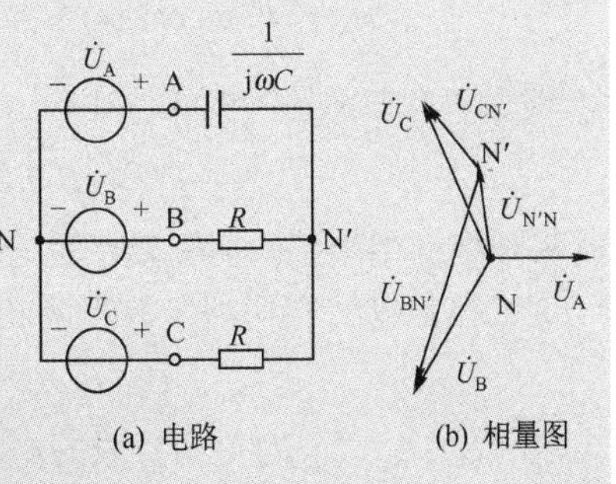

图 6-13　例 6-5 图

可见，B 相灯泡电压要高于 C 相灯泡电压，B 相灯泡比 C 相灯泡亮得多。由此可以判断，若接电容相为 A 相，则灯泡较亮的为 B 相，较暗的为 C 相。这也可以由图 6-13(b)的相量图反映出来。

思考题

T6.4-1　试画出对称 Y-Y 三线制系统，在 B 相负载开路时的相量图。

T6.4-2　一个三相三线制电路，电源相电压有效值为 500 V。负载为 Δ 连接，$Z_{AB}=10\angle 30^\circ\ \Omega$，$Z_{BC}=25\angle 30^\circ\ \Omega$，$Z_{CA}=20\angle -30^\circ\ \Omega$。求三个线电流。

T6.4-3　一个三相四线制电路，电源线电压有效值为 300 V。负载为 Y 连接，$Z_A=12\angle 45^\circ\ \Omega$，$Z_B=10\angle 30^\circ\ \Omega$，$Z_C=8\angle 0^\circ\ \Omega$，中线为理想导线。求三个线电流和中线电流 $\dot{I}_N$。

基本练习题

6.4-1　对称电源线电压为 380 V，$Z=27.5+\mathrm{j}46.64\ \Omega$，如图题 6.4-1 所示。

（1）开关 S 闭合时，两个功率表测量三相功率的接线图，试计算两个功率表的读数；

（2）如果开关 S 打开，再计算两个功率表的读数，并说明其意义。

6.4-2　不对称 Y 三相负载与中线形成三相四线制，如图题 6.4-2 所示。其中 $Z_1=3+\mathrm{j}2\Omega$，$Z_2=4+\mathrm{j}4\Omega$，$Z_3=2+\mathrm{j}1\Omega$，电源线电压为 380V。

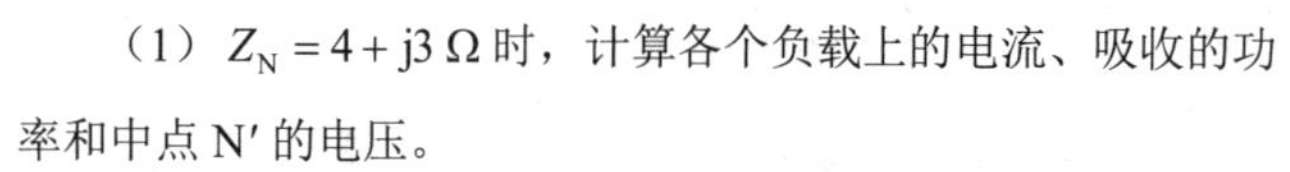

（1）$Z_N=4+\mathrm{j}3\ \Omega$ 时，计算各个负载上的电流、吸收的功率和中点 N′ 的电压。

（2）计算 $Z_N=0$ 但 A 相开路时，各个线电流。

（3）$Z_N=\infty$，且 A 相开路，再计算各个线电流。

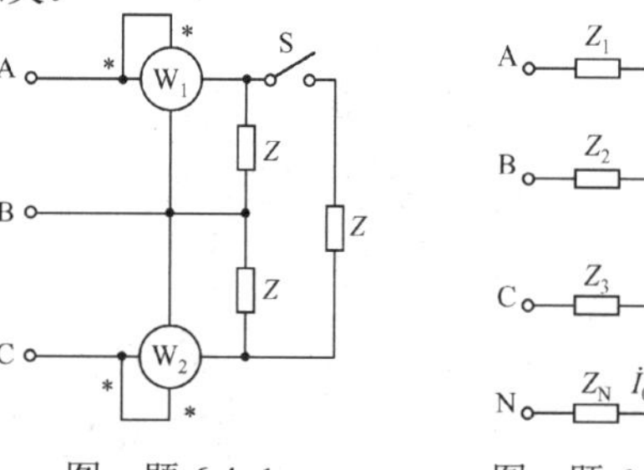

图　题 6.4-1　　图　题 6.4-2

6.5　三相电路的功率及其测量

6.5.1　三相电路的功率

设负载为 Y 连接，相电压为 u_A、u_B、u_C，相电流为 i_A、i_B、i_C，三相瞬时总功率为各相瞬时功率之和，即

$$p=p_A+p_B+p_C=u_Ai_A+u_Bi_B+u_Ci_C$$

在对称三相负载时有，$Z=Z_A=Z_B=Z_C=|Z|\angle\varphi$，若相电压

$$u_A=\sqrt{2}U\cos(\omega t)\ \text{V},\quad u_B=\sqrt{2}U\cos(\omega t-120^\circ)\ \text{V},\quad u_C=\sqrt{2}U\cos(\omega t+120^\circ)\ \text{V}$$

相电流　$i_A=\sqrt{2}I\cos(\omega t-\varphi)\ \text{A},\quad i_B=\sqrt{2}I\cos(\omega t-120^\circ-\varphi)\ \text{A},\quad i_C=\sqrt{2}I\cos(\omega t+120^\circ-\varphi)\ \text{A}$

则

$$p=p_A+p_B+p_C=3UI\cos\varphi \tag{6-1}$$

表明对称三相电路瞬时总功率为一个常量。

三相负载的有功功率等于各相负载的有功功率之和，即

$$P=P_A+P_B+P_C=U_AI_A\cos\varphi_A+U_BI_B\cos\varphi_B+U_CI_C\cos\varphi_C \tag{6-2}$$

式中，U_A,U_B,U_C 为各相负载的电压有效值；I_A,I_B,I_C 为各相负载的电流有效值；$\varphi_A,\varphi_B,\varphi_C$ 为各相电流、电压之间的相位差。在对称三相电路中，有

$$U_A=U_B=U_C=U_{ph},\quad I_A=I_B=I_C=I_{ph},\quad \varphi_A=\varphi_B=\varphi_C=\varphi$$

所以对称三相电路的有功功率为

$$P = 3U_{ph}I_{ph}\cos\varphi \tag{6-3}$$

对称三相电路吸收的总的有功功率等于瞬时总功率，这也是对称三相电路的一个特点。

对于 Y 连接的负载，有 $U_l = \sqrt{3}U_{ph}$， $I_l = I_{ph}$，所以上式可以写成

$$P = \sqrt{3}U_l I_l \cos\varphi \tag{6-4}$$

对于 Δ 连接的负载，有 $U_l = U_{ph}$， $I_l = \sqrt{3}I_{ph}$，也可以写成如式(6-4)所示的形式。所以对称三相电路的有功功率均可以按式(6-4)来计算。

同理，三相负载的无功功率可以写成

$$Q = Q_A + Q_B + Q_C = U_A I_A \sin\varphi_A + U_B I_B \sin\varphi_B + U_C I_C \sin\varphi_C \tag{6-5}$$

对称三相电路时有 $Q = 3U_{ph}I_{ph}\sin\varphi$，$Q = \sqrt{3}U_l I_l \sin\varphi$

三相电路的视在功率 $$S = \sqrt{P^2 + Q^2} \tag{6-6}$$

三相电路的功率因数 $$\cos\varphi' = P/S \tag{6-7}$$

对称三相电路时有 $\cos\varphi' = \cos\varphi$，即与单相负载的功率因数相等。

三相负载吸收的复功率等于各相负载吸收的复功率之和。可以表示为

$$\overline{S} = \dot{U}_{AN'}\dot{I}_A^* + \dot{U}_{BN'}\dot{I}_B^* + \dot{U}_{CN'}\dot{I}_C^* = \overline{S}_A + \overline{S}_B + \overline{S}_C = P + jQ \tag{6-8}$$

式中，$\dot{U}_{AN'},\dot{U}_{BN'},\dot{U}_{CN'}$ 为各相负载电压相量；$\dot{I}_A^*,\dot{I}_B^*,\dot{I}_C^*$ 为各相负载的电流相量的共轭。

在对称的三相电路中，$\overline{S}_A = \overline{S}_B = \overline{S}_C$，所以

$$\overline{S} = 3\overline{S}_A = 3(P_A + jQ_A)$$

三相电路的功率可以用功率表进行测量。

6.5.2 三相电路功率的测量

1. 三只功率表

最直接的方法，采用三只功率表(瓦特表)，分别测量三相负载的功率再相加。当然，此方法对于含中线的 Y-Y_n 连接方式较为适合，如图 6-14(a)所示。

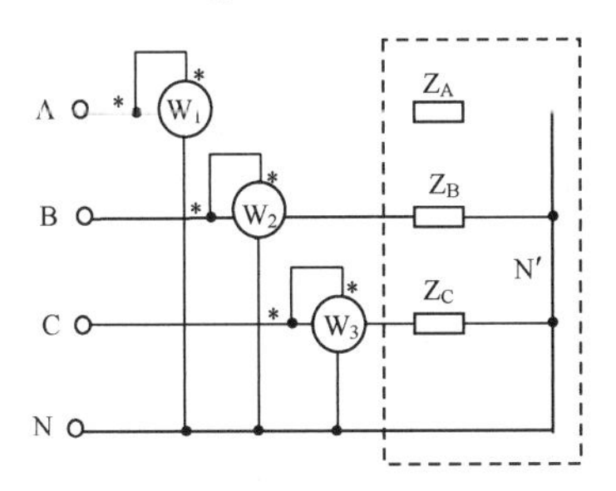

(a) 三只功率表测量 Y_n 形负载功率

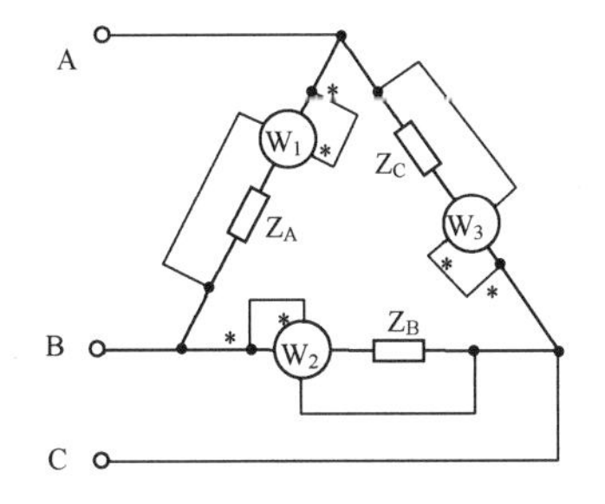

(b) 三只功率表测量Δ负载功率

图 6-14 三只功率表测量三相功率

对于图 6-14(a)测量电路，此时三相电路的功率由式(6-2)得

$$\begin{aligned} P &= P_1 + P_2 + P_3 = \mathrm{Re}[\dot{U}_{AN'}\dot{I}_A^*] + \mathrm{Re}[\dot{U}_{BN'}\dot{I}_B^*] + \mathrm{Re}[\dot{U}_{CN'}\dot{I}_C^*] \\ &= U_A I_A \cos\varphi_A + U_B I_B \cos\varphi_B + U_C I_C \cos\varphi_C \end{aligned}$$

而若负载为Δ接线方式时，则三只瓦特表测量功率接线原理如图 6-14(b)所示，三只功率表的读数表达式请读者自行推导。实际工程中，图 6-14(b)接法较难实现，很少用。

2. 两只功率表

对三线制电路，采用两只功率表也是可以测量三相功率的。因为，三线制三相电路，负载无论对称与否，是 Y 负载还是Δ负载，均可以作为超结点，如图 6-15(a)所示，即

$$\dot{I}_{A}+\dot{I}_{B}+\dot{I}_{C}=0$$

说明 3 个电流量相关，仅有 2 个量是独立的，只需测量 2 个独立电流即可。

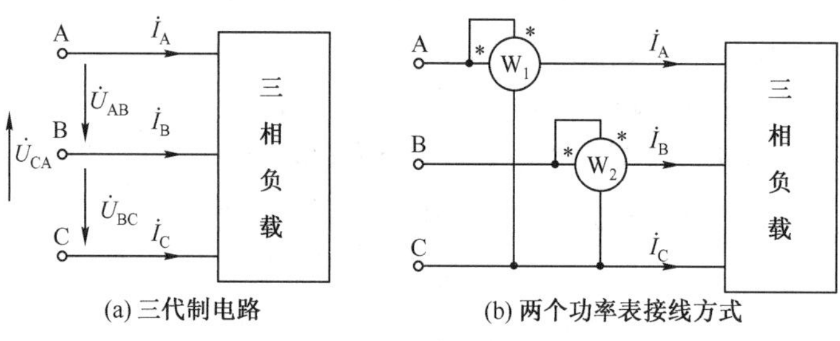

(a) 三代制电路　　(b) 两个功率表接线方式

图 6-15　三相电路功率测量

显然两只功率表，可以测量两个电流和两个电压。利用三相电路固有的特点，通过适当的接线方式，如图 6-15(b)所示接线方式，两只功率表测量的电流 $\dot{I}_{A}$ 和 $\dot{I}_{B}$ 以及电压 $\dot{U}_{AC}$ 与 $\dot{U}_{BC}$，根据功率表读数的特点，两个功率表读数的代数和，是三相电路的总功率。

设两只功率表的读数(有功功率)分别为 P_1 和 P_2，有

$$P_1=\text{Re}[\dot{U}_{AC}\dot{I}_{A}^{*}]，\quad P_2=\text{Re}[\dot{U}_{BC}\dot{I}_{B}^{*}]$$

这两个读数的代数和为

$$P_1+P_2=\text{Re}[\dot{U}_{AC}\dot{I}_{A}^{*}]+\text{Re}[\dot{U}_{BC}\dot{I}_{B}^{*}]=\text{Re}[\dot{U}_{AC}\dot{I}_{A}^{*}+\dot{U}_{BC}\dot{I}_{B}^{*}]$$

假设 Y 负载，共同连接点为 N′，则

$$\dot{U}_{AC}=\dot{U}_{AN'}-\dot{U}_{CN'}，\quad \dot{U}_{BC}=\dot{U}_{BN'}-\dot{U}_{CN'}$$

取 $\dot{I}_{A}^{*}+\dot{I}_{B}^{*}=-\dot{I}_{C}^{*}$，代入上式得

$$\begin{aligned}P=P_1+P_2&=\text{Re}[\dot{U}_{AC}\dot{I}_{A}^{*}]+\text{Re}[\dot{U}_{BC}\dot{I}_{B}^{*}]=\text{Re}[\dot{U}_{AN'}\dot{I}_{A}^{*}]+\text{Re}[\dot{U}_{BN'}\dot{I}_{B}^{*}]+\text{Re}[\dot{U}_{CN'}\dot{I}_{C}^{*}]\\&=U_{A}I_{A}\cos\varphi_{A}+U_{B}I_{B}\cos\varphi_{B}+U_{C}I_{C}\cos\varphi_{C}\end{aligned}$$

显然，两只功率表读数代数和，正好等于三相负载吸收的总的有功功率。若负载为Δ接线时，可以把负载通过Δ-Y 转换，再采用图 6-15(b)的接线方式，三相负载总的有功功率仍然等于两只功率表读数的代数和。分析过程表明：两只功率表测量三线制三相电路总功率，负载可以对称，也可以不对称。

如果负载(感性)是对称三相电路，可以设 A 相电压为参考相量，即 $\dot{U}_{A}=U_{A}\angle 0^\circ$，则 A 相电流滞后 A 相电压 φ ($\varphi\geqslant 0$) 相位，相量图 6-16 所示，有

$$\dot{I}_{A}=I_{A}\angle -\varphi，\quad \dot{I}_{A}^{*}=I_{A}\angle \varphi$$

同理有

$$\dot{I}_{B}^{*}=I_{A}\angle(\varphi+120^\circ)$$

其余的相量关系有

$$\dot{U}_{AC}=\dot{U}_{A}-\dot{U}_{C}=\sqrt{3}U_{A}\angle -30^\circ$$

$$\dot{U}_{BC}=\dot{U}_{B}-\dot{U}_{C}=\sqrt{3}U_{A}\angle -90^\circ$$

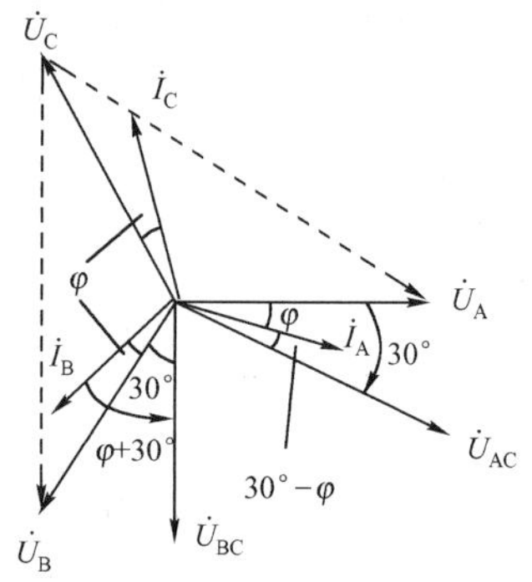

图 6-16　相量图

则两只功率表的读数可以表示为

$$P_1=\text{Re}[\dot{U}_{AC}\dot{I}_{A}^{*}]=\text{Re}[U_{AC}I_{A}\angle \varphi-30^\circ]=U_{AC}I_{A}\cos(\varphi-30^\circ) \tag{6-9}$$

$$P_2=\text{Re}[\dot{U}_{BC}\dot{I}_{B}^{*}]=\text{Re}[U_{BC}I_{B}\angle \varphi+120^\circ-90^\circ]=U_{BC}I_{B}\cos(\varphi+30^\circ) \tag{6-10}$$

两只表的读数之和为 $$P_1+P_2=U_{AC}I_A[\cos(30^\circ-\varphi)+\cos(30^\circ+\varphi)]$$
$$=\sqrt{3}U_{AC}I_A\cos\varphi=3U_{AN}I_A\cos\varphi$$

与式(6-3)结论一致。需要说明的是，必须把两只表的读数相加，才是整个三相电路的功率。这里可能出现其中一只表的读数为负值的情况，即式(6-9)和式(6-10)中$|\varphi|>60^\circ$的时候。而用两只功率表测量三相电路功率的方法主要适用于三线制的三相电路。对三相四线制系统，只有对称时才适用。

对于对称三相电路用两只功率表测量功率时，还可以得到一些相关的参数，如三相电路的无功功率、功率因数等。仍以图 6-15(b)为例，三相负载(感性)且对称，即

$$P_1-P_2=U_{AC}I_A[\cos(30^\circ-\varphi)-\cos(30^\circ+\varphi)]=U_{AC}I_A\sin\varphi=Q/\sqrt{3}$$

或 $$Q=\sqrt{3}(P_1-P_2)$$

以及 $$\varphi=\arctan\frac{\sqrt{3}(P_1-P_2)}{P_1+P_2}$$

3. 一只功率表

由前面分析知，在对称三相电路中，有功功率、无功功率、复功率等都是单相的 3 倍。因此对称三相电路功率测量，理论上只要测量单相功率即可。如图 6-14(a)和(b)中，均可以撤去两只功率表，仅留一只功率表把读数乘以 3 即为三相总功率。

这里介绍一种一只功率表在三相对称负载时的特殊接线方式，并说明其实际的用途和读数代表的意义。图 6-17 所示为仅一只功率表时的接线方式，其中负载对称，电源正序对称。

此时，功率表的读数是$P=\mathrm{Re}[\dot{U}_{AC}\dot{I}_B^*]$，根据对称条件，可以取 A 相电压为参考相量，设$\dot{U}_A=U_A\angle 0^\circ$，若负载为感性，则 A 相电流滞后 A 相电压$\varphi$($90^\circ\geqslant\varphi\geqslant 0^\circ$)相位，则$\dot{I}_A=I_A\angle -\varphi$，$\dot{I}_A^*=I_A\angle\varphi$，有$\dot{I}_B^*=I_A\angle(\varphi+120^\circ)$，且

$$\dot{U}_{AC}=\dot{U}_A-\dot{U}_C=\sqrt{3}U_A\angle -30^\circ$$

所以 $$\mathrm{W}=\mathrm{Re}[\dot{U}_{AC}\dot{I}_B^*]=\mathrm{Re}[\sqrt{3}U_AI_A\angle\varphi+90^\circ]=-\sqrt{3}U_AI_A\sin\varphi$$
$$=-\frac{3}{\sqrt{3}}U_AI_A\sin\varphi=-\frac{1}{\sqrt{3}}Q$$

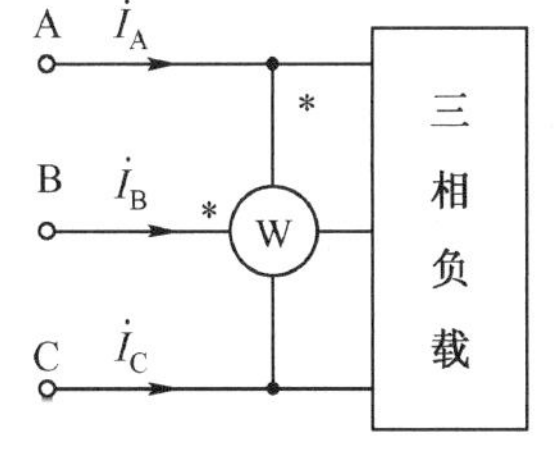

图 6-17　特殊用途的一瓦特表接线

显然该功率表读数是无功功率的量纲，单瓦特表 W 读数的单位为 var。在电源 ABC 相序为正序时，功率表读数是三相负载吸收无功功率的$1/\sqrt{3}$倍，且与负载消耗无功功率的物理意义相反，即感性负载是消耗负的无功功率。读者可以自行推导：当负载为容性时，该功率表读数为正；当电源 ABC 相序为逆序时，上述结论正好相反，即功率表读数为正，负载为感性；功率表读数为负，负载为容性。无论正序或逆序，当负载为纯电阻时，功率表读数为零。所以在实验或工程应用中，也可以采用这一特性来确定三相电源的相序。

例 6-6　正序对称三相电路，有三个功率表 W_1、W_2、W，其连接方式如图 6-18 所示。其中 W_1 的读数为 2 kW，W_2 的读数为 6 kW。试求整个电路吸收的：（1）无功功率；（2）功率因数；（3）W 的读数。

解　设其线电压为 U_l，线电流为 I_l，根据 W_1、W_2 的接线方式，由本节的分析可知三相电路的有功功率为

$$P=P_{W1}+P_{W2}=8\ \mathrm{kW}$$

（1）无功功率为 $$Q=\sqrt{3}(W_1-W_2)=\sqrt{3}U_{AC}I_A\sin\varphi=-4\sqrt{3}\mathrm{kvar}$$

说明此三相电路为容性负载，负载发出无功功率。

（2）功率因数 $\varphi=\arctan\dfrac{Q}{P}=\arctan\dfrac{-4\sqrt{3}}{8}=-40.5^\circ$， $\cos\varphi=0.76$

（3）W 的读数。根据 W 的接线方式，功率表的读数是 $P=\mathrm{Re}[\dot U_{AC}\dot I_B^*]$，由图 6-18(b)所示的相量关系，设电压相量 $\dot U_A=U_A\angle 0^\circ$，则 $\dot U_{AC}=U_{AC}\angle -30^\circ$，$\dot I_A=I_A\angle 40.5^\circ$（即容性），电流相量 $\dot I_B=I_A\angle -79.5^\circ$，$\dot I_B^*=I_A\angle 79.5^\circ$，则

$$W=\mathrm{Re}[\dot U_{AC}\dot I_B^*]=\mathrm{Re}[U_{AC}I_A\angle(-30^\circ+79.5^\circ)]=U_{AC}I_A\cos 49.5^\circ$$

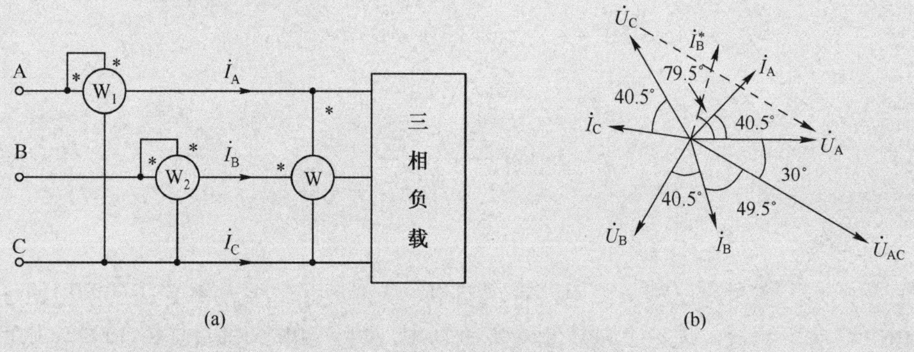

图 6-18 例 6-6 图

由（1）和（2）的结果知： $\sqrt{3}U_{AC}I_A\sin(-40.5^\circ)=-4\sqrt{3}$

所以 W 的读数为 $W=U_{AC}I_A\cos 49.5^\circ=U_{AC}I_A\sin 40.5^\circ=4\ \mathrm{kvar}$

本例题说明，对称三相负载，采用如图 6-18 所示接线的单瓦特表读数 W，是前面两个瓦特表读数的 W_2-W_1。电源正序时，$W>0$，负载为容性；$W<0$，负载为感性。该读数乘以 $-\sqrt{3}$ 可以间接得出负载吸收的无功功率。

思考题

T6.5-1 对三相四线制 Y-Y_n 系统，能否用两个功率表测量负载的功率？

T6.5-2 一瓦特表接线如图 6-17 所示，试推导三相负载为纯阻性时，W 的读数等于 0。

基本练习题

6.5-1 图题 6.5-1 中，对称三相电路的线电压为 380 V，其负载由电阻和电容并联构成。已知 $R=200/3\ \Omega$，负载吸收的无功功率为$-1520\sqrt{3}$ var，计算各相电流和电源发出的复功率。

6.5-2 对称三相电路，电源线电压为 380 V。图题 6.5-2 中，相电流为 2 A，分别求图(a)和图(b)中的两个功率表读数。

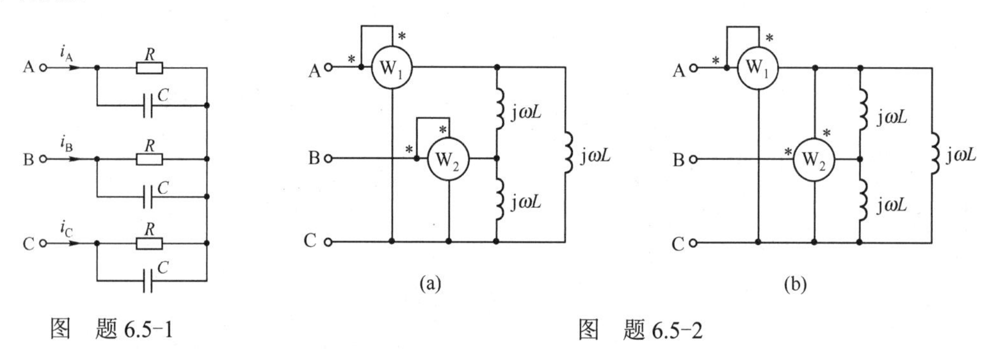

图 题 6.5-1　　图 题 6.5-2

△6.6 应用——三相电路系统的用电安全：保护接零

大多数家用电器都有金属外壳，它们需要进行接零保护，把金属外壳通过接地导线与供电线路系统中的零线可靠地连接起来，起到保护人员不受到电击的危险。常规的接零保护方式有三种，分别如图 6-19(a)、(b)和(c)所示。其中 R_1 为电源中性点接地的接地电阻，R_2 为入户端埋设的接地电阻。

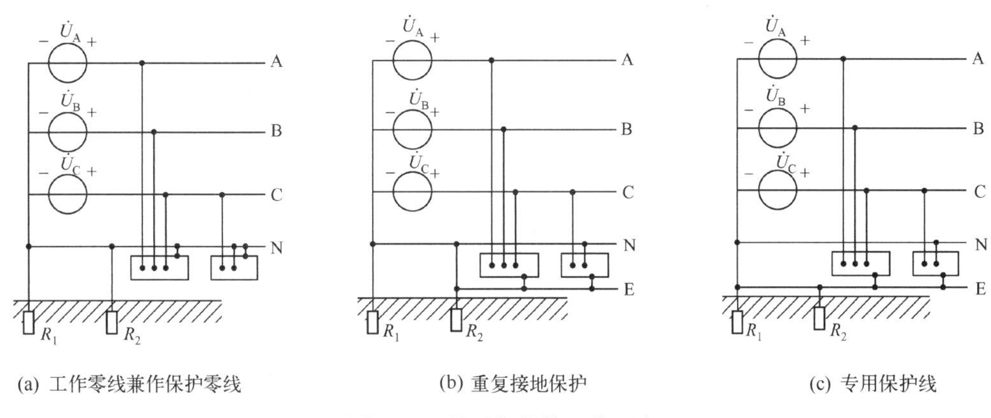

(a) 工作零线兼作保护零线　(b) 重复接地保护　(c) 专用保护线

图 6-19　接零保护的三种形式

图 6-19(a)为一般的接零保护，以工作零线兼作保护零线。工作原理：在当电路的某相带电部分触及设备外壳时，通过外壳形成该相对零线的单相短路(称碰壳短路)，此时，短路电流很大，可以使线路上保护装置迅速动作，切断电源。

图 6-19(b)为重复接地保护，在进入用户端，一处或多处通过接地装置再次与大地连接，接地电阻 R_2 很小。该装置除可以起到图(a)的保护作用之外，还可以使在零线断线、相线零线接错时所产生的危险能够快速反应而断电保护。

图 6-19(c)为专用保护线。与图(b)的区别在于从电源的中性点处直接接出一根专用保护线到用户。它是目前国际上流行的三相电路保护系统，称为三相五线制保护系统。我国也开始逐渐采用这种三相五线制。不过多数情况下仍然采用图(a)或图(b)的方法。值得注意的是：当在一个供电系统中接入多个家用电器时，不能够一部分采用图(a)所示的方法，而另一部分采用图(b)的方法。否则当采用图(b)方法的部分出现漏电时，会与采用图(a)方法连接的电器的外壳之间构成电流回路，人员会有触电危险。

本 章 小 结

三相电路的电源和负载都有星形和三角形连接，Y-Y 连接时可以有三相四线制连接。负载具有对称和不对称两类。因此分析时，先确定何种负载连接、是否对称。对称三相电路分析电流电压时，可以化成单相计算，其他两相利用 $\sqrt{3}$ 和 30° 关系直接写出。而不对称三相电路，若三线制时，先求 $\dot{U}_{NN'}$，再分别求出各相负载的电压 $\dot{U}_{AN'}$、$\dot{U}_{BN'}$、$\dot{U}_{CN'}$，然后对三相逐一计算。三相电路的功率分理论计算和功率表测量方式的读数计算，而对称三相电路的功率测量计算中，对两只瓦特表接线方式，有 $P=P_1+P_2$；对一只瓦特表测 AC 相电压和 B 相电流的特殊接线方式，其功率表读数的物理意义是无功功率的量纲，同时可以判断三相电路相序或负载的感、容、阻性。三相电路分析中相量图的应用十分重要。

难点提示：三相电路分析中首先要分清在不同连接情况下，线电压/流、相电压/流的关系，在功率的测量和计算中，要抓住功率表读数是表示被测量的电流有效值、电压有效值，以及被测电流、电压相位差的余弦这三者的乘积。以及两只瓦特表测量三相电路功率的适用范围，对各电量的相量图的理解并掌握十分关键。

名人轶事

尼古拉·特斯拉(Nikola Tesla，1856—1943)，塞尔维亚裔美籍发明家、机械工程师和电机工程师。他被认为是电力商业化的重要推动者，并因主持设计了现代广泛应用的交流电力系统而最为人知。他在电磁理论和交流电力系统做出了杰出贡献。为了纪念这位杰出的科学家，国际单位制中磁感应强度的单位“特斯拉”就以他的名字命名的。他创立了现代交变电流电力系统，包括多相电力分配系统和交流电发电机，带起了第二次工业革命。他的一生共有超过 1000 项发明和专利，其成果超过托马斯·阿尔瓦·爱迪生(Thomas Alva Edison,1847～1931)。其中诺贝尔物理学奖，尼古拉·特斯拉一个人就被评选出 9 次，与爱迪生一起 2 次，而他把这 11 次的诺贝尔奖全部让贤。拒绝 1912 年和爱迪生共享诺奖的理由是无法忍受和对方一起分享这一荣誉，爱迪生后来也放弃去参加诺贝尔奖的竞选。

1882 年，他继爱迪生发明直流电(DC)后不久，发明了“高频率”(15 000Hz)交流发电机(于 1891 年获得专利)，更于 1885 年发明多相电流和多相传电技术，就是现在全世界广泛应用的 50~60Hz 传送电能的方法。

电流战争 是 19 世纪 80 年代后期，爱迪生推广的直流输电系统，与乔治·威斯汀豪斯(总部设在宾夕法尼亚州匹兹堡的西屋公司的老板)以及几家欧洲公司所倡导的交流输电系统之间的一场商业斗争。

在配电系统发明初期，爱迪生的直流输电系统是当时美国的标准，电器得到广泛应用，而同时电费却十分高昂，而且爱迪生也不想失去他所有的专利使用费。所以经营输出直流电成为了当时最赚钱的生意，当时特斯拉也受雇于爱迪生的公司工作。1884 年，特斯拉脱离爱迪生的公司，遇上西屋公司负责人乔治·威斯汀豪斯(George Westinghouse)，并在其支持下于 1888 年正式将交流电带给当时的社会。在 1893 年 1 月位于芝加哥的一次世界博览会开幕礼中，特斯拉展示了交流电同时点亮了 90000 盏灯泡的供电能力，震慑全场，因为直流电根本达不到这种效果。从此交流电取代了直流电成为供电的主流，而特斯拉拥有着交流电的专利权，在当时每生产一匹交流电就必须向特斯拉缴纳 1 美元的版税。在强大的利益驱动下，当时一股财团势力要挟特斯拉放弃此项专利权，并意图独占牟利。经过多番交涉后，特斯拉决定放弃交流电的专利权，条件是交流电的专利将永久公开。从此他便撕掉了交流电的专利，失去了收取版税的权利。从此交流电再没有专利，成为一项免费的发明。

综合练习题

6-1 按要求作答。

(1) 判断正误：对称的三相四线电路中，中线两端电压为零，中线中电流也为零。

(2) 判断正误：对称三线制三相电路 2 瓦特表测量功率，其中两个表读数分别为 300W 和−50W，则三相电路总功率为 250W。

(3) 单一选择：对称三角形负载如图 6-4(b) 所示，线电流 $\dot{I}_{A}=\sqrt{3}\angle 0^{\circ}\text{A}$，则相电流 $\dot{I}_{A'B'}=$ (　　)。

A. $1\angle 30^\circ$A；　B. $1\angle -30^\circ$A；　C. $1\angle 0^\circ$A；　D. $3\angle 0^\circ$A

（4）填空：若三相电源的相序为 ACB，其中$\dot{U}_A = 380\angle 30^\circ$V，则$\dot{U}_B$的相位超前$\dot{U}_A$相位__________（角度应该填写 ± 180°之间）。

6-2　图题 6-2 中，对称负载的 A 相又并联了一个电阻 R，因此形成不对称电路。采用四线制，电源的线电压为 380 V。已知电阻消耗的功率为 24200 W，负载 $Z = 22 + \mathrm{j}22\ \Omega$。问：

（1）图中的功率表接线测量的功率是多少？

（2）功率表读数代表了什么？

（3）根据 R 的功率和功率表的读数可以算出这个不对称电路负载的总功率吗？

6-3　由单相正弦电源形成对称三相电源，采用图题 6-3 所示的结构。即图中的 a、b、c 对 O 而言是一个对称的三相电压。试分析 RLC 应符合什么条件；当 $R = 20\ \Omega$ 时，求其他两个参数的值。设电路的频率 $f = 50$ Hz。

6-4　对称三相电源，电源线电压为 380 V。图题 6-4 中，Z_A、Z_B、Z_C 不相等，R =100 Ω。试求三个电流表的读数。

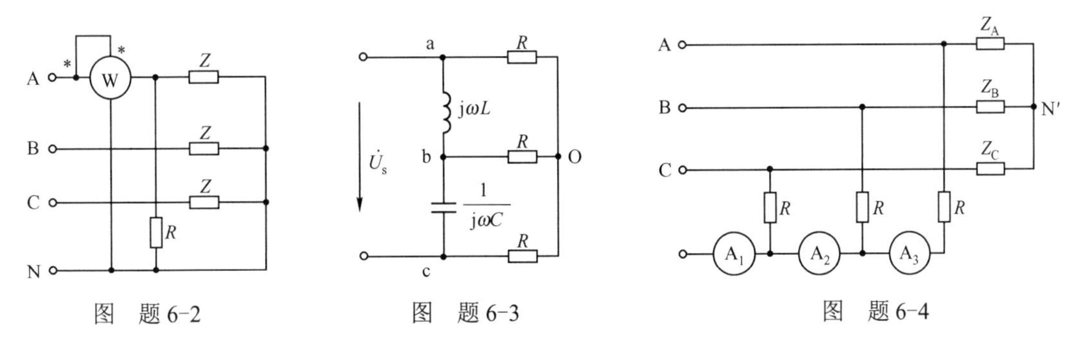

图　题 6-2　　图　题 6-3　　图　题 6-4

6-5　试证明图题 6-5 中，对同样负载图(a)和图(b)两种接线的功率表读数具有 $P_{W1}=P_{W4}$，$P_{W2}=P_{W3}$。

6-6　图题 6-6 中 ABC 处接三相对称电源，S_R 和 S_C 分别为接在电阻支路和电容支路的开关。当 6 个开关全部闭合时，功率表 W_1 读数为 100W，W_2 读数为 200W。问：

（1）若三个 S_C 全断开，而三个 S_R 全闭合，两个功率表的读数是多少？

（2）若三个 S_R 全断开，而三个 S_C 全闭合，两个功率表的读数是多少？

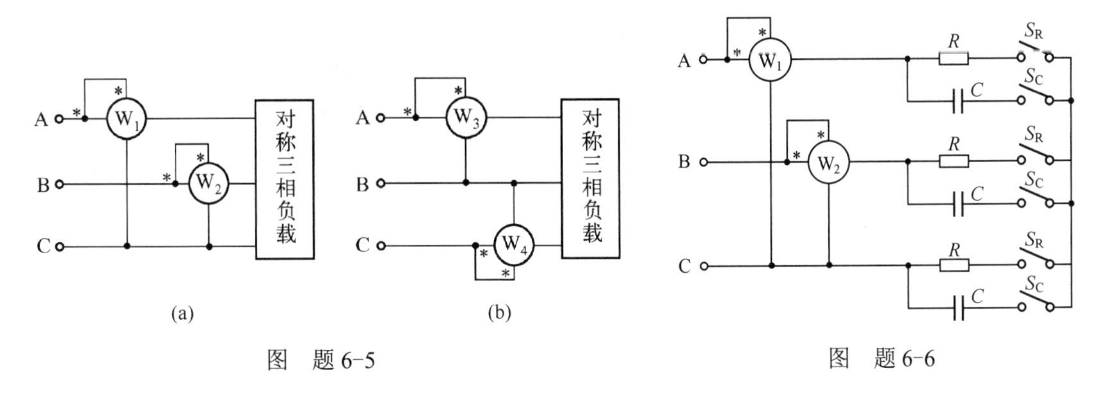

图　题 6-5　　图　题 6-6

6-7　如果三角形接法的三相电源，某相突然断路了，那么对称三相负载端承受的电压和电流都还对称吗？

6-8　三相四线制供电系统，当电源出现两相均断路时，第三相上负载还能够正常工作吗？为什么？

第 7 章　耦合电感电路

【内容提要】

本章是相量法分析正弦交流稳态电路的延伸。首先介绍耦合电感的电路模型，含有耦合电感电路的分析；然后讨论空心变压器和理想变压器的分析。拓展应用中，介绍了相关工程中利用耦合电感原理制成的钳形电流表和变压器接线组模式及命名。

7.1　磁耦合现象与互感

7.1.1　磁耦合现象

由电磁感应定律可知，只要穿过线圈的磁力线(磁通)发生变化，就会在线圈中感应出电动势。当一个线圈由于自身电流变化时引起交链线圈的磁通变化，在线圈中感应出自感电动势，即第 1 章中电感元件 L 的定义的由来。如果电路中有两个非常靠近的线圈，当一个线圈中通过电流时，此电流产生的磁通不但穿过该线圈本身，同时也会有部分磁力线穿过邻近的另一个线圈。这时，当电流变化时，邻近线圈中的磁通也会发生变化，从而在线圈中产生感应电动势。这种由于一个线圈的电流变化时，通过磁通耦合在另一线圈中产生感应电动势的现象，称为磁耦合现象，又称互感现象。

图 7-1 所示为绕在没有铁磁物质托架上两个靠近的线圈(电感 L_1 和 L_2)，线圈中有电流 i_1 和 i_2(施感电流)；线圈的匝数分别为 N_1、N_2。根据线圈的绕向、电流 i_1 和 i_2 的参考方向、右手螺旋法则，可以确定电流产生的磁通的方向和彼此交链的情况。将线圈 1 中电流 i_1 产生的全部磁通设为 Φ_{11}，方向如图中所示；该磁通分两部分：仅穿越线圈 1 而不穿越线圈 2 的部分，称为漏磁通，如图 7-1 中的 $\Phi_{1\sigma}$；既穿越线圈 1 又穿越线圈 2 的部分，称为互感磁通 Φ_{21}。所以 $\Phi_{11}=\Phi_{21}+\Phi_{1\sigma}$。这些磁通乘以相应线圈匝数称为磁链。$\Psi_{11}=N_1\Phi_{11}$ 称为自感磁链；$\Psi_{1\sigma}=N_1\Phi_{1\sigma}$ 为线圈 1 的漏磁链；另一部分 $\Psi_{21}=N_2\Phi_{21}$ 为互感磁链。同理：线圈 2 中的电流 i_2 也产生自感磁链 $\Psi_{22}(=N_2\Phi_{22})$、漏磁链 $\Psi_{2\sigma}(=N_2\Phi_{2\sigma})$ 和互感磁链 $\Psi_{12}(=N_1\Phi_{12})$，也存在 $\Phi_{22}=\Phi_{12}+\Phi_{2\sigma}$。

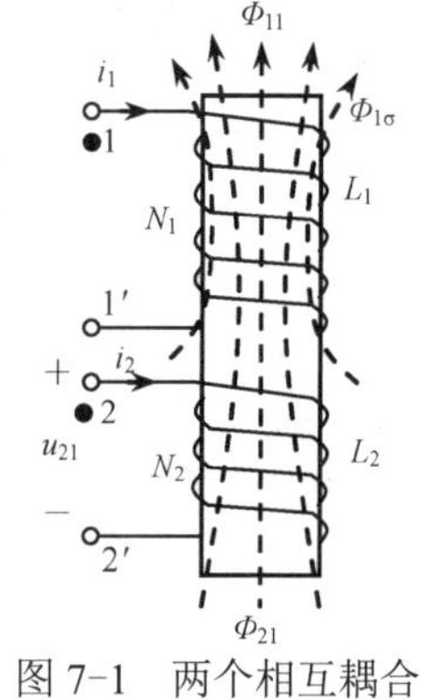

图 7-1　两个相互耦合电感的物理结构

7.1.2　同名端与互感

当仅有两个耦合线圈，且两线圈中均有施感电流时，每个线圈中实际的总磁链则等于自感磁链与互感磁链的代数和，如果线圈 1 和线圈 2 中的总磁链分别为 Ψ_1 和 Ψ_2，那么

$$\Psi_1=\Psi_{11}\pm\Psi_{12} \tag{7-1}$$

$$\Psi_2=\Psi_{22}\pm\Psi_{21} \tag{7-2}$$

式(7-1)和式(7-2)中，出现“±”表明，互感磁链(或磁通)的方向与自感磁链(或磁通)的方向可能相同或者相反。“+”表示互感磁链与自感磁链方向一致，称为互感磁链的“增强”作

用；“–”则相反，表示互感磁链的“削弱”作用。

为了便于反映“增强”或“削弱”作用的现象，采用同名端进行标记。即：对于两个有耦合的线圈各取一个端子，用相同的符号(如用“•”或“*、Δ”)标记，称这一对端子为同名端。当施感电流 i_1 和 i_2 都是从同名端流入(或流出)线圈时，根据右手螺旋定则，两电流产生的自感磁链在两线圈中是同方向的(即增强)。例如，图 7-1 中用“•”标记的 1 和 2 为同名端。或者 1′ 和 2′ 为同名端。而端子 1 与 2′、2 与 1′ 则称为异名端。两个耦合线圈的同名端可以根据它们的绕向和相对位置来判别，也可以用实验的方法确定。

仿照第 1 章对于线性自感的定义，即磁链与其施感电流成正比关系、自感电压与其施感电流成微分关系

$$\Psi_{11}=L_1i_1,\quad u_{11}=\frac{\mathrm{d}\psi_{11}}{\mathrm{d}t}=L_1\frac{\mathrm{d}i_1}{\mathrm{d}t},\quad \Psi_{22}=L_2i_2,\quad u_{22}=\frac{\mathrm{d}\psi_{22}}{\mathrm{d}t}=L_2\frac{\mathrm{d}i_2}{\mathrm{d}t}$$

定义：线圈 1 在线圈 2 产生的互感磁链与其施感电流也为正比关系、互感电压与施感电流也成微分关系

$$\Psi_{21}=M_{21}i_1 \tag{7-3}$$

$$u_{21}=\frac{\mathrm{d}\psi_{21}}{\mathrm{d}t}=M_{21}\frac{\mathrm{d}i_1}{\mathrm{d}t} \tag{7-4}$$

同理，线圈 2 在线圈 1 产生的互感磁链与其施感电流关系、互感电压与施感电流关系分别为

$$\Psi_{12}=M_{12}i_2 \tag{7-5}$$

$$u_{12}=\frac{\mathrm{d}\psi_{12}}{\mathrm{d}t}=M_{12}\frac{\mathrm{d}i_2}{\mathrm{d}t} \tag{7-6}$$

式中，M_{12} 和 M_{21} 称为互感系数，简称互感，单位是 H(亨利)。对于两个相对静止的线圈，由电磁场理论可以证明 M_{12} 和 M_{21} 是相等的正实数，即 $M_{12}=M_{21}=M$，与线性电感一样，本书定义的互感也是线性元件，互感 M 均为正值。

这样，式(7-1)和式(7-2)可以写成

$$\Psi_1=L_1i_1\pm Mi_2 \tag{7-7}$$

$$\Psi_2=L_2i_2\pm Mi_1 \tag{7-8}$$

式中，M 前面的“±”说明互感作用的方向存在两种可能性。

有了同名端标注和互感系数 M 后，对于两个耦合线圈，可以用带有同名端标记的电感(L_1 和 L_2)和 M 表示。两个有耦合电感的电路元件模型如图 7-2(a)所示，简称互感模型，是一个 4 端子的电路元件。图 7-2(b)则表示同名端位置不同时对应的互感模型。

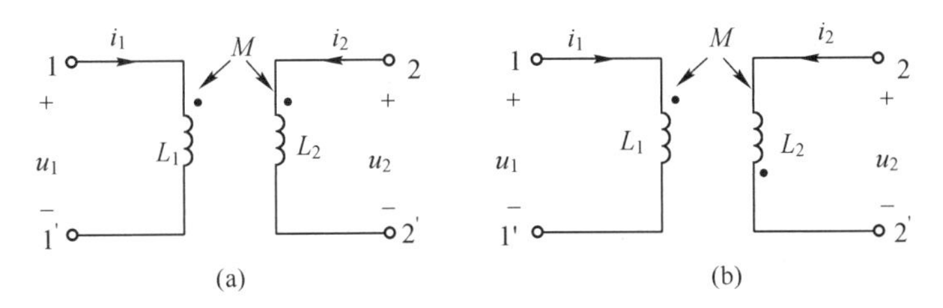

图 7-2　同名端位置不同时互感的时域模型

设图 7-2(a)中电感 L_1 和 L_2 的电压与电流分别为 u_1、i_1 和 u_2、i_2，都取关联参考方向，则式(7-7)和式(7-8)可以变成

$$u_1=\frac{\mathrm{d}\Psi_1}{\mathrm{d}t}=L_1\frac{\mathrm{d}i_1}{\mathrm{d}t}\pm M\frac{\mathrm{d}i_2}{\mathrm{d}t} \tag{7-9}$$

$$u_2 = \frac{\mathrm{d}\Psi_2}{\mathrm{d}t} = L_2\frac{\mathrm{d}i_2}{\mathrm{d}t} \pm M\frac{\mathrm{d}i_1}{\mathrm{d}t} \tag{7-10}$$

称式(7-9)和式(7-10)为互感的电压-电流关系。

根据式(7-9)和式(7-10)可以看出，电感 L_1 或电感 L_2 两端的电压是自感电压与互感电压叠加的结果。至于互感电压在叠加中取“+”还是取“−”与同名端标记有关。对图 7-2(a)中的同名端标记位置，则式(7-9)和式(7-10)中取“+”；对图 7-2(b)中的同名端标记位置，则式(7-9)和式(7-10)中取“−”。

当互感中的电流和电压为同频率正弦激励时，可以采用相量的形式表示式(7-9)和式(7-10)，即

$$\dot{U}_1 = \mathrm{j}\omega L_1\dot{I}_1 \pm \mathrm{j}\omega M\dot{I}_2$$

$$\dot{U}_2 = \mathrm{j}\omega L_2\dot{I}_2 \pm \mathrm{j}\omega M\dot{I}_1$$

令 $Z_M = \mathrm{j}\omega M$，称 ωM 为互感抗，如图 7-3(a)所示。

互感的模型也可以用受控源形式表示，如图 7-3(b)所示，可以去掉 M 和标记同名端的“·”标记，但要注意受控源的方向与同名端位置有关。

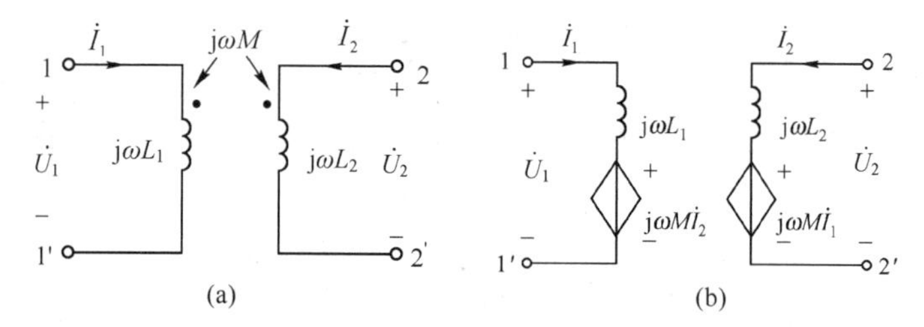

图 7-3　相量形式互感模型

例 7-1　图 7-2(a)中，已知电流 $i_1 = 10$ A，$i_2 = 10\cos 10t$ A，$L_1 = 3$ H，$L_2 = 8$ H，$M = 2$ H，计算电压 u_1 和 u_2。

解　根据互感的电压-电流关系，有

$$u_1 = L_1\frac{\mathrm{d}i_1}{\mathrm{d}t} + M\frac{\mathrm{d}i_2}{\mathrm{d}t} = -200\sin 10t\ \mathrm{V}$$

$$u_2 = L_2\frac{\mathrm{d}i_2}{\mathrm{d}t} + M\frac{\mathrm{d}i_1}{\mathrm{d}t} = -800\sin 10t\ \mathrm{V}$$

电压 u_1 中只含有互感电压 u_{12}，电压 u_2 中只含有自感电压 u_{22}，说明直流电流 i_1 不产生互感电压和自感电压。

例 7-2　已知条件同例 7-1，计算互感线圈中的磁链 $\Psi_{11}, \Psi_{12}, \Psi_1, \Psi_{21}, \Psi_{22}, \Psi_2$。

解　根据本节相关公式，计算如下

$$\Psi_{11} = L_1 i_1 = 30\ \mathrm{Wb},\qquad \Psi_{22} = L_2 i_2 = 80\cos 10t\ \mathrm{Wb}$$

$$\Psi_{12} = M i_2 = 20\cos 10t\ \mathrm{Wb},\qquad \Psi_{21} = M i_1 = 20\ \mathrm{Wb}$$

针对图 7-2(a)中的同名端位置，所以

$$\Psi_1 = L_1 i_1 + M i_2 = 30 + 20\cos 10t\ \mathrm{Wb}$$

$$\Psi_2 = L_2 i_2 + M i_1 = 20 + 80\cos 10t\ \mathrm{Wb}$$

本题说明直流电流 i_1 产生自感磁链和互感磁链。

7.1.3 耦合系数

由耦合现象知，线圈 1 中电流产生的磁通中有漏磁通不与线圈 2 交链，同理，线圈 2 中电流产生的磁通也有漏磁通不与线圈 1 交链。实际的耦合电路，总是存在着漏磁通，有效的部分为 Φ_{21} 和 Φ_{12}。为了衡量两个线圈之间的耦合程度，工程中用耦合系数 k 来表示。

定义耦合系数 k

$$k^2 = \frac{\Phi_{21}}{\Phi_{11}} \cdot \frac{\Phi_{12}}{\Phi_{22}} = \frac{\Psi_{21}}{\Psi_{11}} \cdot \frac{\Psi_{12}}{\Psi_{22}} = \frac{M^2}{L_1 L_2}$$

即有

$$k = \frac{M}{\sqrt{L_1 L_2}} \tag{7-11}$$

耦合系数是描述两个相对静止线圈的耦合疏密程度的指标，它与两个线圈的结构、相互位置、周围磁介质等因素有关。由于工程实际中的耦合电路，总是存在着漏磁通。因此 k 总小于 1。只有当两个线圈紧密地耦合在一起时，k 才接近 1。

耦合系数 $0 \leqslant k \leqslant 1$，将 $k=1$ 称为全耦合，$k=0$ 称为无耦合。

例 7-3 已知条件同例 7-1，计算耦合线圈的耦合系数 k。

解 利用式(7-11)，可得耦合系数

$$k = \frac{M}{\sqrt{L_1 L_2}} = \frac{2}{\sqrt{3 \times 8}} = \frac{1}{\sqrt{6}} \approx 0.41$$

思考题

T7.1-1 对照自感系数 L 和互感系数 M 的定义，自行得出漏自感系数 L_σ 的推导公式。

T7.1-2 根据互感系数与耦合系数的关系，判断 L_1+L_2 是否一定大于等于 $2M$？

基本练习题

7.1-1 标出图题 7.1-1 中线圈的同名端。

7.1-2 若图题 7.1-1 (a) 中线圈 1 的自感 L_1=5H，线圈 2 的自感 L_2=2H，互感 M=3H。其中线圈的 1 端和 2 端分别有电流 $i_1 = 10\cos(100t + 45°)\text{A}$ 和 $i_2 = 10\text{e}^{-0.2t}\text{A}$。计算：

（1）线圈 1 的磁链 Ψ_1 和线圈 2 的磁链 Ψ_2；

（2）电流 i_1 在线圈 2 中产生的互感电压 u_{21} 和电流 i_2 在线圈 1 中产生的互感电压 u_{12}；

（3）计算耦合系数 k。

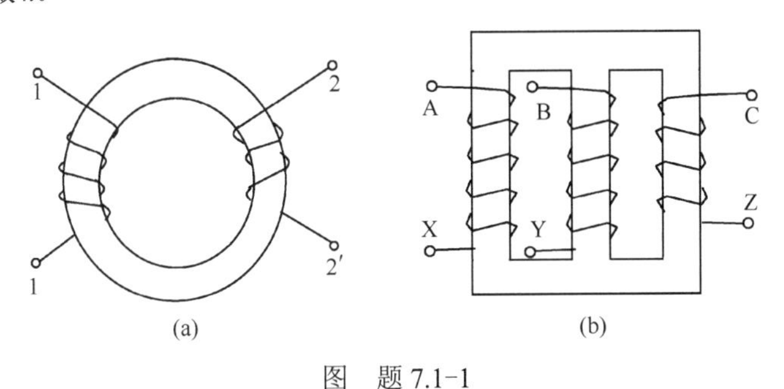

图 题 7.1-1

7.2 含互感电路的分析

含有互感元件的电路称为互感电路，由于有两对端口，对该类电路进行分析时，将会多增加电路变量或电路方程。本章只讨论正弦稳态电路，所以可以采用相量法分析。涉及互感的串

并联、功率分析，也会用到结点法、回路法列方程，以及戴维南定理、叠加定理的应用等。

7.2.1 串/并联电路

1. 串联

图 7-4 所示为含互感时两自感的两种串联电路。由于串联支路只有一个电流，因此根据给定的参考方向，用相量法得出图 7-4(a)所示电路的 KVL 方程为

$$\dot{U}=\dot{U}_1+\dot{U}_2=\mathrm{j}\omega(L_1-M)\dot{I}+\mathrm{j}\omega(L_2-M)\dot{I}=\mathrm{j}\omega L_{\mathrm{eq}}\dot{I}$$

式中

$$L_{\mathrm{eq}}=L_1+L_2-2M \tag{7-12}$$

说明对于图 7-4(a)所示的连接方式，使得电路的支路总等效电感比没有耦合情况下两个电感串联时要小，即互起到“削弱”作用。另外由式(7-12)可见，单个电感此时的电感值分别为 L_1-M 和 L_2-M，如果有适当的 M 值，可能使得某个电感的等效阻抗具有电容性质，或称为电感的“容性”效应。但是总的等效电感还是正的，读者可以结合式(7-11)自己证明。

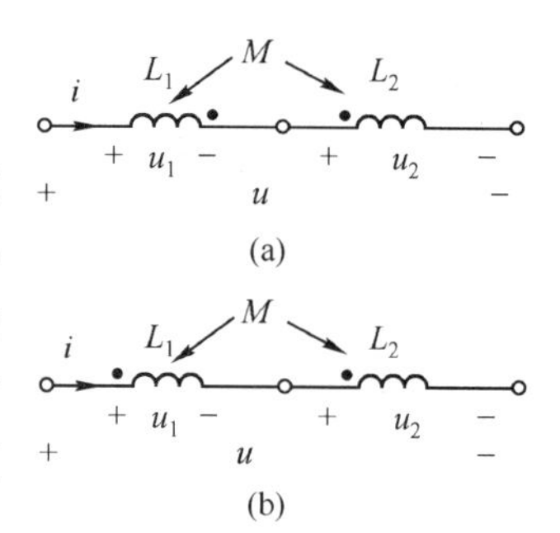

图 7-4　互感的两种串联电路

图 7-4(b)所示电路的 KVL 方程为

$$\dot{U}=\dot{U}_1+\dot{U}_2=\mathrm{j}\omega(L_1+M)\dot{I}+\mathrm{j}\omega(L_2+M)\dot{I}=\mathrm{j}\omega L'_{\mathrm{eq}}\dot{I}$$

式中

$$L'_{\mathrm{eq}}=L_1+L_2+2M \tag{7-13}$$

说明图 7-4(b)所示的连接，使得电路的支路总等效电感比没有耦合情况下两个电感串联时要大，即互感起到“增强”作用。

对于这两种串联形式，称前一种为“逆串”，后一种为“顺串”。

例 7-4　互感线圈中常含有电阻，图 7-5 所示电路中，已知 $R_1=3\ \Omega$，$R_2=5\ \Omega$，$\omega L_1=7.5\ \Omega$，$\omega L_2=12.5\ \Omega$，$\omega M=8\ \Omega$，电压源 $U=50$ V。试计算：（1）耦合系数 k；（2）两线圈所吸收的复功率 $\overline{S}_1$ 和 $\overline{S}_2$ 和电源发出的复功率 $\overline{S}$。

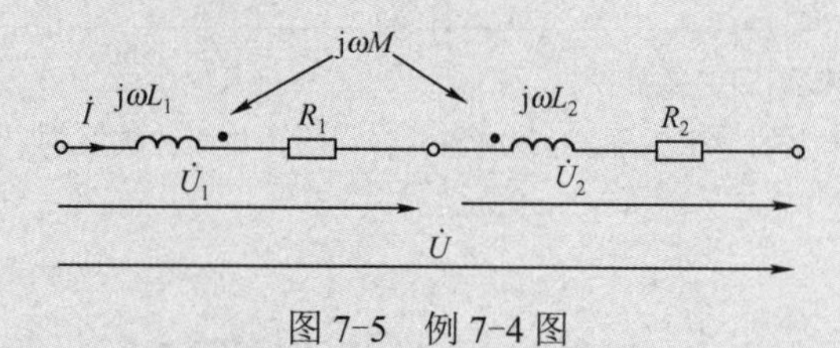

图 7-5　例 7-4 图

解　（1）

$$k=\frac{M}{\sqrt{L_1L_2}}=\frac{\omega M}{\sqrt{(\omega L_1)(\omega L_2)}}=\frac{8}{\sqrt{7.5\times12.5}}=0.826$$

（2）根据图7–5所示电路，先求得支路的总阻抗和电流，再计算两线圈的复功率。

$$Z_1=R_1+\mathrm{j}\omega(L_1-M)=3-\mathrm{j}0.5=3.04\angle{-9.46^\circ}\ \Omega\text{(容性)}$$

$$Z_2=R_2+\mathrm{j}\omega(L_2-M)=5+\mathrm{j}4.5=6.73\angle{42^\circ}\ \Omega\text{(感性)}$$

总的输入阻抗　$Z=Z_1+Z_2=8+\mathrm{j}4=8.94\angle{26.57^\circ}\ \Omega$(感性)

设电压 $\dot{U}=50\angle{0^\circ}$，可得

$$\dot{I}=\frac{\dot{U}}{Z}=\frac{50\angle{0^\circ}}{8.94\angle{26.57^\circ}}=5.59\angle{-26.57^\circ}\ \mathrm{A}$$

两线圈所吸收的复功率分别为

$$\overline{S}_1 = I^2 Z_1 = 93.75 - \mathrm{j}15.63\ \mathrm{VA} \qquad \overline{S}_2 = I^2 Z_2 = 156.25 + \mathrm{j}140.63\ \mathrm{VA}$$

电源发出的总的复功率为

$$\overline{S} = \dot{U}\dot{I}^* = \overline{S}_1 + \overline{S}_2 = 250 + \mathrm{j}125\ \mathrm{VA}$$

2．并联

含互感时两自感的并联也有两种方式，如图 7-6 所示。其中，图 7-6(a)中同名端连接在同一个结点的情况称同侧并联电路。图 7-6(b)为异名端连接在同一个结点上，称异侧并联电路。根据图 7-6(a)中的参考方向，用相量法得方程

$$\begin{cases}\dot{U} = (R_1 + \mathrm{j}\omega L_1)\dot{I}_1 + \mathrm{j}\omega M\dot{I}_2 = Z_1\dot{I}_1 + Z_M\dot{I}_2 \\ \dot{U} = (R_2 + \mathrm{j}\omega L_2)\dot{I}_2 + \mathrm{j}\omega M\dot{I}_1 = Z_2\dot{I}_2 + Z_M\dot{I}_1\end{cases} \tag{7-14}$$

同样由图 7-6(b)也可以得方程

$$\begin{cases}\dot{U} = (R_1 + \mathrm{j}\omega L_1)\dot{I}_1 - \mathrm{j}\omega M\dot{I}_2 = Z_1\dot{I}_1 - Z_M\dot{I}_2 \\ \dot{U} = (R_2 + \mathrm{j}\omega L_2)\dot{I}_2 - \mathrm{j}\omega M\dot{I}_1 = Z_2\dot{I}_2 - Z_M\dot{I}_1\end{cases} \tag{7-15}$$

式(7-14)与式(7-15)中，$Z_M = \mathrm{j}\omega M$，$Z_1 = R_1 + \mathrm{j}\omega L_1$，$Z_2 = R_2 + \mathrm{j}\omega L_2$，整理式(7-14)可得

$$\dot{I}_1 = \frac{1 - \dfrac{Z_M}{Z_2}}{Z_1 - \dfrac{Z_M^2}{Z_2}}\dot{U}, \quad \dot{I}_2 = \frac{1 - \dfrac{Z_M}{Z_1}}{Z_2 - \dfrac{Z_M^2}{Z_1}}\dot{U}$$

而

$$\dot{I}_3 = \dot{I}_1 + \dot{I}_2 = \frac{Z_1 + Z_2 - 2Z_M}{Z_2 Z_1 - Z_M^2}\dot{U}$$

因此可得此种情况下的等效阻抗为

$$Z_{\mathrm{eq}} = \frac{\dot{U}}{\dot{I}_3} = \frac{Z_1 Z_2 - Z_M^2}{Z_1 + Z_2 - 2Z_M} \tag{7-16}$$

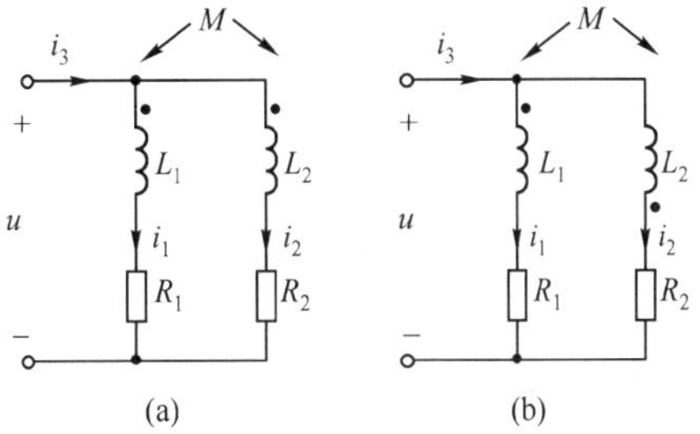

图 7-6　互感的两种并联电路

若忽略两个电感的电阻（$R_1 = R_2 = 0$），则式(7-16)可以表示为

$$Z_{\mathrm{eq}} = \mathrm{j}\omega\frac{L_1 L_2 - M^2}{L_1 + L_2 - 2M} = \mathrm{j}\omega L_{\mathrm{eq同}}, \quad L_{\mathrm{eq同}} = \frac{L_1 L_2 - M^2}{L_1 + L_2 - 2M}$$

同理，对于式(7-15)的方程组，可得其等效阻抗为

$$Z_{\mathrm{eq}} = \frac{\dot{U}}{\dot{I}_3} = \frac{Z_1 Z_2 - Z_M^2}{Z_1 + Z_2 + 2Z_M}$$

当忽略两个电感的电阻（$R_1 = R_2 = 0$）时，有

$$L_{\mathrm{eq异}} = \frac{L_1 L_2 - M^2}{L_1 + L_2 + 2M}$$

比较两种并联的等效电感可得，同侧并联时的值比异侧并联时的值要大。显然，串/并联等效分析中，并联时等效电感的计算比较复杂。

7.2.2　去耦等效电路

互感的并联等效分析还可以采用去耦等效方法而简化。利用 $\dot{I}_3 = \dot{I}_1 + \dot{I}_2$。对于式(7-14)和式(7-15)的两个方程组，分别用 $\dot{I}_2 = \dot{I}_3 - \dot{I}_1$ 和 $\dot{I}_1 = \dot{I}_3 - \dot{I}_2$ 代入，消去支路 1 方程中的 $\dot{I}_2$ 和支路 2 方程中的 $\dot{I}_1$，得到下面的两个方程组

$$\begin{cases}\dot{U}=[R_1+j\omega(L_1-M)]\dot{I}_1+j\omega M\dot{I}_3\\ \dot{U}=[R_2+j\omega(L_2-M)]\dot{I}_2+j\omega M\dot{I}_3\end{cases}$$

$$\begin{cases}\dot{U}=[R_1+j\omega(L_1+M)]\dot{I}_1-j\omega M\dot{I}_3\\ \dot{U}=[R_2+j\omega(L_2+M)]\dot{I}_2-j\omega M\dot{I}_3\end{cases}$$

再根据上述方程组，获得如图 7-7(a)、(b)中所示的无互感的等效电路，即去耦等效电路。采用去耦等效电路的分析方法，使得含有互感的电路分析，方便快捷。

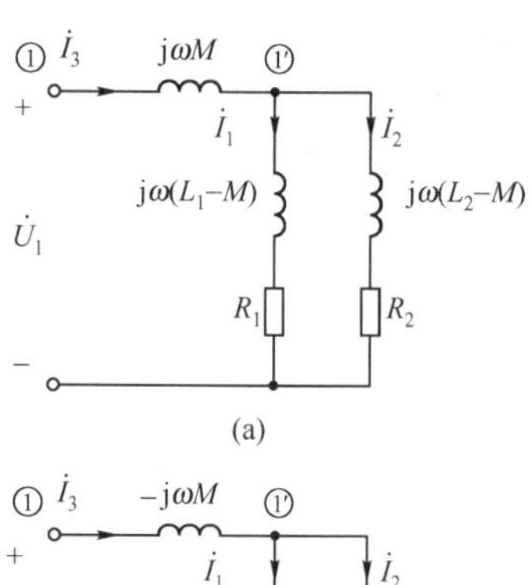

(a)

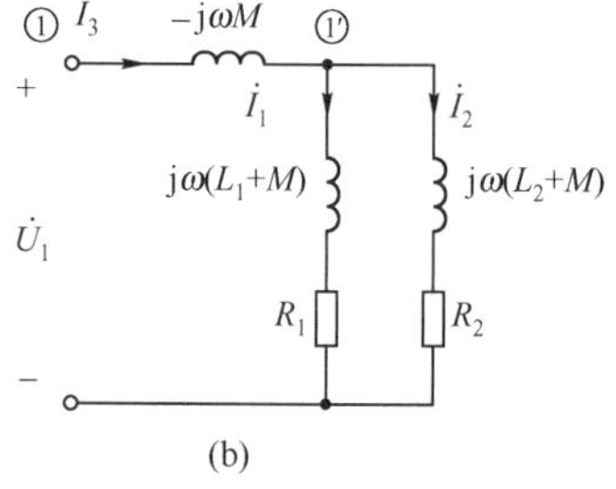

(b)

图 7-7　去耦等效电路

结合图 7-6 和图 7-7，可以归纳出去耦等效方法的基本原则：某结点连接的支路数大于或等于 3 条，至少有 2 条支路上存在耦合电感时，则可以采用“分摊”和“挤并”的方式进行去耦等效。在第 3 条支路上“挤并”出 1 个电感元件，参数为 M，在原来 2 条支路上的自感要“分摊”出去一部分电感值，即变为 L_1-M 和 L_2-M。例如，图 7-6(a)所示为同侧并联时，“挤并”或“分摊”后的去耦等效电路。

对于“挤并”或“分摊”参数的正负符号取法是：同名端在一个结点处，“挤并”出去的是 M，“分摊”支路为“L_1-M”和“L_2-M”；而异名端在一个结点处，“挤并”出去的是 $-M$，“分摊”支路为“L_1+M”和“L_2+M”。如图 7-6(b)所示的去耦等效电路。

注意：比较图 7-7 与图 7-6 的结果发现，去耦等效电路中会增加一个结点，引起电感支路电压的一些变化。如原来支路 1 的支路电压，现在变为新电路中支路 1 电压与支路 3 电压的和，因此在分析线圈电压时(如求功率)要注意。

7.2.3　含互感电路的分析

正弦稳态电路中，含有互感电路的分析，仍然采用相量法。

例 7-5　图 7-6(a)中的电路参数为 $R_1=3\,\Omega$，$R_2=5\,\Omega$，$\omega L_1=7.5\,\Omega$，$\omega L_2=12.5\,\Omega$，$\omega M=8\,\Omega$，正弦电压源 $U=50\,\text{V}$。试计算各个支路所吸收的复功率 $\overline{S}_1$ 和 $\overline{S}_2$。

解　(1) 根据图 7-6(a)的电路，设电压 $\dot{U}=50\angle 0^\circ$，由式(7-14)得

$$\dot{I}_1=\frac{1-\dfrac{j\omega M}{Z_2}\dot{U}}{Z_1-\dfrac{Z_M^2}{Z_2}},\quad \dot{I}_2=\frac{\dot{U}-Z_1\dot{I}_1}{j\omega M}$$

代入数值得

$$\dot{I}_1=\frac{[1-j8(0.028-j0.069)]\dot{U}}{3+j7.5+64(0.028-j0.069)}=4.39\angle{-59.33^\circ}\ \text{A}$$

$$\dot{I}_2=\frac{50-(3+j7.5)\times 4.39\angle{-59.33^\circ}}{j8}=\frac{14.96-j5.47}{j8}=1.994\angle{-110.1^\circ}\ \text{A}$$

两支路所吸收的复功率为

$$\overline{S}_1=\dot{U}\dot{I}_1^*=111.97+j188.74\ \text{VA}\qquad \overline{S}_2=\dot{U}\dot{I}_2^*=-34.35+j93.70\ \text{VA}$$

例 7-6　图 7-8(a)所示为含有互感的电路，试用相量形式列写以回路电流 i_1 和 i_2 为变量的回路电流方程。

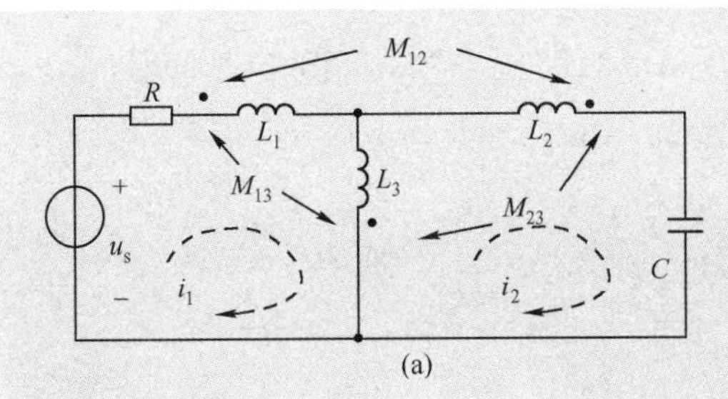

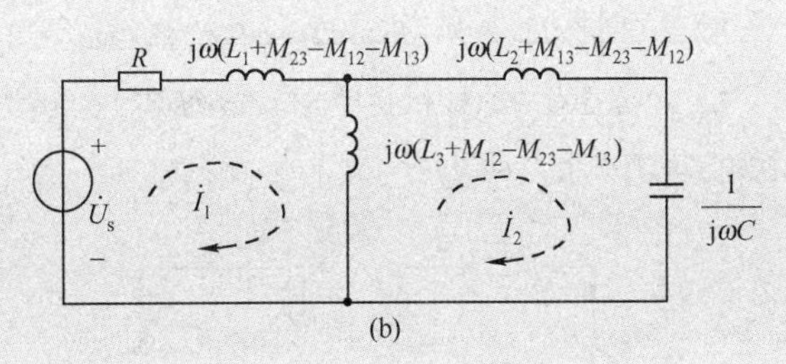

图 7-8　例 7-6 图

解　（1）采用相量形式，根据图 7-8(a)电路中的参考方向，先画出去耦等效电路，如图 7-8(b)所示，然后列出方程如下

$$\begin{cases}[R+\mathrm{j}\omega(L_1+M_{23}-M_{12}-M_{13})]\dot{I}_1+\mathrm{j}\omega(L_3+M_{12}-M_{23}-M_{13})(\dot{I}_1-\dot{I}_2)=\dot{U}_\mathrm{s}\\ \mathrm{j}\omega\left(L_2+M_{13}-M_{23}-M_{12}-\dfrac{1}{\omega^2C}\right)\dot{I}_2+\mathrm{j}\omega(L_3+M_{12}-M_{23}-M_{13})(\dot{I}_2-\dot{I}_1)=0\end{cases}$$

例 7-7　求图 7-9(a)中 ab 端口的戴维南等效电路。已知电源频率 $\omega=10$ rad/s，$L_1=1$ H，$L_2=2$ H，$M=1$ H，$R=10\ \Omega$，电源电压有效值为 10 V。

解　画出其相量形式的去耦等效电路，如图 7-9(b)所示，设电源电压 $\dot{U}_\mathrm{s}=10\angle 0^\circ$。

此时开路电压为
$$\dot{U}_\mathrm{oc}=\frac{(\mathrm{j}\omega M+R)}{\mathrm{j}\omega(L_1-M)+R+\mathrm{j}\omega M}\dot{U}_\mathrm{s}=\dot{U}_\mathrm{s}=10\angle 0^\circ\ \mathrm{V}$$

等效阻抗为
$$Z_\mathrm{eq}=\mathrm{j}\omega(L_2-M)+\frac{\mathrm{j}\omega(L_1-M)(R+\mathrm{j}\omega M)}{\mathrm{j}\omega(L_1-M)+(R+\mathrm{j}\omega M)}=\mathrm{j}\omega(L_2-M)=\mathrm{j}10\ \Omega$$

最后得出其戴维南等效电路如图 7-9(c)所示。

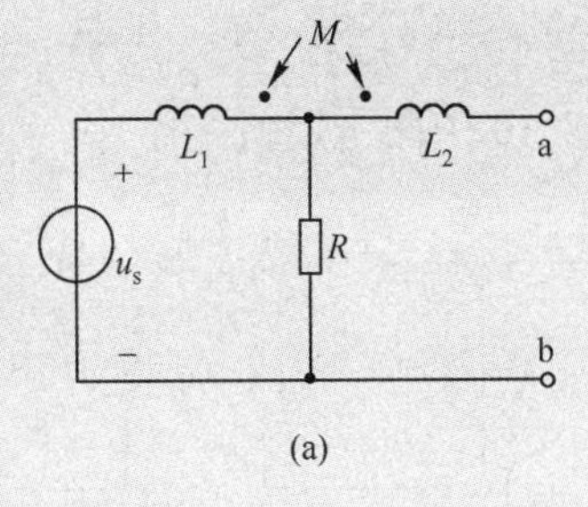

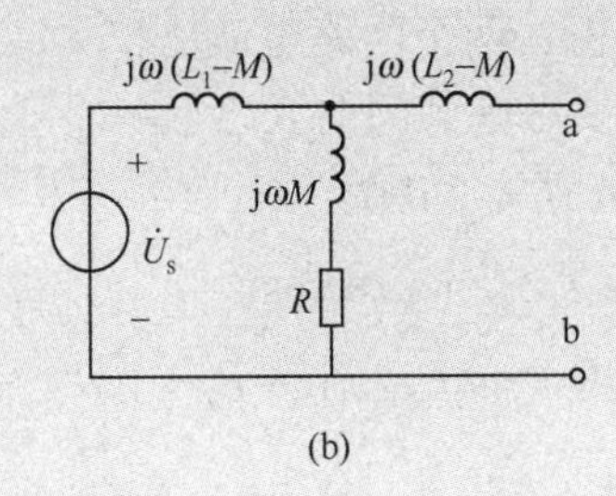

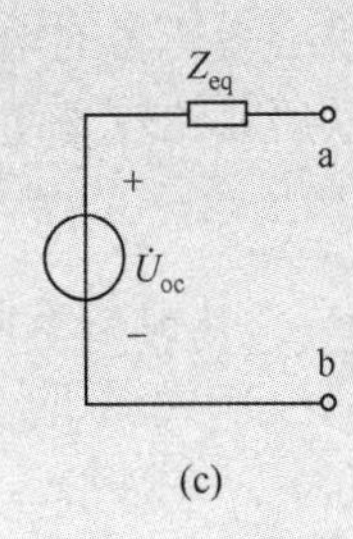

图 7-9　例 7-7 图

思考题

T7.2-1　有两个具有互感的线圈，串联起来接到 50 Hz、220 V 正弦电源上。顺串时电流的有效值为 2.7 A，吸收的有功功率为 218.7 W，逆串时电流的有效值为 7 A。计算互感 M 和逆串时吸收的有功功率。

T7.2-2　两个耦合线圈在顺串时的等效电感为 L_A；在逆串时的等效电感为 L_B。求 M 的表达式。

基本练习题

7.2-1　图题 7.2-1 中，$L_1=6$ H，$L_2=3$ H，$M=4$ H，计算 1-1′ 的等效电感。

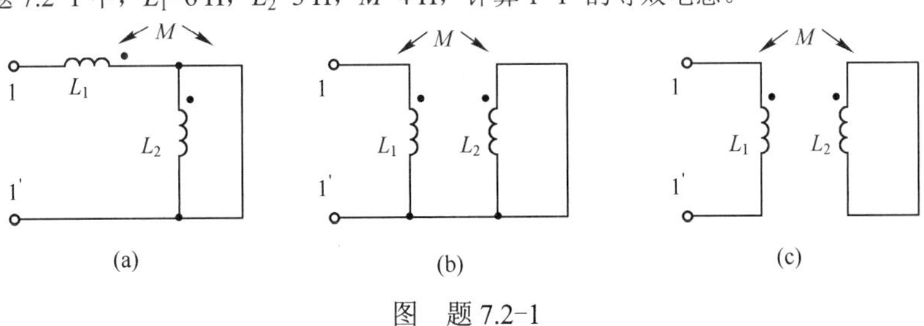

图　题 7.2-1

7.2-2　图题 7.2-2 中，$R_1=1\,\Omega$，$\omega L_1=2\,\Omega$，$\omega L_2=32\,\Omega$，$\omega M=8\,\Omega$，$\dfrac{1}{\omega C}=32\,\Omega$，求电流 $\dot I_1$ 和电压 $\dot U_2$。

7.2-3　求图题 7.2-3 中 1–1′ 端口的戴维南等效电路。已知 $\omega L_1=\omega L_2=10\,\Omega$，$\omega M=5\,\Omega$，$R_1=R_2=6\,\Omega$，正弦电源的有效值为 60 V。

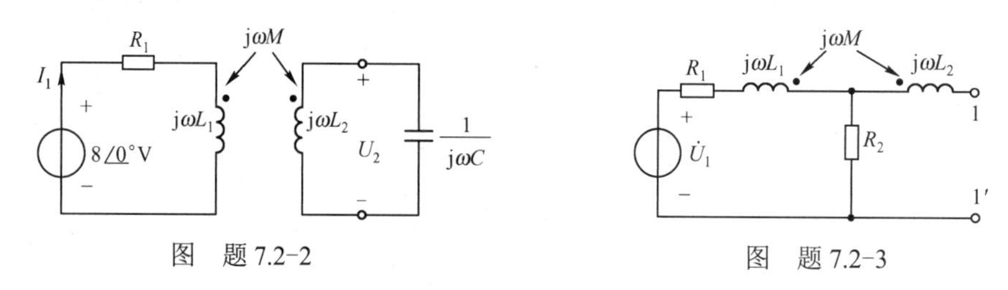

图　题 7.2-2　　　　图　题 7.2-3

7.3　空心变压器

变压器是电工、电子技术等领域中常用的电气设备。本书将介绍两类变压器，它们都可以用含有互感的模型来表示。本节介绍和分析空心变压器(或称线性变压器)，这种变压器通常用于高频的场合，下一节介绍理想变压器。

图 7-10 所示为一个空心变压器的电路连接情况，采用相量形式，并给出了两个回路电流。第一个回路含有独立源，习惯称为初级(或原边)回路；第二个回路含有负载，一般称为次级(或副边)回路。图中，L_1 和 L_2 表示变压器的初级和次级线圈的自感，R_1 和 R_2 表示两组线圈的自身电阻。所谓的线性变压器，指的是两组线圈的周围不含有磁性材料，或者说两个有耦合的线圈绕制所依靠的托架为空心的情况。

变压器是通过耦合作用把原边电源(或信号)的输入传递到副边，再在副边对负载作用。因此对于空心变压器的电路分析，两个回路电流比较关键。而两个回路没有直接的导线连接，故用回路法研究比较方便，只要考虑其间的互感影响即可。图 7-10 中两个回路方程为

$$\dot U_s=(R_1+j\omega L_1)\dot I_1+j\omega M\dot I_2 \tag{7-17}$$

$$0=(R_2+j\omega L_2+Z_L)\dot I_2+j\omega M\dot I_1 \tag{7-18}$$

常用简化形式，取 $Z_{11}=R_1+j\omega L_1$，$Z_{22}=R_2+j\omega L_2+Z_L$，$Z_M=j\omega M$，于是得

$$\dot U_s=Z_{11}\dot I_1+Z_M\dot I_2 \tag{7-19}$$

$$0=Z_{22}\dot I_2+Z_M\dot I_1 \tag{7-20}$$

图 7-10　空心变压器电路

将式(7-19)、式(7-20)联立，解方程组可得

$$\dot U_S=\dot I_1\left(Z_{11}-\frac{Z_M^2}{Z_{22}}\right)=\dot I_1\left[Z_{11}+\frac{(\omega M)^2}{Z_{22}}\right]=\dot I_1[Z_{11}+(\omega M)^2Y_{22}] \tag{7-21}$$

$$\frac{Z_M}{Z_{11}}\dot U_S=-\dot I_2\left[Z_{22}+\frac{(\omega M)^2}{Z_{11}}\right]=-\dot I_2[Z_{22}+(\omega M)^2Y_{11}] \tag{7-22}$$

由式(7-21)、式(7-22)的结论，可以画出如图 7-11(a)所示的原边等效电路和图 7-11(b)所示的副边等效电路，与图 7-10 比较发现自动去除耦合了。

图 7-11(a)的回路中增加了一个阻抗 $(\omega M)^2/Z_{22}$，且互感 M 同名端的位置并不影响这个增加量的正负。$(\omega M)^2/Z_{22}$ 是副边回路总阻抗反映到原边的等效阻抗，称为引入阻抗或反映阻抗。引入阻抗 $(\omega M)^2/Z_{22}$ 的性质与原阻抗 Z_{22} 相反，即感性(容性)变为容性(感性)。

引入阻抗 $(\omega M)^2/Z_{22}$ 中 Z_{22} 是指副边回路总的阻抗，若令负载 $Z_L=R_L+jX_L$，则

$$Z_{22}=R_2+R_L+j\omega L_2+jX_L=R_{22}+jX_{22}$$

图 7-11(a)所示回路中总阻抗为

$$Z_i = Z_{11} + \frac{(\omega M)^2}{Z_{22}} = R_1 + j\omega L_1 + \frac{(\omega M)^2 R_{22}}{R_{22}^2 + X_{22}^2} - j\frac{(\omega M)^2 X_{22}}{R_{22}^2 + X_{22}^2} = R_1 + j\omega L_1 + R' - jX'$$

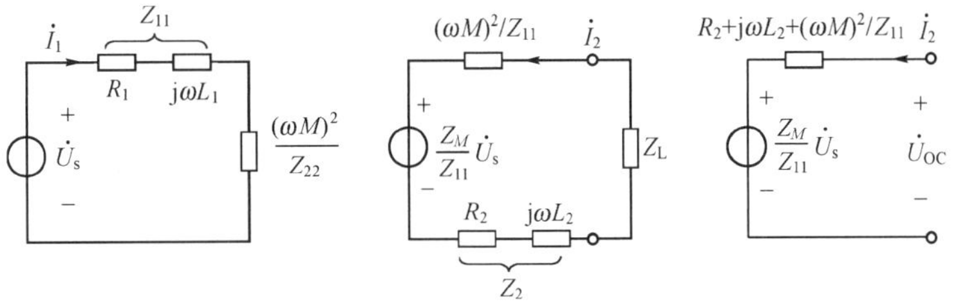

(a) 原方单独回路　(b) 副方单独回路　(c) 戴维南等效电路

图 7-11　空心变压器研究

显然，原边回路中增加了正的电阻 R'，这必然会增加该回路的损耗(有功功率)。

同理，图 7-11(b)所示副边的等效回路中，$(\omega M)^2/Z_{11}$ 也称为引入阻抗(反映阻抗)，是原边回路总阻抗耦合到副边回路的等效阻抗。而副边等效电路中电源 $\dot{U}_s \cdot Z_M / Z_{11}$ 的方向与同名端位置有关，当负载 Z_L 开路时，还可以得出等效戴维南电路如图 7-11(c)所示。

电路分析中，对于空心变压器而言，通常涉及计算两回路的电流、副边负载的吸收功率、原边电源发出的功率等，通常需要计算引入阻抗$(\omega M)^2/Z_{22}$。

例 7-8　图 7-10 所示电路中，$R_1=R_2=0$，L_1=5 H，L_2=1.2 H，M=2 H，$Z_L=R_L=3\,\Omega$，电压源 $u_s=100\cos 10t$ V。计算：（1）电流 i_1 和 i_2；（2）原边电源发出的复功率；（3）负载 Z_L 所吸收的有功功率。

解　（1）由图 7-10 可得　$Z_{11}=j50\,\Omega$，$Z_{22}=3+j12\,\Omega$，$Z_M=j20\,\Omega$

$$\frac{(\omega M)^2}{Z_{22}} = \frac{400}{3+j12} = 7.84 - j31.37\,\Omega$$

令 $\dot{U}_s = 50\sqrt{2}\angle 0°$ V，由式(7-21)可得

$$\dot{I}_1 = \frac{\dot{U}_s}{Z_{11} + \frac{(\omega M)^2}{Z_{22}}} = \frac{50\sqrt{2}\angle 0°}{j50 + 7.86 - j31.37} = 3.5\angle -67.2°\ \text{A}$$

又由式(7-20)得　$\dot{I}_2 = -\frac{Z_M}{Z_{22}}\dot{I}_1 = \frac{-j20}{3+j12} \times 3.5\angle -67.2° = 5.66\angle 126.8°\,\text{A}$

所以　$i_1 = 3.5\sqrt{2}\cos(10t - 67.2°)\text{A}$，$i_2 = 5.66\sqrt{2}\cos(10t + 126.8°)\text{A}$

（2）原边电源发出的复功率为

$$\overline{S} = \dot{U}_S \dot{I}_1^* = 70.7 \times 3.5\angle 67.2° \approx 96 + j228\ \text{VA}$$

（3）副边 Z_L 吸收的有功功率为

$$P_{Z_L} = I_2^2 R_L = 5.66^2 \times 3 \approx 96\ \text{W}$$

可见空心变压器原边电源发出的复功率中的有功功率，是副边负载所消耗的有功功率。

空心变压器也可以采用去耦等效电路方法分析。在图 7-10 中，可以将变压器 1'与 2'用短路线连接而不会破坏原电路的电压电流关系，如图 7-12(a)所示。这时 1'与 2'为一个结点，而把原副边的电感看作并联，如图 7-12(b)所示，进而采用并联互感的去耦等效电路进行分析，如图 7-12(c)所示。读者可以对例 7-8 采用图 7-12(c)自行分析，结果与例 7-8 一致。

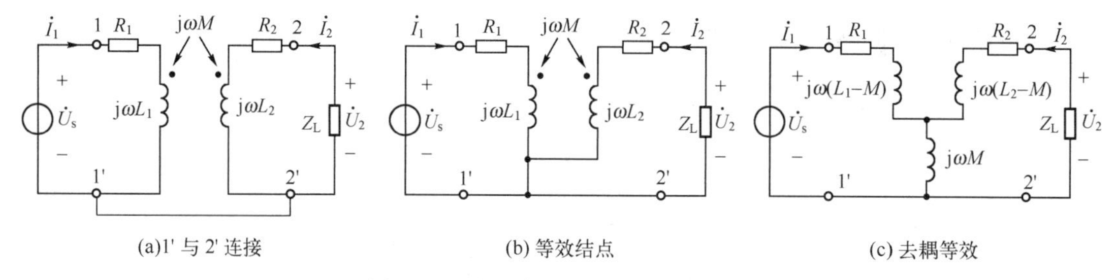

(a)1' 与 2' 连接
(b) 等效结点
(c) 去耦等效

图 7-12　空心变压器的去耦等效分析

思考题

T7.3-1　某空心变压器电路中，$R_1=3\ \Omega$，$R_2=6\ \Omega$，L_1=2 mH，L_2=10 mH，M=4 mH，电压源频率 $\omega=5000$ rad/s。试计算 Z_L 为下面值时的 Z_{in}。（1）10 Ω；（2）j20 Ω；（3）10+j20 Ω。

T7.3-2　假设空心变压器的参数见题 T7.3-1，求副边负载 Z_L=10Ω时的电流 i_L；如果不考虑同名端，负载电流会有什么影响？

基本练习题

7.3-1　如图题 7.3-1 所示的空心变压器电路中，R_1=200 Ω，R_2=100 Ω，L_1=9 H，L_2=4 H，k=0.5，电源内阻抗 Z_0=500+j100 Ω，电源电压 $u_s=300\sqrt{2}\cos 400t$ V，负载 $Z=400+\dfrac{1}{j\omega C}$ Ω，C = 1 μF。计算：（1）原边的自阻抗 Z_{11} 和副边的自阻抗 Z_{22}。（2）副边到原边的反映阻抗。（3）求 cd 两端左边的戴维南等效电路。

7.3-2　如图题 7.3-2 所示的空心变压器电路中，$u_s=245.2\cos 800t$ V，$R_0=184\ \Omega$，$R_1=100\ \Omega$，$R_2=40\ \Omega$，$L_1=0.5$ H，$L_2=0.125$ H，$k=0.4$。计算反映阻抗和初级线圈、次级线圈中的电流。

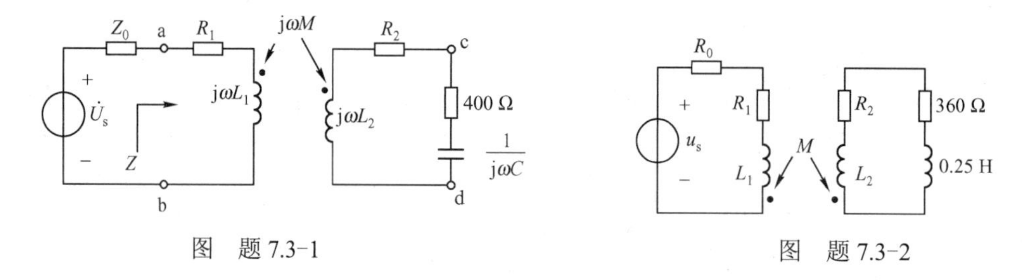

图　题 7.3-1　　　　图　题 7.3-2

7.4　理想变压器

理想变压器是一种紧耦合变压器，即耦合系数 k 等于 1。在上一节的空心变压器模型中，令电阻 $R_1=R_2=0$，取原边和副边的电感 L_1、L_2 趋于无穷大，根据耦合系数 k 的定义，可知其互感 M 也为无穷大。再规定 $\sqrt{L_1/L_2}=n$，n 为一个正的实数。这样就得到仅有一个参数的理想变压器模型，如图 7-13(a)所示，其中同名端的标记仍然保留，而空心变压器的 5 个参数 R_1、R_2、L_1、L_2、M 均不再保留。

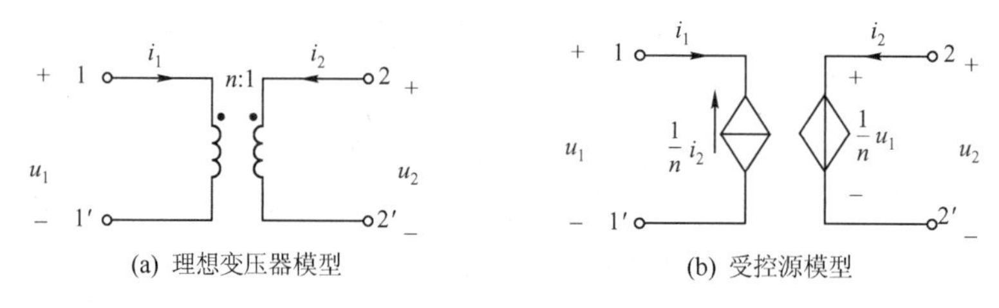

图 7-13　理想变压器

理想变压器的电压-电流方程是一个仅与参数 n 有关的代数方程，即

$$\begin{cases} u_1 = nu_2 \\ i_1 = -\dfrac{1}{n}i_2 \end{cases} \tag{7-23}$$

理想变压器是电路研究中规定的一种电压-电流约束关系理想元件。根据式(7-23)的关系，也可以采用受控源来描述这种元件的电压-电流对应关系，如图 7-13(b)所示。式(7-23)经变换后，可得 $u_1i_1 + u_2i_2 = 0$，因此理想变压器的输入瞬时功率为零。即它把原边输入的能量完全从副边传输出去了，既不消耗能量，也不储存能量。故不能把它看成是一个动态元件。

例 7-9 求在正弦稳态条件下，图 7-14(a)所示电路的等效阻抗和图 7-14(b)所示电路的最大功率匹配条件。

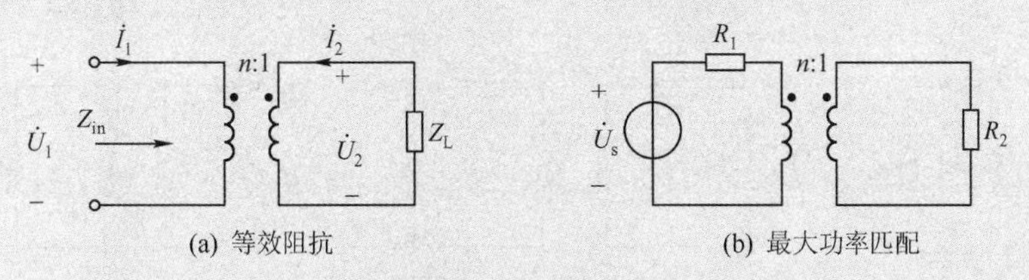

图 7-14　例 7-9 图

解 图 7-14(a)的等效阻抗为

$$Z_{in} = \frac{\dot{U}_1}{\dot{I}_1} = \frac{n\dot{U}_2}{-\dfrac{1}{n}\dot{I}_2} = n^2 Z_L$$

说明在副边接入的阻抗，在原边等效成一个乘以系数 n^2 的阻抗。对接入副边单个 R、L、C 元件，其原边等效参数则为 n^2R、n^2L 和 C/n^2 或等效阻抗为 n^2R、$n^2(j\omega L)$和 $n^2/(j\omega C)$。

而图 7-14(b)的分析较简单，利用图 7-14(a)的结果和最大功率传输定理，得匹配条件为

$$R_1 = n^2 R_2$$

实际电力变压器为了近似获得理想变压器的特性，通常采用磁导率μ 很高的磁性材料作为变压器的铁心，采用高电导率的铜线作为线圈(电阻很小)，尽量增加变压器的线圈匝数，并尽可能地紧密绕制以形成近似全耦合($k \approx 1$)，且 L_1、L_2、M 很大，变压器基本无损耗。

例 7-10 图 7-15(a)所示电路中，正弦电源有效值为 100 V，Z_1=4−j4 Ω，Z_2=1−j1 Ω。试计算阻抗 Z_L 为多少时，其消耗的功率最大，并求最大功率。

解 可以先计算 ab 左侧的戴维南等效电路，如图 7-15(b)所示。

设电源电压 $\dot{U}_s = 100\angle 0^\circ$，当 Z_L 开路时，其开路电压为 $\dot{U}_{oc} = \frac{1}{2}\dot{U}_s = 50\angle 0^\circ$

等效阻抗为

$$Z_{eq} = Z_2 + \frac{1}{n^2}Z_1 = 2 - j2\,\Omega$$

根据最大功率匹配条件，则

$$Z_L = Z_{eq}^* = 2 + j2\,\Omega$$

此时最大功率为

$$P_{max} = \frac{U_{oc}^2}{4R} = \frac{50^2}{4\times 2} = 312.5\text{ W}$$

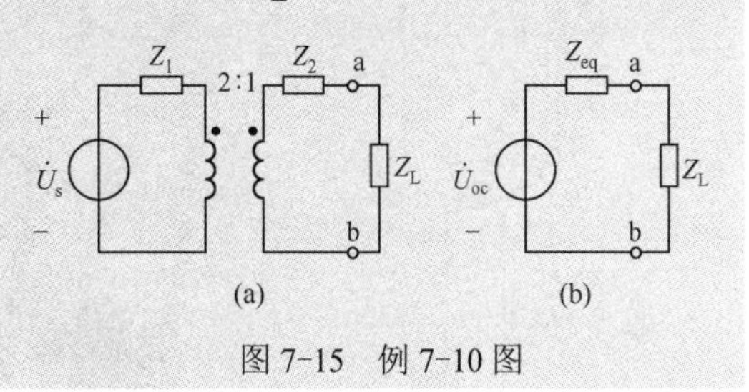

图 7-15　例 7-10 图

思考题

T7.4-1　图 7-14(b)中，n =0.5，R_1 =10 Ω，则 R_2 为多少时，其获得最大功率。

T7.4-2　举例说明理想变压器副边负载为纯电容时，为什么在原边的等效电容值会变小。

基本练习题

7.4-1　图题 7.4-1 所示为含有理想变压器的电路，$u_s = 2500\cos 400t$ V，变压器参数 $n = 10$，$R_1 = 0.25\ \Omega$，$L_1 = 5$ mH，$R_2 = 0.2375\ \Omega$，$L_2 = 125\ \mu$H。计算 u_1、i_1、u_2、i_2。

7.4-2　求图题 7.4-2 所示的含有理想变压器电路中，R_2 为多大时，可以获得最大功率。

7.4-3　求图题 7.4-3 所示的含有理想变压器电路的戴维南等效电路。

7.4-4　图题 7.4-4 所示电路中，当 $Z_L = 100 + j150\ \Omega$时，求阻抗 Z_{ab}。

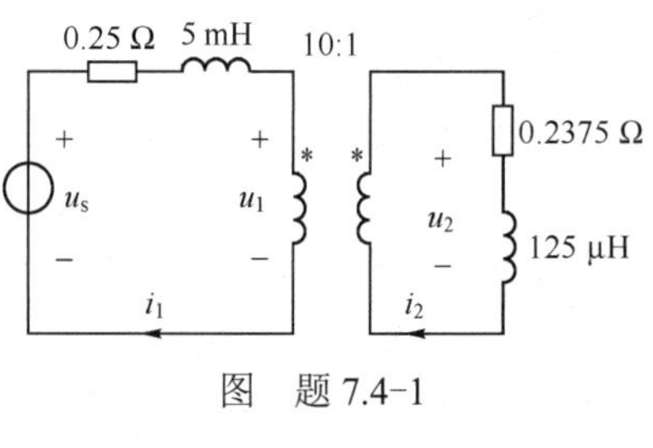

图　题 7.4-1

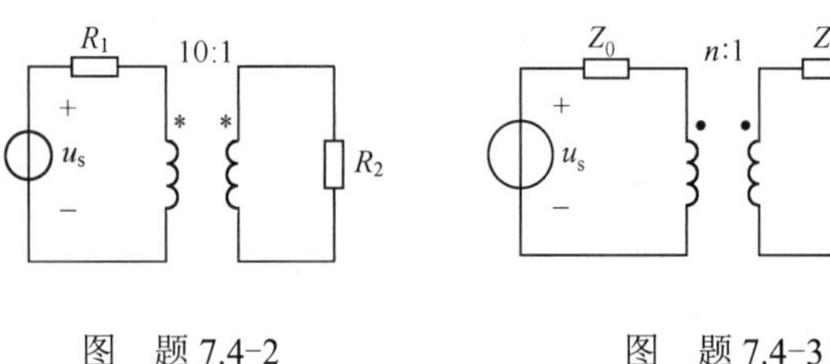

图　题 7.4-2

图　题 7.4-3

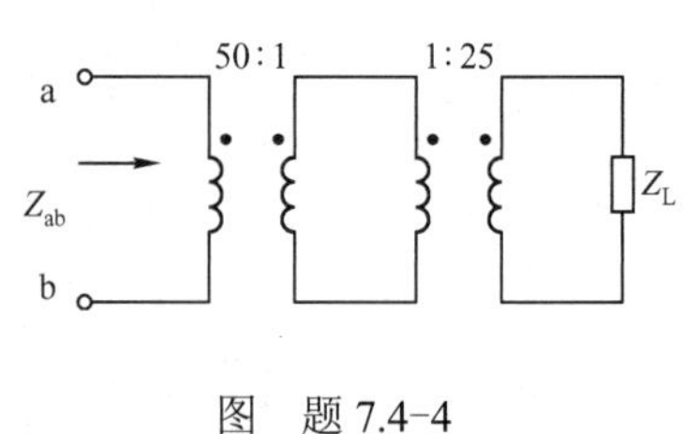

图　题 7.4-4

△7.5　应　　用

7.5.1　钳形电流表

通常使用电流表测量电路的电流时，需要停电后断开被测电路，将电流表串接到被测电路中去才能进行测量。而用钳形电流表测量电流时，则可以在不断开电路电源的情况下，直接测量电路中载流导体的电流。常用的钳形电流表按其结构不同，分为互感器式钳形电流表和电磁式钳形电流表。结合本章所学知识，下面介绍互感器式钳形电流表的结构和工作原理。

互感器式钳形电流表，其外形结构如图 7-16(a)、(b)所示。它主要由“穿心式”电流互感器和带整流装置的磁电系电流表组成，如图 7-16(c)所示。

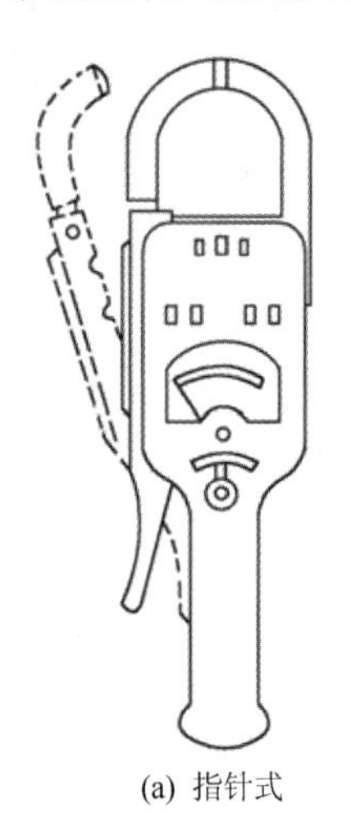
(a) 指针式

(b) 数字式

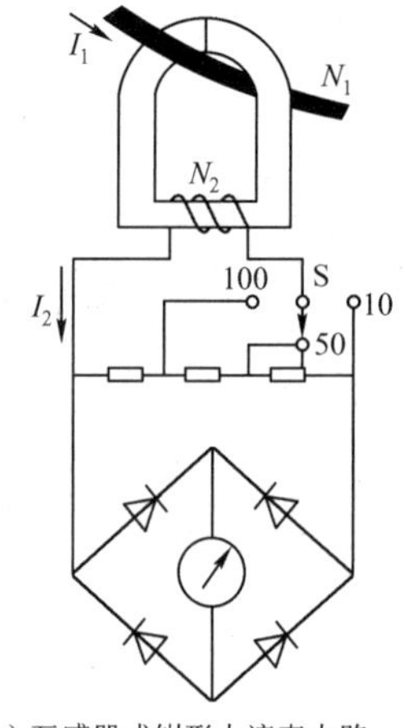

(c) 互感器式钳形电流表电路

图 7-16　互感器式钳形电流表外形结构

互感器式钳形电流表，其电流互感器的铁心呈钳口形，当捏紧扳手时铁心可以张开，如图 7-16(a)中虚线所示，这样被测载流导线不必断开就可以穿过铁心张开的缺口放入钳形铁心中。然后松开扳手使铁心闭合，这样通有被测电流的导线就成为电流互感器的初级绕组 N_1。被测导线的电流在闭合的铁心中产生磁通，使绕在铁心上的次级绕组 N_2 中产生感应电动势，测量电路中就有感应电流 I 流过，感应电流 I 经量程转换开关 S 按不同的分流比，经整流装置整流后变成直流通入表头，使电流表指针偏转。由于表头的标度尺是按一次电流 I_1 刻度的，所以表针指示的读数就是被测导线中的交流电流值。

7.5.2 电力变压器中接线组模式与命名

以交流为主的电力系统在传输过程中，有时需要升压，有时需要降压，都离不开电力变压器，而电力变压器目前通用的是三相变压器。三相变压器的初级绕组和次级绕组都是三相结构，紧密地绕制在铁磁材料制作的铁心上，如图 7-17(a)和图 7-18(a)所示。图中 AX、BY、CZ 为初级绕组，ax、by、cz 为次级绕组，“*”是变压器等具有耦合线圈设备特有的标注同名端的标记。而变压器因电力系统的稳定运行和消除谐波等原因，通常采用一侧为 Y 接法，另一侧为Δ接法。图 7-17(a)和图 7-18(a)虽然都为 Y-Δ接法，但是却有不同，称图 7-17(a)为左旋结构，图 7-18(a)为右旋结构。

变压器的初级与次级接线组模式，有个时钟法命名规则：

即利用相量图，把变压器初级和次级绕组中的电压按照相位关系绘出如图 7-17(b)、(c)所示，然后找出初级绕组中的电压 $\dot{U}_{AB}$ 和次级绕组中的电压 $\dot{U}_{ab}$ 的相位差，把这两者合并到一个相量图中如图 7-17(d)所示，再把 $\dot{U}_{AB}$ 设置成时钟 12 点位置，找出 $\dot{U}_{ab}$ 在时钟中对应的位置，如果 $\dot{U}_{ab}$ 在 7 点位置，则这种接线组模式为命名为 Y/Δ7(或 Y/D7)。因此根据这种命名规则，对于图 7-17 左旋结构，其接线组模式命名为 Y/Δ1；对于图 7-18 右旋结构，其接线组模式命名为 Y/Δ11。

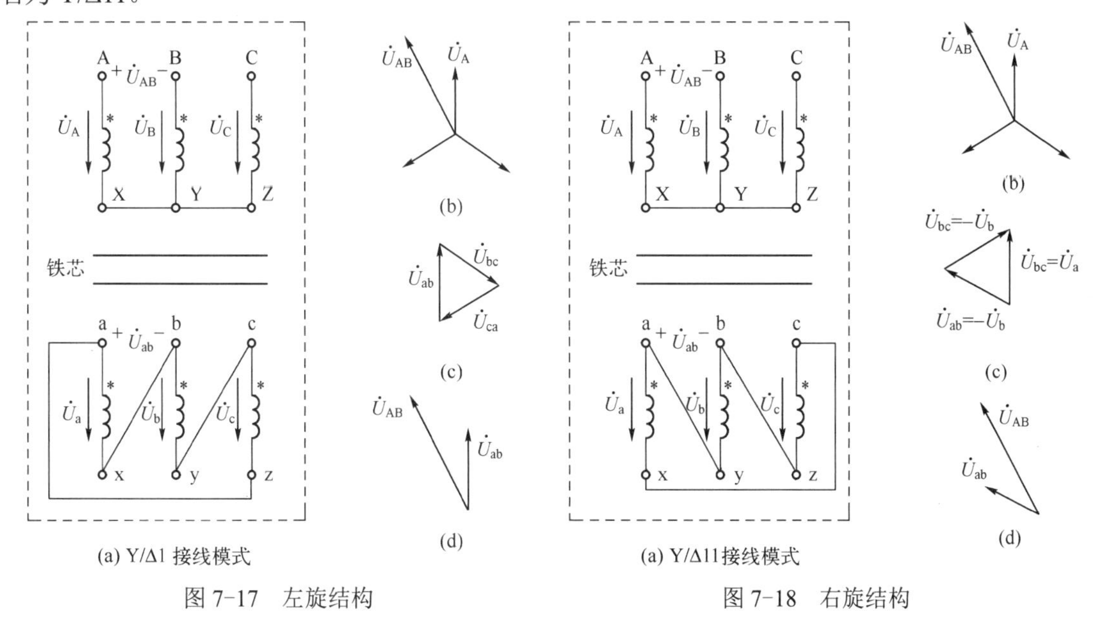

(a) Y/Δ1 接线模式

图 7-17　左旋结构

(a) Y/Δ11 接线模式

图 7-18　右旋结构

本 章 小 结

互感元件同名端的位置决定互感电压的方向，每个自感元件在列写电压时要留意是否存在互感电压。因此在分析中，掌握去耦分析十分必要。空心变压器电路中原边和副边方程同时列写是分析的关键，其中引入阻抗能改变阻抗的性质。空心变压器也可以采用去耦等效的方法分析。理想变压器的特点反映了其变压、变流的独立性，而变阻抗时仅改变大小，不改变性质，要注意与空心变压器的比较。

难点提示：含互感电路分析中去耦等效方法，要抓住同名端的位置不同，采用对应的去耦等效图。理想变压器是仅有一个参数的元件，端口电压电流关系是掌握和分析的关键。

名人轶事

海因里希·楞次(Heinrich Friedrich Emil Lenz，Эмилий Христианович Ленц，1804—1865)，俄国物理学家、地球物理学家。楞次 1804 年出生于被俄国占领的爱沙尼亚德尔帕特市(今爱沙尼亚共和国的塔尔都)，16 岁时以优异的成绩考入德尔帕特大学。1830 年当选为圣彼得堡科学院通讯院士，楞次 1865 年在意大利罗马逝世。

楞次总结了安培的电动力学与法拉第的电磁感应现象后，于 1833 年在圣彼得堡科学院宣读了题为“关于用电动力学方法决定感生电流方向”的论文，在概括了大量实验事实的基础上，总结出一条判断感应电流方向的规律，称为楞次定律(Lenz law)。简单的说就是“来拒去留”的规律，这就是楞次定律的主要内容，在 1834 年的《物理学和化学年鉴》上发表。随后德国物理学家亥姆霍兹证明楞次定律实际上是电磁现象的能量守恒定律。

1842 年，楞次独立于英国物理学家焦耳确定了电流与其所产生的热量的关系，也就是焦耳定律，因此焦耳定律也被称为焦耳-楞次定律。楞次还研究了不同金属的电阻率，以及电阻率与温度的关系。

约瑟夫·亨利(Joseph Henry，1797—1878)，美国科学家。他是以电感单位“亨利”留名的大物理学家。在电学上有杰出的贡献。他发明了继电器(电报的雏形)，比法拉第更早发现了电磁感应现象，还发现了电子自动打火的原理。但却没有及时去申请专利。他被认为是伟大的美国科学家之一，对于电磁学贡献颇大。

1830 年 8 月，亨利发现了电磁感应现象，这比法拉第发现电磁感应现象早一年。由于没有及时发表这一实验成果，因此，发现电磁感应现象的功劳就归属于及时发表了成果的法拉第，亨利失去了发明权。1832 年，他在研制有更强大吸引力的电磁铁时发现，绕有铁心的通电线圈在断开电路时有电火花产生，这就是自感现象。发表了《在长螺旋线中的电自感》的论文，宣布发现了电的自感现象。1842 年亨利在实验室里安装了一个火花隙装置，在 30 多英尺处放一个线圈来接收能量，线圈和检流计相接，形成回路。当火花隙装置的电火花闪过的时候，和线圈相接的检流计指针就发生偏转。这个实验的成功，实际上实现了无线电波的传播。亨利为电报机的发明做出了贡献，此外，亨利还发明了无感绕组等，他还改进了一种原始的变压器。亨利的贡献很大，只是有的没有立即发表，因而失去了许多发明的专利权和发现的优先权。但人们没有忘记这位杰出的贡献者，为了纪念亨利，用他的名字命名了自感系数和互感系数的单位，简称“亨”。

综合练习题

7-1　按要求作答。

（1）判断正误：两有互感的自感线圈，同名端位置不同，不会影响互感的大小。

（2）判断正误：理想变压器中副边的阻抗折算到原边，只改变大小，不改变性质。

（3）选择：两有互感的自感线圈(M，L_1，L_2)，顺串后等效电感为(　　)。

A. $L_1 \times L_2 - 2M$；　　B. $L_1 \times L_2 + 2M$；　　C. $L_1 + L_2 + 2M$；　　D. $L_1 + L_2 - 2M$；

（4）填空：理想变压器(n=10)如图题 7-1 所示，副边接电容 C=1F，则折算到原边相当于接 C_{eq}=______。

7-2　图题 7-2 所示电路中，若分析过渡过程，则其时间常数 τ 为多少？

7-3　图题 7-3 所示为含理想变压器的正弦稳态电路，求：

（1）开关 S 打开时电流 $\dot{I}$；

（2）开关 S 闭合时电流 $\dot{I}$。

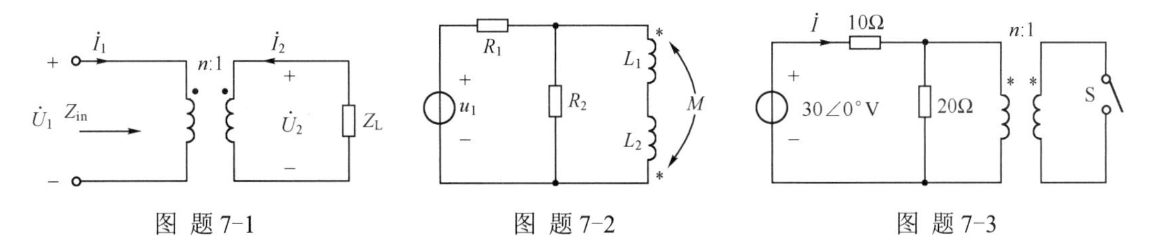

图 题 7-1　　　　图 题 7-2　　　　图 题 7-3

7-4　含有互感的两自感串联(无论顺串还是逆串)，你能否采用去耦等效电路分析？若能，给出等效图并推导等效电感公式；不能，则说明原因。

7-5　在空心变压器分析中，同名端标记位置的不同，会不会影响负载回路中负载消耗功率的大小？

第8章　非正弦周期信号及电路的谐波分析

【内容提要】

本章首先介绍非正弦周期信号的分解。由傅里叶级数的三角形式可知，非正弦周期函数可以分解为一系列不同频率正弦量的叠加，从而可以了解信号中各频率分量的比重(频谱)。利用对称性可以预先了解周期信号中所含有的各频率成分，并使分解的计算得以简化。讨论非正弦周期函数有效值、平均功率的定义和计算，以及非正弦周期线性电路的稳态分析方法，这是正弦稳态电路分析的推广。拓展应用中，介绍了频谱的应用和三相电源中3次谐波消除原理。

8.1　非正弦周期信号的分解

前面我们已经讨论了直流电源和正弦交流电源作用的电路。在工程上常见到非正弦电源或信号及其作用的电路。例如，实验室中信号发生器输出的三角波和方波信号，电子电路中的半波整流电路输出的“半波正弦”信号等。几种典型的非正弦周期信号如图8-1所示。在实际应用中，由于电路中非线性元件的存在，以及信号干扰的影响，也会出现非正弦信号情况。即使发电厂发出的正弦交流电源也并非是完全理想的正弦函数。非正弦信号包括周期的和非周期的。本章主要讨论非正弦周期信号电路的基本分析方法，也称为谐波分析法。

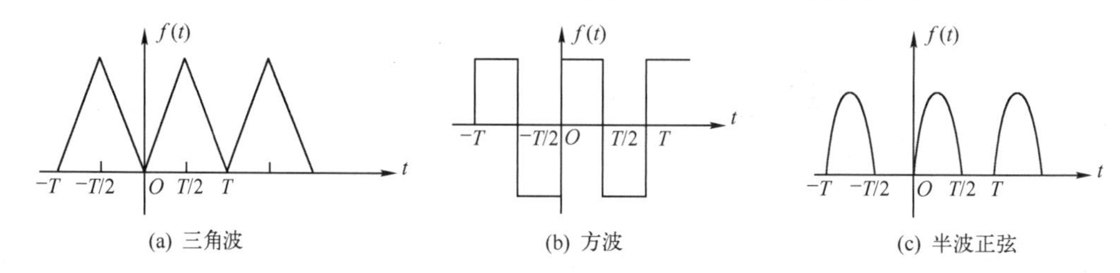

(a) 三角波　(b) 方波　(c) 半波正弦

图8-1　几种典型的非正弦周期信号

8.1.1　傅里叶级数的三角形式

设 $f(t)$ 为电压或电流的非正弦周期函数，其周期为 T，可用下面的函数关系表示

$$f(t)=f(t+nT)\quad (n\text{ 为正整数})$$

由数学可知，若 $f(t)$ 满足狄里赫利条件[①]，则可展开成下列傅里叶级数的三角形式

$$f(t)=a_0+\sum_{n=1}^{\infty}a_n\cos(n\omega_1 t)+b_n\sin(n\omega_1 t) \tag{8-1a}$$

或

$$f(t)=A_0+\sum_{n=1}^{\infty}A_n\cos(n\omega_1 t+\varphi_n)\quad (n=1,2,\cdots) \tag{8-1b}$$

式中，$\omega_1=2\pi/T$，称为基波角频率。这表明非正弦周期函数可以分解成直流分量及无穷多个不同频率的正弦分量和余弦分量之和。这些正弦项和余弦项中各分量的角频率是基波角频率的整数

① 工程上所遇到的周期信号都能满足狄里赫利条件，一般不必考虑这个条件。

倍。$n=1$ 对应的分量称为基波分量，其周期与原函数相同；$n=2, 3, \cdots$，分别称为二次谐波分量、三次谐波分量、…，或统称为高次谐波分量。以上两式中的系数之间有如下关系

$$A_0 = a_0,\ A_n = \sqrt{{a_n}^2 + {b_n}^2},\ a_n = A_n\cos\varphi_n,\ b_n = -A_n\sin\varphi_n,\ \varphi_n = \arctan\left(\frac{-b_n}{a_n}\right) \tag{8-2}$$

非正弦周期函数的分解主要是计算各项系数，下面将逐一加以讨论。

将式(8-1a)的两边在一个周期内取积分，得

$$\int_0^T f(t)\mathrm{d}t = \int_0^T a_0\mathrm{d}t + \int_0^T \sum_{n=1}^{\infty} a_n\cos(n\omega_1 t)\mathrm{d}t + \int_0^T \sum_{n=1}^{\infty} b_n\sin(n\omega_1 t)\mathrm{d}t$$

上式等号右边，除第一项外，其余各项的积分均为零，所以

$$a_0 = \frac{1}{T}\int_0^T f(t)\mathrm{d}t \tag{8-3}$$

系数 a_0 为 $f(t)$ 在一个周期内的平均值，称为直流分量。

将式(8-1a)的两边乘以 $\cos(k\omega_1 t)$，然后分别将两边在一个周期内积分，有

$$\begin{aligned}\int_0^T f(t)\cos(k\omega_1 t)\mathrm{d}t = \int_0^T a_0\cos(k\omega_1 t)\mathrm{d}t + \int_0^T \sum_{n=1}^{\infty} a_n\cos(n\omega_1 t)\cos(k\omega_1 t)\mathrm{d}t + \\ \int_0^T \sum_{n=1}^{\infty} b_n\sin(n\omega_1 t)\cos(k\omega_1 t)\mathrm{d}t\end{aligned} \tag{8-4}$$

由三角函数的正交性可知，上式等号右边各项积分，除 $k=n$ 时的 a_n 项不为零外，其他各项均为零。当 $k=n$ 时有

$$\int_0^T a_n\cos^2(n\omega_1 t)\mathrm{d}t = a_n\frac{T}{2}$$

将上式代入式(8-4)得

$$a_n = \frac{2}{T}\int_0^T f(t)\cos(n\omega_1 t)\mathrm{d}t \tag{8-5}$$

类似的方法，将式(8-1a)的两边同乘以 $\sin(k\omega_1 t)$，在一个周期内取积分，并利用三角函数正交性可得正弦项系数的计算公式

$$b_n = \frac{2}{T}\int_0^T f(t)\sin(n\omega_1 t)\mathrm{d}t \tag{8-6}$$

求出 a_0、a_n 和 b_n 后，便可由式(8-2)求得 A_0、A_n 及 φ_n。以上积分区间也可取[$T/2$，$T/2$]。

例 8-1 求图 8-2 所示非正弦周期信号 $f(t)$ 的傅里叶级数展开式。

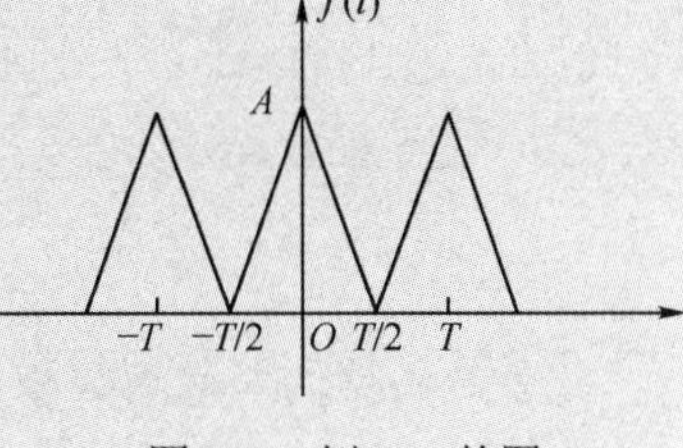

图 8-2 例 8-1 的图

解 由图可知 $f(t)$ 在一个周期内的表达式为

$$f(t) = \begin{cases} A + \dfrac{2A}{T}t & -\dfrac{T}{2} \leqslant t \leqslant 0 \\ A - \dfrac{2A}{T}t & 0 \leqslant t \leqslant \dfrac{T}{2} \end{cases}$$

直流分量 $$a_0 = \frac{1}{T}\int_{-T/2}^{T/2} f(t)\mathrm{d}t = \frac{2}{T}\int_0^{T/2}\left(A - \frac{2A}{T}t\right)\mathrm{d}t = \frac{A}{2}$$

余弦项系数 $$a_n = \frac{2}{T}\int_{-T/2}^{T/2} f(t)\cos(n\omega_1 t)\mathrm{d}t = \frac{4}{T}\int_0^{T/2}\left(A - \frac{2A}{T}t\right)\cos(n\omega_1 t)\mathrm{d}t$$

$$= \frac{4A}{n^2\pi^2}\sin^2\left(\frac{n\pi}{2}\right) = \begin{cases} \dfrac{4A}{n^2\pi^2}, & n = 1, 3, 5, \cdots \\ 0, & n = 2, 4, 6, \cdots \end{cases}$$

正弦项系数 $$b_n = \frac{2}{T}\int_{-T/2}^{T/2} f(t)\sin(n\omega_1 t)\mathrm{d}t = 0$$

并有 $$A_0 = a_0,\ A_n = \sqrt{a_n^2 + b_n^2} = a_n,\ \varphi_n = \arctan\left(\frac{-b_n}{a_n}\right) = 0$$

于是可得展开式为 $$f(t) = \frac{A}{2} + \frac{4A}{\pi^2}\left(\cos\omega_1 t + \frac{1}{3^2}\cos 3\omega_1 t + \frac{1}{5^2}\cos 5\omega_1 t + \cdots\right)$$

$$= \frac{A}{2} + \frac{4A}{\pi^2}\sum_{0}^{\infty}\frac{1}{n^2}\cos(n\omega_1 t) \qquad (n = 1, 3, 5, \cdots)$$

此例的傅里叶级数展开式中只包含直流分量和奇次谐波(n 取奇数)的余弦分量，随着 n 值的增大，高次谐波分量的幅度将以 $1/n^2$ 的规律衰减。

由上可知，各谐波分量的系数取决于原函数的波形。在进行各项系数计算前，可以通过观察原函数 $f(t)$ 波形的对称性特点来判断哪些系数为零，从而省略这些系数的计算。

下面介绍应用对称性来简化非正弦周期函数的分解计算。

8.1.2 对称性的应用

1．偶对称和奇对称

具有偶对称性的函数满足

$$f(t) = f(-t) \tag{8-7}$$

这种对称性的函数在图形上表现为关于纵轴镜像对称，如图 8-3(a)和 8-3(b)所示。其中，图(a)在一个周期内的平均值为零，图(b)则不为零。

具有奇对称性的函数满足

$$f(t) = -f(-t)$$

其图形上的特点是关于原点对称，如图 8-3(c)所示。这种对称性的波形在一个周期内的平均值一定为零。

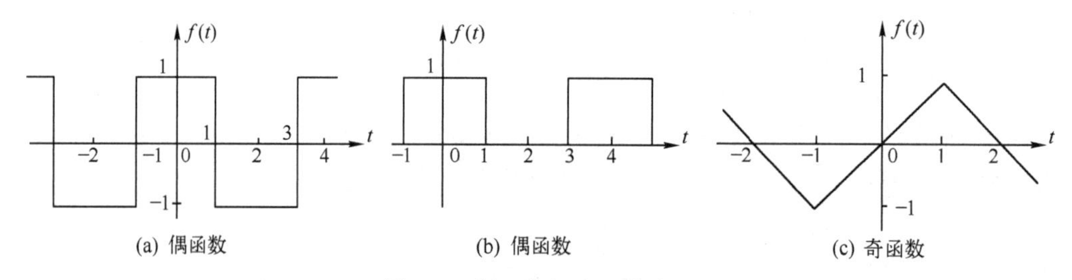

图 8-3　偶函数与奇函数波形

此外，根据偶对称函数和奇对称函数波形的特点，不难理解以下运算规则

偶函数×偶函数=偶函数

奇函数×奇函数=偶函数

偶函数×奇函数=奇函数

2．半波对称

具有半波对称性的函数分为奇谐函数和偶谐函数。

若函数满足 $$f(t) = -f(t - T/2) \quad 或 \quad f(t) = -f(t + T/2)$$

称为奇谐函数。这种对称性波形的特点是，将波形沿时间轴右移或左移半个周期后的波形与原函数的波形成时间轴镜像对称，如图 8-4(a)所示。

若函数满足 $f(t)=f(t-T/2)$ 或 $f(t)=f(t+T/2)$

称为偶谐函数。这种对称性波形的特点是，将波形沿时间轴右移或左移半个周期后的波形与原函数的波形重合，如图 8-4(b)所示。

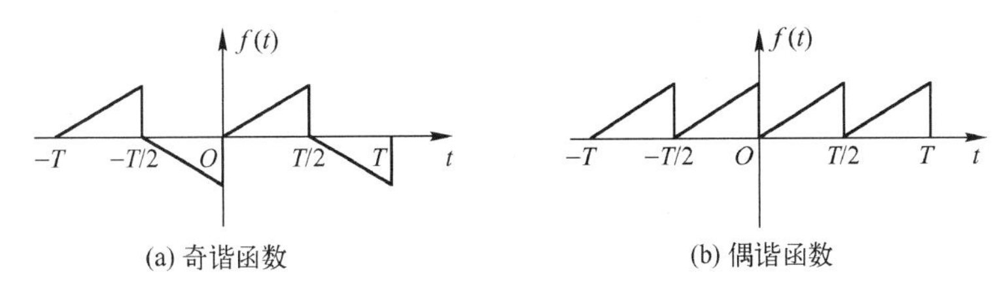

(a) 奇谐函数　　(b) 偶谐函数

图 8-4　具有半波对称的奇谐函数与偶谐函数波形

3．对称性与傅里叶级数系数的关系

应用上述对称性来考察傅里叶级数展开式各项系数的关系。

- 若 $f(t)$ 为偶对称函数且满足奇谐对称，或 $f(t)$ 为奇对称函数，由式(8-3)可知，a_0=0(1 个周期的平均值为零)；
- 若 $f(t)$ 为偶对称函数，因 $f(t)\sin(n\omega_1 t)$ 为奇函数，由式(8-6)可知，b_n=0，此时，$f(t)$ 的展开式中不含正弦项；
- 若 $f(t)$ 为奇对称函数，因 $f(t)\cos(n\omega_1 t)$ 为奇函数，由式（8-5）可知，a_n=0，则 $f(t)$ 的展开式中不含余弦项；
- 若 $f(t)$ 为奇谐函数，其展开式中偶次谐波为零；
- 若 $f(t)$ 为偶谐函数，其展开式中奇次谐波为零。

例如，由图 8-4(a)所示的奇谐函数，可知 $a_0=0$，且 $n=2,4,6,\cdots$时，$a_n=b_n=0$；$n=1,3,5,\cdots$时

$$a_n=\frac{4}{T}\int_0^{T/2}f(t)\cos n\omega_1 t\mathrm{d}t\ ,\quad b_n=\frac{4}{T}\int_0^{T/2}f(t)\sin n\omega_1 t\mathrm{d}t$$

又如，$f(t)$ 为奇函数并半波对称，则可知 $a_0=0$ 和 $a_n=0$，且展开式中不含偶次谐波分量，所以，$f(t)$ 的傅里叶级数展开式中仅含奇次谐波的正弦项。此时，只需计算 b_n 即可。

8.1.3　频谱图

为了直观地表示各频率分量的相对大小，采用式(8-1b)的形式，即将傅里叶级数的每一项用余弦函数和相角形式来表示。以 $\omega=n\omega_1$ 为横坐标，A_n 为纵坐标，作出 A_n 与 ω 的关系线图，称为幅度频谱图，简称幅度谱。同理，作出各分量的相位对频率的关系图，称为相位频谱，简称相位谱。周期函数的频谱都出现在基频 ω_1 的整倍数的离散频率点上，因而称为离散谱。

例 8-2　作出图 8-2 所示波形的幅度频谱图。

解　由例 8-1 的结果

$$f(t)=\frac{A}{2}+\frac{4A}{\pi^2}\left(\cos\omega_1 t+\frac{1}{3^2}\cos 3\omega_1 t+\frac{1}{5^2}\cos 5\omega_1 t+\cdots\right)$$

$$=\frac{A}{2}+\frac{4A}{\pi^2}\sum_{n=1}^{\infty}\frac{1}{n^2}\cos(n\omega_1 t)\quad (n=1,\ 3,\ 5,\ \cdots)$$

可作出幅度谱如图 8-5 所示。从图中可清晰地看出各次谐波分量的幅度所占比例的大小。

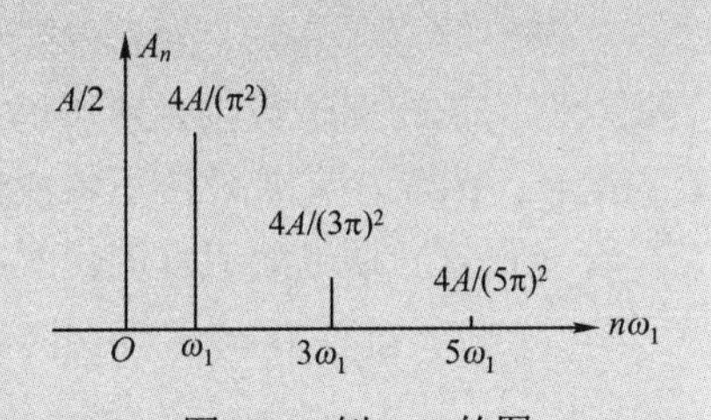

图 8-5　例 8-2 的图

理论上讲，非正弦周期信号的傅里叶级数展开式是无穷项，但在实际应用中，根据具体问题的精度和误差等要求仅取有限项。

思考题

T8.1-1　设 $f(t)$ 为半波对称的偶函数，试判断其傅里叶级数展开式中哪些系数为零。

T8.1-2　证明：任意非偶非奇函数 $f(t)$，可分解为偶部函数 $f_e(t)$ 与奇部函数 $f_o(t)$ 的相加，即 $f(t)=f_e(t)+f_o(t)$。

基本练习题

8.1-1　图题 8.1-1 所示波形为非正弦周期信号，试指出函数的奇偶性和对称性，以及三角形式的傅里叶级数展开式中含有哪些项。

8.1-2　设某函数 $f(t)=6+8\cos\omega t$，试作出此函数的波形。

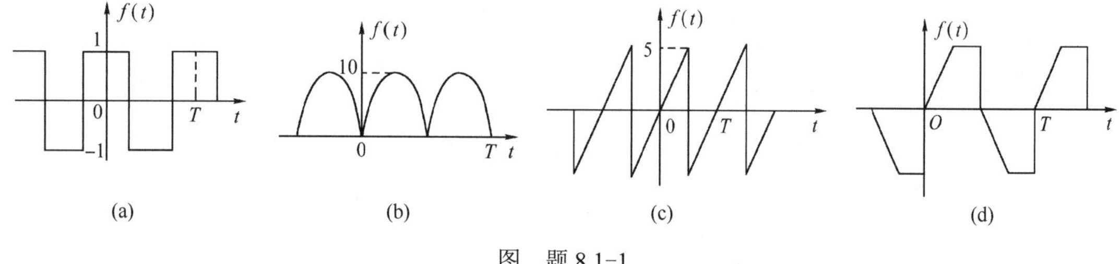

(a)　(b)　(c)　(d)

图　题 8.1-1

8.1-3　图题 8.1-3 所示周期方波：（1）求傅里叶级数三角形式的展开式，（2）近似作出前两项之和的图形，（3）取前 6 项求有效值。

8.1-4　求图题 8.1-4 所示周期余弦半波整流波形三角形式的傅里叶级数，并作出幅度频谱图。

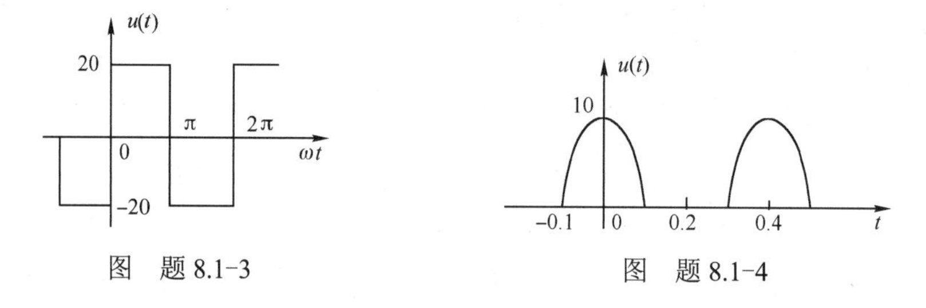

图　题 8.1-3　　　　图　题 8.1-4

8.2　非正弦周期信号的有效值和平均功率

8.2.1　有效值

为了度量周期函数的大小，第 5 章曾从热效应的角度引出了周期函数有效值的定义

$$I=\sqrt{\frac{1}{T}\int_0^T i^2(t)\mathrm{d}t} \tag{8-8}$$

上式对非正弦周期函数也是适用的。与正弦周期函数不同的是，非正弦周期函数为各次谐波分量的组合，因而，其有效值与各次谐波分量的有效值应存在一定关系。

设非正弦周期电流 $i(t)$ 的傅里叶级数展开式为

$$i(t)=I_0+\sum_{n=1}^{\infty} I_{mn}\cos(n\omega_1 t+\varphi_n)$$

由式(8-8)可得 $i(t)$ 的有效值为

$$I=\sqrt{\frac{1}{T}\int_0^T\left[I_0+\sum_{n=1}^{\infty} I_{mn}\cos(n\omega_1 t+\varphi_n)\right]^2\mathrm{d}t}$$

式中，根号下积分运算包括

$$\frac{1}{T}\int_0^T I_0^2 \mathrm{d}t = I_0^2$$

$$\frac{1}{T}\int_0^T \sum_{n=1}^{\infty} I_{mn}^2 \cos^2(n\omega_1 t+\varphi_n)\mathrm{d}t = \sum_{n=1}^{\infty}\frac{I_{mn}^2}{2} = \sum_{n=1}^{\infty} I_n^2$$

$$\frac{1}{T}\int_0^T 2I_0\cos(n\omega_1 t+\varphi_n)\mathrm{d}t = 0$$

$$\frac{1}{T}\int_0^T \sum_{n=1}^{\infty}\sum_{j=1}^{\infty} 2I_{mn}\cos(n\omega_1 t+\varphi_n)I_{mj}\cos(\mathrm{j}\omega_1 t+\varphi_j)\mathrm{d}t = 0,\ n\neq j$$

其中后两式利用了三角函数的正交性质。最后得到非正弦周期电流的有效值为

$$I = \sqrt{I_0^2 + \sum_{n=1}^{\infty}\left(\frac{I_{mn}}{\sqrt{2}}\right)^2} = \sqrt{I_0^2 + \sum_{n=1}^{\infty} I_n^2}$$

上式表明了非正弦周期电流的有效值与各次谐波有效值的关系。

同理可知，非正弦周期电压的有效值为

$$U = \sqrt{U_0^2 + \sum_{n=1}^{\infty} U_n^2}$$

8.2.2 平均功率

设无源电路 P 端口的电压和电流参考方向相关联，如图 8-6 所示。其电压、电流分别为

$$u(t) = U_0 + \sum_{n=1}^{\infty}\sqrt{2}U_n\cos(n\omega_1 t+\varphi_{nu})$$

$$i(t) = I_0 + \sum_{n=1}^{\infty}\sqrt{2}I_n\cos(n\omega_1 t+\varphi_{ni})$$

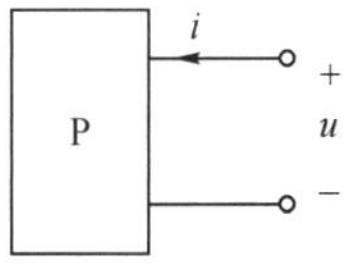

图 8-6 无源电路

非正弦周期电路瞬时功率为

$$p = ui = \left[U_0 + \sum_{n=1}^{\infty}\sqrt{2}\,U_n\cos(n\omega_1 t+\varphi_{nu})\right]\left[I_0 + \sum_{n=1}^{\infty}\sqrt{2}I_n\cos(n\omega_1 t+\varphi_{ni})\right] \tag{8-9}$$

平均功率定义为

$$P = \frac{1}{T}\int_0^T p\mathrm{d}t$$

将式(8-9)代入上式，并利用三角函数正交性，可得平均功率为

$$P = U_0I_0 + \sum_{n=1}^{\infty}U_nI_n\cos(\varphi_{nu}-\varphi_{ni}) = U_0I_0 + \sum_{n=1}^{\infty}U_nI_n\cos\varphi_n \tag{8-10}$$

式中，φ_n 为第 n 次谐波的电压与电流之间的相位差。非正弦周期电路的平均功率为直流分量的功率与各次谐波平均功率的代数和。

值得注意的是，由三角函数正交性可知，不同频率的电压与电流乘积的积分为零，并不产生平均功率。

例 8-3 已知图 8-7 所示电阻中的电流$i(t)=5+10\sqrt{2}\cos t+5\sqrt{2}\cos 2t$ A，求电流和电压的有效值及电阻上消耗的平均功率。

解 电流的有效值 $I=\sqrt{5^2+10^2+5^2}=\sqrt{150}=5\sqrt{6}$ A

因为 $u=Ri=25+50\sqrt{2}\cos t+25\sqrt{2}\cos 2t$

则电压的有效值 $U=\sqrt{25^2+50^2+25^2}=25\sqrt{6}$ V

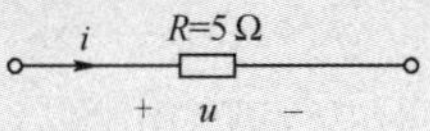

图 8-7 例 8-3 图

或 $$U = RI = 25\sqrt{6}\ \text{V}$$

电阻上所消耗的平均功率为

$$P = U_0I_0 + U_1I_1\cos\varphi_1 + U_2I_2\cos\varphi_2 = 25\times5 + 50\times10\cos0 + 25\times5\cos0 = 750\ \text{W}$$

或 $$P = RI^2 = R(I_0^2 + I_1^2 + I_2^2) = 750\ \text{W}$$

例 8-4 设图 8-6 所示无源电路的端口电压和电流分别为

$$u(t) = 100 + 100\cos t + 50\cos 2t + 30\cos 3t\ \text{V}$$

$$i(t) = 10\cos(t - 60^\circ) + 2\cos(3t - 135^\circ)\ \text{A}$$

求该电路所吸收的平均功率。

解 因为 $U_0 = 100,\ I_0 = 0$，所以直流分量的功率 $P_0 = 0$

因为 $U_1 = 100/\sqrt{2},\ I_1 = 10/\sqrt{2},\ \varphi_1 = 0-(-60^\circ) = 60^\circ$，所以基波分量的功率

$$P_1 = U_1I_1\cos\varphi_1 = 250\ \text{W}$$

因为 $U_2 = 50/\sqrt{2},\ I_2 = 0$, 所以二次谐波分量的功率 $P_2 = 0$

因为 $U_3 = 30/\sqrt{2},\ I_3 = 2/\sqrt{2},\ \varphi_3 = 0-(-135^\circ) = 135^\circ$，所以三次谐波分量的功率

$$P_3 = U_3I_3\cos\varphi_3 = -21.2\ \text{W}$$

电路吸收的总平均功率 $$P = P_0 + P_1 + P_2 + P_3 = 250 - 21.2 = 228.8\ \text{W}$$

思考题

T8.2-1 某电流 $i(t) = 10 + 5\sqrt{2}\cos(314t + 120^\circ) + 5\sqrt{2}\cos(314t - 120^\circ) + 2\cos(942t)$ A，计算其有效值。

T8.2-2 设某无源网络端口电压 u 和电流 I 分别为：$i(t) = 10\cos(2t - 60^\circ) + 5\cos(3t)$ A，$u(t) = 100 + 10\cos(t + 60^\circ) + 10\cos(t - 60^\circ)$ V，且参考方向相关联。试求电压和电流的有效值及平均功率。

基本练习题

8.2-1 求图题 8.2-1 所示电路中电压 u 的有效值。已知 $u_1 = 4$ V，$u_2 = 6\sin\omega t$ V。

8.2-2 已知图题 8.2-2 所示电路中，$R = 3\Omega, C = 0.125\text{F}, u_s = 12 + 10\cos 2t\text{V}$。试求：(1) 电流 i、电压 u_R 和 u_C 的稳态解及各有效值；(2) 电压源提供的平均功率。

8.2-3 已知图题 8.2-3 所示电路中，$R = 6\ \Omega, L = 0.1\ \text{H}, u_s = 63.6 + 100\cos\omega t - 42.4\cos(2\omega t + 90^\circ)\ \text{V}, \omega = 377\ \text{rad/s}$。试求稳态电流 i 及电路的平均功率。

8.2-4 图题 8.2-4 所示电路，设 $u_s=90+20\cos(20t)+30\cos(20t)+20\cos(40t)+13.24\cos(60t+71^\circ)$ V，$i = \cos(20t-60^\circ)+\sqrt{2}\cos(40t-45^\circ)$A，求平均功率 P。

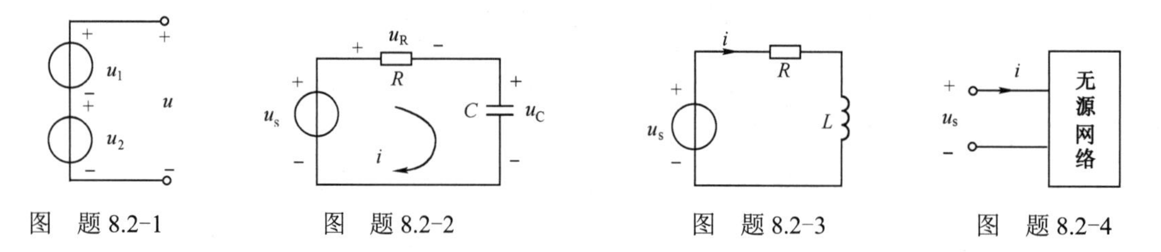

图 题 8.2-1　　图 题 8.2-2　　图 题 8.2-3　　图 题 8.2-4

8.3 电路的谐波分析

非正弦周期电路稳态分析的步骤，包括对非正弦周期信号的分解，把它展开成各次谐波分量的相加(实际计算取有限项分量，所取的项数与精度的要求有关)，然后应用相量法分别计算

各次谐波分量单独作用下的稳态解，再将这些稳态解的瞬时值(不能相量相加)叠加得最终解。这种方法称为谐波分析法。在计算过程中要注意：在直流激励下电感相当于短路，电容相当于开路。

例 8-5　图 8-8(a)所示电路中，已知 $u=10+100\sqrt{2}\cos\omega t+50\sqrt{2}\cos(3\omega t+30^\circ)$ V，$R_1=5\Omega$，$R_2=10\ \Omega$，$X_L(1)=\omega L=2\ \Omega$，$X_C(1)=1/(\omega C)=15\ \Omega$。试求电流 i_1、i_2 和 i，以及 R_1 支路吸收的平均功率 P。

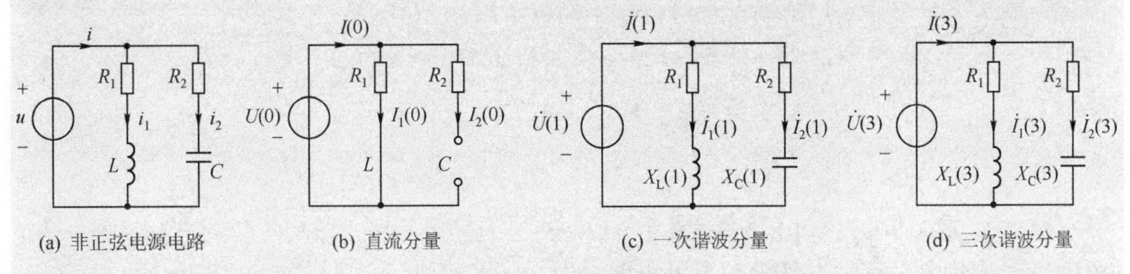

(a) 非正弦电源电路　(b) 直流分量　(c) 一次谐波分量　(d) 三次谐波分量

图 8-8　例 8-5 图

解　电压源是非正弦电源，其中含有直流分量、一次和三次谐波分量，分别计算如下。

（1）直流分量单独作用

如图 8-8(b)所示，$U(0)=10$V，此时电感相当于短路，电容相当于开路，即 $X_L(0)=0$，$X_C(0)=\infty$，可得

$$I_1(0)=U(0)/R_1=10/5=2,\ I_2(0)=0,\ I(0)=I_1(0)=2$$

（2）基波分量单独作用

$u(1)=100\sqrt{2}\cos\omega t$，其电路如图(c)所示。应用相量法，有

$$\dot{U}(1)=100\ \angle 0^\circ$$

$$\dot{I}_1(1)=\frac{\dot{U}(1)}{R_1+\mathrm{j}X_L(1)}=\frac{100\ \angle 0^\circ}{5+\mathrm{j}2}=18.55\ \angle -21.8^\circ$$

$$\dot{I}_2(1)=\frac{\dot{U}(1)}{R_2+\mathrm{j}X_C(1)}=\frac{100\ \angle 0^\circ}{10-\mathrm{j}15}=5.55\ \angle 56.3^\circ$$

$$\dot{I}(1)=\dot{I}_1(1)+\dot{I}_2(1)=20.43\ \angle -6.4^\circ$$

各量对应的时域表达式为

$i_1(t)=18.55\sqrt{2}\cos(\omega t-21.8^\circ)$，$i_2(t)=5.55\sqrt{2}\cos(\omega t+56.3^\circ)$，$i(t)=20.43\sqrt{2}\cos(\omega t-6.4^\circ)$

（3）三次谐波分量单独作用

$u(3)=50\sqrt{2}\cos(3\omega t+30^\circ)$，其电路如图(d)所示。类似上述分析，由图 8-8(d)可得

$$\dot{U}(3)=50\ \angle 30^\circ$$

$$\dot{I}_1(3)=\frac{\dot{U}(3)}{R_1+\mathrm{j}X_L(3)}=\frac{50\ \angle 30^\circ}{5+\mathrm{j}6}=6.4\ \angle -20.2^\circ$$

$$\dot{I}_2(3)=\frac{\dot{U}(3)}{R_2+\mathrm{j}X_C(3)}=\frac{50\ \angle 30^\circ}{10-\mathrm{j}5}=4.5\ \angle 56.6^\circ$$

$$\dot{I}(3)=\dot{I}_1(3)+\dot{I}_2(3)=8.6\ \angle 10.2^\circ$$

注意到，以上计算中 $X_L(3)=3X_L(1)$，$X_C(3)=\frac{1}{3}X_C(1)$。在时域中完成各量相加，得最后的解

$$i_1=2+18.55\sqrt{2}\cos(\omega t-21.8^\circ)+6.4\sqrt{2}\cos(3\omega t-20.2^\circ)\ \text{A}$$

$$i_2=5.6\sqrt{2}\cos(\omega t+56.3^\circ)+4.5\sqrt{2}\cos(3\omega t+56.6^\circ)\ \text{A}$$

$$i=2+20.4\sqrt{2}\cos(\omega t-6.4^\circ)+8.6\sqrt{2}\cos(3\omega t+10.2^\circ)\ \text{A}$$

因此不难得到 R_1 支路的平均功率为

$$P=I_1(0)U_1(0)+I_1(1)U_1(1)\cos\varphi_1+I_1(3)U_1(3)\cos\varphi_3$$
$$=2\times10+18.55\times100\cos21.8^\circ+6.4\times50\cos50.2^\circ=1947\ \text{W}$$

或
$$P=R_1I_1^2(0)+R_1I_1^2(1)+R_1I_1^2(3)=R_1I_1^2=1947\ \text{W}$$

式中，$I_1=\sqrt{I_1^2(0)+I_1^2(1)+I_1^2(3)}$，为电流 i_1 的有效值。

例 8-6 图 8-9(a)所示RL串联电路中，已知 $R=2\Omega$，$L=1\text{H}$，输入电压源为如图 8-9(b)所示的方波信号。试求电路中的电流 $i(t)$。

解 由图可知方波信号的周期 $T=\pi$，$\omega=2\pi/T=2$，并可求得其傅里叶级数展开式为

$$u_s=5+\frac{20}{\pi}\sum_{n=1}^{\infty}\frac{\sin(2nt)}{n}\text{，}n\text{ 为奇数}$$

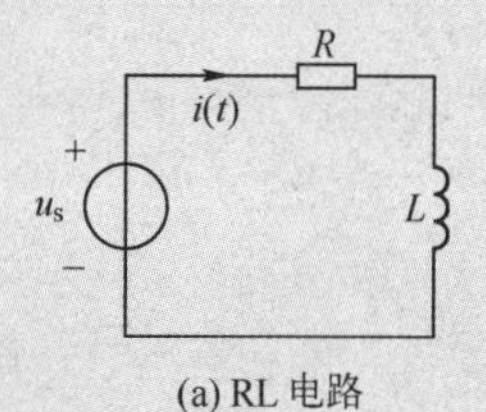

(a) RL 电路

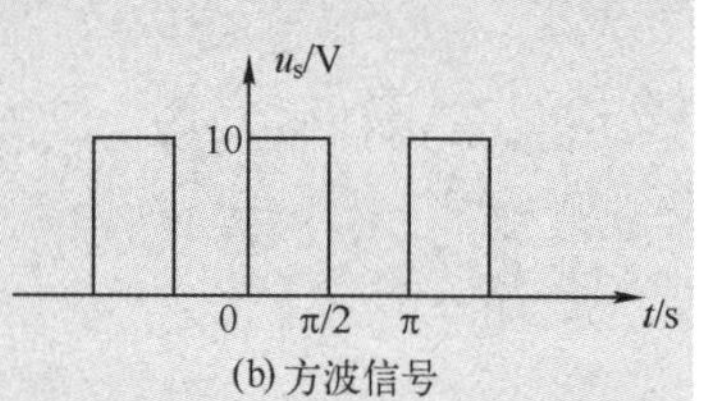

(b) 方波信号

图 8-9 例 8-6 图

电路阻抗为 $Z_n=R+\text{j}\omega nL=2+\text{j}2n=2\sqrt{1+n^2}\angle\arctan n$

直流分量的解为 $I(0)=5/2=2.5$

第 n 次谐波分量 $u_{sn}=\dfrac{20\sin(2nt)}{\pi n}$，$n$ 为奇数

得相量形式 $\dot{U}_{sn}=\dfrac{20}{\pi n\sqrt{2}}\angle-90^\circ$

第 n 次谐波电流的相量解为

$$\dot{I}(n)=\dot{U}_{sn}/Z_n=\frac{10}{\pi n\sqrt{2(1+n^2)}}\angle-90^\circ-\arctan n$$

时域解为 $i(n)=\dfrac{10}{\pi n\sqrt{1+n^2}}\cos(2nt-90^\circ-\arctan n)$

最后，电路的总电流稳态解为

$$i(t)=I(0)+\sum_{n=1}^{\infty}i(n)=2.5+\frac{10}{\pi}\sum_{n=1}^{\infty}\frac{1}{n\sqrt{1+n^2}}\cos(2nt-90^\circ-\arctan n)\ \text{A}\text{，}n\text{ 为奇数}$$

思考题

T8.3-1 设例 8-6 的方波信号在 $t=0$ 时加入电路，并设电流初始值 $i(0)=0$，试求零状态响应 $i(t)$。

T8.3-2 总结非正弦周期电路稳态分析的步骤。

基本练习题

8.3-1 图题 8.3-1 中，$u_s(t)=40+180\cos\omega t+60\cos(3\omega t+45^\circ)+20\cos(5\omega t+18^\circ)\ \text{V}$，$f=50\text{Hz}$，求 $i(t)$和电流有效值 I。

8.3-2 图题 8.3-2 所示为电流 $i(t)=|\sin\omega t|\ \text{A}$ 的波形图，计算其有效值 I。

8.3-3　图题 8.3-3 所示电路中，$u_s(t)=5+\dfrac{20}{\pi}\sum\limits_{n=1}^{\infty}\dfrac{\sin(2nt)}{n}$ V，n 为奇数。试求稳态电流 i。

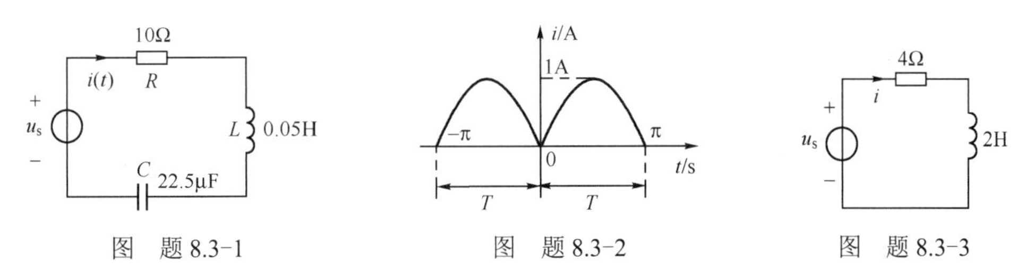

图　题 8.3-1　　图　题 8.3-2　　图　题 8.3-3

△8.4　应　　用

8.4.1　频谱分析仪

频谱分析仪(Spectrum Analyzer)是工程上常用的仪器，其外形图如图 8-10 所示。它以图形方式对非正弦信号波形进行频谱分析，能显示波形中所含的直流分量、基频分量和高次谐波分量的成分。它的显示窗口的横坐标为频率 f，纵坐标为物理量的幅度，常以分贝(dB)表示。这样，就可显示出被测信号在不同频率点上各分量幅度的大小和“比重”，以便对信号的成分有较深的了解。

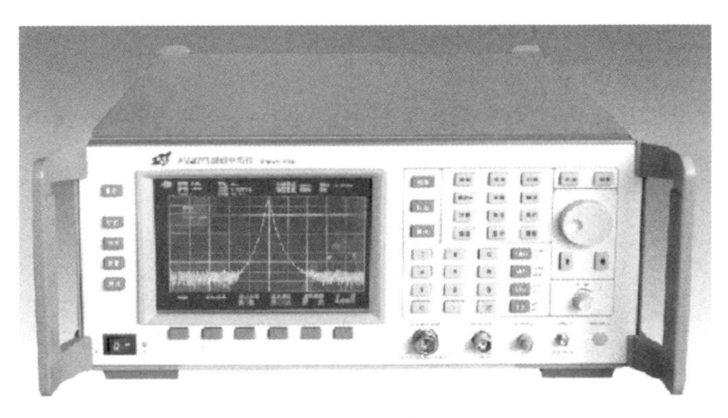

图 8-10　频谱分析仪外形图

在工程应用中，常常由于系统中某些原因或外界干扰致使信号发生畸变和失真，频谱分析仪可以用来对这种失真信号进行频谱分析，找出哪些频率点上的谐波分量会对畸变产生影响，从而可以设计专门的滤波器，将这些分量滤除掉。

8.4.2　对称 Y-Y 连接中 NN'的电压和对称 Y-Y$_n$ 连接的中线电流

电能在发电机产生和输送过程中，由于发电机励磁系统的磁场饱和、变压器励磁电流的非正弦周期性等因素，其电压波形或多或少不完全符合正弦波，因此含有一定的谐波分量。所以三相电路系统中电源的电压、电流等含有高次谐波分量。

（1）设对称三相 Y-Y 接线方式如图 8-11 所示，电压源含有三次谐波且也对称

$$u_A=U_1\sqrt{2}\cos\omega t+U_3\sqrt{2}\cos 3\omega t=u_{A(1)}+u_{A(3)}$$

$$\begin{aligned}u_B&=U_1\sqrt{2}\cos(\omega t-120^\circ)+U_3\sqrt{2}\cos 3(\omega t-120^\circ)\\&=U_1\sqrt{2}\cos(\omega t-120^\circ)+U_3\sqrt{2}\cos 3\omega t=u_{B(1)}+u_{B(3)}\end{aligned}$$

$$u_C = U_1\sqrt{2}\cos(\omega t+120^\circ)+U_3\sqrt{2}\cos 3(\omega t+120^\circ)$$
$$= U_1\sqrt{2}\cos(\omega t+120^\circ)+U_3\sqrt{2}\cos 3\omega t = u_{C(1)}+u_{C(3)}$$

显然由图 8-11 中可以得出，基波 u_1 作用时，电源中点 N 和负载中点 N'之间电压为零，而 3 次谐波 u_3 作用时，由于三相负载承受 3 次谐波电压大小相位都相等，因此采用结点法分析可得 $u_{NN'}= U_3\sqrt{2}\cos 3\omega t$。即有 3 次谐波时，电源中点 N 和负载中点 N'之间电压不为零，然而线电压 u_{AB}、u_{BC}、u_{CA} 仅含有基波的分量，仍然为对称的三相基波的电压源。

（2）设对称三相 Y-Y_n 接线方式如图 8-12 所示，即三相四线制，电压源仍含有三次谐波且也对称。

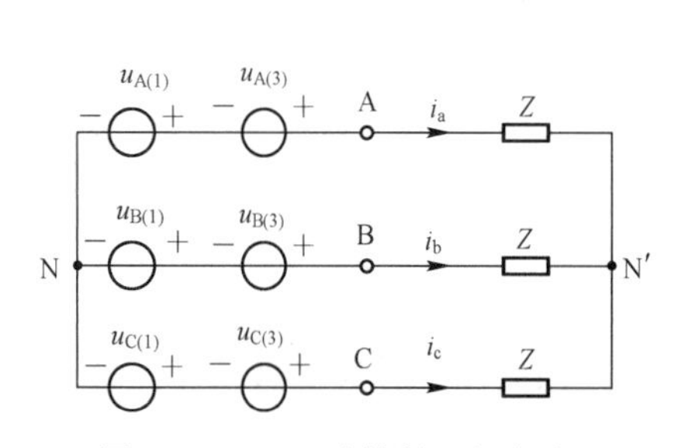

图 8-11　Y-Y 连接的三相电路

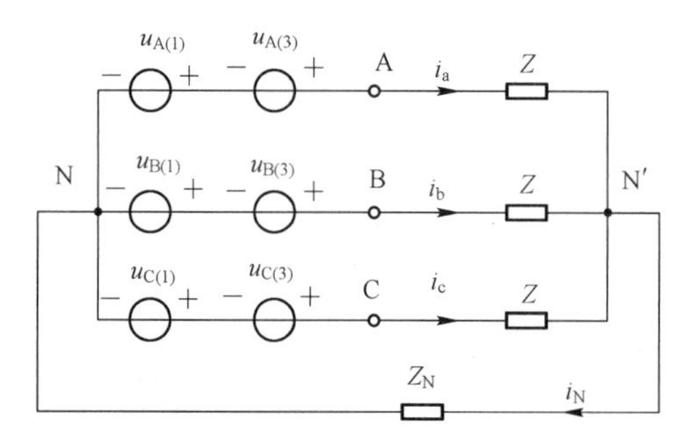

图 8-12　Y-Y_n 连接的三相电路

显然四线制时，中线强制了 $u_{NN'}$=0（设中线电阻为零）。但由于 3 次谐波分量在每相产生的大小相等、相位相同的电压源。化成单相作用，三相阻抗中产生的电流也大小、相位相等，因此在流入 N'点时叠加不为零，故在含有高次谐波的对称三相四线制电路中，中线中电流 i_N 也不会等于零。

本 章 小 结

数学上，周期非正弦时域信号可以展开成直流分量和不同频率的正弦量的和，利用对称的特点，可以判定傅里叶级数中某些项为零。电路分析上，可以用直流电路的分析方法分析直流量作用；用相量法分别分析单一频率正弦电源作用下的正弦电路；但最终得到的结果只能以时域形式叠加。基本知识点包括分析电流、电压的有效值和电路的平均（有功）功率。

难点提示：分析非正弦周期量的有效值和平均功率（有功功率），只有相同频率的量作用于耗能元件时才产生有功（平均）功率，因此不同频率计算的有功功率是可以叠加的。

名 人 轶 事

傅里叶全名为让·巴普蒂斯·约瑟夫·傅里叶（Jean Baptiste Joseph Fourier，1768—1830），法国著名数学家、物理学家，主要贡献是在研究热的传播时创立了一套数学理论。

在电子学中，傅里叶级数是一种频域分析工具，可以理解成将一种复杂的周期波分解成直流项、基波（角频率为 ω）和各次谐波（角频率为 $n\omega$）的和，也就是级数中的各项。一般，随着 n 的增大，各次谐波的能量逐渐衰减，所以通常从级数中取前 n 项之和就可以很好接近原周期波形。这是傅里叶级数在电子学分析中的重要应用。

1807 年，傅里叶关于热传导的基本论文《热的传播》，向巴黎科学院呈交时被拒绝。1811 年又提交了经修改的论文，该文才被认可并获科学院大奖，但却未正式发表。傅里叶在论文中推导出著名的热传导方程，并在求解该方程时发现解函数可以由三角函数构成的级数形式表示，从而提出任一函数都可以展开成三角函数的无穷级数。傅里叶级数(三角级数)、傅里叶分析等理论均由此创始。1822 年，傅里叶出版了专著《热的解析理论》(Theorieanalytique de la Chaleur，Didot，Paris，1822)。这部经典著作将在一些特殊情形下应用的三角级数方法发展成内容丰富的一般理论，三角级数后来就以傅里叶的名字命名。傅里叶应用三角级数求解热传导方程，在处理无穷区域的热传导问题时又导出著名的"傅里叶积分"，这一切都极大地推动了偏微分方程边值问题的研究。傅里叶的研究，迫使人们对函数概念做修正、推广，特别是引起了对不连续函数的探讨；三角级数收敛性问题更刺激了集合论的诞生。

综合练习题

8-1　按要求作答。

（1）判断正误：谐波分析中，只有直流的电流与电压，才会产生平均功率。

（2）单一选择：某电流 $i(t)=1+10\cos\omega t+5\cos(3\omega t-120^\circ)+5\cos(3\omega t+120^\circ)\text{A}$，则其有效值为（　　）

A. 21A；　B. 16A；　C. $\sqrt{126}$ A；　D. $\sqrt{63.5}$ A。

8-2　图题 8-2 所示电路中，$R_1=R_2=2\ \Omega$，$L_1=2$ mH，$L_2=4$ mH，$M=2$ mH，$C=500\ \mu\text{F}$，试求功率表的读数。已知 $u(t)=10+10\sqrt{2}\cos1000t$ V。

8-3　图题 8-3 中电压源 u_s=12V，电流源 $i_s=8\sqrt{2}\cos t$ A，试计算电流 i 的有效值。

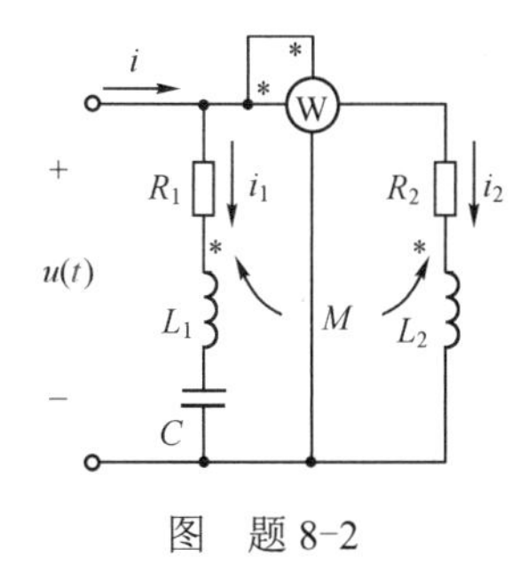

图　题 8-2

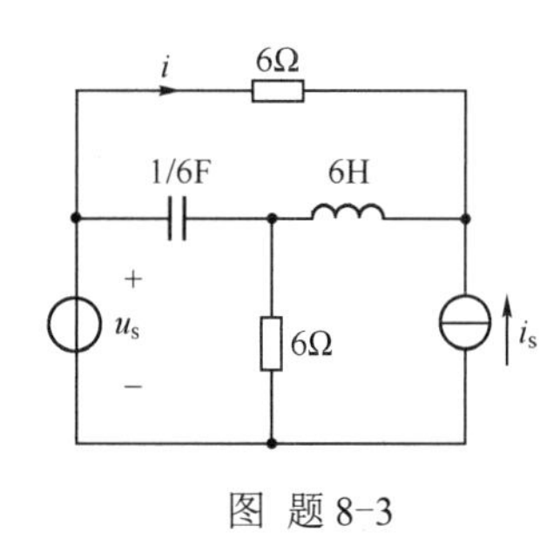

图　题 8-3

8-4　本章例 8-4 中出现 3 次谐波电源时，计算的负载消耗功率为负，如何理解？请读者查阅相关资料，比较传统机械铝盘式电能表和目前数字式智能电能表的优缺点。

8-5　在非正弦周期量的傅里叶级数展开式中，高次谐波的幅值越来越小，请分析原因。

第9章　频率响应与谐振电路

【内容提要】

本章将介绍电路在正弦激励下的频率响应基本概念，以及实际中广泛应用的 RC 选频滤波网络。着重讨论 RLC 串联谐振电路的规律和特点，分析 RLC 串、并联谐振电路的工作原理。拓展应用中，介绍了基于谐振原理的人工闪电发生器工作原理。

9.1　频率响应与 RC 滤波网络

正弦激励下，线性电路中储能元件的容抗、感抗等都是频率的函数，当不同频率的正弦激励(或信号)作用于电路时，响应的振幅和相位都将随频率而变化。电路响应随激励的频率而变化的特性称为电路的频率响应特性，简称频率响应。

9.1.1　网络函数与频率响应

研究电路响应随激励的频率而变化的特性，是通过定义正弦稳态电路的网络函数 $H(\mathrm{j}\omega)$ 来实现的。即：当电路中仅有一个激励源时，$H(\mathrm{j}\omega)$ 定义为响应相量与激励相量之比

$$H(\mathrm{j}\omega)=|H(\mathrm{j}\omega)|\mathrm{e}^{\mathrm{j}\varphi(\omega)} \overset{\text{def}}{=\!=} \frac{\text{响应相量}}{\text{激励相量}} \tag{9-1}$$

由式(9-1)知，$H(\mathrm{j}\omega)$ 是随 ω 变化的函数，且为复函数。其模 $|H(\mathrm{j}\omega)|$ 表征响应与激励的幅值比，随频率变化的特性，称为电路的幅频(响应)特性，简称幅频特性；$H(\mathrm{j}\omega)$ 的幅角 $\varphi(\mathrm{j}\omega)$ 表征响应与激励的相位差随频率变化的特性，称为相频特性。幅频特性和相频特性合称频率响应。用 $|H(\mathrm{j}\omega)|$ 和 $\varphi(\mathrm{j}\omega)$ 随 ω(或 f，其中 $\omega=2\pi f$)变化的曲线来表示电路的频率响应，分别称其为幅频特性曲线和相频特性曲线。计算 $H(\mathrm{j}\omega)$，并通过绘制幅频特性曲线和相频特性曲线，直观地获得频率响应的规律与特点，是研究电路的频率响应的主要内容。

例 9-1　分析图 9-1 所示电路中的网络函数 $H(\mathrm{j}\omega)=\dot{U}/\dot{I}$，求当电源频率 f 分别为 10 kHz，20 kHz 和 30 kHz 时 $H(\mathrm{j}\omega)$的值。并画出其幅频特性曲线和相频特性曲线。其中 $R=15\ \Omega$，$L=0.3\ \mathrm{mH}$，$C=0.2\ \mu\mathrm{F}$。

解

$$H(\mathrm{j}\omega)=\dot{U}/\dot{I}=R+\mathrm{j}\omega L-\mathrm{j}\frac{1}{\omega C}$$

$H(\mathrm{j}\omega)$ 的模和幅角分别为

$$|H(\mathrm{j}\omega)|=\sqrt{R^2+\left(\omega L-\frac{1}{\omega C}\right)^2},\quad \varphi(\omega)=\arctan\frac{\omega L-\dfrac{1}{\omega C}}{R}$$

则当 $f=10\ \mathrm{kHz}$ 时：

$$H(\mathrm{j}\omega)=H(\mathrm{j}2\pi f)=R+\mathrm{j}2\pi fL-\mathrm{j}\frac{1}{2\pi fC}$$

$$=15+\mathrm{j}2\times3.14\times10^4\times0.3\times10^{-3}-\mathrm{j}\frac{1}{2\times3.14\times10^4\times0.2\times10^{-6}}=15-\mathrm{j}60.78$$

同理，当 f=20kHz 时，$H(\mathrm{j}\omega)=15-\mathrm{j}2.13\ \Omega$；$f$=30kHz 时，$H(\mathrm{j}\omega)=15+\mathrm{j}30\ \Omega$。

绘出其幅频特性和相频特性曲线如图 9-2 所示。

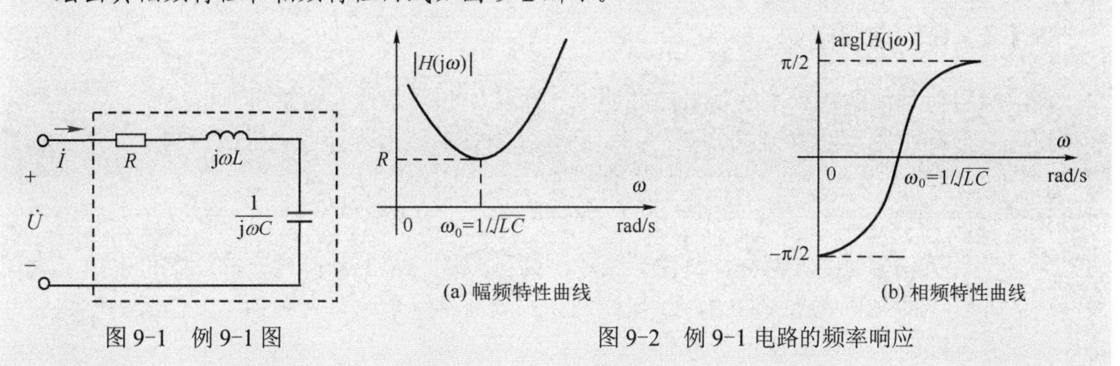

图 9-1　例 9-1 图　　　图 9-2　例 9-1 电路的频率响应

根据幅频特性曲线，得出该网络函数在 $\omega_0=1/\sqrt{LC}$ (rad/s) 时，幅值最小，且幅频特性曲线各点的值始终大于或等于零。而相频特性曲线，则表明频率在 0～∞ 变化区间内，该网络函数的相位由“负”到“0”再到“正”的变化过程。若该网络函数是阻抗(导纳)的话，则分别表现为容(感)性、阻性、感(容)性。

网络函数 $H(\mathrm{j}\omega)$ 的定义，还反映了 $H(\mathrm{j}\omega)$ 是由电路的结构和参数所决定的，除频率外，与激励和响应的幅值无关。网络函数可以分成两大类：第一类称为策动点函数，此时响应和激励位于网络的同一端口；第二类称为转移函数，响应和激励位于网络的不同端口。

策动点函数是指位于网络同一端口的响应相量与激励相量之比。

如图 9-3(a)所示，若激励为电流 $\dot{I}_1$，响应为电压 $\dot{U}_1$，则策动点函数为策动点阻抗 $Z(\mathrm{j}\omega)$；例 9-1 计算的网络函数，即策动点阻抗 $Z(\mathrm{j}\omega)$。如图 9-3(b)所示，若激励为电压 $\dot{U}_1$，响应为电流 $\dot{I}_1$，则策动点函数为策动点导纳 $Y(\mathrm{j}\omega)$。策动点阻抗 $Z(\mathrm{j}\omega)$ 与策动点导纳 $Y(\mathrm{j}\omega)$ 互为倒数。

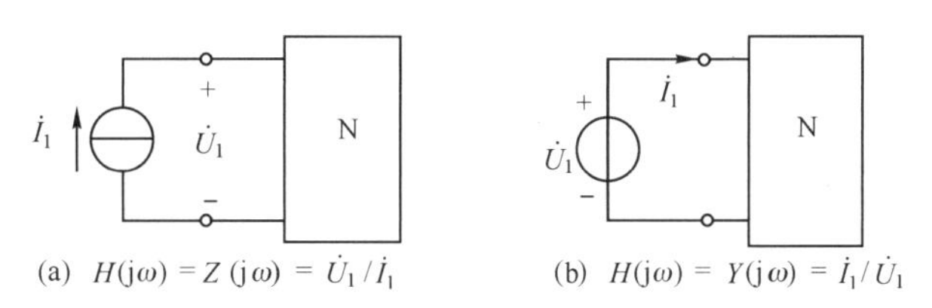

(a) $H(\mathrm{j}\omega)=Z(\mathrm{j}\omega)=\dot{U}_1/\dot{I}_1$　　(b) $H(\mathrm{j}\omega)=Y(\mathrm{j}\omega)=\dot{I}_1/\dot{U}_1$

图 9-3　策动点函数

转移函数是指网络不同端口的响应相量与激励相量之比。

如图 9-4(a)所示，若激励为电流 $\dot{I}_1$，响应为电压 $\dot{U}_2$，则转移函数为转移阻抗 $Z_{\mathrm{T}}(\mathrm{j}\omega)$；如图 9-4(b)所示，若激励为电压 $\dot{U}_1$，响应为电流 $\dot{I}_2$，则转移函数为转移导纳 $Y_{\mathrm{T}}(\mathrm{j}\omega)$。可见，转移阻抗 $Z_{\mathrm{T}}(\mathrm{j}\omega)$ 与转移导纳 $Y_{\mathrm{T}}(\mathrm{j}\omega)$ 不存在互为倒数的关系。

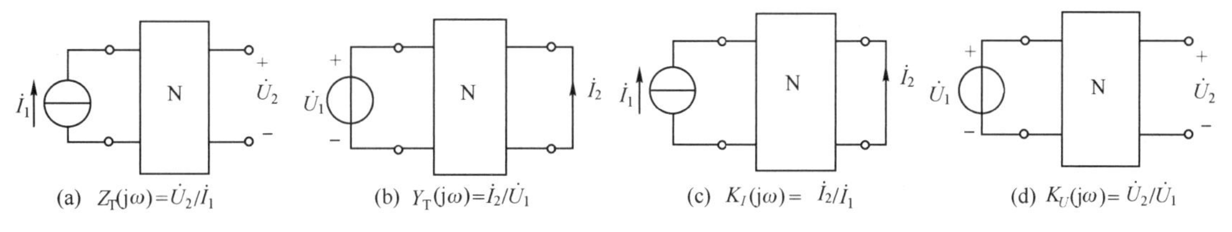

(a) $Z_{\mathrm{T}}(\mathrm{j}\omega)=\dot{U}_2/\dot{I}_1$　(b) $Y_{\mathrm{T}}(\mathrm{j}\omega)=\dot{I}_2/\dot{U}_1$　(c) $K_I(\mathrm{j}\omega)=\dot{I}_2/\dot{I}_1$　(d) $K_U(\mathrm{j}\omega)=\dot{U}_2/\dot{U}_1$

图 9-4　转移函数

当激励、响应同为电流或同为电压时，转移函数又称为传输函数。如图 9-4(c)所示，若激励为电流 $\dot{I}_1$，响应为电流 $\dot{I}_2$，则为转移电流比或电流传输函数 $K_I(\mathrm{j}\omega)$；如图 9-4(d)所示，若激励为电压$\dot{U}_1$，响应为电压$\dot{U}_2$，则为转移电压比或电压传输函数$K_U(\mathrm{j}\omega)$。

*9.1.2 RC 滤波电路

滤波网络，是使所需频率的信号顺利通过，而其他频率的信号会被抑制的电路。工程中一般视超过幅频特性最大值的 0.707 倍(为顺利通过)的频率范围称为通频带或通带，而把受到抑制(指低于幅频特性最大值的 0.707 倍)的频率范围称为阻带。滤波网络可以由有源器件组成也可以由无源的 R、L、C 元件构成。滤波网络按照其对频率的抑制与否，可以分为低通、高通、带通、带阻和全通滤波网络。滤波网络中网络函数的 jω 的最高次方的次数可以定义为滤波网络的阶数。本书简单介绍由 R、C 组成的无源滤波网络电路。有关 R、L 组成的电路频率特性，读者可以根据对偶原理自行分析。

1. RC 低通滤波网络

如图 9-5(a)所示的 RC 构成低通滤波网络电路，激励为$\dot{U}_1$，响应$\dot{U}_2$。其电压传输函数为

$$K_U(\mathrm{j}\omega)=\frac{\dot{U}_2}{\dot{U}_1}=\frac{\dfrac{1}{\mathrm{j}\omega C}}{R+\dfrac{1}{\mathrm{j}\omega C}}=\frac{1}{\mathrm{j}\omega RC+1}=\frac{1}{\sqrt{(\omega RC)^2+1}}\angle -\arctan\omega RC \tag{9-2}$$

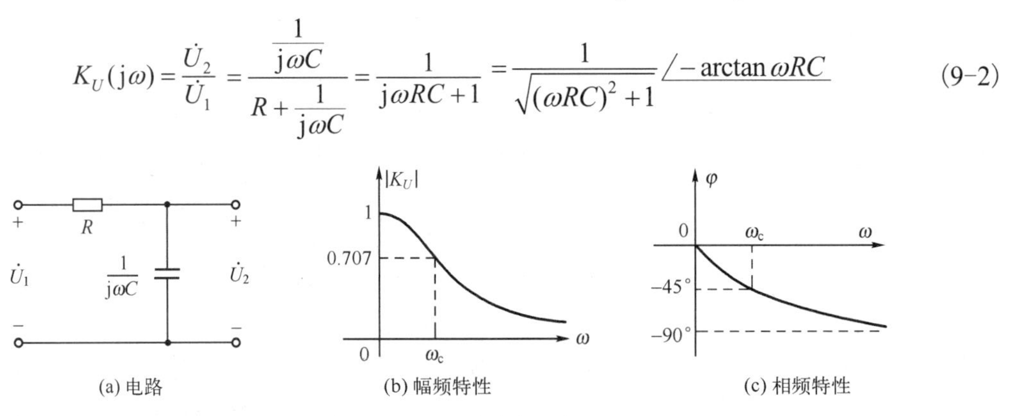

(a) 电路　　(b) 幅频特性　　(c) 相频特性

图 9-5　RC 低通滤波网络

由式(9-2)可得到 RC 低通滤波网络的幅频特性曲线和相频特性曲线，分别如图 9-5(b)和图 9-5(c)所示。当ω=0 即直流时，$K_U(0)=1$，输出电压等于输入电压，$|K_U|$为最大；当$\omega=\omega_c$时，输出电压为输入电压的 0.707 倍；当$\omega\to\infty$时，$|K_U(\infty)|\to 0$。可见，对于幅值相同的输入信号，频率越高输出电压越低，即直流及低频信号输出电压高，而高频信号受到抑制。

令输出电压最大值的 0.707 倍所对应的角频率点为ω_c，由于功率与电压的平方成正比，而$1/\sqrt{2}=0.707$，即在角频率ω_c时，输出功率正好为最大值时功率的一半，所以ω_c(或 f_c)称为半功率点角频率，或截止角频率。

工程上将 0～ω_c 的角频率范围定义为低通滤波网络的通频带，用 B_ω(或 B_f)表示。当信号角频率高于截止角频率，即$\omega>\omega_c$时，输出电压小于最大输入电压的 70.7%，认为这一角频率范围的信号不能顺利通过。将ω_c作为通频带的边界，即低通滤波网络的通频带$B_\omega=(0,\omega_c)$。图 9-5(a)中 RC 低通滤波网络的截止角频率ω_c和截止频率f_c为

$$\frac{1}{\sqrt{(\omega RC)^2+1}}=\frac{1}{\sqrt{2}} \quad\Rightarrow\quad \omega_c=\frac{1}{RC}\ (\mathrm{rad/s}),\quad f_c=\frac{1}{2\pi RC}\ (\mathrm{Hz})$$

RC 低通滤波网络具有电路结构简单，工作可靠等特点，广泛应用于电子设备的整流电路中，以滤除整流后电源电压中的交流分量；其还常用于检波电路中，滤除检波后的高频分量，提取低频分量信号。

例 9-2 图 9-5(a)所示电路，$R = 1000\ \Omega$，$C = 500\ \text{pF}$，电压 u_1 的有效值为 20 V。试求：（1）截止频率 f_c 及该频率时的输出电压 $U_2(f_c)$；（2）该滤波器的通频带。

解

$$f_c = \frac{1}{2\pi RC} = \frac{1}{2\pi \times 1000\ \Omega \times 500\ \text{pF}} = 318.3\ \text{kHz}$$

$$U_2(f_c) = 0.707U_1 = 0.707 \times 20 = 14.14\ \text{V}$$

$$B_f = (0, f_c)$$

2．RC 高通滤波网络

图 9-6(a)所示 RC 串联电路，激励为 $\dot{U}_1$，电阻 R 两端输出电压为响应 $\dot{U}_2$，可构成高通滤波网络。RC 高通滤波网络的通频带为 $\omega > \omega_c$ 的频段，阻带为 $0 \sim \omega_c$ 的频段。

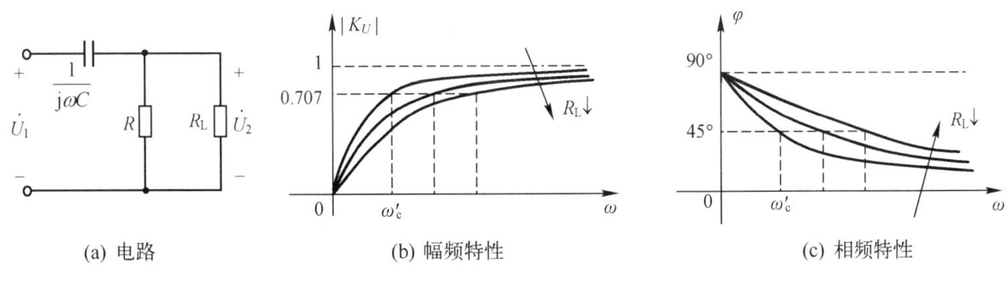

(a) 电路　　(b) 幅频特性　　(c) 相频特性

图 9-6　RC 高通滤波网络

无论是 RC 低通滤波网络还是 RC 高通滤波网络，带负载时，负载电阻都会对它们的性能产生较大的影响。如图 9-6(a)所示的 RC 高通滤波网络中，由于 R 与 R_L 并联，使并联后的总电阻下降为 $R' = (RR_L)/(R + R_L)$，则电压传输函数为

$$K_U(\text{j}\omega) = \frac{\dot{U}_2}{\dot{U}_1} = \frac{R'}{R' + \frac{1}{\text{j}\omega C}} = \frac{1}{1 - \text{j}\frac{\omega'_c}{\omega}} = \frac{1}{\sqrt{1 + \left(\frac{\omega'_c}{\omega}\right)^2}} \angle \arctan\frac{\omega'_c}{\omega} \tag{9-3}$$

式(9-3)中，$\omega'_c = 1/(R'C)$，为有负载时的截止角频率，无负载时仍有 $\omega_c = 1/(RC)$。

因为 $R' < R$，所以 $\omega'_c > \omega_c$，即负载的影响使截止频率升高，通带变窄。图 9-6(b)所示为有负载 RC 高通滤波网络的幅频特性曲线，可见负载越小，截止频率越高，通带越窄。

例 9-3 RC 高通滤波电路不带负载电阻 R_L 如图 9-7(a)所示，设元件参数为 R=20 kΩ，C=1200 pF。试求截止角频率 ω_c 及电压传输函数 $K_U(\text{j}\omega) = \dot{U}_o / \dot{U}_i$ 的频率特性。

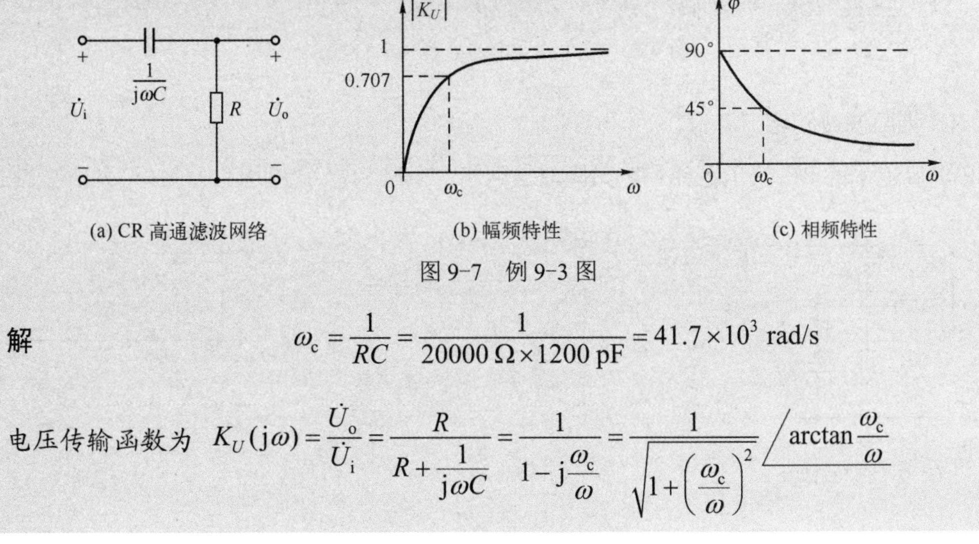

(a) CR 高通滤波网络　　(b) 幅频特性　　(c) 相频特性

图 9-7　例 9-3 图

解

$$\omega_c = \frac{1}{RC} = \frac{1}{20000\ \Omega \times 1200\ \text{pF}} = 41.7 \times 10^3\ \text{rad/s}$$

电压传输函数为 $$K_U(\text{j}\omega) = \frac{\dot{U}_o}{\dot{U}_i} = \frac{R}{R + \frac{1}{\text{j}\omega C}} = \frac{1}{1 - \text{j}\frac{\omega_c}{\omega}} = \frac{1}{\sqrt{1 + \left(\frac{\omega_c}{\omega}\right)^2}} \angle \arctan\frac{\omega_c}{\omega}$$

有$\left|K_U(\mathrm{j}\omega_\mathrm{c})\right|=0.707$，$\varphi(\omega_\mathrm{c})=45°$，幅频特性曲线和相频特性曲线如图 9-7(b)和(c)所示。

3．RC 带通滤波网络

图 9-8(a)所示为 RC 串并联形成的带通滤波网络，属于著名的文氏电桥振荡电路中的选频部分。激励为$\dot{U}_1$，响应为$\dot{U}_2$，其电压传输函数为

$$K_U(\mathrm{j}\omega)=\frac{\dot{U}_2}{\dot{U}_1}=\frac{R//\dfrac{1}{\mathrm{j}\omega C}}{R//\dfrac{1}{\mathrm{j}\omega C}+R+\dfrac{1}{\mathrm{j}\omega C}}=\frac{1}{3+\mathrm{j}\omega RC+\dfrac{1}{\mathrm{j}\omega RC}}$$

$$=\frac{1}{\sqrt{9+\left(\dfrac{\omega}{\omega_0}-\dfrac{\omega_0}{\omega}\right)^2}}\angle-\arctan\frac{1}{3}\left(\frac{\omega}{\omega_0}-\frac{\omega_0}{\omega}\right) \tag{9-4}$$

式(9-4)中，$\omega_0=1/(RC)$。由式(9-4)可得电压传输函数的幅频特性和相频特性曲线，如图 9-8(b)和(c)所示。在ω_0处电压传输函数为最大值，即$\left|K_U(\mathrm{j}\omega_0)\right|_{\max}=1/3$。当$\omega=0$ 和$\omega\to\infty$时，电压传输函数均为零，即$|K_U(0)|=|K_U(\infty)|=0$。同样，输出电压最大值的 0.707 倍所对应的角频率点为截止角频率ω_c，显然图 9-8(b)所示截止角频率点有两个，即ω_{c1}和ω_{c2}。计算$\omega_{\mathrm{c1}}(f_{\mathrm{c1}})$、$\omega_{\mathrm{c2}}(f_{\mathrm{c2}})$和$\omega_0(f_0)$的关系

$$\frac{\left|K_U(\mathrm{j}\omega_\mathrm{c})\right|}{\left|K_U(\mathrm{j}\omega_0)\right|}=\frac{1}{\sqrt{2}}\quad\Rightarrow\quad\begin{cases}\dfrac{\omega_{\mathrm{c1}}}{\omega_0}=\dfrac{f_{\mathrm{c1}}}{f_0}=-\dfrac{3}{2}+\sqrt{\left(\dfrac{3}{2}\right)^2+1}=\dfrac{\sqrt{13}-3}{2}\\[2ex]\dfrac{\omega_{\mathrm{c2}}}{\omega_0}=\dfrac{f_{\mathrm{c2}}}{f_0}=\dfrac{3}{2}+\sqrt{\left(\dfrac{3}{2}\right)^2+1}=\dfrac{\sqrt{13}+3}{2}\end{cases}$$

$\omega_{\mathrm{c1}}<\omega<\omega_{\mathrm{c2}}$的范围为带通滤波网络的通带，$B_\omega$(或$B_f$)为高低截止角频率的差即其带宽。该带通滤波电路的带宽$B_\omega=\omega_{\mathrm{c2}}-\omega_{\mathrm{c1}}=3\omega_0$或$B_f=f_{\mathrm{c2}}-f_{\mathrm{c1}}=3f_0$。而在 $\omega<\omega_{\mathrm{c1}}$，$\omega>\omega_{\mathrm{c2}}$ 的频段范围，称为阻带。

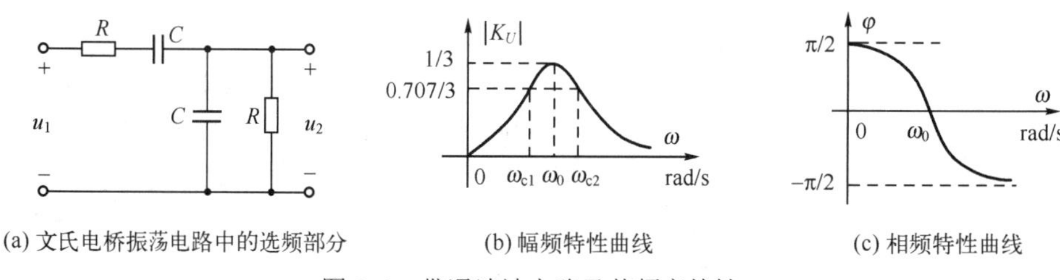

(a) 文氏电桥振荡电路中的选频部分　　(b) 幅频特性曲线　　(c) 相频特性曲线

图 9-8　带通滤波电路及其频率特性

4．RC 带阻滤波网络

图 9-9(a)所示的 RC 双 T 形结构为带阻滤波网络，激励为$\dot{U}_1$，响应为$\dot{U}_2$。可列出结点方程

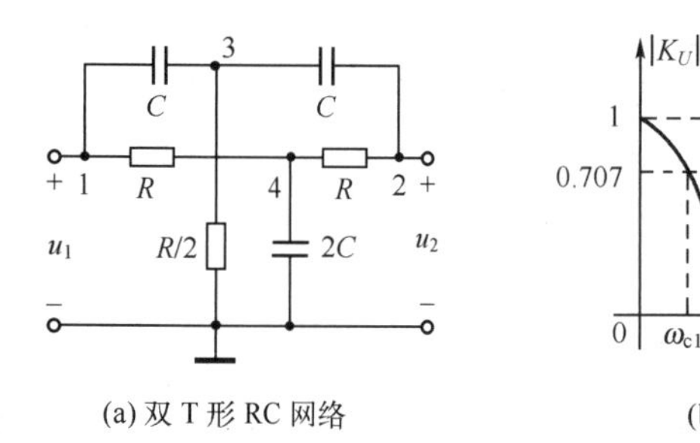

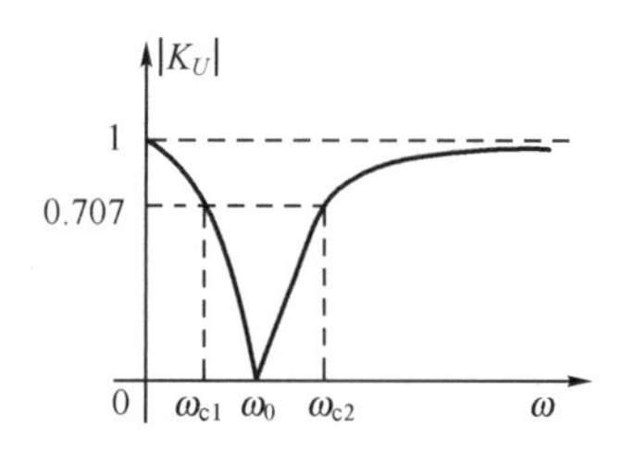

(a) 双 T 形 RC 网络　　(b) 幅频特性曲线　　(c) 相频特性曲线

图 9-9　RC 带阻滤波网络

$$\begin{cases}\dot{U}_{n1}=\dot{U}_1\\ \left(\dfrac{1}{R}+j\omega C\right)\dot{U}_{n2}-j\omega C\dot{U}_{n3}-\dfrac{1}{R}\dot{U}_{n4}=0\\ -j\omega C\dot{U}_{n1}-j\omega C\dot{U}_{n2}+\left(\dfrac{2}{R}+j\omega C+j\omega C\right)\dot{U}_{n3}=0\\ -\dfrac{1}{R}\dot{U}_{n1}-\dfrac{1}{R}\dot{U}_{n2}+\left(\dfrac{1}{R}+\dfrac{1}{R}+j2\omega C\right)\dot{U}_{n4}=0\end{cases}$$

解上述方程组，可得电压传输函数为

$$K_U(j\omega)=\frac{\dot{U}_2}{\dot{U}_1}=\frac{\dot{U}_{n2}}{\dot{U}_{n1}}=\frac{1+(j\omega RC)^2}{1+(j\omega RC)^2+j4\omega RC}=\frac{1}{1-j\dfrac{4}{\omega RC-\dfrac{1}{\omega RC}}}$$

$$\xlongequal{\omega_0=\frac{1}{RC}}\frac{1}{\sqrt{1+\dfrac{16}{\left(\dfrac{\omega}{\omega_0}-\dfrac{\omega_0}{\omega}\right)^2}}}\angle \arctan\frac{4}{\dfrac{\omega}{\omega_0}-\dfrac{\omega_0}{\omega}} \tag{9-5}$$

由式(9-5)可得到 RC 带阻滤波网络的幅频特性和相频特性曲线，如图 9-9(b)和(c)所示。在 $\omega_0=1/(RC)$ 处，电压传输函数 $|K_U(j\omega_0)|=0$；当 $\omega=0$ 和 $\omega\to\infty$ 时，$|K_U(0)|=|K_U(\infty)|=1$。在 ω_0 附近的频段上信号不易通过，这是以 ω_0 为中心角频率的带阻滤波网络。

当 $|K_U(j\omega)|$ 下降为 0.707 时所对应的频率即为截止频率 ω_c。由

$$|K_U(j\omega)|=\frac{1}{\sqrt{1+\dfrac{16}{\left(\dfrac{\omega}{\omega_0}-\dfrac{\omega_0}{\omega}\right)^2}}}=\frac{1}{\sqrt{2}}$$

得 $\left(\dfrac{\omega}{\omega_0}-\dfrac{\omega_0}{\omega}\right)=\pm 4$，解得截止角频率满足

$$\frac{\omega_{c1}}{\omega_0}=\frac{f_{c1}}{f_0}=-2+\sqrt{2^2+1}=\sqrt{5}-2$$

$$\frac{\omega_{c2}}{\omega_0}=\frac{f_{c2}}{f_0}=2+\sqrt{2^2+1}=\sqrt{5}+2$$

对于带阻滤波网络而言，阻带为：$\omega_{c1}<\omega<\omega_{c2}$；通带为：$\omega<\omega_{c1}$，$\omega>\omega_{c2}$。带阻带宽为

$$B_\omega=\omega_{c2}-\omega_{c1}=4\omega_0\ \text{rad/s}$$

或

$$B_f=f_{c2}-f_{c1}=4f_0\ \text{Hz}$$

5．RC 全通网络

图 9-10 所示为 RC 全通网络，激励为 $\dot{U}_1$，响应为 $\dot{U}_2$。其电压传输函数为

$$K_U(j\omega)=\frac{\dot{U}_2}{\dot{U}_1}=\frac{\dfrac{1}{j\omega C}}{R+\dfrac{1}{j\omega C}}-\frac{R}{R+\dfrac{1}{j\omega C}}=\frac{1-j\omega RC}{1+j\omega RC}=1\angle -2\arctan\frac{\omega}{\omega_0}$$

式中 $\omega_0=1/(RC)$。全通网络响应的振幅不随频率变化，始终等于激励的振幅。

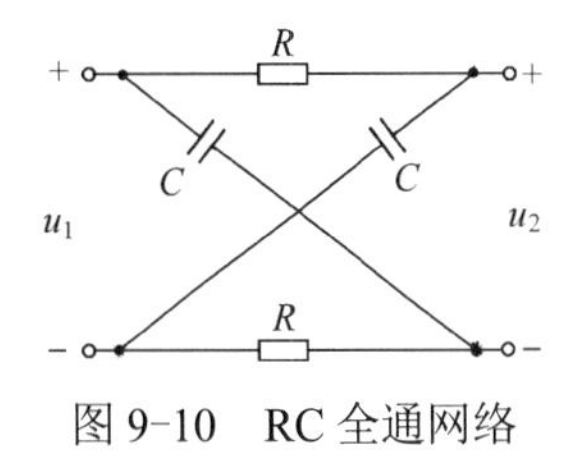

图 9-10　RC 全通网络

在这里介绍一下在工程应用中广泛使用的概念——分贝。其实质是：两个功率(或能量)的比值取以 10 为底的对数再乘以 10。分贝的定义(用分贝数 N 表示)

$$N_{\mathrm{dB}} = 10\lg\frac{P_1}{P_2}$$

式中 P_1、P_2 是两个功率数值，分子 P_1 为待求功率值，分母 P_2 为基准功率值。分贝是个无量纲的数值，有时为了区分某分贝数是何种物理量的比值，工程中用 dBW，dBV 或 dBA 等来描述电功率、电压、电流等物理量的比值(或增益)。

而电路分析中电功率与电压(或电流)的平方成正比关系，因此本节中几种滤波网络的电压比函数的幅值(或电流比函数的幅值)可用分贝 dBV(或 dBA)表示，分别为

$$N_{\mathrm{dBV}} = 10\lg\frac{U_2^2}{U_1^2} = 20\lg\frac{U_2}{U_1}\text{，}\ N_{\mathrm{dBA}} = 10\lg\frac{I_2^2}{I_1^2} = 20\lg\frac{I_2}{I_1}$$

例如当 $U_2 / U_1 = 0.707$ 时，电压比函数的幅值 20 lg（0.707）=-3 dBV，即当输出电压下降为输入电压的 70.7%时，输出电压比输入电压的振幅下降了 3 dB。此时，输出功率为输入功率的 50%，因此也称-3 dB 频率为半功率点频率。

思考题

T9.1-1　简述为什么要讨论电路的频率响应。

*T9.1-2　简述滤波网络的作用，试举一应用实例加以说明。

*T9.1-3　若以 1A 为基准，某频率处 $I_2 / I_1 = 1/3$，则 I_2 的增益用分贝数表示该是多少？

基本练习题

9.1-1　求图题 9.1-1 所示电路的电压传输函数 $K_U(\mathrm{j}\omega) = \dot{U}_2 / \dot{U}_1$，并定性画出其幅频特性曲线和相频特性曲线。

9.1-2　求图题 9.1-2 所示电路的电流传输函数 $K_I(\mathrm{j}\omega) = \dot{I}_2 / \dot{I}_1$，并定性画出其幅频特性曲线和相频特性曲线。

9.1-3　如图题 9.1-3 所示电路，计算网络函数 $H(\mathrm{j}\omega) = \dot{I}_{\mathrm{R}} / \dot{I}_{\mathrm{s}}$，并定性画出其幅频特性曲线和相频特性曲线。

*9.1-4　求图题 9.1-4 所示三节 RC 移相网络的电压传输函数 $K_U(\mathrm{j}\omega) = \dot{U}_2 / \dot{U}_1$；问当信号角频率为多少时，可以产生 180°相移？

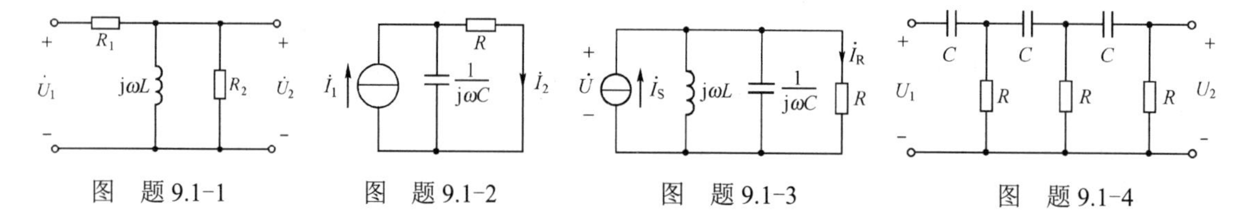

图　题 9.1-1　　图　题 9.1-2　　图　题 9.1-3　　图　题 9.1-4

*9.1-5　指出图题 9.1-5 中各滤波网络属于低通、高通、带通还是带阻滤波电路？

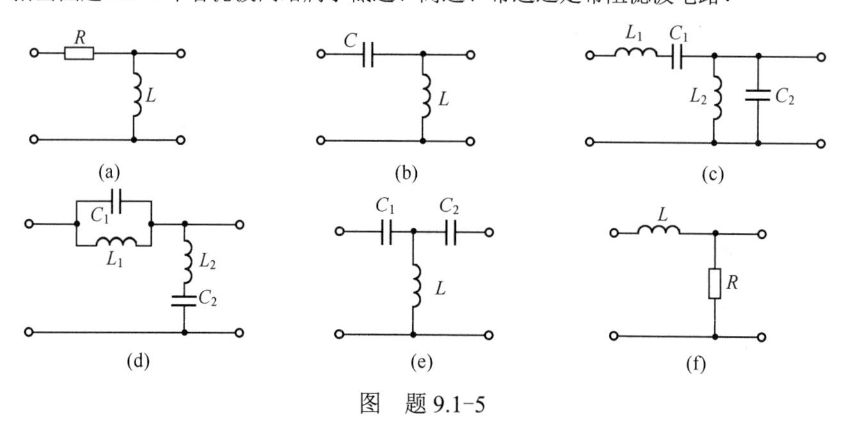

图　题 9.1-5

*9.1-6　以 1mW 为基准，分别计算 1W、2W、2.5W、5W、10W 是多少 dBmW？

9.2　串联谐振电路

本节讨论由 RLC 串联构成的一端口网络，通过改变外加正弦电源的频率，使端口电压电流同相时电路的谐振现象及其特点。

9.2.1　RLC 串联谐振

当电源(或信号)作用在 RLC 串联回路时，如图 9-11(a)所示。负载的阻抗为

$$Z(\mathrm{j}\omega)=R+\mathrm{j}\omega L+\frac{1}{\mathrm{j}\omega C}=R+\mathrm{j}\left(\omega L-\frac{1}{\omega C}\right)$$
$$=R+\mathrm{j}(X_{\mathrm{L}}+X_{\mathrm{C}})=R+\mathrm{j}X(\omega)$$

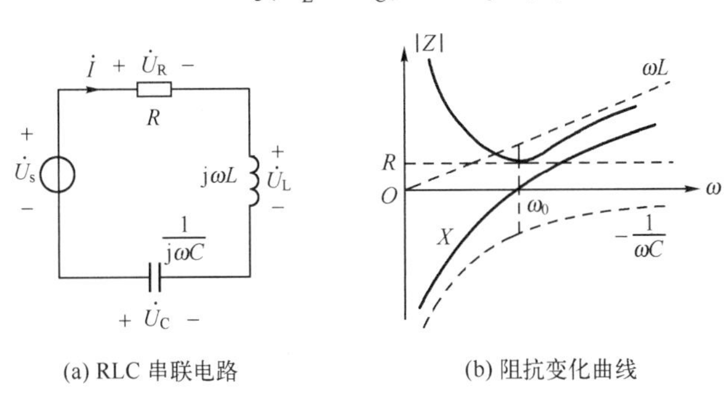

(a) RLC 串联电路　　　　(b) 阻抗变化曲线

图 9-11　串联谐振

阻抗 Z、电抗 X 都是ω的函数，它们随ω的变化曲线如图 9-11(b)所示。由图 9-11(b)可见，当频率较低，即$\omega<\omega_0$ 时，$\omega L<1/(\omega C)$，回路总电抗呈容性，$X<0$，$|Z|>R_0$；当频率较高，即 $\omega>\omega_0$ 时，$\omega L>1/(\omega C)$，回路总电抗呈感性，$X>0$，$|Z|>R_0$；当 $\omega=\omega_0=1/\sqrt{LC}$ 时，$\omega_0 L=1/(\omega_0 C)$，回路总电抗等于零，$X=0$，阻抗 $Z=R_0$。若激励电压信号频率等于ω_0，由于回路总阻抗最小且呈纯电阻性，回路电流将最大，且与激励电压同相，称此时电路发生串联谐振。

RLC 串联回路在 ω_0 时电路发生谐振，此时的频率为谐振频率。串联谐振电路的谐振角频率和谐振频率分别为

$$\omega_0=\frac{1}{\sqrt{LC}},\quad f_0=\frac{1}{2\pi\sqrt{LC}}$$

谐振频率与回路的电阻值 R 无关，谐振时电路的阻抗值最小，此时阻抗为 Z_0，有

$$Z_0=R$$

谐振时感抗与容抗的代数和为零，而感抗和容抗的值，定义为特性阻抗ρ，即

$$\rho=\omega_0 L=\frac{1}{\omega_0 C}=\sqrt{\frac{L}{C}} \tag{9-6}$$

ρ 的单位为欧姆。

定义谐振时特性阻抗与谐振阻抗的比值为品质因数，用 Q 表示(无量纲，注意与无功功率 Q 的区分)。即

$$Q=\frac{\rho}{R}=\frac{\omega_0 L}{R}=\frac{1}{R\omega_0 C}=\frac{1}{R}\sqrt{\frac{L}{C}} \tag{9-7}$$

品质因数在串联谐振回路中，联系了重要的三个参数 R，L，C，是分析和比较串联谐振电路频率特性的重要辅助参数。

例 9-4 图 9-12 所示为有互感的两电感串联后再串接一电容，求该电路发生串联谐振时的谐振频率，特性阻抗，品质因数。已知 L_1=6 H，L_2=3 H，M=4 H，R_1=20 Ω，R_2=5 Ω，C=1 μF。

解 等效的电感 $L=L_1+L_2-2M$=1 H；等效的电阻 $R=R_1+R_2$=25 Ω。

谐振角频率 $$\omega_0=\frac{1}{\sqrt{LC}}=\frac{1}{\sqrt{1\times1\times10^{-6}}}=1000\ \text{rad/s}$$

特性阻抗 $$\rho=\omega_0 L=1000\times1=1000\ \Omega$$

品质因数 $$Q=\frac{\rho}{R}=\frac{1000}{25}=40$$

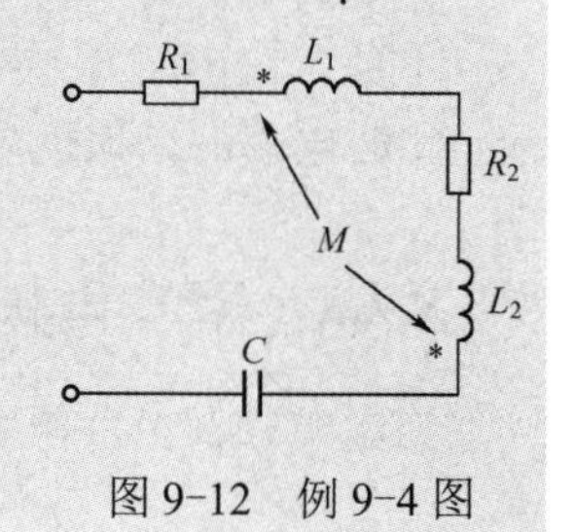

图 9-12 例 9-4 图

9.2.2 串联谐振的特点

图 9-13(a)的串联谐振模型中，当电路处于谐振点频率时，回路电流 $\dot{I}$ 与输入电压 $\dot{U}_s$ 同相且最大。采用相量形式，设电流为参考，令 $\dot{I}=I\angle 0°\text{A}$，则各电压相量为

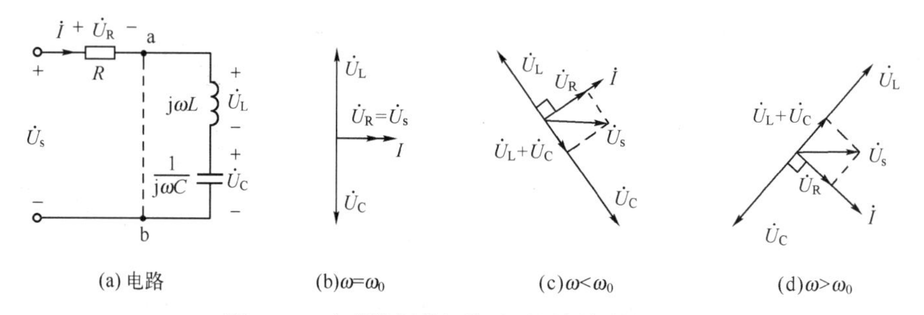

图 9-13 串联谐振的阻抗对不同频率的相量图

$$\dot{U}_R=R\dot{I}=RI\angle 0°=\dot{U}_s$$

$$\dot{U}_L=\text{j}\omega_0 L\dot{I}=\text{j}\frac{\omega_0 L}{R}\cdot RI\angle 0°=Q\dot{U}_s\angle 90°=\text{j}Q\dot{U}_s$$

$$\dot{U}_c=\frac{1}{\text{j}\omega_0 C}\dot{I}=\frac{1}{\text{j}\omega_0 CR}\cdot RI\angle 0°=Q\dot{U}_s\angle -90°=-\text{j}Q\dot{U}_s$$

作出这些量的相量图如图 9-13(b)所示。通过相量图可以得出串联谐振具有下列特点

（1）电感电压 $\dot{U}_L$ 与电容电压 $\dot{U}_C$ 大小相等，都是激励源电压 $\dot{U}_s$ 的 Q 倍，但相位相反，互相抵消，激励源电压全部加到电阻 R 上。即图 9-13(a)中 ab 间电压为零，相当于短路。当品质因数 $Q\gg1$时，电感和电容上的电压幅值比电阻或电源端电压要高很多，因此串联谐振也称电压谐振。

（2）电路发生谐振时电路阻抗值最小，且呈纯电阻性；或者说，在激励源幅值恒定，串联谐振时，电路的电流值最大。

（3）当频率较低，即 $\omega<\omega_0$ 时，电路呈容性，电流 $\dot{I}$ 的相位超前激励源电压 $\dot{U}_s$ 的相位，阻抗成容性，如图 9-13(c)所示相量图；当频率较高，即 $\omega>\omega_0$ 时，电流 $\dot{I}$ 的相位滞后激励源电压 $\dot{U}_s$ 的相位，电路呈感性，如图 9-13(d)所示相量图。

（4）RLC 串联电路，在电阻、电感、电容值确定的情况下，产生谐振的条件是要求激励源的频率 $\omega=\omega_0=1/\sqrt{LC}$，由于 ω_0 是由电路自身参数决定的，故也称 $\omega_0\left(=1/\sqrt{LC}\right)$ 为电路的自由振荡频率，所以谐振反映了电路的固有性质。

（5）谐振时电路的功率：电源发出的仅为有功功率，全被电阻消耗。而电感消耗的无功功

率全部由电容产生，且两者都不为零。即

$$P_{\mathrm{R}}(\omega_0)=RI^2,\quad Q_{\mathrm{L}}(\omega_0)=\omega_0 LI^2,\quad Q_{\mathrm{C}}(\omega_0)=-\frac{1}{\omega_0 C}I^2$$

（6）谐振时电路的能量：在电流为$i=I_{\mathrm{m}}\cos\omega_0 t\ \mathrm{A}=\sqrt{2}I\cos\omega_0 t\ \mathrm{A}$时，则

$$u_{\mathrm{C}}=\frac{1}{\omega_0 C}I_{\mathrm{m}}\cos(\omega_0 t-90^\circ)=U_{\mathrm{Cm}}\cos(\omega_0 t-90^\circ)\ \mathrm{V}$$

在任一时刻电容存储场能$\left(\frac{1}{2}Cu^2\right)$和电感存储磁能$\left(\frac{1}{2}Li^2\right)$总和称为电磁能量，即

$$\begin{aligned}W(\omega_0)&=W_{\mathrm{L}}(\omega_0)+W_{\mathrm{C}}(\omega_0)=\frac{1}{2}Li^2+\frac{1}{2}Cu^2\\&=\frac{1}{2}LI_{\mathrm{Lm}}^2\cos^2\omega_0 t+\frac{1}{2}CU_{\mathrm{Cm}}^2\sin^2\omega_0 t=\frac{1}{2}CU_{\mathrm{Cm}}^2=CU_{\mathrm{C}}^2=Q^2CU_{\mathrm{s}}^2\end{aligned}\tag{9-8}$$

式(9-8)中 $\frac{1}{2}LI_{\mathrm{Lm}}^2=\frac{1}{2}L\cdot\left(\frac{U_{\mathrm{Lm}}}{\omega_0 L}\right)^2=\frac{1}{2L}\cdot U_{\mathrm{Lm}}^2\cdot\frac{1}{\omega_0^{\ 2}}\xlongequal{U_{\mathrm{Cm}}=U_{\mathrm{Lm}}}\frac{1}{2L}\cdot U_{\mathrm{Cm}}^2\cdot\frac{1}{(1/\sqrt{LC})^2}=\frac{1}{2}CU_{\mathrm{Cm}}^2$

综上分析可得，谐振现象发生在激励信号频率等于电路自由振荡频率的时候，并且由元件的参数决定电路的谐振频率。

在电气工程中一般应尽量避免发生谐振，因为谐振时在电容上和电感上可能出现比正常(或额定)电压大得多的电压，这可能会击穿电气设备的绝缘部件。而在通信工程中，利用谐振可以从多个不同频段的信号源中选择出所需要的信号。例如，收音机就是利用谐振电路来选择所要收听的电台信号的。谐振电路作为收音机的输入回路，调整元件参数使其对所需要的信号频率谐振，则可从接收天线同时感应到的各无线广播电台发射的广播信号中选择出所需要的信号。

例 9-5 收音机输入电路为如图 9-14 所示的 RLC 回路。其中，C 为可变电容器，C_0为微调电容器，C_0=30 pF。L 为磁棒天线线圈，L=0.3 mH。R 为回路中等效电阻，$Q=80$。我国中央人民广播电台的频率 f =540 kHz。求（1）可变电容器 C 为多少时，使得收音机的自由振荡频率与中央人民广播电台一致？（2）R 值约为多少？

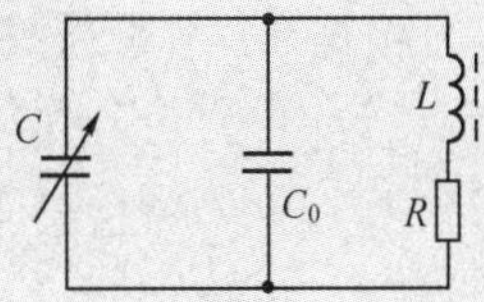

图 9-14　例 9-5 的图

解　（1）自由振荡角频率为

$$\omega_0=\frac{1}{\sqrt{L(C+C_0)}}=2\pi f$$

所以
$$\begin{aligned}C&=\frac{1}{4\pi^2 f^2 L}-C_0=\frac{1}{4\times3.14^2\times540^2\times10^6\times0.3\times10^{-3}}-30\times10^{-12}\\&=270\mathrm{pF}\end{aligned}$$

（2）
$$R=\frac{1}{Q}\sqrt{\frac{L}{C+C_0}}=\frac{1}{80}\sqrt{\frac{3\times10^{-4}}{300\times10^{-12}}}=12.5\,\Omega$$

*9.2.3　电流谐振曲线

取图 9-13(a)的 RLC 串联的策动点导纳函数，可得

$$Y(\mathrm{j}\omega)=\frac{1}{Z(\mathrm{j}\omega)}=\frac{1}{R+\mathrm{j}\omega L+\dfrac{1}{\mathrm{j}\omega C}}=\frac{1}{\sqrt{R^2+\left(\omega L-\dfrac{1}{\omega C}\right)^2}}\angle\arctan\frac{\dfrac{1}{\omega C}-\omega L}{R}$$

该网络函数幅频和相频特性曲线如图 9-15 所示。

若激励源的幅值恒定，则电路中电流为

$$\dot{I}(\mathrm{j}\omega)=\dot{U}_{\mathrm{s}}\cdot Y(\mathrm{j}\omega)=\frac{U_{\mathrm{s}}}{\sqrt{R^2+\left(\omega L-\frac{1}{\omega C}\right)^2}}\angle \arctan\frac{\frac{1}{\omega C}-\omega L}{R}$$

显然，电流 $\dot{I}(\mathrm{j}\omega)$ 的幅频响应与图 9-15(a)相似，只是幅度不同。若以谐振频率点的电流 $\dot{I}(\mathrm{j}\omega_0)$ 为基准，得 $K_I(\mathrm{j}\omega)=\dot{I}(\mathrm{j}\omega)/\dot{I}(\mathrm{j}\omega_0)$，即

$$K_I(\mathrm{j}\omega)=\frac{\dot{I}(\mathrm{j}\omega)}{\dot{I}(\mathrm{j}\omega_0)}=\frac{\dot{I}(\mathrm{j}\omega)}{I_0}=\frac{R}{R+\mathrm{j}\omega L+\frac{1}{\mathrm{j}\omega C}}=\frac{1}{1+\mathrm{j}\left(\frac{\omega L}{R}-\frac{1}{R\omega C}\right)} \tag{9-9}$$

幅值为 $$\left|K_I(\mathrm{j}\omega)\right|=\frac{I(\omega)}{I_0}=\frac{1}{\sqrt{1+\left(\frac{\omega L}{R}-\frac{1}{R\omega C}\right)^2}}=\frac{1}{\sqrt{1+Q^2\left(\frac{\omega}{\omega_0}-\frac{\omega_0}{\omega}\right)^2}}=\frac{1}{\sqrt{1+Q^2\left(\eta-\frac{1}{\eta}\right)^2}} \tag{9-10}$$

式(9-10)中，$\eta=\omega/\omega_0$。幅频特性曲线如图 9-16 所示，这是一种归一化的电流特性曲线，称为通用谐振曲线。显然与串联回路中品质因数有关，图 9-16 中分别给出了 Q=1, 10, 100 时的情况。

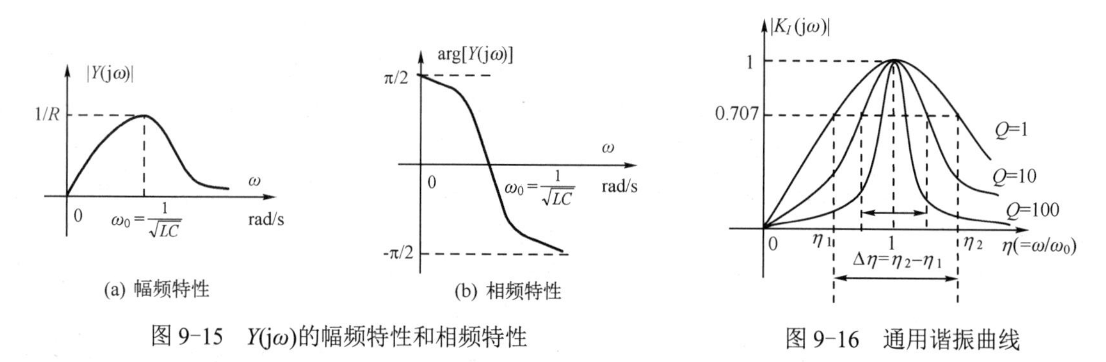

(a) 幅频特性　　(b) 相频特性

图 9-15　$Y(\mathrm{j}\omega)$的幅频特性和相频特性

图 9-16　通用谐振曲线

根据 9.1 节带通滤波网络的选频特点，串联谐振电路的通用谐振曲线中，半功率点时

$$\frac{1}{\sqrt{1+Q^2\left(\eta-\frac{1}{\eta}\right)^2}}=\frac{1}{\sqrt{2}}$$

所以
$$Q\left(\eta-\frac{1}{\eta}\right)=\pm 1$$

得
$$\eta_1=-\frac{1}{2Q}+\sqrt{\left(\frac{1}{2Q}\right)^2+1}\ ,\quad \eta_2=\frac{1}{2Q}+\sqrt{\left(\frac{1}{2Q}\right)^2+1}$$

则
$$\Delta\eta=\eta_2-\eta_1=1/Q$$

因此 Q 值不同时，表现为通用谐振曲线的尖锐程度不同。Q 值越大 $\Delta\eta$ 越窄，Q 值越小则 $\Delta\eta$ 越宽。转换为角频率(频率)时，即通频带的角频率(或频率)范围为

$$B_\omega=\omega_0\Delta\eta=\omega_0(\eta_2-\eta_1)=\frac{\omega_0}{Q}\ \text{rad/s}\quad 或\quad B_f=f_0\Delta\eta=f_0(\eta_2-\eta_1)=\frac{f_0}{Q}\ \text{Hz}$$

RLC 串联谐振电路电流传输函数的通频带以 f_0 为中心频率，通带宽度正比于谐振频率 f_0，反比于 Q 值。f_0 越高，带宽越宽；Q 值越大，带宽越窄。

例 9-6　例 9-5 中，若 C=58.4 pF，求此时电路的谐振频率 f_0。如果回路品质因数 Q=80，在谐振频率时有电压 U_{s}= 0.1 mV 的信号串入回路，求谐振时回路电流 I_0、电容上的电压 U_{C}，该电路的通频带 B_f。

解 $f_0 = \dfrac{1}{2\pi\sqrt{L(C+C_0)}} = \dfrac{1}{2\pi\sqrt{300\times10^{-6}\times(58.4+30)\times10^{-12}}} \approx 1000\ \text{kHz}$

回路等效串联电阻为 $R = \dfrac{1}{Q}\sqrt{\dfrac{L}{C+C_0}} = \dfrac{1}{80}\sqrt{\dfrac{3\times10^{-4}}{(58.4+30)\times10^{-12}}} \approx 23.6\ \Omega$

谐振时回路电流为 $I_0 = U_s / R = 0.1\times10^{-3} / 23.6 \approx 4.3\ \mu\text{A}$

谐振时电容电压为 $U_C = QU_s = 80\times0.1\times10^{-3} = 8\ \text{mV}$

通频带为 $B_f = f_0/Q = 1000\times10^3 / 80 = 12.5\ \text{kHz}$

*9.2.4 电压谐振曲线

分别以电容电压 $\dot{U}_C(j\omega)$、电感电压 $\dot{U}_L(j\omega)$ 与激励源 $\dot{U}_s(j\omega_0)$ 构成网络函数 $H_L(j\omega)$ 和 $H_C(j\omega)$，即

$$H_C(j\omega) = \frac{\dot{U}_C(j\omega)}{\dot{U}_s(j\omega_0)},\quad H_L(j\omega) = \frac{\dot{U}_L(j\omega)}{\dot{U}_s(j\omega_0)}$$

与式(9-9)类似，得

$$H_C\left(j\frac{\omega}{\omega_0}\right) = H_C(j\eta) = \frac{\dot{U}_C(j\eta)}{\dot{U}_s(j1)} = \frac{-jQ}{\eta + jQ(\eta^2-1)} \tag{9-11}$$

$$H_L\left(j\frac{\omega}{\omega_0}\right) = H_L(j\eta) = \frac{\dot{U}_L(j\eta)}{\dot{U}_s(j1)} = \frac{jQ}{\dfrac{1}{\eta} + jQ\left(1-\dfrac{1}{\eta^2}\right)} \tag{9-12}$$

由式(9-11)、式 (9-12)知

$$|H_C(j\eta)| = \frac{Q}{\sqrt{\eta^2 + Q^2(\eta^2-1)^2}} \tag{9-13}$$

$$|H_L(j\eta)| = \frac{Q}{\sqrt{\dfrac{1}{\eta^2} + Q^2\left(1-\dfrac{1}{\eta^2}\right)^2}} \tag{9-14}$$

根据式(9-13)和式(9-14)描绘出幅频特性曲线如图 9-17 所示。

而式(9-13)，若 Q 为定值，η 为变量，则可以根据

$$\frac{d}{d\eta}\left[\frac{Q}{\sqrt{\eta^2 + Q^2(\eta^2-1)^2}}\right] = 0$$

求得极值点 η 的值，即

$$\frac{d}{d\eta}\left[\frac{Q}{\sqrt{\eta^2 + Q^2(\eta^2-1)^2}}\right] = \frac{0-[2\eta + 2\times2\eta(\eta^2-1)Q^2]}{\eta^2 + Q^2(\eta^2-1)^2} = 0$$

从而

$$2\eta + 2\times2\eta(\eta^2-1)Q^2 = 2\eta[1+(\eta^2-1)Q^2] = 0$$

得 $\eta_{C1} = 0$，$\eta_{C2} = \sqrt{1-1/(2Q^2)}$。显然 $Q > 0.707$ 时，才有 η_{C2}，代入式(9-13)得 $|H_C(j\eta)| = Q/\sqrt{1-1/(4Q^2)} > Q$，如图 9-17 中 a 点的值大于 Q。若 $Q < 0.707$，则仅有 η_{C1}，$H_C(j\eta)$ 的幅频特性表现为如图 9-17 中虚线所示，为单调递减的规律，是一个低通滤波网络的特征。

同理，式(9-14)极值点为 $\eta_{L1} = \infty$；$\eta_{L2} = \sqrt{2Q^2/(2Q^2-1)}$。在 $Q > 0.707$ 时才有 η_{L2}，代入式(9-14)，得 $|H_L(j\eta)| = Q/\sqrt{1-1/(4Q^2)} > Q$，如图 9-17 中 b 点值大于 Q。若 $Q < 0.707$，则仅有 η_{L1}，$H_L(j\eta)$ 的幅频特性曲线表现为如图 9-17 中虚线所示，为单调递增的规律，是一个高

通滤波网络的特征。

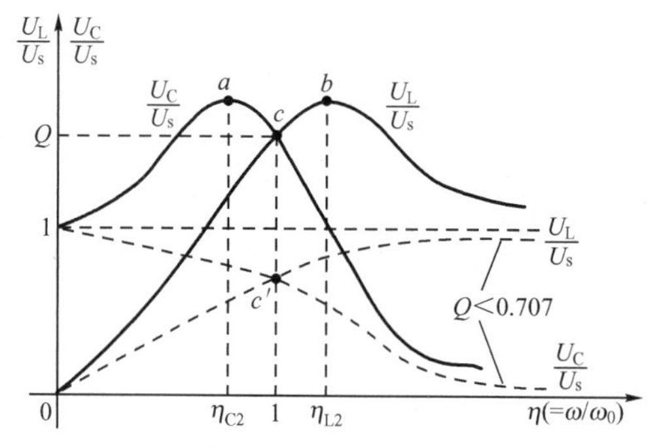

图 9-17 $H_L(j\eta)$和$H_C(j\eta)$的幅频特性曲线

例9-7 某RLC串联电路，$U_s=5V$，$C=1\mu F$，$L=10\text{ mH}$，R为可调电阻。计算：（1）$R=30\Omega$时谐振角频率ω_0、U_C、U_R、U_L；（2）当$R=30\Omega$，角频率ω为多少时，电容电压出现最大值，最大值为多少？（3）当$R=300\Omega$时，重求（2）问。

解：（1）

$$\omega_0=\frac{1}{\sqrt{LC}}=\frac{1}{\sqrt{10\times10^{-3}\times1\times10^{-6}}}=10000\text{ rad/s}$$

$$Q=\frac{1}{R}\sqrt{\frac{L}{C}}=\frac{1}{30}\sqrt{\frac{1\times10^{-2}}{1\times10^{-6}}}=3.33$$

$$U_C=QU_s=U_L=16.7\text{V},\ U_R=U_s=5\text{ V}$$

（2）因为$Q>0.707$，因此在$\eta_{C2}=\sqrt{1-1/(2Q^2)}$时出现最大值，即

$$\frac{\omega}{\omega_0}=\eta_{c2}=\sqrt{1-\frac{1}{2Q^2}}\quad\Rightarrow\quad\omega=\omega_0\sqrt{1-\frac{1}{2\times3.33^2}}=9772\text{ rad/s}$$

最大值为
$$U_{C\max}=\left|H_C(j\frac{\omega}{\omega_0})\right|U_s=\frac{QU_s}{\sqrt{1-1/(4Q^2)}}=\frac{3.33\times5}{\sqrt{1-1/(4\times3.33^2)}}\approx16.8\text{ V}$$

（3）$R=300\ \Omega$，则$Q=0.33<0.707$，因此没有η_{C2}。只有在$\eta_{C1}=0$时才出现极值，即

$$\frac{\omega}{\omega_0}=\eta_{C1}=0\quad\Rightarrow\quad\omega=0\text{ rad/s}$$

由式(9-11)得极值为
$$U_{C\max}=U_s\left|H_C(j\eta)\right|_{\eta=0}=\frac{QU_s}{\sqrt{\eta^2+Q^2(\eta^2-1)^2}}\Bigg|_{\eta=0}=U_s=5\text{ V}$$

思考题

T9.2-1 RLC串联谐振固有频率与电阻R有关吗？

T9.2-2 有人说RLC串联谐振电路中电流谐振曲线与电阻上电压的谐振曲线相似，你认为准确吗？说明原因。

基本练习题

9.2-1 一串联谐振电路中，已知$L=250\ \mu\text{H}$，$C=150\text{ pF}$，电路品质因数$Q=65$，求电路的谐振频率f_0、等效电阻R和特性阻抗ρ。

9.2-2 已知某RLC串联谐振电路的通频带（带宽）$B_f=400\text{ Hz}$，试回答下列问题：

（1）若谐振频率$f_0=4000\text{ Hz}$，品质因数Q为何值？

（2）若$R=10\Omega$，求谐振时的感抗X_L，以及L和C的值。

9.2-3 已知某RLC串联电路的谐振角频率$\omega_0=10^5$ rad/s，通频带$B_\omega=0.15\omega_0$，在有效值为120 V的外加

电源作用下，谐振时电路的损耗为 16 W。求 R，L，C 和 Q。

*9.3　并联谐振电路

并联谐振的定义与串联谐振的定义相同，即端口电压与端口输入电流同相位时的工作状态称为谐振。这时端口电路中的结构为 GCL 并联，所以称为并联谐振。其谐振特性与串联谐振电路完全类似，且与串联谐振电路具有对偶性。

9.3.1　GCL 并联谐振

图 9-18 所示为 GCL 并联谐振电路，激励源为理想电流源，GCL 各支路采用导纳表示，电路所有元件上具有相同的电压，得

$$\dot{U}=\frac{\dot{I}_{\mathrm{s}}}{G+\mathrm{j}\omega C+\dfrac{1}{\mathrm{j}\omega L}}=\frac{\dot{I}_{\mathrm{s}}}{\dfrac{1}{R}+\mathrm{j}\omega C+\dfrac{1}{\mathrm{j}\omega L}}$$

当 $\omega_0=1/\sqrt{LC}$，即 $\omega_0 C=1/(\omega_0 L)$ 时，电路导纳值最小，且呈纯阻性，电压 $\dot{U}$ 与信号电流 $\dot{I}_{\mathrm{s}}$ 同相，电路发生并联谐振。

并联谐振电路的品质因数为

$$Q=\frac{1}{\omega_0 LG}\cdot=\frac{\omega_0 C}{G}=\frac{1}{G}\sqrt{\frac{C}{L}} \tag{9-15}$$

由于串联谐振和并联谐振的电路模型不同，因此串联谐振电路的品质因数与并联谐振电路的品质因数也不同，要注意式(9-15)与 9.2 节中式(9-7)的区别。

根据对偶原理，并联谐振的特点如下：

（1）并联谐振时，端口输入导纳最小，因此在输入电流源幅值恒定时，端口电压最大。

$$Y(\mathrm{j}\omega_0)=G+\mathrm{j}\omega_0 C+\frac{1}{\mathrm{j}\omega_0 L}=G=\frac{1}{R}$$

（2）并联谐振时，有 $\dot{I}_{\mathrm{C}}+\dot{I}_{\mathrm{L}}=0$，大小相等，方向相反，但各不为零，因此并联谐振也称电流谐振。图 9-18 中，C 和 L 支路并联阻抗为无穷大，因此合成电流 $\dot{I}=0$，相当于开路。有

$$\dot{I}_{\mathrm{s}}(\omega_0)=\dot{I}_{\mathrm{R}}=G\dot{U}$$

$$\dot{I}_{\mathrm{L}}(\omega_0)=-\mathrm{j}\frac{1}{\omega_0 L}\dot{U}=-\mathrm{j}\frac{1}{\omega_0 LG}\cdot(G\dot{U})=-\mathrm{j}Q\dot{I}_{\mathrm{s}}$$

$$\dot{I}_{\mathrm{C}}(\omega_0)=\mathrm{j}\omega_0 C\dot{U}=\mathrm{j}\frac{\omega_0 C}{G}\cdot(G\dot{U})=\mathrm{j}Q\dot{I}_{\mathrm{s}}$$

$\dot{I}_{\mathrm{C}}$，$\dot{I}_{\mathrm{R}}$，$\dot{I}_{\mathrm{L}}$，$\dot{I}_{\mathrm{s}}$，$\dot{U}$ 等的相量图如图 9-19 所示。

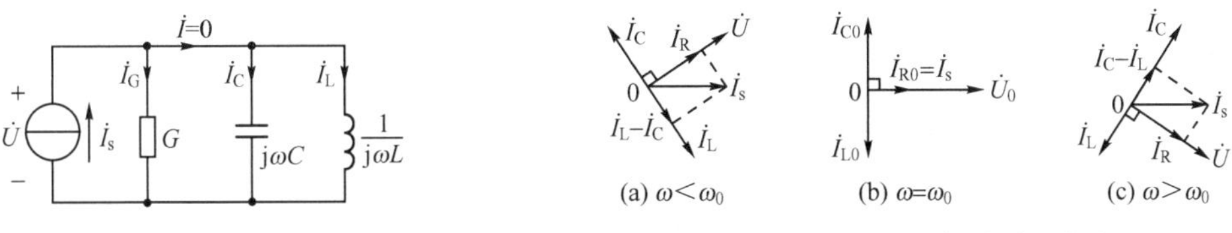

图 9-18　并联谐振电路

图 9-19　并联谐振相量图

（3）并联谐振时，无功功率 $Q_L = U^2/(\omega_0 L)$，$Q_C = -\omega_0 C U^2$，相互抵消。仅电导 G 消耗有功功率 $P_G = U^2 G$；电感的磁场能与电容的电场能总和 $W(\omega_0) = W_L(\omega_0) + W_C(\omega_0) = LQ^2 I_s^2$，为常数。

（4）并联谐振时，端口输入导纳最小，得电压 $U_0=U(\omega_0)$最大，因此电压函数

$$\dot{U}(j\omega) = \dot{I}_s \cdot Y(j\omega) = \frac{I_s}{\sqrt{\dfrac{1}{R^2} + \left(\omega C - \dfrac{1}{\omega L}\right)^2}} \angle \arctan \frac{\dfrac{1}{\omega L} - \omega C}{\dfrac{1}{R}}$$

归一化电压 $$|K_U(j\omega)| = \frac{U(\omega)}{U_0} = \frac{1}{\sqrt{1 + \left(R\omega C - \dfrac{1}{R\omega L}\right)^2}} = \frac{1}{\sqrt{1 + Q^2\left(\dfrac{\omega}{\omega_0} - \dfrac{\omega_0}{\omega}\right)^2}} = \frac{1}{\sqrt{1 + Q^2\left(\eta - \dfrac{1}{\eta}\right)^2}}$$

因此并联谐振时电压频率响应的幅频特性与串联谐振电路的电流频率响应的幅频特性完全类似，如图 9-16 所示。同理，得并联谐振电路的通频带

$$B_\omega = \frac{\omega_0}{Q} \text{rad/s}；\quad B_f = \frac{f_0}{Q} \text{Hz}$$

例 9-8 并联谐振电路如图 9-20 所示，$L = 100\ \mu\text{H}$，$C = 100\ \text{pF}$，$Q = 50$，已知信号源电压 $U_s = 15\ \text{mV}$，内阻 $R_s = 25\ \text{k}\Omega$。求电路谐振时的总电流 I、回路电流 I_1、回路两端电压 U、回路吸收的功率 P。

解 对并联谐振电路，采用式(9-15)得

$$R = Q\sqrt{\frac{L}{C}} = 50\sqrt{\frac{100\times10^{-6}}{100\times10^{-12}}} = 50\ \text{k}\Omega$$

谐振时 $$I = \frac{U_s}{R_s + R} = \frac{15}{25+50} = 0.2\ \mu\text{A}$$

$$U = RI = 50\times10^3\times0.2\times10^{-6} = 10\ \text{mV}$$

$$P = UI = 10\times10^{-3}\times0.2\times10^{-6} = 2\times10^{-3}\ \mu\text{W}$$

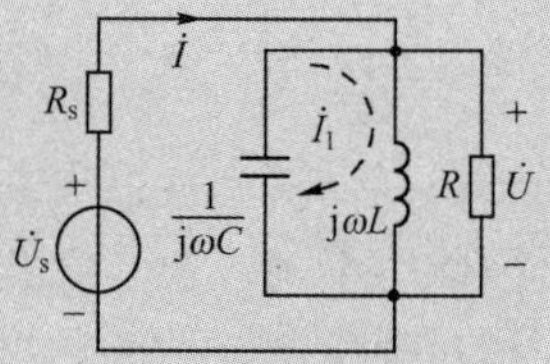

图 9-20 例 9-8 图

回路电流 I_1 等于电容或电感上的电流，有

$$I_1 = QI = 50\times0.2\times10^{-6} = 10\ \mu\text{A}$$

9.3.2 其他的并联谐振

工程中电感线圈是电感 L 与电阻 R 串联的组合，其并联电容后如图 9-21(a)所示。则此电路也有可能出现并联谐振。

电路的端口导纳为 $$Y(j\omega) = j\omega C + \frac{1}{R + j\omega L} = \frac{R}{R^2 + \omega^2 L^2} + j\omega C - j\frac{\omega L}{R^2 + \omega^2 L^2}$$

谐振时，电压电流同相位，要求 $Y(j\omega)$ 虚部为零，所以

$$\omega_0 C = \frac{\omega_0 L}{R^2 + (\omega_0 L)^2} \quad \Rightarrow \quad \omega_0 = \frac{1}{\sqrt{LC}}\sqrt{1 - \frac{CR^2}{L}}$$

显然，只有 $1 - CR^2/L > 0$，即 $R < \sqrt{L/C}$ 时，ω_0 是实数，电路才会出现谐振；若电阻很小，即 $R \ll \sqrt{L/C}$，电路的谐振频率接近于理想 LC 并联电路的谐振频率 $1/\sqrt{LC}$。随着电阻增大，并联谐振频率越来越小。直至频率减小到零而不会出现谐振。$R > 1/\sqrt{LC}$ 时，该电路不会发生谐振。因此要想让 LC 并联电路避免出现谐振，在 L 支路上串联适当的电阻即可。

电感与电容串并联组合形成的电路，可能既有并联谐振，也有串联谐振，这些电路结

构在无源滤波网络中被广泛应用。例如图 9-22 所示两种串并联电路中，图 9-22(a)的输入阻抗为

$$Z(\mathrm{j}\omega)=\mathrm{j}\omega L_1+\frac{\mathrm{j}\omega L_3\cdot\dfrac{1}{\mathrm{j}\omega C_2}}{\mathrm{j}\omega L_3+\dfrac{1}{\mathrm{j}\omega C_2}}=\mathrm{j}\omega L_1-\mathrm{j}\frac{\dfrac{L_3}{C_2}}{\omega L_3-\dfrac{1}{\omega C_2}}$$

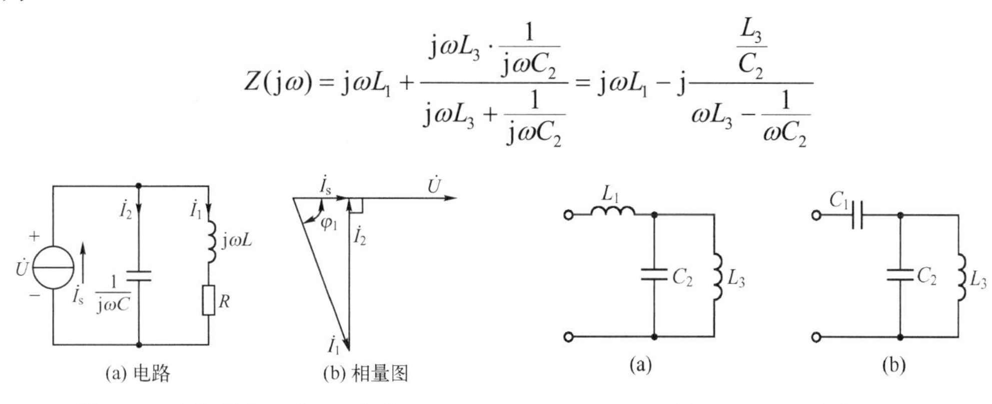

(a) 电路　　(b) 相量图

图 9-21　含线圈电阻的 LC 并联

(a)　　(b)

图 9-22　LC 串并联

电感 L_3 与电容 C_2 在 $\omega_1=1/\sqrt{L_3C_2}$ 时会发生并联谐振，此时电路的阻抗无穷大，所以整个电路的阻抗也无穷大，相当于开路状态。如果频率改变，当出现 $Z(\mathrm{j}\omega)=0$ 时，也即此时 L_3 与 C_2 的并联等效阻抗再与 L_1 出现串联谐振，令此频率为 ω_2，得

$$Z(\mathrm{j}\omega_2)=\mathrm{j}\omega_2L_1-\mathrm{j}\frac{L_3/C_2}{\omega_2L_3-\dfrac{1}{\omega_2C_2}}=0\quad\Rightarrow\quad\omega_2=\sqrt{\frac{1}{L_1C_2}+\frac{1}{L_3C_2}}$$

比较得 $\omega_1<\omega_2$。对于图 9-22(b)也可以分析串联谐振频率 ω_1 和并联谐振频率 ω_2，但 $\omega_1>\omega_2$。

例 9-9　如图 9-23 所示电路，非正弦周期电源 $u_s(t)=5+10\cos10t+10\cos30t\mathrm{V}$，试求电阻 R_2 上的电压 $u(t)$。

解　本题实际为非正弦周期电路稳态分析，采用谐波分析法，对不同频率电源逐个分析后再叠加。

（1）$u_s(t)=5\mathrm{V}$，直流量作用，L 短路，C 开路。所以 $u(0)$ 被短路了，即 $u(0)=0\mathrm{V}$。

（2）$u_s(t)=10\cos10t\mathrm{V}$，$L_1C$ 并联谐振，相当于开路，则 $u(1)$为分压，即

$$u(1)=\frac{5}{10}\times10\cos10t=5\cos10t\ \mathrm{V}$$

（3）$u_s(t)=10\cos30t\mathrm{V}$，则 L_1C 并联再与 L_2 串联，总阻抗为

$$Z(\mathrm{j}30)=\mathrm{j}30\times0.05-\mathrm{j}\frac{0.4/0.025}{30\times0.025-\dfrac{1}{30\times0.025}}=0$$

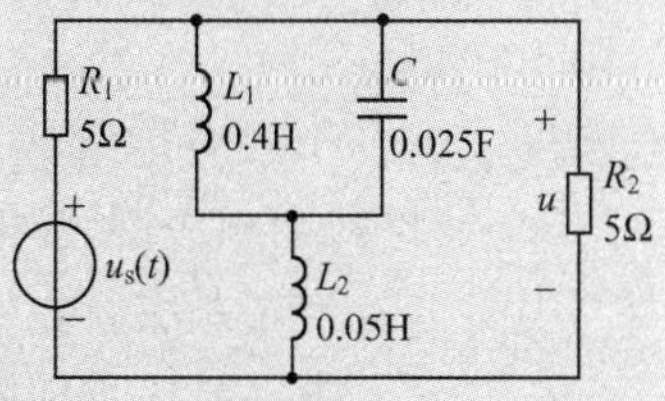

即该支路又相当于短路，所以 $u(3)=0\mathrm{V}$。

图 9-23　例 9-9 图

最后得电阻 R_2 上的电压为

$$u(t)=u(0)+u(1)+u(3)=5\cos10t\ \mathrm{V}$$

思考题

*T9.3-1　并联谐振电路(图 9-21(a))中，能否用电流值最小判断其处于谐振状态？

*T9.3-2　相同的 RLC 串联或并联形成的谐振电路，讨论两者的品质因数的关系。

*T9.3-3　试推导出图 9-22(b)中两个谐振频率 ω_1、ω_2 和 $\omega_1>\omega_2$ 的结论。

基本练习题

*9.3-1　一并联谐振电路的谐振角频率 $\omega=10^7$ rad/s，通频带 $B_\omega=10^5$ rad/s，谐振时电路的阻抗为 100 kΩ。求

L、C 及回路的品质因数 Q。

*9.3-2 如图题 9.3-2 所示并联谐振电路，已知信号源电流 $I_s = 1$ mA，内阻 $R_s = 50$ kΩ，信号角频率 $\omega = 10^6$ rad/s，回路电感 $L = 400$ μH，Q=100，电路已对信号频率谐振。求回路两端的电压 U 及通频带 B_f。

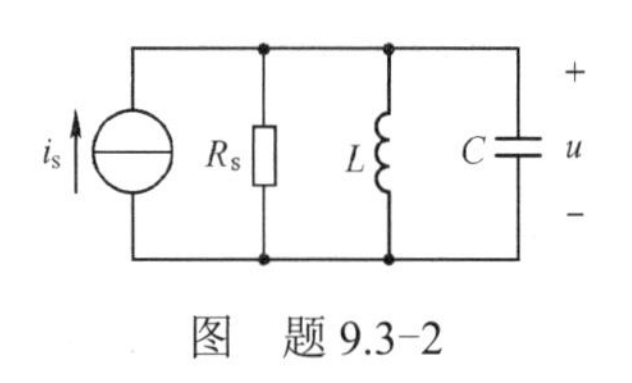

图 题 9.3-2

△9.4 应用——特斯拉线圈与人工闪电

尼古拉·特斯拉(Nikola Tesla)当年发明的特斯拉线圈属于 SGTC(Spark Gap Tesla Coil，火花间隙特斯拉线圈)，它由一个感应圈、变压器、打火器、两个电容器和一个初级线圈仅几圈的互感器组成，如图 9-24 所示。原理是使用变压器使普通电压升压，然后经由两极线圈，从放电终端放电的设备。通俗一点说，它是一个人工闪电制造器。放电时，未打火时能量由变压器传递到电容阵 C_1(多个电容器并联形成电容阵列，简称电容阵)；当电容阵充电完毕，两极电压达到击穿打火器中的缝隙的电压时，打火器打火。此时电容阵与主线圈形成回路，完成 L_1C_1 振荡，进而将能量传递到次级线圈。让次级线圈的电感 L_2 与分布电容 C_2 发生串联谐振，这时放电终端电压最高，于是就看到闪电了。这种装置可以产生频率很高的高压电流，极危险。特斯拉线圈的线路和原理都非常简单，在世界各地都有特斯拉线圈的爱好者，他们做出了各种各样的设备，制造出了炫目的人工闪电，十分美丽。

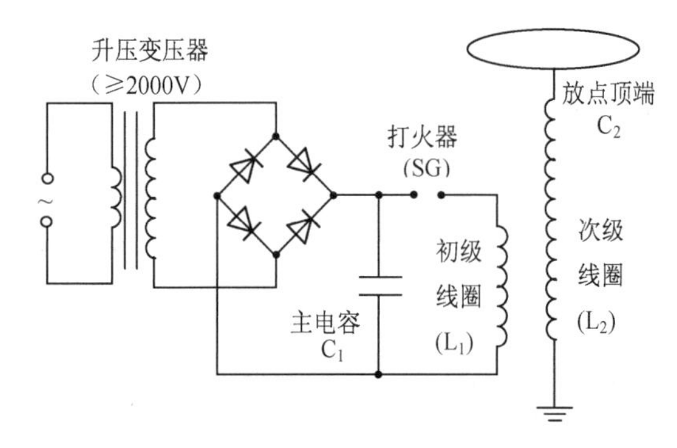

图 9-24 SGTC 示意图

工作过程：首先，交流电经过升压变压器升至 2000 V 以上(可以击穿空气)，然后经过由四个(或四组)高压二极管组成的全波整流桥，给主电容(C_1)充电。打火器是由两个光滑表面有间隙导体构成的，它们之间有几毫米的间距，具体的间距要由高压输出端电压决定。当主电容两个极板之间的电势差达到一定程度时，会击穿打火器间隙处的空气，和初级线圈(L_1，一个电感)构成一个 LC 振荡回路。这时，由于 LC 振荡，会产生一定频率的高频电磁波，通常在 100 kHz 到 1.5 MHz 之间。放电顶端(C_2)是一个有一定表面积且导电的光滑物体，它和地面形成了一个“对地等效电容”，对地等效电容和次级线圈(L_2，一个电感)也会形成一个 LC 振荡回路。当初级回路和次级回路的 LC 振荡频率相等时，在打火器打通的时候，初级线圈发出的电磁波的大部分会被次级的 LC 振荡回路吸收。

从理论上讲，放电顶端和地面的电势差是无限大的，因此在次级线圈的回路里面会产生高压小电流的高频交流电(频率和 LC 振荡频率一致)，此时放电顶端会和附近接地的物体放出一道电弧，即人工闪电。

本 章 小 结

以相量形式的响应像函数和激励像函数之比定义为正弦交流电路的网络函数，注意与本书后面章节中运算形式的网络函数的区别。主要研究其在频率变化时，网络函数的幅频和相频特性。典型 RC 滤波网络也是在围绕幅频特性和相频特性进行分析，主要从幅频特性的最大值与其 0.707 倍值的关系来确定不同滤波电路的。串联谐振电路是电路频率响应分析的基础，包括其谐振频率、特性阻抗、品质因数等重要参数，以及电流谐振曲线和电压谐振曲线。而并联谐振是串联谐振的对偶，对照着可以掌握谐振电路的基本分析方法。

难点提示： 串联谐振的电容电压、电感电压、电阻电压在最大值时的频率点不相同。串并联混合的电路的谐振分析，要根据串谐 LC 阻抗为零、并谐 LC 阻抗无穷大的思路去分析。

名 人 轶 事

Max Wien 与文氏电桥振荡电路

Max Wien（1866—1938）德国物理学家，曾担任耶拿大学物理系主任。1891 年，他发明了文氏振荡电路，但是由于当时还没有集成电路，因此该振荡器在当时没有有效的实现途径。此后 William Redington Hewlet 于 1939 年的硕士论文中进行了完善。是利用 RC 串并联实现的振荡电路。如图 9-25 所示电路，称为文氏电桥振荡电路。

文氏电桥振荡电路由两部分组成：即放大电路和选频网络。选频网络由 Z_1、Z_2 组成，同时兼作正反馈网络，称为 RC 串并联网络。由图 9-25 可知，Z_1、Z_2 和 R_3、R_4 正好构成一个电桥的四个臂，电桥的对角线顶点接到放大电路的两个输入端。由于 Z_1、Z_2 和 R_3、R_4 正好形成一个四臂电桥，电桥的对角线顶点接到放大电路的两个输入端，因此这种振荡电路也称为 RC 桥式振荡电路。

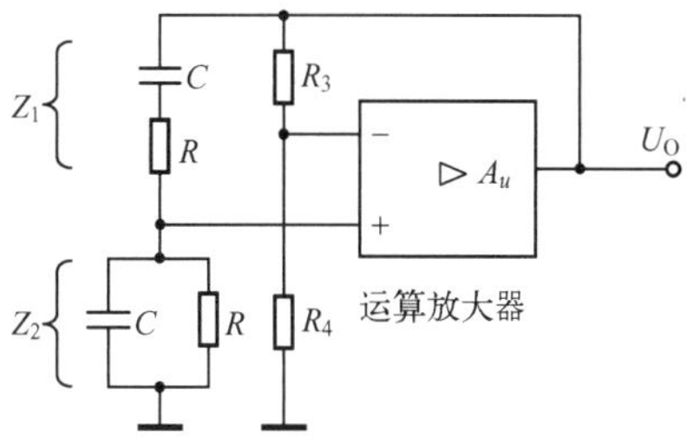

图 9-25　文氏振荡电桥中的选频电路

综合练习题

9-1　按要求作答。

（1）判断正误：RLC 串联谐振回路的特性阻抗与电阻大小无关。

（2）判断正误：GCL 并联谐振时，L 与 C 中的电流代数和为零，L、C 中电流不为零。

（3）单一选择：RLC 串联回路，$Q>0.707$，在谐振频率点时，（　　）

A. 电容上电压出现最大值；　B. 电感上电压出现最大值；

C. 电阻上电压出现最大值；　D. 激励源上电压出现最大值；

（4）填空：GLC 并联电路 Q =20，电流源有效值为 I_s=0.01A。谐振频率为 f_0=10000Hz，在谐振时，电感上电流有效值为__________；该电路通频带为__________。

9-2　求图题 9-2 所示电路的谐振角频率 ω_0 及谐振时的端口阻抗 $Z(\mathrm{j}\omega)$。

9-3　图题 9-3 所示电路发生谐振，已知 U=100 V，$I_1=I_2$=10 A。求 R，ωL 和 $1/(\omega C)$。

*9-4　图题 9-4 所示电路中，输入激励 u_1 含有 $(2n-1)\omega_0$ 种频率的信号，若输出 u_2 中不含有 $3\omega_0$ 和 $5\omega_0$ 这两种信号，则 L_1C_1 和 L_2C_2 应满足什么条件 $(n=1,3,5,\cdots)$？

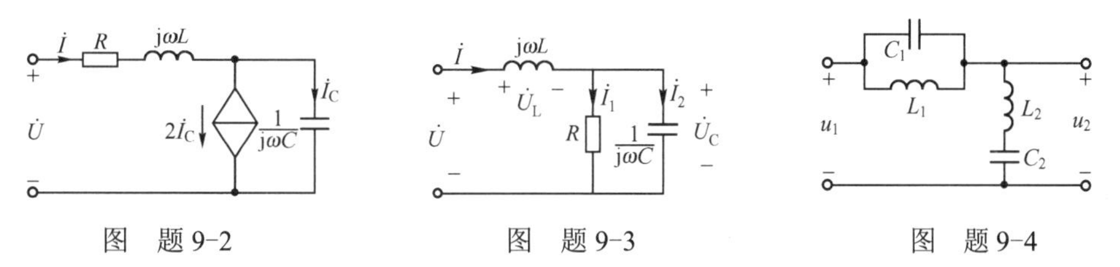

图　题 9-2　　图　题 9-3　　图　题 9-4

*9-5　电子设备的元件的管脚在出厂时都较长，而在焊接到电路主板上时，规范的工艺要求尽量剪短管脚，特别是电容器和电感器元件，请分析原因。

*9-6　理想的 RLC 串联谐振和 GCL 并联谐振分析中（其中 R 和 G 互为倒数），品质因数定义式是不同的，若用 $Q_{串}$ 和 $Q_{并}$ 分别表示两个品质因数，请分析两者的关系。

第 10 章　拉氏变换及其应用

【内容提要】

本章讨论拉普拉斯变换(简称拉氏变换)的定义、性质和逆变换，以及应用拉氏变换分析线性电路。运用拉氏变换求解电路有两种方法。一种方法是把时域电路的微分方程变换为 s 域的代数方程，并将 s 域的计算结果取逆变换得到动态电路的时域响应。另一种方法是运算法，是将电路元件的时域模型变换为 s 域的运算模型，并建立运算电路，利用结点法和回路法等前面已掌握的各种方法求解运算电路，再将 s 域的运算结果求逆变换得到时域解。本章还将讨论网络函数与冲激响应的关系，以及零点和极点的分布对时域响应和频率响应的影响。最后介绍卷积(定理)，这是分析线性网络和系统响应的重要方法。拓展应用中，介绍了通过网络函数判断系统稳定性的一种方法。

10.1　拉氏变换的定义及性质

10.1.1　拉氏变换的定义及收敛域

1. 拉氏变换的定义

时间函数 $f(t)$ 的双边拉氏变换定义为

$$F(s)=\int_{-\infty}^{\infty} f(t)\mathrm{e}^{-st}\mathrm{d}t$$

式中，$f(t)$ 称为原函数；$F(s)$ 是复频域函数，称为 $f(t)$ 的像函数；复变量 $s=\sigma+\mathrm{j}\omega$，称为复频率，其中 σ 为任意实数，称为奈培频率，ω 称为角频率。

考虑到工程实际中，电路的激励和响应是从某个特定时刻开始的，通常取 $t=0$。对那些在 $t<0$ 时不存在的函数，或者并不关心取何值的函数，可看作 $f(t)\varepsilon(t)$。于是有

$$F(s)=\int_{-\infty}^{\infty} f(t)\varepsilon(t)\mathrm{e}^{-st}\mathrm{d}t=\int_{0_-}^{\infty} f(t)\mathrm{e}^{-st}\mathrm{d}t \tag{10-1}$$

这就定义了单边拉氏变换，积分下限从 0_- 开始有利于某些函数从 0_- 到 0_+ 跳变问题的处理，如冲激函数等。注意到双边与单边拉氏变换的差别，本书只限于讨论单边拉氏变换，简称拉氏变换。式(10-1)表示取 $f(t)$ 的拉氏正变换，简记为 $F(s)=\mathscr{L}\left[f(t)\right]$。

反之，已知 $F(s)$ 求 $f(t)$，称为拉氏逆变换。逆变换的表达式为

$$f(t)=\frac{1}{2\pi\mathrm{j}}\int_{\sigma-\mathrm{j}\infty}^{\sigma+\mathrm{j}\infty} F(s)\mathrm{e}^{st}\mathrm{d}s \tag{10-2}$$

简记为 $f(t)=\mathscr{L}^{-1}\left[F(s)\right]$。

式(10-1)和式(10-2)称为拉氏变换对。为书写简便，拉氏变换对的一一对应关系通常还可表示为：$f(t)\leftrightarrow F(s)$。

2. 拉氏变换的收敛域

任一函数 $f(t)$ 的拉氏变换并不一定都存在。由 $s=\sigma+\mathrm{j}\omega$ 及式(10-1)，有

$$F(s)=\int_{0_-}^{\infty}f(t)\mathrm{e}^{-st}\mathrm{d}t=\int_{0_-}^{\infty}f(t)\mathrm{e}^{-(\sigma+\mathrm{j}\omega)t}\mathrm{d}t=\int_{0_-}^{\infty}f(t)\mathrm{e}^{-\sigma t}\mathrm{e}^{-\mathrm{j}\omega t}\mathrm{d}t$$

式中，$\mathrm{e}^{-\sigma t}$ 称为衰减因子。$F(s)$是否存在，要看 $f(t)$的性质与σ 值能否使 $f(t)\mathrm{e}^{-\sigma t}$ 绝对可积(狄里赫利条件①)，或满足

$$\lim_{t\to\infty}f(t)\mathrm{e}^{-\sigma t}=0$$

在 s 平面(或称复平面)上，使 $F(s)$存在的范围称为收敛域。不难理解，函数 t 和 t^n 的收敛域为 $\sigma>0$。例如，对按指数规律增长的函数 e^{at}，其收敛域为$\sigma>a$；而函数 e^{t^2} 和 $\mathrm{e}^{\mathrm{e}^t}$ 却不满足收敛条件。在电路分析中，很少遇到不收敛的时域函数。为简单起见，以后求拉氏变换时不加注其收敛域。

3．常用函数的拉氏变换

应用拉氏变换的定义(式(10-1))，可推导出一些常用函数的变换式。

（1）冲激函数$\delta(t)$

$$F(s)=\mathscr{L}[\delta(t)]=\int_{0_-}^{\infty}\delta(t)\mathrm{e}^{-st}\mathrm{d}t=1$$

（2）阶跃函数$\varepsilon(t)$

$$F(s)=\mathscr{L}[\varepsilon(t)]=\int_{0_-}^{\infty}\varepsilon(t)\mathrm{e}^{-st}\mathrm{d}t=-\frac{1}{s}\mathrm{e}^{-st}\Big|_{0_-}^{\infty}=\frac{1}{s}$$

（3）指数函数 $\mathrm{e}^{-at}\varepsilon(t)$

$$F(s)=\mathscr{L}[\mathrm{e}^{-at}\varepsilon(t)]=\int_{0_-}^{\infty}\mathrm{e}^{-at}\mathrm{e}^{-st}\mathrm{d}t=-\frac{1}{s+a}\mathrm{e}^{-(s+a)t}\Big|_{0_-}^{\infty}=\frac{1}{s+a}$$

式中，a 可为实数、复数或虚数。如前所述，工程实际中遇到的均是因果信号，令信号的起始时刻为零，即在此讨论的单边拉氏变换是从零开始积分的。这样，$\mathrm{e}^{-at}\varepsilon(t)$ 可简写为 e^{-at}。

同理，由式(10-1)不难推得如下拉氏变换对。

$$\mathrm{e}^{at}\leftrightarrow\frac{1}{s-a}，\quad t^n\leftrightarrow\frac{n!}{s^{n+1}}，\quad \sin\omega t\leftrightarrow\frac{\omega}{s^2+\omega^2}，\quad \cos\omega t\leftrightarrow\frac{s}{s^2+\omega^2}$$

10.1.2 拉氏变换的基本性质

拉氏变换的基本性质是电路的 s 域分析的重要基础。虽然，由定义(式(10-1))可求出函数 $f(t)$ 的像函数，但实际应用中较为简便的方法是，在掌握了一些常用函数的拉氏变换对的基础上，再利用拉氏变换的基本性质求出更为复杂函数的变换式。下面介绍它们常用的一些基本性质。

1．线性(齐性和叠加)性质

已知 $\mathscr{L}[f_1(t)]=F_1(s),\ \mathscr{L}[f_2(t)]=F_2(s)$，则

$$\mathscr{L}[Af_1(t)+Bf_2(t)]=AF_1(s)+BF_2(s)$$

式中，A 和 B 为常数。

证明 $\mathscr{L}[Af_1(t)+Bf_2(t)]=\int_{0_-}^{\infty}[Af_1(t)+Bf_2(t)]\mathrm{e}^{-st}\mathrm{d}t$

$$=\int_{0_-}^{\infty}Af_1(t)\mathrm{e}^{-st}\mathrm{d}t+\int_{0_-}^{\infty}Bf_2(t)\mathrm{e}^{-st}\mathrm{d}t=AF_1(s)+BF_2(s)$$

① 详见有关参考书。

例 10-1　求 $f(t)=\cos(\omega t)$ 的像函数 $F(s)$。

解　因为

$$f(t)=\cos(\omega t)=\frac{1}{2}(\mathrm{e}^{\mathrm{j}\omega t}+\mathrm{e}^{-\mathrm{j}\omega t})$$

利用上述性质可知

$$\mathscr{L}[\cos(\omega t)]=\mathscr{L}\left[\frac{1}{2}(\mathrm{e}^{\mathrm{j}\omega t})\right]+\mathscr{L}\left[\frac{1}{2}(\mathrm{e}^{-\mathrm{j}\omega t})\right]$$

$$=\frac{1}{2}\frac{1}{s-\mathrm{j}\omega}+\frac{1}{2}\frac{1}{s+\mathrm{j}\omega}=\frac{s}{s^2+\omega^2}$$

同理可求得

$$\mathscr{L}[\sin(\omega t)]=\frac{\omega}{s^2+\omega^2}$$

2．时域微分性质

已知 $\mathscr{L}[f(t)]=F(s)$，则

$$\mathscr{L}\left[\frac{\mathrm{d}f(t)}{\mathrm{d}t}\right]=sF(s)-f(0_-)$$

式中，$f(0_-)$ 为 $f(t)$ 在 $t=0_-$ 的初始值。若 $f(t)$ 在 $t=0$ 处不连续，则 $f(0_-)\neq f(0_+)$。

证明

$$\mathscr{L}\left[\frac{\mathrm{d}f(t)}{\mathrm{d}t}\right]=\int_{0_-}^{\infty}\frac{\mathrm{d}f(t)}{\mathrm{d}t}\mathrm{e}^{-st}\mathrm{d}t=\mathrm{e}^{-st}f(t)\Big|_{0_-}^{\infty}+\int_{0_-}^{\infty}s\mathrm{e}^{-st}f(t)\mathrm{d}t=-f(0_-)+sF(s)$$

以上推导中借助了分部积分公式 $\int u\mathrm{d}v=uv-\int v\mathrm{d}u$，其中令 $u=\mathrm{e}^{-st}$, $v=f(t)$。

例 10-2　已知电容中的电流和两端的电压参考方向相关联，求电容电流的拉氏变换。

解　由时域方程 $i_\mathrm{C}=C\dfrac{\mathrm{d}u_\mathrm{C}}{\mathrm{d}t}$，设 $i_\mathrm{C}\leftrightarrow I_\mathrm{C}(s)$, $u_\mathrm{C}\leftrightarrow U_\mathrm{C}(s)$，所以

$$I_\mathrm{C}(s)=sCU_\mathrm{C}(s)-Cu_\mathrm{C}(0_-)$$

式中，$u_\mathrm{C}(0_-)$ 为电容电压的初始值。

对高阶导数，上述性质可加以推广。

$$\mathscr{L}\left[\frac{\mathrm{d}^2f(t)}{\mathrm{d}t^2}\right]=\mathscr{L}\left[\frac{\mathrm{d}f'(t)}{\mathrm{d}t}\right]=sF'(s)-f'(0_-)=s[sF(s)-f(0_-)]-f'(0_-)$$

$$=s^2F(s)-sf(0_-)-f'(0_-)$$

式中

$$f'(0_-)=\frac{\mathrm{d}f(t)}{\mathrm{d}t}\bigg|_{0_-},\quad F'(s)=\mathscr{L}\left[\frac{\mathrm{d}f(t)}{\mathrm{d}t}\right]=sF(s)-f(0_-)$$

推论

$$\mathscr{L}\left[\frac{\mathrm{d}^nf(t)}{\mathrm{d}t^n}\right]=s^nF(s)-\sum_{m=0}^{n-1}s^{n-m-1}f^{(m)}(0_-)$$

式中，$f^{(m)}(0_-)=\dfrac{\mathrm{d}^mf(t)}{\mathrm{d}t^m}\bigg|_{0_-}$。

3．时域积分性质

已知 $\mathscr{L}[f(t)]=F(s)$，则

$$\mathscr{L}\left[\int_{0_-}^{t}f(\tau)\mathrm{d}\tau\right]=\frac{F(s)}{s}$$

或

$$\mathscr{L}\left[\int_{-\infty}^{t}f(\tau)\mathrm{d}\tau\right]=\frac{F(s)}{s}+\frac{f^{-1}(0_-)}{s}$$

式中，$f^{-1}(0_-)=\int_{-\infty}^{0_-}f(\tau)\mathrm{d}\tau$，是 $f(t)$ 积分的初始值。

证明 因为 $$\int_{-\infty}^{t}f(\tau)\mathrm{d}\tau=\int_{-\infty}^{0_-}f(\tau)\mathrm{d}\tau+\int_{0_-}^{t}f(\tau)\mathrm{d}\tau=f^{-1}(0_-)+\int_{0_-}^{t}f(\tau)\mathrm{d}\tau$$

右边第一项的拉氏变换为

$$\mathscr{L}\left[f^{-1}(0_-)\right]=\frac{f^{-1}(0_-)}{s}$$

由式(10-1)，并利用分部积分法，可得右边第二项的拉氏变换

$$\mathscr{L}\left[\int_{0_-}^{t}f(\tau)\mathrm{d}\tau\right]=\int_{0_-}^{\infty}\left(\int_{0_-}^{t}f(\tau)\mathrm{d}\tau\right)\mathrm{e}^{-st}\mathrm{d}t=\left(-\frac{\mathrm{e}^{-st}}{s}\int_{0_-}^{t}f(\tau)\,\mathrm{d}\tau\right)_{0_-}^{\infty}+\frac{1}{s}\int_{0_-}^{\infty}f(t)\mathrm{e}^{-st}\mathrm{d}t$$
$$=0+\frac{1}{s}F(s)=\frac{1}{s}F(s)$$

从而得证。

例 10-3 已知电感的电流与电压时域方程为 $i_\mathrm{L}=\frac{1}{L}\int_{-\infty}^{t}u_\mathrm{L}\mathrm{d}\tau$，设 $U_\mathrm{L}(s)=\mathscr{L}\left[u_\mathrm{L}\right]$，求电感电流的变换式。

解 $$I_\mathrm{L}(s)=\mathscr{L}\left[\frac{1}{L}\int_{-\infty}^{t}u_\mathrm{L}\mathrm{d}\tau\right]=\frac{u_\mathrm{L}^{-1}(0_-)}{Ls}+\frac{U_\mathrm{L}(s)}{Ls}=\frac{i_\mathrm{L}(0_-)}{s}+\frac{U_\mathrm{L}(s)}{Ls}$$

式中，$i_\mathrm{L}(0_-)=\frac{1}{L}u_\mathrm{L}^{-1}(0_-)$，为电感电流的初始值。

4．时域平移性质

已知 $\mathscr{L}[f(t)]=F(s)$，则

$$\mathscr{L}[f(t-t_0)\varepsilon(t-t_0)]=\mathrm{e}^{-st_0}F(s)$$

证明 $$\mathscr{L}[f(t-t_0)\varepsilon(t-t_0)]=\int_{0_-}^{\infty}f(t-t_0)\varepsilon(t-t_0)\mathrm{e}^{-st}\mathrm{d}t=\int_{t_0}^{\infty}f(t-t_0)\mathrm{e}^{-st}\mathrm{d}t$$
$$=\int_{0}^{\infty}f(\tau)\mathrm{e}^{-s(t_0+\tau)}\mathrm{d}\tau=\mathrm{e}^{-st_0}\int_{0}^{\infty}f(\tau)\,\mathrm{e}^{-s\tau}\mathrm{d}\tau=\mathrm{e}^{-st_0}F(s)$$

式中，$\tau=t-t_0$ 或 $\mathrm{d}t=\mathrm{d}\tau$。

例 10-4 已知单个三角波形 $f(t)$ 如图 10-1 所示，求 $f(t)$ 的像函数 $F(s)$。

解 由图可知 $$f(t)=\frac{A}{T}t\varepsilon(t)-\frac{A}{T}t\varepsilon(t-T)$$
$$=\frac{A}{T}t\varepsilon(t)-\frac{A}{T}(t-T+T)\varepsilon(t-T)$$
$$=\frac{A}{T}t\varepsilon(t)-\frac{A}{T}(t-T)\varepsilon(t-T)-A\varepsilon(t-T)$$

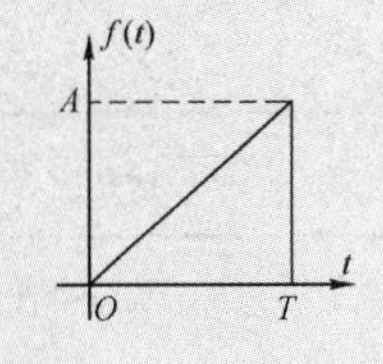

图 10-1 例 10-4 图

所以 $$F(s)=\mathscr{L}\left[f(t)\right]=\frac{A}{T}\frac{1}{s^2}-\frac{A}{T}\mathrm{e}^{-Ts}\frac{1}{s^2}-A\mathrm{e}^{-Ts}\frac{1}{s}$$

5．*s* 域平移性质

已知 $\mathscr{L}[f(t)]=F(s)$，则

$$\mathscr{L}\left[f(t)\mathrm{e}^{-at}\right]=F(s+a)$$

上式表明，时域中乘以 e^{-at}，对应在 s 域平移了 a。

证明 $$\mathscr{L}\left[f(t)\mathrm{e}^{-at}\right]=\int_{0_-}^{\infty}f(t)\mathrm{e}^{-at}\mathrm{e}^{-st}\mathrm{d}t=\int_{0_-}^{\infty}f(t)\mathrm{e}^{-(s+a)t}\mathrm{d}t=F(s+a)$$

例 10-5 求 $e^{-at}t\varepsilon(t)$ 的拉氏变换。

解 因为 $t\varepsilon(t)\leftrightarrow\frac{1}{s^2}$，所以 $e^{-at}t\varepsilon(t)\leftrightarrow\frac{1}{(s+a)^2}$。

6. s 域微分

已知 $\mathscr{L}[f(t)]=F(s)$，则

$$\mathscr{L}[t f(t)]=-\frac{dF(s)}{ds} \tag{10-3}$$

证明 由定义

$$F(s)=\int_{0_-}^{\infty}f(t)e^{-st}dt$$

上式两边对 s 求导，得

$$\frac{dF(s)}{ds}=-\int_{0_-}^{\infty}tf(t)e^{-st}dt$$

两边同乘以 (-1) 就得式(10-3)。

推论

$$\mathscr{L}\left[t^n f(t)\right]=(-1)^n\frac{d^nF(s)}{ds^n}$$

例 10-6 求 $t\varepsilon(t)$ 的拉氏变换。

解 因为 $\varepsilon(t)\leftrightarrow\frac{1}{s}$，根据式(10-3)，得

$$\mathscr{L}[t\varepsilon(t)]=-\frac{d}{ds}\frac{1}{s}=\frac{1}{s^2}$$

重复应用上述方法可得

$$\mathscr{L}\left[t^n\varepsilon(t)\right]=(-1)^n\frac{d^n}{ds^n}\frac{1}{s}=\frac{n!}{s^{n+1}}$$

表 10-1 和表 10-2 分别给出了常用函数的拉氏变换对和拉氏变换的性质。

表 10-1 常用函数的拉氏变换对

序 号	原函数	像函数	序 号	原函数	像函数	序 号	原函数	像函数
1	$\delta(t)$	1	5	$\cos\omega t$	$\frac{s}{s^2+\omega^2}$	9	te^{-at}	$\frac{1}{(s+a)^2}$
2	$\varepsilon(t)$	$\frac{1}{s}$	6	$e^{-at}\sin\omega t$	$\frac{\omega}{(s+a)^2+\omega^2}$	10	$t\sin\omega t$	$\frac{2\omega s}{(s^2+\omega^2)^2}$
3	e^{-at}	$\frac{1}{s+a}$	7	$e^{-at}\cos\omega t$	$\frac{(s+a)}{(s+a)^2+\omega^2}$	11	$t\cos\omega t$	$\frac{s^2-\omega^2}{(s^2+\omega^2)^2}$
4	$\sin\omega t$	$\frac{\omega}{s^2+\omega^2}$	8	t^n	$\frac{n!}{s^{n+1}}$	12	$\delta'(t)$	s

表 10-2 拉氏变换的性质

序 号	性 质	内 容	序 号	性 质	内 容
1	线性	$\mathscr{L}[Af_1(t)+Bf_2(t)]=AF_1(s)+BF_2(s)$	6	s 域微分	$\mathscr{L}[tf(t)]=-\frac{dF(s)}{ds}$
2	时域微分	$\mathscr{L}\left[\frac{df(t)}{dt}\right]=sF(s)-f(0_-)$	7	s 域积分	$\mathscr{L}\left[\frac{f(t)}{t}\right]=\int_s^{\infty}F(s)ds$
3	时域积分	$\mathscr{L}\left[\int_{-\infty}^{t}f(\tau)\ d\tau\right]=\frac{F(s)}{s}+\frac{f^{-1}(0_-)}{s}$	8	尺度变换	$\mathscr{L}[f(at)]=\frac{1}{a}F\left(\frac{s}{a}\right)$
4	时域平移	$\mathscr{L}[f(t-t_0)\varepsilon(t-t_0)]=e^{-st_0}F(s)$	9	卷积	$\mathscr{L}\left[\int_0^t f_1(\tau)f_2(t-\tau)d\tau\right]=F_1(s)F_2(s)$
5	s 域平移	$\mathscr{L}\left[f(t)e^{-at}\right]=F(s+a)$			

10.1.3 周期函数的拉氏变换

若周期函数 $f(t)=f(t+T)$满足前述收敛条件，则拉氏变换存在。下面通过例题介绍周期函数的拉氏变换的解法。

例 10-7 已知周期函数

$$f(t)=\varepsilon(t)-\varepsilon(t-1)+\varepsilon(t-2)-\varepsilon(t-3)+\cdots=\sum_{k=0}^{\infty}(-1)^k\varepsilon(t-k)$$

其波形如图 10-2 所示，求其像函数 $F(s)$。

解 方法一：由于本例中的周期函数 $f(t)$可以用闭合形式描述，则可由定义求得变换式，有

$$F(s)=\mathscr{L}\left[f(t)\right]=\sum_{k=0}^{\infty}(-1)^k\mathrm{e}^{-ks}\frac{1}{s}=\frac{1}{s}\frac{1}{1+\mathrm{e}^{-s}}$$

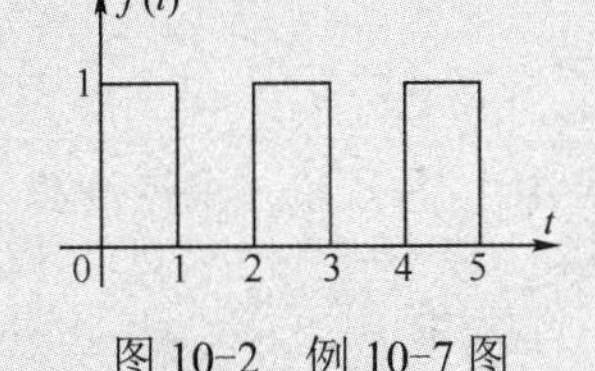

图 10-2 例 10-7 图

方法二：$f(t)$的第一个周期可描述为

$$f_1(t)=\varepsilon(t)-\varepsilon(t-1)$$

$$F_1(s)=\mathscr{L}\left[f_1(t)\right]=\frac{1}{s}(1-\mathrm{e}^{-s})$$

由周期函数的拉氏变换公式

$$F(s)=\frac{F_1(s)}{1-\mathrm{e}^{-Ts}}$$

式中，T 为周期函数的周期，本例中 $T=2$，则变换式为

$$F(s)=\frac{1}{s}\frac{1-\mathrm{e}^{-s}}{1-\mathrm{e}^{-2s}}=\frac{1}{s}\frac{1}{1+\mathrm{e}^{-s}}$$

思考题

T10.1-1 应用拉氏变换微分性质求证 $\mathscr{L}[\sin(\omega t)]=\dfrac{\omega}{s^2+\omega^2}$。

T10.1-2 讨论下列函数时域波形的区别，并求各函数的拉氏变换。

（1） $\sin\omega t\varepsilon(t)$；（2） $\sin\omega t\varepsilon(t-T/4)$；（3） $\sin\omega(t-T/4)\varepsilon(t)$；（4） $\sin\omega(t-T/4)\varepsilon(t-T/4)$。

基本练习题

10.1-1 应用定义求下列函数的拉氏变换。

（1） $f(t)=1-\mathrm{e}^{-\alpha t}$； （2） $f(t)=\sin(\omega t+\varphi)$；

（3） $f(t)=t\cos(\alpha t)$； （4） $f(t)=t+2+3\delta(t)$。

10.1-2 应用 s 域微分性质，求 $f(t)=t\mathrm{e}^{-t}\cos t\varepsilon(t)$ 的拉氏变换。

10.1-3 应用 s 域延迟性质，求 $f(t)=\mathrm{e}^{-\alpha t}+\alpha(t-1)$ 的拉氏变换。

10.1-4 求图题 10.1-4 所示周期性三角波信号的拉氏变换。

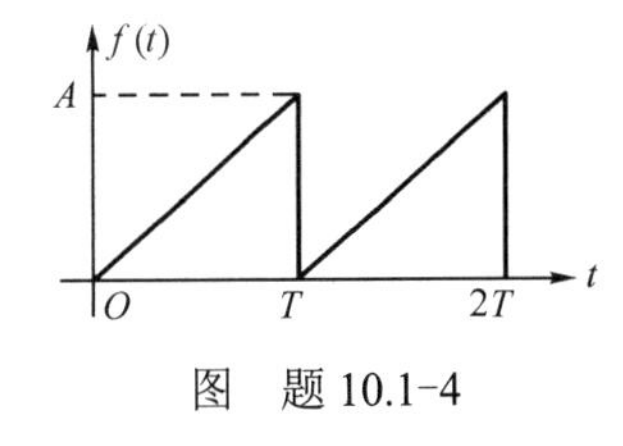

图 题 10.1-4

10.2 拉氏逆变换

在电路分析中，利用拉氏变换将时域问题变换到复频域中进行运算，最后需要将结果的像函数进行逆变换得到时域中的原函数。利用逆变换的定义式（式(10-2)）求 $F(s)$的逆变换比较困难。实际采用的简便方法是，将 $F(s)$展开成部分分式，再利用拉氏变换的基本性质和常用变换对求解逆变换。

一般讲，$F(s)$的分子和分母为 s 的多项式，即

$$F(s)=\frac{N(s)}{D(s)}=\frac{a_m s^m+a_{m-1}s^{m-1}+\cdots+a_0}{b_n s^n+b_{n-1}s^{n-1}+\cdots+b_0} \tag{10-4}$$

式中，$a_i\,(i=0,1,2,\ \cdots,m)$和$b_j\,(j=0,1,2,\ \cdots,n)$均为实常数，$m$和$n$均为正整数。

当$m<n$时，$F(s)$为有理真分式；当$m\geqslant n$时，$F(s)$为假分式，此时可用多项式长除法将$F(s)$分解为多项式与有理真分式之和的形式，即

$$F(s)=\frac{N(s)}{D(s)}=A(s)+\frac{B(s)}{D(s)}$$

式中，$A(s)=\sum\limits_{i=0}^{m-n}c_i s^i$，为$s$的多项式，其逆变换是冲激函数及其导数的和；$\dfrac{B(s)}{D(s)}$为有理真分式。例如

$$F(s)=\frac{s^2+2}{s^2+s}=1+\frac{2-s}{s^2+s}$$

由上述可知，求逆变换主要是讨论$F(s)$为有理真分式的情况。以下均假设式(10-4)满足$m<n$。

为便于$F(s)$的分解，令$F(s)$的分母为零，即$D(s)=0$，从而可求出n个根$p_i\ (i=1,2,\ \cdots,n)$。当s等于任何一个根时，$F(s)$等于无穷大，所以称这些根为$F(s)$的极点。根据极点的不同特点，$F(s)$的分解方法也不同。

1. $F(s)$的极点仅为单根

若n个根$p_i\ (i=1,2,\cdots,n)$互不相等，称为单根，则式(10-4)可分解成如下部分分式形式

$$F(s)=\frac{N(s)}{(s-p_1)(s-p_2)\cdots(s-p_n)}=\frac{k_1}{s-p_1}+\frac{k_2}{s-p_2}+\cdots+\frac{k_n}{s-p_n}$$

式中，各部分分式的系数为

$$k_i=(s-p_i)F(s)\Big|_{s=p_i}\quad (i=1,2,\cdots,n) \tag{10-5}$$

由拉氏变换的对应关系 $\qquad k_i\mathrm{e}^{p_i t}\varepsilon(t)\leftrightarrow\dfrac{k_i}{s-p_i}$

可得$F(s)$的逆变换为 $\qquad f(t)=\mathscr{L}^{-1}[F(s)]=(k_1\mathrm{e}^{p_1 t}+k_2\mathrm{e}^{p_2 t}+\cdots+k_n\mathrm{e}^{p_n t})\varepsilon(t)$

由上可知，部分分式分解的主要任务是计算极点，以及对应的分解系数。

例 10-8 已知像函数$F(s)=\dfrac{s^3+6s^2+15s+11}{s^2+5s+6}$，求原函数$f(t)$。

解 先将$F(s)$变为多项式和有理真分式：

$$F(s)=s+1+\frac{4s+5}{s^2+5s+6}$$

下面将$\dfrac{4s+5}{s^2+5s+6}$进行部分分式展开，先令其分母多项式等于零

$$D(s)=s^2+5s+6s=0$$

可得两个不等的实数根，即$p_1=-2,p_3=-3$。

$F(s)$的真分式的部分分式展开式为

$$\frac{4s+5}{s^2+5s+6}=\frac{4s+5}{(s+2)(s+3)}=\frac{k_1}{s+2}+\frac{k_2}{s+3}$$

由式(10-5)可得各系数为

$$k_1=(s+2)\frac{4s+5}{s^2+5s+6}\bigg|_{s=-2}=-3\,;\qquad k_2=(s+3)\frac{4s+5}{s^2+5s+6}\bigg|_{s=-3}=7$$

所以 $$F(s)=s+1+\frac{-3}{s+2}+\frac{7}{s+3}$$

对应的原函数 $$f(t)=\delta'(t)+\delta(t)-3\mathrm{e}^{-2t}\varepsilon(t)+7\mathrm{e}^{-3t}\varepsilon(t)$$

当极点出现复数单根(共轭复数)时，可采用与上述相同的方法，但涉及到复数运算。若采用下例中的配方法可使计算简化。

例 10-9 已知 $F(s)=\frac{s}{s^2+2s+2}$，求其原函数 $f(t)$。

解 $$F(s)=\frac{s+1-1}{(s+1)^2+1}=\frac{s+1}{(s+1)^2+1}-\frac{1}{(s+1)^2+1}$$

所以 $$f(t)=\mathscr{L}^{-1}\left[F(s)\right]=\mathrm{e}^{-t}(\cos t-\sin t)\varepsilon(t)=\sqrt{2}\mathrm{e}^{-t}\cos(t+45^\circ)\varepsilon(t)$$

例 10-10 已知 $F(s)=\frac{s}{(s+1)(s^2+2s+2)}$，求其原函数 $f(t)$。

解 按照实数和复数极点展开，得

$$F(s)=\frac{k_1}{s+1}+\frac{k_2s+k_3}{s^2+2s+2}=\frac{-1}{s+1}+\frac{s+2}{s^2+2s+2}$$
$$=\frac{-1}{s+1}+\frac{s+1}{(s+1)^2+1}+\frac{1}{(s+1)^2+1}$$

式中，系数 k_1，k_2，k_3 的计算如下。

由上式通分可得分子为

$$k_1\left(s^2+2s+2\right)+(k_2s+k_3)(s+1)=s^2(k_1+k_2)+s(2k_1+k_2+k_3)+2k_1+k_3$$

经与像函数的分子进行比较，可得

$$\begin{cases}k_1+k_2=0\\2k_1+k_2+k_3=1\\2k_1+k_3=0\end{cases}$$

解方程组得 $k_1=-1$，$k_2=1$，$k_3=2$

经拉氏反变换得 $$f(t)=\mathrm{e}^{-t}(-1+\cos t+\sin t)\varepsilon(t)$$

2．*F*(*s*)的极点有重根

设函数 $$F(s)=\frac{N(s)}{D(s)}=\frac{N(s)}{(s-p)^n}$$

极点 $s=p$ 处有 n 个重根，即 n 阶极点。$F(s)$可按下式展开

$$F(s)=\frac{k_{11}}{(s-p)^n}+\frac{k_{12}}{(s-p)^{n-1}}+\cdots+\frac{k_{1n}}{(s-p)} \tag{10-6}$$

式中，各系数按如下方法确定。

$$k_{11}=(s-p)^nF(s)\big|_{s=p}$$
$$k_{12}=\frac{\mathrm{d}}{\mathrm{d}s}\left[(s-p)^nF(s)\right]_{s=p}$$
$$k_{13}=\frac{1}{2}\frac{\mathrm{d}^2}{\mathrm{d}s^2}\left[(s-p)^nF(s)\right]_{s=p}$$
$$\vdots$$
$$k_{1n}=\frac{1}{(n-1)!}\frac{\mathrm{d}^{n-1}}{\mathrm{d}s^{n-1}}\left[(s-p)^nF(s)\right]_{s=p}$$

由拉氏反变换对照表，得式(10-6)的时域解为

$$f(t)=\mathscr{L}^{-1}[F(s)]=\sum_{j=1}^{n}\frac{k_{1j}}{(n-j)!}t^{n-j}\mathrm{e}^{pt} \tag{10-7}$$

例 10-11 求函数 $F(s)=\dfrac{s+4}{(s+2)^3(s+1)}$ 的逆变换。

解 令 $D(s)=0$ 得一个三重根 $p_1=-2$ 和一个单根 $p_2=-1$，所以，$F(s)$ 可展开为

$$F(s)=\frac{k_{11}}{(s+2)^3}+\frac{k_{12}}{(s+2)^2}+\frac{k_{13}}{(s+2)}+\frac{k_2}{s+1}$$

式中

$$k_{11}=(s+2)^3F(s)\Big|_{s=-2}=\frac{s+4}{s+1}\Big|_{s=-2}=-2$$

$$k_{12}=\frac{\mathrm{d}}{\mathrm{d}s}[(s+2)^3F(s)]_{s=-2}=\frac{-3}{(s+1)^2}=-3$$

$$k_{13}=\frac{1}{2}\cdot\frac{\mathrm{d}^2}{\mathrm{d}s^2}[(s+2)^3F(s)]_{s=-2}=\frac{1}{2}\cdot\frac{\mathrm{d}^2}{\mathrm{d}s^2}[\frac{s+4}{s+1}]_{s=-2}=-3$$

$$k_2=(s+1)F(s)\Big|_{s=-1}=\frac{s+4}{(s+1)^3}\Big|_{s=-1}=3$$

所以

$$F(s)=\frac{-2}{(s+2)^3}+\frac{-3}{(s+2)^2}+\frac{-3}{(s+2)}+\frac{3}{s+1}$$

参考式(10-7)和表 10-1，可得逆变换为

$$f(t)=\mathscr{L}^{-1}[F(s)]=\frac{k_{11}}{2!}t^2\mathrm{e}^{-2t}+\frac{k_{12}}{1!}t^1\mathrm{e}^{-2t}+\frac{k_{13}}{0!}t^0\mathrm{e}^{-2t}+k_2\mathrm{e}^{-t}$$
$$=-t^2\mathrm{e}^{-2t}-3t\mathrm{e}^{-2t}-3\mathrm{e}^{-2t}+3\mathrm{e}^{-t}$$

例 10-12 应用拉氏变换求解图 10-3 所示 RL 电路中的电流 $i(t)$。

解 由图可得电路的时域方程为

$$2\frac{\mathrm{d}i}{\mathrm{d}t}+4i=2\varepsilon(t)$$

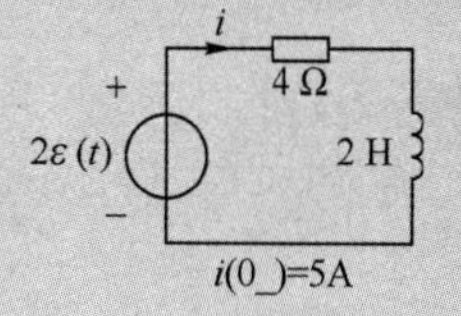

图 10-3 例 10-12 图

对上式两边取拉氏变换，应用时域微分性质，得

$$2[sI(s)-i(0\_)]+4I(s)=2/s$$

代入初始值，并整理得

$$I(s)=\frac{2/s+10}{2s+4}=\frac{0.5}{s}+\frac{4.5}{s+2}$$

取逆变换得时域解 $i(t)=(0.5+4.5\mathrm{e}^{-2t})\varepsilon(t)$ A

思考题

T10.2-1 应用拉氏变换求图 10-4 所示 RC 电路中的电流 $i(t)$；若电容初始储能为零，则电流 $i(t)$又是多少？请分析初始储能在系统中的影响。

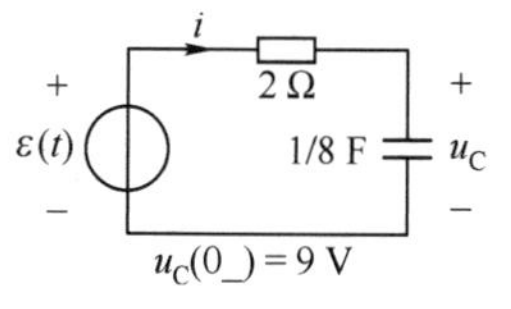

图 10-4 T10.2-1 图

基本练习题

10.2-1 求下列函数的逆变换：

（1）$\dfrac{(s+1)(s+3)}{s(s+2)(s+4)}$；（2）$\dfrac{2s^2}{(s^2+5s+6)(s+1)}$；（3）$\dfrac{2s^2+9s+9}{s^2+3s+2}$；（4）$\dfrac{s^3}{(s^2+3s+2)s}$

10.2-2 根据单位阶跃函数的像函数确定 $\dfrac{1}{s^2},\dfrac{1}{s^3},\dfrac{1}{s^n}$ 的原函数。

10.3 运算电路模型

10.3.1 电路元件的运算模型

时域中的元件方程经拉氏变换可得到 s 域的变换式，并由此得到对应的运算模型。

1. 电阻的运算模型

电阻元件的时域模型，如图 10-5(a)所示。元件方程为$u_R = Ri_R$，两边取拉氏变换，得到 s 域的运算方程

$$U_R(s) = RI_R(s)$$

上式称为欧姆定律的运算形式，可构成电阻元件 s 域的运算模型，如图 10-5(b)所示。

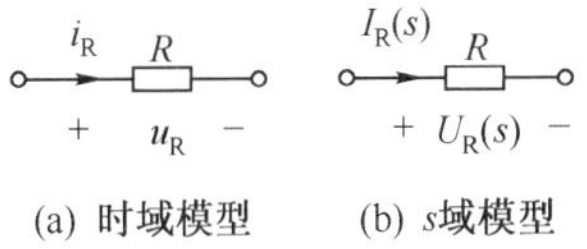

(a) 时域模型　　(b) s域模型

图 10-5　电阻元件的运算模型

2. 电容的运算模型

电容元件的时域模型如图 10-6(a)所示。时域方程为$i_C = C\dfrac{du_C}{dt}$，两边经拉氏变换，得

$$I_C(s) = CsU_C(s) - Cu_C(0_-) \tag{10-8}$$

式中，Cs 称为运算容纳，$Cu_C(0_-)$为初始值产生的附加电流源。等效运算电路的并联模型如图 10-6(b)所示。若将式(10-8)改写为

$$U_C(s) = \frac{1}{Cs}I_C(s) + \frac{u_C(0_-)}{s}$$

式中，$1/(Cs)$称为运算容抗，$u_C(0_-)/s$称为初始值产生的附加电压源。等效运算电路的串联模型如图 10-6(c)所示。

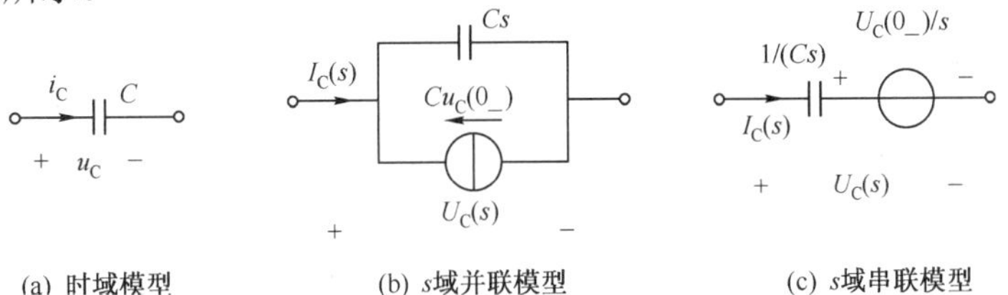

(a) 时域模型　　(b) s域并联模型　　(c) s域串联模型

图 10-6　电容元件运算模型

3. 电感的运算模型

类似上述推导，图 10-7(a)所示电感元件的时域方程为$u_L = L\dfrac{di_L}{dt}$，可得 s 域的运算方程为

$$U_L(s) = LsI_L(s) - Li_L(0_-)$$

式中，Ls 称为运算感抗，$Li_L(0_-)$为电感电流初始值产生的附加电压源。运算电路的 s 域串联模型如图 10-7(b)所示。同理，它的另一种表达式为

$$I_L(s) = \frac{1}{Ls}U_L(s) + \frac{i_L(0_-)}{s}$$

式中，$1/(Ls)$称为运算感纳，$i_L(0_-)/s$为电感电流初始值产生的附加电流源。其运算电路的 s 域并联模型如图 10-7(c)所示。

4. 互感元件的运算模型

互感元件的时域模型如图 10-8(a)所示。

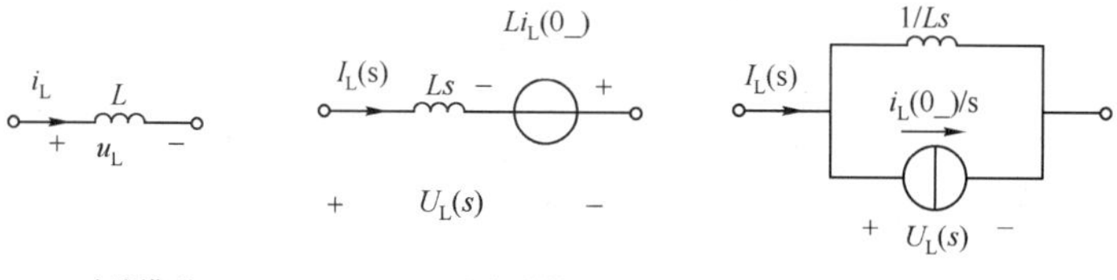

(a) 时域模型　　(b) s域串联模型　　(c) s域并联模型

图 10-7　电感元件的运算模型

由时域方程
$$u_1 = L_1\frac{\mathrm{d}i_1}{\mathrm{d}t} + M\frac{\mathrm{d}i_2}{\mathrm{d}t} \qquad u_2 = L_2\frac{\mathrm{d}i_2}{\mathrm{d}t} + M\frac{\mathrm{d}i_1}{\mathrm{d}t}$$

经拉氏变换得
$$U_1(s) = L_1 sI_1(s) - L_1 i_1(0_-) + MsI_2(s) - Mi_2(0_-)$$
$$U_2(s) = L_2 sI_2(s) - L_2 i_2(0_-) + MsI_1(s) - Mi_1(0_-)$$

式中，Ms 称为互感运算阻抗。其运算电路如图 10-8(b)所示，其中包括由互感产生的附加电压源 $Mi_1(0_-)$ 和 $Mi_2(0_-)$。

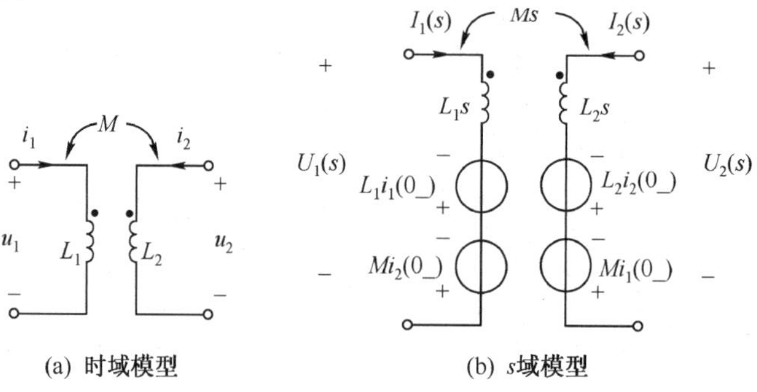

(a) 时域模型　　(b) s域模型

图 10-8　互感元件的运算模型

由上所述加以推广，不难得到其他元件时域与复频域的对应关系。例如

独立电压源：$u_s(t) \leftrightarrow U_s(s)$

独立电流源：$i_s(t) \leftrightarrow I_s(s)$

电压控制电压源：$u_2(t) = \alpha u_1(t) \leftrightarrow U_2(s) = \alpha U_1(s)$

10.3.2　基尔霍夫定律的运算形式

时域中的任一结点要满足 KCL 方程的约束，任一回路要满足 KVL 方程的约束，即
$$\sum i(t) = 0, \quad \sum u(t) = 0$$

由拉氏变换的定义可得
$$\mathscr{L}\left[\sum i(t)\right] = \sum \mathscr{L}\left[i(t)\right] = \sum I(s) = 0$$
$$\mathscr{L}\left[\sum u(t)\right] = \sum \mathscr{L}\left[u(t)\right] = \sum U(s) = 0$$

因此，在 s 域，基尔霍夫定律的运算形式为

任一结点上：$\sum I(s) = 0$

任一回路中：$\sum U(s) = 0$

考虑图 10-9(a)所示的 RLC 串联电路，其运算电路如图 10-9(b)所示。

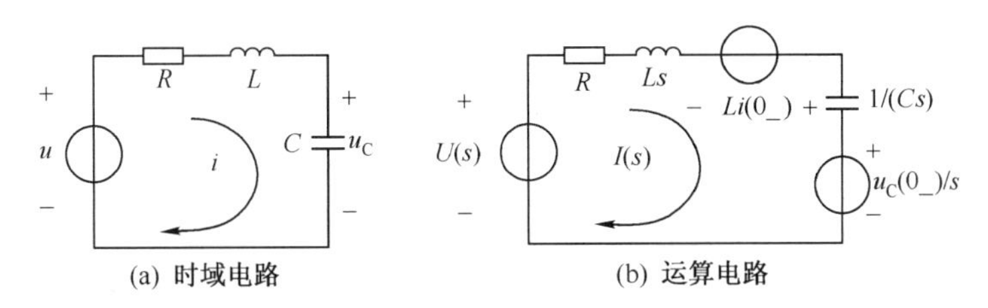

图 10-9　RLC 串联电路

运用 KVL 得　　$$I(s)\left(R+Ls+\frac{1}{Cs}\right)=U(s)+Li(0_-)-\frac{u_C(0_-)}{s}$$

令 $Z(s)=R+Ls+1/(Cs)$，称为回路运算阻抗；$Y(s)=1/Z(s)$，称为回路运算导纳。回路的总运算电压源为

$$U'(s)=U(s)+Li(0_-)-\frac{u_C(0_-)}{s}$$

从而得到欧姆定律的运算形式

$$I(s)Z(s)=U'(s)\text{，或 }I(s)=Y(s)U'(s)$$

当初始值为零时，有

$$i(0_-)=0,\ u_C(0_-)=0\text{，}\ U'(s)=U(s)$$

思考题

T10.3-1　图 10-10 所示电路中开关 S 在 $t=0$ 时闭合，试画出 $t \geqslant 0$ 的运算电路。

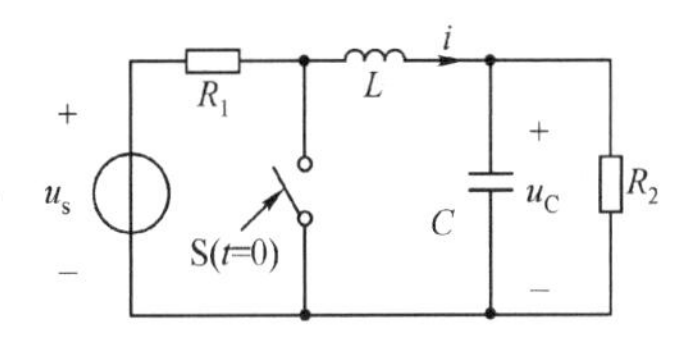

图 10-10　T10.3-1 图

基本练习题

10.3-1　图题 10.3-1(a)所示电路已稳定，设在 $t=0$ 时，开关由 1 切换到 2。已知电路参数为：$R_1=20\ \Omega$，$R_2=50\ \Omega$，$L=0.1$ H，$C=1000\ \mu$F，$U_1=200$ V，$U_2=100$ V。试用以下两种方法求 $t \geqslant 0$ 的电流 $i(t)$。

（1）列出电路微分方程，再用拉氏变换求解；

（2）应用元件的 s 域模型画出运算电路，再求解。

10.3-2　图题 10.3-2 所示电路已稳定，开关原闭合，$t=0$ 时刻开关 S 断开。$C_1=0.2\ \mu$F，$C_2=0.1\ \mu$F, $R_1=100\ \Omega$, $R_2=200\ \Omega$。画出对应的运算电路模型，当 $u_s(t)=30$ V，求开关断开后的总电流 i 和电容上电压 u_{C1}、u_{C2}。

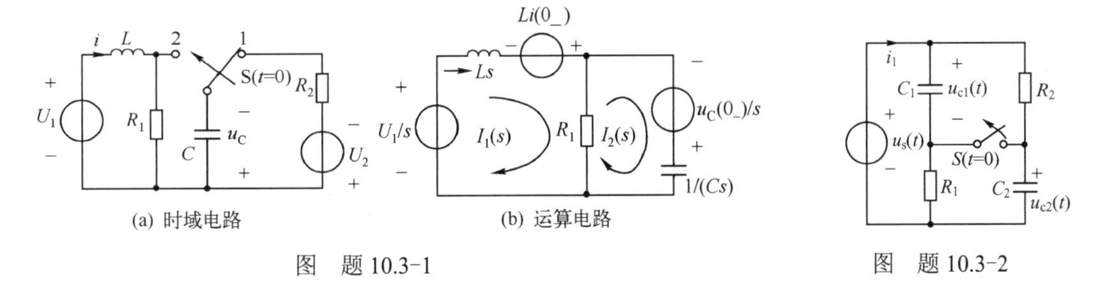

图　题 10.3-1　　　　图　题 10.3-2

10.4　运　算　法

第 4 章讨论了线性动态电路的时域分析法。对于一阶电路，当激励为直流、正弦函数、阶跃函数和冲激函数时，采用三要素法较方便。当激励为其他函数时，时域分析法

就很麻烦。对于二阶以上的高阶电路，时域分析法则更麻烦。在这些情况下，可采用 s 域分析法。

运用拉氏变换求解线性动态电路有两种方法：第一种方法是，首先列写动态电路的微分方程，再利用拉氏变换的性质将微分方程转化成 s 域的代数方程求解，如例题 10-12；第二种方法是利用上节讨论的结果，由时域电路求得运算电路，在 s 域中列写电路的代数方程并求解，这种方法称为运算法。由于运算电路中 R、L、C 元件的 VCR 都是代数方程，KCL 和 KVL 在形式上与直流电路或正弦稳态电路类似。因此，直流电路或正弦稳态电路的各种分析方法都可推广到运算电路的分析中。

例 10-13 图 10-11(a)所示电路中，电路原处于稳态，电感初始电流和电容初始电压均为零。$t=0$ 时将开关 S 闭合，试用运算法求电流 $i_L(t)$。

解 由于电感电流和电容电压的初始值为零，即所有附加电源为零，等效运算电路如图 10-11(b)所示。应用结点电压方程

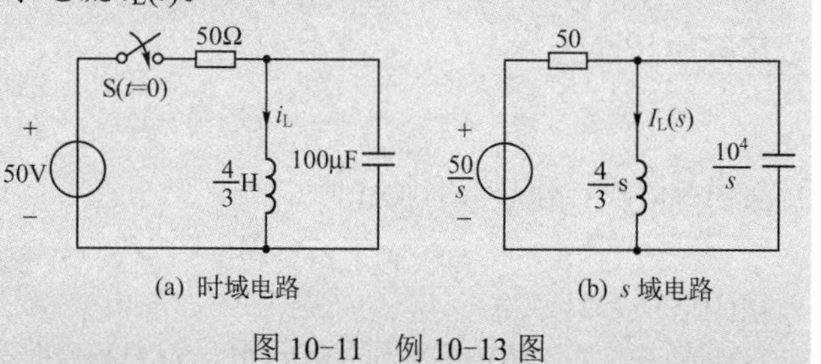

图 10-11 例 10-13 图

$$\left(\frac{1}{50}+\frac{1}{\frac{4}{3}s}+\frac{1}{\frac{10^4}{s}}\right)U(s)=\frac{50/s}{50}$$

可求得
$$U(s)=\frac{10^4}{s^2+200s+7500}$$

所以
$$I_L(s)=\frac{U(s)}{\frac{4}{3}s}=\frac{3\times10^4}{4s(s^2+200s+7500)}$$

$$=\frac{3\times10^4}{4s(s+50)(s+150)}=\frac{A}{s}+\frac{B}{s+50}+\frac{C}{s+150}$$

其中
$$A=sI_L(s)|_{s=0}=1$$

$$B=(s+50)I_L(s)|_{s=-50}=\left.\frac{3\times10^4}{4s(s+150)}\right|_{s=-50}=-\frac{3}{2}$$

$$C=(s+150)I_L(s)|_{s=-150}=\left.\frac{3\times10^4}{4s(s+50)}\right|_{s=-150}=\frac{1}{2}$$

代入数值，经逆变换，从而得到时域解

$$i_L=(1-\frac{3}{2}\mathrm{e}^{-50t}+\frac{1}{2}\mathrm{e}^{-150t})\varepsilon(t)\ \ \mathrm{A}$$

例 10-14 图 10-12(a)所示电路，电感初始电流为零，$t=0$ 时将开关 S 闭合，求 $t>0$ 时的电感电压 $u_L(t)$。

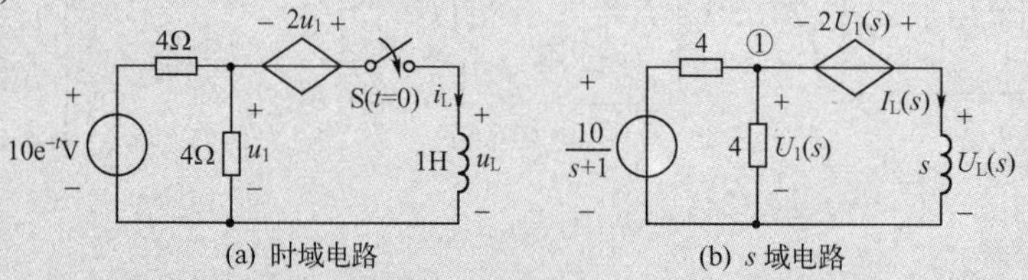

图 10-12 例 10-14 图

解 运算电路如图 10-12(b)所示，列结点电压方程

$$\left(\frac{1}{4}+\frac{1}{4}+\frac{1}{s}\right)U_1(s)=\frac{10}{4(s+1)}-\frac{2U_1(s)}{s}$$

可得 $$U_1(s)=\frac{5s}{(s+6)(s+1)}=\frac{A}{s+6}+\frac{B}{s+1}$$

其中 $$A=(s+6)U_1(s)|_{s=-6}=6,\ B=(s+1)U_1(s)|_{s=-1}=-1$$

则 $$U_{\mathrm{L}}(s)=3U_1(s)=\frac{18}{s+6}-\frac{3}{s+1}$$

所以 $$u_{\mathrm{L}}(t)=(18\mathrm{e}^{-6t}-3\mathrm{e}^{-t})\ \mathrm{V},\ t>0$$

例 10-15 如图 10-13(a)所示，开关 S 闭合前电路已处于稳定状态，电容初始储能为零，在 $t=0$ 时闭合开关 S，求 $t>0$ 时的电流 $i_1(t)$。

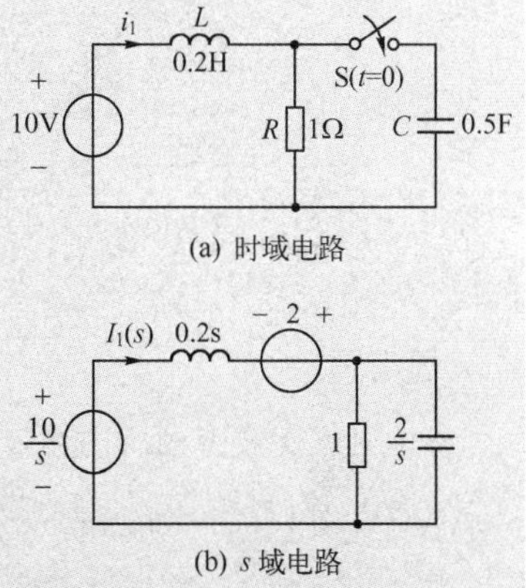

解 因为电路已稳定，可求得电感初始电流为 $i_{\mathrm{L}}(0_-)=10\,\mathrm{A}$。S 合上后，运算电路如图 10-13(b)所示。可得

$$I_1(s)=\frac{\frac{10}{s}+2}{0.2s+\frac{1}{1+\frac{s}{2}}}=\frac{\frac{10}{s}+2}{0.2s+\frac{2}{s+2}}$$

$$=\frac{10(s+2)(s+5)}{s(s^2+2s+10)}=\frac{A}{s}+\frac{B}{s+1-\mathrm{j}3}+\frac{C}{s+1+\mathrm{j}3}$$

(a) 时域电路

(b) s 域电路

图 10-13 例 10-15 图

其中 $$A=sI_1(s)|_{s=0}=\frac{10\times2\times5}{10}=10$$

$$B=(s+1-\mathrm{j}3)I_1(s)|_{s=1+\mathrm{j}3}=\frac{10(s+2)(s+5)}{s(s+1+\mathrm{j}3)}|_{s=1+\mathrm{j}3}=\frac{50}{6}\angle-90^\circ$$

$$C=(s+1+\mathrm{j}3)I_1(s)|_{s=1-\mathrm{j}3}=\frac{50}{6}\angle 90^\circ$$

所以 $$I_1(s)=\frac{10}{s}+\frac{\frac{50}{6}\angle 90^\circ}{s+1-\mathrm{j}3}+\frac{\frac{50}{6}\angle -90^\circ}{s+1+\mathrm{j}3}$$

则 $$i_1(t)=10+\frac{50}{3}\mathrm{e}^{-t}\cos(3t-90^\circ)=(10+\frac{50}{3}\mathrm{e}^{-t}\sin 3t)\ \mathrm{A},\quad t>0$$

例 10-16 电路如图 10-14(a)所示，其电压源为

$$u_{\mathrm{s}}(t)=\begin{cases}10\mathrm{e}^{-200t}\ \mathrm{V}, & 0\leqslant t\leqslant 0.01\ \mathrm{s}\\ 0, & \text{其他}\end{cases}$$

其波形如图 10-14(b)所示。设电路的初始条件均为零，元件参数如图中所示。试用运算法求解电容的端电压 $u_{\mathrm{C}}(t)$。

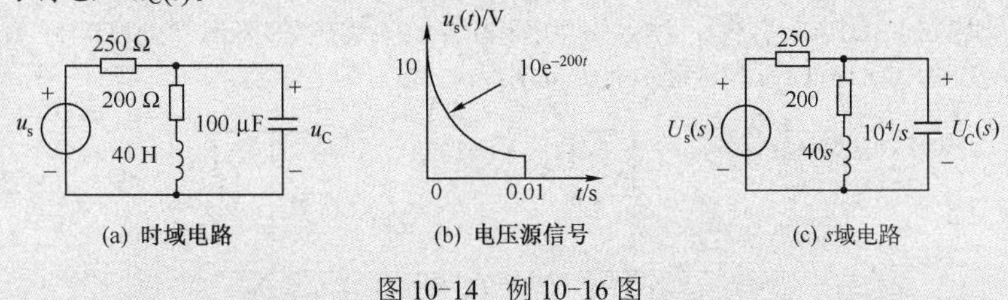

(a) 时域电路 (b) 电压源信号 (c) s域电路

图 10-14 例 10-16 图

解 电压源时域表示式可改写为

$$u_{\mathrm{s}}(t)=10\mathrm{e}^{-200t}[\varepsilon(t)-\varepsilon(t-0.01)]$$

应用时域平移性质，上式两边取拉氏变换，得

$$U_s(s)=\frac{10}{s+200}(1-\mathrm{e}^{-2}\mathrm{e}^{-0.01s})$$

因初始值为零，运算电路如图 10-14(c)所示，结点方程为

$$\frac{U_C(s)-U_s(s)}{250}+\frac{U_C(s)}{200+40s}+\frac{U_C(s)}{10^4/s}=0$$

整理上式，得 $U_C(s)=\frac{200+40s}{s^2+45s+450}\frac{10}{s+200}(1-\mathrm{e}^{-2}\mathrm{e}^{-0.01s})=\frac{2000+400s}{(s+30)(s+15)(s+200)}(1-\mathrm{e}^{-2}\mathrm{e}^{-0.01s})$

$$=\left[\frac{3.92}{s+30}-\frac{1.44}{s+15}-\frac{2.48}{s+200}\right]\left(1-\mathrm{e}^{-2}\mathrm{e}^{-0.01s}\right)$$

所以

$$u_C(t)=\left(3.92\mathrm{e}^{-30t}-1.44\mathrm{e}^{-15t}-2.48\mathrm{e}^{-200t}\right)\varepsilon(t)-$$
$$\mathrm{e}^{-2}\left(3.92\mathrm{e}^{-30(t-0.01)}-1.44\mathrm{e}^{-15(t-0.01)}-2.48\mathrm{e}^{-200(t-0.01)}\right)\varepsilon(t-0.01)\ \mathrm{V}$$

或分段表示为

$$u_C(t)=\begin{cases}3.92\mathrm{e}^{-30t}-1.44\mathrm{e}^{-15t}-2.48\mathrm{e}^{-200t}\ \mathrm{V}, & 0\leqslant t\leqslant 0.01\ \mathrm{s}\\ 3.2\mathrm{e}^{-30t}-1.21\mathrm{e}^{-15t}\ \mathrm{V}, & t>0.01\ \mathrm{s}\end{cases}$$

思考题

T10.4-1 若仅由 RL 和理想电压源串联的电路中，其电压源为周期脉冲函数

$$u_s(t)=\varepsilon(t)-\varepsilon(t-1)+\varepsilon(t-2)-\varepsilon(t-3)+\cdots=\sum_{k=0}^{\infty}(-1)^k\varepsilon(t-k)\ \mathrm{V}$$

设电感 L 中初始电流为零，试求电路中的电流 $i(t)$。

基本练习题

10.4-1 图题 10.4-1 所示电路中的电感原无能量，$t=0$ 时合上开关 S，用运算法分别求电感中的电流 $i_1(t)$ 和 $i_2(t)$ 。

10.4-2 图题 10.4-2(a)所示电路中，$L_1=1\mathrm{H}$，$L_2=4\mathrm{H}$，$M=2\mathrm{H}$，$R_1=R_2=1\ \Omega$，$U_s=1$ V，电感中原无磁场能量。$t=0$ 时合上开关 S，运算法模型如图题 10.4-2(b)。用运算法求 i_1、i_2。

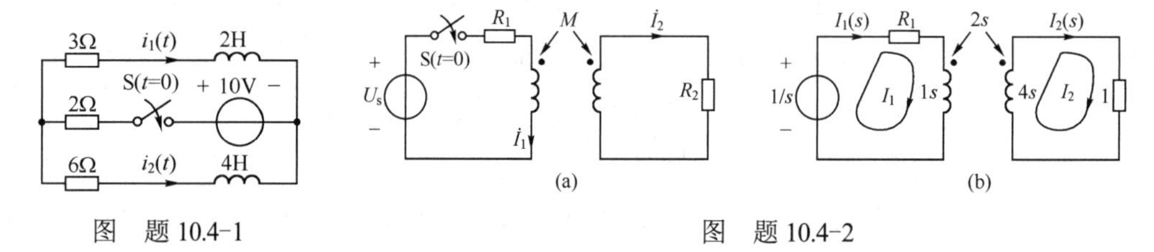

图 题 10.4-1　　　　图 题 10.4-2

10.4-3 图题 10.4-3(a)所示电路中，电容初始电压为零。$t=0$ 时将开关 S 闭合，设电路元件参数为 $U_s=6$ V，$R_1=10\ \Omega$，$R_2=10\ \Omega$，$C=10\ \mu\mathrm{F}$。试用运算法求电压 $u_2(t)$。

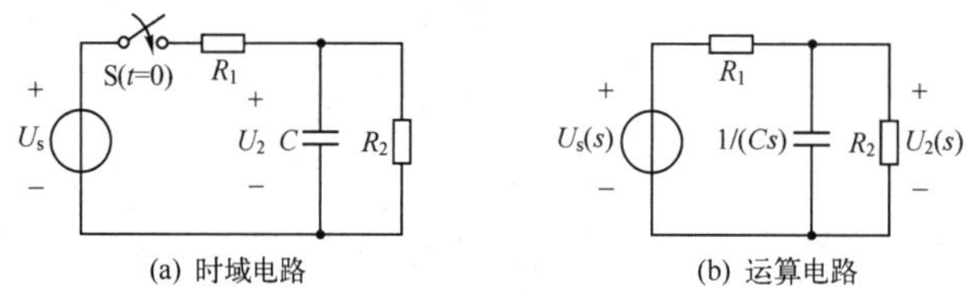

图 题 10.4-3

*10.5 网络函数及零、极点分布对响应的影响

第 9 章讨论电路的频率响应特性时曾引入网络函数的概念。本节讨论 s 域的网络函数与响

应的关系，以及网络函数的零、极点分布对响应的影响。

10.5.1 网络函数与单位冲激响应

在 s 域分析中，网络函数 $H(s)$定义为：电路在单个独立电源激励下，零状态响应的像函数 $R(s)$与激励源的像函数 $E(s)$之比，即

$$H(s)=\frac{R(s)}{E(s)} \tag{10-9}$$

此时，由于动态元件的初始条件为零，运算电路中不存在由初始值产生的附加内电源。因而运算电路与时域电路模型的结构相同。

例 10-17 图 10-15(a)和(b)所示分别为时域电路和对应的零初始条件的运算电路。其中 $E(s)$为激励(输入电压源 $e(t)$)的像函数。设响应 i_2 的像函数为 $I_2(s)$，求 $H(s)=I_2(s)/E(s)$。

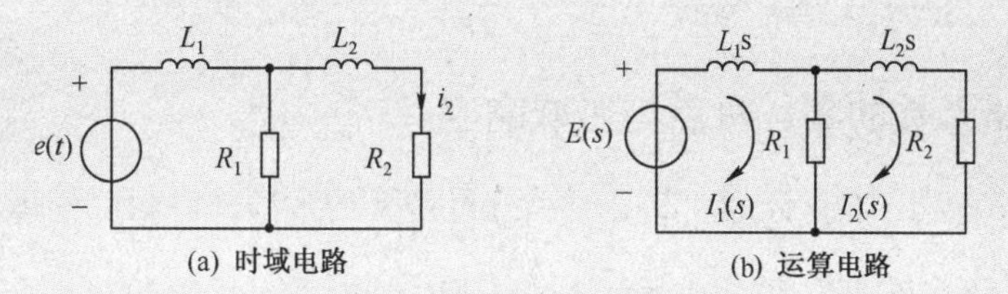

图 10-15 例 10-17 图

解 由图 10-15(b)的运算电路列网孔电流方程为

$$(R_1+L_1s)I_1(s)-R_1I_2(s)=E(s)$$

$$-R_1I_1(s)+(R_1+R_2+L_2s)I_2(s)=0$$

解得

$$H(s)=\frac{I_2(s)}{E(s)}=\frac{R_1}{L_1L_2s^2+(R_1L_1+R_2L_1+R_1L_2)s+R_1R_2}$$

由上面的结果可知，网络函数取决于电路结构和元件参数，反映了电路的固有特性。对于线性时不变动态电路，$H(s)$是 s 的实系数有理分式。

若已知网络函数 $H(s)$和激励 $E(s)$如图 10-16 所示，则零状态响应为

$$R(s)=H(s)E(s) \tag{10-10}$$

当激励为单位冲激函数，即 $e(t)=\delta(t)$或 $E(s)=1$ 时，则 $R(s)=H(s)$，设此时的单位冲激响应为 $r(t)$，常记为 $h(t)$，即有如下关系

$$r(t)=\mathscr{L}^{-1}\left[R(s)\right]=\mathscr{L}^{-1}\left[H(s)\right]=h(t)$$

由此可知，若已知电路的单位冲激响应 $h(t)$，便可得到电路的网络函数 $H(s)$，并可求出任意激励下的零状态响应。

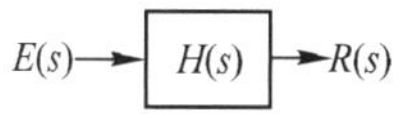

图 10-16 网络函数与响应关系

例 10-18 图 10-17(a)所示电路中，电感、电容原先无储能。L=0.2H，C=0.1F，R_1=6 Ω，R_2=4 Ω。当 $u_s(t)=7e^{-2t}$V 时，求网络函数 $H(s)=I_2(s)/U_s(s)$，R_2 中的电流 $i_2(t)$，及单位冲激响应。

解 运算电路如图 10-17(b)所示，列结点电压方程

$$\begin{cases}\left(\dfrac{1}{0.2s}+\dfrac{1}{6}+\dfrac{1}{4+\dfrac{10}{s}}\right)U(s)=\dfrac{U_s(s)}{0.2s}\\ U(s)=(4+\dfrac{10}{s})I_2(s)\end{cases}$$

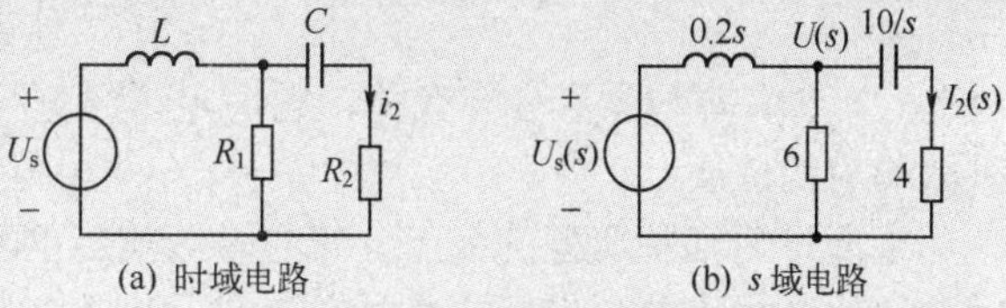

图 10-17 例 10-18 用图

可得
$$\frac{10s^2+130s+300}{6s^2}I_2(s)=\frac{5}{s}U_s(s)$$

$$H(s)=\frac{I_2(s)}{U_s(s)}=\frac{6s}{2s^2+26s+60}=\frac{3s}{s^2+13s+30} \tag{1}$$

$$I_2(s)=H(s)U_s(s)=\frac{3s\cdot\frac{7}{s+2}}{s^2+13s+30}=\frac{21s}{(s+2)(s+10)(s+3)}=\frac{-\frac{21}{4}}{s+2}+\frac{-\frac{15}{4}}{s+10}+\frac{9}{s+3}$$

所以
$$i_2(t)=-\frac{21}{4}\mathrm{e}^{-2t}-\frac{15}{4}\mathrm{e}^{-10t}+9\mathrm{e}^{-3t}\ \mathrm{A}$$

当输入为单位冲激函数时，由式(1)得
$$H(s)=\frac{30/7}{s+10}+\frac{-9/7}{s+3}$$

则单位冲激响应为
$$h(t)=i_2(t)=\left(-\frac{9}{7}\mathrm{e}^{-3t}+\frac{30}{7}\mathrm{e}^{-10t}\right)\varepsilon(t)\mathrm{A}$$

10.5.2 网络函数的零、极点与时域响应

设网络函数 $H(s)$是有理真分式，其分子和分母是 s 的多项式，均可分解为因子积形式，一般可表示为

$$H(s)=\frac{N(s)}{D(s)}=H_0\frac{(s-z_1)(s-z_2)\cdots(s-z_m)}{(s-p_1)(s-p_2)\cdots(s-p_n)} \tag{10-11}$$

式(10-11)中，z_i ($i=1, 2, \cdots, m$)是 $N(s)=0$ 的根，称为 $H(s)$的零点；p_i ($i=1, 2, \cdots, n$)是 $D(s)=0$ 的根，称为 $H(s)$的极点；H_0 为常数。$H(s)$的零、极点可以是实数或复数。将这些零、极点标注在 s 平面内，其中零点用“o”表示，极点用“×”表示，便得到 $H(s)$的零、极点分布图。

例 10-19 已知网络函数 $H(s)=\dfrac{s^2-5s+6}{(s+1)^2(s^2+2s+5)}$，试绘出其零、极点分布图。

解 由
$$N(s)=s^2-5s+6=(s-2)(s-3)=0$$

得两个零点
$$z_1=2,\ z_2=3$$

又由
$$D(s)=(s+1)^2(s^2+2s+5)$$
$$=(s+1)^2(s+1-\mathrm{j}2)(s+1+\mathrm{j}2)=0$$

得四个极点 $p_{1,2}=-1$(二阶)，$p_3=-1+\mathrm{j}2$，$p_4=-1-\mathrm{j}2$

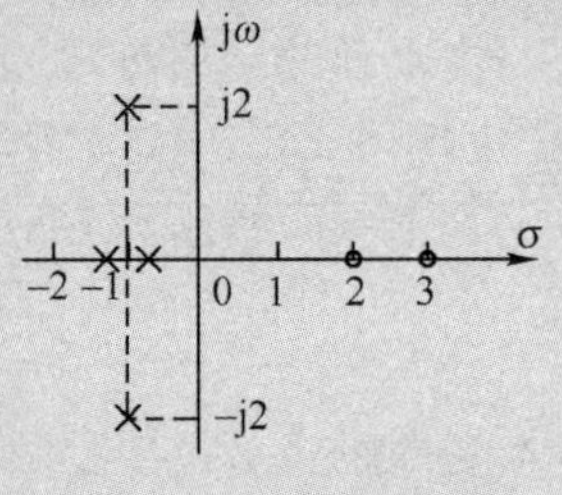

图 10-18 例 10-19 图

此网络函数的零、极点分布如图 10-18 所示，其中在-1 点处为二阶极点。

由于网络函数 $H(s)$与单位冲激响应 $h(t)$构成拉氏变换对，因此，从 $H(s)$的零、极点的分布情况就可以预见冲激响应的时域特性。为便于分析，假设 $H(s)$仅具有一阶极点，经部分分式展开并取反变换，得冲激响应为

$$h(t)=\mathscr{L}^{-1}[H(s)]=\mathscr{L}^{-1}\left[\sum_{i=1}^{n}\frac{k_i}{s-p_i}\right]=\sum_{i=1}^{n}k_i\mathrm{e}^{p_i t}=\sum_{i=1}^{n}h_i(t)$$

由上式可知，k_i 与零点分布有关，它决定了时域响应的幅值；极点 p_i 在 s 平面内的分布决定了时域响应的性质。

下面讨论几种典型的极点分布与时域响应的对应关系。

（1）当极点位于坐标原点时($p_i=0$)，则 $h_i(t)$为阶跃函数；

（2）当极点位于负或正实轴上($p_i<0$ 或 $p_i>0$)，则 $h_i(t)$为衰减的指数函数或增长的指数

函数；

（3）虚轴上的共轭极点（$p_1 = \mathrm{j}\omega$ 和 $p_2 = -\mathrm{j}\omega$ 成对出现），其响应为等幅振荡，此时有

$$\mathscr{L}^{-1}\left[\frac{\omega}{s^2+\omega^2}\right] = \sin\omega t$$

（4）当极点为左半平面内的共轭极点（$p_1 = -\sigma + \mathrm{j}\omega$ 和 $p_2 = -\sigma - \mathrm{j}\omega$ 成对出现，其中 $\sigma > 0$）时，响应为衰减振荡，如

$$\mathscr{L}^{-1}\left[\frac{\omega}{(s+\sigma)^2+\omega^2}\right] = \mathrm{e}^{-\sigma t}\sin\omega t$$

（5）当极点为右半平面内的共轭极点（$p_1 = \sigma + \mathrm{j}\omega$ 和 $p_2 = \sigma - \mathrm{j}\omega$ 成对出现，其中 $\sigma > 0$）时，响应为增幅振荡，如

$$\mathscr{L}^{-1}\left[\frac{\omega}{(s-\sigma)^2+\omega^2}\right] = \mathrm{e}^{\sigma t}\sin\omega t$$

图 10-19 所示为以上讨论的各种情况下的极点分布与冲激响应的关系。

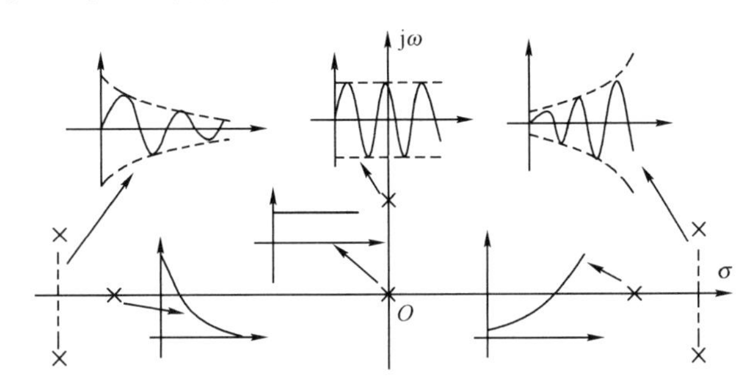

图 10-19　极点分布与冲激响应的关系

若 $H(s)$ 含有多重极点，上述相应的时域响应 $h_i(t)$ 中就要对应乘上 t^r，r 取决于极点的阶次。例如在负实轴上若 $p = -\sigma$ 为 r 阶重极点，$D(s)$ 展开式中就含有 $(s+\sigma)^r$ 项，时域响应 $h(t)$ 中就有对应的函数项 $k_i t^i \mathrm{e}^{-\sigma t}\varepsilon(t)$ $(i = 1, 2, \cdots, r-1)$。

值得注意的是，若 $H(s)$ 在虚轴上（含原点）有二阶或二阶以上的极点，或者 $H(s)$ 在右半平面有任意阶极点时，对应的时域响应均随时间的增长而增大，这种电路是不稳定的。

设网络函数和输入激励分别为

$$H(s) = \frac{N(s)}{D(s)}, \quad E(s) = \frac{P(s)}{Q(s)}$$

令 $D(s)=0$ 可得极点 p_i $(i = 1, 2, \cdots, n)$，令 $Q(s) = 0$ 可得极点 p_j $(j = 1, 2, \cdots, m)$，其中各极点均不相同。由式(10-10)得

$$R(s) = H(s)E(s) = \sum_{i=1}^{n}\frac{k_i}{s-p_i} + \sum_{j=1}^{m}\frac{k_j}{s-p_j} \tag{10-12}$$

对应的时域响应

$$r(t) = \sum_{i=1}^{n} k_i \mathrm{e}^{p_i t} + \sum_{j=1}^{m} k_j \mathrm{e}^{p_j t}$$

上式右边第一项对应于网络函数的极点，响应的形式取决于电路本身的固有特性，称为自由响应（或固有响应），极点 p_i 称为自由频率（或固有频率）；第二项是由激励源的极点形成的，称为强迫响应。系数 k_i 和 k_j 都与 $H(s)$ 和 $E(s)$ 有关。

例 10-20　图 10-20 所示电路中，设 $u_1(t) = (1-\mathrm{e}^{-\alpha t})\,\varepsilon(t)$，$u_2(0) \neq 0$，求全响应 $u_2(t)$。

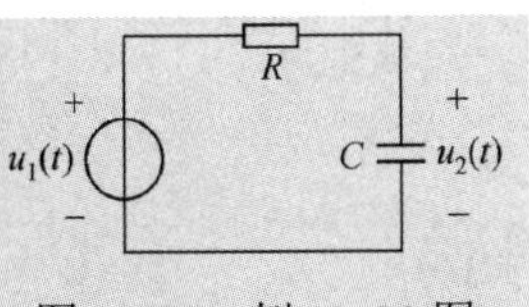

图 10-20　例 10-20 图

解　因为

$$U_1(s) = \mathscr{L}[u_1(t)] = \frac{\alpha}{s(s+\alpha)}$$

$$H(s)=\frac{U_2(s)}{U_1(s)}=\frac{\frac{1}{Cs}}{R+\frac{1}{Cs}}=\frac{\frac{1}{RC}}{s+\frac{1}{RC}}$$

其中固有频率为−1/(*RC*)。

零状态响应为 $U_{2zs}(s)=H(s)U_1(s)=\dfrac{\frac{\alpha}{RC}}{s(s+\alpha)\left(s+\frac{1}{RC}\right)}=\dfrac{1}{s}+\dfrac{\frac{1}{RC\alpha-1}}{s+\alpha}+\dfrac{\frac{\alpha RC}{1-\alpha RC}}{s+\frac{1}{RC}}$

所以 $u_{2zs}(t)=\mathscr{L}^{-1}\left[U_{2\,zs}(s)\right]=\left(1+\dfrac{1}{\alpha RC-1}e^{-\alpha t}+\dfrac{\alpha RC}{1-\alpha RC}e^{-\frac{1}{RC}t}\right),\quad t\geqslant 0$

零输入响应为

$$u_{2zi}(t)=u_2(0)e^{-\frac{1}{RC}t},\ \ t\geqslant 0$$

全响应为 $u_2(t)=u_{2\,zs}(t)+u_{2\,zi}(t)$

$$=\underbrace{\left(1+\frac{1}{\alpha RC-1}e^{-\alpha t}+\frac{\alpha RC}{1-\alpha RC}e^{-\frac{1}{RC}t}\right)}_{\text{零状态响应}}+\underbrace{u_2(0)e^{-\frac{1}{RC}t}}_{\text{零输入响应}}$$

$$=\underbrace{\left(1+\frac{1}{\alpha RC-1}e^{-\alpha t}\right)}_{\text{强迫响应}}+\underbrace{\left[\frac{\alpha RC}{1-\alpha RC}e^{-\frac{1}{RC}t}+u_2(0)e^{-\frac{1}{RC}t}\right]}_{\text{自由响应}}$$

$$=\underbrace{1}_{\text{稳态响应}}+\underbrace{\left[\frac{1}{\alpha RC-1}e^{-\alpha t}+\frac{\alpha RC}{1-\alpha RC}e^{-\frac{1}{RC}t}+u_2(0)e^{-\frac{1}{RC}t}\right]}_{\text{暂态响应}}\quad t\geqslant 0$$

10.5.3 网络函数的零、极点与频率响应

网络函数零点和极点的分布不同，电路的频率响应也不同。

设输入激励源 $e(t)=E_m\sin\omega t$，其像函数 $E(s)=\dfrac{E_m\omega}{s^2+\omega^2}$。由式(10-12)得响应的像函数

$$R(s)=\frac{E_m\omega}{s^2+\omega^2}H(s)=\frac{k_{m1}}{s-j\omega}+\frac{k_{m2}}{s+j\omega}+\sum_{i=1}^{n}\frac{k_i}{s-p_i}$$

上式右边第三项是网络函数 $H(s)$的 n 个极点因子。前两项系数分别为

$$k_{m1}=(s-j\omega)R(s)\big|_{s=j\omega}=\frac{E_m}{j2}H(j\omega)$$

$$k_{m2}=(s+j\omega)R(s)\big|_{s=-j\omega}=\frac{E_m}{-j2}H(-j\omega)$$

时域响应为

$$r(t)=k_{m1}e^{j\omega t}+k_{m2}e^{-j\omega t}+\sum_{i=1}^{n}k_ie^{p_it}$$

对于稳定的电路，其全部极点 p_i 都位于 s 的左半平面，当 $t\to\infty$ 时，上式右边第三项的暂态分量趋于零，则响应的稳态分量为

$$r_s(t)=k_{m1}e^{j\omega t}+k_{m2}e^{-j\omega t}$$
$$=\frac{E_m}{j2}\left|H(j\omega)\right|e^{j\varphi(j\omega)}e^{j\omega t}-\frac{E_m}{j2}\left|H(j\omega)\right|\ e^{-j\varphi(j\omega)}e^{-j\omega t}$$

$$= E_m \left| H(\mathrm{j}\omega) \right| \left\{ \frac{\mathrm{e}^{\mathrm{j}[\omega t + \varphi(\mathrm{j}\omega)]} - \mathrm{e}^{-\mathrm{j}[\omega t + \varphi(\mathrm{j}\omega)]}}{\mathrm{j}2} \right\}$$

$$= E_m \left| H(\mathrm{j}\omega) \right| \sin[\omega t + \varphi(\mathrm{j}\omega)]$$

随着正弦激励源频率的改变，响应的稳态分量的幅度和相位也随之发生改变。由相量法可知，上述稳态分量的幅度和相位关系可表示为

$$R_s(\mathrm{j}\omega) = H(\mathrm{j}\omega)E(\mathrm{j}\omega)$$

上式正是第 9 章所定义的网络函数，从而有如下关系

$$H(s)\big|_{s=\mathrm{j}\omega} = H(\mathrm{j}\omega) = \frac{R_s(\mathrm{j}\omega)}{E(\mathrm{j}\omega)} = \left| H(\mathrm{j}\omega) \right| \angle \varphi(\mathrm{j}\omega)$$

式中，$\left| H(\mathrm{j}\omega) \right|$ 和 $\varphi(\mathrm{j}\omega)$ 均是 ω 的函数，分别称为网络函数的幅频响应(特性)和相频响应(特性)，二者统称为网络函数的频率响应特性。

已知网络函数的零、极点分布就可求出对应的频率响应，并可以绘制频率响应特性曲线。根据式(10-11)，有

$$H(\mathrm{j}\omega) = H_0 \frac{\prod_{i=1}^{m} (\mathrm{j}\omega - z_i)}{\prod_{k=1}^{n} (\mathrm{j}\omega - p_k)}$$

上式中分子和分母的任意因子可用复数表示为

$$(\mathrm{j}\omega - z_i) = M_i \mathrm{e}^{\mathrm{j}\alpha_i}, \quad (\mathrm{j}\omega - p_k) = N_k \mathrm{e}^{\mathrm{j}\theta_k}$$

它们分别表示从零点 z_i 和极点 p_k 指向虚轴上某点 $\mathrm{j}\omega$ 的矢量，如图 10-21 所示。因而

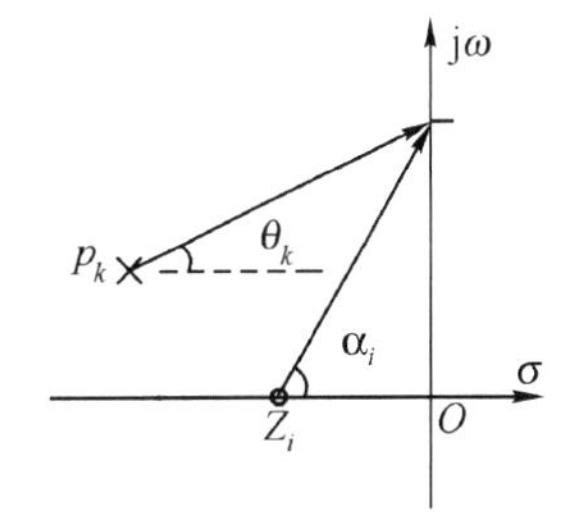

图 10-21　零点和极点矢量图

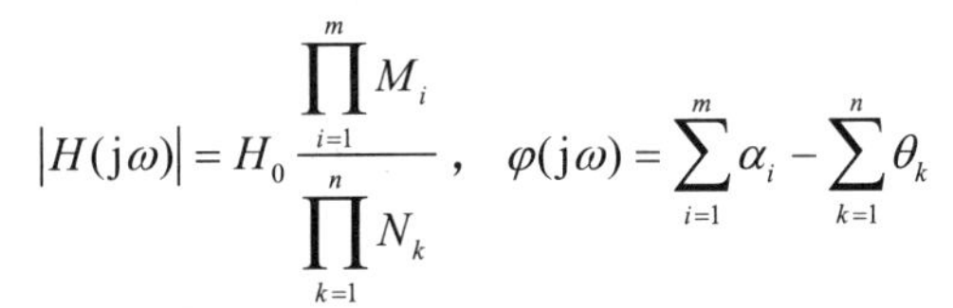

$$\left| H(\mathrm{j}\omega) \right| = H_0 \frac{\prod_{i=1}^{m} M_i}{\prod_{k=1}^{n} N_k}, \quad \varphi(\mathrm{j}\omega) = \sum_{i=1}^{m} \alpha_i - \sum_{k=1}^{n} \theta_k$$

根据各因子的模和角度随 ω 变化的规律，可分别绘出幅频特性曲线和相频特性的曲线。

例 10-21　讨论图 10-22(a)所示 RC 网络的频率响应。

解　由图可得网络函数

$$H(s) = \frac{U_2(s)}{U_1(s)} = \frac{1}{RC} \frac{1}{s + \frac{1}{RC}}$$

$$H(\mathrm{j}\omega) = \frac{1}{RC} \frac{1}{\mathrm{j}\omega + \frac{1}{RC}} = H_0 \frac{1}{N\mathrm{e}^{\mathrm{j}\theta}}$$

从极点 $p = -1/(RC)$ 指向虚轴的矢量如图 10-22(b)所示，并有

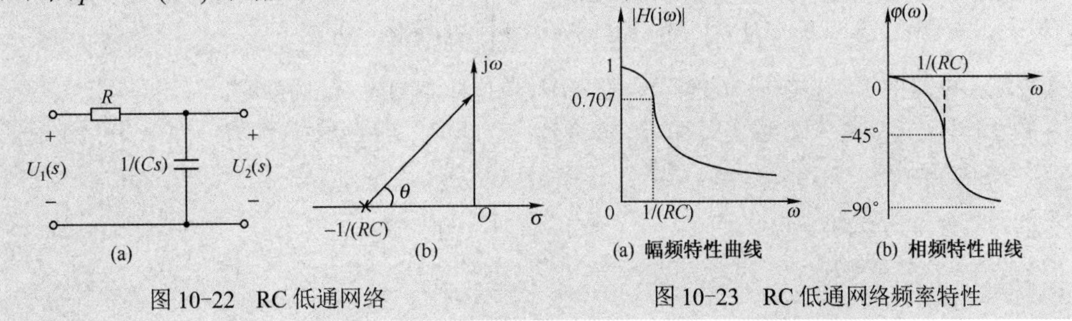

图 10-22　RC 低通网络　　　　图 10-23　RC 低通网络频率特性

$$H_0=\frac{1}{RC}\text{，}N=\sqrt{\omega^2+\left(\frac{1}{RC}\right)^2}\text{，}\theta=\arctan(\omega RC)$$

幅频响应 $$|H(\mathrm{j}\omega)|=H_0\frac{1}{N}=\frac{1}{RC}\frac{1}{\sqrt{\omega^2+(1/RC)^2}}=\frac{1}{\sqrt{(\omega RC)^2+1}}$$

相频响应 $$\varphi(\mathrm{j}\omega)=-\theta=-\arctan(\omega RC)$$

由此绘出幅频响应特性曲线和相频响应特性曲线如图 10-23 所示。不难看出这是一个低通滤波网络，当 $\omega=\frac{1}{RC}=\omega_{\mathrm{c}}$ 时称为截止频率，此时

$$|H(\mathrm{j}\omega_{\mathrm{c}})|=1/\sqrt{2}=0.707,\ \varphi(\mathrm{j}\omega_{\mathrm{c}})=-45^\circ$$

由于输出电压的相位总是滞后于输入电压的相位，此电路为滞后网络。

10.5.4 卷积

卷积积分，简称卷积，是重要的数学工具。它不仅在电路分析中，而且在系统辨识、超声诊断及地震勘测等信号处理领域都有着广泛的应用。从数学上讲，对于定义在$(-\infty,\infty)$区间内的任意两个时间函数$f_1(t)$和$f_2(t)$，其积分

$$\int_{-\infty}^{\infty}f_1(\tau)f_2(t-\tau)\mathrm{d}\tau$$

称为$f_1(t)$和$f_2(t)$的卷积，常用符号表示为

$$f_1(t)*f_2(t)=\int_{-\infty}^{\infty}f_1(\tau)f_2(t-\tau)\mathrm{d}\tau$$

卷积运算的结果为一新的时间函数。考虑到实际应用中，函数 $f_1(t)$和 $f_2(t)$均为有始信号，即 $f_1(t)=f_1(t)\varepsilon(t),\ f_2(t)=f_2(t)\varepsilon(t)$，因而上式的积分常定义为

$$f_1(t)*f_2(t)=\int_{0_-}^{\infty}f_1(\tau)\varepsilon(\tau)f_2(t-\tau)\varepsilon(t-\tau)\mathrm{d}\tau \tag{10-13}$$

对上式两边取拉氏变换得

$$\mathscr{L}[f_1(t)*f_2(t)]=F_1(s)F_2(s)$$

上式的证明留给读者完成，其中 $F_1(s)$和 $F_2(s)$分别是$f_1(t)$和$f_2(t)$的像函数。将上式称为拉氏变换的卷积定理。这表明时域中两个原函数卷积的拉氏变换，等于对应两个像函数的乘积。由式(10-13)通过变量置换可知

$$f_1(t)*f_2(t)=\int_{0_-}^{\infty}f_2(\tau)f_1(t-\tau)\mathrm{d}\tau=f_2(t)*f_1(t)$$

$$\mathscr{L}[f_1(t)*f_2(t)]=\mathscr{L}[f_2(t)*f_1(t)]=F_2(s)F_1(s)$$

因为 $$R(s)=H(s)E(s)$$

所以 $$r(t)=\int_{0_-}^{\infty}h(\tau)e(t-\tau)\mathrm{d}\tau=\int_{0_-}^{\infty}e(\tau)h(t-\tau)\mathrm{d}\tau$$

此式表明，电路的零状态响应 $r(t)$等于激励 $e(t)$与单位冲激响应 $h(t)$的卷积。

例 10-22 已知某网络的单位冲击响应 $h(t)=\mathrm{e}^{-t}\varepsilon(t)$，若激励 $e(t)=\varepsilon(t)-\varepsilon(t-3)$，求它的零状态响应 $r(t)$。

解 该网络函数为 $$H(s)=\mathscr{L}[h(t)]=\frac{1}{s+1}$$

激励的像函数 $$E(s)=\mathscr{L}[e(t)]=\frac{1}{s}(1-\mathrm{e}^{-3s})$$

零状态响应的像函数为 $R(s)=H(s)E(s)=\dfrac{1}{s+1}\dfrac{1}{s}(1-e^{-3s})=\left(\dfrac{1}{s}-\dfrac{1}{s+1}\right)(1-e^{-3s})$

所以，零状态响应为 $r(t)=(1-e^{-t})\varepsilon(t)-[1-e^{-(t-3)}]\varepsilon(t-3)$

或分段表示为 $r(t)=\begin{cases}1-e^{-t}, & 0\leqslant t\leqslant 3\\(e^{3}-1)e^{-t}, & 3\leqslant t\end{cases}$

思考题

*T10.5-1　已知某网络函数的零点和极点分别为：$z=-1$，$p_1=-2$，$p_2=-3$，且 $H(0)=1$，试求该系统的网络函数。

*T10.5-2　设网络函数的零点和极点分别为 $z=0$，$p=-2$，试定性绘出该网络函数的频率特性曲线。

*T10.5-3　讨论在初始状态不为零时，如何应用卷积求电路在某激励源作用下的全响应？

基本练习题

*10.5-1　已知某电路的单位冲激响应 $h(t)=3e^{-2t}\varepsilon(t)$，输入 $e(t)=\varepsilon(t)$，求零状态响应 $r(t)$。

*10.5-2　分别求相应的网络函数的极点。其中设网络的冲激响应分别为：

（1）$h(t)=\delta(t)+\dfrac{3}{5}e^{-t}$；（2）$h(t)=e^{-\alpha t}\sin(\omega t+\theta)$；（3）$h(t)=\dfrac{3}{5}e^{-t}-\dfrac{7}{9}te^{-3t}+3t$。

*10.5-3　已知输入为单位冲激函数 $\delta(t)$ 时的零状态响应为 $h(t)=5e^{-4t}$，现输入 $e(t)=2(\varepsilon(t)-\varepsilon(t-1))$，试用卷积定理其求零状态响应 $r(t)$。

*10.5-4　某网络函数 $H(s)=\dfrac{2s^2+6s+6}{(s+2)(s^2+2s+2)}$，请画出零、极点分布，并求其单位冲激响应 $h(t)$。

△10.6　应　　用

实际工程中，只有稳定的系统才能正常运行。系统不稳定可能会导致系统设备的损坏。稳定的系统要求 $H(s)$的极点在左半 s 平面，也就是要求极点的实部为负。对高阶系统进行分析时，要算出全部极点是很困难的。罗斯判据提供了一种不必求解方程，就能判断极点的实部为正或为负的方法。下面简要介绍罗斯判据的基本内容。

设系统函数的分母 $D(s)=a_ns^n+a_{n-1}s^{n-1}+\cdots+a_1s+a_0=0$

罗斯判据指出，在该方程的系数都不为零，且符号相同时，若按如下规则排列的罗斯阵列中，第一列元素无符号的变化，则系统是稳定的；反之，系统是不稳定的。其元素符号改变的次数就是位于 s 右半平面的根的个数。

罗斯阵列为

$$\begin{array}{lllll}
\text{第 1 行} & a_n & a_{n-2} & a_{n-4} & \cdots\\
\text{第 2 行} & a_{n-1} & a_{n-3} & a_{n-5} & \cdots\\
\text{第 3 行} & c_{n-1} & c_{n-3} & c_{n-5} & \cdots\\
\text{第 4 行} & d_{n-1} & d_{n-3} & d_{n-5} & \cdots\\
\vdots & & & &
\end{array}$$

其中第 1、2 行的元素可由 $D(s)$ 的系数得到，第 3、4 行及以后各行系数的计算规则如下：

$$c_{n-1}=-\frac{1}{a_{n-1}}\begin{vmatrix}a_n & a_{n-2}\\a_{n-1} & a_{n-3}\end{vmatrix},\quad c_{n-3}=-\frac{1}{a_{n-1}}\begin{vmatrix}a_n & a_{n-4}\\a_{n-1} & a_{n-5}\end{vmatrix},\ \cdots$$

$$d_{n-1}=-\frac{1}{c_{n-1}}\begin{vmatrix}a_{n-1} & a_{n-3}\\ c_{n-1} & c_{n-3}\end{vmatrix},\quad d_{n-3}=-\frac{1}{c_{n-1}}\begin{vmatrix}a_{n-1} & a_{n-5}\\ c_{n-1} & c_{n-5}\end{vmatrix},\quad \cdots$$

依次可求出全部元素。对 n 阶系统，罗斯阵列有 n+1 行，最后两行都是只有一个元素。

例 10-23 某系统函数的分母为

$$D(s)=s^4+s^3+3s^2+s+4$$

试判断系统的稳定性。

解 全部系数均为正值，罗斯阵列为

第 1 行	1	3	4
第 2 行	1	1	0
第 3 行	$-\frac{1}{1}\begin{vmatrix}1 & 3\\ 1 & 1\end{vmatrix}=2$	$-\frac{1}{1}\begin{vmatrix}1 & 4\\ 1 & 0\end{vmatrix}=4$	
第 4 行	$-\frac{1}{2}\begin{vmatrix}1 & 1\\ 2 & 4\end{vmatrix}=-1$	$-\frac{1}{2}\begin{vmatrix}1 & 0\\ 2 & 0\end{vmatrix}=0$	
第 5 章	$-\frac{1}{-1}\begin{vmatrix}2 & 4\\ -1 & 0\end{vmatrix}=4$	0	

由此可知，第 1 列元素的符号变化了两次（2→ −1→ 4)，该系统有两个极点位于右半 s 平面，因而系统是不稳定的。

本 章 小 结

本章采用运算法来分析动态电路，即将电路元件模型从时域变换到 s 域，建立运算电路模型然后采用电路分析方法进行求解，最后将结果由 s 域逆变换到时域。当然也可以对微分方程直接进行拉普拉斯变换然后求解。本章研究了反映系统特性的网络函数，给出了输出响应与系统本身零、极点分布的关系。

难点提示: 拉普拉斯变换法是求解微分方程的有效途径，掌握拉普拉斯反变换的部分分式展开法，从而最终可获得时间域的解；在运算电路模型基础上，灵活应用电路分析方法及定理进行动态电路分析求解。

名 人 轶 事

拉普拉斯(Pierre-Simon Laplace，1749.3.23－1827.3.5)是法国分析学家、概率论学家和物理学家，法国科学院院士。是天体力学的主要奠基人、天体演化学的创立者之一，他还是分析概率论的创始人，应用数学的先驱。拉普拉斯在研究天体问题的过程中，创造和发展了许多数学的方法，以他的名字命名的拉普拉斯变换、拉普拉斯定理和拉普拉斯方程，在科学技术的多个领域有着广泛的应用。

综合练习题

10-1 图题 10-1(a)所示双电感(无互感)电路中，两电感初始能量为零。图(b)为在 t=0 时合上开关 S

后的运算模型，试用结点法求 $i(t)$，判断其属于二阶电路的响应还是一阶电路的响应。

10−2　图题 10−2 电路已稳定，在 $t=0$ 时刻，开关 S 断开。试用运算法，求 $t>0$ 后，电路中电感的电流 $i_L(t)$。

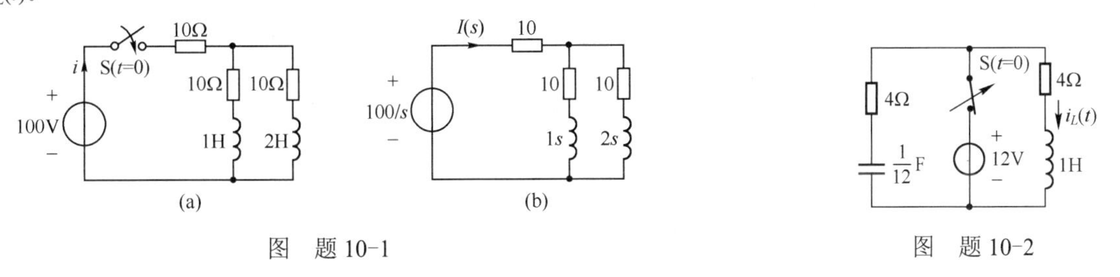

图　题 10−1　　　　图　题 10−2

10−3　某时不变线性网络的初始状态一定，其零输入响应为 e^{-2t}，单位冲激响应为 $h(t)=e^{-5t}\varepsilon(t)$，试求激励 $u_S=2\varepsilon(t)-4\varepsilon(t-2)+2\varepsilon(t-3)$ 时的全响应 $r(t)$。

10−4　设图题 10−4(a)所示网络，其激励 $u_s(t)$ 的波形如图题 10−4(b)所示，响应为 $u_o(t)$。试求该系统的单位冲激响应 $h(t)$(零状态时)，并求描述该网络的微分方程。

*10−5　图题 10−5 所示电路中，N 为线性无独立源、零初始状态的动态网络，当输入 $u_1(t)=\varepsilon(t)$ V 时，输出 $u_2(t)$的稳态值为零；当 $u_1(t)=\delta(t)$ 时，$u_2(t)=(A_1e^{-2t}+A_2e^{-t})\varepsilon(t)$ V，且 $u_2(0_+)=3$ V。试求：

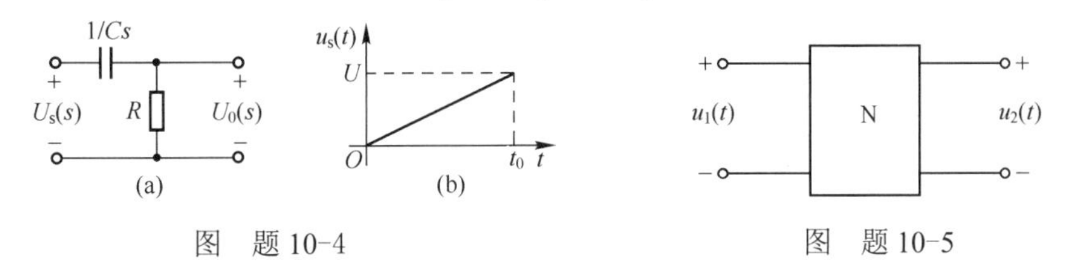

图　题 10−4　　　　图　题 10−5

(1) 动态网络的传递函数 $H(s)=\dfrac{U_2(s)}{U_1(s)}$；

(2) 当 $u_1(t)=e^{-3t}\varepsilon(t)$V 时，$u_2(t)$ 的表达式。

*10−6　对动态电路进行计算分析时，可以采用两种方法：先列微分方程再拉氏变换的方法；直接采用运算法，请比较两种方法的优势。

*10−7　如何通过系统的网络函数来预估时域响应的部分特征？除此之外响应还受什么因素制约？

第 11 章　二端口网络及多端元件

【内容提要】

二端口网络是基本的电路形式。二端口网络可连接激励源与负载，完成对信号的放大、变换及匹配等功能，是非常重要的电路形式之一，在实际应用中具有极其重要的作用。二端口网络对外部电路的特性表现在端口的电压、电流关系上。本章讨论表征二端口网络端口电压、电流关系的网络参数与方程，端口接信号源和负载时电路的分析，以及二端口网络的连接等。并对典型的多端元件运算放大器及由其所构成的典型功能电路进行分析。拓展应用中，介绍了一种误差补偿型积分电路。

11.1　二端口网络

集成化器件和电路在电气、电子和计算机领域得到了广泛应用。集成器件对外部而言体现了多端口的特性，其中二端口网络是其最基本的电路形式。在复杂电路或集成电路分析中，如果只关注信号的输入、输出关系，也可以将中间电路部分视为二端口网络建立端口伏安关系方程。二端口网络是电路分析中基本的形式之一。

二端口网络如图 11-1(a)所示，它有两个端口，端口电流满足

$$i_1 = i_1', i_2 = i_2' \tag{11-1}$$

二端口网络不同于一般的四端网络。图 11-1(b)所示的四端网络中，其 4 个端电流满足

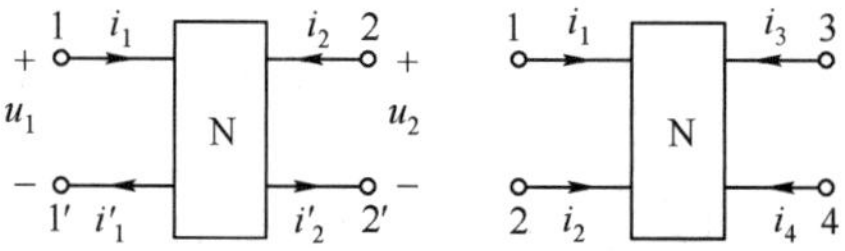

(a) 二端口网络　　(b) 四端网络

图 11-1　二端口网络与四端网络

$$i_1 + i_2 + i_3 + i_4 = 0$$

它不一定满足式(11-1)。即二端口网络一定是四端网络，但四端网络不一定是二端口网络。把满足式(11-1)的四端网络称为二端口网络，又称为双口网络。

二端口网络可由 4 个电路变量描述网络端口特性，它们是 11′ 端口的电压 u_1 和电流 i_1，22′ 端口的电压 u_2 和电流 i_2。在描述二端口网络端口特性时，可任意选择其中 2 个作为自变量，另外 2 个作为因变量，故二端口网络可有 6 种不同的基本描述方式，相对应地有 6 组基本方程及 6 种基本参数。

本节研究由线性电阻、电容、电感、互感及受控源组成的，且不含独立源及非零初始条件的线性定常二端口网络。

11.1.1　网络参数与方程

不失一般性，采用正弦稳态电路相量法分析二端口网络。

1. *Z* 参数

如图 11-2 所示的二端口网络中，给网络的 2 个端口分别施加电流源 $\dot{I}_1$、$\dot{I}_2$，则由叠加定理可得到网络端口电压

$$\begin{cases}\dot{U}_1 = z_{11}\dot{I}_1 + z_{12}\dot{I}_2 \\ \dot{U}_2 = z_{21}\dot{I}_1 + z_{22}\dot{I}_2\end{cases} \tag{11-2}$$

式中 $z_{11} = \left.\dfrac{\dot{U}_1}{\dot{I}_1}\right|_{\dot{I}_2=0}$，称为 22′ 端开路时 11′ 端的策动点阻抗；

$z_{12} = \left.\dfrac{\dot{U}_1}{\dot{I}_2}\right|_{\dot{I}_1=0}$，称为 11′ 端开路时的反向转移阻抗；

$z_{21} = \left.\dfrac{\dot{U}_2}{\dot{I}_1}\right|_{\dot{I}_2=0}$，称为 22′ 端开路时的正向转移阻抗；

$z_{22} = \left.\dfrac{\dot{U}_2}{\dot{I}_2}\right|_{\dot{I}_1=0}$，称为 11′ 端开路时 22′ 端的策动点阻抗。

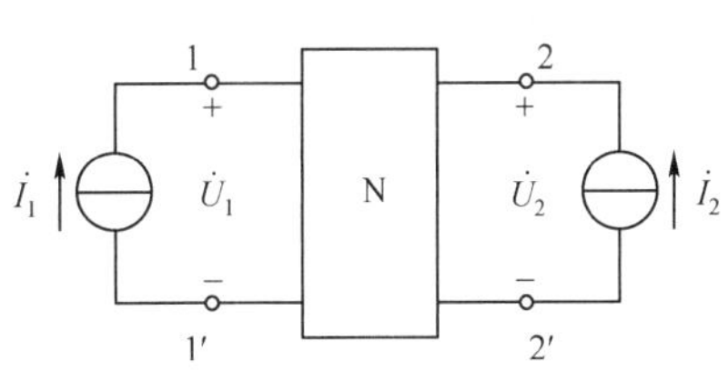

图 11-2　Z 参数二端口网络

式(11-2)称为二端口网络的 Z 参数方程；z_{11}、z_{12}、z_{21} 和 z_{22} 称为二端口网络的 Z 参数。由于 Z 参数具有阻抗的量纲，且是在网络有一端开路的情况下得到的，故又称为开路阻抗参数。式(11-2)可写成矩阵形式

$$\begin{bmatrix}\dot{U}_1 \\ \dot{U}_2\end{bmatrix} = \begin{bmatrix}z_{11} & z_{12} \\ z_{21} & z_{22}\end{bmatrix}\begin{bmatrix}\dot{I}_1 \\ \dot{I}_2\end{bmatrix} = \boldsymbol{Z}\begin{bmatrix}\dot{I}_1 \\ \dot{I}_2\end{bmatrix}$$

式中

$$\boldsymbol{Z} = \begin{bmatrix}z_{11} & z_{12} \\ z_{21} & z_{22}\end{bmatrix}$$

称为二端口网络的 Z 参数矩阵，或开路阻抗矩阵。

例 11-1　如图 11-3 的二端口网络又称为 T 形电路，求其 Z 参数。

解　按定义可求得该网络的 Z 参数

$$z_{11} = \left.\frac{\dot{U}_1}{\dot{I}_1}\right|_{\dot{I}_2=0} = R + \frac{1}{\mathrm{j}\omega C},\quad z_{12} = \left.\frac{\dot{U}_1}{\dot{I}_2}\right|_{\dot{I}_1=0} = \frac{1}{\mathrm{j}\omega C}$$

$$z_{21} = \left.\frac{\dot{U}_2}{\dot{I}_1}\right|_{\dot{I}_2=0} = \frac{1}{\mathrm{j}\omega C},\quad z_{22} = \left.\frac{\dot{U}_2}{\dot{I}_2}\right|_{\dot{I}_1=0} = \mathrm{j}\omega L + \frac{1}{\mathrm{j}\omega C}$$

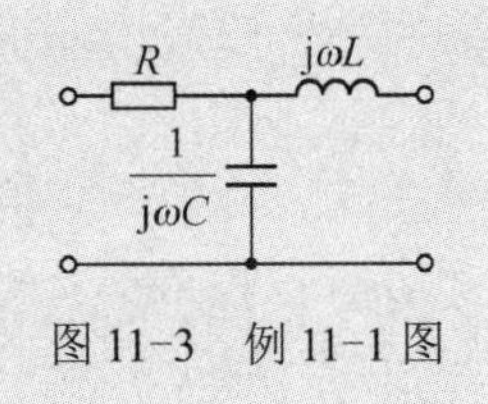

图 11-3　例 11-1 图

该二端口网络有 $z_{12} = z_{21}$。

例 11-2　求图 11-4 所示二端口网络的 Z 参数，已知 $\mu = 1/60$。

解　含受控源二端口求参数的方法与无源二端口类似。

根据 KVL 列写参数方程，取结点①电压为 $\dot{U}_3$。有

$$\begin{cases}\dot{U}_1 = 10\dot{I}_1 + \dot{U}_3 \\ \dot{U}_2 = 30\left(\dot{I}_2 - \dfrac{\dot{U}_2 - \dot{U}_3}{30}\right)\end{cases}$$

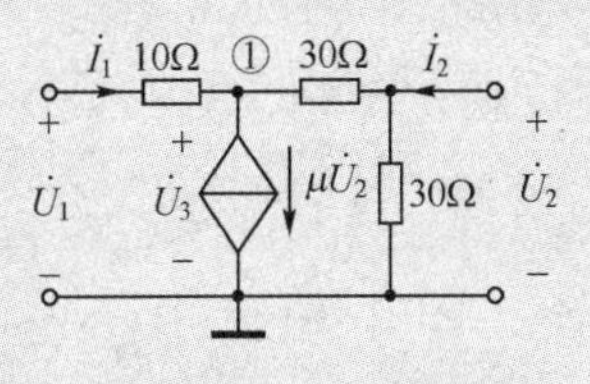

图 11-4　例 11-2 图

在结点①处列结点方程

$$\left(\frac{1}{10} + \frac{1}{30}\right)\dot{U}_3 - \frac{1}{10}\dot{U}_1 - \frac{1}{30}\dot{U}_2 = -\frac{1}{60}\dot{U}_2$$

联立求解，消去 $\dot{U}_3$，得 Z 参数方程

$$\begin{cases}\dot{U}_1 = 50\dot{I}_1 + 10\dot{I}_2 \\ \dot{U}_2 = 20\dot{I}_1 + 20\dot{I}_2\end{cases}$$

与式(11-2)比较，得 $$Z=\begin{bmatrix}50 & 10\\20 & 20\end{bmatrix}\Omega$$

例 11-2 的二端口网络中，$z_{12}\neq z_{21}$。一般当电路中含有受控源时，$z_{12}\neq z_{21}$。

2．*Y* 参数

如图 11-5 所示二端口网络中，若给网络的 2 个端口施加电压源$\dot{U}_1$、$\dot{U}_2$，则由叠加定理可得到网络端口电流

$$\begin{cases}\dot{I}_1 = y_{11}\dot{U}_1 + y_{12}\dot{U}_2\\ \dot{I}_2 = y_{21}\dot{U}_1 + y_{22}\dot{U}_2\end{cases} \tag{11-3}$$

式中 $y_{11}=\left.\dfrac{\dot{I}_1}{\dot{U}_1}\right|_{\dot{U}_2=0}$，称为 22′ 端短路时 11′端的策动点导纳；

$y_{12}=\left.\dfrac{\dot{I}_1}{\dot{U}_2}\right|_{\dot{U}_1=0}$，称为 11′ 端短路时的反向转移导纳；

$y_{21}=\left.\dfrac{\dot{I}_2}{\dot{U}_1}\right|_{\dot{U}_2=0}$，称为 22′ 端短路时的正向转移导纳；

$y_{22}=\left.\dfrac{\dot{I}_2}{\dot{U}_2}\right|_{\dot{U}_1=0}$，称 11′ 端短路时 22′ 端的策动点导纳。

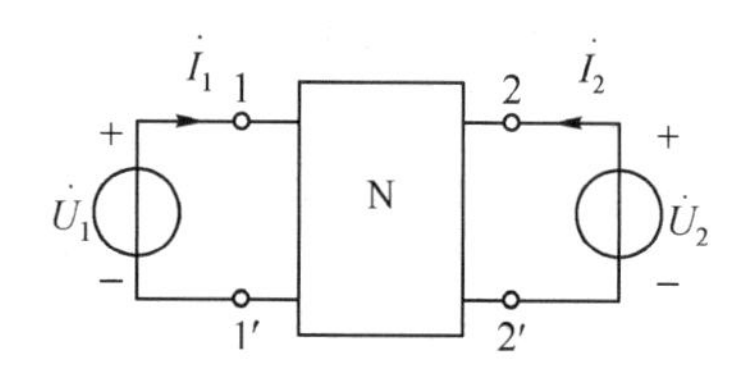

图 11-5　*Y* 参数二端口网络

式(11-3)称为二端口网络的 *Y* 参数方程；y_{11}、y_{12}、y_{21} 和 y_{22} 称为二端口网络的 *Y* 参数。由于 *Y* 参数具有导纳的量纲，且是在网络有一端短路的情况下得到的，故又称为短路导纳参数。式(11-3)可写成矩阵形式

$$\begin{bmatrix}\dot{I}_1\\ \dot{I}_2\end{bmatrix}=\begin{bmatrix}y_{11} & y_{12}\\ y_{21} & y_{22}\end{bmatrix}\begin{bmatrix}\dot{U}_1\\ \dot{U}_2\end{bmatrix}=\boldsymbol{Y}\begin{bmatrix}\dot{U}_1\\ \dot{U}_2\end{bmatrix}$$

式中，$\boldsymbol{Y}=\begin{bmatrix}y_{11} & y_{12}\\ y_{21} & y_{22}\end{bmatrix}$，称为二端口网络的 *Y* 参数矩阵，或短路导纳矩阵。

例 11-3　图 11-6 所示的二端口网络又称为 Π 形电路，求其 *Y* 参数。

解　按定义可求得该网络的 *Y* 参数

$$y_{11}=\left.\frac{\dot{I}_1}{\dot{U}_1}\right|_{\dot{U}_2=0}=\frac{1}{R}+\mathrm{j}\omega C,\qquad y_{12}=\left.\frac{\dot{I}_1}{\dot{U}_2}\right|_{\dot{U}_1=0}=-\mathrm{j}\omega C$$

$$y_{21}=\left.\frac{\dot{I}_2}{\dot{U}_1}\right|_{\dot{U}_2=0}=-\mathrm{j}\omega C,\qquad y_{22}=\left.\frac{\dot{I}_2}{\dot{U}_2}\right|_{\dot{U}_1=0}=\mathrm{j}\omega C+\frac{1}{\mathrm{j}\omega L}$$

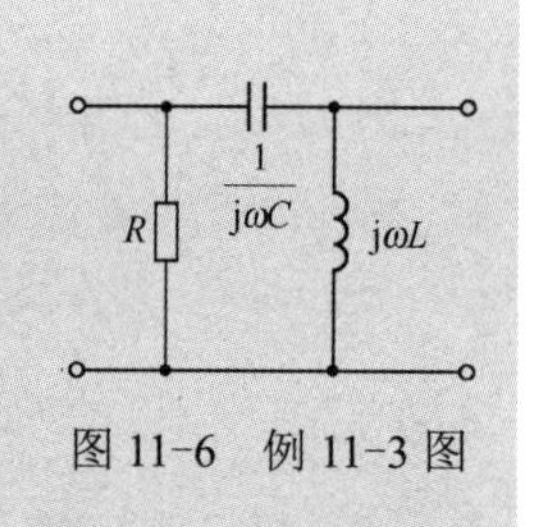

图 11-6　例 11-3 图

该二端口网络有：$y_{12}=y_{21}$。

例 11-4　求如图 11-7 所示耦合电感的 *Z* 参数矩阵、*Y* 参数矩阵。

解　由耦合电感的伏安关系：
$$\begin{cases}\dot{U}_1=\mathrm{j}\omega L_1\dot{I}_1+\mathrm{j}\omega M\dot{I}_2\\ \dot{U}_2=\mathrm{j}\omega M\dot{I}_1+\mathrm{j}\omega L_2\dot{I}_2\end{cases}$$

可得 *Z* 参数矩阵 $$\boldsymbol{Z}=\begin{bmatrix}\mathrm{j}\omega L_1 & \mathrm{j}\omega M\\ \mathrm{j}\omega M & \mathrm{j}\omega L_2\end{bmatrix}$$

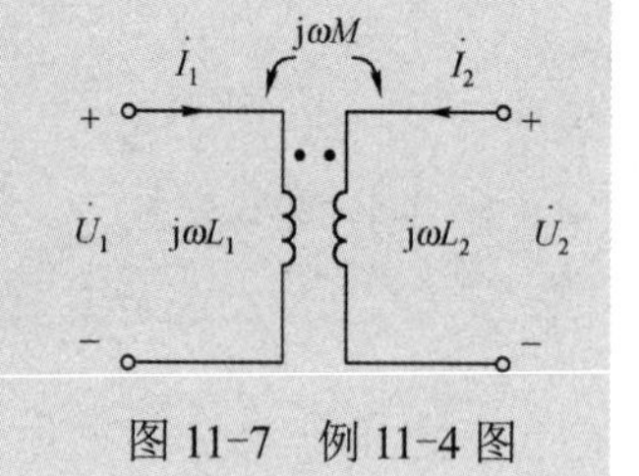

图 11-7　例 11-4 图

以$\dot{U}_1$、$\dot{U}_2$为自变量，得

$$\begin{cases} \dot{I}_1 = \dfrac{\mathrm{j}L_2}{\omega(M^2 - L_1L_2)}\dot{U}_1 - \dfrac{\mathrm{j}M}{\omega(M^2 - L_1L_2)}\dot{U}_2 \\ \dot{I}_2 = -\dfrac{\mathrm{j}M}{\omega(M^2 - L_1L_2)}\dot{U}_1 + \dfrac{\mathrm{j}L_1}{\omega(M^2 - L_1L_2)}\dot{U}_2 \end{cases}$$

则其Y参数矩阵

$$\boldsymbol{Y} = \begin{bmatrix} \dfrac{\mathrm{j}L_2}{\omega(M^2 - L_1L_2)} & -\dfrac{\mathrm{j}M}{\omega(M^2 - L_1L_2)} \\ -\dfrac{\mathrm{j}M}{\omega(M^2 - L_1L_2)} & \dfrac{\mathrm{j}L_1}{\omega(M^2 - L_1L_2)} \end{bmatrix}$$

对于不含独立源的线性定常二端口网络而言，其Y参数矩阵和Z参数矩阵互为逆矩阵。即$\boldsymbol{YZ} = \mathbf{1}$或$\boldsymbol{Y} = \boldsymbol{Z}^{-1}$。

3．*H*参数

如图11-8所示二端口网络，若给网络的11′端口施加电流源$\dot{I}_1$，给22′端口施加电压源$\dot{U}_2$，则由叠加定理可得到网络11′端口的电压$\dot{U}_1$和22′端口的电流$\dot{I}_2$，即

$$\begin{cases} \dot{U}_1 = h_{11}\dot{I}_1 + h_{12}\dot{U}_2 \\ \dot{I}_2 = h_{21}\dot{I}_1 + h_{22}\dot{U}_2 \end{cases} \tag{11-4}$$

式中　$h_{11} = \left.\dfrac{\dot{U}_1}{\dot{I}_1}\right|_{\dot{U}_2=0}$，称为22′端短路时11′端的策动点阻抗；

$h_{12} = \left.\dfrac{\dot{U}_1}{\dot{U}_2}\right|_{\dot{I}_1=0}$，称为11′端开路时的反向电压传输函数；

$h_{21} = \left.\dfrac{\dot{I}_2}{\dot{I}_1}\right|_{\dot{U}_2=0}$，称为22′端短路时的正向电流传输函数；

$h_{22} = \left.\dfrac{\dot{I}_2}{\dot{U}_2}\right|_{\dot{I}_1=0}$，称为11′端开路时22′端的策动点导纳。

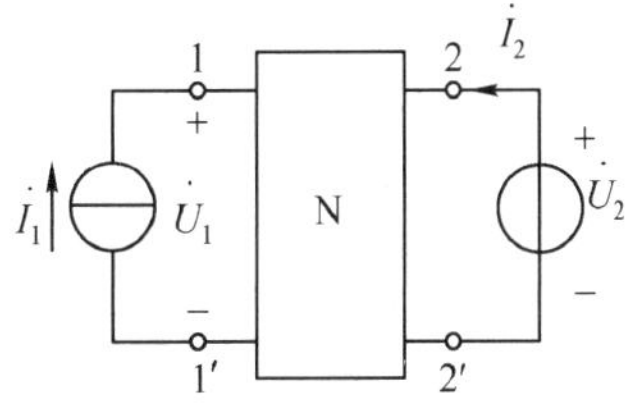

图11-8　*H*参数二端口网络

式(11-4)称为二端口网络的H参数方程；h_{11}、h_{12}、h_{21}和h_{22}称为二端口网络的H参数。由于H参数既有阻抗、导纳，又有电流比、电压比，故又称为混合参数。

式(11-4)可写成矩阵形式

$$\begin{bmatrix} \dot{U}_1 \\ \dot{I}_2 \end{bmatrix} = \begin{bmatrix} h_{11} & h_{12} \\ h_{21} & h_{22} \end{bmatrix} \begin{bmatrix} \dot{I}_1 \\ \dot{U}_2 \end{bmatrix} = \boldsymbol{H} \begin{bmatrix} \dot{I}_1 \\ \dot{U}_2 \end{bmatrix}$$

式中$\boldsymbol{H} = \begin{bmatrix} h_{11} & h_{12} \\ h_{21} & h_{22} \end{bmatrix}$，称为二端口网络的$H$参数矩阵，或混合参数矩阵。

若将式(11-4)的自变量与因变量互换，可得到以$\dot{U}_1$、$\dot{I}_2$为自变量，$\dot{I}_1$、$\dot{U}_2$为因变量的另一种形式的H'混合参数方程。读者可自行推导。

4．*T*参数

以上所描述的二端口网络参数中，其自变量分别取自不同的端口，因变量也相应地分别在不同的端口上。当两个自变量同时取自二端口网络的22′端口，因变量则同时在网络的11′端口时，可得到二端口网络的传输参数方程

$$\begin{cases} \dot{U}_1 = A\dot{U}_2 + B(-\dot{I}_2) \\ \dot{I}_1 = C\dot{U}_2 + D(-\dot{I}_2) \end{cases} \tag{11-5}$$

式中 $A = \left.\dfrac{\dot{U}_1}{\dot{U}_2}\right|_{\dot{I}_2=0}$ ，称为 22′ 端开路时的反向电压传输函数；

$B = \left.\dfrac{\dot{U}_1}{-\dot{I}_2}\right|_{\dot{U}_2=0}$ ，称为 22′ 端短路时的转移阻抗；

$C = \left.\dfrac{\dot{I}_1}{\dot{U}_2}\right|_{\dot{I}_2=0}$ ，称为 22′ 端开路时的转移导纳；

$D = \left.\dfrac{\dot{I}_1}{-\dot{I}_2}\right|_{\dot{U}_2=0}$ ，称为 22′ 端短路时的正向电流传输函数。

式(11-5)又称为二端口网络的 T 参数方程；T 参数的元素记为 A、B、C、D。T 参数方程主要用于研究信号的传输，故又称为传输参数方程。由于信号通常由 22′ 端输出，常取电流 $\dot{I}_2$ 流出 22′ 端口方向为参考方向列传输参数方程。本书为统一起见，$\dot{I}_2$ 仍为流入 22′ 端口电流，$-\dot{I}_2$ 为流出 22′ 端口电流。T 参数方程的矩阵形式为

$$\begin{bmatrix} \dot{U}_1 \\ \dot{I}_1 \end{bmatrix} = \begin{bmatrix} A & B \\ C & D \end{bmatrix} \begin{bmatrix} \dot{U}_2 \\ -\dot{I}_2 \end{bmatrix} = \boldsymbol{T} \begin{bmatrix} \dot{U}_2 \\ -\dot{I}_2 \end{bmatrix}$$

式中 $\boldsymbol{T} = \begin{bmatrix} A & B \\ C & D \end{bmatrix}$，称为二端口网络的 T 参数矩阵，或传输参数矩阵。

若将式(11-5)的自变量与因变量互换，则可得到反向传输参数 T'。读者可自行推导。

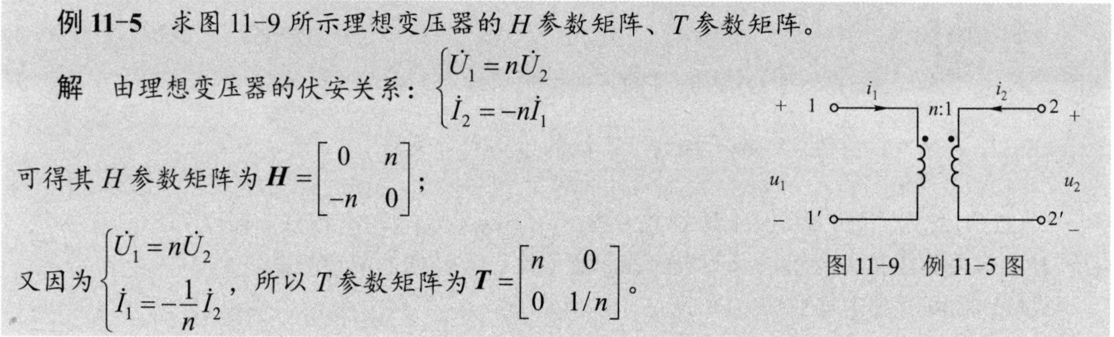

例 11-5 求图 11-9 所示理想变压器的 H 参数矩阵、T 参数矩阵。

解 由理想变压器的伏安关系：$\begin{cases} \dot{U}_1 = n\dot{U}_2 \\ \dot{I}_2 = -n\dot{I}_1 \end{cases}$

可得其 H 参数矩阵为 $\boldsymbol{H} = \begin{bmatrix} 0 & n \\ -n & 0 \end{bmatrix}$；

又因为 $\begin{cases} \dot{U}_1 = n\dot{U}_2 \\ \dot{I}_1 = -\dfrac{1}{n}\dot{I}_2 \end{cases}$，所以 T 参数矩阵为 $\boldsymbol{T} = \begin{bmatrix} n & 0 \\ 0 & 1/n \end{bmatrix}$。

图 11-9 例 11-5 图

由理想变压器的伏安关系可见，其 Z 参数矩阵、Y 参数矩阵不存在。任何二端口网络并非都具有前述的所有参数，有的只有其中的几种。

*11.1.2 等效电路

与一端口网络等效相同，当两个二端口网络具有相同的端口伏安特性时，这两个二端口网络等效。只要知道二端口网络的端口伏安特性，就可以给出该二端口网络的等效电路。

由式(11-2)的二端口网络的 Z 参数方程，可得到如图 11-10(a)所示的 Z 参数等效电路。

将式(11-2)改写为 $\begin{cases} \dot{U}_1 = z_{11}\dot{I}_1 + z_{12}\dot{I}_2 = (z_{11} - z_{12})\dot{I}_1 + z_{12}(\dot{I}_1 + \dot{I}_2) \\ \dot{U}_2 = z_{21}\dot{I}_1 + z_{22}\dot{I}_2 = (z_{21} - z_{12})\dot{I}_1 + z_{12}(\dot{I}_1 + \dot{I}_2) + (z_{22} - z_{12})\dot{I}_2 \end{cases}$

(a) 双受控源　　(b) 单受控源

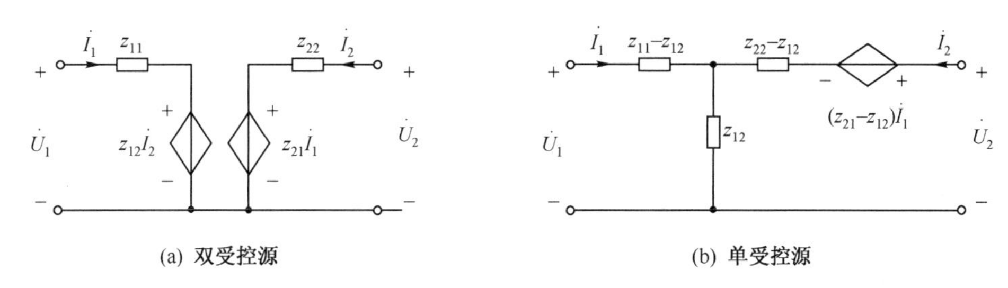

图 11-10　二端口 Z 参数等效电路

由此可得到如图 11-10(b)所示的 Z 参数等效电路。

例 11-6　求图 11-3 所示电路的双受控源等效电路，其中设 $R=3\,\Omega$，$\omega L=5\,\Omega$ 和 $\dfrac{1}{\omega C}=4\,\Omega$。

解　由例 11-1 可知

$$z_{11}=R+\frac{1}{\mathrm{j}\omega C}=3-\mathrm{j}4\Omega,\qquad z_{12}=\frac{1}{\mathrm{j}\omega C}=-\mathrm{j}4\Omega$$

$$z_{21}=\frac{1}{\mathrm{j}\omega C}=-\mathrm{j}4\Omega,\qquad z_{22}=\mathrm{j}\omega L+\frac{1}{\mathrm{j}\omega C}=\mathrm{j}\Omega$$

其等效电路如图 11-11 所示。

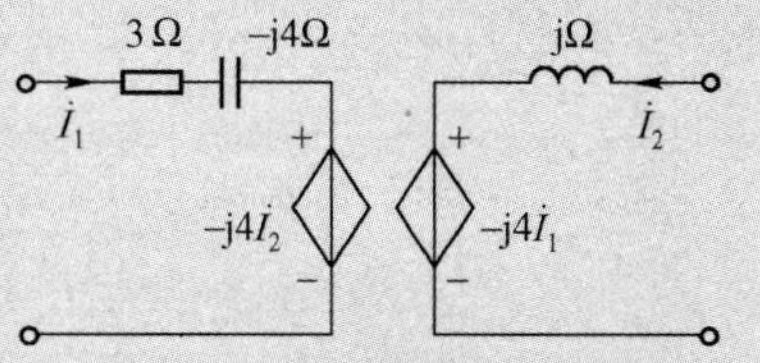

图 11-11　例 11-6 图

同理，由式(11-3)的 Y 参数方程，可得到二端口网络的 Y 参数等效电路，如图 11-12(a)所示。由式(11-4)的 H 参数方程，则可得到二端口网络的 H 参数等效电路，如图 11-12(b)所示。

(a) Y参数　　(b) H参数

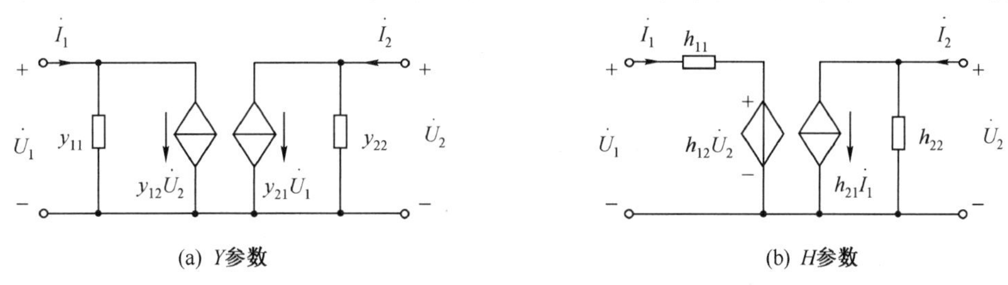

图 11-12　二端口等效电路

若仅由电阻、电感、电容等无源元件构成的二端口网络，通常可以用三阻抗的 T 形或三导纳的 Π 形结构作为最简形式的二端口等效电路，如图 11-13 所示。

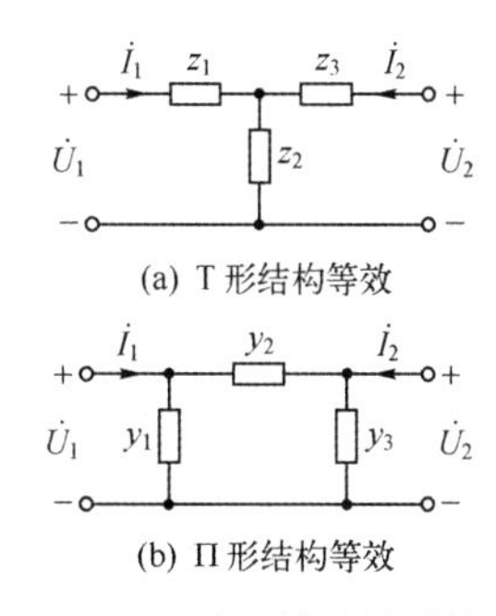

对于图 11-13(a)，Z 参数矩阵中，$z_{11}=z_1+z_2$，$z_{22}=z_2+z_3$，$z_{12}=z_{21}=z_2$。图 11-13(b)中，$y_{11}=y_1+y_2$，$y_{22}=y_3+y_2$，$y_{12}=y_{21}=-y_2$。最简形式的无源二端口等效电路，对于分析互易二端口网络和有端接的二端口电路十分有用。

(a) T 形结构等效

(b) Π 形结构等效

图 11-13　二端口等效的最简形式

*11.1.3　各组参数间的互换

对于一个给定的二端口网络，一般来说，除了可能不存在的参数外，可以用上述任意一组参数来描述其端口伏安特性。也就是说，一个给定的二端口网络可用多种不同的网络参数来表征。从理论上讲，只要参数存在，采用哪一种参数表征二端口网络都可以，通常依据应用方便与否选择所采用的网络参数。Z 参数和 Y 参数常用作理论推导及分析，是最基本的参数；H 参数常用作低频半导体电路的分析，晶体管采用 H 参数模型具有清晰的物理意义且实际中容易测量；T 参数则多用作研究信号的传输问题。

不同的二端口网络参数既然是同一个网络的不同表述方式，它们之间必然存在着相互转换的关系。下面用 Z 参数来表示 T 参数，以说明各参数间的互换。

Z 参数方程为 $\begin{cases}\dot{U}_1 = z_{11}\dot{I}_1 + z_{12}\dot{I}_2 & \cdots\cdots\cdots\cdots\cdots\cdots\text{①} \\ \dot{U}_2 = z_{21}\dot{I}_1 + z_{22}\dot{I}_2 & \cdots\cdots\cdots\cdots\cdots\cdots\text{②}\end{cases}$

由②可得 $$\dot{I}_1 = \frac{1}{z_{21}}\dot{U}_2 - \frac{z_{22}}{z_{21}}\dot{I}_2$$

代入①则
$$\dot{U}_1 = z_{11}\left(\frac{1}{z_{21}}\dot{U}_2 - \frac{z_{22}}{z_{21}}\dot{I}_2\right) + z_{12}\dot{I}_2$$
$$= \frac{z_{11}}{z_{21}}\dot{U}_2 - \frac{z_{11}z_{22} - z_{12}z_{21}}{z_{21}}\dot{I}_2 = \frac{z_{11}}{z_{21}}\dot{U}_2 - \frac{\Delta_Z}{z_{21}}\dot{I}_2$$

式中，$\Delta_Z = z_{11}z_{22} - z_{12}z_{21} = \det \boldsymbol{Z}$，为 Z 矩阵的行列式。

所以，T 参数方程为
$$\begin{cases}\dot{U}_1 = \dfrac{z_{11}}{z_{21}}\dot{U}_2 + \dfrac{\Delta_Z}{z_{21}}(-\dot{I}_2) \\ \dot{I}_1 = \dfrac{1}{z_{21}}\dot{U}_2 + \dfrac{z_{22}}{z_{21}}(-\dot{I}_2)\end{cases}$$

则 T 参数矩阵为 $$\boldsymbol{T} = \begin{bmatrix}\dfrac{z_{11}}{z_{21}} & \dfrac{\Delta_Z}{z_{21}} \\ \dfrac{1}{z_{21}} & \dfrac{z_{22}}{z_{21}}\end{bmatrix}$$

由此可得二端口网络各组参数间的互换表如表 11-1 所示。

表 11-1　二端口网络各组参数间的互换表

	***Z* 参数**	***Y* 参数**	***H* 参数**	***T* 参数**
Z 参数	$\begin{matrix} z_{11} & z_{12} \\ z_{21} & z_{22}\end{matrix}$	$\begin{matrix} \frac{y_{22}}{\Delta_Y} & -\frac{y_{12}}{\Delta_Y} \\ -\frac{y_{21}}{\Delta_Y} & \frac{y_{11}}{\Delta_Y}\end{matrix}$	$\begin{matrix} \frac{\Delta_H}{h_{22}} & \frac{h_{12}}{h_{22}} \\ -\frac{h_{21}}{h_{22}} & \frac{1}{h_{22}}\end{matrix}$	$\begin{matrix} \frac{A}{C} & \frac{\Delta_T}{C} \\ \frac{1}{C} & \frac{D}{C}\end{matrix}$
Y 参数	$\begin{matrix} \frac{z_{22}}{\Delta_Z} & -\frac{z_{12}}{\Delta_Z} \\ -\frac{z_{21}}{\Delta_Z} & \frac{z_{11}}{\Delta_Z}\end{matrix}$	$\begin{matrix} y_{11} & y_{12} \\ y_{21} & y_{22}\end{matrix}$	$\begin{matrix} \frac{1}{h_{11}} & -\frac{h_{12}}{h_{11}} \\ \frac{h_{21}}{h_{11}} & \frac{\Delta_H}{h_{11}}\end{matrix}$	$\begin{matrix} \frac{D}{B} & -\frac{\Delta_T}{B} \\ -\frac{1}{B} & \frac{A}{B}\end{matrix}$
H 参数	$\begin{matrix} \frac{\Delta_Z}{z_{22}} & \frac{z_{12}}{z_{22}} \\ -\frac{z_{21}}{z_{22}} & \frac{1}{z_{22}}\end{matrix}$	$\begin{matrix} \frac{1}{y_{11}} & -\frac{y_{12}}{y_{11}} \\ \frac{y_{21}}{y_{11}} & \frac{\Delta_Y}{y_{11}}\end{matrix}$	$\begin{matrix} h_{11} & h_{12} \\ h_{21} & h_{22}\end{matrix}$	$\begin{matrix} \frac{B}{D} & \frac{\Delta_T}{D} \\ -\frac{1}{D} & \frac{C}{D}\end{matrix}$
T 参数	$\begin{matrix} \frac{z_{11}}{z_{21}} & \frac{\Delta_Z}{z_{21}} \\ \frac{1}{z_{21}} & \frac{z_{22}}{z_{21}}\end{matrix}$	$\begin{matrix} -\frac{y_{22}}{y_{21}} & -\frac{1}{y_{21}} \\ -\frac{\Delta_Y}{y_{21}} & -\frac{y_{11}}{y_{21}}\end{matrix}$	$\begin{matrix} -\frac{\Delta_H}{h_{21}} & -\frac{h_{11}}{h_{21}} \\ -\frac{h_{22}}{h_{21}} & -\frac{1}{h_{21}}\end{matrix}$	$\begin{matrix} A & B \\ C & D\end{matrix}$

注：$\Delta_Z=\det \boldsymbol{Z}$；$\Delta_Y=\det \boldsymbol{Y}$；$\Delta_H=\det \boldsymbol{H}$；$\Delta_T=\det \boldsymbol{T}$。

11.1.4　互易和对称二端口

对于一个给定的二端口网络，其端口伏安特性可以用二端口参数来描述，因此可以通过二端口网络参数来表征特殊的端口特性：互易或者对称。

满足互易定理的二端口网络称为互易二端口。互易二端口内部不含受控源，由线性时不变电阻、电感、电容、耦合电感和理想变压器组成。互易二端口网络参数满足下列关系

$$z_{12} = z_{21} \tag{11-6a}$$
$$y_{12} = y_{21} \tag{11-6b}$$
$$h_{12} = -h_{21} \tag{11-6c}$$
$$\Delta_T = \det \boldsymbol{T} = AD - BC = 1 \tag{11-6d}$$

不失一般性，下面仅通过证明互易二端口 Z 参数内部关系满足式(11-6a)，来说明互易二端口满足式(11-6)。

互易二端口如图 11-14 所示。

由 Z 参数定义可知：

图 11-14(a)中满足　$\dot{U}_2 = z_{21}\dot{I}_1 = z_{21}\dot{I}_s$

图 11-14(b)中满足　$\dot{U}_1 = z_{12}\dot{I}_2 = z_{12}\dot{I}_s$

对于互易二端口，由互易定理知 $\dot{U}_2 = \dot{U}_1$，所以 $z_{12} = z_{21}$，即式(11-6a)对互易二端口成立。

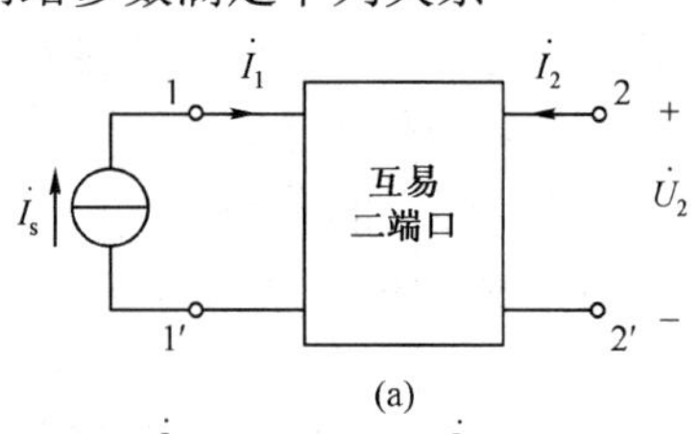

(a)

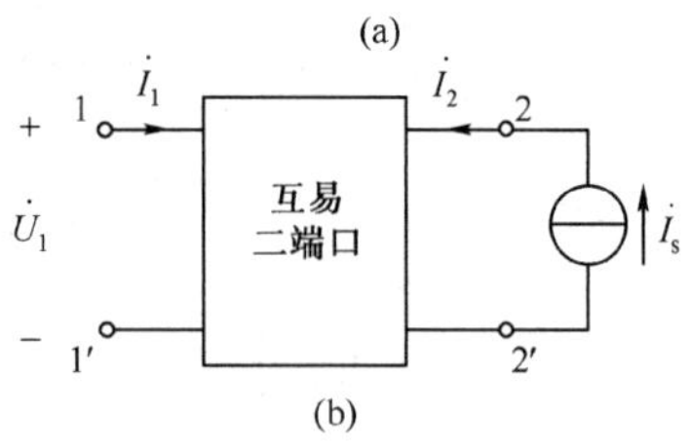

(b)

图 11-14　互易二端口

同理可证，互易二端口的其他网络参数满足式(11-6)。对于互易二端口来说，其任意一组网络参数中只有三个是独立的，因此，互易二端口等效电路只需三个独立元件即可构成。前面图 11-13 所示的最简二端口等效电路就属于互易二端口。

如果互易二端口的两个端口交换端口电压而电流值不变，则该互易二端口为对称二端口。互易对称二端口只有两个独立的网络参数，其网络参数内部可进一步满足关系：

$$z_{11}=z_{22},\qquad y_{11}=y_{22},\qquad \Delta_H=\det \boldsymbol{H}=h_{11}h_{22}-h_{12}h_{21}=1,\qquad A=D$$

例 11-7 如图 11-15(a)所示，N 为纯电阻构成的二端口网络。当 $R_L=\infty$时，U_2=7.5V。当 $R_L=0$ 时，$I_1=3$A，$I_2=-1$A。求：(1)二端口网络的 Y 参数矩阵；(2)二端口网络的 Π 形等效电路。

解 (1) 纯电阻构成二端口网络 N 是互易的。由式(11-6b)有

$$y_{12}=y_{21}$$

当 $R_L=\infty$，即开路时，U_2=7.5V，显然 $I_2=0$，由式(11-3)得

$$15y_{21}+7.5y_{22}=0$$

当 $R_L=0$，即短路时，$U_2=0$，$I_1=3$ A，$I_2=-1$ A，$U_1=15$ V，由式(11-3)得

$$\begin{cases}3=15y_{11}+0\times y_{12}\\ -1=15y_{21}+0\times y_{22}\end{cases}$$

联立求解上述 4 个方程得到

$$\boldsymbol{Y}=\begin{bmatrix}\frac{1}{5} & -\frac{1}{15}\\ -\frac{1}{15} & \frac{2}{15}\end{bmatrix}\ (\mathrm{S})$$

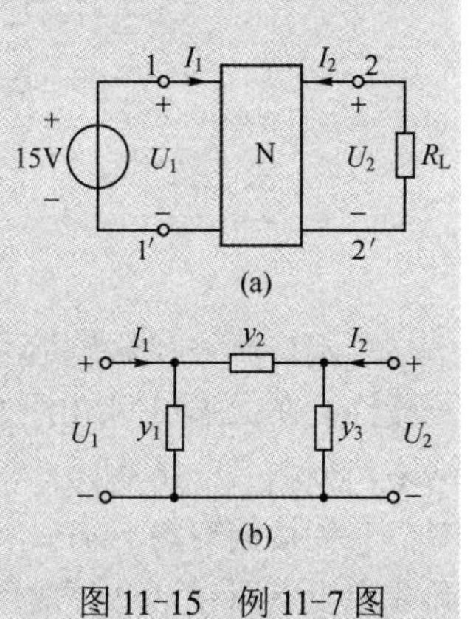

图 11-15 例 11-7 图

(2) 无源二端口网络的 Π 形等效电路如图 11-15(b)所示，电路对应的方程为

$$\begin{cases}\dot{I}_1=\dot{U}_1(y_1+y_2)-\dot{U}_2y_2\\ \dot{I}_2=-\dot{U}_1y_2+\dot{U}_2(y_2+y_3)\end{cases}$$

与 (1) 中 Y 参数比较，可得 $y_1=\frac{2}{15}$S，$y_2=\frac{1}{15}$S，$y_3=\frac{1}{15}$S。

思考题

T11.1-1 试证明：采用 T 参数描述的互易二端口有 $AD-BC=1$；若互易二端口又是对称的，则 $A=D$。

基本练习题

11.1-1 求图题 11.1-1 所示二端口网络的 Z 参数矩阵。

11.1-2 求图题 11.1-2 所示二端口网络的 T 参数矩阵，并说明其为对称或互易二端口。

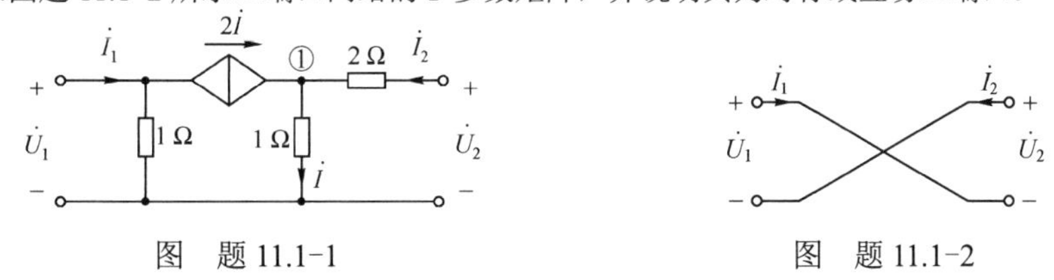

图 题 11.1-1　　图 题 11.1-2

11.1-3 求图题 11.1-3 所示二端口网络的 Y、Z、T 参数矩阵。

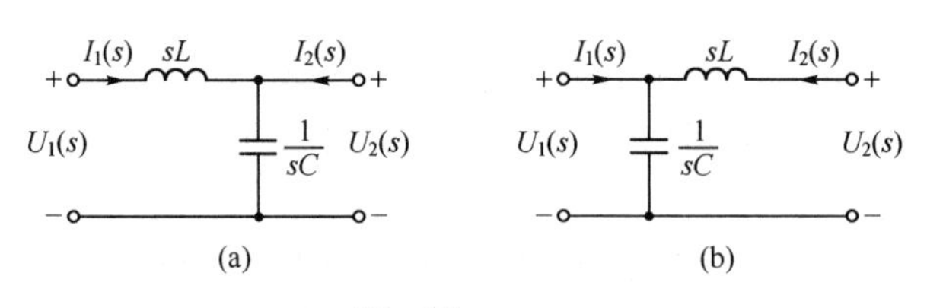

图　题 11.1.-3

11.1-4　求图题 11.1-4 所示二端口网络的 Z 和 T 参数矩阵。

11.1-5　图题 11.1-5 所示二端口的 Z 参数矩阵 $\boldsymbol{Z}=\begin{bmatrix}10 & 8\\ 5 & 10\end{bmatrix}\Omega$。求 R_1、R_2、R_3 和 r 的值。

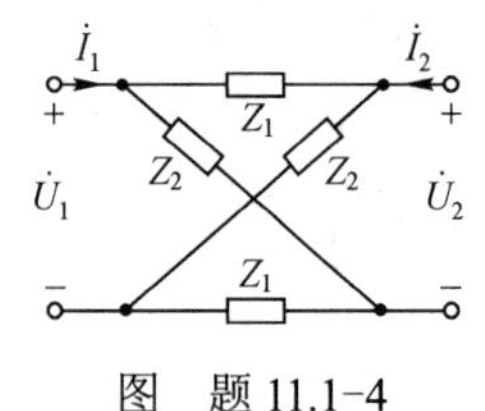

图　题 11.1-4

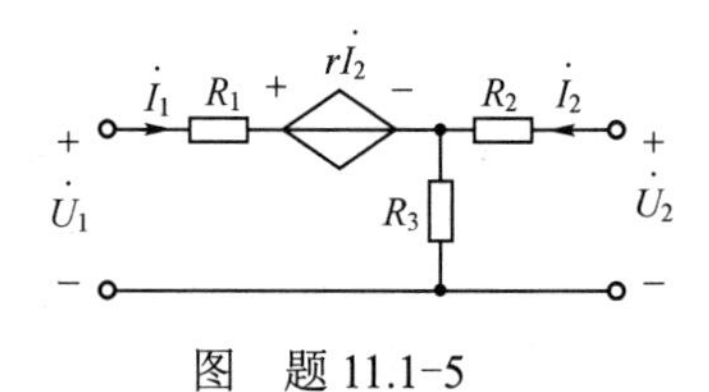

图　题 11.1-5

11.2　具有端接的二端口

二端口网络（这里指不含独立源）常连接在信号源与负载之间，用于完成特定功能。不失一般性，在二端口网络的 11′ 端口接有源一端口网络，在二端口网络的 22′ 端口接无源一端口网络，如图 11-16 所示。利用戴维南定理或诺顿定理可将 11′ 端口左侧接的有源一端口网络等效化简为电压源串电阻或电流源并电阻支路，这个等效后的含源支路称为信号源，而把二端口网络的 11′ 端口称为二端口的输入端。同理，可将 22′ 端口右侧无源一端口网络等效化简为一阻抗支路，这一阻抗支路称为负载，而把二端口网络的 22′ 端口称为二端口的输出端。

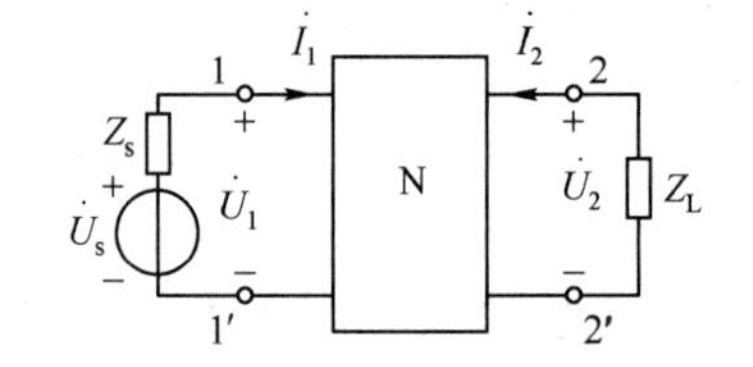

图 11-16　端接二端口

在信号源和负载已知的情况下，利用二端口网络参数就可直接进行端口分析，而无需详细了解二端口网络的内部电路，这给实际工程分析计算带来很大便利。工程上经常涉及到的端接二端口分析有：二端口输出端接负载时输入端开路的等效阻抗，称为输入阻抗；二端口输入端接信号源时输出端开路的戴维南等效电路，其中戴维南等效阻抗又称为输出阻抗；

端接二端口输入端到输出端的电压传输函数 A_u 或电流传输函数 A_i；信号电压源 $\dot{U}_s$ 到输出端的电压增益 A_{us} 等。

如图 11-16 所示，二端口网络以 Z 参数方程形式表示，提供对两个端口的两个约束，即

$$\dot{U}_1 = z_{11}\dot{I}_1 + z_{12}\dot{I}_2 \tag{11-7a}$$

$$\dot{U}_2 = z_{21}\dot{I}_1 + z_{22}\dot{I}_2 \tag{11-7b}$$

信号源支路提供的约束为　$$\dot{U}_1 = \dot{U}_s - Z_s\dot{I}_1 \tag{11-8}$$

负载阻抗提供的约束为　$$\dot{U}_2 = -Z_L\dot{I}_2 \tag{11-9}$$

联立求解上述四个方程，即可求得所需的各种网络函数。

11.2.1　策动点阻抗

端接二端口网络的策动点阻抗指网络的输入阻抗 Z_i 和输出阻抗 Z_o。

如图 11-17(a)所示，输入阻抗 Z_i 为二端口输出端接负载 Z_L 时输入端开路等效阻抗，由式(11-7a)可得

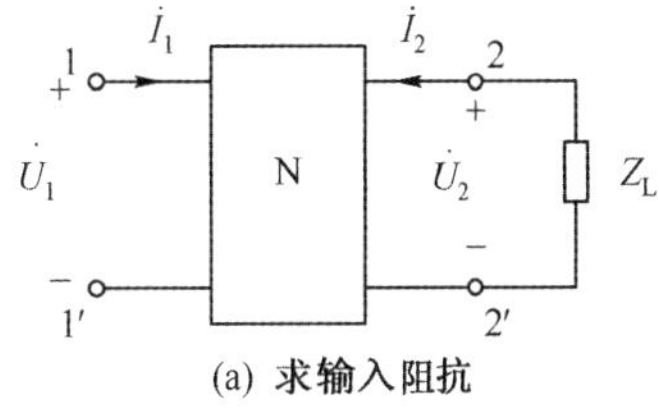

(a) 求输入阻抗

$$Z_i = \frac{\dot{U}_1}{\dot{I}_1} = z_{11} + z_{12}\frac{\dot{I}_2}{\dot{I}_1} \tag{11-10}$$

将式(11-9)代入式(11-7b)得

$$\dot{I}_2 = -\frac{z_{21}}{z_{22}+Z_L}\dot{I}_1 \tag{11-11}$$

代入式(11-10)，可得

$$Z_i = \frac{\dot{U}_1}{\dot{I}_1} = z_{11} - \frac{z_{12}z_{21}}{z_{22}+Z_L} = \frac{z_{11}Z_L + \Delta_Z}{z_{22}+Z_L} \tag{11-12}$$

可见，输入阻抗不仅与二端口网络有关，同时也与负载有关。

如图 11-17(b)所示，22′ 端口可等效为一端口网络。求其戴维南等效电路，可得输出端开

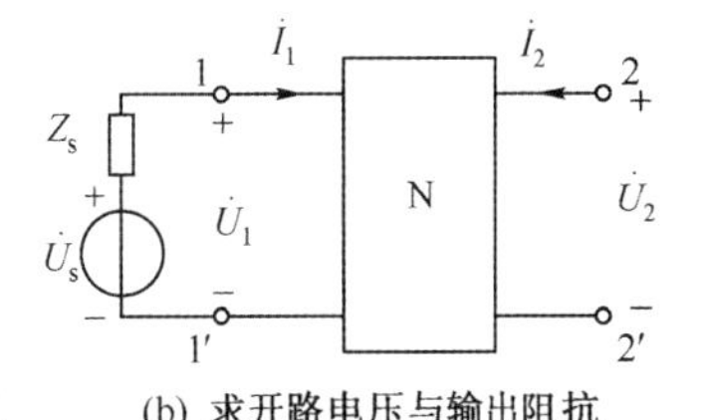

(b) 求开路电压与输出阻抗

图 11-17　端接二端口网络函数

路电压 $\dot{U}_{oc}$ 和输出阻抗 Z_o。将式(11-8)代入式(11-7a)得

$$\dot{I}_1 = \frac{\dot{U}_s - z_{12}\dot{I}_2}{z_{11}+Z_s}$$

将上式代入式(11-7b)得

$$\dot{U}_2 = \frac{z_{21}}{z_{11}+Z_s}\dot{U}_s + \left(z_{22} - \frac{z_{12}z_{21}}{z_{11}+Z_s}\right)\dot{I}_2$$

输出端开路电压

$$\dot{U}_{oc} = \frac{z_{21}}{z_{11}+Z_s}\dot{U}_s \tag{11-13}$$

对于含源一端口网络而言，端口伏安特性满足：$\dot{U} = \dot{U}_{oc} + Z_o\dot{I}$，所以输出阻抗为

$$Z_o = z_{22} - \frac{z_{12}z_{21}}{z_{11}+Z_s} \tag{11-14}$$

11.2.2　转移函数

由式(11-11)可得转移电流传输函数为

$$A_i = \frac{-\dot{I}_2}{\dot{I}_1} = \frac{z_{21}}{z_{22}+Z_L} \tag{11-15}$$

将负载阻抗的伏安关系(式(11-9))分别代入 Z 参数方程(式(11-7(a))、式(11-7(b)))可得

$$\dot{U}_1 = z_{11}\dot{I}_1 + z_{12}\left(\frac{-\dot{U}_2}{Z_L}\right),\ \dot{U}_2 = z_{21}\dot{I}_1 + z_{22}\left(\frac{-\dot{U}_2}{Z_L}\right)$$

联立求解上两式，消去 $\dot{I}_1$，就可求得输入端到输出端的电压传输函数为

$$A_u = \frac{\dot{U}_2}{\dot{U}_1} = \frac{z_{21}Z_L}{z_{11}z_{22} - z_{12}z_{21} + z_{11}Z_L} = \frac{z_{21}Z_L}{\Delta_Z + z_{11}Z_L} \tag{11-16}$$

信号电压源 $\dot{U}_s$ 到输出端的电压增益为

$$A_{u_s}=\frac{\dot U_2}{\dot U_s}=\frac{\dot U_2\dot U_1}{\dot U_1\dot U_s}=A_u\frac{Z_i}{Z_i+Z_s} \tag{11-17}$$

由上述分析可见，端接二端口网络函数的分析，除了要考虑二端口的特性外，还需考虑端接情况。

二端口网络提供的两个约束可由任意一组参数方程给出，采用不同的二端口网络参数方程，所得结果相同，但计算的繁简相差很大。例如，采用 Y 参数求电压传输函数 A_u 要比采用 Z 参数简便得多。将负载阻抗的伏安关系(式(11-9))代入 Y 参数方程

$$\dot I_2=y_{21}\dot U_1+y_{22}\dot U_2$$

可得
$$A_u=\frac{\dot U_2}{\dot U_1}=-\frac{y_{21}}{y_{22}+\dfrac{1}{Z_L}}$$

例 11-8 端接二端口网络如图 11-8 所示，已知 $\dot U_s$=3 V，Z_s= 2 Ω，二端口的 Z 参数：z_{11}= 6 Ω，z_{12}= −j5 Ω，z_{21}=16 Ω，z_{22}=5 Ω。求负载阻抗等于多少时将获得最大功率?并求最大功率。

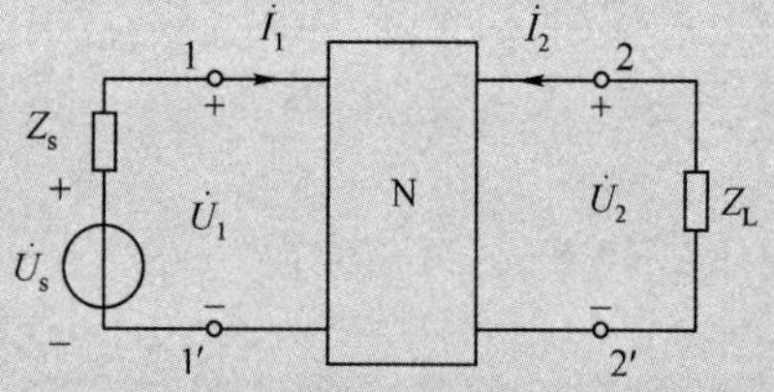

解 由已知条件可得二端口的 Z 参数方程为

$$\begin{cases}\dot U_1=6\dot I_1-\mathrm{j}5\dot I_2\\ \dot U_2=16\dot I_1+5\dot I_2\end{cases}$$

图 11-18 例 11-8 图

代入信号源支路伏安关系

$$\dot U_1=3-2\dot I_1$$

消去 $\dot U_1$、$\dot I_1$ 得 $\qquad \dot U_2=(5+\mathrm{j}10)\dot I_2+6$

比较含源一端口网络的端口伏安特性：

$$\dot U=\dot U_{oc}+Z_o\dot I$$

可得输出端开路电压和输出阻抗分别为

$$\dot U_{oc}=6\ \mathrm{V},\ Z_o=5+\mathrm{j}10\ \Omega$$

也可直接由式(11-13)、式(11-14)得到相同的结果。

由最大功率传输定理，当 $Z_L=Z_o^*$ 时负载可获得最大功率，因此 $Z_L=Z_o^*=5-\mathrm{j}10\ \Omega$，则最大功率 $P_{L\max}=\dfrac{U_{oc}^{\ 2}}{4R_o}=\dfrac{6^2}{4\times5}=1.8\ \mathrm{W}$。

思考题

T11.2-1 采用 T 参数求如图 11-17(a)所示端接二端口的输入阻抗 Z_i。

T11.2-2 采用 H 参数求如图 11-18 所示端接二端口转移电流传输函数 A_i。

基本练习题

11.2-1 图题 11.2-1 所示二端口网络的 T 参数矩阵 $\boldsymbol{T}=\begin{bmatrix}\dfrac{4}{3} & 4\,\Omega\\ \dfrac{7}{36}\mathrm{S} & \dfrac{4}{3}\end{bmatrix}$。试求负载为何值时从网络获得最大功率？最大功率为多少？

11.2-2 已知某二端口网络 N_1 的 T 参数矩阵为 $\boldsymbol{T}=\begin{bmatrix}A & B\\ C & D\end{bmatrix}$，当分别接上参数已知的导纳 Y、阻抗 Z

时，如题图 11.2-2(a)和(b)所示，求新形成的二端口网络 N 的 T 参数矩阵。

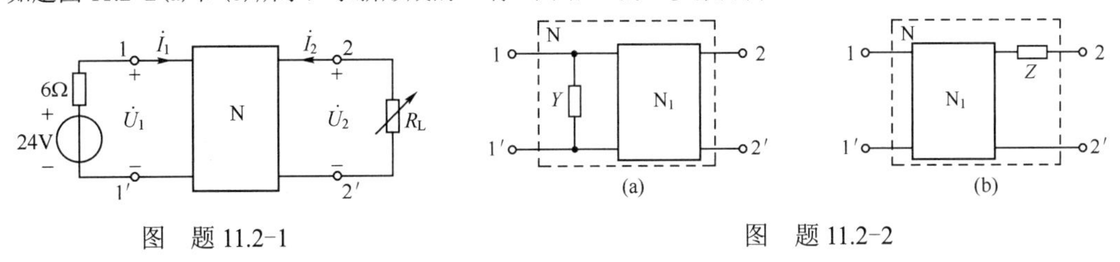

图　题 11.2-1　　　　图　题 11.2-2

11.3　二端口网络的连接

将多个二端口以适当的方式连接，可构成一个新的二端口网络。若连接后原二端口的端口条件不因连接而破坏，则称连接后所构成的新二端口网络为复合二端口，相互连接的二端口网络称为子二端口。复合二端口网络参数可由其子二端口按不同连接方式运算子二端口网络参数得到，从而简化复杂电路的分析、计算，它可用于“模块”、“积木化”设计及分析复杂电路。二端口网络之间的连接在实际工程应用中具有重要意义。

11.3.1　连接方式

二端口网络的连接主要有串联、并联、串-并联、并-串联、级联等。

1．串联

若子二端口的输入端口和输出端口分别串联，且端口电流条件不因连接而破坏，则称为二端口串联，如图 11-19(a)所示。有

$$\begin{bmatrix}\dot{I}_1\\ \dot{I}_2\end{bmatrix}=\begin{bmatrix}\dot{I}_{1a}\\ \dot{I}_{2a}\end{bmatrix}=\begin{bmatrix}\dot{I}_{1b}\\ \dot{I}_{2b}\end{bmatrix},\ \begin{bmatrix}\dot{U}_1\\ \dot{U}_2\end{bmatrix}=\begin{bmatrix}\dot{U}_{1a}\\ \dot{U}_{2a}\end{bmatrix}+\begin{bmatrix}\dot{U}_{1b}\\ \dot{U}_{2b}\end{bmatrix}$$

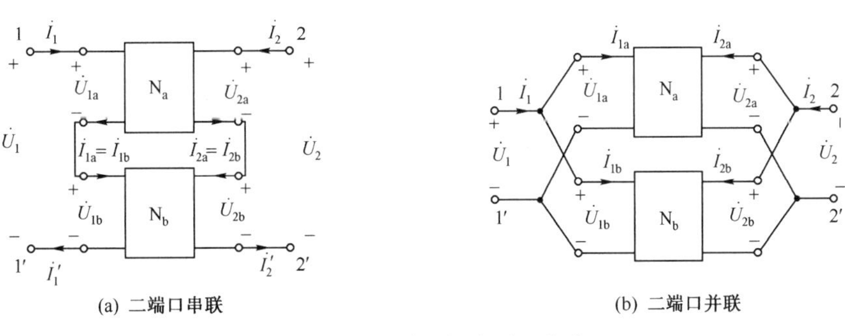

图 11-19　二端口的串联、并联

设子二端口的 Z 参数矩阵分别为 $\boldsymbol{Z}_a$、$\boldsymbol{Z}_b$，可得复合二端口的 Z 参数方程

$$\begin{bmatrix}\dot{U}_1\\ \dot{U}_2\end{bmatrix}=\boldsymbol{Z}_a\begin{bmatrix}\dot{I}_{1a}\\ \dot{I}_{2a}\end{bmatrix}+\boldsymbol{Z}_b\begin{bmatrix}\dot{I}_{1b}\\ \dot{I}_{2b}\end{bmatrix}=\boldsymbol{Z}_a\begin{bmatrix}\dot{I}_1\\ \dot{I}_2\end{bmatrix}+\boldsymbol{Z}_b\begin{bmatrix}\dot{I}_1\\ \dot{I}_2\end{bmatrix}=(\boldsymbol{Z}_a+\boldsymbol{Z}_b)\begin{bmatrix}\dot{I}_1\\ \dot{I}_2\end{bmatrix}=\boldsymbol{Z}\begin{bmatrix}\dot{I}_1\\ \dot{I}_2\end{bmatrix}$$

即二端口串联时，复合二端口的 Z 参数矩阵 $\boldsymbol{Z}$ 等于相串联的子二端口的 Z 参数矩阵 $\boldsymbol{Z}_a$ 与 $\boldsymbol{Z}_b$ 之和，即 $\boldsymbol{Z}=\boldsymbol{Z}_a+\boldsymbol{Z}_b$。

2．并联

若子二端口的输入端口和输出端口分别并联，且端口电流条件不因连接而破坏，则称为二

端口并联，如图 11-19(b)所示。有

$$\begin{bmatrix}\dot{U}_1\\ \dot{U}_2\end{bmatrix}=\begin{bmatrix}\dot{U}_{1a}\\ \dot{U}_{2a}\end{bmatrix}=\begin{bmatrix}\dot{U}_{1b}\\ \dot{U}_{2b}\end{bmatrix},\quad \begin{bmatrix}\dot{I}_1\\ \dot{I}_2\end{bmatrix}=\begin{bmatrix}\dot{I}_{1a}\\ \dot{I}_{2a}\end{bmatrix}+\begin{bmatrix}\dot{I}_{1b}\\ \dot{I}_{2b}\end{bmatrix}$$

设子二端口的 Y 参数矩阵分别为 $\boldsymbol{Y}_a$、$\boldsymbol{Y}_b$，可得复合二端口的 Y 参数方程

$$\begin{bmatrix}\dot{I}_1\\ \dot{I}_2\end{bmatrix}=\boldsymbol{Y}_a\begin{bmatrix}\dot{U}_{1a}\\ \dot{U}_{2a}\end{bmatrix}+\boldsymbol{Y}_b\begin{bmatrix}\dot{U}_{1b}\\ \dot{U}_{2b}\end{bmatrix}=\boldsymbol{Y}_a\begin{bmatrix}\dot{U}_1\\ \dot{U}_2\end{bmatrix}+\boldsymbol{Y}_b\begin{bmatrix}\dot{U}_1\\ \dot{U}_2\end{bmatrix}=(\boldsymbol{Y}_a+\boldsymbol{Y}_b)\begin{bmatrix}\dot{U}_1\\ \dot{U}_2\end{bmatrix}=\boldsymbol{Y}\begin{bmatrix}\dot{U}_1\\ \dot{U}_2\end{bmatrix}$$

即二端口并联时，复合二端口的 Y 参数矩阵 $\boldsymbol{Y}$ 等于相并联的子二端口的 Y 参数矩阵 $\boldsymbol{Y}_a$ 与 $\boldsymbol{Y}_b$ 之和 $\boldsymbol{Y}=\boldsymbol{Y}_a+\boldsymbol{Y}_b$。

3. 串-并联

若子二端口的输入端口串联，输出端口并联，且端口电流条件不因连接而破坏，则称为二端口串-并联，如图 11-20(a)所示。设子二端口的 H 参数矩阵分别为 $\boldsymbol{H}_a$、$\boldsymbol{H}_b$，则串-并联复合二端口有

$$\begin{aligned}\begin{bmatrix}\dot{U}_1\\ \dot{I}_2\end{bmatrix}&=\begin{bmatrix}\dot{U}_{1a}\\ \dot{I}_{2a}\end{bmatrix}+\begin{bmatrix}\dot{U}_{1b}\\ \dot{I}_{2b}\end{bmatrix}=\boldsymbol{H}_a\begin{bmatrix}\dot{I}_{1a}\\ \dot{U}_{2a}\end{bmatrix}+\boldsymbol{H}_b\begin{bmatrix}\dot{I}_{1b}\\ \dot{U}_{2b}\end{bmatrix}\\ &=\boldsymbol{H}_a\begin{bmatrix}\dot{I}_1\\ \dot{U}_2\end{bmatrix}+\boldsymbol{H}_b\begin{bmatrix}\dot{I}_1\\ \dot{U}_2\end{bmatrix}=(\boldsymbol{H}_a+\boldsymbol{H}_b)\begin{bmatrix}\dot{I}_1\\ \dot{U}_2\end{bmatrix}=\boldsymbol{H}\begin{bmatrix}\dot{I}_1\\ \dot{U}_2\end{bmatrix}\end{aligned}$$

即二端口串-并联时，复合二端口的 H 参数矩阵 $\boldsymbol{H}$ 等于相串联的子二端口的 H 参数矩阵 $\boldsymbol{H}_a$ 与 $\boldsymbol{H}_b$ 之和 $\boldsymbol{H}=\boldsymbol{H}_a+\boldsymbol{H}_b$。

4. 并-串联

若子二端口的输入端口并联，输出端口串联，且端口电流条件不因连接而破坏，则称为二端口并-串联，如图 11-20(b)所示。同理可得到复合二端口与子二端口参数间的关系，只不过此时采用以 $\dot{U}_1$、$\dot{I}_2$ 为自变量，$\dot{I}_1$、$\dot{U}_2$ 为因变量的另一种形式的 H' 混合参数比较简明。读者可参考其他相关文献，或自行推导。

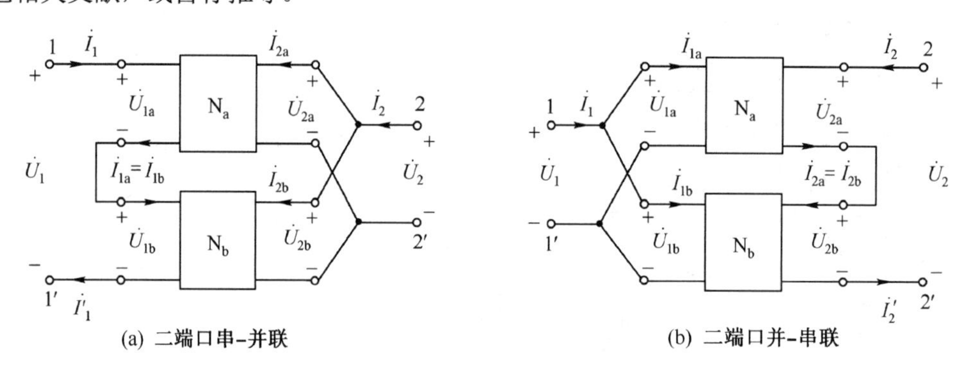

图 11-20　二端口的串-并联、并-串联

5. 级联

如图 11-21 所示为二端口的级联。它是信号传输系统中最常用的连接方式之一。级联是将前一级二端口的输出与后一级二端口的输入相连，可见这种连接方式不会破坏端口电流条件，级联时易采用 T 参数。级联时有

$$\begin{bmatrix}\dot{U}_1\\\dot{I}_1\end{bmatrix}=\begin{bmatrix}\dot{U}_{1a}\\\dot{I}_{1a}\end{bmatrix},\quad \begin{bmatrix}\dot{U}_{2a}\\-\dot{I}_{2a}\end{bmatrix}=\begin{bmatrix}\dot{U}_{1b}\\\dot{I}_{1b}\end{bmatrix},\quad \begin{bmatrix}\dot{U}_{2b}\\-\dot{I}_{2b}\end{bmatrix}=\begin{bmatrix}\dot{U}_2\\-\dot{I}_2\end{bmatrix}$$

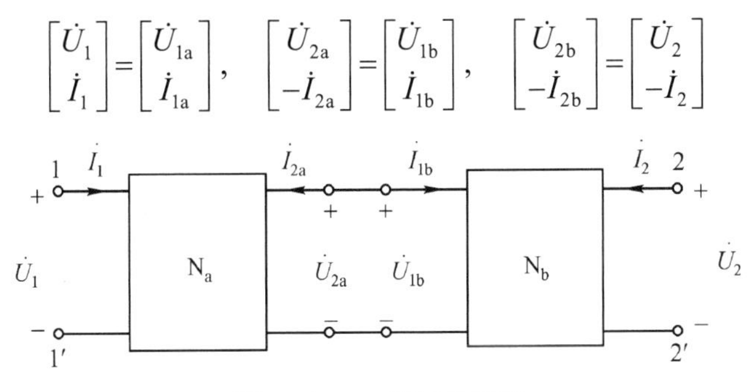

图 11-21　二端口的级联

设子二端口的 T 参数矩阵分别为 $\boldsymbol{T}_{\mathrm{a}}$、$\boldsymbol{T}_{\mathrm{b}}$，可得复合二端口的 T 参数方程

$$\begin{bmatrix}\dot{U}_1\\\dot{I}_1\end{bmatrix}=\begin{bmatrix}\dot{U}_{1a}\\\dot{I}_{1a}\end{bmatrix}=\boldsymbol{T}_{\mathrm{a}}\begin{bmatrix}\dot{U}_{2a}\\-\dot{I}_{2a}\end{bmatrix}=\boldsymbol{T}_{\mathrm{a}}\begin{bmatrix}\dot{U}_{1b}\\\dot{I}_{1b}\end{bmatrix}=\boldsymbol{T}_{\mathrm{a}}\boldsymbol{T}_{\mathrm{b}}\begin{bmatrix}\dot{U}_{2b}\\-\dot{I}_{2b}\end{bmatrix}=\boldsymbol{T}_{\mathrm{a}}\boldsymbol{T}_{\mathrm{b}}\begin{bmatrix}\dot{U}_2\\-\dot{I}_2\end{bmatrix}=\boldsymbol{T}\begin{bmatrix}\dot{U}_2\\-\dot{I}_2\end{bmatrix}$$

即二端口级联时，复合二端口的 T 参数矩阵 $\boldsymbol{T}$ 等于相级联的子二端口的 T 参数矩阵 $\boldsymbol{T}_{\mathrm{a}}$ 与 $\boldsymbol{T}_{\mathrm{b}}$ 之积，即 $\boldsymbol{T}=\boldsymbol{T}_{\mathrm{a}}\boldsymbol{T}_{\mathrm{b}}$。

计算复合二端口网络参数时，针对不同的连接方式应采用相应的网络参数，以方便计算。

11.3.2　连接的有效性

复合二端口要求连接的子二端口的端口条件不因连接而破坏。当两个二端口网络以某种方式连接时，它们的端口条件不一定仍能满足，若连接后二端口的端口条件被破坏，则它们将蜕变为四端网络，不能再用二端口的参数描述其特性。当然也就不能再用二端口网络参数计算连接后的网络参数。

例 11-9　如图 11-22 所示的两个 T 形二端口网络的输入口和输出口分别串联，求连接后的网络的 Z 参数，并判别连接后的网络是否为复合二端口。

解　按 Z 参数定义可求得连接后的网络的 Z 参数，即

$$Z_{11}=6+2+(6//3)+2=12\ \Omega$$
$$Z_{12}=2+(6//3)+2=6\ \Omega$$
$$Z_{21}=2+(6//3)+2=6\ \Omega$$
$$Z_{22}=3+2+(6//3)+2=9\ \Omega$$

即 Z 参数矩阵为

$$\boldsymbol{Z}=\begin{bmatrix}12 & 6\\6 & 9\end{bmatrix}\Omega$$

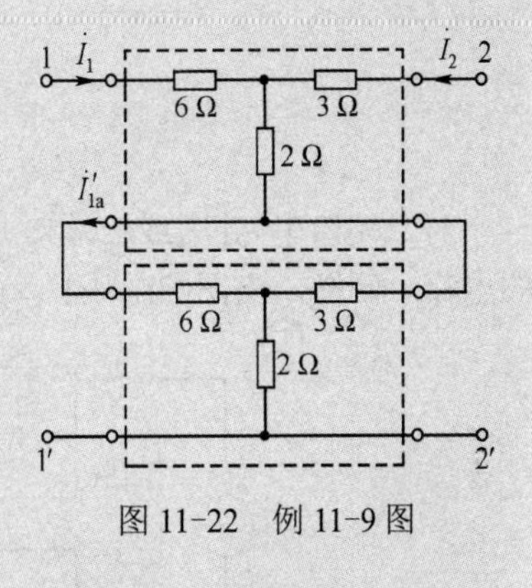

图 11-22　例 11-9 图

由电路可得，两个 T 形二端口网络的 Z 参数矩阵分别为

$$\boldsymbol{Z}_{\mathrm{a}}=\boldsymbol{Z}_{\mathrm{b}}=\begin{bmatrix}8 & 2\\2 & 5\end{bmatrix}\Omega$$

两矩阵相加

$$\boldsymbol{Z}_{\mathrm{a}}+\boldsymbol{Z}_{\mathrm{b}}=\begin{bmatrix}16 & 4\\4 & 10\end{bmatrix}\neq\boldsymbol{Z}$$

可见，它不等于连接后的二端口网络的 Z 参数，这是由于连接后破坏了原 T 形二端口网络的端口电流条件。可求得

$$\dot{I}'_{1a}=\frac{3}{6+3}(\dot{I}_1+\dot{I}_2)\neq\dot{I}_1$$

所以，如图 11-22 所示的网络不能构成复合二端口。

为保证二端口连接后满足端口条件，应进行连接有效性检验。可采用图 11-23 对二端口串联有效性进行检验。图 11-23(a)的输入端加电流源$\dot{I}_s$，输出端开路，有

$$\dot{I}_{1a} = \dot{I}'_{1a} = \dot{I}_s,\quad \dot{I}_{1b} = \dot{I}'_{1b} = \dot{I}_s \tag{11-18}$$

如果 $2'_a$ 与 2_b 两点间的电压$\dot{U}=0$，则 $2'_a$ 与 2_b 两点短接后仍可保持式(11-18)成立，即保证了端口条件不被破坏。

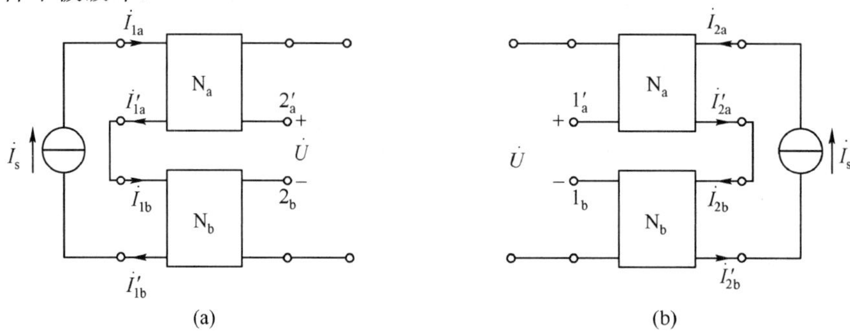

图 11-23　二端口串联有效性检验

同理，对于图 11-23(b)输出端加电流源$\dot{I}_s$，输入端开路，有

$$\dot{I}_{2a} = \dot{I}'_{2a} = \dot{I}_s,\quad \dot{I}_{2b} = \dot{I}'_{2b} = \dot{I}_s \tag{11-19}$$

如果 $1'_a$ 与 1_b 两点间的电压$\dot{U}=0$，则 $1'_a$ 与 1_b 两点短接后仍可保持式(11-19)成立，即保证了端口条件不被破坏。

对二端口并联进行有效性检验可采用图 11-24 所示的电路。当图中电压$\dot{U}=0$时，满足端口条件不被破坏。与串联有效性检验电路不同的是，并联有效性检验电路要求输入端(或输出端)加电压源且子网络输出端(或输入端)短路。

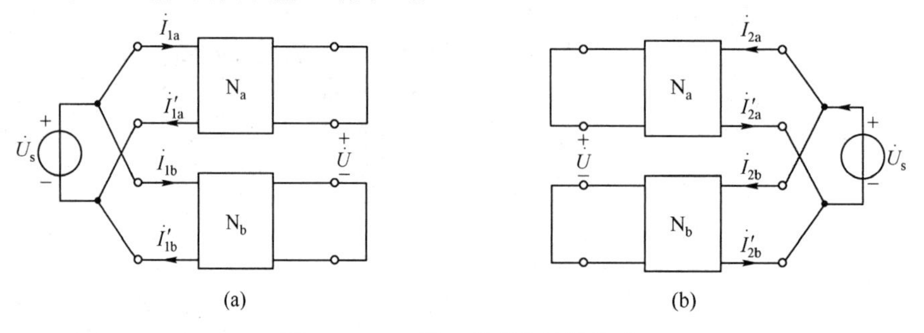

图 11-24　二端口并联有效性检验

对二端口串-并联或二端口并-串联进行有效性检验，可分别采用图 11-25 和图 11-26 所示的电路。同样，当图中电压$\dot{U}=0$时，满足端口条件不被破坏。

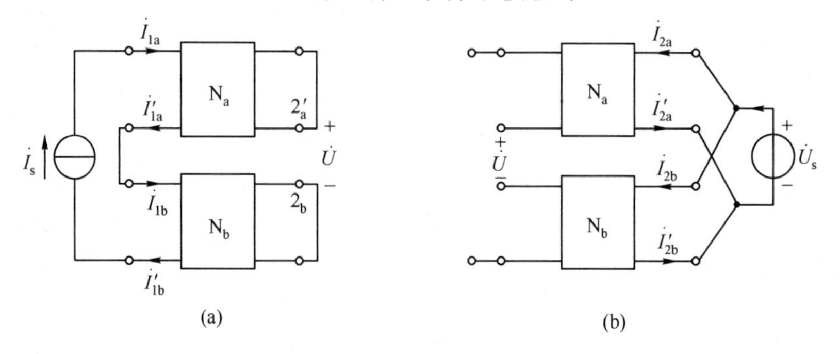

图 11-25　二端口串-并联有效性检验

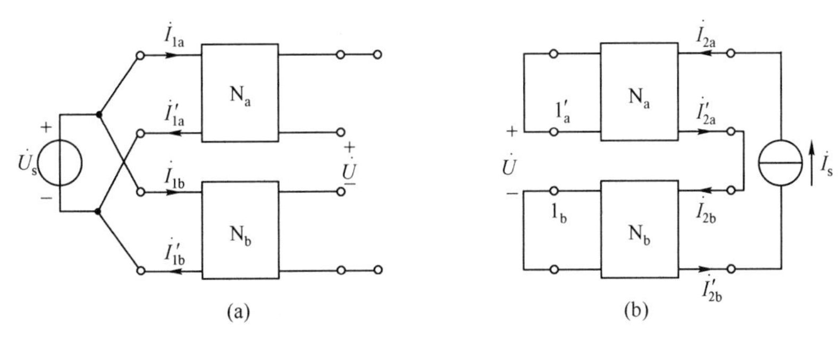

图 11-26 二端口并-串联有效性检验

对于多个二端口的级联，由于其端口条件不被破坏，因此级联始终是有效的。

思考题

T11.3-1 若将例 11-9 中下面的 T 形网络倒过来(得 $\boldsymbol{Z}'_b$ 矩阵)再与上面的串联，其总二端口网络的 Z 参数矩阵 $\boldsymbol{Z}$ 是否等于上下两个子二端口 $\boldsymbol{Z}_a$ 与 $\boldsymbol{Z}'_b$ 矩阵相加？

基本练习题

11.3-1 如图题 11.3-1(a)所示桥 T 形电路，可以等效为如图题 11.3-19 (b)所示 Π 形和电阻 R_3 两个子二端口的串联，图中 $R_1=100\,\Omega$，$R_2=200\,\Omega$，$R_3=50\,\Omega$。(1) 求图题 11.3-1 (b)中 Π 形二端口的 Z 参数；(2) 利用二端口的串联求图题 11.3-1(a)所示桥 T 形电路的 Z 参数。

11.3-2 如图题 11.3-2 所示电路中，可以视作 Γ 形电路和理想变压器的级联，图中 $R_1=50\,\Omega$，$R_2=10\,\Omega$，$n=10$， 求该二端口网络的 T 参数。

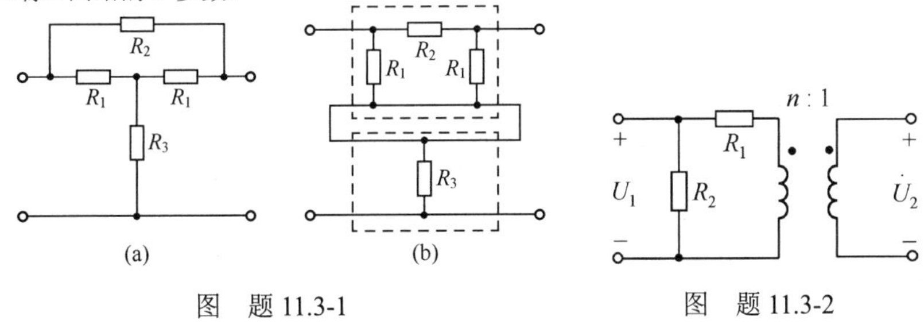

图 题 11.3-1　　图 题 11.3-2

11.4 含运算放大器电路的分析

运算放大器(简称运放)是采用集成电路技术制作的一种多端器件。它在一块硅片上集成了许多相连的晶体管、二极管、电阻及小容量电容等元件，封装后对外具有多个引脚。它是发展最早、应用最广泛的模拟集成电路器件之一，因其早期主要用于完成信号的加法、积分、微分等运算而得名。尽管运算放大器内部结构复杂，且其内部组成也不尽相同，但就其引脚对外电路所表现出的伏安特性而言可建立相同的电路模型。特别是其理想化后，对外电路具有非常简单的伏安特性。

11.4.1 多端元件

除二端元件外，电路中还存在大量的三端、四端，以及更多端的元件。凡具有两个以上端子的元件称为多端元件。前面分析过的受控源、耦合电感、理想变压器等均为多端元件。

对二端元件伏安特性的讨论，可推广到多端元件对外伏安特性上。一个三端元件对外可有

三个电压、三个电流，如图 11-27 所示。由基尔霍夫定律，知

$$i_1+i_2+i_3=0$$

$$u_{12}+u_{23}+u_{31}=0$$

可见，三端元件只有两个独立的电压和两个独立的电流。任选三端元件的某一端子为参考点，可得到由两个独立电压和两个独立电流所表示的三端元件，如图 11-28(a)所示。由此可推广到更一般的 n 端元件的情况，如图 11-28(b)所示。一般来说，对于 n 端元件，最多可有 $n-1$ 个独立电压和 $n-1$ 个独立电流。若任选其中的一个端子为参考点，则其余各端子对参考点的电位是相互独立的，可得到 $n-1$ 个独立电压。由 KCL 知，参考点流出的电流等于其余 $n-1$ 个端子流入电流的代数和，即可得到 $n-1$ 个独立电流。

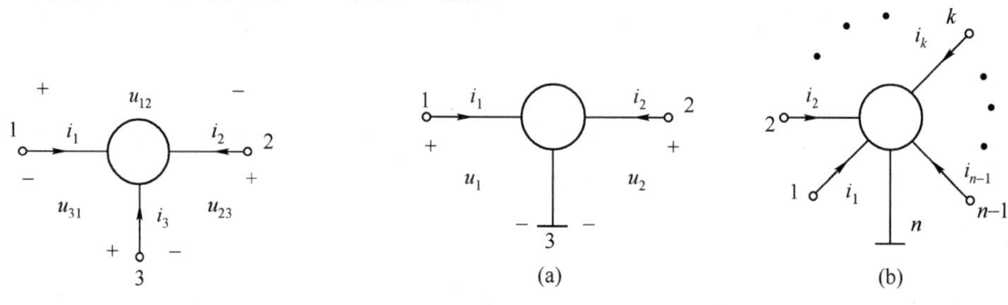

图 11-27　三端电路元件　　　　图 11-28　多端电路元件

11.4.2　运算放大器电路模型

运算放大器是一种高电压增益、高输入电阻和低输出电阻的放大电路。作为有源器件，运算放大器除了具有输入、输出端外，还具有电源、调零端等。实际集成运算放大器的封装形式很多，其引脚也不尽相同。一个常用的 8 引脚双列直插式封装的单集成运放及其引脚图如图 11-29 所示。它有反相输入、同相输入、输出、正电源、负电源及两个调零补偿共七个有用的引脚，一个悬空引脚。其中调零补偿是为了调整运放性能所设，而电源为运放提供正常工作所需的偏置电压。

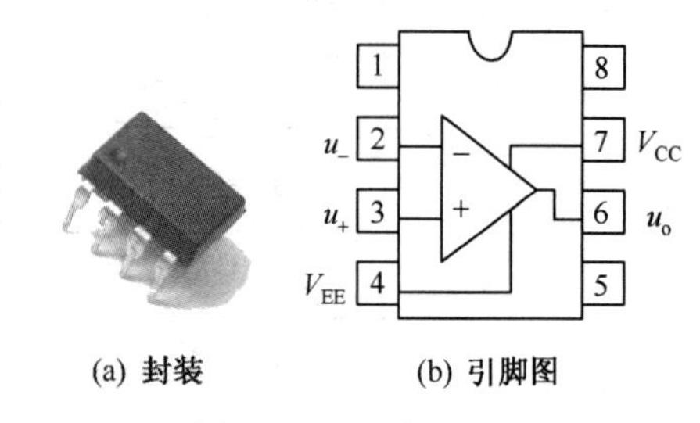

(a) 封装　　(b) 引脚图

图 11-29　运算放大器

分析含运算放大器电路时，通常只对运算放大器的输入、输出感兴趣，在其线性动态范围内，运算放大器电路模型不必考虑其偏置直流电源，表示运算放大器的电路符号一般不再画出其接直流电源的引脚，　如图 11-30(a)所示。

目前大部分运算放大器并没有接地引脚，使用中经由双直流电源接地，故经常可见只有输入、输出三个引脚的运算放大器电路符号。本书为了明确运算放大器各引脚满足 KCL，在运算放大器上画有接地端，即参考点。运算放大器中，“−”号输入端称为反相输入端，表示该端的输入 u_-与输出 u_o 反相；“+”号输入端称为同相输入端，表示该端的输入 u_+与输出 u_o 同相。图 11-30(b)所示为运算放大器有限增益电路模型，其中，R_i 为输入电阻，R_o 为输出电阻，受控源表明运算放大器的电压放大作用。当在运算放大器同相输入端输入电压 u_+，反相输入端输入电压 u_-时，受控源电压为 $A(u_+-u_-)$。其中 A 称为运算放大器的电压增益，u_+-u_-称为差动输入电压。

运算放大器工作在线性区时电压增益 A 很高，输入电阻 R_i 非常大，而输出电阻 R_o 较小。理想化运算放大器，满足 $A\to\infty$，$R_i\to\infty$，$R_o\to 0$。此时，由于 $A\to\infty$，且输出 u_o 为有限值，则差动输入：$u_+-u_-=0$；又由于 $R_i\to\infty$，所以有 $i_+=i_-=0$。理想运算放大器满足

$$u_+ = u_-,\ i_+ = i_- = 0 \tag{11-20}$$

称为运算放大器的理想化条件。式(11-20)又称为理想运算放大器的虚短路、虚开路模型。理想运算放大器电路符号如图 11-31 所示。图中"∞"表示运算放大器差模电压增益 A 为无穷大。利用前面所学的电路分析方法可以很方便地对由式(11-20)所表示的理想运算放大器电路进行分析。

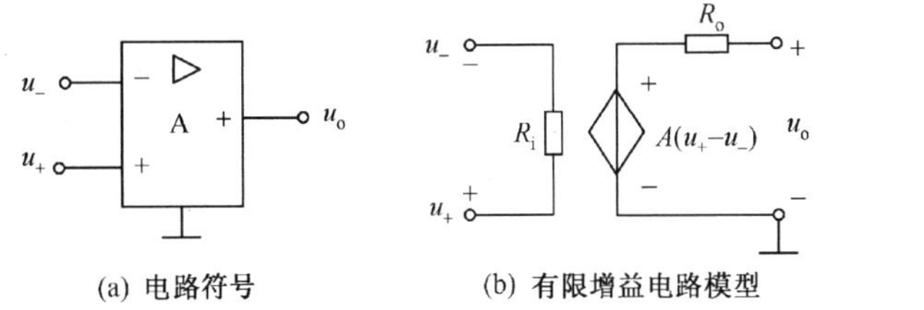

图 11-30　运算放大器

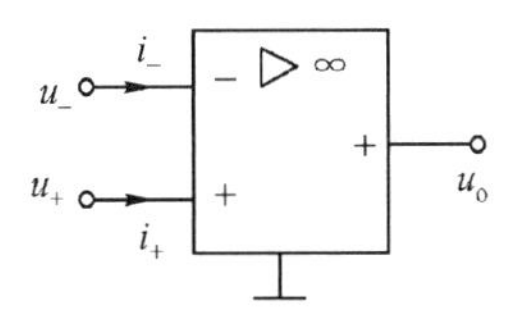

图 11-31　理想运算放大器电路符号

例 11-10　图 11-32(a)所示为一个非理想运算放大器电路，图(b)为其等效电路模型。求输出电压与输入电压的比 u_o/u_i。

解　由图(b)可列写结点电压方程

$$\left(\frac{1}{R_1}+\frac{1}{R_i}+\frac{1}{R_f}\right)u_{n1}-\frac{1}{R_f}u_{n2}=\frac{1}{R_1}u_i$$

$$-\frac{1}{R_f}u_{n1}+\left(\frac{1}{R_o}+\frac{1}{R_f}\right)u_{n2}=\frac{1}{R_o}A(u_+-u_-)$$

将 $u_+=0$，$u_-=u_{n1}$，$u_o=u_{n2}$ 代入上列方程，得

$$\left(\frac{1}{R_1}+\frac{1}{R_i}+\frac{1}{R_f}\right)u_{n1}-\frac{1}{R_f}u_o=\frac{1}{R_1}u_i$$

$$\left(-\frac{1}{R_f}+\frac{A}{R_o}\right)u_{n1}+\left(\frac{1}{R_o}+\frac{1}{R_f}\right)u_o=0$$

整理可求得

$$\frac{u_o}{u_i}=-\frac{R_f/R_1}{1+\dfrac{\left(1+\dfrac{R_f}{R_1}+\dfrac{R_f}{R_i}\right)(R_f+R_o)}{AR_f-R_o}}$$

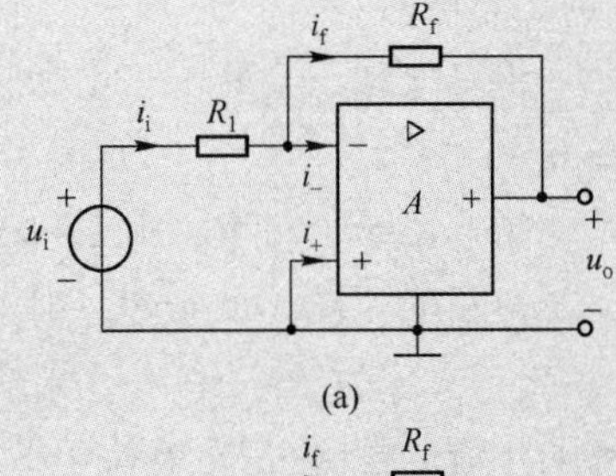

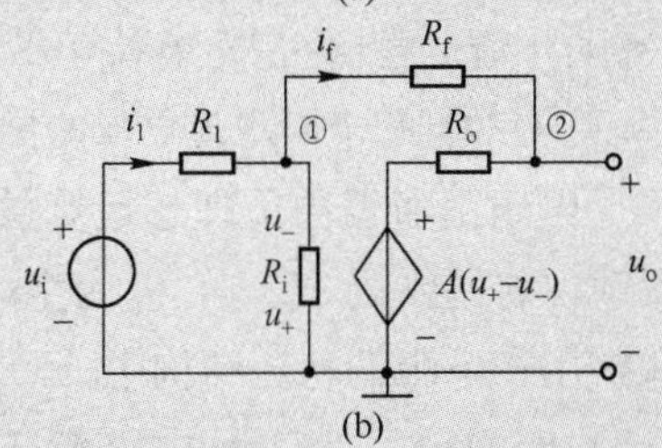

图 11-32　非理想运算放大器电路

取工程上典型的实际运算放大器参数：$A=10^5$，$R_0=100\ \Omega$，$R_i=10^6\ \Omega$，令外接电阻 $R_1=1\ \text{k}\Omega$，$R_f=1\ \text{k}\Omega$，则上式的分母为

$$1+\frac{\left(1+\dfrac{R_f}{R_1}+\dfrac{R_f}{R_i}\right)(R_f+R_o)}{AR_f-R_o}=1+\frac{\left(1+\dfrac{10^3}{10^3}+\dfrac{10^3}{10^6}\right)\times(10^3+10^2)}{10^5\times10^3-10^2}$$
$$=1+2\times10^{-5}\approx1$$

可认为 $\dfrac{u_o}{u_i}\approx-\dfrac{R_f}{R_1}=-1$，若取理想化参数：$A\to\infty$，$R_i\to\infty$，$R_o\to0$，则有 $\dfrac{u_o}{u_i}=-\dfrac{R_f}{R_1}=-1$，可见误差很小。以下均为讨论含理想运算放大器电路的分析。

11.4.3　含理想运算放大器电路的分析

运算放大器可用于各种信号的运算和处理电路中，在实际电路中应用非常广泛。含理想运算放大器电路的最主要功能之一是实现信号的放大。

图 11-33 所示电路为由理想运算放大器构成的反相放大器。输入信号 u_i 加在运算放大器反相输入端，由式(11-20)知，$i_- = i_+ = 0$，则 $i_1 = i_f$，可得

$$\frac{u_i - u_-}{R_1} = \frac{u_- - u_o}{R_f}$$

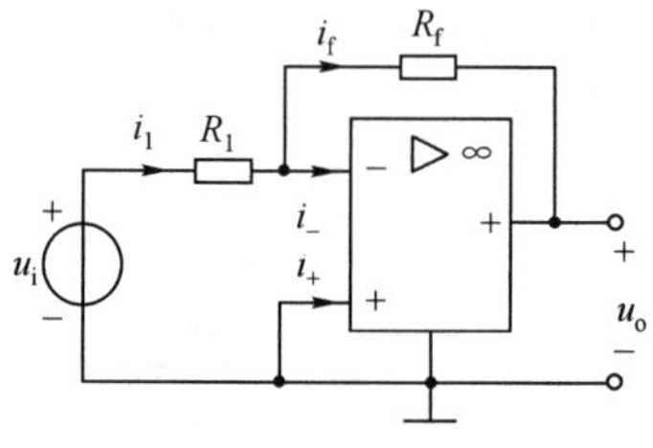

图 11-33　反相放大器

又由 $u_- = u_+ = 0$，所以 $\frac{u_i}{R_1} = -\frac{u_o}{R_f}$。

反相放大器的电压增益为输出电压与输入电压之比

$$A_u = \frac{u_o}{u_i} = -\frac{R_f}{R_1}$$

可见，输出信号 u_o 与输入信号 u_i 反相，这也是反相放大器名称的由来。上式表明反相放大器电压增益仅由外接电阻 R_f 与 R_1 之比决定，与理想运算放大器参数无关，故其又称为反相比例运算电路。

例 11-11　求图 11-34 所示电路输出电压 u_o 与输入电压 u_i 的关系。

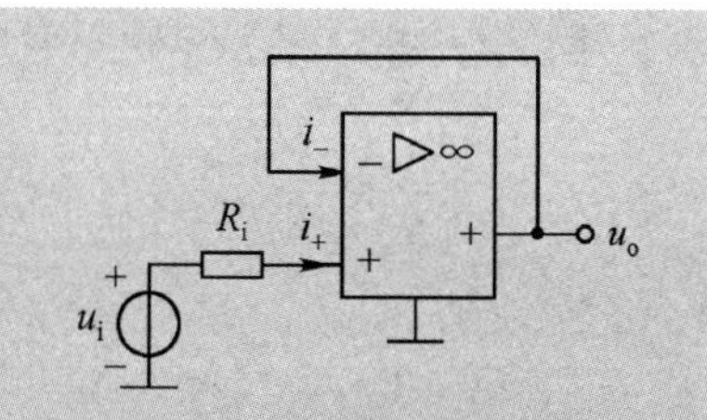

图 11-34　例 11-11 图

解　图示电路中，由 $i_+=0$，则输入电压 u_i 加在运算放大器同相输入端。由 $i_-=0$，则

$$u_o = u_i$$

可见，输出电压 u_o 与输入电压 u_i 相同，称之为跟随，因此称图 11-34 所示电路为电压跟随器。

电压跟随器由于理想运算放大器环节中输入电阻“无限大”，因此其输出端无论接入多大负载，将始终为 u_i。若 u_i 为定值，则输出端 u_o 可以视为恒定电压源；实际工程中电压跟随器通常用在电源的稳压结构中。

例 11-12　求图 11-35 所示电路输出电压 u_o 与输入电压 u_{i1}、u_{i2}、u_{i3} 的关系。

因为 $u_- = u_+ = 0$，所以有

$$i_1 = \frac{u_{i1}}{R_1},\quad i_2 = \frac{u_{i2}}{R_2},\quad i_3 = \frac{u_{i3}}{R_3}$$

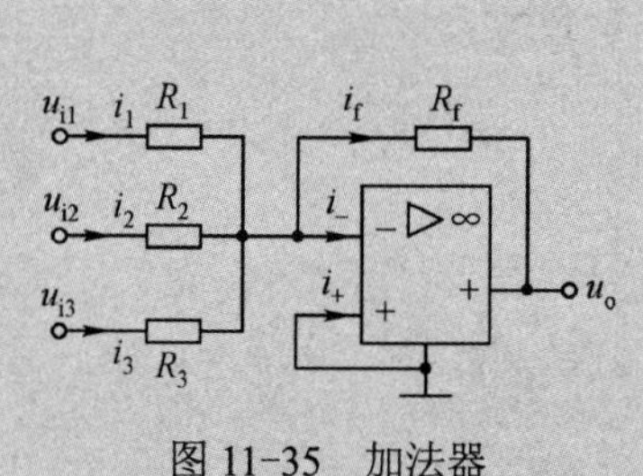

图 11-35　加法器

又因为 $i_- = 0$，则

$$i_f = i_1 + i_2 + i_3$$

所以有

$$\frac{u_- - u_o}{R_f} = \frac{u_{i1}}{R_1} + \frac{u_{i2}}{R_2} + \frac{u_{i3}}{R_3}$$

$$u_o = -R_f\left(\frac{u_{i1}}{R_1} + \frac{u_{i2}}{R_2} + \frac{u_{i3}}{R_3}\right)$$

当 $R_1 = R_2 = R_3 = R$ 时，可得

$$u_o = -\frac{R_f}{R}(u_{i1} + u_{i2} + u_{i3})$$

可见，输出是输入的相加。图 11-35 电路可实现模拟量的加法运算，常称为加法器。

例 11-13　求图 11-36 所示电路输出电压 u_o 与输入电压 u_{i1}、u_{i2} 之间的关系。

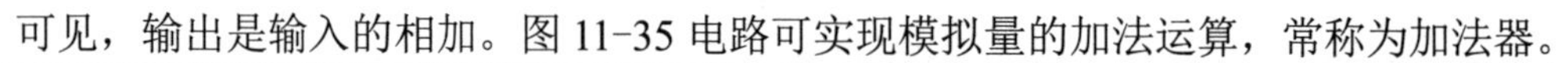

解　图示电路中，由 $i_+ = 0$，可得

$$u_+ = \frac{R_f}{R_1 + R_f} u_{i2}$$

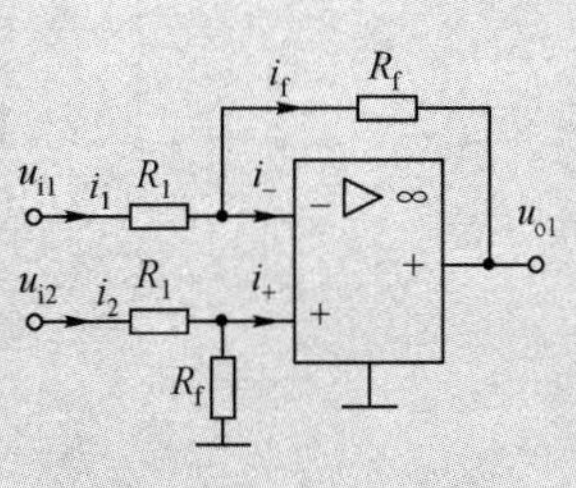

又由 $i_-=0$，可得
$$\frac{u_{i1} - u_-}{R_1} = \frac{u_- - u_o}{R_f}$$

又因为 $u_-=u_+$，消去 u_-、u_+，解得
$$u_o = \frac{R_f}{R_1}(u_{i2} - u_{i1})$$

图 11-36　例 11-13 图

可见，输出等于两输入量之差，故图 11-36 所示电路又称为减法器。

例 11-14　如图 11-37 所示的含理想运算放大器电路中，在 $t \geqslant 0$ 时，输入信号 $u_i(t)=10e^{-t/\tau}$(mV)，其中，$\tau=5\times10^{-4}$ s，电容上起始电压为零，试求输出电压 $u_o(t)$。

解　采用 s 域分析。已知

$$RC = 10\times10^3\times0.01\times10^{-6} = 1\times10^{-4}\ \text{s}$$

$$u_i(t) = 10e^{-t/\tau} \leftrightarrow U_i(s) = \frac{10}{s+1/\tau}$$

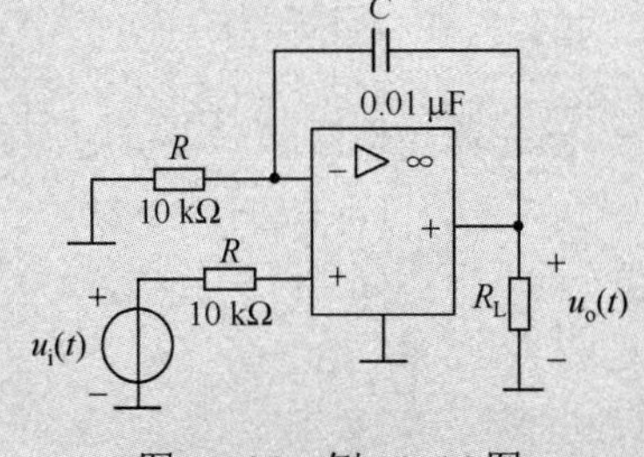

图 11-37　例 11-14 图

由图 11-37 所示电路有

$$U_o(s) = \left(R + \frac{1}{sC}\right)\frac{U_i(s)}{R} = \frac{s+\frac{1}{RC}}{s}\frac{10}{s+\frac{1}{\tau}} = 10\left(\frac{\frac{\tau}{RC}}{s} + \frac{1-\frac{\tau}{RC}}{s+\frac{1}{\tau}}\right)$$

所以

$$u_o(t) = 10\frac{\tau}{RC} + 10\left(1-\frac{\tau}{RC}\right)e^{-t/\tau} = 50 - 40e^{-t/\tau}\ \text{mV},\ t \geqslant 0$$

即响应 u_0 为激励 u_i 的积分。这表明图 11-37 所示电路能实现积分运算，是积分器电路。

思考题

11.4-1　运算放大器在什么条件下才能视为理想运算放大器？

11.4-2　总结由理想运算放大器构成的比例、积分、微分电路；设计一个电路实现这三种功能。

基本练习题

11.4-1　图题 11.4-1 所示电路，若要实现电路的输出 $u_o=3u_1+0.2u_2$，已知 $R_s=10$ kΩ，求 R_1 和 R_2。

11.4-2　含有理想运算放大器的电阻电路如图 11.4-2 所示，试求 u_o 与 u_s 的关系式。

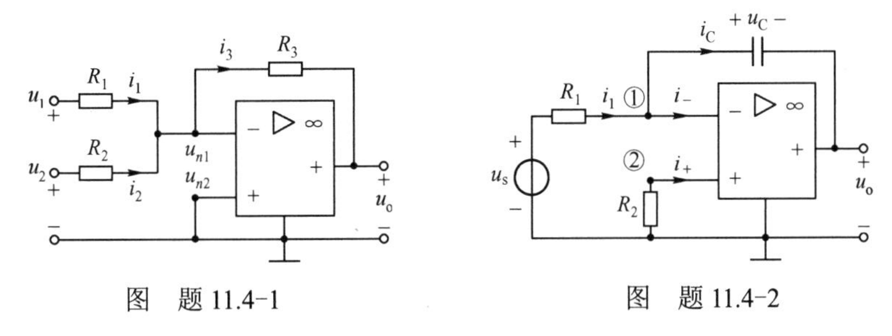

图　题 11.4-1　　　　图　题 11.4-2

11.4-3　图题 11.4-3 所示电路被称为微分电路，试推导其输出电压 u_o 与输入电压 u_i 之间的关系。

11.4-4　图题 11.4-4 所示为由理想运算放大器构成的电压跟随器电路，试推导其输出电压 u_o 与输入电压 u_i 之间的关系。

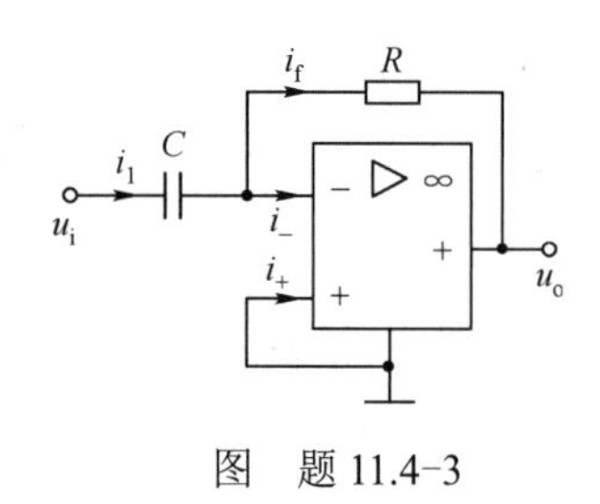

图　题 11.4-3

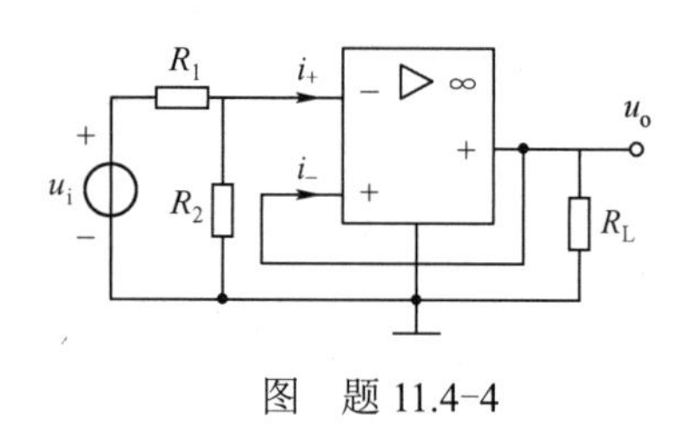

图　题 11.4-4

*11.5　回转器和负阻抗变换器

本节讨论两种集成二端口器件——回转器和负阻抗变换器，及其特性和应用。

11.5.1　回转器

回转器的电路符号及等效电路如图 11-38 所示。其端口伏安关系为

$$\begin{cases} u_1 = -ri_2 \\ u_2 = ri_1 \end{cases} \qquad (11\text{-}21a)$$

或

$$\begin{cases} i_1 = gu_2 \\ i_2 = -gu_1 \end{cases} \qquad (11\text{-}21b)$$

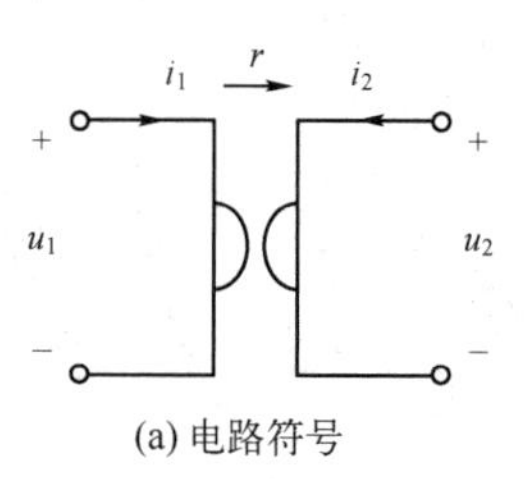

(a) 电路符号

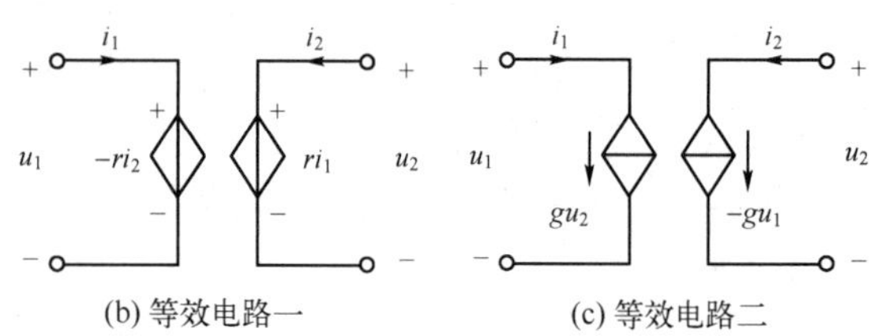

(b) 等效电路一　　(c) 等效电路二

图 11-38　回转器的符号及等效电路

式(11-21a)中，r 为回转电阻(单位：Ω)；式(11-21b)中，g=1/r 为回转电导(单位：S)。因此图 11-38(a)中 r 也可以换成 g。

可见，回转器具有转换端口电压、电流的性质，即将一端的电压转换为另一端的电流或将一端的电流转换为另一端的电压。

利用回转器的这一性质，可以把电容转换为电感。当在回转器的一端接一电容时，则在另一端将等效为一电感。如图 11-39 所示，22' 端口接电容 C，有

$$i_2 = -C\frac{\mathrm{d}u_2}{\mathrm{d}t}$$

将上式代入式(11-21)得

$$u_1 = r^2C\frac{\mathrm{d}i_1}{\mathrm{d}t}$$

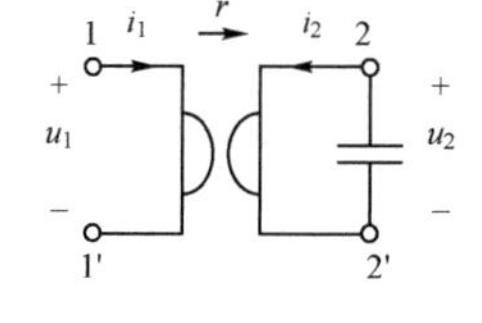

图 11-39　电容回转成电感

可见 11' 端口上的伏安关系等同于电感元件的伏安关系，此等效电感为 $L = r^2C$。

若设 C = 0.1 μF，r = 2 kΩ，则 L = 400 mH。回转器将 0.1 μF 的电容回转成 400 mH 的电感。它可用于模拟集成电路制造中实现不易集成的电感元件。同理，图 11-39 中 22' 端口接电感元件，11' 端口等效为电容元件，读者可以自行分析。

回转器吸收的功率为

$$p = u_1i_1 + u_2i_2 = -ri_2i_1 + ri_1i_2 = 0$$

表明回转器不消耗功率，也不发出功率，为线性无源元件。

由式(11-21)知，回转器是非互易元件。

例 11-15 计算图 11-40 所示含回转器电路的二端口 T 参数矩阵。

解 由于回转器也是二端口元件，因此图 11-40(a)可以看成三个二端口网络的级联，如图 11-40(b)所示。其从左到右三个二端口的 T 参数矩阵为

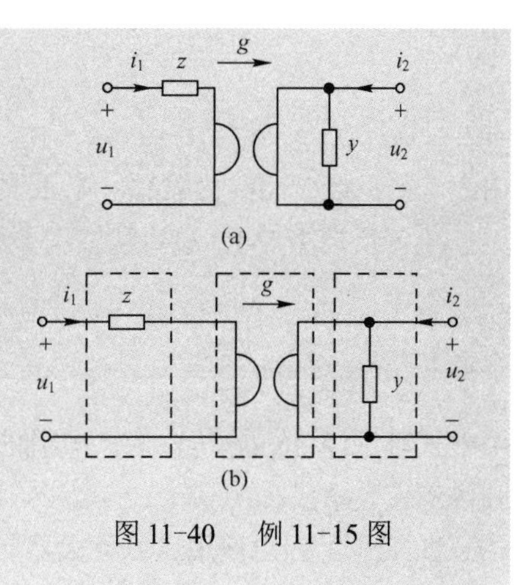

图 11-40 例 11-15 图

$$\boldsymbol{T}_1=\begin{bmatrix}1 & z\\0 & 1\end{bmatrix},\ \boldsymbol{T}_2=\begin{bmatrix}0 & \dfrac{1}{g}\\g & 0\end{bmatrix},\ \boldsymbol{T}_3=\begin{bmatrix}1 & 0\\y & 1\end{bmatrix}$$

利用级联参数的关系得

$$\boldsymbol{T}=\boldsymbol{T}_1\boldsymbol{T}_2\boldsymbol{T}_3=\begin{bmatrix}1 & z\\0 & 1\end{bmatrix}\cdot\begin{bmatrix}0 & \dfrac{1}{g}\\g & 0\end{bmatrix}\cdot\begin{bmatrix}1 & 0\\y & 1\end{bmatrix}=\begin{bmatrix}gz+\dfrac{y}{g} & \dfrac{1}{g}\\g & 0\end{bmatrix}$$

图 11-41 为由理想运算放大器实现的回转器电路实例。

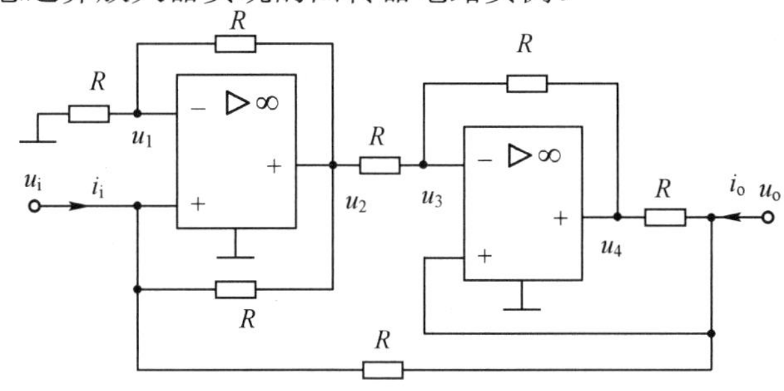

图 11-41 由理想运算放大器实现回转器电路

由第一级运放知
$$u_i=u_1=\frac{R}{R+R}u_2=\frac{u_2}{2}$$

所以
$$i_i=\frac{u_i-u_2}{R}+\frac{u_i-u_o}{R}=\frac{u_i-2u_i}{R}+\frac{u_i-u_o}{R}=-\frac{u_o}{R}$$

即
$$u_o=-Ri_i$$

由第二级运放
$$u_4=R\frac{u_3-u_2}{R}+u_3-2u_o-2u_i$$

所以
$$i_o=\frac{u_o-u_4}{R}+\frac{u_o-u_i}{R}=\frac{2u_i-u_o}{R}+\frac{u_o-u_i}{R}=\frac{u_i}{R}$$

即
$$u_i=Ri_o$$

若令图 11-41 所示电路中，$u_o=u_1$、$i_o=i_1$；$u_i=u_2$、$i_i=i_2$ 。与式(11-21)比较，可见图 11-41 所示电路为一回转器。

11.5.2 负阻抗变换器

负阻抗变换器(NIC)如图 11-42 所示，其中图 11-42(a)为电压反向型 VNIC，图 11-42(b)为电流反向型 INIC。

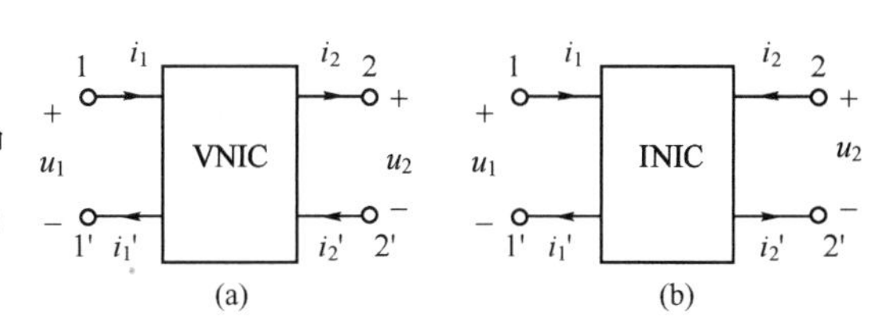

图 11-42 负阻抗变换器

电压反向型 VNIC 端口伏安关系为

$$\begin{cases} u_1 = -ku_2 \\ i_1 = -i_2 \end{cases}$$

由上式可见经 VNIC 传输后，电压改变了方向，而电流却未改变方向。

电流反向型 INIC 端口伏安关系为

$$\begin{cases} u_1 = u_2 \\ i_1 = ki_2 \end{cases}$$

由上式可见经 INIC 传输后，电流的方向被反向，而输出电压却等于输入电压。

图 11-43 为由理想运算放大器实现的负阻抗变换器电路实例。由电路，明显有

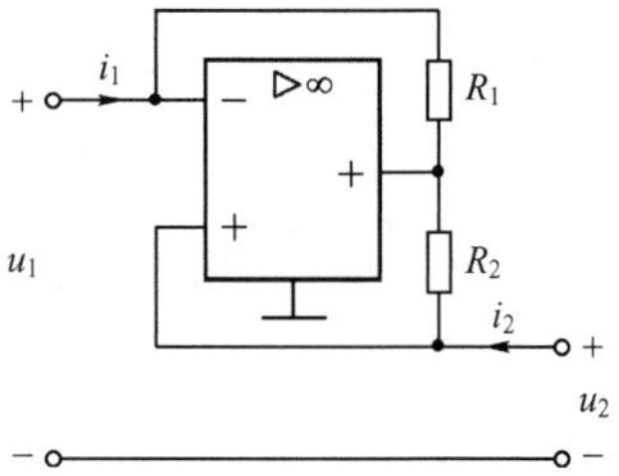

$$u_1 = u_2$$

又 $\quad u_1 - R_1 i_1 + R_2 i_2 - u_2 = 0$

所以 $\quad i_1 = \dfrac{R_2}{R_1} i_2$

图 11-43 由理想运算放大器实现的负阻抗变换器

电路满足电流反向型负阻抗变换器端口伏安特性。

例 11-16 如图 11-44 所示电路，在电流反向型 INIC 的 22' 端口接阻抗 Z_{L}，求此时 11'端口的输入阻抗。

解 由图 11-44 所示，22' 端口满足

$$\dot{U}_2 = -Z_{\mathrm{L}} \dot{I}_2$$

电流反向型 NIC 端口伏安关系满足

$$\dot{U}_1 = \dot{U}_2 , \quad \dot{I}_1 = k \dot{I}_2$$

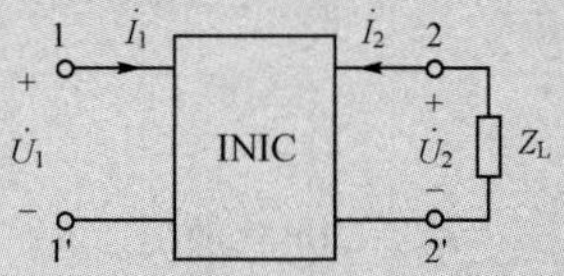

联立求解

$$Z_{\mathrm{i}} = \frac{\dot{U}_1}{\dot{I}_1} = \frac{\dot{U}_2}{k\dot{I}_2} = \frac{-Z_{\mathrm{L}} \dot{I}_2}{k\dot{I}_2} = -\frac{1}{k} Z_{\mathrm{L}}$$

图 11-44 例 11-16 图

可见，11' 端的输入阻抗是 22' 端所接阻抗的负值，即实现了负阻抗的变换。

思考题

*T11.5-1 回转器如图 11-38(a)所示，写出其端口 Z、H、T 参数矩阵。

*T11.5-2 负阻抗变换器如图 11-44 所示，写出其端口 T 参数矩阵。

基本练习题

*11.5-1 证明对于图题 11.5-1(a)所示的两个回转器级联，其复合二端口相当于一个理想变压器，如图题 11.5-1(b)所示；试计算变压器的变比 n。

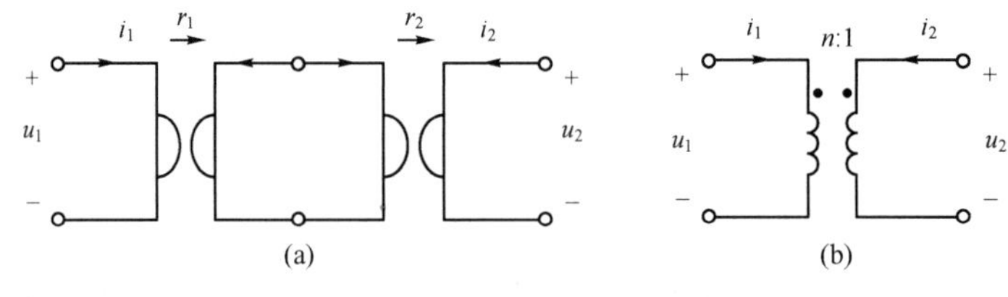

图 题 11.5-1

△11.6　应用——误差补偿型积分电路

人类高效、安全地利用核能的关键是实现受控核聚变，托卡马克是公认的探索、解决未来稳态聚变反应堆工程及物理问题的最有效途径之一。先进实验超导托卡马克装置(EAST)由中科院等离子体物理研究所自行设计研制，是国际首个全超导托卡马克装置。为了实现 EAST 装置的稳定运行，必须对其内部的磁场强度及磁通进行精确测量。EAST 装置的电磁诊断系统采用感应式磁探测器和积分器相结合的方式对磁场及磁通进行测量。

依据电磁感应原理，装置内部安装的磁探针输出的感应信号只是待测物理量磁场强度或磁通量的微分信号，因此需要使用积分器对感应信号进行积分。图 11-45 给出了磁探针与积分器组成的电磁诊断系统，当磁感应强度 $\boldsymbol{B}$ 发生变化时，穿过线圈横截面的磁通量 $\boldsymbol{\Phi}$ 也会随之变化，在磁探针输出端产生的感应电动势为：

$$v_{\mathrm{i}}(t)=NA\frac{\mathrm{d}B}{\mathrm{d}t} \tag{1}$$

式中，$v_i(t)$ 为磁探针输出端的电压差，N 为线圈匝数，A 为线圈截面面积。

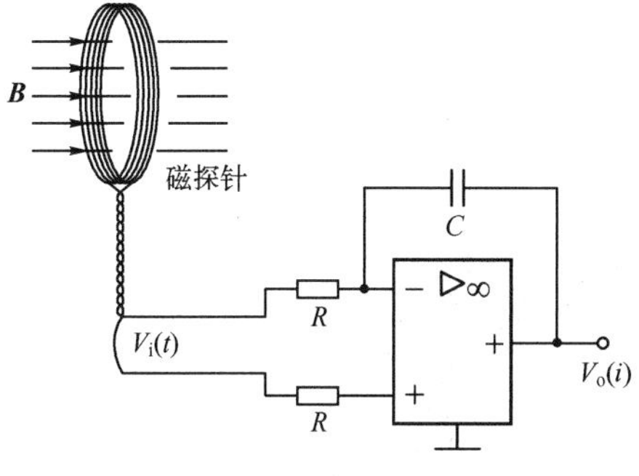

图 11-45　电磁诊断系统

如图 11-45 所示，电容的初始值为零，理想情况下，积分器的输出为

$$v_{\mathrm{o}}(t)=-\frac{1}{RC}\int_{t_0}^{t}v_{\mathrm{i}}(t)\mathrm{d}t$$

式中，为积分时间常数。由于受元件制造工艺的限制，电路元件不可能具有理想特性，不考虑电阻和电容的非理想性，仅考虑运放为非理想运放时，即运算放大器存在输入失调电压V_{os}，输入失调电流I_{os}(这些概念会在后续课程《模拟电子技术》这门课程中详细描述)，积分器的输出为

$$\begin{aligned}v_{\mathrm{o}}(t)&=-\frac{1}{RC}\int_{t_0}^{t}[v_{\mathrm{i}}(t)+RI_{\mathrm{os}}-V_{\mathrm{os}}]\mathrm{d}t\\&=-\frac{1}{RC}\int_{t_0}^{t}v_i(t)\mathrm{d}t+\frac{V_{\mathrm{os}}-RI_{\mathrm{os}}}{RC}(t-t_0)=-\frac{1}{RC}\int_{t_0}^{t}v_{\mathrm{i}}(t)\mathrm{d}t+\delta\end{aligned} \tag{2}$$

其中，积分器的误差为δ，随着积分时间的增加，积分误差不断累积，严重影响电磁测量系统的精度，因此单个的积分器是不能直接用于电磁诊断系统的。需要将积分误差消除或者抵消，根据这样的思路，设计了实时补偿型的积分器，其电路如图 11-46 所示。

$$\begin{aligned}v_{\mathrm{o}}(t)&=v_{\mathrm{bo}}(t)-v_{\mathrm{ao}}(t)=\delta_{\mathrm{b}}-\left[\frac{1}{RC}\int_{t_0}^{t}v_{\mathrm{i}}(t)\mathrm{d}t+\delta_{\mathrm{a}}\right]\\&=-\frac{1}{RC}\int_{t_0}^{t}v_{\mathrm{i}}(t)\mathrm{d}t+(\delta_{\mathrm{b}}-\delta_{\mathrm{a}})\end{aligned} \tag{3}$$

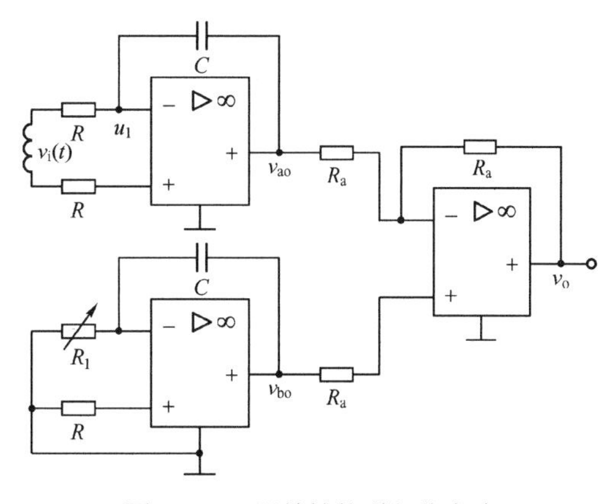

图 11-46　误差补偿型积分电路

通过对滑动变阻器 R_1 的调节，使得式(3)成立。这里需要选择特性相近的运放，即V_{os}和I_{os}特性相近，同时调节滑动变阻器 R_1，使得式(3)中的δ_{b}和δ_{a}相等，从而达到减小误差的目的。

由于受元件制造工艺的限制，电路元件不可能具有理想特性，在实际的电路设计中，只要我们把握电路设计的基本思路，并考虑元器件的实际参数，就可以设计出符合使用目的的电路。

本 章 小 结

二端口网络是电路系统的中间环节的集合，其伏安关系表现为两个端口间电压和电流四个变量之间的关系，通过端口参数方程组来表征网络的电特性。本章阐述了四组参数方程的建立及特殊的二端口网络，介绍了端口连接形式及有效性检验；介绍了集成器件——运算放大器、回转器和负阻抗变换器，及其特性和应用。

难点提示：二端口网络参数、输入端和输出端方程是分析端接二端口电路的关键。灵活运用理想运算放大器的特点来分析电路。掌握回转器和负阻抗变换器的端口特性及其应用。

名 人 轶 事

海因里希·鲁道夫·赫兹(Heinrich Rudolf Hertz，1857-1894)，德国物理学家，频率的国际单位制单位——赫兹，就是以他的名字命名的。

赫兹在 1886—1888 年间首先通过试验验证了麦克斯韦尔的理论。他证明了无线电辐射具有波的所有特性，并发现电磁场方程可以用偏微分方程表达，通常称为波动方程。赫兹还通过实验确认了电磁波是横波，具有与光类似的特性，如反射、折射、衍射等，并且实验了两列电磁波的干涉，同时证实了在直线传播时，电磁波的传播速度与光速相同，从而全面验证了麦克斯韦的电磁理论的正确性。并且进一步完善了麦克斯韦方程组，使它更加优美、对称，得出了麦克斯韦方程组的现代形式。他研究了紫外光对火花放电的影响，发现了光电效应，即在光的照射下物体会释放出电子的现象。这一发现，后来成了爱因斯坦建立光量子理论的基础。

1888 年 1 月，赫兹将这些成果总结在《论动电效应的传播速度》一文中。赫兹实验公布后，轰动了全世界的科学界，由法拉第开创，麦克斯韦总结的电磁理论，至此才取得决定性的胜利。1888 年，成了近代科学史上的一座里程碑。赫兹的发现具有划时代的意义，它不仅证实了麦克斯韦发现的真理，更重要的是开创了无线电电子技术的新纪元。

综合练习题

11-1　求图题 11-1 所示二端口的 Z 参数、T 参数。

11-2　求图题 11-2 所示电路二端口的 Y 参数矩阵。

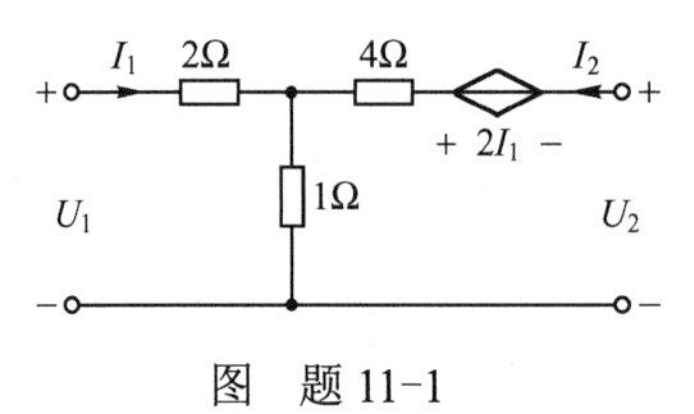

图　题 11-1

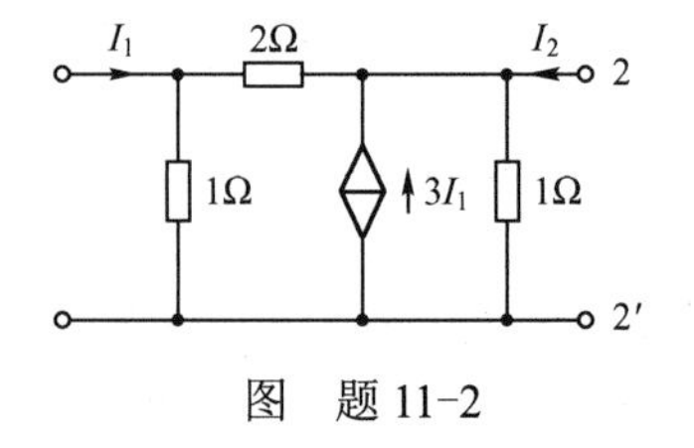

图　题 11-2

11-3　图题 11-3 所示电路中，设 $R_1 = 5\ \mathrm{k}\Omega, R_2 = 40\ \mathrm{k}\Omega, R_3 = 20\ \mathrm{k}\Omega$ 。求：

（1）输出电压 u_o 与输入电压 u_i 之比；

（2）若 $u_{\mathrm{i}}=1\,\mathrm{V}$ 时，求输出电流 i_{o}。

11-4　如图题 11-4 所示电路，试推导其输出电压与输入电压之间的关系。

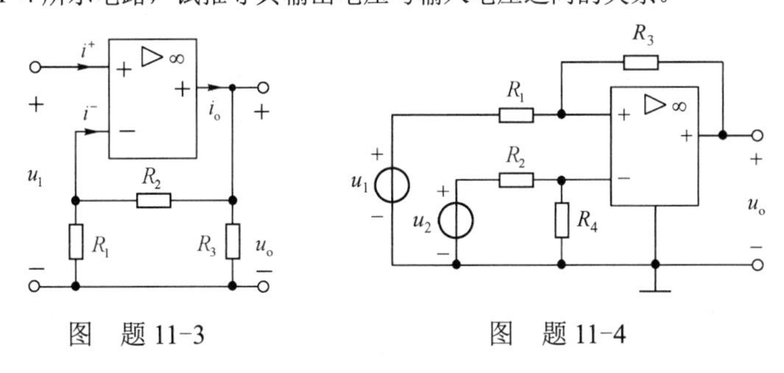

图　题 11-3　　　　图　题 11-4

11-5　如图题 11-5 所示电路，试推导其输出电压与输入电压之比 $u_{\mathrm{o}}/u_{\mathrm{i}}$。

11-6　无源互易线性网络 N，当 1-1′ 端口接电压源 $u_{\mathrm{s}}(t)=\varepsilon(t)\mathrm{V}$ （见图题 11-6(a)）时，2-2′ 端口的零状态响应 $u_2(t)=0.5\mathrm{e}^{-2t}\varepsilon(t)\mathrm{V}$；当 2-2′端口接电流源 $i_{\mathrm{s}}(t)=\delta(t)\mathrm{A}$ （见图题 11-6(b)）时，求 1-1' 端口的零状态响应 $i_1(t)$。

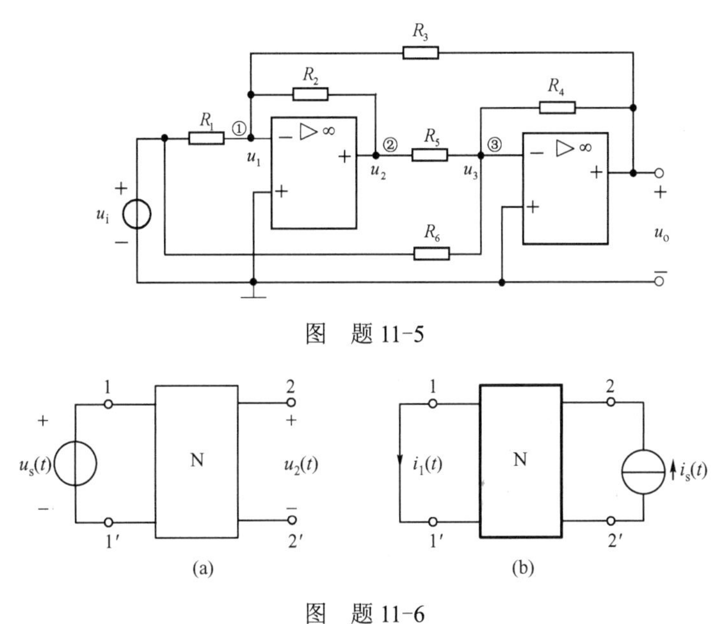

图　题 11-5

图　题 11-6

11-7　试举一例说明二端口网络与四端网络的区别。

11-8　试拟定一个测量仅由电阻组成的二端口网络 Z 参数的实验步骤。

第 12 章　非线性电路基础

【内容提要】

非线性电路是指含有非线性元件的电路。从严格的意义上讲一切实际电路器件都是非线性的。对于那些非线性程度相对较弱的器件，或是仅应用器件的线性部分工作的电路而言，可采用线性电路模型进行分析；当器件的非线性特性不容忽略，或是需要利用器件的非线性特性时，则应采用非线性电路模型进行分析。本章简要介绍非线性电路的基本概念和分析方法。拓展应用中，介绍了电子电路中常用的稳压电源的工程电路和基本原理。

12.1　非线性元件

对于具有非线性特性的电路器件，应采用非线性元件模型来描述。与线性元件相比较，描述非线性元件要复杂得多，通常需要借助于图形，通过非线性元件的特性曲线来讨论元件的性质。相对于非线性 u-i 特性、u-q 特性或 Ψ-i 特性的元件，就是非线性电阻元件、电容元件或电感元件。

12.1.1　非线性电阻

由第 1 章可知，电阻元件特性由 u-i 平面的伏安特性描述。凡是不满足欧姆定律的电阻元件就是非线性电阻。图 12-1 示出了几种典型非线性电阻的伏安特性。其中图 12-1(a)为非线性电阻的符号。

由图 12-1(b)可见，这类非线性电阻的伏安特性曲线是单调增长或单调下降的，即其具有单调性，称这类非线性电阻元件为单调型电阻。它既可以用电流 i 作为自变量又可以用电压 u 作为自变量，即其伏安特性可以表示为

$$u=f(i)，或\ i=g(u)$$

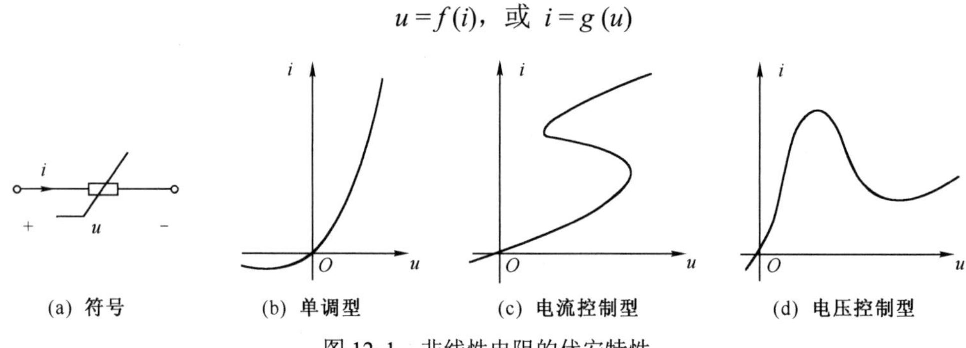

(a) 符号　(b) 单调型　(c) 电流控制型　(d) 电压控制型

图 12-1　非线性电阻的伏安特性

由图 12-1(c)所示电阻元件的伏安特性曲线可见，流过该电阻元件的每一个电流对应于一个确定的电压值，但是，对应于同一个电压，电流可能是多个值。为了保证函数的单值性，称这类非线性电阻元件为电流控制型电阻。它的伏安特性仅可表示为

$$u=f(i)$$

在图 12-1(d)所示电阻元件的伏安特性曲线上，对应于该电阻元件两端的电压值，有且仅

有一个电流值与之对应，但是，对应于同一个电流，电压可能是多个值。称这类非线性电阻元件为电压控制型电阻。它的伏安特性仅可表示为

$$i = g(u)$$

由图 12-1 示出的几种典型非线性电阻元件的伏安特性曲线可见，一般非线性电阻元件不满足特性曲线关于坐标原点对称，所以多数非线性电阻元件是单向性的。若电阻元件特性曲线对称于坐标原点，则元件为双向性的，即元件接入电路时无需考虑元件的方向性。线性电阻的伏安特性曲线为对称于坐标原点的直线，所以是双向性的。线性电阻接入电路中时不需要考虑元件的方向，而非线性电阻通常要考虑元件的方向。

由于非线性电阻元件伏安特性的非线性，所以非线性电阻不能像线性电阻那样用常数表示电阻值。对于非线性电阻元件通常引用静态电阻和动态电阻的概念。

如图 12-2 所示，将非线性电阻元件在某一工作状态下的静态电阻定义为该点的电压与电流之比

$$R = \frac{u}{i} = \frac{U_Q}{I_Q}$$

此时，由非线性电阻的端电压 U_Q、流过的电流 I_Q 在非线性电阻伏安特性曲线上所对应的点 Q 称为此时该非线性电阻的工作点。U_Q 称为工作点电压，I_Q 称为工作点电流。

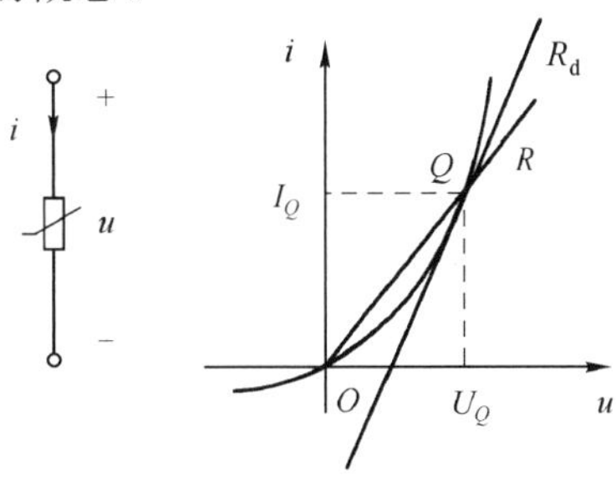

图 12-2　非线性电阻的静态、动态电阻

非线性电阻元件在某一工作点 Q 的动态电阻，为该点的电压对电流的导数，即

$$R_\mathrm{d} = \frac{\mathrm{d}u}{\mathrm{d}i}\Big|_{i=I_Q}$$

可见，无论是静态电阻还是动态电阻，都与电路工作状态有关。

例 12-1　设某非线性电阻的伏安特性为 $u = 20i + 0.5i^2$。求：

（1）$i_1 = 1\text{A}$，$i_2 = 2\text{A}$ 时所对应的电压 u_1、u_2。

（2）$i_1 = 1\text{A}$ 时的静态电阻和动态电阻。

（3）$i_3 = i_1 + i_2$ 时所对应的电压 u_3。

（4）$i = 2\cos\omega t$ 时所对应的电压 u。

解　（1）$i_1 = 1\text{A}$ 时，　$u_1 = 20i_1 + 0.5i_1^2 = 20\times1 + 0.5\times1^2 = 20.5\ \text{V}$

$i_2 = 2\text{A}$ 时，　$u_2 = 20i_2 + 0.5i_2^2 = 20\times2 + 0.5\times2^2 = 42\ \text{V}$

（2）静态电阻　$R = u_1 / i_1 = 20.5/1 = 20.5\,\Omega$

动态电阻　$R_\mathrm{d} = \dfrac{\mathrm{d}u}{\mathrm{d}i}\Big|_{i=1\text{A}} = 21\,\Omega$

（3）$i_3 = i_1 + i_2$ 时，$u_3 = 20(i_1 + i_2) + 0.5(i_1 + i_2)^2 = 20\times3 + 0.5\times3^2 = 64.5\ \text{V}$

显然，$u_3 \neq u_1 + u_2$，即叠加定理不适用于非线性电阻。

（4）$i = 2\cos\omega t$ 时，$u = 20\times2\cos\omega t + 0.5\times2^2\cos^2\omega t = 1 + 40\cos\omega t + \cos2\omega t\ \ \text{V}$

可见，对于非线性电阻，当流过它的激励电流为含有频率 ω 的正弦波时，响应电压除了含有 ω 频率分量外，还有直流和 ω 的倍频分量。即非线性电阻可以产生频率不同于输入频率的新频率分量。

12.1.2　非线性电容

电容元件的特性由 q-u 平面的库伏特性描述。凡是库伏特性在 q-u 平面上不是过坐标原点的一条直线的电容元件就是非线性电容。

若非线性电容的库伏特性是单调增长或单调下降的，其具有单调性，则称这类非线性电容元件为单调型电容，其库伏特性可以表示为

$$q = f(u)，或\ u = g(q)$$

当电容元件的库伏特性仅表示为电容的电荷是其端电压的单值函数时，称这类非线性电容元件为电压控制型电容，它的库伏特性仅可以表示为

$$q = f(u)$$

当电容元件的库伏特性仅表示为电容的端电压是其电荷的单值函数时，称这类非线性电容元件为电荷控制型电容，它的库伏特性仅可以表示为

$$u = g(q)$$

与非线性电阻类似，非线性电容元件同样具有静态电容和动态电容的概念，如图 12-3 所示。

静态电容 C 定义为非线性电容在某一工作点 Q 上的电荷与电压之比；动态电容 C_d 定义为非线性电容在某一工作点 Q 上的电荷对电压的导数，动态电容 C_d 又称为增量电容。有

$$C = \frac{q}{u}，C_\mathrm{d} = \frac{\mathrm{d}q}{\mathrm{d}u}$$

在关联参考方向下，通过电容的电流

$$i = \frac{\mathrm{d}q}{\mathrm{d}t} = \frac{\mathrm{d}q}{\mathrm{d}u}\frac{\mathrm{d}u}{\mathrm{d}t} = C_\mathrm{d}\frac{\mathrm{d}u}{\mathrm{d}t}$$

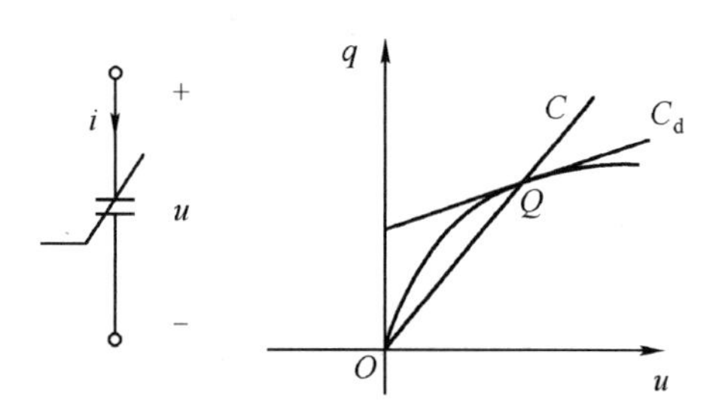

图 12-3　非线性电容的静态、动态电容

例 12-2　设某非线性电容的库伏特性为 $q = \frac{1}{2}u^3$，求工作在 0.2 V 时的静态电容和动态电容。

解　静态电容

$$C = \left.\frac{q}{u}\right|_{u=0.2\ \mathrm{V}} = \left.\frac{\frac{1}{2}u^3}{u}\right|_{u=0.2\ \mathrm{V}} = 0.02\ \mathrm{F}$$

动态电容

$$C_\mathrm{d} = \left.\frac{\mathrm{d}q}{\mathrm{d}u}\right|_{u=0.2\ \mathrm{V}} = \left.\frac{3}{2}u^2\right|_{u=0.2\ \mathrm{V}} = 0.06\ \mathrm{F}$$

由此例可知，静态电容和动态电容均为电压的函数。

12.1.3　非线性电感

电感元件的特性由 Ψ-i 平面的韦安特性描述。凡是韦安特性在 Ψ-i 平面上不是过坐标原点的一条直线的电感元件就是非线性电感。

若非线性电感的韦安特性是单调增长或单调下降的，则称这类非线性电感元件为单调型电感，其韦安特性可以表示为

$$\Psi = f(i)，或\ i = g(\Psi)$$

当电感元件的韦安特性仅表示为电感的磁链是流过其电流的单值函数时，称这类非线性电感元件为电流控制型电感，它的韦安特性仅可以表示为

$$\Psi = f(i)$$

当电感元件的韦安特性仅表示为流过电感的电流是其磁链的单值函数时，称这类非线性电感元件为磁链控制型电感，它的韦安特性仅可以表示为

$$i = g(\Psi)$$

与非线性电阻、非线性电容类似，非线性电感元件同样具有静态电感 L 和动态电感 L_d 之

分，如图 12-4(b)所示。有

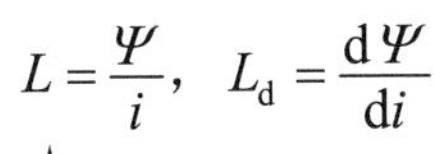

$$L=\frac{\Psi}{i},\quad L_d=\frac{d\Psi}{di}$$

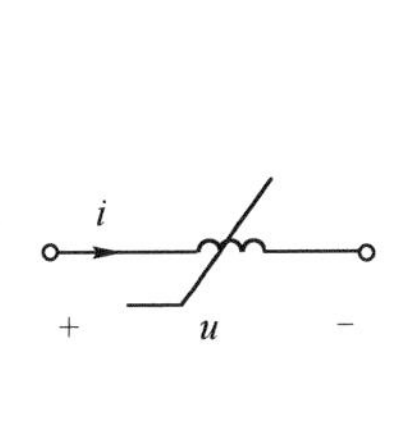

(a) 电路符号

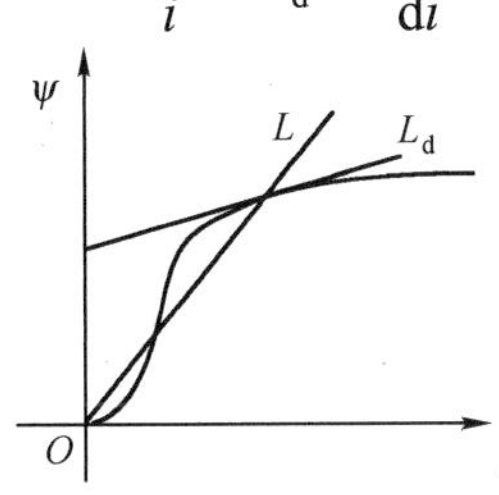

(b) 静态、动态电感

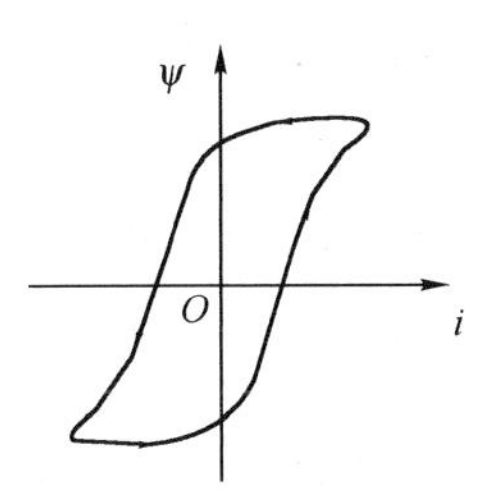

(c) 铁磁材料 Ψ-i 特性

图 12-4　非线性电感

图 12-4(c)所示为电子技术中常使用的铁心、磁心电感的 Ψ-i 特性，通常称为磁滞回线，其既非流控又非磁控，曲线对 I、Ψ 都是多值函数。

在关联参考方向下，电感的端电压

$$u=\frac{d\Psi}{dt}=\frac{d\Psi}{di}\frac{di}{dt}=L_d\frac{di}{dt}$$

式中，$L_d=d\Psi/di$，为非线性电感的动态电感或增量电感。

思考题

T12.1-1　简述非线性电阻与线性电阻的异同。

T12.1-2　何为压控元件？何为流控元件？在什么情况下元件既是压控的又是流控的？

T12.1-3　非线性电阻中的静态电阻与动态电阻有什么不同？静态电阻有可能等于动态电阻吗？

基本练习题

12.1-1　图题 12.1-1 所示的伏安特性中，属于线性电阻的是（　　）

A. 图(a)　　B. 图(b)　　C. 图(c)　　D. 图(d)

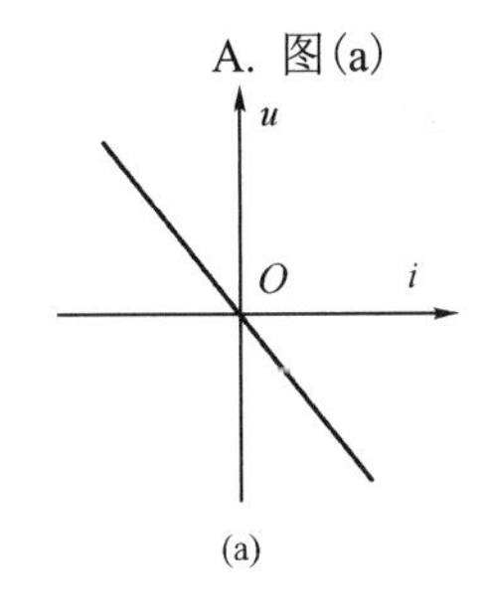

(a)

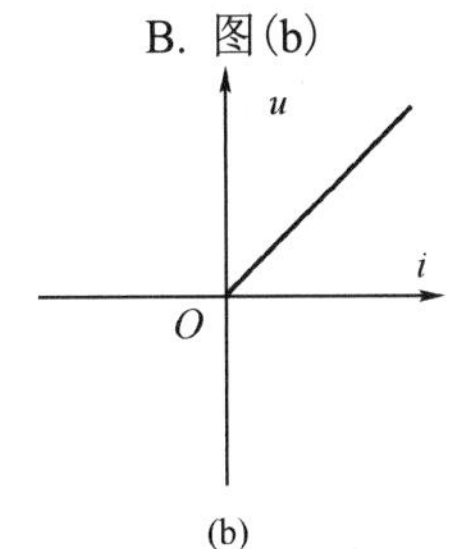

(b)

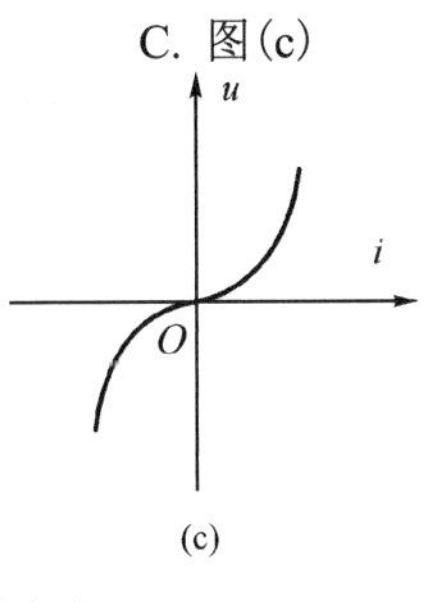

(c)

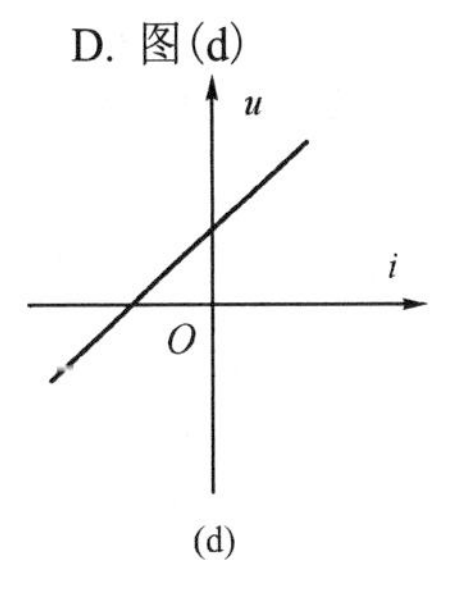

(d)

图　题 12.1-1

12.1-2　图题 12.1-2 所示的伏安特性中，动态电阻为负的线段为（　　）

A. ab 段；　　B. bc 段；　　C. cd 段；　　D. ocd 段。

12.1-3　图题 12.1-3 所示的伏安特性，用 R 和 R_d 分别表示 P 点的静态电阻和动态电阻，则（　　）

A. $R>0$，$R_d>0$；　　B. $R<0$，$R_d>0$；　　C. $R>0$，$R_d<0$；　　D. $R<0$，$R_d<0$。

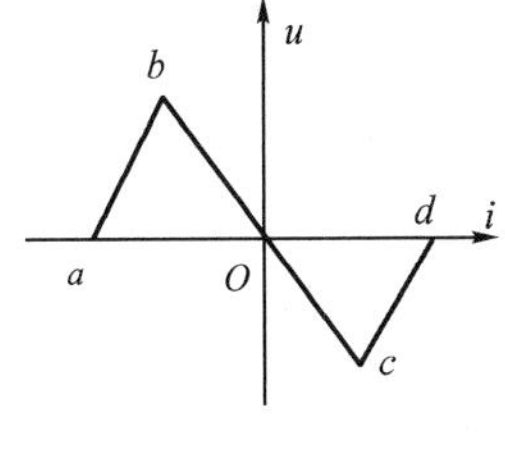

图　题 12.1-2

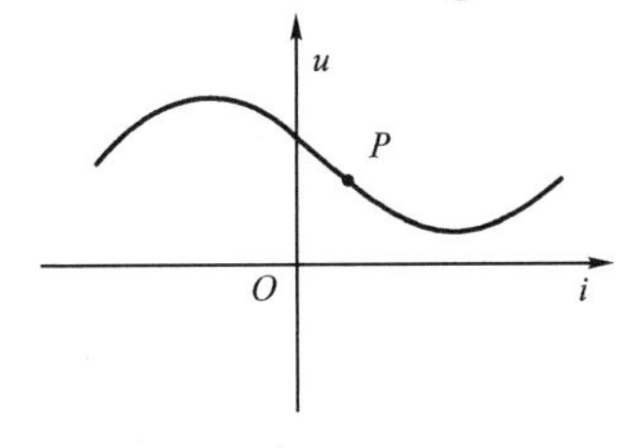

图　题 12.1-3

12.2 含非线性电阻电路的分析

含非线性电阻电路在非线性电路中占有重要的地位，它不仅是许多实际电路的合理模型，也是含有电容元件、电感元件的非线性动态电路分析的基础。

分析非线性电路的基本依据仍是 KCL、KVL 和元件的伏安特性。KCL、KVL 仅与电路连接的结构有关，而与所连接元件的特性无关，所以，由 KCL、KVL 所列出的仍是线性方程。表征元件约束关系的元件伏安特性中，对于线性元件是线性方程，对于非线性电阻元件则是非线性方程。求解一般非线性方程的解析解很困难，通常可借助于计算机求解非线性方程的数值解。

但对于某些特殊的非线性电路，如果电路中仅有一个非线性元件，或者多个非线性元件可等效化简，或者非线性元件具有分段折线性，以及在小信号条件下工作等，可采用较简单的方法求解非线性电路。

为了更直观地反映非线性方程的特性，求解非线性电路多借助于图形，又称为图解法。图解法在非线性电路的分析中占有很重要的地位，它多用于定性分析，具有直观、清晰、简洁等特点。但图解法不易得到定量的分析结果。

12.2.1 含一个非线性元件的电路

若电路中仅含有一个非线性元件，则可以把电路中除了非线性元件之外的线性电路部分视为一个线性含源一端口网络，利用戴维南定理将其等效化简为电压源串联电阻支路，如图 12-5 所示。

设非线性电阻的伏安特性为

$$i = g(u)$$

与线性一端口的端口伏安特性

$$u = u_{oc} - R_0 i$$

联立求解。即图 12-5(c)所示曲线的交点 Q 就是所求的解，Q 点就是非线性元件的静态工作点。称斜率为$-1/R_0$的直线为负载线。求得工作点电压 U_Q、电流 I_Q 后，利用替代定理就可求得线性部分电路中各支路的电压和电流。

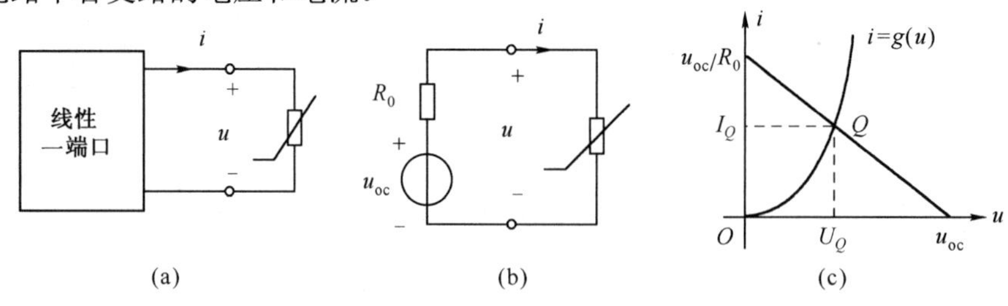

图 12-5 含一个非线性元件的电路及图解

12.2.2 非线性电阻的串、并联

与线性电阻的等效化简相同，非线性电阻也可进行串、并联等效化简，只是非线性电阻的串、并联等效化简要比线性电阻复杂得多。

1. 非线性电阻的串联

图 12-6 所示为两个非线性电阻的串联支路，由 KCL 及 KVL 有

$$i = i_1 = i_2 \text{ ，} u = u_1 + u_2$$

设非线性电阻为单调型或流控型，元件的伏安特性可表示为

$$u_1 = f_1(i_1) \text{ ，} u_2 = f_2(i_2)$$

则两电阻串联后满足 $u = f_1(i_1) + f_2(i_2) = f_1(i) + f_2(i) = f(i)$

说明两单调型或流控型非线性电阻串联后，等效于一个单调型或流控型非线性电阻。

若非线性电阻中有一个为压控型，则串联后的等效电阻将无法写出如上式所示的解析式。此时可利用图解法求出串联等效电阻的伏安特性，如图 12-6(c)所示。

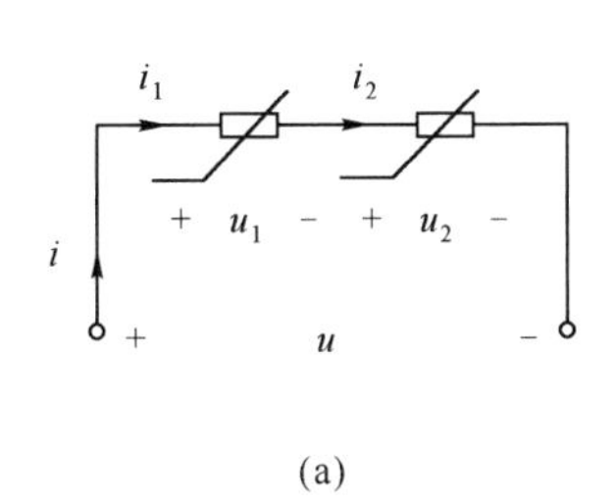

(a)

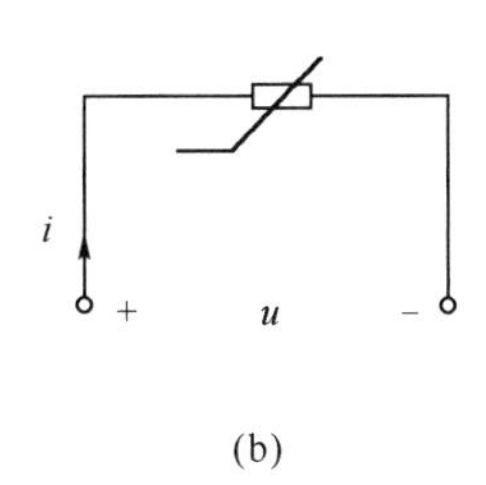

(b)

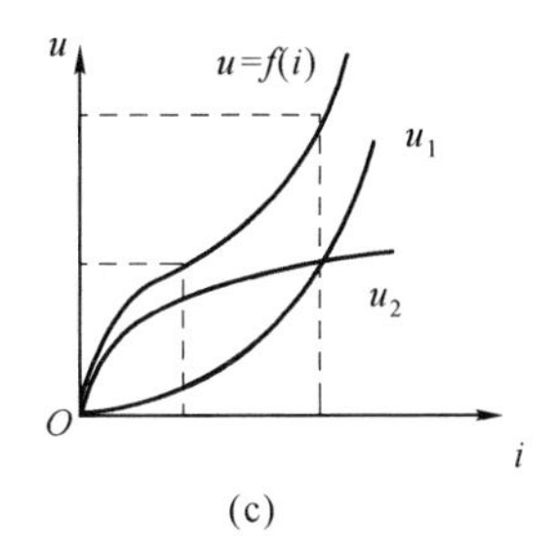

(c)

图 12-6　非线性电阻串联及图解

2．非线性电阻的并联

图 12-7 所示为两个非线性电阻的并联，由 KCL 及 KVL 有

$$i = i_1 + i_2 \text{，} u = u_1 = u_2$$

设非线性电阻为单调型或压控型，元件的伏安特性可表示为

$$i_1 = g_1(u_1) \text{，} i_2 = g_2(u_2)$$

则两电阻并联后满足 $i = g_1(u_1) + g_2(u_2) = g_1(u) + g_2(u) = g(u)$

说明两单调型或压控型非线性电阻并联后，等效于一个单调型或压控型非线性电阻。若非线性电阻中有一个为流控型，则并联后的等效电阻将无法写出如上式所示的解析式。与非线性电阻的串联类似，可采用图解法求出等效电阻的伏安特性。

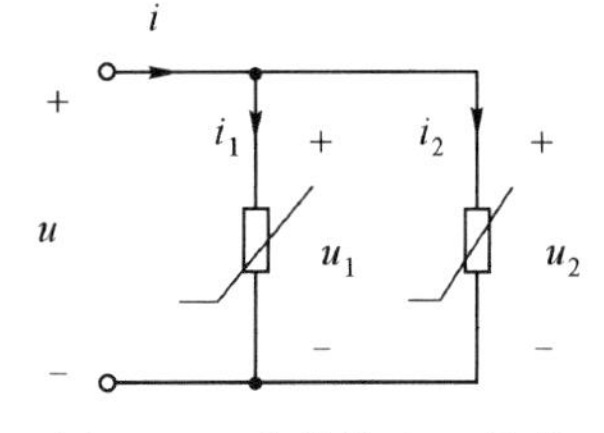

图 12-7　非线性电阻并联

12.2.3　分段线性化

为了简化非线性电路的求解，在误差允许的条件下，可将非线性电路的伏安特性曲线用若干段折线来近似，从而使电路等效成若干个线性电路模型，分段按照线性电路分析方法进行分析。这种对非线性电路的分段线性化方法又称折线法，在非线性电路的工程分析计算中经常采用。分段越多，误差越小，可用足够多的分段达到较高的精度要求。

图 12-8(a)所示为某一非线性电阻伏安特性曲线近似于直线区域的一段，当电路工作在此区域时，此非线性电阻的伏安特性可用一条直线来近似代替这一段曲线。即在此区域工作的非线性电阻的特性可由直线方程表示：

$$u = U_0 + R_d i$$

式中，$R_d = \Delta u / \Delta i$，为非线性电阻的动态电阻，$U_0$ 为直线

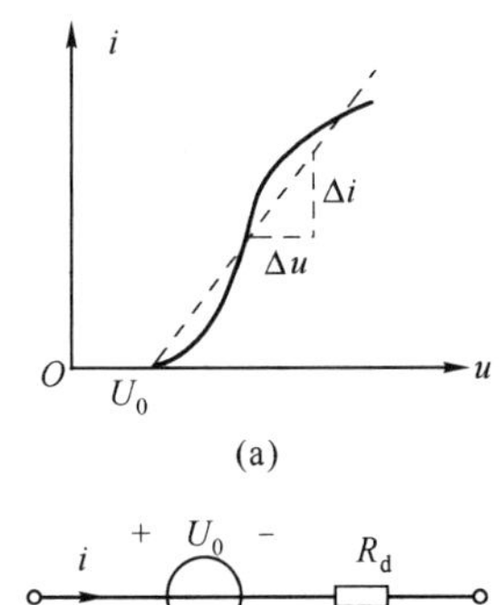

(a)

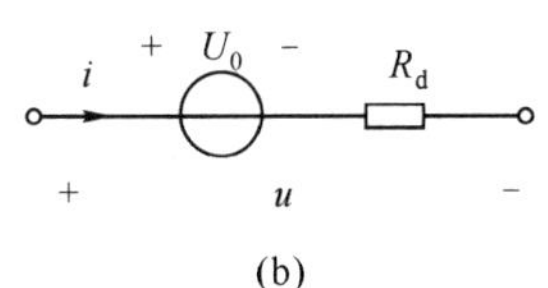

(b)

图 12-8　非线性伏安特性直线近似

在 u 轴上的截距。

由上式可见，该非线性电阻可用图 12-8(b)所示的线性含源支路来代替。从而把非线性电阻支路转化为线性含源支路。近似线性化后，就可按照线性电路的计算方法进行分析计算了。这种方法称为近似线性化法，也称直线近似法。

对图12-9(a)所示的非线性电阻的伏安特性曲线，可近似用三段直线段来代替，则在每一直线段区域里，就可用线性电路等效，得到非线性电路的近似解析解。

如图 12-9(a)所示，在 $0 < i < I_B$ 区间，曲线段 AB 可近似用斜率为 $1/R_{AB}$ 的直线段 AB 代替，该直线方程为

$$u = R_{AB}\, i，\ 0 < i < I_B$$

可见，直线 AB 过坐标原点，其可等效为一线性电阻，如图 12-9(b)所示。

在 $I_B < i < I_C$ 区间，曲线段 BC 可近似用 u 轴截距为 U_{BC}、斜率为负 $1/R_{BC}$ 的直线段 BC 代替，该直线方程为

$$u = -R_{BC}\, i + U_{BC}，\ I_B < i < I_C$$

其等效为一线性电压源串联一个负电阻支路，电压源的大小为直线在 u 轴上的截距 U_{BC}，负电阻的阻值为直线斜率的倒数，如图 12-9(c)所示。

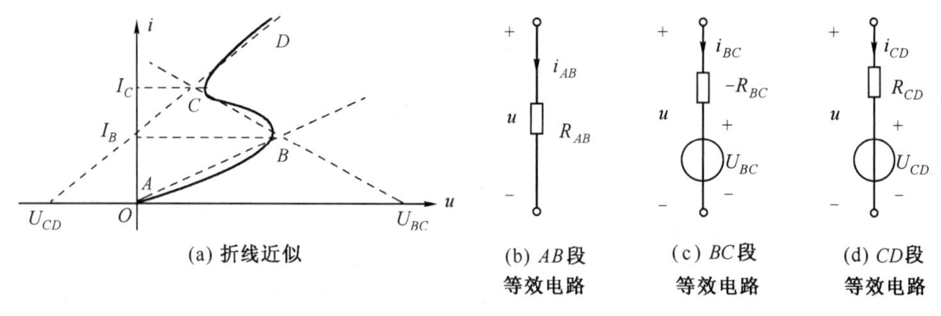

图 12-9 分段线性化

同理，在 $i > I_C$ 区间，曲线段 CD 可近似用 u 轴截距为 U_{CD}、斜率为 $1/R_{CD}$ 的直线段 CD 代替，该直线方程为

$$u = R_{CD}\, i + U_{CD}，\ i > I_C$$

其可等效为一线性含源支路，如图 12-9(d)所示。

例 12-3 图 12-10(a)所示电路中，直流电压源 $U_s = 3.5\,\text{V}, R = 1\,\Omega$，非线性电阻的伏安特性及其分段线性化折线逼近情况如图 12-10(b)所示。(1) 试用图解法求静态工作点；(2) 如将曲线分成 OC，CD 和 DE 三段折线，试用分段线性化法求静态工作点，并与 (1) 的结果相比较。

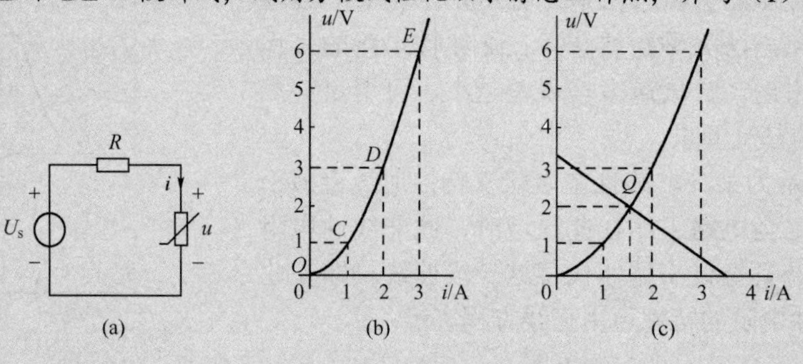

图 12-10 例 12-3 图

解 (1) 图 12-10(a)所示电路中，非线性电阻左边的线性一端口电路的伏安特性为

$$u=-Ri+U_s=3.5-i \tag{1}$$

将上式的特性曲线画在与非线性电阻的伏安特性曲线同一个 $u-i$ 平面上，如图 12-10(c)所示，可得两个特性曲线的交点 Q，即为静态工作点：$U_Q \approx 2\text{V}, I_Q \approx 1.5\text{A}$。

（2）解析法。将非线性电阻的伏安特性曲线分成 OC、CD 和 DE 三段折线，则其对应的线性方程为：

OC 段 $\quad u=i \quad (0 \leqslant i \leqslant 1\text{A}, 0 \leqslant u \leqslant 1\text{V}) \quad (2)$

CD 段: $\quad u=2i-1 \quad (1\text{A} \leqslant i \leqslant 2\text{A}, 1\text{V} \leqslant u \leqslant 3\text{V}) \quad (3)$

DE 段: $\quad u=3i-1 \quad (2\text{A} \leqslant i \leqslant 3\text{A}, 3\text{V} \leqslant u \leqslant 6\text{V}) \quad (4)$

上述三个方程中，只有式(3)与式(1)联立所得的解在其相应的区域内，即

$$u=3.5-i,\ u=2i-1$$

解得

$$I_Q=1.5\text{A},\ U_Q=2\text{V}$$

由于理论上可对任意范围的非线性进行分段线性化，所以分段线性化是一种从全局的角度分析非线性电路的方法，其可适应电压和电流大范围的变化，通常称为大信号分析。

12.2.4 小信号分析法

如果电路中信号变化幅度很小，则可围绕某一工作点来建立一个局部的近似线性模型，从而把非线性电路转化为线性电路来分析计算。这是在电子电路中用来分析非线性电路的重要方法之一，称为小信号分析法，又称局部线性化近似法。

图 12-11(a)所示的含一个非线性元件电路，电路线性部分可用戴维南定理等效为一电压源串联电阻支路，其中电压源 u_s 在一恒定电压 U_0 上有一个微小变化量Δu_s，$\Delta u_s \ll U_0$。对于给定的这一电路，Δu_s 会使电路中的各电压、电流产生相应的变化。

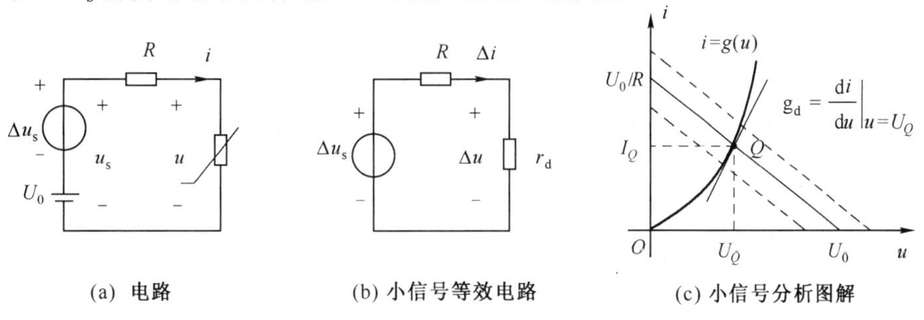

图 12-11 小信号分析法

由图 12-11(a)可得 $\quad u_s=U_0+\Delta u_s$

式中，一般将直流电压源 U_0 称为偏置；将微小变化的电压源Δu_s 称为小信号源。

由电路两类约束条件，可列出电路方程

$$\begin{cases} U_0+\Delta u_s=Ri+u \\ i=g(u) \end{cases} \tag{12-1}$$

当$\Delta u_s=0$，即电路中仅有直流电源作用时，由上式可得

$$i=-\frac{u}{R}+\frac{U_0}{R} \tag{12-2a}$$

$$i=g(u) \tag{12-2b}$$

其中，式(12-2a)为直线方程，称之为直流负载线方程；式(12-2b)为非线性元件的伏安特性。将两式联立求解，即可求得电路的静态工作点 Q，如图 12-11(c)所示。

当$\Delta u_s \neq 0$，即电路中既有直流电源又有小信号时，由式(12-1)可知，负载线将平行移动。当$\Delta u_s > 0$ 时，负载线右移至直流负载线上方；当$\Delta u_s < 0$ 时，负载线左移至直流负载线下方，如图 12-11(c)中虚线所示。电压 u 和电流 i 相当于在工作点 U_Q、I_Q 的基础上分别附加一个小信号电压Δu 和小信号电流Δi，即

$$\begin{cases} u = U_Q + \Delta u \\ i = I_Q + \Delta i \end{cases}$$

将上式代入式(12-1)得

$$U_0 + \Delta u_s = R(I_Q + \Delta i) + U_Q + \Delta u \tag{12-3a}$$

$$I_Q + \Delta i = g(U_Q + \Delta u) \tag{12-3b}$$

在 $u = U_Q$ 处将 $g(u)$展开为泰勒级数

$$I_Q + \Delta i = g(U_Q) + \left.\frac{\mathrm{d}i}{\mathrm{d}u}\right|_{u=U_Q} \Delta u + \text{高阶项}$$

由于Δu 足够小，略去高阶项，且 $I_Q = g(U_Q)$，则

$$\Delta i \approx \left.\frac{\mathrm{d}i}{\mathrm{d}u}\right|_{u=U_Q} \Delta u = g_\mathrm{d}\Delta u = \frac{1}{r_\mathrm{d}}\Delta u$$

式中，$g_\mathrm{d} = \left.\frac{\mathrm{d}i}{\mathrm{d}u}\right|_{u=U_Q}$，称为 Q 点的动态电导，它等于非线性元件伏安特性曲线工作点(U_Q, I_Q)处的斜率；$r_\mathrm{d} = 1/g_\mathrm{d}$，称为 Q 点的动态电阻。将上式代入式(12-3a)得

$$U_0 + \Delta u_s = RI_Q + R\Delta i + U_Q + r_\mathrm{d}\Delta i \tag{12-4}$$

由式(12-2a)知 $$U_0 = RI_Q + U_Q$$

将上式与式(12-4)比较得

$$\Delta u_s = R\Delta i + r_\mathrm{d}\Delta i = (R + r_\mathrm{d})\Delta i$$

由上式可做出确定Δu_s与Δi 关系的等效电路，如图 12-11(b)所示。图 12-11(b)所示电路称为图 12-11(a)所示电路的小信号等效电路，或称增量等效电路。可见，小信号等效电路与原电路具有相同的拓扑结构。原电路的非线性电阻在小信号等效电路中被静态工作点处的动态电阻r_d所代替，于是，把非线性电路问题转化为线性问题进行求解。

例 12-4 用小信号分析法求图 12-12(a)所示电路中的电压 u，设直流电压源 U_0=10 V，干扰小信号为 $\Delta u_s = \pm 10\,\mathrm{mV}$，非线性电阻的伏安特性为

$$u = \begin{cases} 4i^2 + 2i + 2, & i \geqslant 0 \\ 0, & i < 0 \end{cases}$$

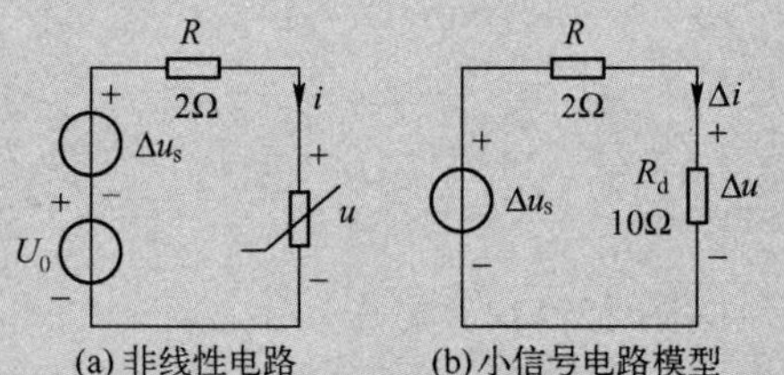

(a) 非线性电路　　(b) 小信号电路模型

图 12-12　例 12-4 图

解　(1) 求工作点，令 $\Delta u_s = 0$。

$$\left.\begin{aligned} 10 &= 2i + u \\ u &= 4i^2 + 2i + 2 \end{aligned}\right\} \Rightarrow \begin{cases} I_Q = 1\mathrm{A} \\ I_Q = -2(\text{舍去}) \end{cases} \Rightarrow U_Q = 8\,\mathrm{V}$$

(2) 求动态电阻 $$R_\mathrm{d} = \left.\frac{\mathrm{d}u}{\mathrm{d}i}\right|_{i=1} = 8i + 2\big|_{i=1} = 10\,\Omega$$

并画小信号电路模型，如图 12-12(b)所示。

(3) 求小信号电路的解

$$\Delta u = \frac{R_\mathrm{d}}{R + R_\mathrm{d}}\Delta u_s = \pm\frac{5}{6}\times 10^{-2}\ \mathrm{V}$$

（4）最后计算结果为

$$u = U_Q + \Delta u = \left(8 \pm \frac{5}{6} \times 10^{-2}\right) \text{V}$$

思考题

T12.2-1　在非线性电路分析中为什么要确定静态工作点？

T12.2-2　图 12-7 所示的两非线性电阻并联电路中，若两个非线性电阻的伏安特性分别为 $i = 2e^{-0.5u}$ 和 $u = 4i^2$，试利用图解法求其并联等效电阻的伏安特性。

基本练习题

12.2-1　图题 12.2-1 所示电路中，U_s=4 V。小信号电压源 $u_s(t) = 15\cos\omega t$ mV 。已知非线性电阻的伏安特性为

$$i = g(u) = \begin{cases} \dfrac{1}{50}u^2, & u > 0 \\ 0, & u < 0 \end{cases},$$

试用小信号分析法求非线性电阻的电压和电流。

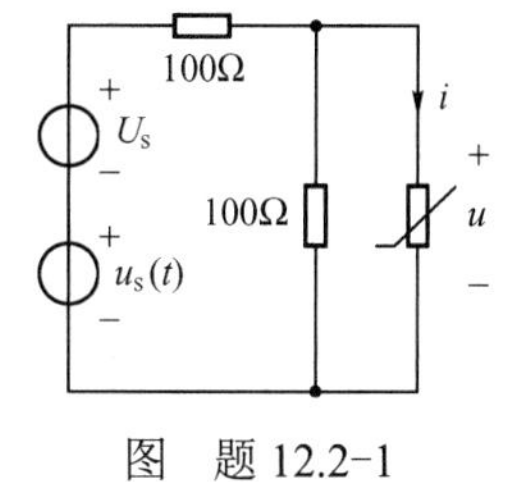

图　题 12.2-1

*12.3　含二极管电路的分析

二极管是最典型的实际二端非线性电阻器件。两种二极管的外形如图 12-13 所示。利用二极管的非线性可实现许多具有特定功能的电路，如整流电路、调制电路、检波电路等。实际中二极管的应用非常广泛。详细讨论二极管的构成原理、特性及应用，已超出本书范围。本节仅涉及对二极管伏安特性非线性的讨论，重点是对理想二极管的分析。

图 12-13　二极管的外形

12.3.1　二极管

二极管的伏安特性具有典型的非线性电阻特性。不同类型二极管的伏安特性不相同，且其应用场合也不相同。

1．理想二极管

理想二极管是一个理想的元件模型。图 12-14 所示为理想二极管的电路符号及其伏安特性曲线。由图 12-14(b)可见，其伏安特性曲线由 i-u 平面上的两条直线，即负 u 轴和正 i 轴组成，可表示为

$$u < 0\text{时：} i = 0\text{；}\quad i > 0\text{时：} u = 0$$

当 u<0 时，称理想二极管反向偏置，此时流过理想二极管的电流为零，相当于开路，电阻为无穷大；当 u>0 时，称理想二极管正向偏置，此时理想二极管两端的电压为零，相当于短路，电阻为零。

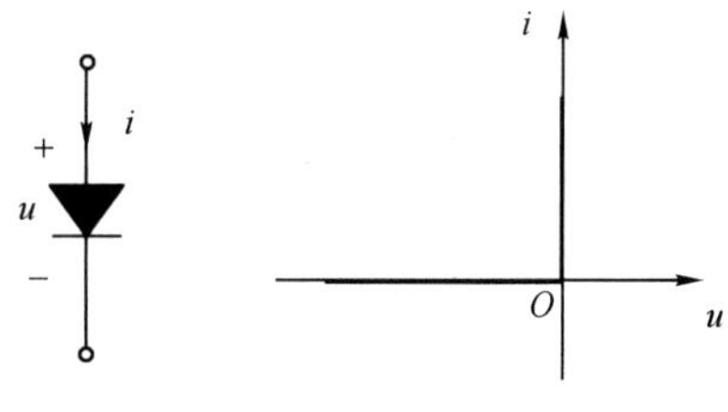

(a) 电路符号　　(b) 伏安特性曲线

图 12-14　理想二极管

可见，二极管是有方向性的元件。把如图 12-14(a)所示的二极管电路符号中三角形所指方向定为二极管的负极，也称为阴极；把三角形底边定为二极管的正极，也称为阳极。

理想二极管相当于电子开关，加正向偏置时导通，加反向偏置时断开。其这一特性在许多场合得以应用，是一个非常有用的元件模型。

2. PN 结二极管

图 12-15 所示为 PN 结二极管的电路符号及其伏安特性曲线。它是由两种异型半导体之间形成势垒而制成的一种半导体元件。二极管大多数工作在图 12-15(b)所示伏安特性曲线 A 点的右边，即 $u>U_{BR}$ 的区域。在低频工作时，二极管伏安特性可表示为

$$i = I_s(e^{u/U_T} - 1)$$

式中　常数 I_s 称为反向饱和电流，其数值很小；

$U_T = kT/q$，为温度电压当量，室温(T = 300 K)时，$U_T \approx 26$ mV；

$k = 1.3810^{-23}$ J/K，为玻耳兹曼常数；

$q = 1.6\times10^{-19}$ C，为电子电荷；

T 为绝对温度。

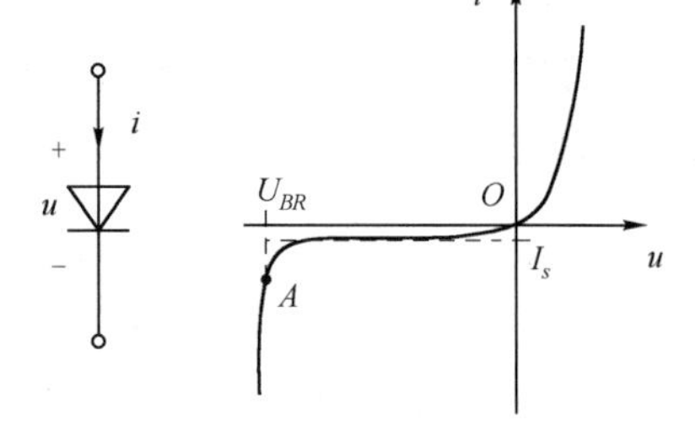

(a) 电路符号　　(b) 伏安特性曲线

图 12-15　PN 结二极管

二极管伏安特性曲线 A 处所对应的电压 $u=U_{BR}$，称为反向击穿电压。一般情况下，当 $u<U_{BR}$ 时，易使二极管损坏。正常使用时二极管反向电压不应超过反向击穿电压 U_{BR}。

对含二极管电路的分析，首先应建立二极管的电路模型，这取决于二极管不同的应用情况。在大信号应用时，可采用分段线性化的折线法；而对于小信号应用，则可采用小信号分析法。所建立的二极管电路模型是否合适，将决定分析过程的繁简，以及是否符合实际应用情况，甚至影响结果的正确与否。

对 PN 结二极管的分析，在大信号且对计算精度要求不高的情况下，由于二极管的正向导通电压较小，一般在 0.2～0.75 V 之间，可直接采用图 12-14 所示的理想二极管模型。特别是在二极管应用于电子开关状态时，采用理想二极管模型可以简洁且正确地描述二极管的工作过程。当需要考虑二极管的导通电压时，可采用如图 12-16(a)所示的由理想二极管与导通电压组成的恒压降模型电路；当需要进一步描述二极管导通时电压降的不确定性时，则可采用如图 12-16(b)所示的由理想二极管、电压源及电阻组成的折线模型电路。

当二极管工作在小信号时，则可用如图 12-16(c)所示的小信号模型电路进行分析。

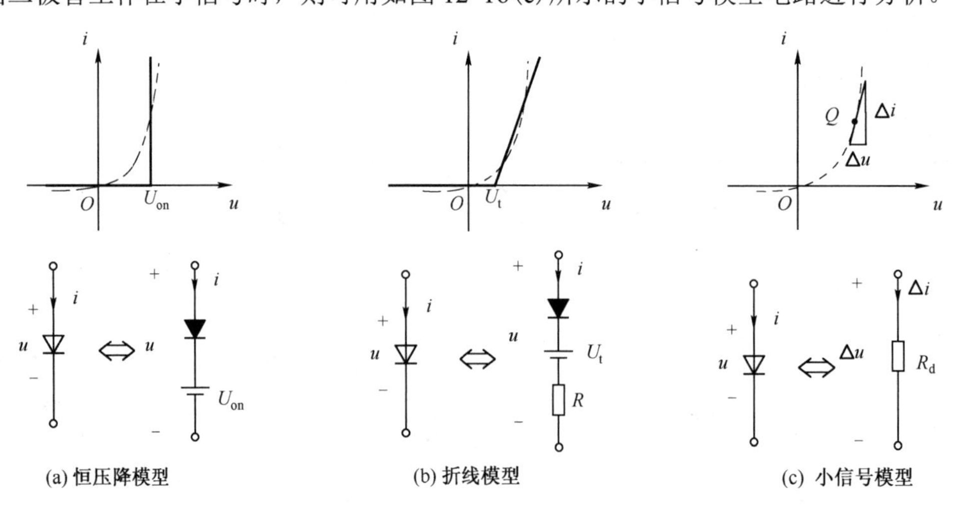

(a) 恒压降模型　　(b) 折线模型　　(c) 小信号模型

图 12-16　二极管等效电路模型及其伏安特性曲线

例 12-5　图 12-17(a)所示电路中，二极管采用图 12-16(a)所示恒压降模型时的导通电压 U_{on}=0.7 V；二极管采用图 12-16(b)所示折线模型的开启电压 U_t=0.5 V，导通电阻 R=200 Ω。当电压源 U=9 V 和 U=1 V 时，分别用理想二极管模型、恒压降模型和折线模型求流过二极管的电流。

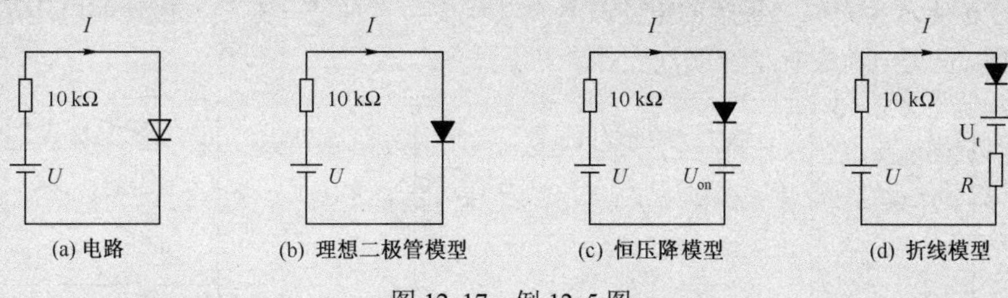

(a) 电路　(b) 理想二极管模型　(c) 恒压降模型　(d) 折线模型

图 12-17　例 12-5 图

解　分别画出二极管的理想二极管模型、恒压降模型和折线模型等效电路，如图 12-17(b)、(c)和(d)所示。因为各等效电路中加到理想二极管上的均为正向电压，所以各等效电路中理想二极管导通。

（1）当 U=9 V 时：

采用图 12-17(b)的理想二极管模型，则 $I=\dfrac{9}{10}=0.9\text{ mA}$

采用图 12-17(c)的恒压降模型，则 $I=\dfrac{9-0.7}{10}=0.83\text{ mA}$

采用图 12-17(d)的折线模型，则 $I=\dfrac{9-0.5}{10+0.2}=0.833\text{ mA}$

（2）当 U=1 V 时：

采用图 12-17(b)的理想二极管模型，则 $I=\dfrac{1}{10}=0.1\text{ mA}$

采用图 12-17(c)的恒压降模型，则 $I=\dfrac{1-0.7}{10}=0.03\text{ mA}$

采用图 12-17(d)的折线模型，则 $I=\dfrac{1-0.5}{10+0.2}=0.049\text{ mA}$

可见，当电源电压远大于二极管导通电压时，由各种不同的等效电路模型所求得的结果差别并不大。而当电源电压接近二极管导通电压时，各种不同等效电路模型所求得结果的差别就比较大了，此时，采用折线模型比较合理。

3. 稳压二极管

稳压二极管又称齐纳二极管。图 12-18 所示为稳压二极管的电路符号及其伏安特性曲线。由于稳压二极管特殊的制作工艺，当反向电流大小控制在一定范围内时，使得它可以工作在反向击穿电压状态下。此时，反向电流可以在较大的范围内变化，而反向击穿电压 U_Z 基本不变，从而形成稳定的电压。稳压二极管一般工作在这种状态下。选择合适的静态工作点，就可使稳压二极管工作在稳压区域，这时，稳压二极管的小信号模型就是一个电压源。

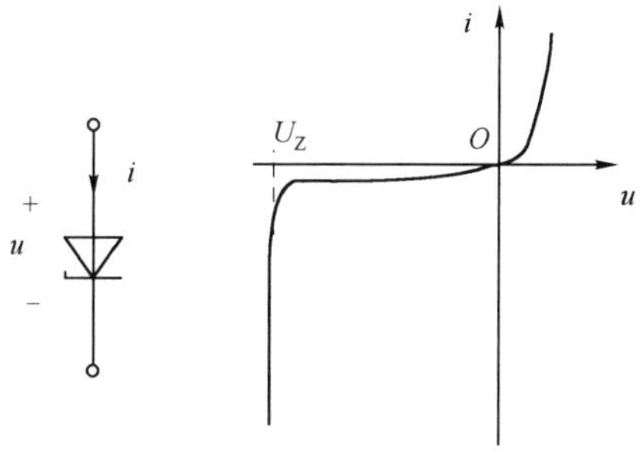

(a) 电路符号　(b) 伏安特性曲线

图 12-18　稳压二极管

4. 隧道二极管

图 12-19 所示为隧道二极管的电路符号及其伏安特性曲线。可见，其电流是电压的单值函数，所以它是电压控制型非线性元件。由图 12-19(b)的伏安特性曲线可见，其有一段曲线为

负斜率，可用于放大和振荡。此外，其伏安特性曲线中有一段区域为，某一电流值对应三个不同的电压值，此多值特性在记忆和切换电路中极为有用。

5. 充气二极管

图 12-20 所示为充气二极管的电路符号及其伏安特性曲线。充气二极管的电压是电流的单值函数，所以它是电流控制型非线性元件。

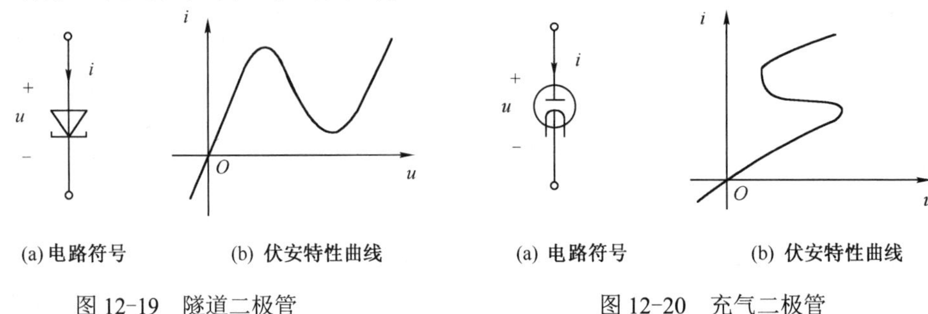

图 12-19　隧道二极管　　　图 12-20　充气二极管

12.3.2　含理想二极管的电路

当电路中仅含一个理想二极管时，如前所述，可先将除理想二极管以外的线性电路部分利用戴维南定理等效为电压源串联电阻支路，进而判别理想二极管的工作状态是正偏置还是反偏置。正偏置时二极管导通，等效为短路；反偏置时二极管截止，等效为开路。这样即可求得电路所有支路的电压和电流。

例 12-6　如图 12-21(a) 所示电路，求流过理想二极管的电流 i_D 及 6 kΩ电阻中的电流 i。

解　断开理想二极管支路，求戴维南等效电路。有

$$u_{oc}=\frac{6}{3+6}\times 112-\frac{3}{3+6}\times 9-1=4\text{ V}$$

$$R_0=\frac{3\times 6}{3+6}+2=4\text{ k}\Omega$$

因此等效电路如图 12-21(b) 所示，理想二极管正向偏置导通，可等效为短路，有

$$i_D=4/4=1\text{ mA}$$

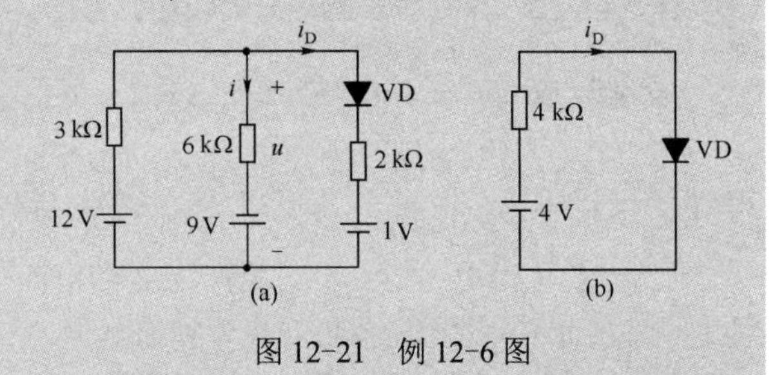

图 12-21　例 12-6 图

在图 12-21(a) 中，由于已判断出理想二极管正向偏置导通，其可等效为短路，因此有

$$\frac{u-12}{3}+\frac{u+9}{6}+\frac{u-1}{2}=0$$

解得 $u=3$ V，所以

$$i=\frac{3+9}{6}=2\text{ mA}$$

若电路中含有多个理想二极管，可采用假定状态法。即先假设理想二极管处于导通或截止状态，然后在这一假定状态下对电路进行分析计算，看结果是否符合假定的状态。当结果与假定的情况不一致时，说明假定不合理，需要重新设定新的状态，直至找到符合假定情况的结果。

一个具有 n 个二极管的电路将有 2^n 种可能的状态。

例 12-7　如图 12-22 电路中，当电压 u_1、u_2 分别为 5 V 或 0 V 时，求 A 点的电位 u_A。

解　(1) 先求 $u_1=0$，$u_2=0$ 的情况：此时 VD_1、VD_2 两个二极管均正偏置导通，A 点电位为零，即 $u_A=0$。

（2）u_1=5 V，u_2=5 V 的情况：此时 VD_1、VD_2 两个二极管仍能正偏置导通，A 点电位等于 u_1 或 u_2，即 u_A=5 V。

（3）u_1=0 V，u_2=5 V 的情况：此时 VD_1 的负极电位低于 VD_2 负极的电位，故先设 VD_1 正偏置导通。由于 VD_1 导通 A 点电位将等于 u_1，即为零，使得 VD_2 的负极电位高于正极电位而反向偏置截止，所以，$u_A= u_1$=0。

（4）同理可得，u_1=5 V，u_2=0 V 的情况：$u_A= u_2$=0。

将 u_1、u_2 不同的组合情况与 u_A 的电压列于表 12-1 中，可见在 u_1、u_2 中只要其中有一个电压为零，则 A 点的电位 u_A 为零；只有当 u_1、u_2 同时都为 5 V 时，A 点的电位 u_A 才为 5 V。u_A 与 u_1、u_2 的这种关系，在数字逻辑电路中被称为“与逻辑”。

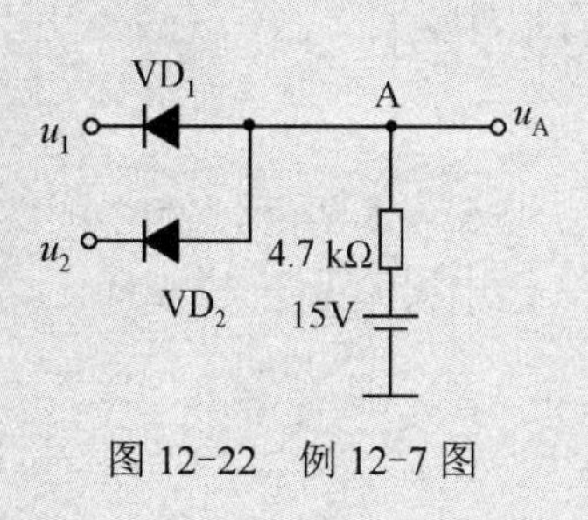

图 12-22　例 12-7 图

表 12-1　例 12-7 的表

u_1	u_2	二极管工作状态		u_A
		VD_1	VD_2	
0 V	0 V	导通	导通	0 V
0 V	5 V	导通	截止	0 V
5 V	0 V	截止	导通	0 V
5 V	5 V	导通	导通	5 V

在实际应用电路中，常利用二极管的非线性来改变时变输入信号的波形。图 12-23(a)所示电路为二极管双向限幅电路。

当输入信号 u_i 的幅度在 U_1、U_2 之间时，二极管 VD_1、VD_2 反向偏置截止，二极管 VD_1、VD_2 所在支路开路，输出 $u_o=u_i$；当输入 $u_i>U_1$ 时，VD_1 正向偏置导通，而 VD_2 仍反向偏置截止，输出 $u_o= U_1$；当输入 $u_i<U_2$ 时，VD_1 反向偏置截止，而 VD_2 正向偏置导通，输出 $u_o= U_2$。输出 u_o 的波形如图 12-23(b)所示。

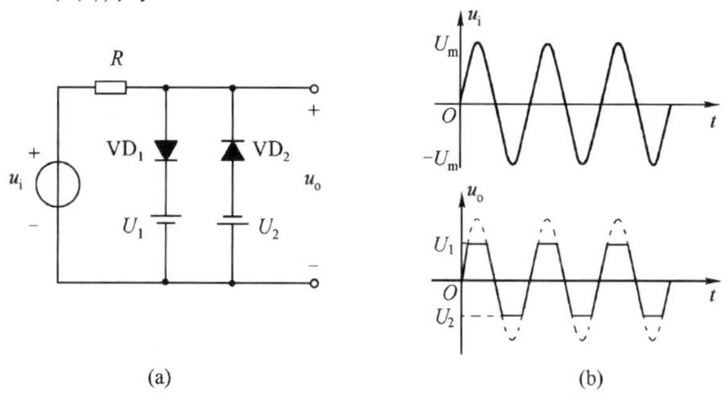

图 12-23　二极管双向限幅电路

思考题

*T12.3-1　有人说分析二极管电路时采用折线模型比采用理想二极管模型好。你认为如何？

基本练习题

*12.3-1　如图题 12.3-1 所示电路中，求理想二极管上的伏安关系。

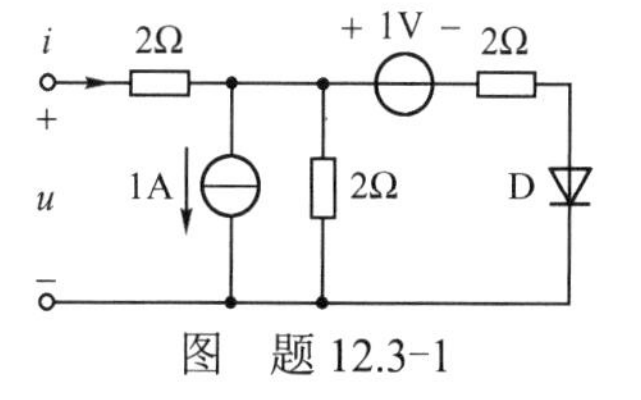

图　题 12.3-1

△12.4　应用——整流滤波电路

电子线路中的有源器件，以及很多电子设备都需要稳定的直流电源供电。直流稳压电源是提供稳定直流电压输出的电路，它将电网提供的 220 V/50 Hz 的交流电变换成输出恒定的直流电。直流稳压电源的基本组成方框图如图 12-24 所示。输入交流电经整流、滤波和稳压后输出稳定的直流电压。

利用二极管的单向导电性作为整流元件构成的整流电路，具有结构简单、性能稳定的特点，被广泛应用。图 12-25 所示为二极管整流电路及其波形。为分析简便，二极管采用理想模型。交流电网输入的 220 V/50 Hz 交流电压先经电源变压器降压，变为整流电路所需的交流电压，即

$$u_{\mathrm{i}}=\sqrt{2}U_{\mathrm{i}}\sin\omega t$$

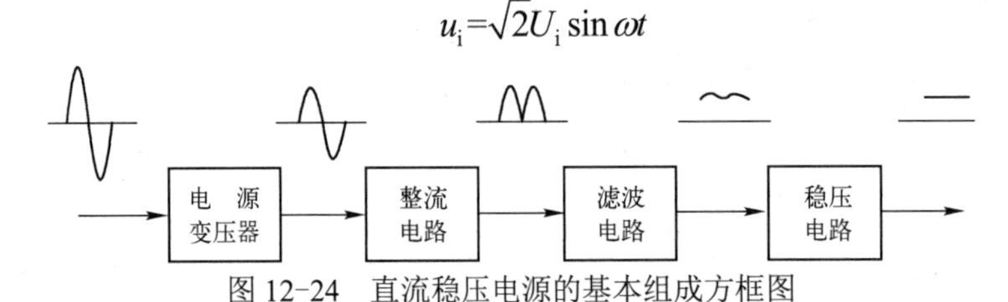

图 12-24　直流稳压电源的基本组成方框图

图 12-25(a)为半波整流电路，在输入电压 u_{i} 的正半周，二极管 VD 导通，输出电压 $u_{\mathrm{d}}=u_{\mathrm{i}}$；输入电压 u_{i} 的负半周，二极管 VD 截止，输出电压 $u_{\mathrm{d}}=0$。输出波形见图 12-25(a)，这是一非正弦周期信号，用傅里叶级数展开为

$$u_{\mathrm{d}}=\sqrt{2}U_{\mathrm{i}}\left(\frac{1}{\pi}+\frac{1}{2}\sin\omega t-\frac{2}{3\pi}\cos 2\omega t-\cdots\right) \tag{12-5}$$

其直流分量

$$U_{\mathrm{d}}=\frac{\sqrt{2}U_{\mathrm{i}}}{\pi}\approx 0.45U_{\mathrm{i}}$$

由式(12-5)知，除直流分量外，u_{d} 中还含有基波、二次谐波等不同频率的分量，它们反映了 u_{d} 起伏或者说脉动的程度。定义基波峰值与直流分量之比为输出电压脉动系数 S。即

$$S=\frac{\dfrac{\sqrt{2}U_{\mathrm{i}}}{2}}{\dfrac{\sqrt{2}U_{\mathrm{i}}}{\pi}}\approx 1.57$$

S 越小 u_{d} 脉动越小，整流性能越好。

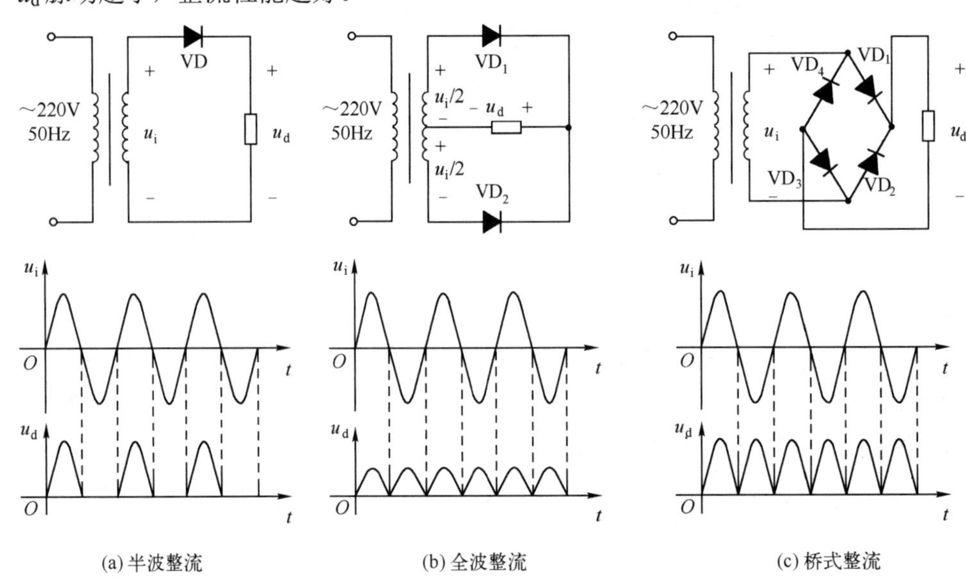

图 12-25　二极管整流电路与波形

图 12-25(b)为全波整流电路，由变压器中心抽头将次级电压 u_{i} 分为 $u_{\mathrm{i}}/2$ 输出。在输入电

压 u_i 的正半周，二极管 VD_1 导通，VD_2 截止，输出电压 $u_d=u_i/2$；输入电压 u_i 的负半周，二极管 VD_1 截止，VD_2 导通，输出电压 $u_d=-u_i/2$。二极管 VD_1、VD_2 轮流导通半个周期，u_d 输出全波整流波形，如图 12-25(b)所示。用傅里叶级数展开为

$$u_d=\frac{\sqrt{2}U_i}{2}\left(\frac{2}{\pi}-\frac{4}{3\pi}\cos 2\omega t-\frac{4}{15\pi}\cos 4\omega t-\cdots\right)$$

输出电压脉动系数

$$S=\frac{\dfrac{2\sqrt{2}U_i}{3\pi}}{\dfrac{\sqrt{2}U_i}{\pi}}\approx 0.67$$

可见，全波整流比半波整流输出电压脉动小得多。

虽然全波整流输出电压脉动小，但它需要变压器次级中心抽头，给实际应用带来不便。图 12-25(c)所示的桥式整流电路，无需变压器次级中心抽头，输出全波整流波形。在输入电压 u_i 的正半周，二极管 VD_1、VD_3 导通，VD_2、VD_4 截止，输出电压 $u_d=u_i$；输入电压 u_i 的负半周，二极管 VD_1、VD_3 截止，VD_2、VD_4 导通，输出电压 $u_d=-u_i$。两对二极管交替导通半个周期，u_d 输出全波整流波形，如图 12-25(c)所示。

整流电路输出为正向非正弦周期电压波形，含有较大的谐波成分，为得到较平滑的直流电压，需在整流电路后面接入低通滤波电路。如图 12-26(a)所示为在桥式整流电路后面接入电容低通滤波电路，图 12-26(b)所示为电路输出波形。

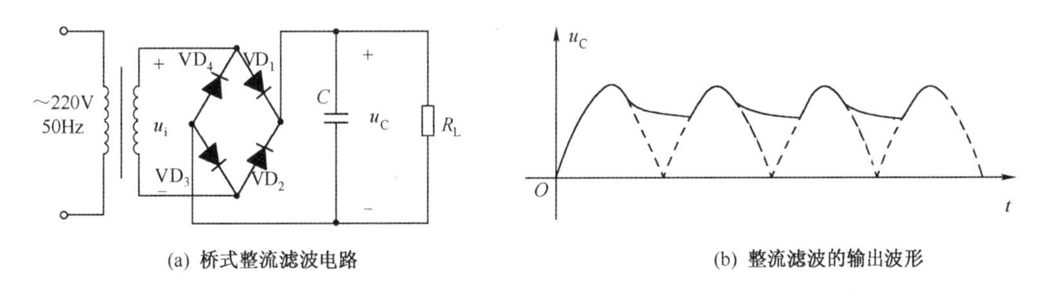

(a) 桥式整流滤波电路　　(b) 整流滤波的输出波形

图 12-26　桥式整流滤波电路与输出波形

在输入电压 u_i 的正半周，二极管 VD_1、VD_3 导通，VD_2、VD_4 截止，输入电流经 VD_1、VD_3 以 $u_C=u_i$ 向电容充电到 u_i 的峰值；u_i 由峰值下降时，由于电容电压的惰性，u_C 变化滞后于 u_i；当 $u_i<u_C$ 时，二极管 VD_1、VD_3 截止，电容通过电阻 R_L 放电，一般 R_L 很大，电容放电很缓慢，电容上的电压 u_C 将维持在 u_i 峰值处缓慢下降。在输入电压 u_i 的负半周，且 u_i 的负向瞬时值大于电容上的电压 u_C 时，二极管 VD_2、VD_4 导通，输入电流经 VD_2、VD_4 以 $u_C=u_i$ 向电容充电。如此周而复始，得到如图 12-26(b)所示的较为平滑的输出直流电压。220 V/50 Hz 的正弦交流电经全波整流后，再经 R_L= 1 kΩ，C=2500 μF 的 RC 低通滤波，其输出电压的脉动系数 S≈0.2%。

为了获得更平稳的直流电压，在整流滤波电路后面，还需加稳压电路。图 12-27 所示为三端线性集成稳压器 W7800。图 12-28 所示为采用桥式整流、电容滤波和三端集成稳压器组成的线性直流稳压电源电路。此时输出电压的脉动系数 S 趋近于零。图 12-29 所示为一个实际的线性直流稳压电源。

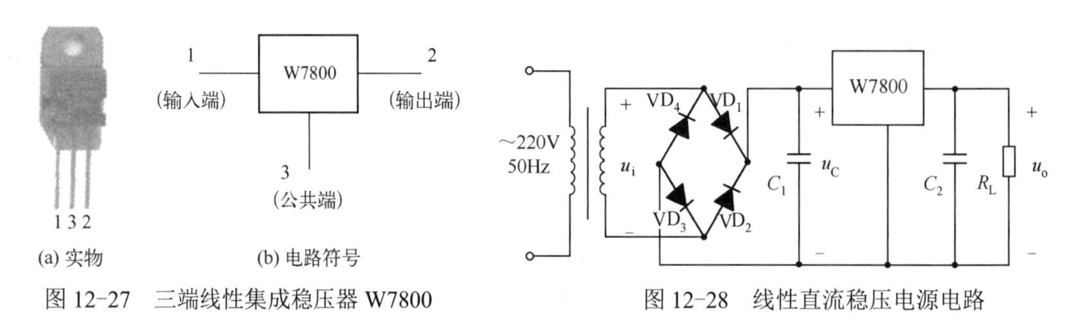

图 12-27　三端线性集成稳压器 W7800

图 12-28　线性直流稳压电源电路

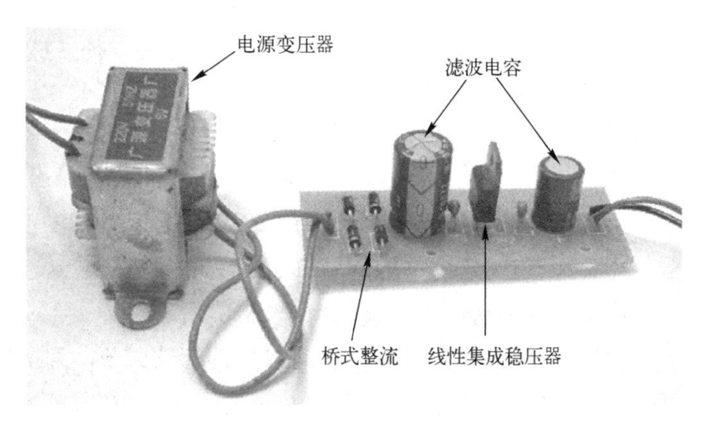

图 12-29　实际的线性直流稳压电源

本 章 小 结

本章介绍了非线性电路元件的特点，给出了非线性电阻、电容、电感的元件约束关系。以非线性电阻电路为基础，阐述了非线性电路常用的分析方法，主要有解析法、图解法、分段线性化法、小信号分析法和数值法等。

图解法主要有曲线相交法等；分段线性化法把非线性元件的伏安特性曲线以几个线性区段来拟合，就每线性区段来说，可应用线性电路的分析方法；小信号分析法的实质是在静态工作点处将非线性电阻的特性用过静态工作点的切线来近似；数值法可使用计算机来进行。

难点提示：元件的非线性是自然界常见的现象，理解电路中主要非线性元件的约束关系；了解非线性问题线性化处理的基本方法，重点掌握在大信号工作基础上小信号扰动下的线性化分析法。

名 人 轶 事

迈克尔·法拉第(Michael Faraday，1791—1867)，英国物理学家、化学家，也是著名的自学成才的科学家。

生于萨里郡纽因顿一个贫苦铁匠家庭，仅上过小学。1831 年 10 月 17 日，法拉第首次发现电磁感应现象，在电磁学方面做出了伟大贡献，永远改变了人类文明。他是英国著名化学家戴维的学生和助手，他的发现奠定了电磁学的基础，是麦克斯韦方程的先导。

综合练习题

12-1　试说明一个由线性电阻、独立电源和理想二极管组成的一端口，如图题 12-1(a)所示，它的伏安特性具有如图题 12-1(b)所示特性。

12-2　图题 12-2(a)所示电路，其非线性电阻伏安特性以及其分段线性化折线逼近情况如图题 12-2(b)所示。求回路电流 i。

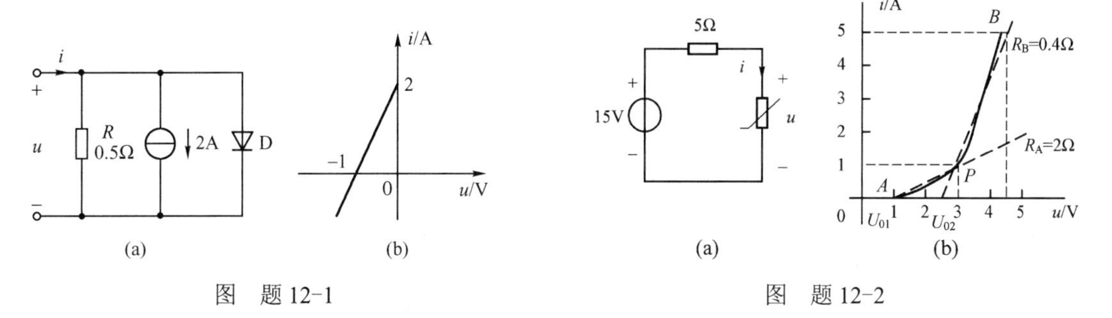

图　题 12-1

图　题 12-2

12-3　题图 12-3 中，直流电压源 U_0=10/3 V，R_0=1/3Ω，小信号电流源 $\Delta i_s = 0.5\cos t$ mA。非线性电阻的伏安特性为 $i=\begin{cases} u^2, & u>0 \\ 0, & u<0 \end{cases}$。试用小信号分析法求图中的电压 u 和电流 i。

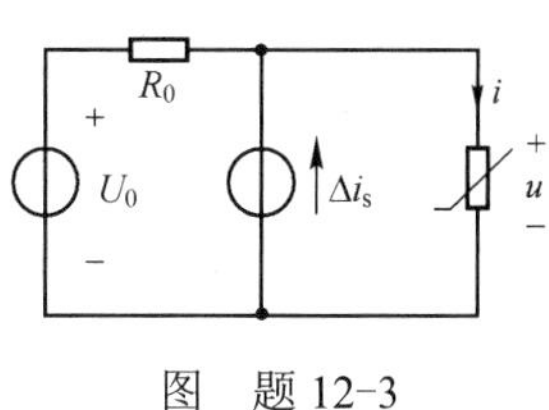

图　题 12-3

12-4　是否会出现采用小信号分析法求得的结果，与采用折线法求得的结果一样的情况？试举例说明。

附录A　NI Multisim 12简介及应用举例

A.1　NI Multisim 12简介

NI Circuit Design Suite 12是美国国家仪器有限公司（National Instrument，NI）下属的Electronics Workbench Group于2012年2月推出的以Windows为基础、符合工业标准、具有SPICE最佳仿真环境的NI电路设计套件。该电路设计套件含有NI Multisim 12和NI Ultiboard 12两个软件，能够实现电路原理图的图形输入、电路硬件描述语言输入、电子线路和单片机仿真、虚拟仪器测试、多种性能分析、PCB（Printed Circuit Board）布局布线和基本机械CAD（Computer Aided Design）设计等功能。本章主要介绍NI Multisim 12电路仿真软件的发展历程、使用环境、安装过程、用户界面和主要特点等内容。

NI Multisim软件是一个专门用于电子电路仿真与设计的EDA（Electronic Design Automation）工具软件。Multisim仿真软件自20世纪80年代产生以来，已经过数个版本的升级，除保持操作界面直观、操作方便、易学易用等优良传统外，电路仿真功能也得到不断完善。目前，Multisim12拥有了更为丰富的元器件库，超过2000个来自于亚诺德半导体，美国国家半导体，NXP和飞利浦等半导体厂商的全新数据库元件可供用户选择。同时在操作上面，Multisim12结合了全新的更为直观的捕捉和仿真功能，使用户能够更快速、轻松、高效地对电路进行设计和验证。除此之外，新版的NI Multisim12还新增和优化了很多实用功能，例如采用了全新的数据库，并且在该数据库中新增了全新的机电模型，AC/DC电源转换器和用于设计功率应用的开关模式电源。同时新增加了超过90个全新的引脚精确的连接器，使得用户在NI硬件的自定制附件设计变得更加容易。

（1）直观的图形界面

NI Multisim 12保持了原EWB（Electronics Workbench）图形界面直观的特点，其电路仿真工作区就像一个电子实验工作台，元件和测试仪表均可直接拖放到屏幕上，可通过单击鼠标用导线将它们连接起来，虚拟仪器操作面板与实物相似，甚至完全相同。可方便选择仪表测试电路波形或特性，可以对电路进行20多种电路分析，以帮助设计人员分析电路的性能。

（2）丰富的元件

自带元件库中的元件数量已超过17000个，可以满足工科院校电子技术课程的要求。元件库不但含有大量的虚拟分离元件、集成电路，还含有大量的实物元件模型，包括一些著名制造商，如Analog Device、Linear Technologies、Microchip、National Semiconductor以及Texas Instruments等。用户可以编辑这些元件参数，并利用模型生成器及代码模式创建自己的元件。

（3）众多的虚拟仪表

从最早的EWB 5.0含有7个虚拟仪表，到NI Multisim 12提供24种虚拟仪器，这些仪器的设置和使用与真实仪表一样，能动态交互显示。用户还可以创建LabVIEW（Laboratory Virtual Instrument Engineering Workbench）的自定义仪器，既能在LabVIEW图形环境中灵活升级，又可调入NI Multisim 12方便使用。

（4）独特的虚实结合

在NI Multisim 12电路仿真的基础上，NI公司推出教学实验室虚拟仪表套件，用户可以在

NI ELVIS 平台上搭建实际电路，利用 NI ELVIS 仪表完成实际电路的波形测试和性能指标分析。用户可以在 NI Multisim 12 电路仿真环境中模拟 NI ELVIS 的各种操作，为实际 NI ELVIS 平台上搭建、测试实际电路打下良好的基础。NI ELVIS 仪表允许用户自定制并进行灵活的测量，还可以在 NI Multisim 12 虚拟仿真环境中调用，以此完成虚拟仿真数据和实际测试数据的比较。

（5）远程教育

用户可以使用 NI ELVIS 和 LabVIEW 来创建远程教育平台。利用 LabVIEW 中的远程面板，将本地的 VI(Instrument Engineering)在网络上发布，通过网络传输到其他地方，从而给异地的用户进行教学或演示相关实验。

（6）强大的 MCU(Microcontroller Unit)模块

可以完成 8051、PIC(Peripheral Interface Controller)单片机及其外部设备(如 RAM(Random Access Memory)、ROM(Read-Only Memory)、键盘和 LCD(Liquid Crystal Display)等的仿真，支持 C 代码、汇编代码以及十六进制代码，并兼容第三方工具源代码；具有设置断点、单步运行、查看和编辑内部 RAM、特殊功能寄存器等高级调试功能。

（7）简化了 FPGA(Field Programmable Gate Array)应用

在 NI Multisim 12 电路仿真环境中搭建数字电路，通过测试功能正确后，执行菜单命令将之生成原始 VHDL(Very-High-Speed Integrated Circuit Hardware Description Language)语言，有助于初学 VHDL 语言的用户对照学习 VHDL 语句。用户可以将这个 VHDL 文件应用到现场可编程门阵列(FPGA)硬件中，从而简化了 FPGA 的开发过程。

A.2 NI Multisim 12 应用举例

1．直流工作点分析(DC Operating Point Analysis)

NI Multisim 12 的直流工作点分析功能，是将电路的电容开路，电感短路，对各个信号源取其直流电平，然后计算电路的直流状态。直流工作点分析结果可以以文件形式输出。这里从图 A-1 所示的直流电路来说明直流工作点的分析过程。

步骤一：建立新的 Design，绘制电路图，如图 A-2 所示。其中直流电源 U_s=5 V，$R_1=1\,\text{k}\Omega$，$R_2=100\,\Omega$，$R_3=300\,\Omega$，$R_4=1\text{k}\Omega$。

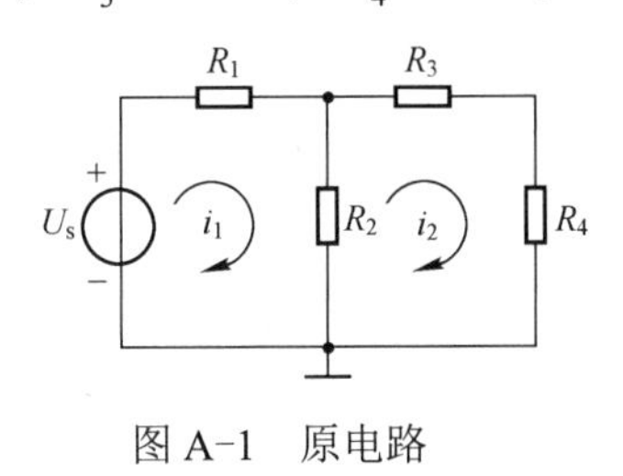

图 A-1　原电路

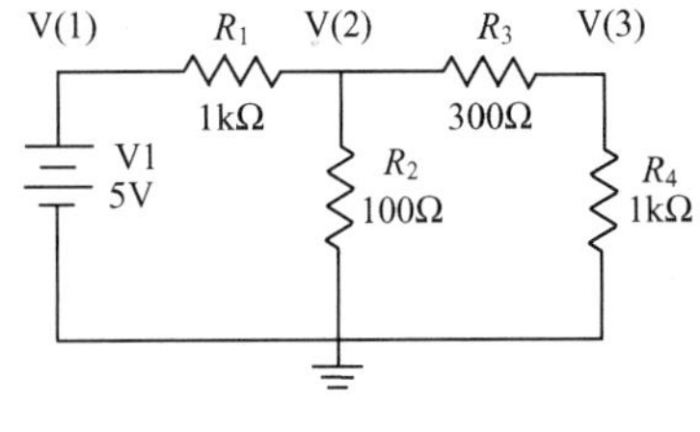

图 A-2　绘制电路

步骤二：启动 Simulate 菜单中 Analysis 命令下的 DC Operating Point 命令项，设置直流偏置点。

步骤三：单击 Simulate 按钮即可进行直流工作点分析。

由直流工作分析后输出文件所给的各个结点的电压值(见图 A-3)可以求得流过 R_1、R_3 的电流，即两个网孔的电流值。

$$\begin{cases} i_1 = \dfrac{U_{N1} - U_{N2}}{R_1} = \dfrac{5\text{ V} - 424.8366\text{ mV}}{1\text{ k}\Omega} = 4.57516\text{ mA} \\ i_2 = \dfrac{U_{N2} - U_{N3}}{R_3} = \dfrac{424.8366\text{ mV} - 326.79739\text{ mV}}{300\ \Omega} = 0.326797\text{ mA} \end{cases}$$

根据题中的网孔电流方程 $\begin{cases} 1100i_1 - 100i_2 = 5 \\ -100i_1 + 1400i_2 = 0 \end{cases}$

解得 $\begin{cases} i_1 = 4.54545\text{ mA} \\ i_2 = 0.347222\text{ mA} \end{cases}$

这个理论计算结果与在允许误差范围内仿真后所得的结果相一致。

Grapher View

File Edit View Graph Trace Cursor Legend

DC Operating Point

直流工作点分析

DC Operating Point

V(3)	326.79739 m
V(2)	424.83660 m
V(1)	5.00000
I(R4)	326.79739 u
I(R1)	4.57516 m
I(R2)	4.24837 m
I(R3)	326.79739 u

图 A-3　直流工作点的分析结果

2．交流分析(AC Analysis)

交流分析的作用，是计算电路的交流小信号频率响应。首先计算电路的直流工作点，然后使电路中交流信号源的频率在一定的范围内变化，并计算电路输出交流信号的变化。该分析可以显示电路的幅频特性和相频特性曲线。下面以图 A-4 所示的电路为例来说明交流特性扫描分析过程。

步骤一：建立新的 Design，绘制电路图，如图 A-5 所示。

其中交流电压源 V_{ac} 的幅值为 100 V，频率为 1 kHz，设电阻 R=1 kΩ，电感 L=1 mH，电容 C=1μF。

步骤二：设置 AC Sweep 交流扫描分析参数。

将仿真起始频率设为 10 kHz，仿真终点频率为 10 MHz，且交流扫描类型设为对数 10 倍频程显示，每 10 倍频程记录的点数为 500 Points/Decade。

步骤三：单击 Simulate 按钮分析电容 C 的频率响应，如图 A-6 所示。

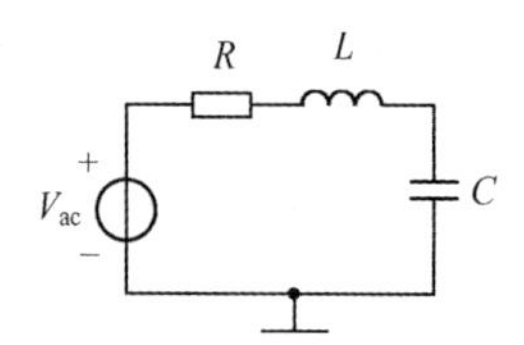

图 A-4　频率响应分析电路原图

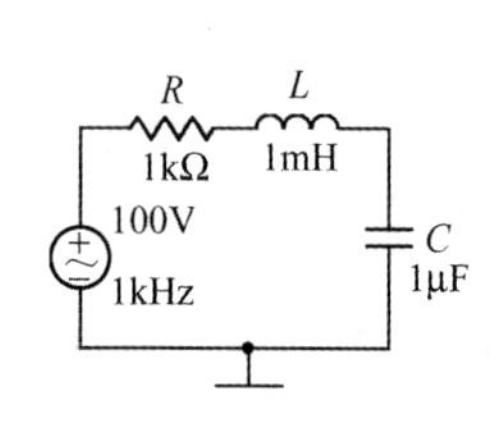

图 A-5　绘制的分析电路图

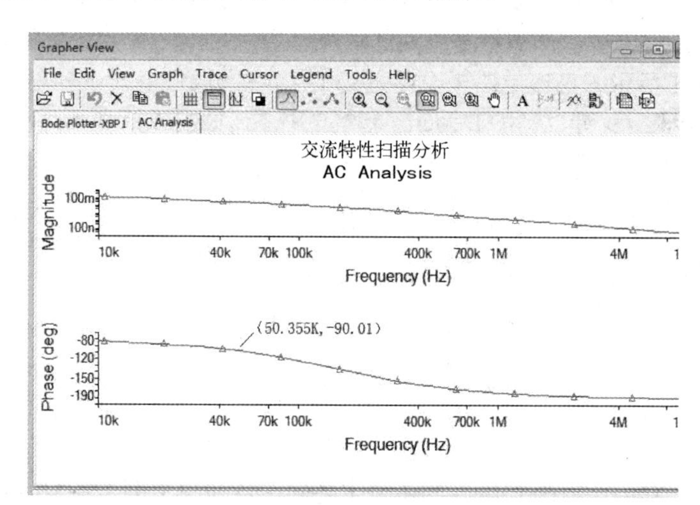

图 A-6　电容 C 的幅频和相频响应特性曲线

经验证，上述曲线与理论计算的结果是相一致的。下面仅以题中的 ω_0 参数来说明。

$$\omega_0 = \frac{1}{\sqrt{LC}} = \frac{1}{1\times10^{-3}\times1\times10^{-6}} = 3.1623\times10^5\ \text{rad/s}$$

$$f_0 = \frac{\omega_0}{2\pi} = \frac{3.1623\times10^5}{6.28} = 5.0355\times10^4\ \text{Hz}$$

而在相频特性曲线中，用 Show cursors 的光标测量功能可得：当 f =50.355 kHz 时，角度 $\text{Arg}[V_C] = -90.01°$，这个结果在误差允许范围内与 f_0 是一致的。

3. 暂态响应分析(Transient Analysis)

暂态响应分析的目的是，在给定的输入激励信号作用下，计算电路输出的暂态响应。进行暂态分析时，首先计算 t =0 时的电路初始状态，然后从 t =0 到某一给定的时间范围内按选定的时间步长，计算输出端在不同时刻的输出电平。它可以显示分析结果的信号波形。下面以图 A-7 所示的二阶零输入响应电路为例来说明暂态响应分析过程。

步骤一：建立新的 Design，绘制电路图，如图 A-8 所示。

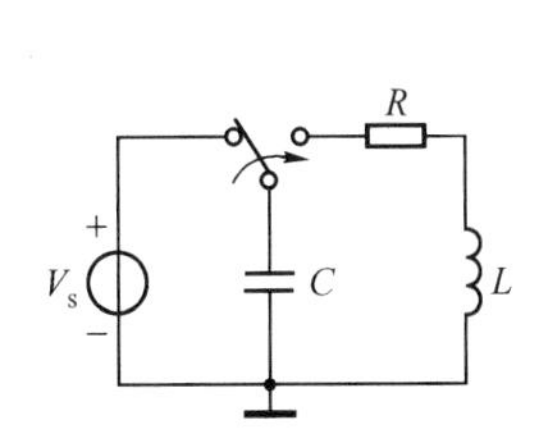

图 A-7　暂态分析电路

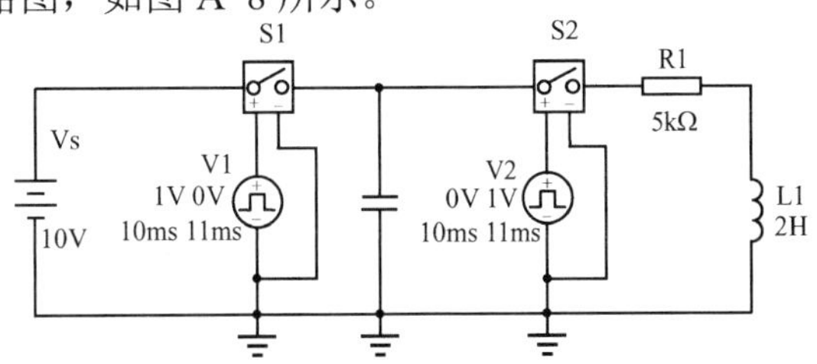

图 A-8　绘制电路图

图中直流电压源 Vs 的幅值为 10 V，它在开关 S1 打开之前给电容充电，使电容的初始电压为 10 V，C=1μF，R=5 kΩ，L=2H，两个开关分别用脉冲信号 V1 和 V2 控制。当 t =1 ms 时刻，开关 S1 由闭合状态变为断开状态，同时开关 S2 由断开状态变为闭合状态。

步骤二：设置 Transient Analysis 暂态响应分析参数，将仿真终止时间设为 10 ms，分析步长设置为 Generate time steps automatically(程序自动决定分析的时间步长)。

步骤三：添加输出变量 V(C)、V(L)、I(L)。

步骤四：单击 Simulate 进行仿真，结果如图 A-9 和图 A-10 所示。

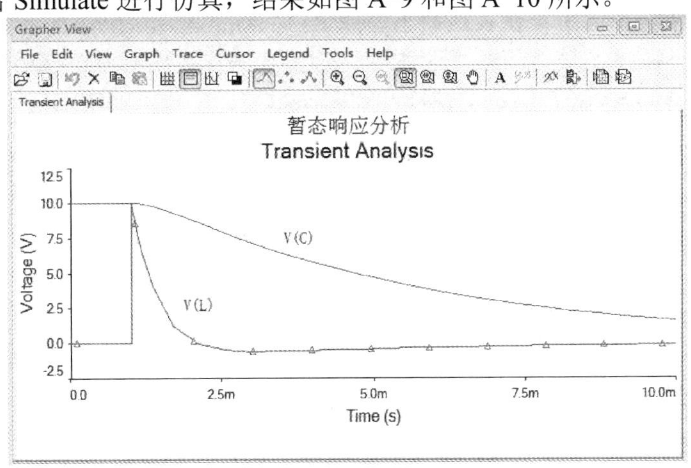

图 A-9　电容电压和电感电压的波形

因为这里的开关动作时间为 1 ms，因此，通过 Show cursors 测量的电流最大值出现在 $t_m = 2.1176\ \text{ms}$，$i_{max} = 1.7036\ \text{mA}$。

4. 暂态交流响应分析(Transient Analysis)

下面以图 A-11 所示电路为例，使用 Multisim 来对暂态交流响应电路进行分析。

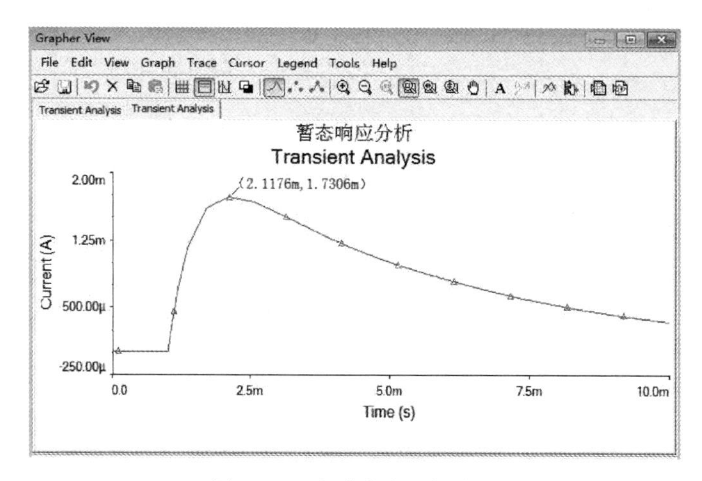

图 A-10　电感中电流的波形

步骤一：建立新的 Design，绘制电路图，如图 A-12 所示，其中 $R=30\,\Omega$，L=10 mH，C=6 μF，电压源 $v_s=100\sqrt{2}\cos 5000t=100\sqrt{2}\sin(5000t+90^\circ)\text{V}$。

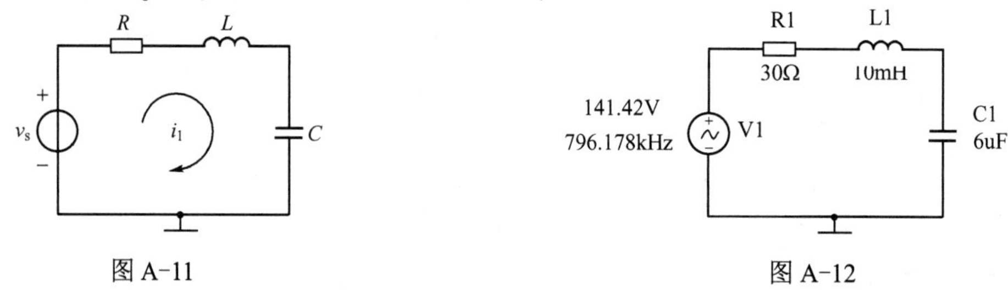

图 A-11

图 A-12

步骤二：设置 Transient Analysis 暂态响应分析参数，将仿真终止时间设为 50 ms，观察 50 ms 之后记录波形(此时电路已进入稳态)。

步骤三：添加输出变量 V(R)、V(L)、V(C)、I。

步骤四：单击 Simulate 进行仿真，结果如图 A-13 和图 A-14 所示。

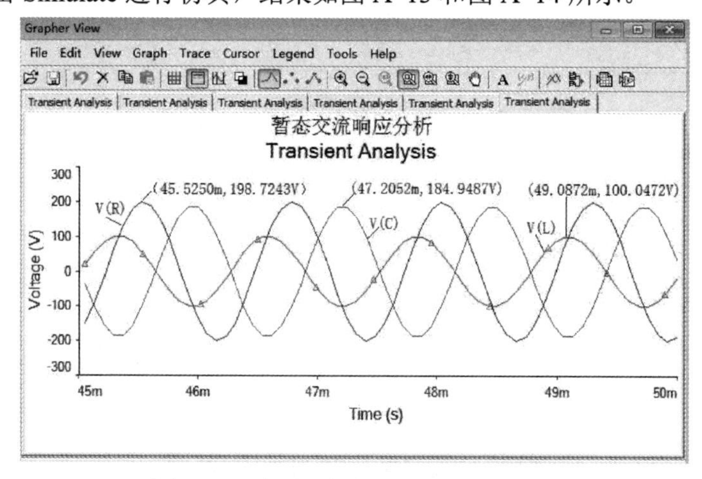

图 A-13　电阻、电容和电感的电压波形

这里通过 Show cursors 的光标测量功能测出相应的电压、电流幅值为

$$V_{\text{Rmax}}=198.7243\text{ V},\quad V_{\text{Lmax}}=100.0472\text{V},\quad V_{\text{Cmax}}=184.9487\text{ V},\quad i_{\max}=5.6242\text{A}$$

在误差的允许范围内，这些值是一致的。

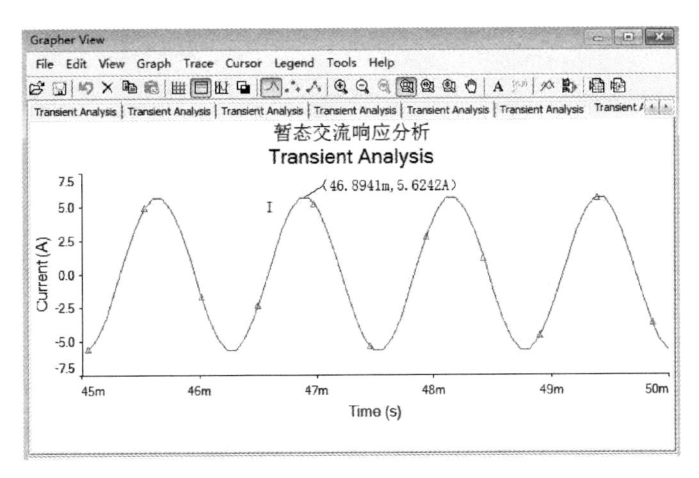

图 A-14　回路中电流波形

附录 B　电路分析模拟试卷

B.1　模拟试卷一

一、判断题（1×8=8 分），你认为正确的画“√”，反之画“×”。

1．在使用叠加定理分析电路时，电路中的受控源应和独立电源同样处理。（　　）

2．实际电源两种模型间的等效变换是基于外电路等效，即端口电压和端口电流不变。（　　）

3．特勒根定理 1 适用于任何集总参数电路；特勒根定理 2 仅适用于线性电路。（　　）

4．两个阻抗角相同的阻抗并联后，总的等效阻抗角不变。（　　）

5．用两表法可以测量不对称的三相三线制的三相电路总功率。（　　）

6．在交变电路中，理想变压器的副边开路时，原边的电流一定等于零。（　　）

7．正弦交流稳态电路中，任何时刻都满足复功率守恒，有功功率守恒，无功功率守恒和视在功率守恒。（　　）

8．对含有 n 个节点、b 条支路的电路，有 $n-1$ 个独立的 KCL 方程，$b-n+1$ 个独立的 KVL 方程。（　　）

二、选择题（2×6=12 分），对下列各题请选择最合适的答案填入空白处。

1．二阶电路的特征根为相等的负实根时，电路的响应称为：__________。

A．欠阻尼响应；　B．过阻尼响应；　C．临界阻尼响应；　D．等幅振荡。

2．正弦稳态 RLC 串联电路的端口电压与电流同相时，可能的原因是：__________。

A．电源频率太高；　B．发生谐振；　C．有电阻存在；　D．电容元件短路。

3．设某线性电路的单位冲激响应为 $h(t)$，激励为 $u_s(t)$，则 $r(t)=\int_0^t h(t-\tau)\,u_s(\tau)\mathrm{d}\tau$ 反映的是：____________。

A．该电路的全响应；　B．该电路的零输入响应；

C．该电路的零状态响应；　D．以上说法都不对。

4．对理想运算放大器，其____________。

A．输入电阻为零；　B．输入电阻为无穷大；

C．输出电阻为无穷大；　D．开环放大倍数 A 为无穷小。

5．某元件的特性方程满足电荷与电压的关系 $q=5u^2$，该元件为：___________。

A．非线性电阻；　B. 不存在的元件；　C. 非线性电容；　D. 非线性电感。

6．如图 B.1-1 所示三相四线制电路中，如果电源对称，六个相同白炽灯泡分别以 3∶2∶1 的比例连接在 A、B、C 各相负载中，下列关于灯泡亮度的说法正确的是：____________。

A．A 相最亮；　B．B 相最亮；

C．C 相最亮；　D．各相灯泡亮度相同。

三、填空题（3×3=9 分），下列各题中有三个备选答案供参考选择，如果你认为备选答案均不正确，请计算后给出你的答案。

1．已知图 B.1-2 中，$u=2$ V，则 $u_x=$__________V。

A．12；　B．5；　C．3；　D．__________。

2．图 B.1-3 所示正弦稳态电路中，已知电压表读数分别为 V_1：15 V； V_2： 80 V； V_3：100 V 。则端口的电压表 V 的读数是：__________V。

A．15；　　B．25；　　C．50；　　D．__________。

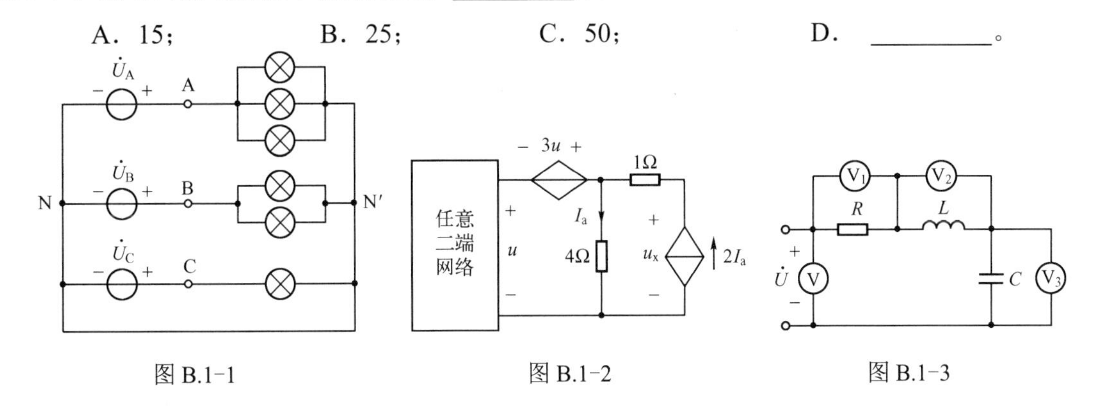

图 B.1-1　　图 B.1-2　　图 B.1-3

3．图 B.1-4 所示为由理想运算放大器构成的电路，能够实现 $u_o = -u_i$ 运算关系的电路是：_______________。

A．图(a)；　　B．图(b)；　　C．图(c)；　　D．_______________。

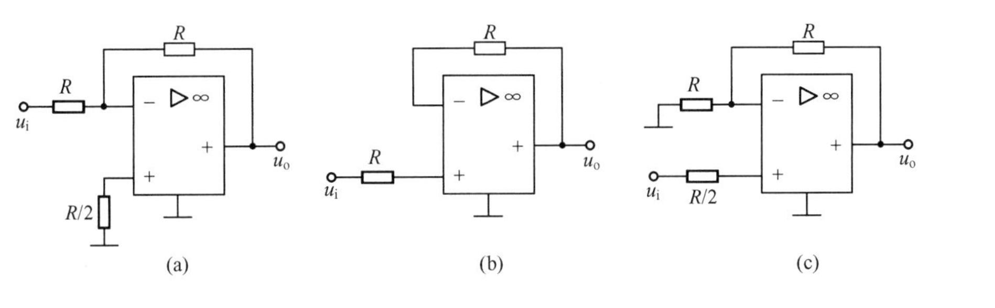

图 B.1-4

四、计算题(总共 56 分)。

1．如图 B.1-5 所示电路，试用戴维南定理求电流 I。(4 分)

2．图 B.1-6 正弦稳态电路中，R=100 Ω，ω=1000 rad/s，若电压 u_o 与 u_s 同相，求 C 的值。(4 分)

3．如图 B.1-7 所示电路原已稳定并处于零状态，当单位冲激电流源作用时，求 $i_C(0_+)$、$i_L(0_+)$、$i_R(0_+)$。(4 分)

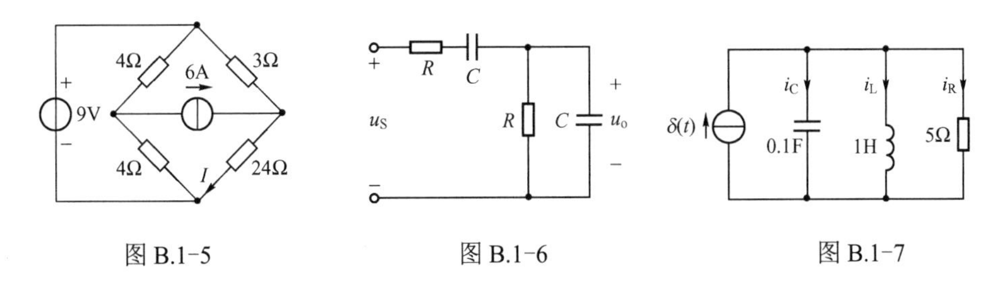

图 B.1-5　　图 B.1-6　　图 B.1-7

4．图 B.1-8 所示电路，已知当元件 A 为电容 $C = 0.2$F 时，$t > 0$ 的零状态响应为

$$u(t) = 20\left(1 - e^{-\frac{t}{2}}\right)\varepsilon(t)\text{V}$$

若元件 A 改为电感 $L = 0.1$H 时，求 $t > 0$ 的零状态响应 $i(t)$。(4 分)

5. 图 B.1-9 所示电路中，$R_1 = 3$ kΩ，$R_2 = 6$ kΩ，$C = 25$ μF，$u_C(0\_) = 0$ ，试求电流 $i_1(t)$ 。(8 分)

6. 图 B.1-10 所示为含理想运算放大器电路，试求其电压传输函数$H(s)=U_o(s)/U_i(s)$。(8 分)

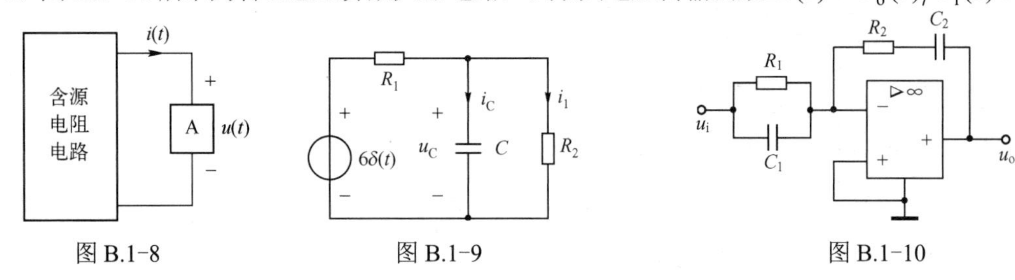

图 B.1-8　　图 B.1-9　　图 B.1-10

7. 图 B.1-11 所示为端接二端口网络，网络 N 的传输参数为 $\boldsymbol{T}=\begin{bmatrix}5\times10^{-4} & -10\Omega\\ -10^{-6}\text{S} & -10^{-2}\end{bmatrix}$，输入端接 $U_s=0.1$ V，$R_s=1$ kΩ，求 R_L 为多少时负载可获得最大功率？最大功率为多少？(8 分)

8. 图 B.1-12 所示电路中的非线性电阻特性为$u=-i+\frac{1}{3}i^2, i\geqslant0$；$u=0, i<0$。试用小信号分析法计算电流 i。(8 分)

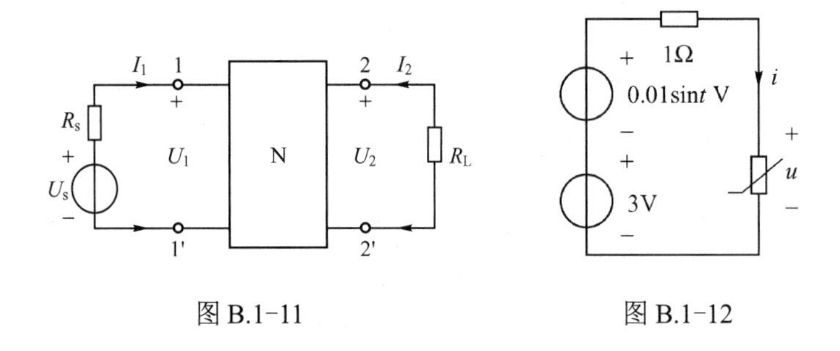

图 B.1-11　　图 B.1-12

9. 设某网络的初始状态一定，并有

（1）当激励为冲激电压$e_1(t)=\delta(t)$时，全响应为 $r_1(t)=3\mathrm{e}^{-2t}\varepsilon(t)$；

（2）当激励为阶跃电压$e_2(t)=\varepsilon(t)$时，全响应为 $r_2(t)=2\mathrm{e}^{-t}\varepsilon(t)$。

试求该系统的单位冲激响应 $h(t)$（零状态时），并求描述该网络的微分方程。设输入为$e(t)$，响应为$r(t)$。(8 分)

五、分析题(5×3=15 分)

1．图 B.1-13 所示为用日光灯作为感性负载，通过并联电容器的方法来提高整个电路的功率因数的实验线路图。在实际实验过程中，有同学发现，当并联上实际电容器时，功率表读数会有所增大，并提出疑问：电容应该不消耗有功功率？请你发表对这个问题的见解。

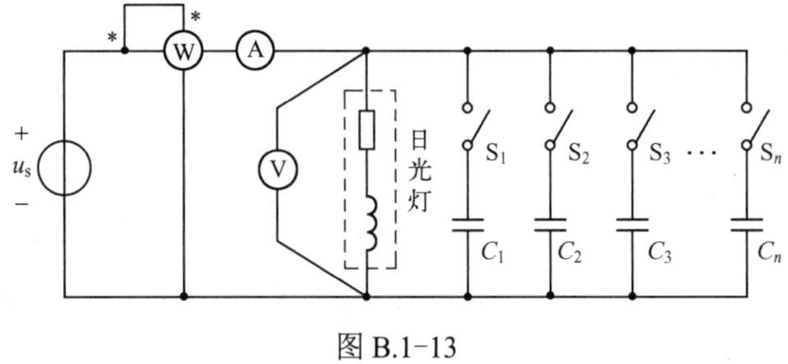

图 B.1-13

2．图 B.1-14 所示电路中输入电压 U_s 和电阻 R_1 与 R_2 一定。负载电阻 R_L 减小将使输出电压 u_o 下降，试说明下降的原因；并指出增加何种电路元件和结构，可使输出电压不随负载电阻而变，始终为$u_o = \frac{R_1}{R_1 + R_2} U_s$(请给出电路示意图)。

3．图 B.1-15 为对称三相电路，已知线电压为 380 V，负载阻抗 $Z = 10\angle\varphi\ \Omega$ 。为使功率表的读数恰好等于三相负载总的有功功率，其负载阻抗角 φ 应为多少？并求此功率表的读数。

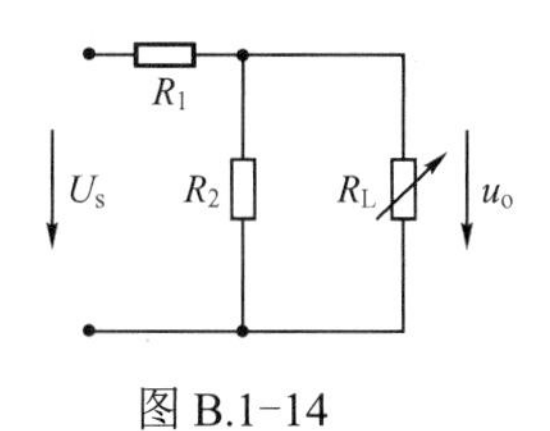

图 B.1-14

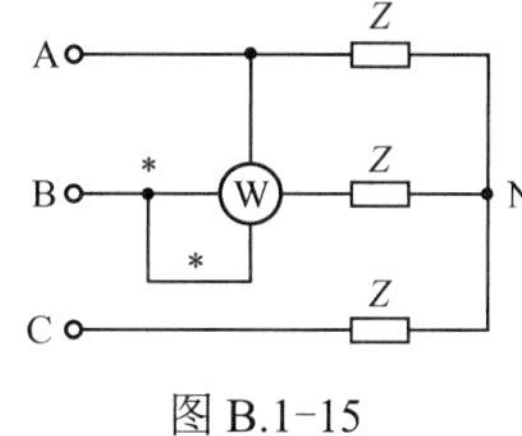

图 B.1-15

B.2　模拟试卷二

一、判断题(1×7=7 分)。下列各题你认为正确的画“√”，反之画“×”。

1．正弦稳态电路的分析中，各正弦量之间的运算只有在同频率时才能用相量法。(　　)

2．耐压标值为 250V 的交流电容器可以直接并接在 220V 的交流电源上。(　　)

3．齐性定理仅适用于线性电路，而且为单一激励源时。(　　)

4．复功率描述了有功功率、无功功率和视在功率的关系。(　　)

5．若电路的单位冲激响应已知，则对应的网络函数便可知。(　　)

6．线性时不变电容的静态电容和动态电容是相等的。(　　)

7．理想运算放大器的输入电阻等于零。(　　)

二、选择题(2×6=12 分)。对下列各题请选择最合适的答案填入空白处。

1．关于电路的等效变换，是指：______________。

A．对内部电路而言；　　B．对外部电路而言；

C．负载确定时，对内部电路而言；　　D．对内、外电路而言。

2．对称三角形连接的三相电源中，下列说法正确的是：______________。

A．线电压等于相电压；　　B．线电压的有效值是相电压的 $\sqrt{3}$ 倍；

C．线电压超前于其对应的相电压 30°；　　D．相电压超前于其对应的线电压 30°。

3．若电流 $i = 30\sqrt{2}\cos\omega t + 80\sqrt{2}\cos(3\omega t - 120°) + 80\sqrt{2}\cos(3\omega t + 120°) + 30\sqrt{2}\cos 5\omega t$ A，则其有效值为：______________。

A．30+80+80+30=220 V；　　B．$\sqrt{30^2 + 80^2 + 80^2 + 30^2} = 120.83$ V；

C．$\sqrt{30^2 + 80^2 + 30^2} = 90.55$ V；　　D．30 + 80 + 30=140 V。

4．由网络函数定义 $H(s) = R(s)/E(s)$ ，合理的叙述是：______________。

A．网络函数不受外加激励 $E(s)$的性质影响，由网络的结构和元件参数决定；

B．网络函数受外加激励 $E(s)$的影响，也受响应 $R(s)$的影响；

C．网络函数仅受外加激励 $E(s)$的影响，不受响应 $R(s)$的影响；

D．网络函数不受外加激励 $E(s)$的影响，仅受响应 $R(s)$的影响。

5．某非线性电阻的电压电流关系为 $u = i^2 + 3i$ ，该元件在电流 i=2A 时的动态电阻 R_d 和静态电阻 R_0 分别为：

A．(4 Ω，7 Ω)；　B．(5 Ω，7 Ω)；　C．(7 Ω，5 Ω)；　D．A，B，C 都不对。

6．利用树枝和连枝构成的基本回路应该由______________构成。

A．一个树枝和若干连枝；　　B．一个连枝和若干树枝；

C．多个树枝和多个连枝；　　　　　　　　　D．A)、B)、C)都不对。

三、改错题(3×2=6 分)。指出下列各题是否有错，若有，请写出正确答案。

1．已知一个无源线性一端口网络的端口电压为$u=\sqrt{2}U_1\cos(\omega t+\theta_1)+\sqrt{2}U_3\cos(3\omega t+\theta_3)$，运用相量法将这两个正弦电压分别作用于电路，其中$\dot{U}_1=U_1\angle\theta_1$作用时计算出端口电流为$\dot{I}_1$，$\dot{U}_3=U_3\angle\theta_3$ 作用时计算出端口电流为$\dot{I}_3$，从而端口的总电流为$\dot{I}=\dot{I}_1+\dot{I}_3$。

2．由图 B.2−1 所示电路，列出的结点电压方程为：

$$U_{\text{n1}}=U_{\text{s1}} \quad (1)$$

$$\left(\frac{1}{R_1+R_2}+\frac{1}{R_3}\right)U_{\text{n2}}-\frac{1}{R_3}U_{\text{n3}}=\frac{U_{\text{S2}}}{R_1+R_2}+I_{\text{S}} \quad (2)$$

$$-\frac{1}{R_4}U_{\text{n1}}-\frac{1}{R_3}U_{\text{n2}}+\left(\frac{1}{R_3}+\frac{1}{R_4}+\frac{1}{R_5}\right)U_{\text{n3}}=\beta I \quad (3)$$

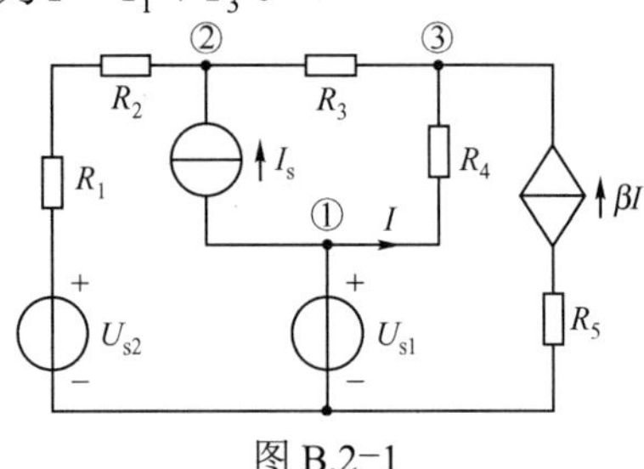

图 B.2−1

四、基本计算题(4×6=24 分)

1．求图 B.2−2 所示电路 ab 端口的等效电阻 R_{ab}。

2．图 B.2−3 为含理想运算放大器电路，试求其入端电阻 R_{ab}。

3．图 B.2−4 中的 D 为理想二极管，试求电流 i。

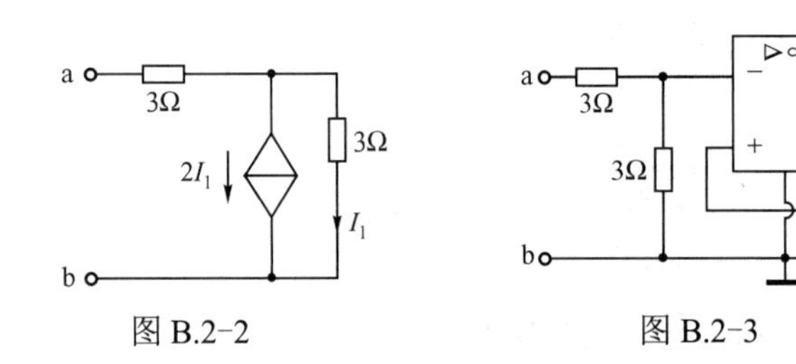

图 B.2−2　　　　图 B.2−3

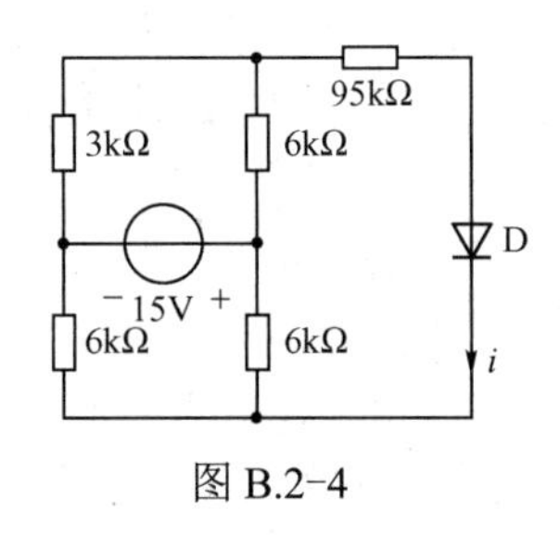

图 B.2−4

4．图 B.2−5 所示电路原已稳定，求开关 S(t=0) 闭合后的电流 i。

5．图 B.2−6 所示为含互感电路，求电路的时间常数 τ。

6．图 B.2−7 所示电路中，已知$i_{\text{s}}=10\sqrt{2}\cos\omega t$ A，$\omega L=100\,\Omega$，$R=5\,\Omega$ 时，当$i_{\text{R}}=i_{\text{s}}$时，求$\omega C$。

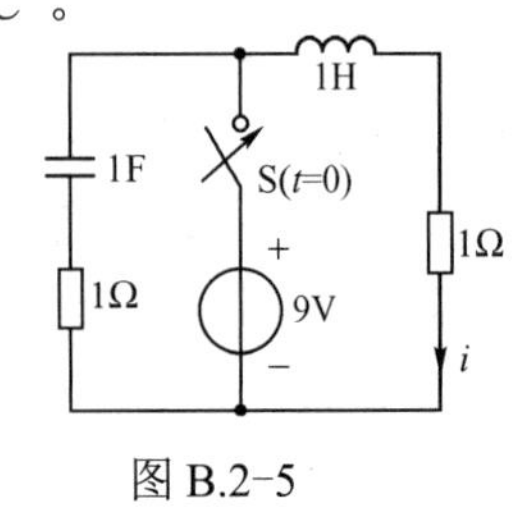

图 B.2−5

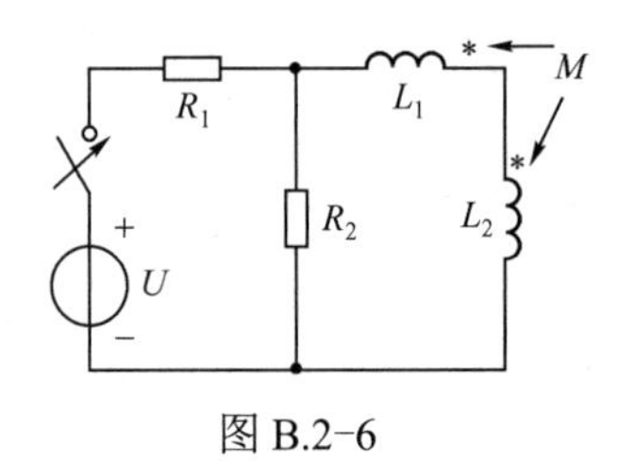

图 B.2−6

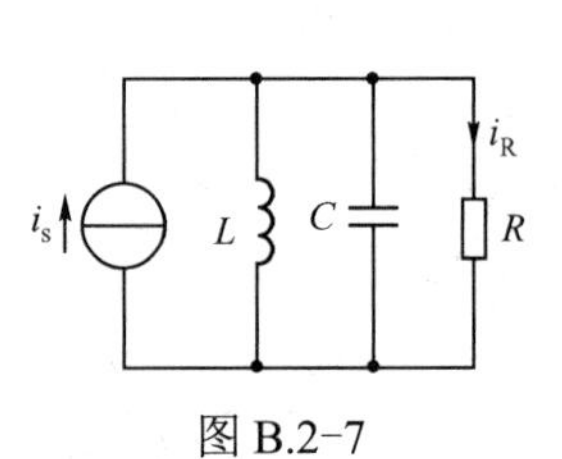

图 B.2−7

五、综合计算题(8×4=32 分)

1．图 B.2−8 所示为含理想变压器的二端口网络。求该二端口网络的 T(传输)参数矩阵。

2．图 B.2−9 所示为正弦交流稳态电路，已知端口发生谐振，并且$U_2=\sqrt{2}U$。试计算参数ωL 和$\dfrac{1}{\omega C}$。

3．图 B.2−10 中 N_{R} 为无源电阻电路，U_{s1}=18 V。当 U_{s1} 单独作用(U_{s2}=0)时，测得 U_1=9 V，U_2=4 V；又当 U_{s1} 和 U_{s2} 共同作用时，测得 U_3=−30 V，求 U_{s2} 的值。

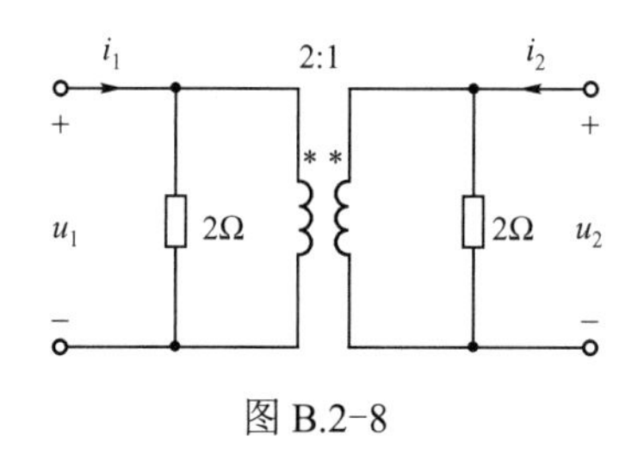

图 B.2-8

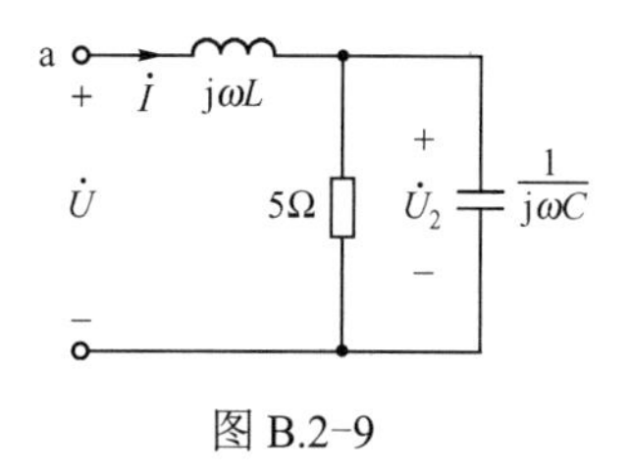

图 B.2-9

4．图 B.2-11 所示电路，已知电流源 $i_s = \delta(t)$，试用运算法求单位冲激响应 u_C 和 i_C。

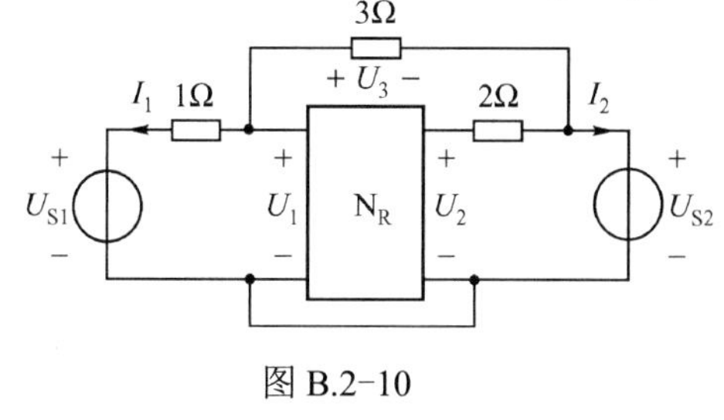

图 B.2-10

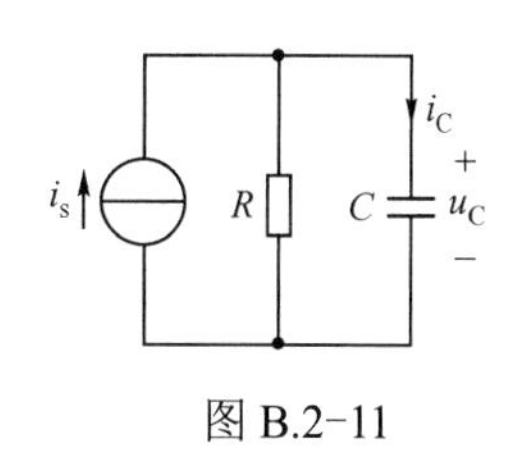

图 B.2-11

六、分析题（共 **19** 分）

1．请说明用两功率表测量三相电路负载的总有功功率适用于什么种类的三相电路？为什么？并画出任一种两功率表测量三相电路负载总有功功率的接线原理图（**6 分**）。

2．动态电路分析中的换路定则是讲：在$[0_-，0_+]$ 换路瞬间，电容的端电压和电感中的电流不发生跳变，即 $u_C(0_-)=u_C(0_+)$，$i_L(0_-)=i_L(0_+)$。试说明此两式成立的条件是什么（**6 分**）。

3．图 B.2-12 所示为三相电路实验的原理图，有同学提出疑问：实验室三相电源 A、B、C 对称，选用的三相负载 Z 为相同瓦数的白炽灯泡，为什么实验中电流表 A 所测得中线电流不为零？请你发表对这个问题的见解（**7 分**）。

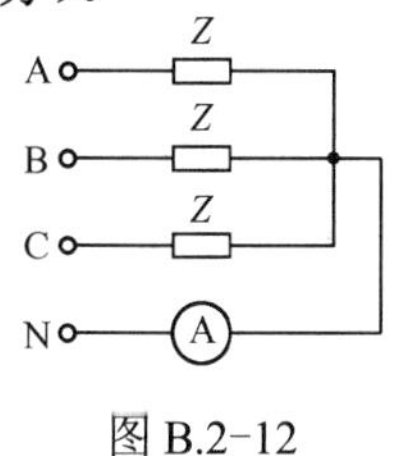

图 B.2-12

习题参考答案

第 1 章

基本练习题

1.2−1　（a）$I_2 = 0.1$ A，（b）$I_2 = -0.1$ A

1.2−2　（a）2 W，（b）−2 W，（c）2 W，（d）−2 W

1.2−3　（a）$U = -2\times10^3$ V，（b）$I = -2$ A，（c）$p = -3e^{-t}$ W

1.2−4　（1）P=62.5/3600 W，

（2）I=5.21/3600 A

1.3−1　（a）i=3 A，（b）i=5 A

1.3−2　R=1 Ω

1.3−3　u=12 V，i=12 mA

1.4−1　$$i = \begin{cases} 0, & t < 1\ \text{ms} \\ 2\times10^{-7}\ \text{A}, & 1\ \text{ms} < t < 2\ \text{ms} \\ 0, & 2\ \text{ms} < t \end{cases}$$

1.4−2　P=186 μW

1.4−3　$u = -3$ V，i =3.8 A

1.4−4　u=50 V，不受影响

1.4−5　$i_s = -50$ mA

综合练习题

1−1　u=8 V，i_s=1 A

1−2　均为 10 W

1−3　（1）$P_{us} = -5$ W，$P_A = 45$ W，$P_{vccs} = -40$ W；（2）满足

1−4　u=36 V

1−5　$u_s = -4$ V，P=12 W

第 2 章

基本练习题

2.1−1　B

2.1−2　A

2.1−3　I_0=1A

2.1−4　I=0.575 A

2.1−5　$P = 4$ W

2.1−6　0.3

*2.2−1　$5/9R$

*2.2−2　0.5 Ω

2.3−1　（a）3 Ω；（b）∞

2.3−2　（a）3.5 Ω；（b）2/3 R；（c）$R/7$

*2.4−1　（1）×；（2）√

*2.4-2　C

*2.4-3　（1）10 条支路，6 个结点；（2）8 条支路，5 个结点。

*2.4-4　树的作图略；独立回路数为 6 个，独立结点数为 4 个。

2.5-1　方法一：设定 6 条支路电流 i_1～i_6 为变量，则 6 个方程为

$$\begin{cases}i_1+i_2+i_6=0\\-i_2+i_3+i_4=0\\i_5-i_4-i_6=0\end{cases}\qquad\begin{cases}-i_1R_1+i_2R_2+u_{s3}=0\\i_6R_6-i_4R_4-i_2R_2=0\\-u_{s3}+i_4R_4+i_5R_5=0\end{cases}$$

方法二：设定 5 条支路电流 i_1,i_2,i_4,i_5,i_6 为变量，则 5 个方程即可。

$$\begin{cases}i_1+i_2+i_6=0\\ \\i_5-i_4-i_6=0\end{cases}\qquad\begin{cases}-i_1R_1+i_2R_2+u_{s3}=0\\i_6R_6-i_4R_4-i_2R_2=0\\-u_{s3}+i_4R_4+i_5R_5=0\end{cases}$$

*2.6-1
$$\begin{cases}i_{\text{m1}}=7\\i_{\text{m2}}=-2\\-5i_{\text{m1}}-4i_{\text{m2}}+15i_{\text{m3}}=0\end{cases}$$

*2.6-2
$$\begin{cases}i_{l1}=-i_{\text{s}}\\R_1i_{l1}+(R_1+R_2+R_3)i_{l2}-(R_1+R_2)i_{l3}=u_{\text{s}}\\-R_1i_{l1}-(R_1+R_2)i_{l2}+(R_1+R_2+R_4)i_{l3}=0\end{cases}$$

*2.6-3　$I=3\text{ A}$

*2.6-4　$U=6\text{ V}$

2.7-1　$U_{\text{A}}=12\text{ V}$，$U_{\text{B}}=6\text{ V}$

2.7-2　25 V

2.7-3　（a）
$$\begin{cases}(2+5+3)u_{\text{a}}-5u_{\text{b}}-3u_{\text{c}}=2\\-5u_{\text{a}}+(5+2+4)u_{\text{b}}-4u_{\text{c}}=10\\-3u_{\text{a}}-4u_{\text{b}}+(3+4+2)u_{\text{c}}=3\end{cases}$$

（b）
$$\begin{cases}u_{\text{n1}}\left(\dfrac{1}{R_2+R_3}+\dfrac{1}{R_4}+\dfrac{1}{R_5}\right)-u_{\text{n2}}\left(\dfrac{1}{R_4}+\dfrac{1}{R_5}\right)=\dfrac{u_{\text{s5}}}{R_5}+i_{\text{s1}}\\-u_{\text{n1}}\left(\dfrac{1}{R_4}+\dfrac{1}{R_5}\right)+u_{\text{n2}}\left(\dfrac{1}{R_4}+\dfrac{1}{R_5}+\dfrac{1}{R_6}\right)=5i-\dfrac{u_{\text{s5}}}{R_5};\\i=\dfrac{u_{\text{n1}}-u_{\text{n2}}}{R_4}\end{cases}$$

（c）
$$\begin{cases}u_{\text{n1}}=-u_{\text{s1}}\\-G_4\cdot u_{\text{n1}}+(G_1+G_3+G_4)\cdot u_{\text{n2}}-G_3\cdot u_{\text{n3}}=0;\\-G_5\cdot u_{\text{n1}}-G_3\cdot u_{\text{n2}}+(G_2+G_3+G_5)\cdot u_{\text{n3}}=0\end{cases}$$

（d）先设定 u_{s6} 中电流 i 方向为 1 结点流出 3 结点流入，则

$$\begin{cases}\left(\dfrac{1}{R_2}+\dfrac{1}{R_3}\right)u_{\text{n1}}-\dfrac{1}{R_3}u_{\text{n2}}=-i\\-\dfrac{1}{R_3}u_{\text{n1}}+\left(\dfrac{1}{R_1}+\dfrac{1}{R_3}+\dfrac{1}{R_4}\right)u_{\text{n2}}-\dfrac{1}{R_4}u_{\text{n3}}=\dfrac{u_{\text{s1}}}{R_1}\\-\dfrac{1}{R_4}u_{\text{n2}}+\left(\dfrac{1}{R_4}+\dfrac{1}{R_5}\right)u_{\text{n3}}=i_{\text{s5}}+i\\u_{\text{n1}}-u_{\text{n3}}=u_{\text{s6}}\end{cases}$$

综合练习题

2-1　（1）$u_2=\dfrac{R_2R_3}{R_2+R_3}i_{\text{s}},\ i_2=\dfrac{R_3}{R_2+R_3}i_{\text{s}}$；（2）$R_1$ 增大时，若电压源 u_{s} 和电流源 i_{s} 的值仍保持不变时，受到影响的只有 R_1 端电压和 i_{s} 两端电压方式改变，其他量均不变。

2-2　35 Ω

2-3　4 Ω

*2-5　3A

2-6　16V，136W

*2-7　2A

2-9　$\frac{48}{11}$ mA

第 3 章

基本练习题

3.1-1　A

3.1-2　5A

3.1-3　2A

3.1-4　−24/7A

3.1-5　当电压源与电流源单独作用且流过 5 Ω 电阻的电流方向相同时，5 Ω 电阻消耗的功率为 45 W；当电压源与电流源单独作用且流过 5 Ω 电阻的电流方向相反时，5 Ω 电阻消耗的功率为 5 W。

3.3-1　（a）R_{eq}=2 Ω，U_{oc}=6V；（b）R_{eq}=5 Ω，U_{oc}=90 V

3.3-2　u_{oc}=15 V，R_{eq}=4.5 Ω

3.3-3　u_{oc}=20 V，R_{eq}=5 Ω

3.3-4　U=3.25 V

3.3-5　（a）u_{oc}=−80 V，R_{eq}=2 kΩ；（b）$u_o = \frac{2}{3}U, R_{eq} = -R/3$

3.4-1　（1）u_{oc}=−28 V，R_{eq}=25 Ω，当 R=25 Ω 时获得最大功率 P =7.84 W

（2）短路，或串取−28 V 电压源

3.4-2　u_{oc}=307.2 V，R_{eq}=8 kΩ，R=8 kΩ

*3.5-1　C

*3.5-2　1.6 V

*3.5-3　1 V

*3.6-1　（1）√；（2）×

*3.6-2　7.2 V

*3.6-3　1 A

综合练习题

3-1　D

3-2　I=3 A；若将 4 Ω 断开后求其余部分戴维南等效电路时，其等效电阻为负。

3-3　$I = U/(2R)$

3-4　−15 A

3-5　R = 2/3 Ω；P =1/6 W

第 4 章

基本练习题

4.1-1　（a）$u_C(0_+) = 12$ V，$i_1(0_+) = 0$，$i_2(0_+) = 6$ A，$i_C(0_+) = -6$ A

（b）$i_L(0_+) = \frac{6}{5}$ A，$i(0_+) = -\frac{6}{5}$ A，$u_L(0_+) = -36$ V （c）$u_C(0_+)=\dfrac{R_2U_0}{R_1+R_2}$，$i_L(0_+)=\dfrac{U_0}{R_1+R_2}$，$u_L(0_+)=0$，$i_C(0_+)=-\dfrac{U_0}{R_1+R_2}$

（d）$u_C(0_+)=20\text{ V}$，$i(0_+)=3.33\text{ A}$

4.1-2　$i_C(0_+)=2\text{ A}$，$i_L(0_+)=4\text{ A}$，$i(0_+)=6\text{ A}$，$u_C(0_+)=4\text{ V}$，$u_L(0_+)=-6\text{ V}$，$\left.\dfrac{di_L}{dt}\right|_{0+}=-\dfrac{3}{2}\text{ A/S}$，$\left.\dfrac{du_C}{dt}\right|_{0+}=\dfrac{2}{5}\text{ V/S}$

4.1-3　$i_L(0_+)=0.6\text{ A}$，$u_L(0_+)=-6\text{ V}$

4.2-1　$i=e^{-t/3}\text{ A }(t>0)$

4.2-2　$u(t)=20e^{-5t}\text{ V }(t>0)$，$i(t)=-2e^{-5t}\text{ A }(t>0)$

4.2-3 （1）79.6 μs;（2）$i(0_+)=185.2\text{ A}$；$i(\infty)=0$；

（3）$i=185.2e^{-12560t}\text{ A }(t>0)$，$u_V=-926e^{-12560t}\text{ kV }(t>0)$;

（4）$u_V(0_+)=-926\text{ kV}$，电压表可能会损坏

4.2-4　$u_C=e^{-t/5}\text{ V }(t>0)$，$i_1=0.2e^{-t/5}\text{ A }(t>0)$，$i_2=0.4e^{-t/5}\text{ A }(t>0)$

4.2-5　$u_C(t)=10(1-e^{-10t})\text{ V }(t>0)$，$i_C(t)=e^{-10t}\text{ mA }(t>0)$

4.2-6　$u_L(t)=14e^{-50t}\text{ V }(t>0)$，$p_{10V}=-6-14e^{-50t}\text{ W }(t>0)$

4.2-7　$u_C(t)=2\left(1-e^{-\frac{10^6}{21}t}\right)\text{ V }(t>0)$

4.2-8　$u_C(t)=20+20e^{-25t}\text{ V }(t>0)$

4.2-9　$u_L(t)=28e^{-100t}\text{ V }(t>0)$，$i_L(t)=-1.2-2.8^{-100t}\text{ A }(t>0)$

*4.3-1　$u_C(t)=-2e^{-2t}+4e^{-4t}\text{ V }(t>0)$，$i(t)=-e^{-2t}+4e^{-4t}\text{ A }(t>0)$

*4.3-2　$u_C(t)=8\sqrt{3}e^{-t}\sin(\sqrt{3}t+120^\circ)\text{ V }(t>0)$，$i_L(t)=2\sqrt{3}e^{-t}\sin(\sqrt{3}t+60^\circ)\text{ A }(t>0)$

*4.3-3　$u_L(t)=20e^{-4t}-10e^{-2t}\text{ V }(t>0)$，$i_L(t)=40e^{-2t}-40e^{-4t}\text{ A }(t>0)$

*4.3-4　$i_L(t)=5+1500te^{-200t}\text{ A }(t>0)$

*4.4-1　$i_L(t)=6(1-e^{-t})\varepsilon(t)-6[1-e^{-(t-1)}]\varepsilon(t-1)\text{ A}$

*4.4-2　$u_C(t)=10(1-e^{-100t})\varepsilon(t)-30[1-e^{-100(t-2)}]\varepsilon(t-2)+20[1-e^{-100(t-3)}]\varepsilon(t-3)\text{ V}$

*4.4-3　$i(t)=4(1-e^{-7t})\varepsilon(t)\text{ A}$

*4.4-4　$u_C(0_+)=10\text{ V}$，$i_C(0_+)=-5\text{ A}$，$i_R(0_+)=5\text{ A}$，$i_L(0_+)=0$

*4.4-5　$u_C(t)=120e^{-20t}\varepsilon(t)\text{ V}$，$i_C(t)=-0.06e^{-20t}\varepsilon(t)+0.003\delta(t)\text{ A}$，$i_1(t)=0.02e^{-20t}\varepsilon(t)\text{ A}$

*4.4-6　$i_L(t)=2e^{-2t}\varepsilon(t)\text{ A}$，$u_L(t)=-4e^{-2t}\varepsilon(t)+2\delta(t)\text{ V}$

综合练习题

4-1　$i=0.24(e^{-500t}-e^{-1000t})\text{ A }(t>0)$

4-2　$u_C(t)=-0.267e^{-\frac{1}{2}t}+0.328\cos(3t-35.5^\circ)\text{ V }(t>0)$

4-3 （1）$u(t)=3+\dfrac{1}{3}e^{-\frac{1000}{3}t}\text{ V }(t>0)$;（2）$u(t)=3\text{ V}$；（3）$u(t)=3-\dfrac{1}{3}e^{-\frac{1000}{3}t}\text{ V }(t>0)$

4-4　$u_0(t)=\left(\dfrac{5}{8}-\dfrac{1}{8}e^{-t}\right)\varepsilon(t)\text{ V}$

4-5　0.5 H，500 Ω

*4-6 （1）$r_3(t)=3e^{-3t}\varepsilon(t)+[-e^{-3(t-t_0)}+\sin(2t-2t_0)]\varepsilon(t-t_0)$；

（2）$r_4(t)=[5.5e^{-3t}+0.5\sin(2t)]\varepsilon(t)$

第 5 章

基本练习题

5.1-1　$i=5\cos(\omega t+30^\circ)\text{ A}$，4.66 A，0

5.1-2　220 V，10 A，120°

5.1-3　T=0.02 s，f=50 Hz，$I=2$ A

5.2-1　（1）150 $\angle -40°$ V；（2）60 $\angle -70°$ A

5.2-2　（1）$i=220\sqrt{2}\cos(\omega_1 t+30°)$A；（2）$u=5\sqrt{2}\cos(\omega_2 t+36.9°)$V

5.2-3　（1）$\dot{U}_1=-3.54\angle -53.13°$ V，$\dot{U}_2=7.07\angle -36.87°$ V；

（2）$u_1+u_2=10\cos(942t-36.87°)-5\cos(314t-53.13°)$ V；

（3）不能用相量方法计算，频率不同

5.3-1　20 Ω，$i=\sqrt{2}\cos(1000t-36.9°)$A

5.3-2　i_4=0

5.3-3　$R=10$ Ω，$C=400$ μF

5.3-4　$\dot{I}=10\sqrt{2}\angle 45°$ A，$\dot{U}=100\angle 0°$ V

5.3-5　$\dot{U}=\sqrt{2}\angle 45°$ V

5.3-6　$C=20$ μF；$i=12.5\cos 100t$ A

5.3-7　$\omega L=\dfrac{1}{\omega C}$

5.3-8　$\dot{I}_1=10\angle 0°$ A；$\dot{I}_2=10\angle -90°$ A；$\dot{I}_3=10\angle 90°$ A；$\dot{U}_S=100\angle 0°$ V

5.3-9　$i_2=10\sqrt{2}\cos(5000t-110°)$ A

5.4-1　5-j5Ω，$\dot{I}_C$ 超前 $\dot{I}_L$ 45°（或 $\dot{I}_L$ 滞后 $\dot{I}_C$ 45°）

5.4-2　$Y_{eq}=0.16+j0.12$ S；$G_{eq}=0.16$ S

5.4-3　$Z_{ab}=20+j5$ Ω

5.4-4　$Y_{ab}=0.04$ S

5.4-5　C=25n F

5.4-6　$L=0.8$ H，或 $L=0.2$ H

5.4-7　$\omega=400$ rad/s，$R_{ab}=2000$ Ω

5.4-8　$u_0=50\cos(5000t-106.26°)$ V；

5.4-9　$i_0=28\cos(500t-116.57°)$ mA

5.5-1　略

5.5-2　$5\sqrt{6}\angle 45°$ A，$5\sqrt{2}\angle 135°$ A

5.5-3　$10\sqrt{2}\angle 75°$ A

5.5-4　$\dot{U}_{OC}=25\sqrt{2}\angle -15°$ V，$Z_{eq}=1-j$ Ω；$\dot{I}_{SC}=25\angle 30°$ A，$Y_{eq}=0.5+j0.5$ S

5.5-5　$\dot{I}=10\angle 22.6°$ A，相量图(略)

5.5-6　相量图(略)

5.5-7　略。

5.6-1　$S_1=200\sqrt{2}$VA，$S_2=200\sqrt{2}$VA，S = 400 VA

5.6-2　166.5 + j100.6 kva

5.6-3　先读数逐渐减小，减小到一个最小值后，开始逐渐增大

5.6-4　Z 为容性负载或纯电容。

5.6-5　$\dot{I}_C=20\angle 135°$ A，$\dot{I}_R=5\angle 45°$ A，$\dot{I}=20.62\angle 120.96°$ A，$\overline{S}=50+j1075.55$ VA

5.6-6　$\overline{S}=120+j160$ VA

5.6-7　Z=2 − j Ω，$P_{max}=6.25$ W

综合练习题

5-1　（1）×；（2）B；（3）36.87°

5-2 （1）$\Delta\theta = \pm 45^\circ$；（2）$\varphi_z = 45^\circ$；（3）$\overline{S} = 1000 + \text{j}1000\text{VA}$；（4）$\lambda = 0.707$；

（5）$\dot{U}_{\text{OC}} = 50\sqrt{2}\underline{/-45^\circ}\text{ V}$，$Z_{\text{eq}} = 5 + \text{j}5\,\Omega$

5-3 R_{ac}=50 Ω

5-4 X_L=2.5 Ω，X_C= −5 Ω

第 6 章

基本练习题

6.1-1 （1）能，abc；（2）能，acb；（3）不能，当 b 相换为余弦函数时，不符合对称条件；

（4）能，abc；（5）能，acb；（6）不能

6.1-2 $\dot{U}_{\text{AB}} = 380\underline{/0^\circ}\text{ V}$，$\dot{U}_{\text{BC}} = 380\underline{/120^\circ}\text{ V}$，$\dot{U}_{\text{CA}} = 380\underline{/120^\circ}\text{ V}$，

$\dot{U}_{\text{BA}} = 380\underline{/180^\circ}\text{ V}$，$\dot{U}_{\text{AC}} = 380\underline{/-60^\circ}\text{ V}$，$\dot{U}_{\text{CB}} = 380\underline{/60^\circ}\text{ V}$

6.2-1 202.65 V

6.2-2 （1）$\dot{I}_{\text{Aa}} = 4.03\underline{/-22.85^\circ}\text{ A}$，$\dot{I}_{\text{Bb}} = \alpha^2\dot{I}_{\text{Aa}}$，$\dot{I}_{\text{Cc}} = \alpha\dot{I}_{\text{Aa}}$

（2）$\dot{U}_{\text{ab}} = 375.89\underline{/28.95^\circ}\text{ V}$，$\dot{U}_{\text{bc}} = \alpha^2\dot{U}_{\text{ab}}$，$\dot{U}_{\text{ca}} = \alpha\dot{U}_{\text{ab}}$

（3）$\dot{I}_{\text{ab}} = 2.33\underline{/7.15^\circ}\text{ A}$，$\dot{I}_{\text{bc}} = \alpha^2 I_{\text{ab}}$，$\dot{I}_{\text{ca}} = \alpha\dot{I}_{\text{ab}}$

6.3-1 $I_{\text{Y}} = 4\sqrt{3}\text{ A}$，$I_\Delta = 12\text{ A}$，$P_{\text{Y}} = 1728\text{ W}$，$P_\Delta = 5184\text{ W}$，$\lambda_\Delta = \lambda_{\text{Y}} = \cos 53.1^\circ = 0.6$

6.3-2 $U_{\text{AB}} = 332.78\text{ V}$，$\lambda = 0.9917$（超前）

6.4-1 （1）$W_1 = 0\text{ W}$，$W_2 = 3937.56\text{ W}$；（2）$W_1 = 1312.9\text{ W}$，$W_2 = 1312.9\text{ W}$

6.4-2 （1）$\dot{U}_{\text{N'N}} = 50.09\underline{/115.52^\circ}\text{ V}$，$\dot{I}_{\text{A}} = 68.17\underline{/-44.29^\circ}\text{ A}$，$\dot{I}_{\text{B}} = 44.51\underline{/155.52^\circ}\text{ A}$，

$\dot{I}_{\text{C}} = 76.07\underline{/94.76^\circ}\text{ A}$，$\dot{I}_{\text{N}} = 10.02\underline{/78.65^\circ}\text{ A}$，$P_{总} = 33439\text{ W}$

（2）$\dot{U}_{\text{N'N}} = 0\text{ V}$，$\dot{I}_{\text{A}} = 0\text{ A}$，$\dot{I}_{\text{B}} = 38.89\underline{/-165^\circ}\text{ A}$，$\dot{I}_{\text{C}} = 98.39\underline{/93.43^\circ}\text{ A}$，$\dot{I}_{\text{N}} = 98.28\underline{/116.43^\circ}\text{ A}$

（3）$\dot{I}_{\text{A}} = 0\text{ A}$，$\dot{I}_{\text{B}} = 48.66\underline{/-129.81^\circ}\text{ A}$，$\dot{I}_{\text{C}} = 48.66\underline{/50.19^\circ}\text{ A}$，$\dot{I}_{\text{N}} = 0\text{ A}$

6.5-1 （1）$\dot{I}_{\text{A}} = 5.18\underline{/50.56^\circ}\text{ A}$，$\dot{I}_{\text{B}} = \alpha^2\dot{I}_{\text{A}}$，$\dot{I}_{\text{C}} = \alpha\dot{I}_{\text{A}}$；（2）$\overline{S} = 2171.9 - \text{j}2640.3\text{ VA}$

6.5-2 （1）$W_1 = 658.2\text{ W}$，$W_2 = -658.2\text{ W}$；（2）$W_1 = 658.2\text{ W}$，$W_2 = -1316.3\text{ W}$

综合练习题

6-1 （1）√；（2）√；（3）A；（4）120°

6-2 （1）$W = 25300\text{ W}$；（2）表示 A 相负载的总功率；（3）$(W - W_{\text{R}}) \times 3 + W_{\text{R}}$ 为总的有功功率

6-3 （1）$\omega L = 1/(\omega C) = \sqrt{3}R$；（2）$L = 110.32\text{ mH}$，$C = 91.93\,\mu\text{F}$

6-4 A_1=0，A_2= A_3=2.2 A

6-5 略

6-6 （1）W_1=W_2=150 W；（2）W_1=$50\sqrt{3}$ W，W_2= $-50\sqrt{3}$ W

第 7 章

基本练习题

7.1-1 （a）{1,2 }；（b）{A,Y }，{A,C }，{B,C }

7.1-2 （1）$\Psi_1 = [50\cos(10t + 45^\circ) + 30\text{e}^{-0.2t}]\text{Wb}$，$\Psi_2 = [20\text{e}^{-0.2t} + 30\cos(10t + 45^\circ)]\text{Wb}$；

（2）$u_{12} = -6\text{e}^{-0.2t}\text{ V}$，$u_{21} = -3000\sin(100t - 45^\circ)\text{ V}$；（3）$k = 0.95$

7.2-1 （1）0.667 H；（2）0.667 H；（3）0.667 H

7.2-2 $\dot{I}_1 = 0$，$\dot{U}_2 = 32\underline{/0^\circ}\text{ V}$

7.2-3 $\dot{U}_{\text{oc}} = 30\underline{/0^\circ}\text{ V}$，$Z_{\text{eq}} = 3 + \text{j}7.5\,\Omega$

7.3-1 （1）$Z_{11} = 700 + \text{j}3700\,\Omega$；$Z_{22} = 500 - \text{j}900\,\Omega$ （2）$Z_2' = 678.9 + \text{j}1222.1\,\Omega$；

（3）$\dot{U}_{oc}=95.6\angle 10.71^\circ$ V，$Z_{eq}=171.09+j1224.26\ \Omega$

7.3-2　（1）$10.24-j7.68\ \Omega$；（2）$0.5\cos(800t-53.13^\circ)$ A；（3）$0.08\cos 800t$ A

7.4-1　$i_1=100\cos(400t-16.26^\circ)$ A，$u_1=2427\cos(400t-4.37^\circ)$ V_t

$i_2=1000\cos(400t-16.26^\circ)$ A，$u_2=242.7\cos(400t-4.37^\circ)$ V

7.4-2　$R_2=0.01R_1$

7.4-3　$\dot{U}_{oc}=\dot{U}_s/n$，$Z_{eq}=Z_1+Z_0/n^2$

7.4-4　$400+j600\ \Omega$

综合练习题

7-1　（1）√；（2）√；（3）C；（4）0.01F

7-2　$\tau=(L_1+L_2-2M)/(R_1//R_2)$

7-3　（1）S 打开时，$\dot{I}=1\angle 0^\circ$ A；（2）S 闭合时，$\dot{I}=3\angle 0^\circ$ A

第 8 章

基本练习题

8.1-1　（a）偶对称，半波对称，含奇次余弦项；（b）偶对称，含直流分量，余弦项；

（c）奇对称，含正弦项；（d）半波对称，n 取奇数的正弦项和余弦项

8.1-3　（1）$u(t)=\dfrac{80}{\pi}\sum\limits_{n=1}^{\infty}\dfrac{1}{n}\sin 2n\omega t$（$n=$奇数）；（2）略；（3）$U=19.66$ V

8.1-4　$u(t)=\dfrac{10}{\pi}+5\cos 5\pi t+\dfrac{20}{\pi}\dfrac{\cos\left(\dfrac{n}{2}\times 10\pi\right)t}{1-n^2}$，$n\geqslant 2$

8.2-1　$U=\sqrt{34}$ V

8.2-2　（1）$I=\sqrt{2}$ A, $U_R=\sqrt{18}$ V, $U_C=\sqrt{176}$ V；（2）P=6 W

8.2-3　$i=10.6+1.85\sqrt{2}\cos(\omega t-81^\circ)-0.4\sqrt{2}\cos(2\omega t-175^\circ)$ A，$P=696$ W

8.2-4　$P=22.5$ W

8.3-1　$\sqrt{0^2+\dfrac{1.43^2}{2}+\dfrac{6^2}{2}+\dfrac{0.39^2}{2}}=4.37$ A

8.3-2　$I=0.707$ A

8.3-3　$i=1.25+\dfrac{5}{\pi}\sum\limits_{n=1}^{\infty}\dfrac{1}{n\sqrt{1+n^2}}[\cos(2nt-90^\circ-\arctan n)]$ A

综合练习题

8-1　（1）×；（2）D

8-2　50 W

8-3　$\sqrt{1^2+3.58^2}=3.72$A

第 9 章

基本练习题

9.1-1　$K_U(j\omega)=\dfrac{R_2}{R_1+R_2}\cdot\dfrac{j\omega}{j\omega+R_1R_2/L(R_1+R_2)}$，特性曲线略

9.1-2　$K_I(j\omega)=\dfrac{1}{j\omega RC+1}$，特性曲线略

9.1-3　$K_I(j\omega)=\dfrac{1}{1+j\omega RC-jR/(\omega L)}$，特性曲线略

*9.1-4　$K_U(j\omega) = -j\left(\frac{\omega}{\omega_0}\right)^3 \Bigg/ \left[-j\left(\frac{\omega}{\omega_0}\right)^3 - 6\left(\frac{\omega}{\omega_0}\right)^2 + j\frac{\omega}{\omega_0} + 1\right]$，$\omega = \frac{1}{\sqrt{6}}\omega_0 = \frac{1}{RC\sqrt{6}}$

*9.1-5　（a）高通；（b）高通；（c）带通；（d）带阻；（e）高通；（f）低通

*9.1-6　30 dBmW；33dBmW；34 dBmW；　37 dBmW；40 dBmW

9.2-1　f_0=820 kHz，R=20 Ω，ρ = 780 Ω

9.2-2　（1）Q=10；（2）X_L=100 Ω，L=3.98 mH，C=0.398 μF

9.2-3　R=900 Ω，L=60 mH，C =1.67nF，Q=6.67

*9.3-1　100 μF，100 pF，100　　（1）$U_{C0} = 2$ V；（2）$U_{C0} = 1.11$ V；（3）$U_{C0} = 0.4$ V

*9.3-2　$U = 25$ V，$B_f = 3.18$ kHz

综合练习题

9-1（1）√；（2）√；（3）C；（D）0.2；500 Hz

9-2　$\omega_0 = \frac{1}{\sqrt{3LC}}$，$Z(j\omega_0) = R$

9-3　$R = 10\sqrt{2}\ \Omega,\ \omega L = 5\sqrt{2}\ \Omega,\ \frac{1}{\omega C} = 10\sqrt{2}\ \Omega$

*9-4　$\omega_0^2 = \frac{1}{9L_1C_1}$，$\omega_0^2 = \frac{1}{25L_2C_2}$　或　$\omega_0^2 = \frac{1}{25L_1C_1}$，$\omega_0^2 = \frac{1}{9L_2C_2}$

第 10 章

基本练习题

10.1-1　（1）$\frac{1}{s} - \frac{1}{s+\alpha}$；（2）$\frac{\omega\cos\varphi + s\sin\varphi}{s^2+\omega^2}$；（3）$\frac{s^2-\alpha^2}{(s^2+\alpha^2)^2}$；（4）$\frac{1}{s^2} + \frac{2}{s} + 3$

10.1-2　$\frac{s(s+2)}{[(s+1)^2+1]^2}$

10.1-3　$F(s) = \frac{1}{s+\alpha} + \alpha\frac{1}{s^2}e^{-s}$

10.1-4　$F(s) = \left(\frac{A}{T}\frac{1}{s^2} - \frac{A}{T}e^{-Ts}\frac{1}{s^2} - Ae^{-Ts}\frac{1}{s}\right)\Big/(1-e^{-Ts})$

10.2-1　（1）$f(t) = \frac{1}{8}(3 + 2e^{-2t} + 3e^{-4t})\varepsilon(t)$；　（2）$f(t) = (e^{-t} - 8e^{-2t} + 9e^{-3t})\varepsilon(t)$；

（3）$f(t) = 2\delta(t) + (2e^{-t} + e^{-2t})\varepsilon(t)$；　（4）$f(t) = \delta(t) + (e^{-t} - 4e^{-2t})\varepsilon(t)$

10.2-2　$\mathscr{L}^{-1}\left[\frac{1}{s^n}\right] = \frac{t^{n-1}}{(n-1)!}\varepsilon(t)$

10.3-1　$i(t) = \mathscr{L}^{-1}\ [I(s)] \approx 10 + 31e^{-25t}\sin 97t$ A，$t \geqslant 0$

10.3-2　$u_{C1}(t) = (30 - 10e^{-5\times10^4 t})\text{V}(t \geqslant 0)$；　$u_{C2}(t) = (30 - 20e^{-5\times10^4 t})\text{V}(t \geqslant 0)$

10.4-1　$i_1(t) = \frac{5}{3}(1 - e^{-3t})\varepsilon(t)\text{A}$，　$i_2(t) = \frac{5}{6}(1 - e^{-3t})\varepsilon(t)\text{A}$

10.4-2　$i_1(t) = (1 - \frac{1}{5}e^{-\frac{1}{5}t})\varepsilon(t)\text{A}$，　$i_2(t) = \frac{2}{5}e^{-\frac{1}{5}t}\varepsilon(t)\text{A}(t > 0)$

10.4-3　$u_2(t) = 3\ (1 - e^{-20000t})$ V，$t \geqslant 0$

*10.5-1　$r(t) = \frac{3}{2}(1 - e^{-2t})\varepsilon(t)$

*10.5-2　（1）$p = -1$；（2）$p = -\alpha \pm j\omega$；（3）p_1=0（双重），$p_2 = -1$，$p_3 = -3$

*10.5-3　$r(t) = 2.5(1 - e^{-4t})\cdot\varepsilon(t) - [1 - e^{-4(t-1)}]\cdot\varepsilon(t-1)$

*10.5-4　$p_1 = -2$，$p_2 = -1 - j$，$p_3 = -1 + j$，$z_{1,2} = -\frac{3}{2} \pm j\frac{\sqrt{3}}{2}$

$f(t) = [e^{-2t} + \sqrt{2}e^{-t}\cos(t - 45°)]\varepsilon(t)$

综合练习题

10-1　$i(t)=\left(\dfrac{20}{3}-0.447\mathrm{e}^{-6.34t}-6.22\mathrm{e}^{-23.66t}\right)\mathrm{A}\quad(t\geqslant 0)$

10-2　$i_{\mathrm{L}}(t)=\dfrac{3}{2}(\mathrm{e}^{-2t}+\mathrm{e}^{-6t})\varepsilon(t)\,\mathrm{A}$

10-3　$r(t)=[0.4(1-\mathrm{e}^{-5t})\cdot\varepsilon(t)-1.6(1-\mathrm{e}^{-5(t-2)})\cdot\varepsilon(t-2)+0.8(1-\mathrm{e}^{-5(t-3)})\cdot\varepsilon(t-3)$

10-4　$u_0(t)=\dfrac{U}{t_0}\times RC(1-\mathrm{e}^{-\frac{t}{RC}})\cdot\varepsilon(t)-\dfrac{U}{t_0}\times RC(1-\mathrm{e}^{-\frac{t-t_0}{RC}})\cdot\varepsilon(t-t_0)-U\mathrm{e}^{-\frac{t-t_0}{RC}}\cdot\varepsilon(t-t_0)$

*10-5　（1）$H(s)=\dfrac{3s}{(s+1)(s+2)}$；（2）$u_2(t)=\left(-\dfrac{3}{2}\mathrm{e}^{-t}+6\mathrm{e}^{-2t}-\dfrac{9}{2}\mathrm{e}^{-3t}\right)\varepsilon(t)\,\mathrm{V}$

第 11 章

基本练习题

11.1-1　$\boldsymbol{Z}=\begin{bmatrix}1&2\\0&1\end{bmatrix}\Omega$

11.1-2　$\boldsymbol{T}=\begin{bmatrix}-1&0\\0&-1\end{bmatrix}$，对称且互易

11.1-3　（a）$\boldsymbol{Z}=\begin{bmatrix}\dfrac{1}{sC}+sL&\dfrac{1}{sC}\\\dfrac{1}{sC}&\dfrac{1}{sC}\end{bmatrix}$，$\boldsymbol{Y}=\begin{bmatrix}\dfrac{1}{sL}&-\dfrac{1}{sL}\\-\dfrac{1}{sL}&\dfrac{1}{sL}+sC\end{bmatrix}$，$\boldsymbol{T}=\begin{bmatrix}1+s^2LC&sL\\sC&1\end{bmatrix}$

（b）$\boldsymbol{Z}=\begin{bmatrix}\dfrac{1}{sC}&\dfrac{1}{sC}\\\dfrac{1}{sC}&sL+\dfrac{1}{sC}\end{bmatrix}$，$\boldsymbol{Y}=\begin{bmatrix}\dfrac{1}{sL}+sC&-\dfrac{1}{sL}\\-\dfrac{1}{sL}&\dfrac{1}{sL}\end{bmatrix}$，$\boldsymbol{T}=\begin{bmatrix}1&sL\\sC&1+s^2LC\end{bmatrix}$

11.1-4　$\boldsymbol{Z}=\begin{bmatrix}\dfrac{Z_1+Z_2}{2}&\dfrac{Z_2-Z_1}{2}\\\dfrac{Z_2-Z_1}{2}&\dfrac{Z_1+Z_2}{2}\end{bmatrix}$，$\boldsymbol{T}=\begin{bmatrix}\dfrac{Z_1+Z_2}{Z_2-Z_1}&\dfrac{2Z_2Z_1}{(Z_2-Z_1)}\\\dfrac{2}{(Z_2-Z_1)}&\dfrac{Z_1+Z_2}{Z_2-Z_1}\end{bmatrix}$

11.1-5　$R_1=R_2=R_3=5\,\Omega, r=3\,\Omega$

11.2-1　$R_{\mathrm{L}}=R_{\mathrm{o}}=4.8\Omega$时，获得的功率最大，最大功率$P_{\max}=4.8\,\mathrm{W}$

11.2-2　（a）$\boldsymbol{T}=\begin{bmatrix}A&B\\YA+C&YB+D\end{bmatrix}$，（b）$\boldsymbol{T}=\begin{bmatrix}A&AZ+B\\C&CZ+D\end{bmatrix}$

11.3-1　（1）$\boldsymbol{Z}=\begin{bmatrix}75&25\\25&75\end{bmatrix}\Omega$，（2）$\boldsymbol{Z}=\begin{bmatrix}125&75\\75&125\end{bmatrix}\Omega$

11.3-2　$\boldsymbol{T}=\begin{bmatrix}10&5\,\Omega\\1\mathrm{S}&0.6\end{bmatrix}$

11.4-1　$R_1=3.33\,\mathrm{k}\Omega, R_2=50\,\mathrm{k}\Omega$

11.4-2　是反相输入积分器电路，$u_{\mathrm{o}}(t)=-\dfrac{1}{R_1C}\int u_{\mathrm{s}}\mathrm{d}t+u(t_0)$

11.4-3　$u_{\mathrm{o}}=-RC\dfrac{\mathrm{d}u_{\mathrm{i}}}{\mathrm{d}t}$

11.4-4　$u_{\mathrm{o}}=\dfrac{R_2}{R_1+R_2}u_{\mathrm{i}}$

*11.5-1　$n=r_1/r_2$

综合练习题

11-1　$\boldsymbol{Z}=\begin{bmatrix}3&1\\-1&5\end{bmatrix}\Omega$；$T=\begin{bmatrix}-3&16\,\Omega\\-1\mathrm{S}&-5\end{bmatrix}$

11-2 $\boldsymbol{Y}=\begin{bmatrix}\frac{3}{2} & -\frac{1}{2}\\ -\frac{1}{5} & \frac{1}{3}\end{bmatrix}\text{S}$

11-3 （1）$\frac{u_o}{u_i}=9$；（2）$i_o=\left(\frac{u_o}{R_1+R_2}+\frac{u_o}{R_3}\right)=\left(\frac{9}{5+40}+\frac{9}{20}\right)\text{mA}=0.65\text{ mA}$

11-4 $u_o=\frac{(R_1+R_3)R_4}{R_2+R_4}u_2-\frac{R_3}{R_1}u_1$

11-5 $\frac{u_o}{u_i}=\frac{(R_1R_5-R_2R_6)R_3R_4}{(R_2R_4-R_3R_5)R_1R_6}$

11-6 $i_1(t)=0.5\delta(t)-\mathrm{e}^{-2t}\varepsilon(t)$ A

第 12 章

基本练习题

12.1-1 A

12.1-2 B

12.1-3 C

12.2-1 $u(t)=(1000+2.5\cos\omega t)\text{mV}$， $i(t)=(20+0.1\cos\omega t)\text{mA}$

*12.3-1 $i>2.5\text{A}$，二极管导通，相当于短路，$u=-1.5+3i$。当 $i<2.5\text{A}$ 时，二极管截止，相当于断路，$u=-4+4i$。

综合练习题

12-1 当 $u>0$ 时，i 趋于无穷大，此时并联二极管处于导通状态；当 $u<0$ 时，并联二极管处于截止状态，$i=2u+2=\frac{1}{R}u+I_s$。

12-2 $i=2.315\text{A}$

12-3 $u=(2000+\frac{1}{14}\cos t)\text{mV}$ ；$i=(4000+\frac{2}{7}\cos t)\text{mA}$

模拟试卷一 参考答案

一、判断题（8 分）

1. ×；2. √；3. ×；4. √；5. √；6. √；7. ×；8. √

二、选择题（12 分）

1. C；2. B；3. C；4. B；5. C；6. D

三、填空题（9 分）

1. A；2. B；3. A

四、计算题（56 分）

1. $I=1\text{A}$
2. $C=10\ \mu\text{F}$
3. $i_R(0_+)=2\text{A},\ i_L(0_+)=0,\ i_C(0_+)=-2\text{A}$
4. $i=2(1-\mathrm{e}^{-100t})\varepsilon(t)$ A
5. $i_1=(40/3)\mathrm{e}^{-20t}\varepsilon(t)$ mA
6. $H(s)=\frac{U_o(s)}{U_i(s)}=-\left(\frac{R_2}{R_1}+\frac{C_1}{C_2}+\frac{1}{sC_2R_1}+sR_2C_1\right)$
7. $R_L=40000\ \Omega$，$P_{Lmax}=250\text{ mW}$
8. $i=3+\frac{1}{2}10^{-2}\sin t$ A

9. $h(t)=(2\mathrm{e}^{-2t}-\mathrm{e}^{-t})\varepsilon(t)$；$\dfrac{\mathrm{d}^2r(t)}{\mathrm{d}t^2}+3\dfrac{\mathrm{d}r(t)}{\mathrm{d}t}+2r(t)=\dfrac{\mathrm{d}e(t)}{\mathrm{d}t}$

五、分析题（15 分）（略）

模拟试卷二　参考答案

一、判断题（7 分）

1. √；2. ×；3. √；4. √；5. √；6. √；7. ×

二、选择题（12 分）

1. B；2. A；3. C；4. A；5. C；6. B

三、改错题（6 分）

1．应为时域相加：$i=i_1+i_2$

2．题中（3）式应为：$-\dfrac{1}{R_4}U_{\mathrm{n1}}-\dfrac{1}{R_3}U_{\mathrm{n2}}+\left(\dfrac{1}{R_3}+\dfrac{1}{R_4}\right)U_{\mathrm{n3}}=\beta I$，$I=\dfrac{U_{\mathrm{s1}}-U_{\mathrm{n3}}}{R_4}$

四、基本计算题（**24** 分）

1．$R_{\mathrm{ab}}=4\,\Omega$

2．$R_{\mathrm{ab}}=6\,\Omega$

3．$i=0$

4．$i(t)=9(1-\mathrm{e}^{-t})\mathrm{A}$, $t>0$

5．$\tau=L_{\mathrm{eq}}/R_{\mathrm{eq}}$

6．$\omega C=\dfrac{1}{\omega L}=0.01\,\mathrm{S}$

五、综合计算题（**8×4=32** 分）

1．$T=\begin{bmatrix}2 & 0\\ \dfrac{5}{4}\mathrm{S} & \dfrac{1}{2}\end{bmatrix}$

2．$\omega L=2.5\,\Omega$

3．$\hat{U}_{\mathrm{s2}}=54\,\mathrm{V}$

4．$u_{\mathrm{C}}(t)=\dfrac{1}{C}\mathrm{e}^{-t/RC}\varepsilon(t)\mathrm{V}$；$i_{\mathrm{C}}(t)=\delta(t)-\dfrac{1}{RC}\mathrm{e}^{-t/RC}\varepsilon(t)\mathrm{A}$

六、分析题（**19** 分）（略）

参考文献

[1] 邱关源，罗先觉．电路（第六版）．北京：高等教育出版社，2022.

[2] 李瀚荪．电路分析基础（第四版）．北京：高等教育出版社，2006.

[3] 于歆杰，朱桂萍，陆文娟．电路原理．北京：清华大学出版社，2007.

[4] 姚仲兴，姚伟，孙斌．电路分析基础（第2版）．杭州：浙江大学出版社，1997.

[5] 尼尔森，里德尔．电路（第九版）．周玉坤，译．北京：电子工业出版社，2012.

[6] 秦曾煌．电工学（第七版）．北京：高等教育出版社，2009.

[7] 范承志，等．电路原理（第三版）．北京：机械工业出版社，2010.

[8] 吴大正，王松林，李小平，王辉．电路基础（第三版）．西安：西安电子科技大学出版社，2008.

[9] 张峰，陈洪亮．电路分析理论．北京：高等教育出版社，2007.

[10] 周庭阳，江维澄．电路原理（第三版）．杭州：浙江大学出版社，2010.

[11] 管致中，夏恭恪，孟桥．信号与系统．北京：人民教育出版社，2011.

[12] 沈元隆，刘陈．电路分析基础（第三版）．北京：人民邮电出版社，2008.

[13] 姜建国，曹建中，高玉明．信号与系统分析基础（第二版）．北京：清华大学出版社，2006.

[14] Chua L O, Desoer C A，Kuh E S. Linear and Nonlinear Circuits．McGraw-Hill，Inc. 1987.

[15] 江缉光，刘秀成．电路原理（第二版）．北京：清华大学出版社，2007.

[16] 狄苏尔 C A，葛守仁．电路基本理论．林争辉，译．北京：高等教育出版社，1979.

[17] 林争辉．电路理论（第一卷）．北京：高等教育出版社，1988.

[18] 江泽佳．电路原理（第三版）．北京：高等教育出版社，2002.

[19] 周长源．电路理论基础（第二版）．北京：高等教育出版社，1996.

[20] 康华光，陈大钦．电子技术基础（第六版）．北京：高等教育出版社，2013.

[21] 赵雅兴．PSpice 与电子器件模型．北京：北京邮电大学出版社，2004.

[22] 劳动部培训司组织．电工仪表与测量（第二版）．北京：中国劳动出版社，1994.

[23] 陶时澍．电气测量（第一版）．哈尔滨：哈尔滨工业大学出版社，1997.

[24] J.Vlach, K.Singhal. Computer methods for circuit analysis and design. New York: Van Nostrand Reinhold Co., 1983.

[25] Robert L. Boylestad. Introductory Circuit Analysis(11th edition). Prentice Hall, Inc. 2007.

[26] 海特，凯默利，德宾．工程电路分析（第八版）．周玲玲，译．北京：电子工业出版社，2012.

[27] 高赟，黄向慧．电路（第二版）．西安：西安电子科技大学出版社，2011.

[28] 单潮龙．电路（第二版）．北京：国防工业出版社，2014.

[29] 蒋学华．电路原理．北京：清华大学出版社，2014.

[30] 胡翔骏．电路分析（第二版）．北京：高等教育出版社，2002.

[31] http://zh.wikipedia.org/wiki/维基百科.

[32] http://baike.baidu.com/百度百科.

[33] 中国大学慕课网：http://www.icourse163.org/course/xjtu-47024#

[34] 学堂在线：https://www.xuetangx.com/course/hfut08061002428/5949065

举报电话：（010）88254396；（010）88258888

传　　真：（010）88254397

E-mail：dbqq@phei.com.cn

通信地址：北京市海淀区万寿路 173 信箱

电子工业出版社总编办公室

邮　　编：100036